Horst Wildemann
Herausgeber

D1867640

Wertschöpfung und Wettbewerb
Haben Unternehmen eine Heimat?

Tagungsband
Münchner Management Kolloquium
01. und 02. März 2005

Herausgeber
Univ.-Prof. Dr. Dr. h. c. mult. Horst Wildemann
Lehrstuhl für Betriebswirtschaftslehre
mit Schwerpunkt Logistik
Technische Universität München

Wildemann, Horst
Wertschöpfung und Wettbewerb
Haben Unternehmen eine Heimat?
München, TCW Transfer-Centrum GmbH & Co. KG
ISBN 3-937236-27-9

Copyright (C) by TCW Transfer-Centrum GmbH & Co. KG 2005

Verlag:
TCW Transfer-Centrum GmbH & Co. KG, München

Druck:
Hofmann GmbH & Co. KG, Offsetdruck + Repro, Traunreut

Alle Rechte, auch die der Übersetzung in fremde Sprachen, sind vorbehalten. Kein Teil dieses Werkes darf ohne schriftliche Genehmigung des Verlages in irgendeiner Form, auch nicht zum Zwecke der Unterrichtsgestaltung, reproduziert oder unter Verwendung elektronischer Systeme verarbeitet werden.

BIBLIOTHEK
der Industrie- und Handelskammer
für München und Oberbayern
Nr 1107/495

Vorwort

Outsourcing, Offshoring oder Verlagerung sind zentrale Schlagworte einer Diskussion über den Umgang mit Wertschöpfung in unserem Land geworden. Die Reduzierung der Eigenleistungstiefe in der Produktion und zunehmend auch in administrativen Bereichen hat dazu geführt, dass „Made in Germany“ heute zum großen Teil außerhalb Deutschlands entsteht.

Die Gestaltung einer wettbewerbsfähigen Wertschöpfung ist damit eine wesentliche Zukunftsaufgabe für die Unternehmen. Diese stehen dabei häufig im Zwiespalt zwischen Heimatverbundenheit und den Anforderungen globaler Organisationsstrukturen. Versteht man Heimat als eine identitätsstiftende Leistungsgemeinschaft, so stellt sich die Frage nach den zukünftigen Erfolgsfaktoren solcher Unternehmen.

Die Herausforderung für die Unternehmen besteht nun darin, zukunftsfähige Antworten auf folgende Fragen zu finden:

- Wie profitieren und partizipieren deutsche Unternehmen in der internationalen Arbeitsteilung?
- Wie können durch eine internationale Arbeitsteilung Synergien für alle Seiten gewonnen werden?
- Wie können Unternehmen Ihre Wertschöpfungskompetenz weiter ausbauen und als strategische Erfolgsfaktoren einsetzen?
- Welche Standortvorteile sichern in Zukunft die Wettbewerbsfähigkeit am Standort Deutschland?
- Welche Strategien der Wettbewerbsfähigkeit und Wertschöpfung sind erfolgsversprechend?

Der Tagungsband umfasst die Beiträge des Münchner Management Kolloquiums. Hochrangige Referenten aus internationalen Unternehmen von Großkonzernen, Mittelstandsunternehmen und Wissenschaftler geben Auskunft, welche Einflussgrößen eine erfolgreiche Wertschöpfungsgestaltung bestimmen und welche Strategien anzuwenden sind, um die Wettbewerbsfähigkeit von Unternehmen und des Standortes Deutschland langfristig auszubauen.

Aktuelle Forschungsergebnisse wie Best Practice-Beispiele und Benchmarks aus unterschiedlichen Industrie- und Dienstleistungsbereichen werden dargestellt. Sie erfahren von Unternehmen, wie diese Verantwortung für Unternehmensstandorte wahrnehmen, indem sie bewährte und innovative Methoden zur Gestaltung von Wertschöpfungs- und Wettbewerbsoffensiven nutzen, um sich erfolgreich in der Dynamik globaler Wettbewerbsstrukturen zu positionieren.

Vertreter folgender Unternehmungen geben Empfehlungen für eine wettbewerbsfähige Wertschöpfungsgestaltung: BASF AG, Bayer HealthCare, Bertelsmann Verwaltungsgesellschaft, Bosch Rexroth, DaimlerChrysler AG, Demag Cranes & Components GmbH, Deutsche Lufthansa AG, Deutsche Post AG, Dresdner Bank AG, DSI DYWIDAG-Systems International GmbH, E.ON Energie, EADS Deutschland GmbH, Engel

& Zimmermann Agentur für Wirtschaftskommunikation, ERLUS Baustoffe Neufahrn, Heraeus Holding GmbH, Hypo Vereinsbank, München, INA Holding Schaeffler KG, Herzogenaurach, KGIP Co. Ltd., Lanxess AG, LINDE AG, MLP AG, Mobilcom, O2 (Germany) GmbH & Co. OHG, Océ Printing Systems GmbH, Raiffeisengenossenschaft, Robert Bosch GmbH, Rodenstock GmbH, Royal Philips Electronics, SAP AG, Sick AG, Siemens AG, Siemens AG - Infomation and Communication Networks, Siemens AG - Transportation Systems, Siemens AG - Power Generation, Siltronic AG, Süd-Chemie, TUI AG, Hannover, Vossloh AG, VIVEON AG, Wal-Mart Germany GmbH und Westdeutsche Landesbank.

Ich bedanke mich bei allen Referenten für Ihre Beiträge und den beteiligten Unternehmen für Ihre Teilnahme an unseren Beratungs- und Forschungsprojekten.

München, 01. März 2005

Horst Wildemann

Inhalt

Wertschöpfung und Wettbewerb

Univ.-Prof. Dr. Dr. h. c. mult. Horst Wildemann

Technische Universität München

Wertschöpfung und Wettbewerb: Haben Unternehmen eine Heimat?

Horst Wildemann

Gliederung

* Univ.-Prof. Dr. Dr. h. c. mult. Horst Wildemann ist Inhaber des Lehrstuhls für Betriebswirtschaft mit Schwerpunkt Logistik an der Technischen Universität München sowie Leiter des Beratungsinstitutes TCW Transfer-Centrum GmbH & Co. KG

1. Einleitung: Die Heimat von Unternehmen in Gefahr?

Wertschöpfung am Standort Deutschland ist umkämpft. Zwar steigen die Exporte deutscher Unternehmen seit Jahrzehnten kontinuierlich, jedoch wachsen mit ihnen auch die Importe. Während die Exporte zwischen 1970 und 2004 durchschnittlich um jährlich 8 % stiegen, ging die Zahl der Beschäftigten in der Industrie in diesem Zeitraum um 18 % zurück. Für unseren Standort verbleibt nur ein geringer Teil an zusätzlicher Wertschöpfung, der durch den Produktivitätsfortschritt wieder wettgemacht wird.

„Das deutsche Wirtschaftswunderland von einst scheint wie verhext. Wo früher Chancen ergriffen wurden, diskutiert man heute vorwiegend Risiken“ sagt ein Unternehmensleiter. Anstatt entlang der gesamten Wertschöpfungskette Synergien und Kollaborationspotenziale zu identifizieren und Gewinn bringend zu erschließen, werden Werksschließungen sowie Standortverlagerungen öffentlich geäußert und die Erfolgspotenziale der Wertschöpfung in Deutschland kritisch hinterfragt.

Deutsche Industrieunternehmen besitzen heute eine Fertigungstiefe von durchschnittlich 43 %. Diese wird durch Outsourcing und weitere Verlagerungsmaßnahmen in den kommenden Jahren noch weiter sinken. 60 % der Unternehmen planen, in den kommenden 5 Jahren weitere Teile ihrer Wertschöpfung ins Ausland zu verlagern. Eine Korrelation zwischen internationaler Wettbewerbsfähigkeit und nationaler Wertschöpfung scheint nicht mehr gegeben zu sein. Viele erfolgreiche deutsche Unternehmen erbringen mittlerweile einen großen Teil ihrer Wertschöpfung außerhalb Deutschlands. 62 % der Beschäftigten von Siemens sind im Ausland beschäftigt. Bei Continental sind es 60 %, bei FAG 58 % der Beschäftigten.

Damit verschiebt sich zwangsläufig auch die Blickrichtung im Management. An Stelle eines Agierens im Umfeld nationaler Strukturen tritt die Gestaltung und Steuerung internationaler Wertschöpfungsketten. Nationale Grenzen verlieren zunehmend ihre Bedeutung und der internationale Wettbewerb bestimmt das Handeln. Ökonomen sprechen von einer Entgrenzung der Wirtschaft.

Der Vorsitzende der Enquete-Kommission “Globalisierung der Wirtschaft – Herausforderungen und Antworten” *Ernst Ulrich von Weizsäcker* diagnostiziert, „dass der Wettbewerb der Systeme abgelöst wird durch den Wettbewerb der Standorte und dass dies die Auflösung der Konsensgesellschaft zur Folge hat.“ Unternehmen emanzipieren sich vom Nationalstaat, was eine Kräfteverschiebung zur Folge hat. Früher hatten Nationen Unternehmen. Heute entscheiden Unternehmen über geeignete Standorte. Damit müssen sich sowohl Unternehmen als auch Volkswirtschaften im globalen Wettbewerb behaupten. Unternehmen im Wettbewerb der globalen Absatz- und Beschaffungsmärkte, Staaten im Wettbewerb um die attraktivsten Standortbedingungen.

Hierbei gibt es zumindest kurzfristig Gewinner und Verlierer. Das Postulat der klassischen Freihandelslehre nach *Ricardo*, dass die Globalisierung langfristig allen nützen würde, wurde jüngst vom Nobelpreisträger *Samuelson* neu interpretiert: „Wenn es irgendeine Erfindung gibt, nutzt sie der ganzen Welt. Das bedeutet jedoch nicht, dass jeder in jedem Land davon profitiert.“ Und der Unternehmensstandort Deutschland scheint dabei zur Zeit auf der Verliererseite zu stehen.

Vor diesem Hintergrund wird in der Politik immer wieder die Frage nach der Heimat von Unternehmen gestellt. Gemeint ist damit die Frage, inwieweit globale Unternehmen noch mit ihrem Heimatland verwurzelt sind und welche Verpflichtung sie gegenüber einem staatlichen Gemeinwesen übernehmen wollen und können. Entscheidungen des Managements zu Lasten deutscher Arbeitsplätze werden dabei vorschnell als "Vaterlandslosigkeit" gebrandmarkt. Genährt wird dieser Verdacht durch die Überlegungen traditionell deutscher Unternehmen, ihren Hauptsitz ins Ausland zu verlegen, um die besseren steuerlichen und rechtlichen Rahmenbedingungen nutzen zu können.

Die Herausforderung für Unternehmen und für unser Gemeinwesen besteht nun darin, sich diesem Wettbewerb zu stellen und zu fragen, wie in Zukunft Wertschöpfung am Standort Deutschland wettbewerbsfähig gestaltet werden kann. Dabei ist zunächst ihre aktuelle Situation zu hinterfragen:

- Was lässt sich aus den aktuellen Trends bei Standortentscheidungen ablesen?
- Welche Einflussgrößen bestimmen unsere Wettbewerbsfähigkeit?
- Worin liegt der Wert selbst erbrachter Wertschöpfung?
- Was bedeutet Heimat im Kontext globaler Märkte?

1.1 Trends bei Standortentscheidungen

Deutsche Unternehmen planen, in den nächsten 5 Jahren jährlich 152.000 Arbeitsplätze zu verlagern (vgl. Wildemann, 2005). Dabei sind es vor allem kleinere und mittelständische Unternehmen, die neue Verlagerungen planen. Diese betreffen nicht nur die Produktion, sondern vermehrt administrative Funktionen sowie Forschung und Entwicklung. Der Verlagerungstrend gewinnt dadurch eine neue Qualität.

Im Rückblick lassen sich drei wesentliche Verlagerungswellen aus Deutschland erkennen. Anfang der 80er Jahre wurde zunächst die Fertigungstiefe reduziert und lokale Zulieferer wurden mit der Produktion der Teile beauftragt. Der steigende internationale Kostendruck führte in der nächsten Stufe zu stärker international ausgerichteten Beschaffungsaktivitäten. Entweder wurde direkt aus dem Ausland beschafft oder die lokalen Zulieferer verlegten ihre Produktion ins Ausland, was zu einer ersten großen Verlagerungswelle in den 90er Jahren führte. Heute stellen wir fest, dass die meisten großen Unternehmen bereits Standorte im Ausland besitzen. Daher findet nun eine Umverlagerung von Beschaffungsströmen statt, die den sich wandelnden Lohnkostenvorteilen folgt. Standorte bleiben dabei immer solange attraktiv, bis ein noch günstigerer Standort gefunden wird, der vergleichbare Rahmenbedingungen bieten kann.

Gleichzeitig planen auch kleine und mittelständische Unternehmen eine Verlagerung ihrer Wertschöpfung. Von den bereits international tätigen mittelständischen Unternehmen begreifen mehr als 60 % die EU-Osterweiterung vor dem Hintergrund der Erschließung neuer Absatzmärkte als Chance. Vorteile wie geographische Nähe, kulturelle Verwandtschaft oder qualifizierte und kostengünstige Arbeitskräfte machen eine Verlagerung dabei besonders attraktiv. Während Unternehmen mit einem Umsatz kleiner 10 Mio. EUR bisher nur zu 8 % Verlagerungsmaßnahmen durchführten, haben dies nun 42 % geplant. Mit einer Vervierfachung des Verlagerungsvolumens weisen diese Unternehmen die größten Zuwachsraten auf. Weiterhin zeichnet sich bei den Unternehmen der mittleren Umsatzklassen in den nächsten Jahren eine Verdoppelung bis Verdreifachung der Verlagerungsmaßnahmen ab. Dem gegenüber zeigen die Ergebnisse, dass gerade die großen Unternehmen (mit einem Umsatz größer 250 Mio. EUR) geringere Bestrebungen besitzen, weiter zu verlagern. Dies liegt zum einen daran, dass diese Unternehmen bereits seit Jahren eine internationale Standortstruktur besitzen und andererseits daran, dass vor allem in der Automobilindustrie die Tendenz besteht, den Kostendruck an kleinere Zulieferer weiterzugeben, die ihrerseits dadurch zum Handeln gezwungen sind. Eine Produktionsverlagerung ist hier in vielen Fällen notwendig, da Konkurrenten sich diesem Kostendruck beugen und in Niedriglohnländer ziehen. Insgesamt zeigen die Ergebnisse, dass eine Renaissance der Verlagerung zu erwarten ist.

Deutsche Unternehmen nutzen zunehmend ihre zentrale Lage innerhalb Europas, was dazu führt, dass in den kommenden 5 Jahren vor allem osteuropäische Staaten Ziel von Verlagerungen sind. Während der Anteil der EU-Beitrittsstaaten als Zielregion von Verlagerungen in Zukunft stagniert, werden die restlichen osteuropäischen Staaten ihren Anteil von 5 % auf 16 % steigern. Dieser Zuwachs geht vor allem auf Kosten der Verlagerungen zu anderen Industrienationen innerhalb Westeuropas, den USA sowie Kanada. Der Anteil der Verlagerungen nach Asien wird in diesem Zeitraum nur leicht zunehmen. Insgesamt wächst somit der Anteil der Verlagerungen innerhalb Europas von 51 % auf 54 %.

Die Ergebnisse der Untersuchung zeigen einen weiteren Effekt: Die einzelnen Stufen der Wertschöpfung sind eng miteinander verknüpft, was zur Folge hat, dass die Verlagerung der Produktion häufig die Verlagerung von Forschung & Entwicklung, der Beschaffung und weiterer Funktionen nach sich zieht. Die Verlagerungen der vergangenen Jahre bezogen sich vor allem auf die Produktion. 63 % der Verlagerungen betrafen Produktionsfunktionen, darunter 39 % die Fertigung und 24 % die Montage. Auch zukünftig werden mehr als die Hälfte der Verlagerungsmaßnahmen die Produktion betreffen. Allerdings nimmt der Anteil anderer Unternehmensfunktionen deutlich zu und steigt von 37 % auf 47 % an. Die Zuwächse liegen dabei vor allem im Bereich der Administration und im Vertrieb. Insbesondere Back-Office-Tätigkeiten sind dabei von der Verlagerung betroffen, da standardisierte Abläufe mit hohen Lohnkostenanteilen gut für einen Transfer in Niedriglohnländer geeignet sind.

Die Wirkungen zunehmender Verlagerungen auf Unternehmen und die Volkswirtschaft in Deutschland sind zweischneidig. Unternehmen erhoffen sich insbesondere eine Reduzierung der internen Kosten. Das größte Potenzial liegt hierbei im Personalbereich mit Kosteneinsparungen von durchschnittlich 38 % bei den direkten Personalkosten. Dem steht eine Steigerung der Logistikkosten gegenüber, die jedoch bei einem durchschnittlichen Industrieunternehmen durch die Einsparungen überkompensiert wird. Auf der Leistungsseite rechnen Unternehmen im Durchschnitt mit einer Verschlechterung der Durchlaufzeit um 6 % und einem Sinken der Produktqualität um 4 %. Die Studienergebnisse zeigen deutlich, dass die Personalkosten und die zu geringe Flexibilität im Personalbereich die primären Verlagerungsgründe darstellen.

Ganz anders sieht die volkswirtschaftliche Bilanz der Verlagerungen aus. Werden die von den Unternehmen geplanten Verlagerungen tatsächlich durchgeführt, ist mit einem verlagerungsbedingten Abbau von 760.000 Arbeitsplätzen in der deutschen Industrie für die kommenden fünf Jahre zu rechnen. Berücksichtigt man die möglichen Folgeeffekte in anderen Wirtschaftszweigen, multipliziert sich dieser Rückgang mit dem Faktor 2,5. Dies würde bedeuten, dass sich die verlagerungsbedingten Arbeitsplatzrückgänge auf 1,9 Mio. in diesem Zeitraum summieren.

1.2 Dialektik internationaler Wettbewerbsfähigkeit

Die Diskussion über die Wettbewerbsfähigkeit unseres Landes und unserer Unternehmen ist kontrovers. Auf der einen Seite wird auf die tatsächlichen Stärken und Erfolge vieler Unternehmen verwiesen, auf der anderen Seite stehen eine Rekordzahl an Insolvenzen und Jobabbau. Sicher ist, dass im Erhalt unserer Wettbewerbsfähigkeit eine zentrale Herausforderung liegt: „Die Deutschen unterschätzen immer noch, welche Bewährungsprobe auf sie zukommt – Wettbewerbsdruck durch Globalisierung plus Erweiterung der Europäischen Union.“ (H. Köhler, Bundespräsident, 2004)

Die Ambivalenz der Wettbewerbsfähigkeit Deutschlands zeigt sich auch im Global Competitiveness Report des World Economic Forum. Hinsichtlich Strategie und der Beherrschung von Geschäftsprozessen steht Deutschland dort auf Platz 1. Bei der Flexibilität am Arbeitsmarkt, beim Kündigungsschutz sowie bei der Effizienz des Steuersystems auf dem letzten Platz von über hundert Staaten und bei Arbeitskosten und Produktivität auf Platz 63 (vgl. World Economic Forum, 2003).

Die Entgrenzung der Wirtschaft im Rahmen ihrer Internationalisierung hat zur Folge, dass die Wettbewerbsfähigkeit unserer Unternehmen und die Wettbewerbsfähigkeit unserer Volkswirtschaft nicht a priori gleichzusetzen sind (vgl. Siebert, 2002). Zwar bestehen zwischen beiden Aspekten vielfältige Interdependenzen, doch lohnt es, diese zunächst getrennt zu betrachten.

Vom Wettbewerb der Systeme zum Wettbewerb der Standorte

Die Leistungsfähigkeit oder Wettbewerbsfähigkeit eines Standortes ist die Fähigkeit, die Wertschöpfungskraft seiner Produktionsfaktoren zu nutzen und laufend zu verbessern. Liegen Produktionsfaktoren wie das Humankapital eines Landes brach, so sinkt auch die Leistungsfähigkeit im internationalen Vergleich. Für die Beurteilung der Wettbewerbsfähigkeit ist die alleinige Betrachtung der Leistungsbilanz nicht ausreichend, da ein Überschuss auch den Export von Kapital beinhaltet, was bedeutet, dass ein Überschuss sowohl als positives als auch als negatives Zeichen gewertet werden kann. Aussagekräftiger ist die zeitliche Entwicklung des Transaktionsvolumens und der Beschäftigung. Der Rückgang des Exportanteils auf den Weltmärkten sowie die steigenden Arbeitslosenzahlen deuten darauf hin, dass wir an Wettbewerbsfähigkeit verlieren (vgl. Sinn, 2003). Auch das World Economic Forum sieht in der positiven oder negativen Veränderung der Erfolgsgrößen einen wesentlichen Beurteilungsmaßstab und definiert hierfür einen “Groth Competitiveness Index” (vgl. World Economic Forum, 2003).

Die Entstehung von Wettbewerbsfähigkeit wird auf Standortfaktoren zurückgeführt. Deren Wirkung lässt sich am Modell der Migrationsentscheidung nach *Lee* (1966) erklären. Dieses basiert auf einer Push-Pull-Hypothese. Sie besagt, dass jeder Ort durch Faktoren charakterisiert ist, die abstoßend oder anziehend oder neutral wirken. Die Gesamtheit dieser Faktoren bestimmt die Entscheidung zum Ortswechsel.

Einem Automobilhersteller, der die Getriebe seiner Autos aus Deutschland, die Motoren aus Tschechien, die Elektronik aus Japan und die Reifen aus den USA bezieht, ist es letztlich gleichgültig, wo ein neuer Produktionsstandort für den europäischen Markt entsteht. Er wird auf Basis ökonomischer Rationalität denjenigen Standort identifizieren, der für ihn am profitabelsten erscheint. Hierfür wird er einen Vergleich der Standortbedingungen vornehmen, der einen Produktivitäts- und Qualitätsvergleich der potenziellen Arbeitskräfte mit einschließt. Die Standortbedingungen werden nicht nur durch die Lohn- und Lohnnebenkosten, die Wochenstundenzahl, die Urlaubstage und den Krankenstand seiner zukünftigen Arbeiter und Angestellten bestimmt, sondern auch durch die zu erwartende Steuerlast, die Qualität der bestehenden Infrastruktur, die Vorgaben für die Raumplanung, die Effizienz der Verwaltung, die Länge der Genehmigungsverfahren und alles andere, was die Produktivität einer Investition beeinflusst.

Determinanten des Standortwettbewerbs

Erklärungsansätze für die wesentlichen Bestimmungsgrößen bieten die Standorttheorie, die Theorie der Internationalisierung, die Produktlebenszyklustheorie, die Theorie der Direktinvestition sowie der Transaktionskostenansatz. Das Diamant-Modell von *Porter* stellt einen neueren Ansatz für die Wettbewerbsfähigkeit von Standorten dar (vgl. Porter, 1999). In diesem Modell werden nicht nur die Faktorkosten als Quelle von Standortvorteilen berücksichtigt, sondern auch das Vorhandensein von Branchen- und Technologieclustern, die Nachfragebedingungen sowie die Umfeldbedingungen durch die Stakeholder. Zwischen diesen Feldern bestehen vielfältige Wechselwirkungen, die in der Gesamtheit die Wettbewerbsfähigkeit des Standortes determinieren. Damit erhält die Standortgestaltung einen größeren, aber angemessenen Bezugsrahmen, der auch Chancen für neue Ansätze in unserem Land eröffnet. Dies betrifft sowohl alle Formen der Clusterbildung als auch eine bewusste Förderung von Lead-Märkten und das Schaffen eines ausgeprägten Innovationsklimas.

Die Ansiedlung von AMD in Dresden ist hierfür exemplarisch. Neben der Nähe zu Kunden aus der Mitte Europas und den Subventionen war hierbei insbesondere das exzellente Forschungsumfeld in der Region ein wichtiges Argument für die Ansiedlung. Die Nähe zur Technischen Universität Dresden und einer Vielzahl von Forschungsinstituten garantierte den Unternehmen eine hohe Verfügbarkeit von qualifizierten Fachkräften. Ergänzt wurde dieses Argument durch die Dresdner Tradition in diesem Bereich. Das noch aus DDR-Zeiten stammende Zentrum für Mikroelektronik Dresden (ZMD) beschäftigt heute 650 Mitarbeiter in der Region. Durch sehr kurze bürokratische Prozesse bei der Genehmigung von Investitionsvorhaben konnte der Freistaat Sachsen weitere Standortvorteile erzielen.

Positive Beispiele zeigen, dass aktive Standortgestaltung notwendig und möglich ist. Eine wichtige Aufgabe kommt hierbei der Industriepolitik auf lokaler und übergeordneter Ebene zu. Deren Ziel ist es, die Rahmenbedingungen zu setzen, um das Wachstums-, Innovations- und Beschäftigungspotenzial der Industrie zu erhöhen. Die Reduzierung der Faktorkosten der Arbeit ist bei den erheblichen Lohnkostendifferenzen ein wesentlicher Hebel aktiver Industriepolitik. Hierzu bedarf es der Verbesserung der Arbeitsflexibilität durch eine strukturelle Erneuerung des Arbeitsmarktes. Gleichzeitig gilt es, die Innovationsfähigkeit und Innovationsleistung zu fördern. Hierzu trägt insbesondere eine Bündelung der Know-how-Träger als auch eine langfristige Förderung von Hochtechnologien bei. Wissen und Qualität sind Schlüsselfaktoren zur Entwicklung neuer Wettbewerbsvorteile. Dabei geht es nicht nur um die Produkt- und Prozessqualität, sondern auch darum, die Qualität unseres Wissens durch eine Umgestaltung der Bildungslandschaft langfristig zu erhalten und zu steigern.

Unternehmenswettbewerb im globalen Kontext

Die Logik des strategischen Denkens aktueller Strategieansätze basiert darauf, dass eine Unternehmung dann eine strategische Rente erzielt, wenn sie über nachhaltige Wettbewerbsvorteile verfügt. Die Wettbewerbssituation vieler Unternehmen ist heute durch mehrere Merkmale geprägt. In der Regel bestehen ausreichende Produktionskapazitäten, zum Teil sogar Überkapazitäten, wie zur Zeit im Bereich der Automobilindustrie. Die Märkte sind zum großen Teil gesättigt und global. Die weltweite Verfügbarkeit von Information unterstützt den Transfer von Know-how, was dazu führt, dass sich Qualität und Wissen in vielen Bereichen angleichen. Daran leiden insbesondere deutsche Unternehmen, da aufgrund dieses Effektes dem Kostennachteil kein ausreichender Leistungsvorteil gegenübergestellt werden kann. Zusätzlich erwarten die Kunden eine verstärkte Individualisierung der Produkte und Leistungen.

In der Summe führt dies dazu, dass die Strategien der Kosten- und Leistungsführerschaft enger zusammenrücken, was zu bisher ungewohnten Überlappungen führt. Produkte wie der “Kia Sorento” setzen primär auf den Wettbewerbsvorteil der Kostenführerschaft, verfügen aber bereits über Leistungsmerkmale, die Premiumkunden dazu veranlassen, dieses Fahrzeug anstatt eines “BMW X5” oder einer “M-Klasse” von Mercedes zu erwerben. Das leistungsseitige Aufrücken der Kostenführer ist insbesondere eine Herausforderung für deutsche Unternehmen, die vor allem im Premiumsegment operieren.

Einen Erklärungsansatz hierfür bietet der Ansatz hybrider Wettbewerbsstrategien (vgl. Fleck, 1995). Hybrid bedeutet dabei, dass Strategien, die bislang als nicht erfolgreich verknüpfbar galten, nun zu strategischen Konzepten verbunden werden. Dies betrifft die Gleichzeitigkeit von Kostenführerschaft und Differenzierung als auch die Verbindung von globalen und lokalen Internationalisierungsstrategien. Ermöglicht wird dies durch Ansätze, die für jedes Element der Wertschöpfungsstufe differenzierte Strategiekonzepte erarbeiten und dynamisch variieren. So werden in den Upstream-Aktivitäten die Kostenvorteile einer globalen Beschaffungs- und Produktionsstrategie genutzt und in den Downstream-Aktivitäten lokal angepasste Konzepte verfolgt. Das Porter´sche Erklärungsmuster des “stuck-in-the-middle” hat vielfach ausgedient.

Der Zusammenhang von Wettbewerbsstrategie und Standortstrategie

Die Wahl der wettbewerbsstrategischen Positionierung hinsichtlich Kosten, Qualität, Technologieführerschaft, hoher Liefertreue und Flexibilitätsführerschaft steht immer auch im Zusammenhang mit den Motiven von Standortentscheidungen. Die empirischen Untersuchungen von *Kinkel* und *Lay* zeigen ein Bild, das für den Standort

Deutschland wenig positiv erscheint. Zwar ist bei Technologieführern das Motiv der Erschließung von Know-how ein wichtiges Motiv der Verlagerung und die Erschließung neuer Absätzmärkte bei einer Differenzierung durch Qualität, Lieferzeit, Flexibilität und Technologie von großer Bedeutung. Über alle Strategietypen hinweg ist das Motiv der Kostenreduktion jedoch am bedeutendsten (vgl. Kinkel/ Lay, 2004). Ähnliches ergaben eigene Untersuchungen im Rahmen der Studie "Unternehmensstandort Deutschland".

Hieraus ergibt sich eine Wertschöpfungsstrategie, die mit "Im Ausland produzieren – in Deutschland montieren" charaktierisiert werden kann: Ziel dieser Strategie ist es, alle marktfernen Tätigkeiten unter kostengünstigeren Rahmenbedingungen als am Standort Deutschland durchzuführen und nur Kundennähe und hoch qualifizierte Tätigkeiten hier zu behalten. Gerade das Beispiel der Automobilindustrie zeigt jedoch, dass dadurch auch Prozess- und Technologie-Know-how verloren geht und die konsequente Anwendung dieser Logik auch langfristig dazu führt, dass selbst Montagetätigkeiten keine Existenzberechtigung in Deutschland besitzen, da gerade diese in der Regel einen hohen Lohnkostenanteil besitzen und das Kriterium der Kundennähe eher dafür spricht, die Montage global zu verteilen. Vor diesem Hintergrund sind differenzierte Konfigurationen von Wertschöpfungsketten erforderlich, die eine globale Verteilung der Wertschöpfung nicht nur aus Kostensicht beurteilen.

1.3 Der Wert eigener Wertschöpfung

Ein mögliches Szenario zukünftiger Wertschöpfung wurde von einem amerikanischen Autor folgendermaßen beschrieben: „Die Fabrik der Zukunft hat nur zwei Angestellte: einen Mann und einen Hund. Der Mann ist da, um den Hund zu füttern. Der Hund ist da, um den Mann davon abzuhalten, die Maschinen anzufassen." Sicherlich stellt dies eine Karikatur der Zukunft dar. Die dahinter liegenden Fragestellungen sind jedoch aktuell. Eine zentrale Frage im Rahmen der Standortdebatte ist die Frage nach dem Wert eigener Wertschöpfung. Aus betriebswirtschaftlicher Sicht ist dabei zu fragen, worin die Wesensmerkmale der Wertschöpfung liegen, was ihre Qualität bestimmt und unter welchen Bedingungen diese einen Beitrag zum Unternehmenswert leisten.

Die Bedeutung von Wertschöpfung

Das Konzept der Wertschöpfung stammt ursprünglich aus der Nationalökonomie und wurde später in die Betriebswirtschaft übertragen (vgl. Weber, 1980; Wencke, 1987). Wertschöpfung oder "Added Value" stellt ein Maß für die Leistungsfähigkeit einer Wirtschaftseinheit dar, sei es ein Unternehmen oder eine Volkswirtschaft. Ermittelt wird Wertschöpfung üblicherweise als Differenz zwischen dem gesamten Produktionswert und den übernommenen Vorleistungen. *Porter* definiert die betriebliche Wertschöpfung als Differenz zwischen Verkaufspreis und Stoffkosten (vgl. Porter, 1989). Allerdings bestehen hinsichtlich ihrer Berechnung unterschiedlichste Definitionen (vgl. Weber, 1980). Im volkswirtschaftlichen Sinne entspricht die Wertschöpfung dem insgesamt geschaffenen Erwerbs- und Vermögenseinkommen und repräsentiert damit ein Maß für die Leistungsfähigkeit einer Nationalökonomie. Optimieren sich Unternehmen auf Kosten der eigenen Wertschöpfung und verlagern diese ins Ausland, so geht dies zu Lasten des Volkseinkommens. Darin liegt eine der Problematiken unserer Wertschöpfungsdiskussion. Aufgrund dieses Wirkungszusammenhangs ist zu fragen, ob eigene Wertschöpfung nicht auch im Unternehmen einen wichtigen Erfolgsbeitrag leistet.

Der Nutzen eigener Wertschöpfungskompetenz

Aussagen zum strategischen Beitrag der Wertschöpfung im Unternehmen machen Ansätze der Ressource-Based View. Danach werden Unternehmen als Bündel von besonderen Ressourcen verstanden. Aufgrund von Asymmetrien in der Ressourcenallokation und der zeitlich verzögerten Imitation kann es gelingen, diese als Quelle des Wertwachstums zu nutzen (vgl. Kaluza, 2000). In der Praxis heißt dies: „Nehmen wir nur die Fertigkeiten japanischer Automobilhersteller – zuerst in der Senkung der Kosten und im Abspecken der Produktion; dann in der Qualitätssicherung; danach im Tempo der Produktentwicklung. Solche mit der Zeit aufgebauten Fähigkeiten machen aus an sich simplen, allen zugänglichen Einsatzgütern überlegene Produkte, und diese Unternehmen zu Weltmarktführern.“ (Collis/Montgomery, 1996)

Eine Konkretisierung erfuhr diese Sicht im Konzept der Kernkompetenzen (vgl. Prahalad/Hamel, 1991). Kernkompetenzen sind dauerhafte und transferierbare Ursachen für Wettbewerbsvorteile einer Unternehmung, die auf Ressourcen und Fähigkeiten beruhen. Allerdings sind dies nicht die einzigen Fähigkeiten der Unternehmen. Das Zwiebelmodell der Kompetenzen zeigt, dass neben den Kernkompetenzen im engeren Sinne eine Reihe von Fähigkeiten im Unternehmen existieren müssen, um überhaupt wettbewerbsfähig zu sein und zu bleiben. *Krüger* und *Homp* weisen darauf hin, dass Wissen und Können als eigenständige Kombinationsfaktoren desto wichtiger werden, je mehr sie dynamischen Veränderungen unterworfen sind (vgl. Krüger/Homp, 1997). Damit erlangen in einer dynamischen Umwelt Wertschöpfungskompetenzen eine wachsende Bedeutung als Quelle von Kernkompetenzen.

Sony besitzt besondere Fähigkeiten im Bereich der Feinmechanik, Optik und Elektronik, mit deren Hilfe es gelang, ausgehend vom Walkman viele andere Produkte zu entwickeln, die auf dieser Kernkompetenz aufbauen. Voraussetzung hierfür war allerdings, dass zunächst die technologischen und prozessualen Basis-Fähigkeiten im Unternehmen entstanden und gehalten wurden.

BMW erarbeitete sich innerhalb mehrerer Jahrzehnte die besonderen Fähigkeiten in der Entwicklung, dem Design und in der Produktion von Automobilen der Luxusklasse. Diese Entwicklung begann spätestens in den 80er Jahren, als zum ersten Mal die 7er-Baureihe mit einem 12-Zylindermotor angeboten wurde. Schrittweise gelang es BMW damit, Mercedes gleichzuziehen und heute auf gleicher Augenhöhe zu operieren. Es bestanden hier nur zum Teil Kernkompetenzen, die durch Konzentration und Erhaltung interner Fähigkeiten ausgebaut wurden.

Fehlentwicklungen bei der "Konzentration auf Kernkompetenzen"

Unter dem Schlagwort der "Konzentration auf die Kernkompetenzen" wurde dieses Prinzip der Wertschöpfungskompetenz in den vergangenen Jahren vielfach konterkariert. Häufig wurden in einer zeitpunktbezogenen Betrachtung vorhandene Kernkompetenzen identifiziert und anschließend alle weiteren Fähigkeiten im Unternehmen als disponibel betrachtet, was zum Outsourcing und zur Verlagerung dieser Aktivitäten führte. Dabei wurde der evolutionäre Aspekt von Kernkompetenzen vernachlässtigt. Kernkompetenzen können nur dort entstehen, wo vorhandene Ressourcen und Fähigkeiten deren

Entwicklung erlauben. Außerdem kann technisches Know-How nur begrenzte Zeit als Aktivposten im Wettbewerb angesehen werden, da neue Innovationswellen einen Wertverfall der bisherigen Technologie nach sich ziehen. „Deshalb ist es höchst riskant, der Dauerhaftigkeit von Kernkompetenzen zu vertrauen.“ (Collis/Montgomery, 1996)

Konnte der Fernsehhersteller Löwe über Jahre hinweg in einem technologisch stabilen Marktumfeld mit der Kernkompetenz Design Markterfolge erzielen, so führte der technologische Sprung zu Flachbildschirmen dazu, dass nicht nur die bisherige Kernkompetenz nahezu obsolet wurde. Löwe hat im technischen Bereich zudem keine Ressourcen und Fähigkeiten, die es dem Unternehmen erlaubt hätten, eigenständig neue Kompetenzpositionen herauszubilden.

Der Zusammenhang zwischen eigener Wertschöpfung und Markterfolg konnte der Elektrokonzern Siemens empirisch fundieren. Bei der Untersuchung der Business Units bestand ein eindeutiger Zusammenhang zwischen der Wertschöpfungstiefe und dem langfristigen Erfolg. Heinrich von Pierer konstatiert, dass der Geschäftserfolg einiger Geschäftszweige darauf zurückzuführen ist, dass „Marketing, Entwicklung und Produktion an einem Standort konzentriert sind.“

Beitrag eigener Wertschöpfung zum Unternehmenswert

Wie lässt sich dieser Zusammenhang mit den aktuellen Ansätzen zum Unternehmenswert erklären? Die Entstehung und Erhöhung des Unternehmenswerts und die vielfältigen finanziellen Implikationen werden seit einigen Jahren in Theorie und Praxis intensiv diskutiert und eine wertorientierte Unternehmensführung ist eine wichtige Neuerung der vergangenen Jahre.

Der Shareholder Ansatz, der maßgeblich von Rappaport (vgl. Rappaport, 1986) geprägt wurde, stellt eine Abwendung vom Gewinn als zentrale Erfolgsgröße des Unternehmens dar und stellte die Ausrichtung der Unternehmung an den Interessen der Eigenkapitalgeber in den Mittelpunkt. Die Erfolgsgröße Shareholder Value Added beruht auf den Bewertungskomponenten betrieblicher Cash-flow, Diskontsatz und Fremdkapital und wurde durch eine Reihe von Bewertungsverfahren, wie der EVA (economic value added), der CFROI (Cash-flow Return on Investment), der SVA (Shareholder Value Added), DCF der (Discounted Cash-flow) operationalisiert.

Kernkompetenzen stellen dabei Werttreiber dar, da sie ressourcenbasierte Fähigkeiten mit dem Unternehmenswert verknüpfen. Allerdings hat ein hoher oder niedriger Wertschöpfungsanteil keine unmittelbare Auswirkung auf den Shareholder Value und steht in keinem direkten Zusammenhang. Gewinn und Mehrwert entsteht erst durch eine Kapitalisierung der Wertschöpfung. Mittelbar ist zwischen kurz- und langfristigen Effekten zu unterscheiden. Kurzfristig können durch eine Reduzierung der eigenen Wertschöpfung Investitionen vermieden werden und günstigere Kostenpositionen von Zulieferern genutzt werden. Dies führt zu einer Verbesserung des Cash Flows, was zu einer Verbesserung des Unternehmenswertes führt. Langfristig kann der Unternehmenswert jedoch durch eigene Wertschöpfung positiv beeinflusst werden, sofern es gelingt die eigenen Wertschöpfungsfähigkeiten zu Kernkompetenzen auszubauen. Die Verfügbarkeit von Kernkompetenzen führt am Markt zu einer besseren Rendite. Diese führt zur

Erhöhung der Differenz zwischen Ein- und Auszahlungen und somit zu einer Steigerung des Unternehmenswertes.

Die Realisierung von Unternehmenswert durch eigene Wertschöpfung braucht somit einen langen Atem und eine strategische Positionierung eigene Wertschöpfungskompetenzen. Gelingt dieses Zusammenspiel, entsteht eine nachhaltig hohe Wettbewerbsfähigkeit.

1.4 Heimat als Leistungsgemeinschaft

Worin liegen die Bezugspunkte von Unternehmen in einer globalen Wirtschaft? Am Beispiel von Puma lässt sich erkennen, dass diese Frage nicht allein durch Zahlenarithmetik zu beantworten ist: Ist Puma noch ein deutsches Unternehmen, dessen Produkte in 33 Ländern dieser Welt produziert werden?

Die Bedeutung von Heimat

Heimat, althochdeutsch „heimouti", mittelhochdeutsch „heimüete", bedeutet ursprünglich „Niederlassung" oder „Wohnsitz". Nach einer neueren Statistik sind es 36 %, für die der Wohnort die Heimat darstellt, für 19 % ist es der Geburtsort (vgl. Stratenwerth, 2000). Heimat ist damit zunächst mit dem Faktum der physischen Anwesenheit verknüpft. Bei Unternehmen wird dies mit dem Ort des Hauptsitzes verbunden. Ein eindrückliches Beispiel war die Diskussion um die Verlegung des Sitzes der Holding der deutschen Bank. Aufgrund von steuerlichen und rechtlichen Vorteilen wurde eine Verlegung öffentlich diskutiert. Aufgrund des anschließenden Aufschreis in der Öffentlichkeit wurden die Pläne schnell dementiert: „Die Deutsche Bank ist eine deutsche Bank und bleibt hoffentlich eine deutsche Bank" (J. Ackermann, 2004). Auf die Tatsache, dass sich ein Großteil des Geschäftes und damit der Mitarbeiter im Ausland befinden, hat dies jedoch keinen Einfluss. Der Hauptsitz scheint aus Sicht vieler Menschen viel mehr ein letzter Anker zu sein, der eine Verbindung von Ursprung und Realität in einer globalen Wirtschaft darstellt. Als identitätsstiftender Erklärungsansatz scheint diese Sicht allerdings nicht mehr anwendbar.

Heimat der Unternehmen: Strategische Identität

Aus Sicht von Individuen wird mit Heimat immer auch ein positives Vertrautsein verbunden, im Gegensatz zum Begriff der "Fremde". Von Karl Jaspers stammt folgendes Zitat: "Heimat ist da, wo ich verstehe und wo ich verstanden werde." Überträgt man diesen Gedanken auf die Institution "Unternehmen", so hängt die Heimat von Unternehmen auch stark mit dem inneren Zusammenhalt im Unternehmen ab. Starke Unternehmenskulturen bewirken, dass Mitarbeiter sich im Unternehmen beheimatet fühlen. Diese baut auf einer Klarheit über die eigene strategische Identität auf. Durch Positionierung im Dreieck von Kernkompetenzen, Marktpositionierung und Vision können sich Unternehmen eindeutig beschreiben und damit auch ihre lokalen und wertbezogenen Bezugspunkte definieren. Unternehmen finden ihre Heimat, in dem sie sich Klarheit über die ressourcenseitigen und marktseitigen Quellen verschaffen. Dies ist notwendig, um im Rahmen globaler Dynamik Orientierung und Konsistenz des Handelns sicherzustellen. Allerdings ist die Heimat der Unternehmen zunächst ortsungebunden.

Verantwortung für Heimat: Corporate Citizenship

Eine Verbindung zwischen nationaler, personaler und unternehmensbezogener Heimat entsteht durch Gemeinsamkeiten in den Bezugspunkten. Diese können der Kultur, den Wertesystemen, einer ressourcen- und marktseitigen Präsenz oder einer gemeinsamen Geschichte entstammen. Auf vielfältigen Ebenen entsteht so eine Verknüpfung zu einer kulturellen Heimat. Vor diesem Hintergrund wird verständlich, warum Siemens immer noch als typisch deutsches Unternehmen wahrgenommen wird, obwohl in vielen Bereichen Englisch als Arbeitssprache etabliert ist. Unter dem Stichwort "Corporate Citizenship" versuchen Unternehmen, sich als "aktive Bürger" am gesellschaftlichen Leben zu beteiligen und sich in die Gemeinschaft einzubringen. Die Bedeutung dieser Beziehungsarbeit wächst. „Bürgerschaftliches Engagement wird für Unternehmen zunehmend wichtiger, weil solches Engagement nicht nur gesellschaftspolitisch verantwortlich und moralisch lobenswert, sondern gleichzeitig ökonomisch klug und vorausschauend ist. ... Unternehmen sollten sich für bürgerschaftliches Engagement offen zeigen, sollten sich als „corporate citizen" verstehen, nicht weil sie etwas zu verschenken haben, sondern weil bürgerschaftliches Engagement eine „win-win" Situation ist, von der beide Seiten profitieren." (W. Müller, ehemal. Bundesminister für Wirtschaft und Technologie)

Zukunft der Heimat: Win-Win als Leistungsgemeinschaft

Wie kann eine derartige Win-Win-Situation entstehen? Sie entsteht immer dort, wo gleichberechtigte Partner etwas wertvolles einzubringen haben und beide Parteien davon profitieren. Im Bereich der Werte und der Kultur liegen die Stärken des Heimatstandorts Deutschlands. Deutsche Werte und Traditionen haben weltweit eine starke Substanz. Einer Umfrage zur Folge wird Deutschland insbesondere mit den deutschen "Tugenden" und Werten wie Qualität, Strenge, Pünktlichkeit, Ordnung und Effizienz verbunden. Die Wahrnehmung von "Made in Germany" beeinflusst immer noch in hohem Maß die Kaufentscheidungen (vgl. BCG, 2004). Aus dieser Sicht lohnt sich ein starker Heimatbezug für deutsche Unternehmen.

Wie lässt sich aber im Spannungsfeld zwischen wert- und kulturbezogener Heimat und globaler Aktivität noch ein "Wir-Gefühl" erzeugen, das für ein Meistern der anstehenden Herausforderungen notwendig ist? *Roman Herzog* charakterisierte Heimat folgendermaßen: „Heimat bedeutet erfolgreiches Zusammenleben und Erfolg beruht hier auf Leistung." Folgt man dieser Definition, dann entscheidet die Qualität des Zusammenlebens über den Heimatbezug von Unternehmen. Davon betroffen sind die vom Staat gesetzten Rahmenbedingungen, die Innovations- und Leistungsbereitschaft der Mitarbeiter und auch die Managementqualität in den Unternehmen. Die Geschichte zeigt, dass Heimat immer dann in Gefahr gerät, wenn der Erfolg des Zusammenlebens ausbleibt, getrieben durch interne oder externe Ursachen. Deshalb erscheint es notwendig, alle Determinanten erfolgreichen Wirtschaftens zu bedienen, um für Unternehmen in Deutschland Heimat zu bieten. In einem Bericht zur Lage der deutschen Wirtschaft beschrieben die Autoren eine offensive Strategie der Standortsicherung damit, dass diese auf der Bereitschaft und Fähigkeit beruht, Leistungen zu erbringen, die erforderlich sind, um an einem gegebenen Standort international wettbewerbsfähig zu bleiben (vgl. AdwF e.V., 1996). Leistung beruht immer auf Leistungsfähigkeit, auf Leistungsbereitschaft und auf der Möglichkeit, leisten zu dürfen. In allen drei Feldern ist anzusetzen, um unser zukünftiges Zusammenleben zu sichern.

Globalität und Lokalität sind hierbei keine Gegensätze mehr. Wir brauchen beides, die Globalisierung und die Verankerung in der „Heimat". Globalität bedeutet Teilnahme und Teilhabe an einer vernetzten Wirtschaft, Lokalität meint den aktiven Ausbau der eigenen Stärken und eine Entwicklung neuer Erfolgsfaktoren.

2. Herausforderungen an eine wettbewerbsfähige Wertschöpfung der Unternehmen

Die Herausforderungen für eine wettbewerbsfähige Wertschöpfungsgestaltung ergeben sich aus den strukturellen Veränderungen im Dreieck Wettbewerbsfähigkeit, Wertschöpfung und strategischer Identität. Das Auseinanderdriften von Unternehmenswettbewerb und Standortwettbewerb, verbunden mit der Entstehung erfolgreicher Strategien, führt zu neuen Anforderungen an ein Ressourcen- und Leistungsmanagement. Die Ambivalenz von kurzfristigen und langfristigen Effekten der Wertschöpfungstiefe und die Möglichkeiten zur Nutzung optimaler Faktorkombinationen stellt Anforderungen an das Wertschöpfungs- und Risikomanagement.

2.1 Wertkettenmanagement: Wertschöpfung konfigurieren

Die Konfiguration von Wertschöpfungsketten gewinnt aufgrund von zwei Entwicklungen eine besondere Bedeutung. Der kontinuierliche Rückgang des eigenen Leistungsanteils der einzelnen Unternehmen führt dazu, dass damit auch der Bereich der direkten Beeinflussbarkeit kleiner wird. Gleichzeitig erweitert sich der Handlungsspielraum für die Einbindung externer Wertschöpfungspartner und für die eigene Wertschöpfungsgestaltung. Dieser erweiterte Handlungsspielraum zeigt sich exemplarisch an Wortschöpfungen wie "Offshoring" oder "China-Sourcing", die sich zu eigenständigen Begriffen und Methoden entwickeln. Allerdings beinhalten erweiterte Möglichkeiten aufgrund der Marktmechanismen immer auch eine implizite Pflicht, diese zu nutzen. Dies führt dazu, dass eine gezielte Konfiguration der internen, aber auch der externen Wertschöpfungsprozesse zu einer strategischen Kernaufgabe für Unternehmen wird. Diese Aufgabe geht über den Begriff des "Supply Chain Managements" hinaus. SCM bezieht sich zunächst auf eine Koordination und Steuerung der Wertschöpfungsketten. Konfiguration beinhaltet auch das "Zusammenstellen" und Abstimmen des Wertschöpfungsmodells und bezieht somit die Auswahl der Aktivitäten, die Festlegung des Zusammenspiels sowie die grundsätzliche Ausrichtung mit in den Gestaltungsraum ein (vgl. Müller-Stefens/ Lechner, 2003).

Die Bestimmung der Wertschöpfungsarchitektur bildet den strategischen Kern der Wertkettengestaltung. Typen von Wertschöpfungsarchitekturen zeigen die prinzipiellen Gestaltungsmöglichkeiten in horizontaler und vertikaler Richtung (vgl. Heuskel, 1999). Schichtenspezialisten nutzen die Spezialisierungsvorteile, die durch eine Konzentration auf wenige Stufen der Wertkette entstehen. Typische Beispiele hierfür sind Zulieferunternehmen, die ihre Leistungen in unterschiedlichen Industriezweigen anbieten. Pioniere schaffen sich einen eigenen Markt, in dem sie zusätzliche Wertschöpfungsstufen in bestehende Märkte einfügen. Dabei entstehen Prozessinnovationen, die sich aus Informationsvorteilen ergeben. Orchestratoren konzentrieren sich wie Schichtenspezialisten auf einzelne Wertkettenelemente. Allerdings übernehmen sie auch Koordinationsaufgaben über andere Bereiche der Wertschöpfungskette. Die First und Second Tier und auch die OEM sind vielfach in dieser Rolle. Schließlich halten Integratoren die gesamte Wertschöpfungskette unter eigener Kontrolle und weisen einen geringen Teil Fremdbezug auf. Diese Wertschöpfungsarchitektur ist in der Pharma- und Chemieindustrie verbreitet. Die Herausforderung bei der Gestaltung der eigenen Wertschöpfungsarchitektur besteht jedoch weniger im Erkennen der eigenen Aufstellung, sondern im Abgleich von Branchencharakteristika, eigenen Kernkompetenzen und globalen Standortfaktorallokationen, die geeignete Architektur zu wählen.

Den Weg zu einer optimalen Wertschöpfungsstruktur beschreiben Konfigurationsmanöver. Mit ihrer Hilfe lässt sich die Arbeitsteilung innerhalb der Wertschöpfungskette neu definieren. Mit Hilfe von Konifigurationsmanövern lässt sich der Handlungsraum beschreiben (vgl. Müller-Stevens/Fontin, 2003). Hierbei stehen die Manövertypen Fokussieren, Integrieren, Komprimieren, Expandieren, Neu Konstruieren und Koordinieren zur Verfügung. Reale Manöver ergeben sich meist aus einer Kombination der generischen Typen. So lassen sich Produktionsverlagerungen mit Hilfe einer Fokussierung und Koordination meistern. Diese Grundmodelle erhalten Ihren Zweck, sobald durch eine kombinatorische Anwendung mögliche Szenarien entwickelt werden können und zu einem wirtschaftlich bewerteten Gesamtkonzept verbunden werden. Vorreiter waren hierbei japanische Unternehmen, die frühzeitig die Lieferanten- und Abnehmernetzwerke aufgebaut haben und so ihren Einfluss- und Betrachtungsbereich auf den gesamten "Wirtschaftsglobus" bezogen haben. Operationalisierbare Schritte auf diesem Weg werden von *Farrell* vorgeschlagen. Diese beinhalten eine Evaluierung der Globalität der eigenen Industrie und der möglichen Globalität des eigenen Unternehmens. Darauf aufbauend sind Optionen zu bilden, wie eine Neukonfiguration der eigenen Wertschöpfungsprozesse aussehen könnte, um anschließend die eigenen Prozesse zu optimieren und zu fokussieren (vgl. Farrell, 2004).

Eine wesentliche Aufgabe des Wertschöpfungsmanagements liegt schließlich in der Koordination der Prozesse. Dies umfasst die Aufgaben des klassischen Supply Chain Managements. Die Ergebnisse des "Global Competitiveness Report" des World Economic Forums zeigen, dass Deutschland insbesondere bei der Wertschöpfungskoordination und -strategie an vorderster Stelle rangiert. Diese Position gilt es nach dem Motto "Stärken stärken" in Zukunft auszubauen. Die Stellhebel sind die Ausbalancierung des optimalen Autonomiegrads der Mitwirkenden sowie die Gestaltung geeigneter Kooperationsformen, die auf der einen Seite das berechtigte Eigeninteresse wahren, aber auch dem Koordinator ausreichend Gestaltungsmacht verleihen. Hierzu sind Kontrollmechanismen zu verankern, die auch einen gerechten Kosten- und Leistungsausgleich zwischen allen Beteiligten ermöglichen. Es ist offensichtlich, dass für eine derartige Aufgabe insbesondere Unternehmen geeignet sind, die über ein hohes Maß an Planungs- und Koordinationskompetenz verfügen. Gerade hierfür haben deutsche Unternehmen gute Voraussetzungen.

2.2 Leistungsmanagement: Globale Individualität meistern

Leistungsmanagement in globalen Märkten bewegt sich zukünftig zwischen den Polen Individualität und Standardisierung sowie Globalität und Kundennähe. Während das erste Polpaar die Gestaltung des Leistungsportfolios beschreibt, steht das zweite Paar für das Spannungsfeld heutiger Vertriebs- und Distributionsstrukturen.

Die Gestaltung von Leistungsportfolios wird zunehmend durch die Sättigung und Dynamisierung der Märkte bestimmt. Wettbewerbsvorteile sind nur noch kurzfristig zu erzielen und zwingen die Unternehmen dazu, ihre Produktlebenszyklen zu verkürzen sowie ihre Produkte stärker zu individualisieren. Beides lässt sich aktuell im Bereich der Automobilindustrie beobachten. Besaß die Premiummarke Mercedes noch vor einigen Jahren relativ festgefügte Produktlinien, so werden heute eine Vielzahl von neuen Marktnischen besetzt und unterschiedlichste Cross-Over-Konzepte entwickelt. Ziel ist es, die Kundenbedürfnisse genau zu treffen und damit in kleinen Bereichen Wettbewerbsvorteile zu erlangen. Die Folge ist eine Explosion der Variantenvielfalt, was eine Verringerung von Skaleneffekten zur Folge hat und schließlich zu rapide steigenden Kosten führt. Dagegen hilft nur eine Standardisierung von einzelnen Bauteilen, Produkten oder Prozessen. Wird diese jedoch soweit forciert, dass sich zwei Automobilmarken noch lediglich durch ihre Marken und das Blechkleid unterscheiden, so ist eine Kanabalisierung der eigenen Produkte die Folge. Es geht deshalb darum, einen Mittelweg zwischen Individualität und Standardisierung zu finden sowie aus diesem Zielkonflikt heraus zu kreativen Lösungsansätzen zu gelangen.

Neue Ansätze zur Gestaltung von Leistungsportfolios bietet das Konzept der Produktordnungssysteme (vgl. Wildemann, 2004). Der Ansatz der Mass Customization sucht nach Möglichkeiten, Massenprodukte an die individuellen Kundenbedürfnisse anzupassen. Mit Hilfe produktbegleitender Dienstleistungen lassen sich Kundenlösungen entwickeln, die aus Herstellersicht die Möglichkeit bieten, die Individualisierung innerhalb der Dienstleistung zu erbringen.

Globale Märkte erfordern eine globale Präsenz. Kunden erwarten, dass sie ihrem Kulturraum entsprechend angesprochen und bedient werden. Hierin liegt der zweite Zielkonflikt des Leistungsmanagements. Auf der einen Seite sind Distributionskanäle aus Kosten- und Koordinationsgründen so zu gestalten, dass sie durchgängig, transparent und gleichartig sind. Auf der anderen Seite gilt es Kundennähe herzustellen. Diese erfordert jedoch, dass sich der Kundenzugang abhängig macht von den Bedürfnissen, Gewohnheiten und kulturellen Rahmenbedingungen der Abnehmer. Andererseits ist der Kunde häufig überfordert und verwirrt von der ihm angebotenen Variantenvielfalt ("Customer Confusion"), die durch Leistungsoptionen und Preisoptionen verursacht wird. Gut gemeinte – scheinbar kundenorientierte – Maßnahmen durch Customizing, Mixed Bundling-Möglichkeiten, Bonussysteme und Zugaben erhöhen die Anzahl der Einflussfaktoren und damit die Komplexität einer Kaufentscheidung. Von Bedeutung ist hierbei nicht die objektive, sondern die subjektive, wahrgenommene Stimulusähnlichkeit, -überlastung und -unklarheit. Die wertorientierte Gestaltung der Kundenbeziehung ist hier ein wesentlicher Ansatzpunkt. Um dem Globalitätsanspruch gerecht zu werden, muss die Vertriebskanalsteuerung überdacht werden. Innovative Vertriebskanäle zeichnen sich dadurch aus, dass der Fluss der Verfügungsrechte vom körperlichen Warenfluss entkoppelt ist. Der physische Sitz des Unternehmens und damit auch die räumliche Nähe zum Kunden verlieren an Bedeutung. Durch diese Entkopplung wird es möglich, individuelle Kundenansprüche und Kundenbeziehungsmanagement von den standardisierten und hoch effizienten Distributionslogistikkonzepten zu entkoppeln.

2.3 Ressourcenmanagement: Wissen und Kapital verbinden

Das Management der Ressourcen rückt meist dann in den Mittelpunkt, wenn eine Knappheit droht oder wenn der Beschaffungspreis aus anderen Gründen steigt. In dieser Zwangslage wird versucht, die Effizienz des Systems zu verbessern, um bei gegebenen Faktorrelationen noch wirtschaftlich zu bleiben. Dieses Denkschema lässt sich auf die klassischen Produktionsfaktoren wie Personal, Kapital und Material anwenden. Allerdings ist die Akkumulation von Kapital, die Verbilligung der Arbeitskraft oder der Aufbau immer größerer Produktionseinheiten für das Wohlergehen einer Volkswirtschaft keineswegs so entscheidend, wie immer geglaubt wird. Sie haben nur den Vorteil, dass sie fassbar, rechenbar und vorzeigbar sind. Sie sind im Gegensatz zu den Ideen, Entdeckungen und Wissensvorräten materiell vorhanden und lassen sich von Politikern oder Wirtschaftslenkern als Nachweis für den Erfolg des eigenen Tuns auf Hochglanzpapier gut verkaufen. Doch für den Reichtum und das Wachstum einer Nation sind sie von nachrangiger Bedeutung.

Joseph Schumpeter und Peter Drucker, Alvin Toffler, Robert Reich und nicht zuletzt der Erfinder der umstrittenen New Growth Theory, Paul M. Romer, haben nicht viel gemeinsam. Eines aber eint diese Vordenker der Wirtschaftswissenschaften: Der Glaube an die ökonomische Kraft der ungewöhnlichen Idee. Der Wirtschaftswissenschaftler Robert Solow hat für den Nachweis, dass der Einsatz neuer Technologien das Wachstum einer Volkswirtschaft viel stärker fördert als der Einsatz von noch mehr Kapital oder noch mehr Arbeitskraft, einen Nobelpreis gewonnen. Doch woher kommt Technologie? Fällt sie wie Manna vom Himmel? Technologie ist das Produkt guter Ideen. Oder neuer Erfindungen oder Umsetzung von Wissen. Technologie ist immer das Ergebnis eines neuen Ansatzes. Man könnte auch sagen, einer angewandten Idee, die aus dem Wissen von etwas Neuem geboren wird. Hier zeigen sich jedoch die Schwächen unserer derzeitigen Situation. Obwohl Deutschland bei den Ausgaben für Forschung und Entwicklung mit 2,5 % des BIPs über dem EU-Durchschnitt liegt, geben die USA und Japan mit zusätzlichen 0,3 % beziehungsweise 0,5 % immer noch mehr für die Erforschung innovativer Technologien aus. Technologie entsteht unabhängig von Steuerreformen oder Standortdebatten. Sie braucht "nur" den richtigen Nährboden – und damit ein angepasstes Ressourcenmanagement.

Ressourcenmanagement von Wissen ist im Grunde Qualitätsmanagement. Wissen lässt sich quantitativ kaum erfassen. Weder in Megabyte gespeicherter Daten noch in der Anzahl von Mitarbeitern. Bei Wissen geht es stets um die Steigerung der "Qualität" des Wissens. Verfolgt man die Evolutionsstufen des Qualitätsmanagements von der Qualitätskontrolle zum Total Quality Management, so lässt sich auch ein Evolutionspfad für das Wissensmanagement ableiten. All zu oft wird Know-how reduziert auf Entwicklungsabteilungen, deren Aufgabe es ist innovative, neue Produkte zu entwickeln. Dies entspricht dem Denken der klassischen Qualitätssicherung. Im Bereich der Qualität wurde begriffen, dass diese erst nachhaltig erreicht werden kann, wenn diese von allen Mitarbeitern getragen wird und im Zentrum aller Bemühungen steht. Bezogen auf das Management der Ressource Wissen bedeutet dies, dass es keine Trennung von Ausführung und Vorgabe geben kann, sondern jede Teil des Wissensmanagementprozesses sein sollte. Spear forderte deshalb eine Kultur des Experimentierens, die alle Mitarbeiter betrifft (vgl. Spear, 2004).

Als Katalysatoren des Wissens lassen sich drei Hauptbestandteile identifizieren. Wissensgenerierung lebt von Ideen. Die Erkenntnis, dass die Anzahl brauchbarer Ideen mit der Anzahl der Versuche wächst, gilt nicht nur bei einzelnen Erfindern, sie gilt auch bei Volkswirtschaften. Nur durch verstärkte Anstrengungen und Investitionen im Bereich von Forschung und Entwicklung kann eine neue Innovationswelle entstehen. Dies gilt gleichermaßen für die Investitionen des Staates und der Unternehmen. Wissen braucht die Vernetzung der Know-how-Träger. Dies trifft eine Achillesferse im deutschen System. Allzu oft gelingt es nicht, alle notwendigen Partner so zusammenzubringen, dass aus fundierter Grundlagenforschung vermarktbare Produkte entstehen. Die Einrichtung von Innovationsnetzwerken und Technologieparks bildet die notwendigen Plattformen zur Entwicklung marktreifer Produkte. Als besonders erfolgskritisch hat sich dabei die genaue Kenntnis der Kundenpräferenzen erwiesen. Zwar bemühen sich die meisten Unternehmen, ihre Produkte kundenorientiert zu entwickeln. Der Einsatz von Methoden wie der Conjoint Analyse zeigt jedoch, dass durch eine systematische Ermittlung der Kundenpräferenzen die Produktkosten zwischen 10-15% gesenkt werden können. Schließlich braucht Innovation auch Unternehmer, die bereit sind, das Wagnis neuer Technologien und neuer Produkte einzugehen.

Gerade im Bereich der New Economy hat sich gezeigt, dass Wissen zwar die Basis für Wachstum und damit für Wohlstand ist, jedoch als Ressource allein nicht ausreichend ist. Die Verknüpfung von Kapital und Wissen hat sich dabei als Dreh- und Angelpunkt des Ressourcenmanagements herausgestellt. Hierzu zählt nicht nur die Verfügbarkeit des Kapitals zu günstigen Konditionen, was in neuen Technologiefeldern durch die Hinzunahmen von Wagniskapitalgebern und Business Angels gelingen kann. Genauso spielt der gezielte Einsatz des Kapitals eine wichtige Rolle. Ansätze der Off-Balance und Off-Notes-Finanzierung erweitern den Handlungsspielraum des Managements der Kapitalressourcen und ermöglichen eine Risikominimierung und Externalisierung der Kapitalbindung.

2.4 Chancen- und Risikomanagement: Dynamik und Unsicherheiten beherrschen

Der Schriftsteller Carl Amery schreibt: „Risiko ist die Bugwelle des Erfolgs." Die Erkenntnis, dass Erfolg und Risiko zusammengehören, bewahrheitet sich insbesondere in globalen Märkten. Wertschöpfung ist stets durch Unsicherheiten und unvorhergesehene Ereignisse geprägt, die den Prozess und die resultierenden Ergebnisse negativ oder positiv beeinflussen. Aus betriebswirtschaftlicher Sicht kann unter einem Risiko sowohl die Chance von Gewinnen als auch die Gefahr von Verlusten verstanden werden. Risiken entstehen aus der Abweichung von Planwerten. Somit hängen Risiken eng mit der Planbarkeit und Vorhersagbarkeit von Ereignissen der Zukunft ab. Diese nimmt jedoch im Zuge der Globalisierung ab.

Ein wesentlicher externer Treiber für Risiken besteht in einer steigenden Dynamisierung des Marktgeschehens. Die große Volatilität der Märkte führt zu erheblichen Schwankungen der Produktionsvolumina sowohl in der Höhe als auch in der zeitlichen Abfolge. Die Wertschöpfungskette muss zeitgerecht auf die Anforderungen reagieren, wodurch die Gefahr steigt, dass eine geforderte Reaktionsgeschwindigkeit nur unzureichend erfüllt werden kann. Diese extern induzierten Risiken werden durch Gestaltungsmaßnahmen in den Wertschöpfungsprozessen selbst verstärkt. Wertschöpfungssysteme, deren Effizienz in vergangenen Jahren durch die Anwendung des Just-in-Time Prinzips gesteigert wurde, beinhalten keine Ausgleichsreserven, um unzureichende Flexibilitätsanforderungen spontan zu nivellieren. Veränderungen am Markt schlagen direkt auf die wertschöpfenden Prozesse durch und setzen sich gemäß dem Peitscheneffekt in der Supply-Chain fort.

Die wachsende interne und externe Komplexität ist ein weiterer Risikotreiber. Die technologische Verfeinerung der Anlagentechnologien und der materialflusstechnischen und IT-technischen Vernetzung birgt erhebliche Risikopotenziale, die insbesondere in Anlaufsituationen evident sind. Gleichzeitig wird eine zunehmende Komplexität in die Systeme hineingetragen. Diese wird maßgeblich durch erhebliche Steigerung der Variantenvielfalt, die Verkürzung der Produktlebenszyklen und auch durch die steigende technische Komplexität der Produkte selbst getrieben.

Die Forderung nach einem effektiven Risikomanagement wird auch durch den Gesetzgeber bekräftigt. Das "Gesetz zur Kontrolle und Transparenz im Unternehmensbereich" (KonTraG) fordert die Einrichtung eines Risikomanagementsystems. Verstärkt wird der gesetzliche Druck auf die Unternehmen zum systematischen Umgang mit potenziellen Risiken durch die Veränderungen im Aktiengesetz (AktG), Handelsgesetzbuch (HGB), Produkthaftungsgesetz (ProdHaftG) und Produktsicherheitsgesetz (PSG).

Das Ziel eines Chancen- und Risikomanagements besteht darin, die bereits existierenden und die zukünftigen Chancen und Risiken im Leistungserstellungsprozess eines Unternehmens so zu steuern und zu regeln, dass die Zielerreichung innerhalb der funktionalen Bereiche gewährleistet wird und sichergestellt ist, dass sie die leistungswirtschaftliche Risikoposition eines Unternehmens nicht übersteigt. Die im Vergleich zum Management der Wertschöpfungskette besonders ausgeprägten Funktionen des leistungswirtschaftlichen Risikomanagements bestehen unter anderem darin, das Risikobewusstsein der Mitarbeiter zu stärken, so dass die relevanten Störpotenziale und Risiken bei allen Aktivitäten zur Leistungserstellung vorausschauend identifiziert, beurteilt und im Bedarfsfall Maßnahmen zur Risikohandhabung eingeleitet werden. Das Risikobewusstsein darf aber nicht dazu führen, dass aufgrund einer übertriebenen Risikoaversion potenzielle Chancen exkludiert werden. Durch die untrennbare Kopplung des Risikos mit den sich ergebenden potenziellen Chancen besteht die Gefahr, durch einen Ausschluss von Risiken auch Chancen zu vergeben. Ein solches Vorgehen würde Wirtschaften mit Gewinn unmöglich machen. Das leistungswirtschaftliche Risikomanagement muss vielmehr gewährleisten, dass durch den bewussten Umgang mit Risiken die unternehmerischen Ziele und damit die Wahrung von Chancenpotenzialen sichergestellt werden.

3. Leitlinien zur Gestaltung wettbewerbsfähiger Wertschöpfungsstrukturen

Wie lässt sich den Herausforderungen der Wertschöpfungsgestaltung innerhalb globaler Marktstrukturen begegnen und welche Leitlinien gilt es zu beachten, um in den beschriebenen Spannungsfeldern gangbare Erfolgspfade zu identifizieren? In allen vier Bereichen des Wertschöpfungsmanagements, des Ressourcenmanagements, des Leistungsmanagements und des Risikomanagements lassen sich Leitlinien identifizieren, die dies ermöglichen.

3.1 Leitlinien des Wertkettenmanagements

Wertschöpfung in einer vernetzten Welt ist immer eine Gemeinschaftsleistung und deren Erfolg beruht auf dem Zusammenspiel aller Partner. Handlungsansätze im Wertschöpfungsmanagement orientieren sich an der Aufgabe, durch eine Nutzung der globalen Chancen eine geeignete Wertschöpfungskonfiguration zu gestalten. Der sich ständig erweiternde Handlungsspielraum ist dabei Herausforderung und Chance zugleich. Um die Chancen zu nutzen gilt es, die geeigneten Partner zu finden und diese zu einem Netzwerk zu verknüpfen. Als koordinatives Instrumentarium wird hierzu das Supply Chain Management geboten. Allerdings bestehen an ein globales Supply Chain Management weitreichende Anforderungen. Sie sind nicht nur schnell und effizient, sondern müssen zukünftig auch qualitative Eigenschaften wie Agilität und Anpassungsfähigkeit besitzen. Die entstehenden transnationalen Strukturen besitzen noch weitreichende Synergiepotenziale, die bisher nur unzureichend gehoben werden konnten. Um ausgehend von einem bestehenden Wertschöpfungskonzept dieses evolutionär und auch radikal weiterzuentwickeln, bedarf es weiterhin ständiger Prozessinnovationen, die sich nicht nur auf einzelne Einheiten, sondern auf den gesamten Wertstrom des Unternehmens beziehen.

3.1.1 Leitlinie 1: Internationales Supply Chain Management als Befähiger

Supply Chain Management-Konzepte, die auf nationale Netzwerke angewendet werden, lassen sich nicht 1:1 auf internationale Netzwerke übertragen. Eine internationale Betrachtung von Supply Chains führt zu neuen Impulsen für die Gestaltung der Wertkette sowie von Netzwerkstrukturen.

Die verbreitete Auffassung, nach der internationale Supply Chains gegenüber nationalen deswegen komplexer sind, da sich die Rahmenbedingungen der logistischen Prozesse von Land zu Land unterscheiden können, ist sicherlich richtig, spiegelt aber nur bedingt die zusätzliche Komplexität wider.

Welche Auswirkungen ergeben sich aus einem Global Sourcing für die Gestaltung internationaler Supply Chains?

Die steigende Bedeutung internationaler Supply Chains kann als Reaktion auf die Global Sourcing-Aktivitäten interpretiert werden. Unter Global Sourcing wird heute vielfach noch die Beschaffung von Produkten aus Industrienationen vor dem Hintergrund des Ausschöpfens bestehender Faktorkostenunterschiede verstanden. Zukünftig wird das Global Sourcing verstärkt um die Beschaffung von Produkten aus Niedriglohnländern erweitert werden. Viele Unternehmen wollen die Beschaffung von Commodity-

Gütern, die kein hohes technisches oder personelles Know-how erfordern, aus diesen Ländern forcieren.

Sollten Bauteile oder Systemelemente eines Moduls oder eines Systems kostengünstiger in Niedriglohnländern zu beschaffen sein, so geht die Überlegung im Rahmen des Global Sourcing dahin, die bestehenden Supply Chains in Frage zu stellen und neue zu gestalten. Es stellt sich nun die Frage, ob ein derartiges Supply Chain Management vom früheren Modul- oder Systemlieferanten betrieben wird oder der OEM nun selbst diese Aufgabe übernehmen muss. Dies hängt sicherlich davon ab, inwieweit die Bestrebungen des OEM und des Zulieferers, Bauteile und Systemelemente aus Niedriglohnländern zu beschaffen, in Einklang gebracht werden können. Einige Zulieferer beschaffen derzeit bereits Bauteile und Systemelemente aus Niedriglohnländern, andere wiederum nicht. Auch die Entwicklungen zeigen kein allgemein gültiges Bild. Während einige Zulieferer die Beschaffung aus Niedriglohnländern erweitern wollen, Tochterunternehmen bereits gegründet haben oder verstärkt Zulieferer aufbauen wollen, sehen andere Zulieferer hier nur begrenzte Kostenreduzierungspotenziale. Zwar besteht Übereinstimmung darin, dass die Materialeinstandskosten teilweise um bis zu ein Drittel reduziert werden können. Über die Höhe der zusätzlichen Supply Chain-Kosten bestehen jedoch unterschiedliche Auffassungen. Eine Ursache hierfür könnte sein, dass zumeist nur die höheren Transportkosten aufgrund der größeren Entfernungen berücksichtigt werden. Weiterführende Kosten wie die für das Supply Chain Planning sowie das Supply Chain Management werden häufiger außer Acht gelassen.

Welche Rolle spielt das Supply Chain Planning in internationalen Supply Chains?

Mit dem Supply Chain Planning als strategische Funktion im Unternehmen wird die Zielsetzung verfolgt, die Struktur des Supply Chain-Netzwerkes und die dort stattfindenden logistischen Prozesse zu definieren. Das Netzwerk lässt sich dabei durch Knoten und Kanten beschreiben. Während an den Knoten die Güter umgeschlagen oder gelagert werden sowie weiterführende wertschöpfende Aktivitäten erbracht werden, stellen die Kanten die Transportstrecken dar. Die zunehmende Komplexität in internationalen Supply Chains spiegelt sich infolgedessen in einer Zunahme von Knoten und Kanten wider. Ein Global Sourcing aus Niedriglohnländern wird diesen Effekt weiter beschleunigen. Die Bündelungsfunktion der System- und Modullieferanten in Form der Knoten in den Supply Chain-Netzwerken wird sich reduzieren. Einzelne Knoten werden weiterhin durch diese koordiniert werden. Weitere werden jedoch hinzukommen, deren Koordination an den OEM übertragen wird. Zulieferer und OEM müssen daher dazu übergehen, die Planungsfunktion bezüglich der durch sie geführten Supply Chain-Netzwerke auszubauen. Vor dem Hintergrund der jeweils möglichen Supply Chain-Konzepte sind entsprechende Optimierungen der Supply Chain durchzuführen, um die geforderten Kostenziele und Service Level Agreements gegenüber den Abnehmern einzuhalten. Es muss aufgezeigt werden, dass die niedrigeren Kosten einer Beschaffung aus Niedriglohnländern nicht durch höhere Supply Chain-Kosten vollständig aufgezehrt werden. Viele in- und ausländische Unternehmen sind mittlerweile dazu übergegangen, ein entsprechendes Supply Chain-Planning auf europäischer, d. h. kontinentaler Ebene, produktübergreifend zu betreiben. So lassen sich dadurch auch logistische Leistungen bezüglich des Transports und der Lagerung bündeln und economies of scale und scope realisieren. Gerade die produktübergreifende Bündelung von Materialströmen stellt in vielen Unternehmen ein noch nicht ausreichend genutztes Potenzial dar. Supply Chain Manager unterstützen in diesem Fall den Zulieferer bei der Erreichung seiner Versorgungssicherheit hinsichtlich seiner Lieferungen gegenüber dem OEM.

Welchen Beitrag leisten Postponement-Strategien?

Internationale Supply Chains machen andere Transportmittel erforderlich als nationale. Der internationale Transport ist weiterhin zwangsläufig als intermodaler Verkehr zu organisieren: Verschiedene Transportmittel können einander abwechseln. Interkontinentale Supply Chains werfen die Fragen nach einem Transport mit Hilfe des Schiffes oder des Flugzeuges auf. Zwar fällt der Schiffstransport deutlich kostengünstiger aus, jedoch vergehen teilweise mehr als zwei Monate, bis das Produkt beim Abnehmer angelangt ist. In diesem Zeitraum kann keine Wertschöpfung am Produkt vorgenommen werden, weil die Vielzahl der Schiffe keine "schwimmenden Fabriken" darstellen. Die Zollabwicklung stellt als weiterer Prozess innerhalb internationalen Supply Chains einen hohen Zeitfaktor dar. Die Produkte müssen entsprechend deklariert werden, wenn entsprechende Umschlagprozesse in anderen Ländern wahrgenommen werden sollen. Diese Prozesse sind heute immer noch in vielen Bereichen nicht papierlos. In Europa wurde mit dem NCTS-Verfahren nun die Automatisierung der Zollabwicklung initiiert. Dadurch entfallen viele redundante Prozeduren und die Zeittreiber im Prozess werden deutlich reduziert. Außerhalb von Europa führen jedoch derartige Prozesse zu Zwischenlagerungen und damit verbundene Kosten. Sowohl die längeren Transportzeiten als auch die zeitaufwändigen Zollabwicklungen können dazu führen, dass die Verfolgung eines SCM-Konzepts wie das JIT-Konzept somit nicht immer möglich ist. Zudem ist festzustellen, dass die Zulieferer in internationalen Supply Chains nicht produktionssynchron fertigen, sondern vielmehr eine Programmfertigung betreiben. Sollte sich die Nachfrage beim Abnehmer mittlerweile geändert haben, sind entsprechende Customizing-Umfänge in der Region des Abnehmers durchzuführen. So werden Fahrzeuge aus dem asiatischen Raum nicht nur für den europäischen Markt in den Umschlagplätzen der Nordseehäfen technisch umgerüstet, sondern erhalten teilweise auch andere Innenausstattung, Fahrwerke und Felgen sowie Farben. Postponement-Strategien haben zum Ziel, den Variantenbestimmungspunkt an das Ende der Wertschöpfungskette zu verlegen. Die Verfolgung entsprechender Strategien können dazu dienen, die Effekte fehlender JIT- und JIS-Konzepte innerhalb internationaler Supply Chains teilweise zu kompensieren. Produktordnungssysteme können hierfür eine weitere Grundlage bieten. Höhere Wiederverwendungsgrade von Bauteilen und Systemelementen sind im Ergebnis anzustreben. Dem Build-to-Order sind ansonsten Grenzen gesetzt.

Welche Unterstützung bieten internationale Logistikdienstleister?

Um internationales Supply Chain Management betreiben zu können, bedarf es der Unterstützung leistungsfähiger Partner, die über eine geeignete Infrastruktur und entsprechende Supply Chain Management-Systeme verfügen. Aufgrund der Konzentrationstendenzen hat sich deren Anzahl in den vergangenen Jahren deutlich reduziert, so dass bei den entsprechenden Ausschreibungen nur eine sehr begrenzte Anzahl an Dienstleistern in Betracht kommt. Diese Dienstleister verstehen sich zudem mehr als Koordinator, so dass die eigentlichen Logistikleistungen nun mehr von Subunternehmern erbracht werden. Das Supply Chain Management wird daher von den Unternehmen auf die Dienstleister übertragen. Aufgrund der Vielzahl der zu koordinierenden Subunternehmer steigt die Komplexität in internationalen Supply Chains. Dies hat zur Folge, dass die Dienstleister teilweise nur suboptimal oder ein mit Fehlern behaftetes Supply Chain Management betreiben. Einige Unternehmen sind daher dazu übergegangen, internationale Supply Chains selbst zu koordinieren. Ungeachtet der Komplexität, die durch den Dienstleister beherrscht werden muss, besitzen diese erst eine begrenzte Anzahl an Standorten in Niedriglohnländern. Obgleich die Unternehmen bereits entsprechende Strategien definiert haben, steckt die Umsetzung vielfach noch in den Kinderschuhen. Logistische Allianzen müssen demnach erst aufgebaut werden. Ein Supply Chain Planning seitens der Unternehmen ist daher parallel zu den Aktivitäten der Dienstleister zu verfolgen.

Internationale Supply Chains ausschließlich logistisch analysieren?

Wurden in der Vergangenheit Lagerstandorte vielfach aus logistischen Gründen nach dem Mengenschwerpunktverfahren definiert, so werden heute andere Kriterien bei der internationalen Standortwahl herangezogen. Zwar war bereits in der Vergangenheit die Nationalität bereits kein Entscheidungskriterium für einen Lagerstandort mehr, jedoch hat sich der Kriterienkatalog, bedingt durch die Globalisierung, deutlich erweitert. Aufgrund der internationalen unterschiedlichen Besteuerung gehen die Unternehmen dazu über, auch bezüglich der Logistikstandorte entsprechende Effekte zu nutzen. Die Logistikstandorte vieler international agierender Unternehmen befinden sich derzeit in Europa in den Niederlanden, obgleich ein Standort in einem anderen Land aus logistischen Erwägungen vielleicht besser geeignet wäre. Mit der Hinwendung zu derartigen "Steuerparadiesen" wird auch die Frage diskutiert, ob auch Zusatzleistungen dort günstiger erbracht werden können. Die asiatische Automobilindustrie hat mittlerweile die norddeutschen Seehäfen wie Bremerhaven verlassen und orientiert sich nun auf die niederländischen und belgischen Seehäfen, die mit einer günstigeren Kostenstruktur über die logistischen Leistungen hinweg aufwarten. Unternehmen sollten daher steuerrechtliche Aspekte in ihre Bewertungskriterien hinsichtlich der Vergabe von wertschöpfenden Aktivitäten mit einbeziehen.

3.1.2 Leitlinie 2: Kooperative Wertschöpfungsstrukturen setzen auf Kosten- und Vorteilsausgleich

Die Wertschöpfungskette muss zusammenspielen wie ein gut geführtes Orchester. Nur im kontinuierlich abgestimmten Zusammenspiel entsteht ein herausragendes Ergebnis. Erfolgreiches Zusammenspiel braucht Regeln und Mechanismen, die den Erfolg aller Beteiligten sicherstellen.

Wertschöpfung entsteht zunehmend in netzförmigen Strukturen. Dabei schließen sich rechtlich selbstständige Unternehmen zu einem Wertschöpfungsverbund zusammen. Die kooperative Zusammenarbeit in Wertschöpfungsnetzwerken dient nicht dem Selbstzweck, sondern wird von jedem Akteur mit der Zielsetzung verfolgt, Produkt- und Serviceleistungen besser zu erstellen, als dies ohne eine Kooperation innerhalb des Netzwerkes möglich wäre. Letztendlich geht es darum, in unterschiedlichen Formen der

Zusammenarbeit einen höheren Wertbeitrag zu generieren, als es durch das alleinige Agieren der Fall wäre. So ist es nicht untypisch, dass Unternehmen gemeinsame Geschäftsmodelle, Konzepte und Methoden zusammen entwickeln, obwohl sie eigentlich im direkten Wettbewerb zueinander stehen.

Der Aufbau von Wertschöpfungsnetzwerken wird jedoch nicht nur aufgrund von internen Faktoren, sondern auch verstärkt aufgrund von externen Faktoren forciert. Die weiterhin fortschreitende Globalisierung der Märkte zwingt die Unternehmen dazu, sich mit anderen Unternehmen an Netzwerken zu beteiligen, um auch zukünftig auf die Markt- und Kundenanforderungen reagieren zu können und damit wettbewerbsfähig zu bleiben. Folglich stehen nicht mehr einzelne Unternehmen, sondern vielmehr deren Value Chain (VC) oder Supply Chain (SC) zueinander in Konkurrenz. Die sich wandelnden Anforderungen an die Organisation und Koordination postulieren die Institutionalisierung eines effizienten Supply Chain Controlling innerhalb der Netzwerke.

Wie entstehen kooperative Beziehungen?

Bei einem Zusammenschluss rechtlich selbstständiger und wirtschaftlich unabhängiger Unternehmen reicht das bloße Vorhandensein bilateraler Geschäftsbeziehungen und der dafür notwendigen technologischen und wirtschaftlichen Voraussetzungen bei Weitem nicht mehr aus, um kooperative und vor allem stabile Partnerbeziehungen zu etablieren. Ein effizientes Kooperationsmanagement sollte in seiner Führungsunterstützungsfunktion daher auch Faktoren, wie u. a. Vertrauen, Motivation und Wandlungsfähigkeit berücksichtigen.

Der Aufbau und Erhalt einer Vertrauensbasis stellt sich dabei als Herausforderung dar, da Vertrauen nur sehr schwer herzustellen ist. Wertvolle Ansatzpunkte sind vor allem in den Bereichen Transparenz und Loyalität zu suchen. Vor allem Informationsasymmetrien stellen oftmals ein Hindernis für die Ausgestaltung vertrauensbasierter Partnerbeziehungen im Netzwerk dar. Erhalten die einzelnen Akteure einen umfassenden, gut nachzuvollziehenden und einheitlichen Überblick über relevante Informationen bezüglich Informations-, Material- und Finanzflüsse, so wächst auch ihr Vertrauen gegenüber anderen Akteuren. Dabei kommt es vor allem auf die Wahl eines sinnvollen Transparenzgrades an, um beide Parteien, den Informationsgeber und -nehmer, zufrieden zu stellen.

Vor dem Hintergrund, dass die zunehmende Individualisierung der arbeitsteilig zu erbringenden Marktleistung einen erheblichen Anstieg der Planungs- und Steuerungskomplexität im Wertschöpfungsnetzwerk mit sich bringt, wird vor allem die Wandlungsfähigkeit von Unternehmen zu einem essentiellen Faktor für erfolgreiche Kooperationen. Stand bis vor wenigen Jahren die Rationalisierung der Produktion im Vordergrund, so steht heute das Individuum Kunde und die zunehmende Individualisierung der Nachfrage im Mittelpunkt der Betrachtungen. Nur wandlungsfähige Unternehmenskooperationen werden zukünftig am Markt auch "überlebensfähig" bleiben.

Nicht zuletzt kommt es auch darauf an, die allgemeinen Rahmenbedingungen für das "Miteinander Umgehen" im Netzwerk zu schaffen. Treffen selbstständige, unabhängige Individuen aufeinander, lässt es sich oftmals nicht vermeiden, dass jeder seinen "eigenen" Regeln folgt. Ein allgemein gültiges Regelwerk, das die grundlegenden Voraussetzungen und Bedingungen von Kooperationszusammenschlüssen erfasst, ist dabei sehr hilfreich. Einzelne Ansätze aus der Natur (Vogelschwarmtheorie von Boyds) oder aus der Volkswirtschaft (Principal-Agent-/Spieltheorie) können dabei einen wertvollen Beitrag leisten.

Wie lässt sich eine Win-Win-Situation gestalten?

Je nach Betrachtungsgegenstand ist es die Aufgabe des Kooperationsmanagements, das Management der Supply Chain steuerungs- und anreizorientiert zu unterstützen. Zentraler Aspekt bei dieser Aufgabenstellung ist die Festlegung des logistischen Wertbegriffs bzw. des logistischen Nutzens im Wertschöpfungsnetzwerk, der als zentraler Steuerungsfaktor im Rahmen des Kooperationsmanagements herangezogen werden sollte.

Die Bewertung monetärer Faktoren, wie Lieferpünktlichkeit, Bestandshöhe beim Hersteller, Durchlaufzeit usw. wird bereits durch eine Vielzahl von Konzepten umsetzungstauglich, wie durch die Balance Scorecard oder den Supply Chain Operations Reference (SCOR)-Modell-Ansatz realisiert. Diese Konzepte berücksichtigen jedoch nur unzureichend die weichen Faktoren, die im Rahmen eines Kooperationsmanagements unabdingbar sind. Die Quantifizierung der oben angeführten nicht-monetären Faktoren stellt sich dabei als Herausforderung dar, da diese durch eine Vielzahl von Faktoren im Unternehmensnetzwerk beeinflusst werden. So kann Vertrauen durch die Anzahl der Qualitätskontrollen beim Belieferten, die Anzahl der Vorleistungen, die Bereitschaft zu Risiko usw. beschrieben werden. Dabei kommt es vor allem darauf an, die notwendigen Merkmale vollständig aus Sicht aller Akteure aufzunehmen und zu gewichten. Nur so kann ein allgemein gültiges, universelles Messinstrument gewährleistet werden. Auch Aspekte der Wandelbarkeit und Volatilität werden gegenwärtig im Rahmen des Kooperationsmanagements nur unzureichend berücksichtigt, obwohl diese wesentliche Einflussgrößen zur Ausgestaltung darstellen.

Notwendige Instrumente und (Teil-)Konzepte aus dem Bereich der Volkswirtschaft liefern dafür wertvolle Ansatzpunkte. In der Literatur finden sich diesbezüglich zwar Ansätze aus der neuen Institutionenökonomie, der Verhandlungs- und der Spieltheorie zur Entwicklung von Anreizmechanismen bei der Kosten- und Nutzenverteilung. Eine anwendungsorientierte Konzeption und Implementierung für Wertschöpfungsnetzwerke in der Praxis ist jedoch bislang meist auf Basis der Machtverteilung erfolgt.

3.1.3 Leitlinie 3: Synergien eröffnen Chancen in globalen Strukturen

Die Reorganisationen und Restrukturierungsmaßnahmen in der Vergangenheit haben es vielen Unternehmen ermöglicht wettbewerbsfähigere Kostenstrukturen herzustellen. Jedoch sind in vielen Unternehmen immer noch entlang der gesamten Wertschöpfungskette weitere nachhaltige synergiebasierende Produktivitätssteigerungspotenziale identifizierbar.

Die Realisierung dieser Potenziale ermöglicht es, bestehende Standorte zu sichern und den laufenden Diskussionen zur Verlagerung von Wertschöpfungsketten in Billiglohnländer entgegen zu wirken. Entgegen der Argumentation der Standortsicherung eröffnen unternehmensexterne Synergien Chancen im Zuge der Globalisierung und Internationalisierung von Unternehmen, insbesondere bei der Erschließung und Bearbeitung von Wachstumsmärkten.

Welche Produktivitätssteigerungspotenziale können durch Synergien noch realisiert werden?

Die in jüngster Vergangenheit in vielen Unternehmen durchgeführten Reorganisationsprojekte und Restrukturierungsmaßnahmen haben die Realisierung von signifikanten Produktivitätszuwächsen ermöglicht. Dies belegen verschiedene Studien zur Untersuchung der Attraktivität des Standortes Deutschland. Diese besagen, dass Unternehmen in Deutschland sowohl in der Vergangenheit durch signifikante Produktivitätssteigerungen im internationalen Standortvergleich sich differenzieren konnten und hierfür auch in Zukunft weiterhin die Möglichkeit besteht. Hierbei stellt sich die Frage, wo entlang der Wertschöpfungsketten noch Potenziale brach liegen und wie diese gehoben werden können. In einer Vielzahl von Beratungsprojekten, die vom Verfasser durchgeführt wurden, hat sich gezeigt, dass Produktivitätssteigerungspotenziale bedingt durch unternehmensinterne Synergien, insbesondere bei stark extern und organisch gewachsenen Unternehmen, entlang der gesamten Wertschöpfungskette brach liegen. Die Zurückführung der Produktivitätspotenziale auf Synergien begründet sich auf deren charakteristische Situation, wie einen hohen organisatorischen Dezentralisierungsgrad, eine heterogene Geschäftsprozesslandschaft, stark differierende Technologieverwendung sowie eine Vielzahl von “selbstoptimierten” Einzellösungen in den Organisationseinheiten und dem Methodeneinsatz. Die Heterogenität und Vielfalt in Organisation, Prozesslandschaft, Methodeneinsatz und Technologieverwendung widerspricht der Produktionstheorie nach Gutenberg, dass durch zunehmenden Standardisierungsgrad (Gutenberg, 1983) Größendegression und Lernkurveneffekte und damit Stückkostenreduktionen erzielt werden können.

Welche Chancen eröffnen unternehmensextern vorliegende Synergien?

Konträr zur Diskussion der synergiebasierten Produktivitätssteigerungspotenziale eröffnen unternehmensexterne Synergien Chancen für die Globalisierung und Internationalisierung von Unternehmen. Marktbedingte Synergien implizieren Chancen, die sowohl Zugang als auch lokale Bearbeitung von Wachstumsmärkten, die Gewinnung von Technologie-Know-how an ihren Entstehungsorten sowie die Realisierung von Faktorkostenvorteilen mit sich bringen. Konträr zu den unternehmensinternen Synergiepotenzialen sind marktbedingte Synergien, wie schon die Bezeichnung vermuten lässt, durch das Unternehmensumfeld, nämlich Absatzmärkte, politische Rahmenbedingungen, Konzentration von Entwicklungspotenzial sowie von Rahmenbedingungen für Forschung und Entwicklung gekennzeichnet. Ebenso ist die Wirkungsweise dieser Synergiepotenziale differenziert zu betrachten. So wirken unternehmensinterne Synergiepotenziale zwischen Organisationseinheiten und Standorten in der Regel in Form von Kostensenkungen, wohingegen unternehmensexterne Synergiepotenziale nicht ausschließlich durch Kostenvorteile oder Faktorkostenunterschiede bilanzwirksam werden, sondern sich auch in Form von Umsatzsteigerungen durch Kundengewinnung, Technologie- und Innovationsvorsprung bemerkbar machen. Das Prinzip der unternehmensexternen Synergien beruht auf der Erschließung von Wettbewerbsvorteilen durch markt- und wettbewerbskonforme Unternehmensstrategien unter Berücksichtigung der Absatz-, Innovations- und Kostenvorteile, die in einem globalen Unternehmensumfeld vorliegen. Die drei wesentlichen unternehmensexternen Synergien beruhen auf dem Prinzip "think global, act local" und liegen in der lokalen Bearbeitung von Wachstumsmärkten, der Gewinnung von Technologie-Know-how an den "Innovationsbrutstätten" sowie in der Realisierung von Faktorkostenvorteilen in Niedriglohnländern.

Als aktuelles Beispiel aus der Wirtschaft zur Gewinnung von Technologie-Know-how an ihren Entstehungsorten ist die Investition von General Electric in die Neugründung eines europäischen Forschungs- und Entwicklungszentrums im Umfeld der Technischen Universität München in Garching. General Electric investiert für die Fertigstellung und Inbetriebnahme in das Forschungszentrum zur Grundlagenforschung über 50 Mio. EUR, wobei die Dauer des Forschungsengagements keinesfalls kurz- bis mittelfristig angestrebt, sondern auf mehr als 10 Jahre angelegt wird. Primäre Motivation der Investition in den Forschungsstandort Deutschland und insbesondere in das Umfeld der Technischen Universität München ist das im internationalen Wettbewerb vergleichsweise hohe Forschungs- und Innovationspotenzial. Um das Forschungs- und Innovationspotenzial für die Neu- und Weiterentwicklung der Produkte von GE zu nutzen, stellt die regionale Nähe einen Vorteil zur Initialisierung von Forschungsprojekten und -kooperationen gegenüber Wettbewerbern dar. Des Weiteren besteht die Möglichkeit, "High Potentials" unter den Studenten direkt nach dem Studium oder bereits parallel dazu als neue Arbeitnehmer gewinnen zu können.

Welche Strategien zur Realisierung sind einzuschlagen und wo sind Schwerpunkte zu setzen?

Auf Basis der theoretischen Grundlagen von Synergien, der Economies of Scale und der Economies of Scope lassen sich daher drei Prinzipien zur Realisierung von synergiebasierten Produktivitätszuwächsen nennen: die Zentralisierung, die Transferierung sowie die Standardisierung.

Zentralisierung zielt auf die Identifikation und Elimination von organisatorischen Redundanzen, welche im Zusammenhang von signifikantem Wachstum und der Implementierung eines überausgeprägten Dezentralismus und Autarkismus von Organisationseinheiten verfolgt wurde (vgl. Wildemann, 1998). Wesentlicher Ansatzpunkt hierbei ist die Zusammenführung von nicht zwingend dezentral erforderlich durchzuführenden Aufgaben und Aktivitäten, welche zu einem Überhang an Personalaufwand und Überkapazitäten in der Vergangenheit führten. Die wesentlichen Gestaltungsfelder zur Zentralisierung waren hierbei in der strategischen Beschaffung, der Distributionslogistik und insbesondere in den indirekten Bereichen an Produktionsstandorten zu erkennen.

Der Best-Practice-Transfer zielt auf die Identifikation und die Transferierung von Insellösungen von Methodeneinsatz zur Optimierung von Geschäftsprozessen, welche auch im Zusammenhang des zuvor überausgeprägten Autarkismus von Organisationseinheiten zu Selbstoptimierungen innerhalb von Standorten und funktionalen Bereichen geführt haben. Grundlage der Identifikation von Best-Practice ist ein normierter Kosten- und Leistungsvergleich von Standorten und Organisationseinheiten im Unternehmensnetzwerk. Das "Interne Benchmarking" kann dabei sowohl Key Performance Indikatoren (KPI) als auch den Methodeneinsatz verfolgen. Im Anschluss an die Identifikation von Best-Practice-Lösungen sind diese durch interdisziplinarische und interfunktionale Teams über das Gesamtunternehmen entlang der ganzen Wertschöpfungskette zu transferieren. Wesentliche Gestaltungsfelder für einen Best-Practice-Transfer sind unter Berücksichtigung von Prozessausgestaltung, Methodeneinsatz und Technologieverwendung, insbesondere in den direkten Bereichen sowie in Kerngeschäftsprozessen, wie z. B. der Auftragsabwicklung sowie der Entwicklung und Konstruktion erkennbar. Das Prinzip des Best-Practice ist auch auf die Produktentwicklung übertragbar.

Standardisierung ist Grundlage jeder Verbesserung. Gegenstand ist die unternehmensweite Standardisierung von Best-Practice-Lösungen in Methodeneinsatz, der Geschäftsprozessausgestaltung sowie der Technologieverwendung und baut auf den zuvor genannten Prinzipien auf. Durch die Standardisierung können sowohl Größendegressions- als auch Lernkurveneffekte realisiert und damit Stückkosten reduziert werden.

Zusammenfassend lassen sich durch die genannten Prinzipien zur Synergierealisierung in vielen Unternehmen noch signifikante Produktivitätssteigerungspotenziale realisieren und bestehende Standorte im Unternehmensnetzwerk sichern. Dadurch können – zumindest für einen mittelfristigen Zeitraum – Verlagerungsaktivitäten von ganzen Wertschöpfungsketten umgangen und die Wettbewerbsfähigkeit der Kostenstruktur aufrechterhalten werden. Die Auswirkungen der internen Synergien konzentriert sich hierbei schwerpunktmäßig auf die Reduktion von Kosten durch Effizienz- und Effektivitätsvorteile in der Aufbau- und Ablauforganisation sowie in der Kostendegression bei der Beschaffung.

3.1.4 Leitlinie 4: Unternehmensübergreifende Prozessinnovationen ermöglichen Leistungssprünge

Prozessinnovationen werden oftmals als Bestandteil der Produktinnovationen gesehen. Eine eigenständige Dimension der Prozessinnovation wird dabei häufig vernachlässigt. Dabei liegen insbesondere in globalen Strukturen erhebliche Potenziale im Bereich der übergreifenden Prozessgestaltung.

Die mit der Wertschöpfung verbundenen Prozesse ermöglichen die Entstehung umfassender Leistungsportfolios. Allerdings existieren gerade im Zusammenhang mit Prozessinnovationen in vielen Unternehmen Vorbehalte, oft sogar Ängste und es stellt sich die Frage, welche Strategien zur Gestaltung von Prozessinnovationen geeignet sind, um Produktinnovationen zu unterstützen.

Worin liegen die neuen Herausforderungen für Prozessinnovationen?

In vielen Fällen hat die Reorganisation von Geschäftsprozessen nicht oder kaum den erhofften Erfolg gezeigt. Die Identifikation von Leistungslücken gestaltet sich aufgrund der zunehmenden Komplexität in der Aufbau- und Ablauforganisation sowie häufigerer aufeinander folgender Organisationsanpassungen zunehmend schwieriger. Die radikalen, fundamentalen Reengineeringansätze von Michael Hammer und James Champy in den neunziger Jahren wurden in vielen Unternehmen angewandt, waren aber zumeist aufgrund von Widerständen in der Organisation und anderen Umsetzungsproblemen nicht von Erfolg gekrönt. Dennoch sind die Grundideen des BPR nach wie vor richtig.

Allerdings wurden diese Ansätze kaum auf die globalen Strukturen übertragen, obwohl gerade an den Schnittstellen innerhalb immer komplexer werdender Netzwerke sich Probleme zeigen. Während zur Sicherung der Wettbewerbsfähigkeit die Notwendigkeit von Produktinnovation bekannt und von den meisten Unternehmen praktiziert wird, hinken viele Unternehmen bei innovativen Prozessen und Strukturen im weltweiten Vergleich deutlich hinterher. So genannte "Prozessinnovationen", die nicht auf neuen Produkten oder Technologien beruhen, sondern neue Strukturen und Verhaltensweisen zum Ergebnis haben, werden oftmals nur nachrangig behandelt und Verbesserungen resultieren eher als Beiwerk zu Produkt- und Technologieinnovationen denn als geplanter Handlungswille. Unter den erschwerten wirtschaftlichen Rahmenbedingungen entscheiden aber gerade diese Prozessinnovationen immer häufiger über wirtschaftlichen Erfolg oder Misserfolg von Unternehmen und stellen ein wichtiges Element zur Sicherung des Wirtschaftsstandortes Deutschland dar. Anders verhält es sich bei Herstellern aus Fernost, insbesondere bei der japanischen Automobilindustrie. So wird bei Toyota als erster Schritt angestrebt, den Prozess zu definieren und versucht, das Produkt möglichst gut in den Prozess einzuordnen. Ist dies nicht möglich, so wird versucht, den Prozess durch möglichst geringfügige Modifikationen dem Produkt anzupassen. Wichtig ist dabei, dass die Prozessentwicklung kein der Produktentwicklung nachgelagerter Schritt ist, sondern frühzeitig damit begonnen wird, und von Anfang an den Produktentwicklungsprozess begleitet.

Welche Strategien eignen sich zur Gestaltung nachhaltiger Prozessinnovationen?

- Geschwindigkeit von Prozessinnovationen angepasst an Unternehmenssituation:

Da die Dynamik der Prozessinnovation von einer Reihe an Überlegungen wie der Unternehmensstrategie, der Organisationskultur, dem Tempo und der Dynamik des Wandels in der umgebenden Umwelt abhängt, muss die Geschwindigkeit von Prozessinnovationen an diese Rahmenbedingungen angepasst werden. Volatile Märkte wie die Telekommunikationsbranche verlangen nach dynamischen, flexiblen und anpassungsfähigen Prozessen. Insbesondere innerhalb des Innovationsprozesses ist es unabdingbar, flexibel auf geänderte Rahmenbedingungen reagieren zu können und es muss die Möglichkeit bestehen, Kundenfeedbacks kontinuierlich einfließen zu lassen. So hat der Mobilfunkanbieter O_2 Germany den Grundtyp des "Stage-Gate" Prozesses erheblich optimiert und in den "O_2 Gating" Prozess übergeführt. Hauptelement ist der permanente Fokus auf die Kundenanforderungen von der Ideengeneration bis zum Produktlaunch. Ein effektiver Entscheidungsprozess wird durch die klare Priorisierung, qualitätssichernde Gates und eine end-to-end Verantwortung gewährleistet. Ferner ermöglicht eine "Rolling Roadmap" in Abwandlung zur klassischen Roadmap die sehr flexible Reaktion auf Veränderungen.

- Schaffung einer wandlungsfähigen Prozesslandschaft:

Geschäftsprozesse sind keine singuläre Aufgabe im Unternehmen. Wichtig ist ein regelmäßiger Review und die Messung und Beurteilung der Prozesse. Um Prozesse an sich verändernde Rahmenbedingungen anpassen zu können ist es erforderlich, flexible Prozesse zu schaffen, die eine ständige Weiterentwicklung erlauben. Insbesondere im Zusammenspiel mit IT-Systemen ist darauf zu achten, dass neben den Prozessen auch die IT-Landschaft an Veränderungen angepasst werden kann. Anderenfalls besteht die Gefahr, dass eingeführte Prozessstrukturen zum Zeitpunkt der Einführung Bestand haben, die Einsetzbarkeit im Laufe der Zeit aber schnell abnimmt und "wilde" Prozessabläufe die einst definierten Strukturen ablösen.

- Eindeutige Definition der Schnittstellen:

Sowohl unternehmensintern als auch unternehmensübergreifend kommt den Schnittstellen eine herausragende Bedeutung zu. Während die Prozesse meist innerhalb einer Organisation oder Abteilung kontrolliert ablaufen, treten Probleme oftmals beim Überschreiten von Bereichsgrenzen auf. Die Praxis zeigt, dass bereits geringe Distanzen – sei es nur die räumliche Entfernung zum nächsten Büro – negative Auswirkungen auf den Gesamtprozess haben und den Gesamtfluss wesentlich beeinflussen. Daher ist es besonders wichtig, die Schnittstellen genau zu spezifizieren und zu beschreiben, um den reibungslosen Ablauf von Prozessen über die Bereichsgrenzen hinweg zu ermöglichen. Die exakte Definition von Schnittstellen ist ferner wichtig, um Redundanzen zu vermeiden und Verschwendung vorzubeugen. Neben der Schnittstellendefinition sind Festlegungen über Entscheidungsbefugnisse, -kompetenzen und Verantwortlichkeiten wichtig, um insbesondere beim Zusammenspiel von mehreren Teilprozessen keine negativen Effekte hervorzurufen. Diese Forderungen sind insbesondere auch bei unternehmensübergreifenden Prozessen von Bedeutung, so z. B. innerhalb von Abnehmer-Lieferanten-Beziehungen.

- Möglichst frühzeitige Einbindung der Beteiligten bei Prozessinnovationen:

Ein wesentlicher Erfolgsfaktor für erfolgreiche Prozessinnovationen ist die frühzeitige Einbindung aller Beteiligten. Ansätze wie Simultaneous Engineering und Rapid Prototyping sind Ansätze, die seit langem propagiert werden, um Ideen schnell und kostengünstig in ein Produkt umzusetzen und dieses rasch zur Marktreife zu bringen. Allerdings erstrecken sich die Bemühungen eher auf Produktinnovationen denn auf Prozessinnovationen. So läuft innerhalb der Produktenwicklung der Prozess zumeist sehr effizient und gesteuert, wo hingegen die Produktionsprozesse zumeist reaktiv der Entwicklung nachgelagert sind. Die Planung der Produktionsprozesse beginnt oft erst, wenn die Konstruktion des Produktes nahezu abgeschlossen ist. Dies führt dazu, dass Analysen bzw. Optimierungen der Prozess- und Anlageneigenschaften relativ spät durchgeführt werden können. Die Nachteile dieser Vorgehensweise lassen sich umgehen, wenn durch ein "Cooperative Engineering" verstärkt auch die Fertigungs- und Montageprozesse frühzeitig in die Betrachtungen einbezogen werden. Neben dem Produktentwicklungsprozess gibt es unterschiedliche Treiber, nicht immer gibt dabei das Produkt alleine die Randbedingungen vor. So steht bei echten Neuentwicklungen das Produkt im Vordergrund während bei dem Einsatz innovativer Montagetechnologien eher die Produktionsplanung nach vorne tritt. Zusammenfassend kann man sagen, dass die wesentlichen Erfolgsfaktoren für ein Cooperative Engineering eine frühzeitige Planung und Analyse, unterschiedliche Treiber im Entwicklungsprozess und die gemeinsame Problemlösung im Team, losgelöst von einer bereichsspezifischen Zuordnung sind.

3.2 Leitlinien des Leistungsmanagements

Das Management der Leistungsprogramme steht an der Schnittstelle globaler Absatzmärkte und verteilter Wertschöpfungsstrukturen, die diese Leistungen erbringen. Beides in Einklang zu bringen wird immer schwieriger angesichts stark divergierender Geschmacksstrukturen und unterschiedlichster Lebenswelten potenzieller Abnehmer. Die Herausforderung für Unternehmen liegt dabei nicht nur darin, neue Lücken im Markt zu entdecken und Bedürfnisse zu wecken, sondern immer häufiger darin Überschneidungen und Kannibalisierungseffekte im eigenen Produktspektrum zu identifizieren. Der Trend zur Atomisierung von Marktsegmenten macht es notwendig, mit Hilfe neuer Konzepte der Portfolioplanung die Ausrichtung am Markt unter Berücksichtigung der eigenen Prozesse optimal zu gestalten. Das Verschmelzen von Sach- und Dienstleistung kann kreativ für neue Lösungen genutzt werden. Für eine umfassende und individuelle Bedienung von Kundenwünschen ist allerdings ein möglichst "direkter Draht" zum Kunden notwendig. Diesen in globalen Strukturen aufzubauen und zu gestalten stellt allerdings eine erhebliche Herausforderung dar, die nur durch ein umfassendes Beziehungsmanagement geleistet werden kann. Die Abwicklung globaler Leistungsprozesse hängt schließlich von der Gestaltung der Vertriebskanäle ab, die sowohl die informatorischen als auch die materialgebunden Flüsse gewährleisten müssen.

3.2.1 Leitlinie 5: Eine strategische Portfolioplanung führt zu einer effizienten Marktausschöpfung

„Für einen Unternehmer gibt es keine gesättigten Märkte. Es gibt nur Chancen." (Erich Sixt, Sixt AG) Doch welche Methoden eignen sich, um diese Chancen zu finden? Intuition und Fingerspitzengefühl hilft nur begrenzt, wenn es darum geht, das eigene Produktprogramm im komplexen Marktgefüge zu positionieren. Eine strategische Produktportfolioplanung erkennt Lücken und Überschneidungen.

Die Zahl der Unternehmensinsolvenzen war laut Statistischem Bundesamt in 2004 wie in den Vorjahren unverändert hoch, die Anzahl der Gewerbeanmeldungen sinkt langsam, aber kontinuierlich, der Auftragseingangsindex bleibt auf konstant schwachem Niveau und der Produktionsindex ist, bis auf wenige Ausnahmen, in den letzten drei Jahren gesunken. Dies zeigt deutlich, dass es heute in vielen Unternehmen nicht mehr gelingt, sich auf veränderte Rahmen- und Umweltbedingungen einzustellen und anhand neuer und regelmäßig hinterfragter strategischer Orientierung die neuen Marktsituationen nicht als Gefahrenquelle, sondern als Chance anzunehmen. Dies ist umso erstaunlicher, weil in vermutlich jedem Unternehmen jährliche Strategiemeetings stattfinden und auch in regelmäßigen Abständen ein entsprechendes Strategiepapier verabschiedet wird.

Die Frage ist also heute nicht mehr, ob sich Unternehmen überhaupt mit Strategiefindung auseinandersetzen, sondern vielmehr, ob dieses in der richtigen Art und Weise und mit der richtigen Perspektive und Weitsicht erfolgt. Hierzu ist jedoch zunächst mal die grundlegende Frage zu klären: Was ist eigentlich Strategie?

Worin liegen die Herausforderungen einer strategischen Portfolioplanung?

Vom sprachlichen griechischen Ursprung ist die Strategie der wichtigste Teil der Kriegskunst, die sich mit der Vorbereitung, Planung und Führung des Krieges und seiner

Feldzüge insgesamt befasst. Übertragen auf ein Unternehmen lässt sich Strategie damit analog als die Vorbereitung, Planung und Führung des Wettbewerbs auf Märkten unter der Vorgabe der gesteckten Unternehmensziele und der Erreichung eines Fits zwischen Unternehmung und Umwelt definieren. Im Vordergrund des strategischen Managements stehen Entscheidungen über die grundsätzliche Richtung der Unternehmensentwicklung. Unternehmen und deren Entscheidungsträger sind bestrebt, aktiv auf die Handlungsmöglichkeiten eines Unternehmens Einfluss zu nehmen und sich kontinuierlich an Wachstumsfeldern und Erfolgsfaktoren auszurichten. Aufbauend auf der Formulierung einer grundsätzlichen Strategie und Orientierung ist es Aufgabe des strategischen Managements diese Vorgaben und Zielsetzungen zu operationalisieren und in handhabbare Maßnahmenpakete aufzuteilen.

Strategische Portfolioplanung als Element des strategischen Managements dient der Analyse und Gestaltung des Wettbewerbsprogramms einer jeden Unternehmung. Ausgehend von der Ist-Situation werden Programme in Form von Produkten, Produktgruppen, Anwendungen oder Dienstleistungen anhand von zwei Dimensionen in einem Portfolio übersichtlich dargestellt und können anhand dieser in einem ersten Schritt systematisch analysiert werden. In einem zweiten Schritt erfolgt dann die Gestaltung des Portfolios durch die Bestimmung von Zielfeldern und der Erarbeitung von Entwicklungspfaden, welche aufzeigen wie diese Ziel-Wettbewerbsfelder zu erreichen sind. Damit erfüllt das strategische Management im Allgemeinen und die strategische Portfolioplanung im Besonderen die Funktion der Umsetzung einer Unternehmensidee und einer grundlegenden Unternehmensausrichtung in konkrete Planungen in Form von Produkten, Technologien, Zielmärkten und Vertriebsaktivitäten. Somit beantwortet die strategische Portfolioplanung die Frage, in welchen Feldern ein Unternehmen sich im Vergleich zum Wettbewerb befindet und bewegt und welche neuen Produkte oder Services zukünftig in das Angebotsprogramm aufgenommen werden sollen.

Diese Funktionen eines strategischen Managements und der Strategie an sich können aber nur erfüllt werden, wenn diese auch den Anforderungen des Marktes zu jedem Zeitpunkt entsprechen. Anders ausgedrückt bedeutet es, dass eine Marktanforderung und die zugehörige richtige Strategie immer nur eine Momentaufnahme sind, die sich jedoch jederzeit verändern können und dementsprechend kontinuierlich beobachtet und hinterfragt werden müssen. Damit gibt es heute in vielen Märkten keine langfristigen Erfolgsstrategien mehr, sondern erfolgreiche Unternehmen zeichnen sich durch eine ständige Anpassung ihrer Strategien an die Marktumgebung aus!

Welche Ansätze unterstützen die Portfolioplanung in dynamischen und gesättigten Märkten?

Eines der Standardwerkzeuge der Produktplanung ist die Marktsegmentierung, die den Markt in unterschiedliche Nachfrageprofile auf Basis von Kundenanforderungen aufteilt und auf dieser Basis Volumenprognosen und eine spezifische Formulierung des Marketing-Mix ermöglicht. Parallel zu dem steigenden Bedarf nach marktorientierten Instrumenten für die Produktentwicklung versagt mit dem zunehmenden Trend zu Nischenprodukten die bestehende Segmentierungslogik. Als Beispiel für solche Produkt- und Marktsituationen seien hier die Cross-Over-Konzepte der Automobilindustrie, wie der Renault Megane oder der Opel Signum, angeführt. Exemplarisch kann aber auch die Diagnose einer Fachzeitschrift für den Opel Signum gelten: „Der Signum ist eine nicht nur optisch interessante Mischung aus – ja, was eigentlich? Limousine, Kombi, Van? Irgendwie hat er von allen etwas ...“.

Einen Lösungsansatz der beschriebenen Problematik stellt der Übergang von der Segmentierung zur Skalierung innerhalb von mehrdimensionalen Eigenschaftsräumen dar, die auf Kriterien des Kundennutzens basieren. Der besondere Wert des Kundennutzens und der Produkteigenschaften als Strukturierungskriterium ist dabei schon für Segmentierungen aufgrund seiner immanenten Eigenschaft einer hohen Kaufverhaltensrelevanz erkannt worden. Mit der Skalierung können bislang diskret betrachtete Marktsegmente, deren Wechselwirkungen nicht betrachtet wurden, aufgelöst werden. Stattdessen werden Einzelkonzepte als Minisegmente verstanden. Ein skaliertes Marktmodell mit Eigenschaftsräumen muss zum einen die Produkteigenschaften der Produktkonzepte im Markt darstellen und auf dieser Basis Differenzierungspositionierungen herausarbeiten. Dabei wird methodisch auf die multidimensionale Skalierung und die Ähnlichkeitsanalyse zurückgegriffen. Dieses Instrument hat sich bei der Ermittlung von Marken- und Produktpositionierung in verschiedenen Marktumfeldern bewährt. Mit der multidimensionalen Skalierung wird es möglich, ein Produkt entlang mehrerer quantitativer und qualitativer kundenrelevanter Eigenschaften in einem Gesamtmarktmodell (bestehend aus vielen Skalendimensionen) einzuordnen und damit relativ zu konkurrierenden Produkten zu positionieren. So können Lücken und Überlappungen innerhalb des Produktportfolios identifiziert werden.

Für Mehrproduktunternehmen bietet dieses Instrument sowohl die Möglichkeit, bei Absatzprognosen portfoliointerne Kannibalisierungseffekte zu berücksichtigen als auch die Möglichkeit, den Markt auf absolute Konzeptlücken sowie Portfoliolücken von Unternehmen im Vergleich zu ihren Wettbewerbern zu analysieren und somit innovative und differenzierbare Modelle entwickeln zu können. Zudem bietet diese Methodik eine bedeutsame Entscheidungsunterstützung für Programmplaner und Entwickler und ermöglicht es diesen, ihre Entscheidungen – auch in Bezug auf konzerninterne Markenpositionierungen – aufgrund größtmöglicher Informationstransparenz nachvollziehbar und objektiviert zu treffen.

Durch den Einsatz von Marktmodellen für die Produktplanung können Flops aufgrund mangelnder Differenzierungspositionen zukünftig vermieden werden und durch die schnellere Lückenidentifikation eine kontinuierlichere Unternehmenswertsteigerung durch eine ganzheitliche Produktprogrammplanung realisiert und daraus resultierende Substitutionsbeziehungen dargestellt werden.

3.2.2 Leitlinie 6: Komplexitätsbeherrschung in der Produktprogrammgestaltung

Welches produzierende Unternehmen führt nicht regelmäßig Aufräumaktionen im Produktprogramm, den Rohmaterialien oder Ersatzteilbeständen durch? Warum hat die Strukturierung von Leistungskatalogen von Serviceunternehmen permanent Konjunktur? Warum schaffen es Unternehmen wie Lego oder Hewlett-Packard, den Kern ihrer Produktprogramme über Jahrzehnte hinweg stabil zu halten und trotzdem Kundenbedürfnisse verschiedenster Art zu erfüllen?

Unternehmen sehen sich einem verstärkten Kostendruck bei gleichzeitiger Forderung des Marktes nach kundenindividuellen Produkten und Dienstleistungen gegenüber. Die Überwindung dieses Gegensatzes ist eine Chance, die Unternehmen besitzen, um Ihre Wertschöpfung in Hochlohnländern weiterhin erbringen zu können. Ein Lösungsansatz zur Realisierung eines solchen Produktprogramms bieten Produktordnungssysteme. Unter ihnen wird der strukturierte Aufbau des Produktprogramms unter den Gesichtspunkten der konsequenten Ausrichtung an den Kundenanforderungen sowie der Realisierung von Synergien verstanden.

Warum ist ein Umdenken im Bereich des Komplexitätsmanagements notwendig?

Obwohl die Komplexität des Produktprogramms vom Management vieler Unternehmen immer wieder thematisiert wird, fehlt es an Strategien und Konzepten, die Komplexität langfristig zu beherrschen. Stattdessen geraten Unternehmen in die Komplexitätsfalle. Die Individualisierung der Nachfrage führt zu einem immer heterogeneren Produktprogramm mit steigender Programmbreite und -tiefe. Die Entwicklungsabteilungen sind ständig mit schnell zu realisierenden Neu- und Anpassentwicklungen ausgelastet. Bei einem international operierenden Nutzfahrzeughersteller vervielfachte sich die Anzahl der Teilenummern über den Lebenszyklus einer Produktlinie auf 120.000 Bauteile. Bei geschätzten Kosten einer Teilenummer von 2000 EUR pro Jahr ergaben sich somit jährliche Mehrkosten von 100 Mio. EUR. Bildlich gesprochen bleibt von dem ursprünglich gebauten Haus nur noch das Fundament übrig. Stattdessen werden Stockwerke oder Balkone hinzugebaut und das innere Erscheinungsbild verändert. Eine übergreifende Sicht des Produktprogramms wird nicht erreicht. Projekte, die sich mit der produktübergreifenden Gestaltung befassen, erfordern einen hohen Initialaufwand und fallen aus dem Rahmen der üblichen Projektstruktur. Bei einem Zulieferer von Sitzen für Automobile war die Entwicklungsabteilung streng nach Kunden segmentiert und keine übergreifenden Komplexitätsziele vorgegeben. Diese Anordnung verhinderte die Realisierung von Synergien. Die steigende Anzahl an Endproduktvarianten äußert sich in einer steigenden Vielfalt an Einzelteilen und Baugruppen. Die komplexitätsabhängigen Kosten steigen. Um trotzdem profitabel zu bleiben, versuchen Unternehmen die steigenden Kosten über die Preise abzuwälzen. Aufgrund des starken Wettbewerbs führt dies zu sinkenden Absatzzahlen. Zusätzlich tritt noch die Kannibalisierung der bestehenden Produktvarianten ein. Dadurch sinken die Stückzahlen pro Variante weiter. Der ursprüngliche Absatzplan kann nicht eingehalten werden. Umsatz und Ergebnis des Unternehmens sinken. Dies führt zu einem weiteren Individualisierungsdruck, in der Hoffnung, über eine steigende Befriedigung der Kundenanforderungen höhere Absatzzahlen und Preise durchsetzen zu können. Damit kommt der Zyklus erneut in Gang.

Welcher Ansatz ermöglicht eine nachhaltige Komplexitätshandhabung?

Komplexitätshandhabung wird zu einer Managementdisziplin. Es besteht die Notwendigkeit zum Monitoring der Komplexität. Produktordnungssysteme zielen darauf ab, durch die innere Gestaltung des Produktaufbaus ein System zu schaffen, das langfristig Bestand hat. Durch die geeignete Ordnung entsteht bereits ein Komplexitätspräventionseffekt. Produktordnungssysteme sind keineswegs mit Plattformen zu verwechseln, die eine reine Standardisierung zum Ziel haben. Vielmehr sollen gleichzeitig die gegensätzlichen Bedürfnisse der Standardisierung und Individualisierung sowie Stabilität und Flexibilität des Produktprogramms erreicht werden. Bestehende Ansätze können die gegensätzlichen Pole nicht vereinen. Einen Lösungsansatz für dieses Dilemma stellt ein Produktordnungssystem dar.

Bei der Betrachtung der Komplexitätstreiber wird deutlich, dass auf der Marktseite vor allem die Vielfalt der kundenseitigen Anforderungen, Globalisierung, Dynamik der Märkte, Größe des Sortiments, Kundenanzahl, Länderspezifika, Nachfrageschwankungen und die Lieferantenvielfalt wesentliche Auslöser für die Notwendigkeit der Auseinandersetzung mit Komplexität darstellen. Zudem kommen auf der Unternehmensseite strukturbezogene, informations- und kommunikationsbezogene sowie personalbezogene Einflussfaktoren hinzu. Die Vielzahl an Hierarchieebenen, Trennung von Aufgabe, Verantwortung und Kompetenz sowie die Informationsasymmetrie, Medienbrüche und nicht zuletzt das Machtstreben, die Bereichsegoismen und der Mangel an Motivation und Identifikation mit den Unternehmenszielen runden das Bild der Triebfedern für die zunehmende Komplexität ab.

Zur Gestaltung eines effizienten Produktprogramms ist die Betrachtung der Produkteigenschaften entscheidend. Neben den kommerziellen, technischen und konditionalen Eigenschaften sind vor allem auch Betriebseigenschaften, soziale und ästhetische Eigenschaften von besonderer Relevanz für die Organisation des Produktordnungssystems. Beispiele hierfür sind der Wert, der sich am Preis, der Lieferzeit, der Betriebskosten oder der Abschreibungsmöglichkeiten orientieren kann. Weiterhin ist das Anmutungsempfinden bei der Farbgebung oder Oberflächenausführung ein geeignetes Kriterium, nach dem sich das Produktprogramm ausgestalten ließe.

Die Ausgestaltung des Produktordnungssystems beeinflußt den Unternehmenswert durch Wirkungen auf die drei Größen Umsatz, Kosten und Kapitalbindung. Umsatzwirkungen resultieren zum einen aus der Reduzierung der Entwicklungs- und vor allem der Lieferzeiten für die angebotenen Produkte. Durch die zunehmende Bedeutung von Entwicklungs- und Lieferzeiten im Wettbewerb kommt diesem Effekt eine weiterhin steigende Bedeutung zu. Neben den Zeitwirkungen steigt auch die Qualität der Produkte durch einen erhöhten Mehrfachverwendungsgrad von Teilen und Baugruppen, was zu einer zunehmenden Prozesssicherheit führt. Der wesentlichste Aspekt bezüglich der Umsatzwirkungen von Produktordnungssystemen ist jedoch die Steigerung des Kundennutzens. Einerseits wird es dem Unternehmen ermöglicht, eine Vielzahl unterschiedlicher Endproduktvarianten zu vergleichsweise günstigen Preisen anzubieten. Darüber hinaus kann die Kundenbindung durch Möglichkeiten der Erweiterbarkeit des Produktes und durch eine schnellere und flexiblere Ersatzteilbereitstellung verbessert werden.

3.3.2 Leitlinie 7: Kundenwert erzeugen durch Pull-Prinzipien im Kundenmanagement

„Wenn ein Deutscher eine Maschine bedient, dann leuchten seine Augen. Wenn er einen Menschen bedienen soll, sträuben sich ihm die Haare." (Günter Rexrodt). Die Kunden in den Mittelpunkt zu rücken, war eine wichtige Lernerfahrung für deutsche Unternehmen. Die Beziehungen zu globalen Kunden zu gestalten ist unsere aktuelle Herausforderung.

Die stark wachsende Bedeutung des Themas Kundenbindung lässt sich aus unternehmerischer Sicht im Wesentlichen auf die zunehmende Wettbewerbsintensität in vielen Branchen zurückführen. Veränderte Markt- und Wettbewerbsbedingungen, oft hervorgerufen durch die Globalisierungsentwicklungen, resultierten vielfach in Gewinnrückgängen und verringerten Wachstumsraten. Zunehmende Markttransparenz erleichtert es zudem den Akteuren, das für Sie am geeignetsten erscheinende Leistungsangebot zu identifizieren und unterstützt die abnehmerseitige Wechselbereitschaft. Beispielhaft sei auf den Markt für mobile Kommunikation verwiesen, der mittlerweile einen gewissen Sättigungsgrad erreicht hat und sich durch eben die erwähnte Transparenz auszeichnet. Die Anbieter auf dem deutschen Markt müssen sich im Kampf um Marktteile nicht mehr nur um Neukundengewinnung bemühen: Die starke Konkurrenz und die Homogenität der Leistungen zwingt zum konsequenten Auf- und Ausbau bestehender Kundenstämme, um den Unternehmenserfolg dauerhaft sicherzustellen.

Die Veröffentlichung der empirischen Ergebnisse von Reichheld/Sasser hat maßgeblich dazu beigetragen, dass die Kundenbindung in das Blickfeld der Unternehmen rückte. Hiernach ist der Schaden, der durch den Verlust eines Kunden entsteht, in Abhängigkeit von der Branche bis zu siebenmal so hoch wie die Kosten der Neukundengewinnung, und der Gewinn wächst pro Kunden und Zeiteinheit mit zunehmender Dauer der Geschäftsbeziehung deutlich an. Andere Untersuchungen haben für den Barwert einer typischen Kundenbeziehung – am Beispiel der Sachversicherungsbranche – gezeigt, dass:

- ein Kunde mindestens 4 Jahre im Bestand verbleiben muss, um überhaupt erst rentabel zur werden.
- Eine Kundenbeziehung, die länger als 10 Jahre dauert, um den Faktor 8-10 mal profitabler ist als eine solche, die nur 5 Jahre dauert.
- In einer durchschnittlich 10-jährigen Kundenbeziehung die Reduzierung der Storno-Quote von 10% auf 8% zu einer Steigerung des Barwertes der Beziehung von 45% führt.

Neben die Empirie zur ökonomischen Bedeutung loyaler Kunden traten die theoretischen Erkenntnisse zum Marketingerfolg, die auf Fortschritten in der Kundenzufriedenheitsforschung sowie der Entwicklung des Beziehungsmarketings und des Kundenmanagements basieren.

Mittlerweile hat sich das aus diesen Strömungen resultierende Postulat der Notwendigkeit, Geschäftsbeziehungen als ganzheitliches Konstrukt zu analysieren, zu bewerten und entsprechend auszugestalten, in allen Unternehmen etabliert.

Die internationale Expansion von Unternehmen und die damit einhergehende grenzüberschreitende Verflechtung von Wertschöpfungsketten scheint eine unumstößliche Forderung des wirtschaftlichen Gesamtgefüges geworden zu sein. Neben den Aspekten der Leistungserstellung spielt jedoch derjenige der Erschließung neuer Märkte und Kunden eine gewichtige Rolle für standortpolitische Strategien. Der Erfolg dieser Erschließung wird maßgeblich von zwei Faktoren beeinflusst: eine fundierte und stringente Marktdurchdringungs- und -bearbeitungsstrategie sowie die notwendigen finanziellen Mittel zur Umsetzung selbiger. Und genau hier findet man eine quasi unauflösliche Verknüpfung zwischen internationaler Expansion und dem “Kern”, dem “Ursprung” oder der “Basis” eines Unternehmens: das finanzielle Fundament für den Aufbau neuer Kunden, neuer Erlösquellen kann auf solide Art nur aus einem funktionierenden und erfolgreichen Geschäft mit bestehenden Kunden erwachsen. Mit anderen Worten: kein international expandierendes Unternehmen hat jemals erfolgreich neue Märkte erschlossen, ohne sich gleichzeitig und im späteren Verlauf der unternehmerischen Aktivitäten um den Erhalt und die Intensivierung bestehender Beziehungen zu bemühen.

Neben das finanzielle Kapital, das aus der Kundenbindung geschlagen wird, treten zwei weitere Argumente im Zusammenhang einer Expansionsstrategie auf, die man als Reputations- und als Erfahrungskapital bezeichnen könnte. Ein bestehender Kundenstamm, der quasi als Testimonial für das betrachtete Unternehmen und dessen Leistungen auftreten kann, beeinflusst die Wahrnehmung durch die potenziellen Neukunden. Als Beispiel sei hier der Internet-Provider AOL angeführt, der bei seiner Erschließung des deutschen Marktes insbesondere auf seine weltweit 30 Mio. Kunden verwies. Kundenbindung mit dem dazu notwendigen Engagement, die Nutzer zufrieden zu stellen und zu begeistern, ist erforderlich, eine solche breite Kundenbasis als Referenz vorzuhalten und führt zu einer gewissen Reputation, die für neue Kunden als Kriterium für den Kaufentscheid herangezogen werden kann. Die in längerfristigen Geschäftsbeziehungen gesammelten Erfahrungen werden von erfolgreichen Unternehmen konsequent in die Etablierung neuer Beziehungen eingebracht. Der Lerneffekt führt dazu, dass die gemachten Fehler ausgemerzt und erfolgreich eingesetzte Instrumente der Kundenbindung und Differenzierungsstrategien für die Neukundenakquise adaptiert werden bzw. als Verkaufsargument angeführt werden können.

3.2.4 Leitlinie 8: Kunden zeitgerecht erreichen durch adaptive Vertriebskanalgestaltung

Je komplexer und spezialisierter ein Produkt ist, umso schwieriger ist es, auf nur einen Vertriebskanal zu setzen. Ein adaptiver Channel-Mix der informatorischen Prozesse ermöglicht eine zielgruppen- und länderspezifische Gestaltung des Vertriebskanals. Die logistischen Prozesse profitieren von einer standardisierten globalen Struktur.

Im Zeitalter zunehmender Technologisierung, insbesondere der steigenden Bedeutung des Internets verlieren die klassischen Vertriebskanäle an Bedeutung. Insbesondere jüngere Kunden wenden sich zunehmend von den klassischen Formen der Bedarfsdeckung ab und nutzen das Internet. Die räumliche Nähe zum Kunden verliert an Bedeutung und damit auch konventionelle Vertriebskanäle. Innovative, adaptive Vertriebskanäle gewinnen an Gewicht. Gerade in schwierigen Zeiten ist deren Ausbau sinnvoll. KarstadtQuelle tätigt mittlerweile mehr als 8 % des Umsatzes online. Ein weiterer Ausbau ist geplant.

Der konventionelle Vertriebskanal lässt sich als einen mehrstufigen körperlichen Warenfluss beschreiben, der durch die mehrstufige Übertragung von Verfügungsrechten vom Hersteller über den Großhändler, den Einzelhändler bis zum Endverbraucher gekennzeichnet ist. Innovative Vertriebskanäle zeichnen sich dadurch aus, dass der Fluss der Verfügungsrechte vom körperlichen Warenfluss entkoppelt ist. Der physische Sitz des Unternehmens und damit auch die räumliche Nähe zum Kunden verlieren an Bedeutung.

Für Unternehmen besteht daher die Notwendigkeit, sich bei der Ausgestaltung ihrer Vertriebskanäle und zur Aufrechterhaltung der Kundennähe auf die veränderten Rahmenbedingungen einzustellen und die Transaktionskostenvorteile, die sich aus der veränderten Abwicklung ergeben, zu realisieren. Eine undifferenzierte Betrachtung der Transaktionsteilnehmer ist nur bedingt sinnvoll und erfordert daher eine Strukturierung in die Bereiche Consumer, Business und Administration, wobei der Bereich Administration sowohl als Anbieter als auch als Nachfrager eine untergeordnete Rolle spielt. Von größerer Bedeutung sind insbesondere die Beziehung zwischen Business und Business sowie zwischen Business und Consumer.

Welche Chancen bieten innovative Vertriebskanäle?

Neue Technologien und deren zunehmende Verbreitung, insbesondere die des Internets, erfordern von den Unternehmen zur Aufrechterhaltung deren Wettbewerbsfähigkeit die Anpassung der Vertriebskanäle an die veränderten Rahmenbedingungen. Das Internet übernimmt zunehmend die Funktion traditioneller Vertriebskanäle. Die Fähigkeit der individuellen Ansprache potenzieller Kunden ist ein wesentlicher Erfolgsfaktor für die effiziente Ausgestaltung innovativer Vertriebskanäle. Die Voraussetzung hierfür ist eine ausreichende kommerzielle Nutzung des Internets, was derzeit nur bedingt gegeben ist. Während die Anzahl der Nutzer in den letzten Jahren exponentiell wuchs und einen Großteil der westlichen Bevölkerung erfasst hat, gewinnt das Internet als Vertriebsmedium nur allmählich an Bedeutung. Als Gründe hierfür werden insbesondere die Verfügbarkeit der Zugangsmedien, die Sicherheit der Finanz- und Gütertransaktionen und die wahrgenommenen Kosten durch lange Wartezeiten bei der Datenübertragung genannt. Da in den kommenden Jahren der Umgang mit Computern und die Nutzung des Internets weiter an Bedeutung gewinnen, werden die Faktoren, die derzeit die Akzeptanz des Vertriebskanals "Internet" hemmen, an Gewicht verlieren.

Eine wesentliche Voraussetzung zur Nutzung ist die informatorische Vernetzung der Marktteilnehmer. Auch hier unterstützt die zunehmende Verbreitung des Internets die Nutzung desselben als Vertriebskanal. Nicht nur größere Unternehmen, sondern auch KMU und private Haushalte greifen zunehmend auf dieses zurück. Traditionelle Systeme, die bisher im Wesentlichen durch finanzstarke Teilnehmer genutzt wurden, lassen nicht die kostenreduzierenden Funktionalitäten zu, wie dies beim Internet der Fall ist. So zählen hierzu die Einrichtung elektronischer Produktkataloge und Bestellsysteme oder Online-Shops. Ebenso kann das Internet für alle Beteiligten als Integrationsplattform genutzt werden.

Wie lassen sich adaptive Vertriebskanäle gestalten?

- **Gestaltung eines geeigneten Channel-Mix:**

Die vollständige Abdeckung des Absatzmarktes kann durch einen Vertriebskanal nicht gewährleistet werden. Die Aufrechterhaltung der Kundennähe erfordert daher die gezielte Nutzung und Kombination adäquater Vertriebskanäle. Erfolgreich realisiert hat dies MediaMarkt. MediaMarkt entschied sich, den zusätzlichen Vertriebsweg nicht zu ignorieren. "Unsere Kunden gehen den Weg ins Internet, informieren sich dort und kaufen auch zunehmend über das Internet bei bekannten Anbietern, denen sie vertrauen", so

Martin Gläser, Geschäftsführer der Media-Markt-Online GmbH. MediaMarkt konnte so zusätzliche Kunden erreichen, in deren Nähe sich MediaMarkt befand.

Ein weiteres Beispiel ist eines der bedeutendsten und erfolgreichsten britischen Handelsunternehmen: Tesco. Tesco nutzt neben den klassischen Vertriebswegen auch klassische Kataloge, Home-Shopping sowie das Internet. Dabei umfasst das Sortiment 20.000 Artikel. Jede Bestellung wird über ein Call-Center aufgenommen, erfasst und in die Filiale übermittelt, die dem Wohnort des Kunden an nächsten liegt. Der Kunde zahlt für diese Dienstleistung eine zusätzliche Pauschale.

- **Nutzung innovativer Vertriebskanäle:**

Die Nutzung des Internets als Vertriebskanal unterscheidet sich deutlich von den traditionellen Vertriebskanälen. Traditionelle Funktionen des Handels, wie die Vorhaltung der Waren, die Sortimentsgestaltung oder die Beratung des Kunden, können entflochten, neu zugeordnet und neu, kundenindividuell zusammengestellt werden. Dem Handel bietet sich die Chance, sich von der Vorhaltung der Bestände ganz zu trennen. Die Handelsstufe tritt in diesem Prozess lediglich als Ansprechpartner zum Kunden auf. Der Handel nutzt über die neuen Vertriebskanäle weiterhin sein Know-how bei der Bündelung von Angebot und Nachfrage und vermittelt zwischen Produzenten und Kunden. Bei der Sortimentszusammenstellung steht weniger die physische Präsenz der Produkte, sondern vielmehr die Qualität der Auswahl der Produkte in Bezug auf die Präferenzen der Kunden im Vordergrund. Durch sie ist das anbietende Unternehmen in der Lage, Kundennähe zu schaffen, Kundennutzen zu erzeugen und damit eine Kundenbindung aufzubauen, ohne dass eine räumliche Nähe zwingend vorhanden sein muss.

Neuere Tendenzen bei der Nutzung des Internets zielen auf eine schnelle und aufwandsminimale Realisierung standardisierter Geschäftsprozesse von der Anfrage über die Angebotserstellung bis zur Lieferung und Abwicklung des Zahlungsverkehrs sowie der Retourenabwicklung. Der Kunde wird aktiv in die Leistungserstellung integriert und kann so durch den direkten Kontakt mit dem Hersteller den Fortschritt der Leistungserstellung verfolgen oder gar selbst mit beeinflussen. So können per e-Mail zugesandte Kundenaufträge direkt in das PPS-System eingespeist und in die Produktionsplanung aufgenommen und die Teilverfügbarkeit überprüft werden. Der Kunde erhält zeitnah eine Mitteilung, wann das von ihm konfigurierte Produkt verfügbar ist. Dieser Prozess, der bisher mehrere Stunden benötigte, erfordert via Internet nur noch wenige Minuten. Durch diese Möglichkeiten schafft der Hersteller Nähe zum Kunden.

- **Direkte und zeitnahe Distribution als Enabler:**

Der Nutzung des Vertriebskanals "Internet", dem elektronischen Verkauf von Produkten, folgt meist auch die physische Zustellung derselben. Damit werden unter dem Einfluss des Internets und dessen Nutzung als Vertriebskanal Produktion und Distribution von immateriellen und materiellen Gütern gleichermaßen verändert. Der Erfolg des Computerherstellers DELL zeigt, dass die erfolgreiche Nutzung des Internets als Vertriebskanal es erfordert, auch logistische Aspekte mit einzubeziehen: DELL fertigte nicht auf Lager, sondern direkt entsprechend des Kundenauftrags und stellte die Ware nach zwei Tagen direkt zu. Erreicht wurden diese kurzen Reaktionszeiten nicht mit hohen Lagerbeständen, sondern durch das Management der gesamten Supply Chain. Die Verfügbarkeit und schnelle Belieferung des Kunden beschreibt auch MediaMarkt als wesentliche Voraussetzung für die erfolgreiche Nutzung alternativer Vertriebskanäle.

Logistische Dienstleistungen werden primär von integrierten Kurier-, Express- und Paketdienstleistern (KEP) erbracht. Bevorzugt werden Dienstleister, die Erfahrungen im Fulfilmentbereich haben und eher als klein bis mittelständig bezeichnet werden können, da diese nach Auffassung der Händler einfacher zu steuern sind und auf logistische Prozesse Einfluss genommen werden kann. Bei der Erbringung dieser logistischen Leistungen bestehen allerdings heute noch Ineffizienzen, die auf 15 % der Transportkosten geschätzt werden. Aber auch der Distribution, insbesondere dem Direktvertrieb vom Hersteller zum Kunden, sind Grenzen gesetzt. Dies ist meist dann der Falle, wenn kurze Zugriffszeiten seitens der Kunden erwartet werden. Dies setzt eine hohe Lieferbereitschaft oder eine entsprechende Lagerung in der Nähe des Kunden voraus. So lässt sich zeigen, dass es bei Produkten des täglichen Bedarfs sinnvoll sein kann, diese in die Nähe des Kunden zu transportieren und dann von dem Kunden an einem zentralen Ort abholen zu lassen oder von dort aus die Produkte direkt an diesen auszuliefern.

Die Nutzung adaptiver Vertriebskanäle bietet Unternehmen, nahezu unabhängig von ihrer Unternehmensgröße die Möglichkeit, sich bietende Marktchancen zu nutzen, indem Kundengruppen erreicht werden, die bisher außerhalb der Reichweite des Anbieters waren. Die Nähe des Kunden wird durch die Entkopplung der Nachfrage mit der räumlichen Nähe des Anbieters durch die Nutzung alternativer Vertriebskanäle gefördert, die Kundenzufriedenheit tendenziell gesteigert und die Kundenbindung verbessert. Damit bieten sich nicht nur Umsatz-, sondern auch Ertragspotenziale aus dem zusätzlichen Umsatzvolumen und den Kostenvorteilen. Diese resultieren aus reduzierten Transaktionskosten gegenüber der konventionellen Abwicklung. Damit verbessert sich der Nutzen sowohl für den Anbieter als auch den Nachfrager von Leistungen.

3.3 Leitlinien des Ressourcenmanagements

Auch das Management der Unternehmensressourcen im globalen Kontext verläuft nach neuen Regeln. Stand im regionalen Unternehmenskontext die Verfügbarkeit und der Preis im Mittelpunkt der Betrachtung, so sind im globalen Kontext vor allem die Auswahl der geeigneten Quellen, der gezielte Einsatz sowie die qualitative und evolutionäre Weiterentwicklung der Unternehmensressourcen zu gestalten. Entsprechend zielt das Personal- und Kulturmanagement auf eine Verknüpfung eigener Wertewelten mit der strategischen Indentität des Unternehmens und auf eine Ausweitung der unternehmerischen Wissensressourcen. Deren optimaler Einsatz gelingt durch die Schaffung von Innovationslandschaften, in denen das Entstehen von neuen Ideen durch eine vitale Innovationskultur gefördert, deren Transformation in neue Produkte durch eine Vernetzung der Know-how-Träger unterstützt und durch unternehmerisches Handeln realisiert werden. Trotz der hohen Bedeutung von Wissen und Innovation stellen die Materialkosten aufgrund sinkender Eigenleistungsanteile häufig den größten Kostenblock im Unternehmen dar. Aus diesem Grund hat das Management der Ressource Material einen erheblichen Einfluss auf die Kostenposition des Unternehmens. Intelligente Sourcingkonzepte nützen die Vielfältigkeit globaler Beschaffungsquellen und erhöhen die Nutzungsqualitäten durch strategische Bündnisse. An die Finanzierung unternehmerischen Handelns werden nicht zuletzt aufgrund strengerer Kreditvergaberegeln als Anwort auf Basel II erhöhte Anforderungen gestellt. Hierfür stellt eine Entwicklung innovativer Finanzierungsformen, die sich am Unternehmenswert und an den Interessen der Stakeholder orientieren, eine wesentliche Aufgabe dar.

3.3.1 Leitlinie 9: Aktives Personal- und Kulturmanagement schaffen "Heimat" und Identifikation

Von Henry Ford, amerik. Großindustrieller stammt folgendes Zitat: „Die Wettbewerbsfähigkeit eines Landes beginnt nicht in der Fabrikhalle oder im Forschungslabor. Sie beginnt im Klassenzimmer". Dieser Satz trifft auf Deutschland gleichermaßen zu, da erfolgreicher Wettbewerb und effiziente Wertschöpfung hochgradig mitarbeitergetragen sind. Ermöglicht wird dies durch ein aktives Personal- und Kulturmanagement.

Aktives Personal- und Kulturmanagement schaffen für die Organisationsmitglieder "Heimat" und Identifikation zugleich und tragen in Konsequenz zur effizienten Wertschöpfung von Unternehmen bei. Hierfür bedarf es neben der Betrachtung organisatorischer, rechtlicher, volkswirtschaftlicher und politischer Aspekte gleichermaßen der Betrachtung führungs- und mitarbeiterbezogener Situationsgefüge.

Welche Rolle spielen Mitarbeiter im Kontext globaler Unternehmensstrukturen?

In vielen Fällen beschränken sich Entscheidungen bei der Standortwahl auf finanzielle Kenngrößen, wie beispielsweise mögliche Cash Flow- oder Renditesteigerungen, Kostensenkungspotenziale oder erhöhte Wertschöpfungseffizienz. Standortfaktoren wie vorhandene Infrastruktur, politische Kontinuität, Rechtsvorschriften, Steuergesetzgebung usw. fließen in die Analyse und Entscheidungsvorbereitung ein. Standortverlagerungen oder die erfolgreiche Integration eines neuen Standortes im Ausland in das bestehende Unternehmensnetzwerk können jedoch auch scheitern, wenn so genannte soft facts nicht berücksichtigt werden. Beispielhaft seien an dieser Stelle kulturelle, sprachliche, qualifikatorische, motivatorische Barrieren oder Corporate Identity bezogene Aspekte genannt. Aufgabe eines aktiven Personal- und Kulturmanagements ist es, die vorhandenen Barrieren zu identifizieren, dem Top Management aufzuzeigen und geeignete Transformations- und Harmonisierungsstrategien sowie -maßnahmen zu formulieren.

Die bei den Mitarbeitern und Führungskräften vorhandene interkulturelle Kompetenz sowie die aktive Partizipation an der interkulturellen Kommunikation wirken als Erfolgspromotoren zur Etablierung von "Heimat" im übertragenen Sinne. Zur Erreichung der Ziele ist es erforderlich, Qualifizierungsprogramme mit interkulturellem Schwerpunkt zu identifizieren, zeitlich befristete Auslandseinsätze sowohl von Mitarbeitern als auch von Führungskräften als Training on the job zu etablieren, kulturbezogenes Einzel- und Teamcoaching zu fördern. Interkulturelles Lernen erweist sich als lebenslanger Lernprozess, bei Bewerbungsverfahren sollte deshalb interkulturelle Kompetenz als Auswahl- und Beurteilungskriterium herangezogen werden.

Starke Unternehmenskulturen ermöglichen die Etablierung einer standortübergreifenden "Heimat". Auf Basis von Interaktion und dem unternehmensbezogenen, strategischen Handlungsrahmen werden Werte und Normen, Wissensvorräte sowie Denk- und

Verhaltensmuster neu kombiniert und auf organisationaler Ebene zu einer innovativen und kaskadenübergreifenden Gesamtstruktur geführt (vgl. Hausladen, 2001). Gerade diese so entstandene kulturelle Basis kanalisiert die Entscheidungen sowie Handlungen aller Unternehmensmitglieder und konstituiert in Folge die "Unternehmensheimat". So prägen kulturelle Werte, der Traditionsbezug, der Standortbezug, die Globalisierung, die Geschichte des Unternehmens, der Gründerauftrag sowie örtliche Gegebenheiten die Gestalt der Corporate Culture, allerdings wirken die aktuelle Kultur und Corporate Identity wiederum auf die Ausprägung dieser Unternehmenskulturbestandteile zurück. Veränderungen der Organisationskultur sind nur langsam zu vollziehen und können nicht ad hoc bewirkt werden.

Worin liegen die Handlungsansätze für ein aktives Personal- und Kulturmanagement?

Das Corporate Design als Baustein der Corporate Identity übt standortübergreifend eine vertrauensbildende Funktion aus. Die Fa. Brose hat international das Erscheinungsbild des Unternehmens architektonisch neu gestaltet. Unabhängig vom aktuellen Standort schafft Brose ein einheitliches äußeres Auftreten und vermittelt sowohl Mitarbeitern als auch Führungskräften das Gefühl, "zu Hause zu sein". Zusätzlich wurde die "Neue Brose Arbeitswelt" institutionalisiert, Transparenz und offene Kommunikation mit dem Einsatz moderner Informationstechnologien sowie dem Desk-Sharing-Konzept verknüpft und hat so zur Ausbildung eines standortübergreifenden sowie wettbewerbsfähigen Organisationsmodells aktiv beigetragen.

Virtuelle Teamkonzepte schaffen Raum für effiziente Wertschöpfung und Wettbewerb an deutschen und ausländischen Standorten. Ausgehend von den Inhalten zeitgemäßer Gruppenkonzepte, die die Integration von Fachaufgaben, Aufgaben der Selbststeuerung sowie Aufgaben der Innovation, Kommunikation und des Kontinuierlichen Verbesserungsprozesses erfordern, lassen sich virtuelle Teamkonzepte durch die räumlich verteilte Ausübung von Unternehmensfunktionen charakterisieren. Virtuelle Entwicklungs- und Projektteams wurden in vielen Fällen sehr erfolgreich implementiert. Auf diesem Weg kann die Wertschöpfungseffizienz, unter Beibehaltung der aktuellen Standortstruktur nachhaltig gesteigert werden. Virtualität ist allerdings auf der einen Seite an den Einsatz modernster Informations- und Kommunikationstechnologien, auf der anderen Seite an eine ausgeprägte interkulturelle Kompetenz der Teammitglieder gekoppelt. Zur Aufgabe eines aktiven Personalmanagements gehört die Begleitung der Etablierung entsprechender Teams sowie die Betreuung der Teammitglieder hinsichtlich der interkulturellen Komponente.

Das Konzept der Telearbeit (Brumberg/Hüttemann, 2002) wurde in den letzten Jahren in vielen Fällen erfolgreich implementiert. Die Vorteile für den Arbeitgeber (z. B. Produktivitätssteigerung), für den Arbeitnehmer (z. B. flexiblere Arbeitszeiten) sowie die sozialen und wirtschaftlichen Vorzüge (z. B. Schaffung neuer Arbeitsmöglichkeiten in Regionen mit hoher Arbeitslosigkeit durch die Ortsungebundenheit der Leistungserbringung) überwiegen bei weitem die Nachteile dieser Arbeitsorganisation. Trotzdem besteht immer noch eine gewisse Zurückhaltung bei der Institutionalisierung entsprechender Modelle, obwohl das Internet als Standardtechnologie inzwischen etabliert ist und vielfältige Möglichkeiten zur innovativen Gestaltung von Arbeitsorganisationen bereitstellt.

Mittels erhöhte Arbeitszeitflexibilisierung, beispielsweise durch die Öffnung von Gleitzeitkonten (zeitliche Dynamik des Auf- und Abbaus von Stunden) sowie verstärkter Implementierung von gestaffelten Arbeitszeiten oder der KAPOVAZ (Kapazitätsorientierte variable Arbeitszeit) lassen sich Umweltdynamik und Unternehmensdynamik innerhalb gewisser Grenzen harmonisieren. Die Modelle sind nicht neu, allerdings werden die Möglichkeiten in diesem Bereich nicht immer optimal ausgeschöpft.

Mitarbeiter als Mitunternehmer müssen am Unternehmenserfolg in adäquater Weise beteiligt werden, ansonsten können moderne Wertschöpfungskonzepte am Standort Deutschland nicht erfolgreich implementiert werden. Führung durch und Entlohnung nach Zielvereinbarung heißen die zukunftsfähigen Modelle. Durch die Erhöhung variabler Entgeltbestandteile können Löhne und Gehälter besser an das Leistungsgefüge gekoppelt und Handlungsweisen ziel- und strategieorientiert ausgestaltet werden. Insbesondere rücken Erfolgsbeteiligungsmodelle immer stärker in den Mittelpunkt innovativer Unternehmensführung. Allerdings bedarf es zur effizienten Steuerung adäquater Messsysteme, die den Wertbeitrag der Mitarbeiter und Führungskräfte quantifizieren oder zumindest qualifizieren. Das Management-Wert-Konzept stellt einen gangbaren Weg zur Erreichung dieser anspruchsvollen Zielsetzung dar (vgl. Bühner, 1990). Die Forderung der Unternehmensleitung nach einem teilweisen Verzicht auf Einkommen seitens der Belegschaft ist mit dem analogen Verzicht auf Teile der Managementvergütung im Sinne der Vorbildfunktion gekoppelt. Das Konzept "der Mitarbeiter als Mitunternehmer" erfordert unternehmerisches Denken in allen Bereichen sowie ein angemessenes Maß an Wettbewerb im Unternehmen selbst. So werden beispielsweise im Rahmen eines internen Benchmarking die Leistungen verschiedener Bereiche miteinander verglichen und in Folge Leistungssteigerungspotenziale identifiziert. Moderne Visualisierungs- und Berichtskonzepte, wie z. B. die Balanced Scorecard unterstützen diesen Prozess und lenken das Unternehmensgeschehen innerhalb der vorgegebenen strategischen Eckpfeiler bereichs- und hierarchieübergreifend.

Strategische Frühinformation ist nicht nur hinsichtlich ihrer Auswirkungen auf die Unternehmensstrategie zu beurteilen, sondern gleichermaßen bezüglich erforderlicher Maßnahmen im Personalmanagement. Handlungsflexibilität und Zukunftsfähigkeit werden so zu einem immanenten Bestandteil strategischer Unternehmensplanung und -führung. Das Management ist gefordert, strategisches und kreatives Denken auf allen Ebenen zu implementieren. Konzepte wie "Management by Strategy" oder "Management by Vision" sollten das traditionelle "Management by Objectives" sinnvoll ergänzen. Erfolgreiche Wertschöpfung und die Erschließung von Wettbewerbsvorteilen am Standort Deutschland sind folglich eng mit den strategischen und führungsbezogenen Kompetenzen des Managements verknüpft. Durch ein regelmäßiges Personal- und Führungskräfteaudit sowie durch die Institutionalisierung eines 360°-Feedback-Zyklus lassen sich Defizite auf Seiten des Managements identifizieren. Durch zielgruppenspezifische Weiterbildung können fachliche, methodische und soziale, durch individuelles Coaching vor allem personale und führungsbezogene Kompetenzen anforderungsorientiert erweitert werden. Ist dies aufgrund verschiedener Ursachen (z. B. mangelnde Bereitschaft zur Veränderung, zu hohe Qualifikationsdefizite) nicht möglich, dann müssen mitunter auch unangenehme Entscheidungen seitens der Verantwortlichen konsequent gefällt werden. Nachwuchsprogramme ermöglichen darüber hinaus die frühzeitige Bindung von so genannten High Potentials an das Unternehmen und sichern einen effizienten Theorie-Praxis-Transfer aus den Hochschulen in die Wirtschaft und umgekehrt.

Die Aus- und Weiterbildung in den Unternehmen kann die Basisqualifizierung an Allgemeinbildenden Schulen, Berufsschulen sowie Hochschulen nicht übernehmen, sondern ihr Schwerpunkt liegt primär in der bedarfsorientierten Vermittlung von "Spezialkenntnissen" sowie in der praxisbezogenen Erweiterung des Erfahrungs- und Kontextwissens. Durch die stärkere Vernetzung von Theorie und Anwendung bereits an den Allgemein- und Berufsbildenden Schulen, beispielsweise mittels Institutionalisierung von Partnerschaften, wirken Unternehmen aktiv am Bildungsauftrag in Deutschland mit. Forschungsförderung an Hochschulen sowie die Partizipation von Großunternehmen und KMU an Forschungsprojekten sichern die Wettbewerbsfähigkeit des Standortes Deutschland mit.

Das Erschließen nachhaltiger Wettbewerbsvorteile und die Steigerung der Wertschöpfungseffizienz durch einen starken Standort Deutschland sowie durch die synergetische Integration aller nationalen wie internationalen Standorte von Unternehmen ist sowohl an die Veränderung harter, organisatorischer Fakten gebunden als auch an die innovative Beeinflussung weicher, führungs- und mitarbeiterbezogener Aspekte. Die treibenden Kräfte des Erfolgs sind die Einbindung aller Mitarbeiter und Führungskräfte in den Wandel als auch die Förderung der internen wie externen Kooperationsqualität. Um es mit den Worten von Friedrich Nietzsche, einem bekannten dt. Philosophen auszudrücken: "Wir leben in einem System, in dem man entweder Rad sein muß oder unter die Räder gerät."

3.3.2 Leitlinie 10: Innovationslandschaften entfesseln neue Ideen

"In Germany, the growth, in my view, will be based on two words: brain and work." (Louis Schweitzer, CEO, Renault). Was aus einer Außenperspektive klar und einfach erscheint, ist in Unternehmen in Strukturen und Prozessen zu realisieren. Eine produktive Verbindung der intellektuellen Fähigkeiten einzelner mit den Anstrengungen eines ganzen Unternehmens kann gelingen, wenn eine Umgebung und Kultur entsteht, die neuen Ideen Freiraum und Entfaltungsmöglichkeiten bietet. Das Ergebnis sind Innovationslandschaften.

Der beeinflussbare Anteil von Forschung und Entwicklung am Produkterfolg liegt bei ca. 70 bis 80 %. Dabei umfassen die beeinflussbaren Bereiche Themen wie Produktzuverlässigkeit, Betriebssicherheit als auch Kosten und Design. Die Entwicklung von Produkten steckt in der Zwickmühle zwischen sich verkürzenden Produktlebenszyklen mit ebenso verkürzten Pay-Off Perioden und durch die Produktkomplexität erhöhten Entwicklungsaufwänden. Die Bedeutung der Einhaltung von Entwicklungszeiten hat sich in zahlreichen empirischen Untersuchungen verdeutlicht. Der Anteil neuer Produkte liegt in den unterschiedlichen Branchen wie Elektrotechnik bei ca. 40 %, in der Automobil- und Zulieferindustrie immerhin noch bei über 30 %.

Worin liegen die Erfolgsfaktoren für eine Innovationskultur in Deutschland?

- Finanzierung von Produktinnovationen:

Innovationen sind oft mit Investitionen verbunden, die gerade den finanziellen Rahmen von kleinen oder mittleren Unternehmen sprengen können. Da Banken durch die Vorbereitung auf Basel II immer weniger bereit sind, Entwicklungsinvestitionen aufgrund des Risikos durch Kredite zu finanzieren, müssen Alternativen erschlossen werden. Um den Unternehmenserfolg nicht nur von einem oder wenigen Entwicklungsprojekten abhängig zu machen, müssen innovative Finanzierungsformen genutzt werden. Ein Mittel dafür stellen Kapitalbeteiligungsgesellschaften dar, die Eigenkapital zur Verfügung stellen und mit Unternehmerischen Know-how bei Wachstumsphasen beiseite stehen. Gleiches gilt für die Gründung von Ideen, wo gerade in der Frühphase von Unternehmensgründungen neben den klassischen Finanzprodukten die Verfügbarkeit von Wagniskapital notwendig ist. Ein risikoaverses Förderverhalten sowie nicht funktionierende Exitkanäle verhindern die Ausnutzung von Multiplikatoreffekten.

- Institutionalisierung von Innovationsnetzwerken:

Die Institutionalisierung einer Innovationskultur erfordert eine enge Kooperation von Staat und Unternehmen. Durch die Finanzierung von Forschungsprogrammen für die Unterstützung von kleinen und mittleren Unternehmen oder in der Grundlagenforschung können gezielt Innovationsimpulse gegeben werden. Für den Technologietransfer zwischen Forschungseinrichtungen wie Universitäten sind Intermediäre wie Technologieparks und Gründerinitiativen weiter auszubauen, um die Geschäftsideen und Forschungsergebnisse zu kommerzieller Reife zu bringen. Die Intermediäre übernehmen dabei Aufgaben wie Transfer-, Beratungs-, Informations-, Qualifizierungsleistungen. Als Musterbeispiel hierfür gilt das Silicon Valley, wo sich eine Netzwerk von Unternehmen, Kapitalgebern, Forschungseinrichtungen und Universitäten gebildet hat, die sich auf Themen der Informationstechnologie in den Bereichen Hard- und Software spezialisiert haben. General Electric eröffnete im Juni 2004 sein erstes europäisches Forschungszentrum, das weltweit vierte des Unternehmens, im Umfeld der Technischen Universität München und nutzt damit das vorhandene Forschungs-Know-how.

- Erschließung von neuen Zukunftstechnologien:

Die Stärke der deutschen Unternehmen liegt derzeit in den höherwertigen Technologien der Branchen wie Automobilbau, Maschinenbau und Chemie. Beinahe die Hälfte der industriellen Produktion und ein hoher Anteil an Forschungs- und Entwicklungsleistungen wird in diesen Wirtschaftssektoren getätigt. Obwohl der Lebenszyklus dieser Branchen noch nicht überschritten ist, ist in diesen Branchen kein Beschäftigungswachstum in den nächsten Jahren zu erwarten. Dies kann durch die Erschließung der Zukunftstechnologien von morgen ermöglich werden. Seit den 70er Jahren hat eine Wende zur Informationsgesellschaft stattgefunden. Mit der Entwicklung von Hard- und Softwareprodukten sind Geschäftsfelder und neue Geschäftsideen entstanden. Ein Unternehmen wie SAP hat in etwas mehr als 30 Jahren nach der Gründung ca. 30.000 Arbeitsplätze geschaffen, davon sind 8.200 in der Entwicklung tätig. Dies Beispiel zeigt, wie wichtig es ist, technologische Trends frühzeitig zu erkennen und zu fördern. Auch wenn diese Märkte der Zukunftstechnologien aktuell eine höhere Volatilität aufweisen können, so stellen sie die Basis für die Wirtschaft von morgen dar. Dies ist in wichtigen Bereichen wie der Mobilfunktechnologie gelungen, in der europäische Unternehmen wie Siemens zu Marktführern in den Bereichen Endgeräte und Netzwerke aufgestiegen sind. In anderen Zukunftsbereichen wie der Mikro- und Nanotechnologie sowie der Biotechnologie muss diese Position erst erarbeitet werden.

- Ganzheitlichkeit einer erfolgreichen Produktentwicklung:

Um eine ausgewogene Produktentwicklung zu gewährleisten, sind die drei Gestaltungsfelder Technik, Markt und Organisation ganzheitlich zu optimieren. Eine Fokussierung eines Bereiches mit der Vernachlässigung eines anderen führt zu unnötigen Risiken. Werden die Kundenanforderungen nicht vor der Konstruktion erfasst, so drohen teure Nachbesserungen während der Marktphase. Der Kunde kauft Nutzenbündel, entspricht das Produkt nicht seinen Erwartungen, so ist er nicht bereit, einen vielleicht aus technischer Sicht angemessenen Preis zu bezahlen. Gleiches gilt für die Produkt- und Prozesstechnologie, die für die Erstellung des Produkts wichtig sind. Die Technik muss beherrscht werden und dabei noch zu einem angemessenen Kostenniveau realisierbar sein. Die dritte Dimension stellt die Organisation dar, welche die notwendige Struktur für den Innovationsprozess bereitzustellen hat. Dabei sind ein effektives Projektmanagement und Projektcontrolling ebenso notwendig wie Informations- und Kommunikationsstrukturen. Die Methoden für die Umsetzung der Entwicklungsprojekte basieren auf Kundenbefragungen, vom Markt abgeleiteten Zielkosten und integrierten Entwicklungsteams. Das Toll Collect-Desaster hat gezeigt, dass ein mangelndes Projektmanagement von innovativen Produktideen den Markterfolg gefährden kann. Anstatt einen Exportschlager zu entwickeln, ist es nun fraglich, ob sich die Investitionen jemals amortisieren werden.

Eine wettbewerbsfähige Innovationskultur in Deutschland hat einen positiven Einfluss auf den Standort und kann als Treiber der wirtschaftlichen Entwicklung bezeichnet werden. Aufgrund intensiver Innovationstätigkeiten und den damit verbundenen Investitionen wird die Nachfrage mit einer positiven Multiplikatorwirkung am Standort gestärkt. Durch die Entwicklung von Produktinnovationen können nachhaltige Wettbewerbsvorteile geschaffen werden um somit für Unternehmen den Anreiz zu schaffen, auch an einem Hochlohnstandort zu investieren.

3.3.3 Leitlinie 11: Wandlungsfähige Informationstechnologien folgen den rasanten Veränderungen

„Komplexe und weltweit verteilte Logistikketten erfordern nicht automatisch komplexe EDV-Lösungen. Die Aufgabe der E-Technologien besteht vielmehr darin, diese Komplexität zu beherrschen." (D. Specht, Interroll Holding AG).

Der Erfolg und die Wirtschaftlichkeit von Industrieunternehmen wird heute maßgeblich durch effiziente und effektive Prozesse und Strukturen bestimmt. Aufgrund der stetig steigenden Komplexität setzen Unternehmen dabei in zunehmendem Maße Softwaresysteme zur Unterstützung ihrer betrieblichen Abläufe ein. Vor dem Hintergrund sich immer schneller verändernder Wettbewerbsbedingungen müssen Unternehmen vor allem in der Lage sein, ihre Prozesse und Strukturen dynamisch an die sich rasant verändernden Bedingungen anzupassen. Aufgrund des dargestellten permanenten Änderungsbedarfs müssen demnach nicht nur die betriebliche Organisation, sondern ebenso die unterstützenden IT-Systeme die notwendigen Veränderungsstrategien ermöglichen. Aktuelle Studien zur Wandlungsfähigkeit von ERP-Systemen zeigen jedoch, dass diese geforderte Unterstützung organisatorischer und prozessualer Veränderungen durch IT-Systeme nur unzureichend gewährleistet ist.

Häufige Probleme mit der IT sind dabei

- eine mangelnde Abstimmung zwischen Geschäfts- und IT-Strategie,
- eine unzureichende Erfüllung der Kundenanforderungen durch die IT-Systeme,
- eine unzulängliche Spezifikation der genauen Leistungsqualitäten der IT,
- eine steigende Komplexität der IT-Systeme durch historisch gewachsene IT-Strukturen sowie
- das Auftreten von Betriebsausfällen geschäftskritischer IT-Systeme.

Von immer komplexer werdenden Systemen wird eine immer höhere Leistungsfähigkeit und Flexibilität erwartet. Dies kann nur erreicht werden, wenn langfristige Strategien sich an der kontinuierlichen Veränderung der Wettbewerbssituation ausrichten und die IT-Strategie dabei die Geschäftsstrategie unterstützt.

Wandlungsfähige IT-Systeme orientieren sich an den betrieblichen Prozessen

„Die Prozessorientierung ist die einzige und größte Chance für eine langfristig nachhaltig funktionierende IT-Industrie Europas." Diese Aussage von Jarke, Präsident der Gesellschaft für Informatik, zeigt einen weiteren Aspekt auf, der zur Gestaltung zukunftsfähiger Informationstechnologien herangezogen werden muss. Entscheidend hierbei ist, dass die betrieblichen Prozesse bei der Gestaltung von Informationssystemen im Vordergrund stehen und sich die unterstützenden IT-Systeme an den betrieblichen Prozessen orientieren. Durch eine modulare Informationssystemarchitektur kann dabei eine permanente Anpassungsfähigkeit der IT-Systeme an die sich wandelnden Geschäftsprozesse gewährleistet werden. IT-Architekturen sind daher zukünftig sowohl an der Aufbau- und Ablauforganisation eines Unternehmens als auch an den aktuellen technologischen Entwicklungen und Möglichkeiten auszurichten. Zur Erreichung nachhaltiger IT-Architekturen liegt der Fokus neben dem Einsatz spezieller software-technischer Methoden wie Komponenten- und Objektorientierung oder Agententechnologien insbesondere auf der Integration von Organisation und IT.

Ein Beispiel für die geforderte enge Verknüpfung von Geschäfts- und IT-Sichtweisen stellt die Kooperation zwischen dem Unternehmenssoftwarehersteller SAP und dem Geschäftsprozessmanagementspezialisten IDS Scheer dar. Die von beiden Firmen gemeinsam entwickelte Lösung "ARIS for SAP NetWeaver" ermöglicht dabei ein ganzheitliches Prozessmanagement. Konzeptionelles Design, Modellierung und Konfiguration von Geschäftsprozessen wird dabei mit der konkreten Umsetzung der Geschäftsprozesse in IT-Systeme verbunden. Geschäftsprozessoptimierungen können so schnell und effizient in den Softwarelösungen realisiert werden. Auf diese Weise werden die Qualität, Effizienz und Flexibilität von Geschäftsprozessen erhöht und die Wandlungsfähigkeit von Unternehmen durch IT-Systeme unterstützt. Durch die einfache Umsetzung von permanenten Veränderungen in den Prozessen auf die einzelnen Systeme wird dabei eine dynamische Vernetzung von Geschäftsprozessen und IT-Systemen und Datenbestände ermöglicht. Gleichzeitig wird eine nachhaltige und flexible IT-Architektur geschaffen, die die erforderlichen Anpassungen aufgrund kontinuierlicher Reorganisation sofort abbilden kann.

Flexibilitätsanforderungen verlangen nach neuen IT-Lösungen. Software muss sich an individuelle Unternehmenprozesse anpassen und sich zusammen mit ihnen ändern. Da immer mehr verschiedene Softwareprodukte zum Einsatz kommen, die auch mit alten Produkten – sogenannte Legacy Anwendungen – kommunizieren müssen, ist eine Konformität mit Standards unabdingbar.

Neben der Umsetzung im Bereich der Software kann die geforderte Flexibilität auch im Bereich der Hardwarelösungen realisiert werden. Anstatt hoher Investitionen und Fixkosten aufgrund unflexibler Kaufverträge ermöglichen innovative Miet- oder Abrechnungsmodelle beispielsweise die Abrechnung der genutzten Rechenleistung je nach aktuellem Bedarf und Verbrauch.

Welche Merkmale besitzen zukunftsfähige IT-Strukturen?

Die Forderung nach flexiblen und anpassungsfähigen IT-Systemen kann durch offene Systeme wesentlich unterstützt werden. Aufgrund der weltweit verteilten modularen Entwicklung und Konzeption der Systeme sowie der Möglichkeit, die Systeme individuell weiter zu entwickeln, sind Open Source Anwendungen teilweise wesentlich leichter an spezifische Anforderungen anzupassen als teure Standardsoftware. Der Einsatz von Open Source Software wird dabei nicht nur im Internetbereich immer beliebter. Das kostenlose Betriebssystem Linux stellt mittlerweile im Bereich der Betriebssysteme eine echte Alternative zu den teuren und standardisierten Lizenzprodukten von Microsoft dar. Neben der Frage der Anschaffungskosten spielen bei der Entscheidung für die zukünftige System-Strategie auch Faktoren wie Schulungskosten, Gewährleistungen und Haftung, Zukunftssicherheit und Support eine wichtige Rolle.

Wissen wird vor allem in Deutschland als der wichtigste Rohstoff der Zukunft betrachtet. Der gesamte Kreislauf von der Generierung über die Aufbereitung und Vermittlung bis hin zur Verwendung des Wissens kann durch IT-Systeme effizienter und effektiver unterstützt werden. Aufgrund der Vielzahl heute verfügbarer Informationsquellen besitzt die IT besonders im Bereich der Generierung und Aufbereitung von Wissen eine hohe Bedeutung. Customer Relationship Management Systeme ermöglichen es beispielsweise, sämtliche Information, die für eine umfassende und wirtschaftliche Beurteilung von Kunden notwendig sind, zu erfassen, zu sammeln und entscheidungsorientiert aufzubereiten. Die Anwendung von intelligenten Algorithmen und Rechenmodellen ermöglicht dabei, aus der Vielzahl von verfügbaren Informationen Erkenntnisse zu gewinnen, die auf den ersten Blick nicht erkennbar sind. Moderne Informationssysteme unterstützen jedoch nicht nur die Gewinnung und Aufbereitung von Wissen, sondern in gleichem Maße die Verbreitung und Anwendung von Wissen. So kann beispielsweise über den gesamten Produktentstehungsprozess hinweg an jedem Prozessschritt das spezifisch benötigte Wissen zur Verfügung gestellt und dementsprechend verarbeitet werden. Im Sinne von E-Learning dient die Vermittlung von Wissen durch Informationssyteme hier im speziellen der Qualifizierung von Mitarbeitern.

Aufgrund einer starken Dominanz der Unterstützung des Tagesgeschäfts durch die IT wurde dem Management der Datensicherheit sowohl von Unternehmen als auch von Softwareherstellern sehr lange eine geringe Bedeutung beigemessen. Sicherheit ist dabei in erster Linie eine organisatorische Aufgabe, die umfassend analysiert und definiert werden muss, und erst zuletzt eine technische. Die Strategie im Bereich der IT-Sicherheit ist dabei im Kontext der IT-Strategie zu entwickeln und als Aufgabe der Unternehmensleitung zu betrachten. Im Rahmen einer Risikoanalyse können die möglichen Bedrohungen analysiert und mit unterschiedlichen Maßnahmen beantwortet werden. Die Maßnahmen im Bereich der IT-Sicherheit sind jedoch immer einer Kosten-Nutzen-Analyse zu unterziehen und einem möglichen Verlust an Produktivität gegenüberzustellen.

3.3.4 Leitlinie 12: Differenzierte Sourcing Konzepte berücksichtigen die Total Costs of Ownership

Viele Unternehmen haben die strategische Bedeutung des Einkaufs für den Unternehmenserfolg längst noch nicht erkannt. Angesichts geringer Wertschöpfungstiefen erlangt der Einkauf strategische Relevanz.

Unternehmen arbeiten in der Regel mit weit mehr als 1.000 externen Partnern zusammen. Erklärtes Ziel einiger Unternehmen, so aus der Automobilindustrie, sind Fertigungstiefen von unter 20 %. Dies wird zu einer weiteren Zunahme von Lieferanten und einer erhöhten Komplexität in den Beschaffungsstrukturen führen. Dabei stellt sich im Beschaffungsmanagement die Frage, welche Maßnahmen ergriffen werden können, um der Vielfalt und der wachsenden Bedeutung der Ressource "Material" gerecht werden zu können.

In oftmals stark emotional geprägten Diskussionen wird der Beschaffung der Vorwurf gemacht, Treiber der Verlagerung von Arbeitsplätzen in Niedriglohnländer zu sein. Die Beschaffung steht oftmals in dem Verdacht, mit dieser Vorgehensweise den Wirtschaftsstandort Deutschland zu schwächen. Richtig ist, dass der Wechsel von inländischen Lieferanten zu Lieferanten in Niedriglohnkostenländern oftmals von der Öffentlichkeit weitgehend unbeobachtet erfolgt währenddessen Verlagerungen von Standorten mit der Folge von inländischen Standortschließungen hoch emotional diskutiert werden und weites Aufsehen erregen.

Was sind die wesentlichen Elemente einer differenzierten Sourcingstrategie?

Die Vielzahl an bestehenden und potenziellen Partnerschaften mit Lieferanten stellt die Beschaffung vor die Herausforderung, differenzierte Strategien zu erarbeiten und zu verfolgen. Es geht in der Beschaffung nicht nur darum, möglichst wettbewerbsfähig einzukaufen. Jeder gegenüber Zulieferern eingesparte Euro ist direkt ergebniswirksam. Wird der Bogen der Konfrontation mit Lieferanten und die knallharten Preisanalysen überspannt, besteht die Gefahr, sich von der Innovationskraft des Beschaffungsmarktes auszuschließen. Die Sicherung der Wettbewerbsfähigkeit aus Sicht der Beschaffung steht daher stets im Spannungsfeld zwischen Kooperation und Wettbewerb.

- Gestaltungsmöglichkeiten in der Beschaffungsorganisation:

Ein wesentliches Gestaltungsmerkmal ist der Zentralisierungsgrad der Beschaffung. Zentrale Beschaffungseinheiten ermöglichen die Bündelung von Bedarfsvolumina und eine Verringerung der Lieferantenanzahl. Dadurch können bspw. durch Kosteneinsparungen aufgrund von Economies of scale seitens der Lieferanten Beschaffungserfolge realisiert werden. Durch einen einheitlichen Instrumenten- und Methodeneinsatz und durch die Harmonisierung von Zahlungsbedingungen ist ein Effekt auf die Komplexität in der Leistungsmessung zu erwarten. Zusätzlich ist eine fachliche und sachliche Spezialisierung der Einkäufer auf Marktsegmente, Produkte und Technologien möglich. Um eine Zentralisierung und damit Bündelungseffekte über Unternehmensgrenzen hinaus zu realisieren, sind Beschaffungsnetzwerke oder virtuelle Beschaffungsverbände zu schaffen. Diese Konzepte unterstützen vor allem kleine und mittlere Unternehmen, denen die entsprechende Abnehmermacht fehlt und Kosteneinsparungen oft nicht in ausreichendem Maße möglich sind.

Demgegenüber stehen die Vorteile einer dezentralen Beschaffungsorganisation. Die Organisation ist den Beschaffungsmärkten näher und besitzt keine zusätzlichen Schnittstellen zwischen Beschaffungsmarkt und Bedarfsträger. Damit sind die Beschaffungsprozesse kürzer und oftmals durch die geringere Anzahl von Schnittstellen flexibler und effizienter. Eine Spezialisierung auf bestimmte Beschaffungsobjekte ist demnach einfacher. Da die Beschaffung Teil des gesamten Wertschöpfungsprozesses des Unternehmens ist, wird eine Prozessorientierung der Beschaffungorganisation sinnvoll. Hierbei sind zwei Prozessebenen zu unterscheiden: zum einen die innerbetriebliche Prozessebene mit ihren Management- und Leistungsprozessen und zum anderen die Schnittstelle zu anderen Wertschöpfungsketten der Lieferanten. Die Ausgestaltung der unternehmensinternen und -externen Schnittstellen sind zur Effizienzsteigerung ein wichtiger Erfolgsfaktor.

- Advanced Purchasing zur Optimierung der Total Cost of Ownership:

Advanced Purchasing beschreibt die frühzeitige Einbindung der Beschaffungsfunktion in den Produktentstehungsprozess, um diesen durch die Einbeziehung der Kostenaspekte seitens der vorhandenen oder potenziellen Beschaffungobjekte zu optimieren. Für die Einbindung der Beschaffung und anderer Unternehmensbereiche ist der Produktentstehungsprozess in Phasen und Aktivitäten zu gliedern. Die Lieferanten können in die unterschiedlichen Prozessphasen der Produktentstehung eingebunden werden. Abhängig von der Prozessphase kommen unterschiedliche Instrumente zum Einsatz. Zu den Zielen gehören die Integration des Know-hows von Lieferanten und die Erhöhung der Innovationsrate durch bspw. Konzeptwettbewerbe, indem verschiedene Konzeptvorschläge unterschiedlicher Beschaffungsquellen untersucht und bewertet werden können. Durch die Einbeziehung der Beschaffung können während des Prozesses Make-or-Buy-Entscheidungen diskutiert und gefällt werden, um kundenwertoptimale Produkte sicherzustellen. Aufgrund einer umfassenden Betrachtung von Forschung & Entwicklung, Produktion, Logistik und Beschaffung ist eine Betrachtung der Total Cost of Ownership bereits in einem sehr frühen Prozessabschnitt möglich. Damit steuert man dem grundlegenden Problem von hohen Änderungskosten entgegen. Änderungen verursachen, je später sie im Produktentstehungsprozess durchgeführt werden, höhere Kosten.

- Systematisches Lieferantenmanagement:

Das Lieferantenmanagement soll die zentralen Fragen beantworten, mit welchen Lieferanten grundsätzlich zusammengearbeitet werden soll und wie diese Zusammenarbeit auszugestalten ist. Aus diesen Fragestellungen resultieren vier Hauptbausteine des Lieferantenmanagements: Lieferantenauswahl, Lieferantenbewertung, Lieferantenentwicklung und gemeinsame Initiativen zur Kostensenkung. Hauptziele des Lieferantenmanagements sind, die Lieferbeziehungen so transparent wie möglich zu machen und die Supply Chain in ihrer Gesamtheit mit Hilfe der Lieferanten nachhaltig zu optimieren.

Die Strukturierung der Lieferantenbasis dient der Ausgestaltung von Sourcing Strategien und damit der Auswahl der Lieferanten je Materialgruppe. Wichtig für die Sourcing Strategien sind einheitliche Auswahlprozesse und Strukturierungskriterien, um die Ergebnisse nachvollziehbar zu machen und damit eine anschließende Bewertung zu ermöglichen. Bei der Definition von Sourcing Strategien sind Entscheidungen hinsichtlich Single, Sole, Dual und Multiple Sourcing zu treffen. Unabhängig von der Anzahl an Lieferanten spielt die Größe des Beschaffungsmarkts eine entscheidende Rolle in der Auswahl der Beschaffungsstrategien. Local Sourcing bezieht sich auf die Beschaffung von Gütern in räumlicher Nähe. Dieses vermindert das Versorgungsrisiko durch kurze Wege und eine einfache Realisierung interorganisatorischer Teamarbeit. Beim Global Sourcing werden alle geographischen Beschränkungen des Beschaffungsmarktes aufgehoben und die strategischen Aufgaben des Beschaffungsmanagements erfolgen in einem internationalen Transaktionsrahmen. Global Sourcing dient der Nutzung globaler Wettbewerbsvorteile.

- Beschaffungscontrolling erhöht die Transparenz und Steuerungsfähigkeit:

Durch seine Funktionen als Planungs-, Steuerungs-, und Kontrollinstrument sorgt das Beschaffungscontrolling durch sein Berichtswesen als interner Berater für die Umsetzung der Beschaffungsstrategien und deren Potenzialrealisierung. Die Controllingmethoden und -instrumente für die Versorgung des Unternehmens sind nach den individuellen Bedürfnissen und Anforderungen auszuwählen und anzupassen. Aufgrund der zunehmenden Prozessorientierung der Beschaffungsfunktion steht das Controlling hinsichtlich einer Total Cost of Ownership-Betrachtung immer mehr im Vordergrund. Das Beschaffungscontrolling lässt sich ähnlich den Beschaffungsprozessen in eine strategische und eine operative Dimension unterteilen. Für das Controlling von Leistungen und Ergebnisbeiträgen werden vier Ansatzpunkte genannt: Ergebnisbeitrag aus Material, Leistungen in den Einkaufsprozessen, Bestandscontrolling und Verbindlichkeitenmanagement.

Erklärtes Ziel der Beschaffung ist neben der Übernahme der Versorgungsfunktion die Steigerung des Unternehmensergebnisses. Um dieses Ziel zu erreichen, sind differenzierte Beschaffungsstrategien aus den vorgestellten Strategieelementen zu erarbeiten. Hoch im Kurs stehen die bei stagnierenden Absatzmärkten so wichtigen realisierbaren Materialkostensenkungen. Eine undifferenzierte Verlagerung von Beschaffungsumfängen in ‚emerging procurement markets' ist jedoch nicht zielführend. Verlockende Einstandspreisreduzierungen werden häufig durch bestehende Anlaufschwierigkeiten mehr als überkompensiert. Entscheidungsträger in der Beschaffung müssen heute mehr denn je in der Lage sein, in Gesamtkostenzusammenhängen zu denken. Das Konzept der TCO bildet einen geeigneten Strukturierungsrahmen für die Vorbereitung von Entscheidungen hinsichtlich der lokalen Beschaffungsstrategie. Aufgabe der Beschaffungsleitung und der Geschäftsführung ist es, den Weg von einer identifizierten Ausgangssituation zu einem realistischen Sollzustand aufzuzeigen. Es wird dabei oft übersehen, welchen Beitrag die Beschaffung zur Standortsicherung leistet.

3.3.5 Leitlinie 13: Betreibermodelle ermöglichen die Finanzierung globaler Aktivitäten

„Es darf nicht sein, dass man für eine pfiffige Idee keinen Kredit bekommt, wohl aber für das Grundstück seiner Großmutter." (Jürgen Rüttgers, CDU). Um jedoch eine innovationsgetriebene globale Unternehmensentwicklung zu ermöglichen, sind zukünftig verstärkt innvotive Konzepte im Financial Engineering zu entwickeln.

Bei der Durchführung von Investitionen stehen einem Unternehmen mehrere Finanzierungsalternativen zur Verfügung, die unter anderem Auswirkungen auf die Bilanz oder die Liquidität haben. Im Allgemeinen versuchen Unternehmen die Finanzierung ihrer Investitionen so zu gestalten, dass insbesondere bei kapitalintensiven, unterstützenden betrieblichen Anlagen eine möglichst geringe Kapitalbindung stattfindet, um liquide Mittel und weitere Verschuldungsspielräume für Investitionen in das eigentliche Kerngeschäft zu erhalten. In diesem Sinne versuchen die Unternehmen auch Kooperationspartner an Finanzierungsrisiken zu beteiligen oder diese sogar vollständig überzuwälzen. Solches "kapitalarmes Wachstum" kann es den Unternehmen ermöglichen, Wachstumsschwellen zu umgehen. Weiterhin weisen langlebige unterstützende Anlagen wie beispielsweise Gebäude und Energieanlagen Amortisationsdauern von 15 bis 35 Jahren auf. Von daher werden sie, auch wenn sie sinnvoll sind, oft zugunsten von Investitionsvorhaben mit kürzeren Amortisationsdauern zurückgestellt. Um dieses "Investitionsdilemma" zu überwinden gibt es bei den Auftraggebern Bestrebungen, bei solchen Investitionsvorhaben die laufende Investitionstätigkeit von der laufenden Finanzierungstätigkeit zu entkoppeln.

Insbesondere bei langlebigen Gütern und Anlagen spielt deswegen die Flexibilität eine immer größere Rolle. "Einmal realisierte bzw. gekaufte Systeme müssen mit geringem finanziellen, organisatorischen und zeitlichen Aufwand veränderten Bedürfnissen angepasst, verkauft oder liquidiert werden können."

Wie können Investitionen durch Betreibermodelle finanziert werden?

Da bei Betreibermodellen die Investitionsgüter in einer eigens für das Betreibermodell gegründeten Objektgesellschaft bilanziert werden, entspricht die Finanzierung von Betreibermodellen der Gründungsfinanzierung einer wirtschaftlich selbstständigen Geschäftseinheit, der Betreibergesellschaft. Dies bringt je nach Betrachtungsperspektive Vor- und Nachteile mit sich.

Vorteile bestehen dahingehend, dass die Investitionen nicht die Bilanz der Konsortialpartner (Anlagenhersteller, Servicedienstleister) über das zur Gründung in die Betreibergesellschaft eingebrachte Eigenkapital hinaus belastet. Weiterhin kann der Hersteller der Anlagen einen Verkaufserlös durch die Übergabe und Verrechnung der Anlagen an die Betreibergesellschaft erzielen. Da die Refinanzierung der Anlagen jedoch über die Betriebsphase erfolgt, müssen Banken oder Finanzdienstleister für eine Vorfinanzierung der Investitionsgüter beauftragt werden. Hier zeigt sich der Nachteil der Finanzierung von Betreibermodellen. Banken und Finanzdienstleister erwarten für geleistete Kredite eine entsprechende Besicherung des Kapitals. Dies ist jedoch bei Betreibermodellen nicht möglich, da die Betreibergesellschaft außerhalb der zur Gründung geleisteten Eigenkapitaleinlagen keine weiteren Sicherheiten besitzt. Somit müssen die Finanzdienstleister das Kreditausfallrisiko und die Kreditfähigkeit allein auf Basis des prognostizierten Cash-Flows der Betreibergesellschaft bewerten. Die konstitutiven Elemente der Finanzierung von Betreibermodellen sind folglich

- das Off-Balance-Sheet Financing,
- die Cash-Flow-Finanzierung und
- die damit verbundene Risikoübertragung auf Betreiber und Finanzdienstleister.

Wie ist mit den Risiken von Betreibermodellen umzugehen?

Die Risikoübertragung ist folglich bei der Gestaltung von Betreibermodellen der dominante Faktor im Rahmen der Vertragsgestaltung und des Financial Engineerings. Betreibermodelle sind durch komplexe Risikostrukturen, resultierend aus langen Laufzeiten, einer hohen Anzahl an Vertragspartnern und einem hohen Finanzierungsvolumen gekennzeichnet. Verstärkt wird die Risikosituation bei den Kapitalgebern dadurch, dass gesetzliche Vorgaben zur Off-Ballance Fähigkeit der Investitionen in IAS, US-GAAP, aber auch dem HGB, beim Abnehmerunternehmen strenge Vorgaben hinsichtlich einer Limitierung des verbleibenden Restrisikos machen. Hinzu kommt, dass im Anlagenbau bei den meisten Herstellern Erfahrungen mit der Anwendung von Betreibermodellen fehlen, wobei von den Kunden sehr hohe Anforderungen bezüglich Leistungsfähigkeit, Qualität und Flexibilität gestellt werden.

Um unter diesen Ausgangsbedingungen Betreibermodelle erfolgreich anwenden zu können, ist der Aufbau eines systematischen und umfassenden Risikomanagements unerlässlich. Dies beinhaltet die vollständige Erfassung bestehender Risiken, die Risikobewertung sowie die Ableitung geeigneter risikopolitischer Maßnahmen. Dabei ist ein auf die jeweilige Risikosituation zugeschnittenes Maßnahmenbündel sowohl bei der Gestaltung der Vertrags- und Kapitalstrukturen als auch im operativen Betrieb der Anlagen zu definieren und zu verwirklichen. Die wesentlichen Inhalte des risikopolitischen Handlungsrahmens sind nach ursachen- und wirkungsbezogenen Maßnahmen zu unterscheiden. Ursachenbezogene Maßnahmen sind unter anderem die Auswahl der beteiligten Projektpartner, die Schaffung von Anreizkompatibilität zwischen den Projektpartnern und technischen Maßnahmen, die auf eine Vermeidung von Konstruktions-, Fertigstellungs- und verfahrenstechnischen Risiken zielen. Wirkungsbezogene Maßnahmen zur Risikominimierung sind finanzielle Maßnahmen zur Gestaltung der Risikosituation wie

z. B. Zins- und Währungsswaps, Zinscaps und Kurssicherungsklauseln, Versicherungen sowie die Gestaltung der Vertragsbeziehungen innerhalb des Betreiber-Konzepts.

Ziel von Unternehmen, die eine Kooperation im Rahmen einer Betreibergesellschaft eingehen wollen, muss die Entwicklung eines ganzheitlichen Ansatzes zur Konzeption, Ausgestaltung und Steuerung von Betreibermodellen sein. Hierbei sollte ein vertraglich geregelter Handlungsrahmen entstehen, der als Leitlinie für die Kosten- und Leistungsoptimierung der Betreibergesellschaft über den gesamten Lebenszyklus hinweg dient, und so langfristig die Wettbewerbsfähigkeit der Kooperation sichert.

3.4 Leitlinien des Chancen- und Risikomanagements

Nur wer die Risiken kennt, kann auch die Chancen nutzen. Dies gilt insbesondere für eine Gestaltung globaler Wertschöpfung. Sowohl in den Prozessen, den Ressourcen als auch bei den Leistungen sind kontinuierlich die Chancen und Risiken gegeneinander abzuwägen. Allzu oft werden für eine Hebung kurzfristiger Chancen längerfristige Risiken in Kauf genommen. Welcher Automobilkonstrukteur wird bei der Entwicklung eines Bauteils danach beurteilt, ob er auch die möglichen Kosten einer potenziellen Rückrufaktion bewertet hat? Hierzu fehlt oft das Instrumentarium als auch die Sichtweise. Risikomanagement bezieht sich damit nicht nur auf finanzwirtschaftliche Risiken, sondern ist als Chancen- und Risikomanagement auf Prozesse, Ressourcen und Produkte zu beziehen. Dies betrifft zunächst die Berücksichtigung der Risikopotenziale bei der Standortentscheidung, bezieht sich in einem weiteren Schritt aber auch auf die Risiken in den Wertschöpfungsprozessen. Ein effektives Risikomanagement ist dabei darauf angewiesen, möglichst frühzeitig potenzielle Chancen- und Risikoprofile zu erstellen, um präventives Handeln zu ermöglichen. Diese Frühinformationen bedürfen sowohl explorativer als auch retropolativer Strategien.

3.4.1 Leitlinie 14: Eine Chancen-Risiko-Abwägung erfordert gegenläufige Betrachtungshorizonte

Zielsetzung der Wertschöpfungsplanung ist es, durch attraktive Produkt-/Markt-Kombinationen die Kunden langfristig an das Unternehmen zu binden. Im Hinblick auf die Ausgestaltung der Planungssystematik ist zwischen unterschiedlichen Betrachtungshorizonten zu differenzieren. So ist neben einer eher kurzfristigen Betrachtungsweise auch die Integration von langfristigen Wertschöpfungs- und Wettbewerbsaspekten zu berücksichtigen.

Extrapolation: Fortschreibung der bestehenden Ausrichtung unter Marktgesichtspunkten

Als ein Pol der Ausrichtung ist der tendenziell kurzfristige Betrachtungshorizont von einem bis drei Jahren zu nennen. Gegenstand ist die Planung von inkrementalen Innovationsschritten, die sich an das bestehende Produktprogramm und Technologieportfolio anlehnen. Zielsetzung ist es, möglichst exakte Vorhersagen unter zeitlichen Gesichtspunkten zu treffen. So sind in diesem Zusammenhang Aussagen über das Entstehen von Marktbedarfen sowie die Verfügbarkeit von Technologien und konkreten Produkten anzuführen. Eine methodische Unterstützung der Extrapolation kann durch ein kurzfristig angelegtes Roadmapping-Verfahren oder der Methodik der Zukunftskonferenz erfolgen.

Der grösste Vorteil dieses Ansatzes – eine solide Ausgangsposition der Planung – stellt allerdings zugleich den grössten Nachteil dar. Durch die Methodik der Extrapolation können sowohl Diskontinuitäten als auch umfassende Technologiesprünge nicht zielführend abgebildet werden. Anders gesagt: Eine kurzfristige Roadmap-Planung zeigt zwar den zukünftigen Strassenverlauf auf, gibt aber keinen Aufschluss über ein mögliches abruptes Ende der Wegstrecke. Daher ist im Hinblick auf eine umfassende Wertschöpfungsplanung auch eine übergreifende, langfristige Sichtweise einzubeziehen.

Retropolation: Aufzeigen von möglichen Zukunftsbildern und Rückwärtsbetrachtung

Als langfristiger Gegenpol ist die Systematik der Retropolation anzuführen. Ausgehend von möglichen, weit in der Zukunft gelegenen Geschäftsoptionen, werden Entwicklungspfade in die Zukunft aufgezeigt. Hierbei ist, abhängig vom Geschäftsbereich, auf einen Betrachtungshorizont von 10-15 Jahren abzustellen. So ist es beispielsweise deutlich einfacher, langfristige Zukunftsannahmen für den Bereich Energieerzeugung, als für den Bereich Information und Kommunikation zu treffen. Die Ausarbeitung der Zukunftsbilder geht über eine reine trendorientierte Betrachtung hinaus; vielmehr ist eine aktive Zukunftsgestaltung das Ziel. Sobald ein entsprechender Zeitraum der Planung festgelegt wurde, ist die Erstellung von Szenarien durch Einsatz der Szenario-Technik möglich.

In einem nächsten Schritt sind die mittels Extrapolation und Retropolation erarbeiteten Erkenntnisse im Sinne von Massnahmen und einer Projektplanung zusammenzuführen. Die hier beschriebene Vorgehensweise wird unter anderem von der Fa. Siemens umfassend eingesetzt. Durch das Erarbeiten von sogenannten "Pictures of the Future" lässt sich aufzeigen, welche zu erwartenden Änderungen im Unternehmensumfeld auf die Siemens-Geschäftsfelder einwirken werden. Darüber hinaus werden mögliche Diskontinuitäten, Marktquantifizierungen sowie zukünftige Kundenanforderungen herausgearbeitet.

3.4.2 Leitlinie 15: Ein ausgewogenes Standortportfolio reduziert ortsgebunde Risiken

„Enterprise Risk Management ist eine gute Medizin." (S. DiPiazza, PwC). Ziel dieser Medizin muss es sein, Manager zu befähigen, auch unter unsicheren Rahmenbedingungen kritische Entscheidungen zu treffen. Dies betrifft zunächst einzelne Standorte, jedoch auch die Gestaltung des gesamten Standortportfolios.

Unternehmen werden mit neuen oder sich verändernden Parametern konfrontiert auf die sie schnell, gezielt und sicher reagieren müssen. Hierzu zählen Faktoren wie die Internationalisierung von Geschäftspartnern und negative wirtschaftliche Entwicklungen von Regionen und neue gesetzliche Bestimmungen. Diese Standortrisiken determinieren maßgeblich die Risikoposition des Unternehmens. Die Aufgabe des aktiven Managements von Standortrisiken muss von der Unternehmensführung wahrgenommen werden, um den Bestand beziehungsweise den Erfolg des Unternehmens zu gewährleisten.

Welchen Standortrisiken sind Unternehmen ausgesetzt?

Die Risiken des Unternehmens lassen sich in solche des Unternehmensumfeldes (externe Risiken) und solche des unternehmerischen Aktionsbereichs (interne Risiken) unterteilen (vgl. Keitsch, 2000). Die *externen Risiken* des Unternehmens umfassen Ereignisse der höheren Gewalt, politische und sozio-demografische Risiken. Die Wahl des geografischen Standorts determiniert hierbei mitunter die Anfälligkeit gegenüber Umweltkatastrophen. Die Risiken der höheren Gewalt können ausschließlich durch eine ex ante Wahl eines adäquaten Standorts beeinflusst werden. Insbesondere Industrieunternehmen müssen hierbei die Wahrscheinlichkeit und das Ausmaß von geologischen Katastrophen wie Erdbeben oder Stürmen berücksichtigen. Politische Standortrisiken manifestieren sich unter anderem durch bestehende beziehungsweise voraussichtlich zu verabschiedende Gesetze sowie den Grad ihrer Vollstreckung. Politische Standortrisiken ergeben sich unter anderem durch Regierungswechsel und hiermit verbundene politische Kurswechsel. Darüber hinaus umfassen politische Risiken Bedrohungen durch fremde Staaten. Sie beeinflussen das In- und Auslandsgeschäft der Unternehmung. Die Möglichkeiten der Einflussnahme durch das Unternehmen sind begrenzt. Lobbyarbeit sowie ein reges politisches Engagement können politische Entscheidungen und Handlungen nur teilweise beeinflussen. Schließlich subsumieren die sozio-demografischen Risiken die Altersstruktur, das Qualifikations- und Lohnniveau potenzieller Arbeitnehmer. Gegenwärtig erwägen insbesondere viele Unternehmen des verarbeitenden Gewerbes, Teile oder gar die gesamte Leistungserstellung ins Ausland zu verlagern, um durch ein geringes Lohnniveau kostenbezogene Wettbewerbsvorteile zu realisieren. Nicht selten geht dieser Standortvorteil jedoch mit dem Nachteil eines schlechteren Qualifikationsniveaus einher. Sozio-demografische Risiken sind, wie die Risiken der höheren Gewalt auch, ausschließlich durch die ex ante Wahl des Standorts beeinflussbar. Zu den *inneren* Risiken zählen Betriebs-, Geschäfts- und Finanzrisiken. Zwischen den externen und den internen Risiken bestehen Kausalitäten. Aus den Risiken höherer Gewalt können sich politische Risiken ergeben, die wiederum in Unternehmensrisiken resultieren können.

Wie lässt sich ein ausgewogenes Standortportfolio beschreiben?

Der Umgang mit Risiken erfordert über die Betrachtung der Beeinflussbarkeit hinaus auch die Quantifizierung der Risikohöhe sowie die Bewertung der mit verschiedenen Standorten einhergehenden Chancen. Diese Betrachtungsweise, die in der Kapitalmarkttheorie auch "Investitionsentscheidung unter Risiko- und Renditegesichtspunkten" genannt wird, ist für Standortentscheidungen im Kontext eines Produktionsnetzwerkes sowie autonomen Standortentscheidungen anzuwenden. Bestehen zwischen Standorten wie beim Produktionsnetzwerk Interdependenzen, so müssen auch die risiko- und chancenbezogenen Abhängigkeiten analysiert werden. Hierzu eignet sich eine Portfoliobetrachtung, wie in der Portfolio-Selection-Theorie von Markowitz beschrieben. Die Theorie verfolgt das Ziel eine optimale Portfoliozusammensetzung unter Risiko- und Renditegesichtspunkten zu bestimmen. Von seinem Wesen her ist die Portfolio-Selection-Theorie eine Investitionsprogrammplanung, das heißt ein Entscheidungsmodell, bei dem die den Investitionen zugrunde liegenden Risiken Berücksichtigung finden. Die Risikoerfassung erfolgt mit dem μ-σ-Prinzip. Die Renditeerwartung entspricht somit dem Erwartungswert μ und das Risiko der Standardabweichung σ. Das Modell unterstellt die Annahme, dass Investoren bereit sind, zugunsten einer Risikosenkung auf Ertragsanteile zu verzichten. Folglich ist bei einem vorgegebenen Erwartungswert der Rendite, verbunden mit risikoscheuem Verhalten, stets dasjenige Portfolio mit dem geringsten Risiko zu wählen. Der Autor spricht in diesem Zusammenhang von einem "risikoeffizienten Portfolio". Schließlich leitet Markowitz eine Effizienzkurve ab, auf der alle risikoeffizienten Portfolios liegen, wobei nur der Teil der Kurve mit positiver Steigung zu betrachten ist.

Markowitz gelingt es zu beweisen, dass durch Diversifikation, das heißt Streuung der Investitionen in mehrere Anlagen, sich das Gesamtrisiko des Portfolios stärker als die Gesamtrendite senkt (vgl. Markowitz, 1959). Dies erfolgt durch die Risiko-Rendite-Betrachtung eines Portfolios unter Berücksichtigung der zugrunde liegenden Korrelationen der Renditen der einzelnen Investitionsobjekte. Somit werden Zusammenhänge zwischen den einzelnen Investitionsobjekten hergestellt. Bei der ursprünglichen Auslegung der Portfoliotheorie wird ausschließlich das Marktrisiko, also das systematische Risiko berücksichtigt.

Eine Übertragung der Theorie auf das Standortmanagement erlaubt folglich die Veranschaulichung von Interdependenzen zwischen einzelnen Standorten sowie die hieraus resultierende Rendite- und Risikokombination. Das Gesamtstandortrisiko kann hierbei durch Diversifikationseffekte gegenüber den Einzelstandortrisiken gesenkt werden. Betrachtet man Standorte im Ausland, so ist eine Berücksichtigung des Länderrisikoindizes erforderlich.

Welche Maßnahmen lassen sich im Rahmen des Risikomanagement-Prozesses ableiten?

Zur erfolgreichen Bewältigung von Standortrisiken bedarf es einer systematischen und kontinuierlichen Erfassung, Bewertung und Handhabung dieser durch einen Risikomanagement-Prozess. Ein ausschließlich reaktives Handeln insbesondere bezüglich Standortrisiken führt dazu, dass Risikoereignisse größeren Schadensausmaßes den Bestand des Unternehmens gefährden können. Risikomanagement bedeutet deshalb weit mehr als reaktives Handeln in Krisensituationen. Um den, mit der unternehmerischen Tätigkeit untrennbar verbundenen Gefahren zu begegnen, bedarf es einer proaktiven Handlungsweise. Dies bedeutet, dass Risikomanagement auch eine Aufgabe in Situationen der wirtschaftlichen Prosperität darstellt. Damit das Risikomanagement seine volle Effektivität entfalten kann, bedarf es einer Integration auf allen Führungsebenen des Unternehmens. Das Top Management trägt hierbei schwerpunktmäßig Verantwortung für strategische Risiken, also auch Standortrisiken, und gibt durch die Risikostrategie den Handlungsrahmen für eine zielgerichtete Beeinflussung der Risiken vor. Aktives Risikomanagement erfolgt durch einen Prozess, bestehend aus vier sequentiellen Schritten, die kontinuierlich durchlaufen werden.

Im Rahmen der Identifikation bestehender und potenzieller Risiken wird das Unternehmen kontinuierlich, funktionsübergreifend, systematisch und vollständig nach bestehenden und potenziellen Risiken untersucht, die erhebliche Gefahren darstellen und einen monetären Schaden anrichten können. Vor dem Hintergrund des Standortrisikos müssen dabei insbesondere die unternehmensexternen Einflussgrößen auf das Unternehmen systematisch und kontinuierlich gemonitort werden (vgl. Lück, 2000). Es bietet sich der Einsatz von Frühwarnsystemen in diesem Zusammenhang an zur Beobachtung von politischen und sozio-demografischen Entwicklungen. Die Beobachtung und Identifikation sollte nicht ausschließlich durch die Geschäftsführung erfolgen. Vielmehr sollte die Organisation auf die Wahrnehmungen und Erkenntnisse der Mitarbeiter im Rahmen so genannter Risikoworkshops zurückgreifen. Alle Erkenntnisse sollten in einer zentralen Risikodatenbank erfasst und frühzeitig kategorisiert werden.

Der zweite Schritt im Prozesszyklus bildet die zielgerichtete Analyse und Bewertung der identifizierten Risiken. Die Risikoanalyse und -bewertung soll die Ursachen der Risiken ermitteln und eine Einschätzung ermöglichen, in welchem Grad die Risiken die Erreichung der gesetzten Ziele gefährden können. Es erfolgt die Risikobewertung hinsichtlich der Höhe des potenziellen Schadens und dessen Eintrittswahrscheinlichkeit. Durch die Zuordnung der Risiken im Risikoportfolio können die Risiken unterschiedlichen Kategorien zugeordnet werden. Gleichzeit werden Wirkzusammenhänge zwischen den einzelnen Risiken untersucht, um Aufschluss über die zu Grunde liegende Risikostruktur und über das aus gegenseitig abhängigen Einzelrisiken bestehende Gesamtrisiko zu gewinnen. Dies ist insbesondere vor dem Hintergrund wichtig, da politische Standortrisiken oft einen unmittelbaren Einfluss auf die Betriebs-, Geschäfts- und Finanzrisiken des Unternehmens haben. Die Feststellung des Risikogrades der identifizierten Risiken erlaubt eine Einordnung der Risiken in einem zweidimensionalen Risikoportfolio, das auch Risikomap, Risikomatrix oder Risikoprofil genannt wird. Aus dieser vereinfachten Visualisierung lassen sich Aussagen über die Priorität abzuleitender Maßnahmen in der weiteren Risikohandhabung ableiten.

Der Schritt ist die Risikohandhabung. Ziel ist es, alle wesentlichen Standortrisiken durch gezielte Maßnahmen für das Unternehmen zu kontrollieren. Diese Maßnahmen zielen auf eine Reduzierung des Risikos durch eine Verringerung der Eintrittswahrscheinlichkeit und/oder einer Minderung des Ausmaßes einer negativen Zielverfehlung ab. Die Strategien der ursachenbezogenen Risikohandhabung sind auf die Beseitigung der Risikoursachen gerichtet und setzen bei den Risikofaktoren an. Mit Hilfe der Strategien der Informationsgewinnung, Risikovermeidung und der Risikoprävention wird versucht, aktiv auf die Risikofaktoren einzuwirken und damit die Eintrittswahrscheinlichkeiten der einzelnen Risiken zu verändern.

Als letzte Stufe des Prozesszyklus gewährleistet die Risikoüberwachung, dass die aktuelle Risikolage auch tatsächlich der gewollten Risikolage entspricht. Die permanente Überwachung soll die Reaktionsgeschwindigkeit des Unternehmens auf riskante Entwicklungen erhöhen und damit zur Schadensbegrenzung im Risikoeintrittsfall beitragen. Im Zentrum steht die kontinuierliche Überwachung der Wirksamkeit der Risikohandhabungsmaßnahmen sowie der Abläufe des Risikomanagements im Unternehmen selbst. Zur Darstellung der Risikosituation werden in der Praxis typischerweise Risikoportfolios oder Risikotabellen in Kombination mit Simulationsergebnissen der zu erwartenden Schadenshöhen herangezogen. Diese unterscheiden potenzielle und eingetretene Risiken und können nach Unternehmensbereichen aufgegliedert sein.

3.4.3 Leitlinie 16: Präventionskonzepte schützen vor risikobedingten Prozessausfällen

Globale Wertschöpfungsprozesse beinhalten ein immenses Risikopotenzial. Präventionskonzepte setzen auf eine Erhöhung der Robustheit sowie auf eine Früherkennung von Risikoindikatoren.

Die zunehmende Komplexität in den Geschäftsprozessen, die Beschleunigung von Marktzyklen, sich ständig verändernde Umweltbedingungen, kürzere Produktlebenszyklen sowie die gestiegenen Anforderungen an die Produktqualität führen zu Risiken in Unternehmen. Die Auftrennung von Wertschöpfungsprozessen und eine zusätzliche Verlagerung der Prozesse über Ländergrenzen hinweg führt zu einem Anstieg leistungswirtschaftlicher Risiken. Diese Entwicklung erfordert ein Risikomanagement in Wertschöpfungsprozessen.

Für das Unternehmen gilt es, das passende Risikomanagementsystem in Art und Umfang auszugestalten. Die Schaffung eines Risikobewusstseins bei den Mitarbeitern wird als allgemein gültige Voraussetzung für ein effektives Risikomanagement angesehen. Zusätzlich ist die Erweiterung des Risikomanagementsystems um eine, den Gesamtprozess unterstützende Software, dringend zu empfehlen. Die Unternehmensleitung hat Sorge zu tragen, dass im Unternehmen eine Risikoorganisation mit den Funktionen der Risikoeigner, Risikomanager und Risikocontroller gebildet wird. Der zyklische Durchlauf der Risikomanagement-Prozesse und das regelmäßige Zusammentreffen der beteiligten Personen füllt die ablauforganisatorischen Anforderungen der Risikoorganisation aus. Erfolgreiches Risikomanagement ist als regelmäßiger Management-Prozess institutionalisiert und erfolgt in Kombination mit einem geeigneten Methoden-Mix.

Bei der Verlagerung von Wertschöpfungsprozessen können eine Vielzahl von Risiken entstehen. Damit diese identifiziert werden können, sind zunächst die Risikoträger zu benennen. Diese sind das Politsystem im Land, die Infrastruktur, das zur Verfügung stehende Personal, der Transport von Standort zu Standort, die Produkthaftung und die Reputation des Unternehmens.

Strategien des Risikomanagements in Wertschöpfungsprozessen

Das Risikomanagement in Wertschöpfungsprozessen orientiert sich an den Funktionsbereichen eines Unternehmens und wird durch vier wesentliche Strategien beeinflusst. Die Strategien beziehen sich auf:

- eine frühe Risikoerkennung,
- transparente Risikosituation,
- robuste Prozesse und
- optimierte Risikoparameter.

Die *Risikofrüherkennung* ist ein Instrument zur Identifikation drohender Risiken in einem frühen Stadium der Risikoentstehung. Eine Strategie der Früherkennung soll den Entscheidungsträgern im Unternehmen genügend Handlungszeitraum zur Ableitung möglicher Maßnahmen geben. In der Praxis sieht die Umsetzung einer solchen Strategie die Implementierung eines Frühwarnsystems vor. Dieses System basiert auf einer Auswahl geeigneter Kennzahlen, die eine Früherkennung auf Grund ihrer Zusammensetzung und Eingangsgrößen zulassen. Die Kennzahl der Auftragseingangsquote lässt auf die später in der Produktion benötigten Kapazitäten schließen. So kann die Kapazitätsplanung der Produktionseinheiten zu einem frühen Zeitpunkt auf einen steigenden Auftragseingang reagieren.

In einer *transparenten Risikosituation* sind der Unternehmensleitung alle drohenden Risiken hinsichtlich Ursachen, erwarteter Schadenshöhe, Eintrittswahrscheinlichkeit und Kollisionspunkt mit dem Unternehmen hinreichend bekannt. Die Abbildung der Risikosituation befähigt Entscheidungsträger ihre Einschätzung auf Basis rationaler Werte zu treffen. Aufbauend auf der Risikoidentifikation erfolgt die Analyse und Bewertung erkannter Prozessunsicherheiten. Zur Darstellung der Risikosituation werden in der Praxis Risiko-Portfolios in Kombination mit Simulationsergebnissen des zu erwartenden Gesamtschadens herangezogen. Der Grad der Risikoaffinität des Unternehmens bestimmt die aufzunehmende Gesamtrisikolast.

Der Aufbau *robuster Prozesse* im Wertschöpfungsablauf macht das Unternehmen widerstandsfähig gegen auftretende Prozessrisiken. Hierzu gehören im Allgemeinen ein Datenverlust im IT-System, Kommunikationsprobleme und im besonderen Fall der Prozessverlagerung auftretende Probleme mit Fremdsprachen, fremden Datenformaten und unabgestimmten Prozessschnittstellen. Mit der Installation robuster Prozesse, welche auf selbststeuernden Regelkreisen und aufeinander abgestimmten Schnittstellen beruhen, werden Risiken hinsichtlich Durchlaufzeitverlängerung, fehlender Daten und Abstimmungsprobleme vermieden.

Die Strategie der *optimierten Risikoparameter* zielt auf die Handhabung von Risiken. Sie unterscheidet eine Vermeidung, eine Minderung und eine Diversifikation von Risiken und konzentriert sich dabei auf die positive Beeinflussung der beiden Risikoparameter Schadenshöhe und Eintrittswahrscheinlichkeit. Die Unternehmensleitung hat geeignete Maßnahmen zur Handhabung der Risiken zu treffen, die das Unternehmen in Gefahr bringen können. Die Vermeidung eines Risikos, wie dem Maschinenausfallrisiko, kann das Unternehmen mit verstärkten Aktivitäten in Instandhaltungsmaßnahmen entgegenwirken. Wird für eine bestimmte Maschine oder Anlage ein solches Risiko identifiziert, so sind Maßnahmen hinsichtlich Instandsetzung oder Ersatz der Maschine zu treffen. Mit vertraglichem Abschluss einer Umsatzausfallversicherungen kann das Risiko einer Betriebsunterbrechung mittels Risikoüberwälzung auf Dritte, in diesem Fall auf eine Versicherungsgesellschaft, gemindert werden. Der Schaden wird damit auf die Höhe des Versicherungsbeitrags begrenzt. Eine Risikodiversifizierung kann durch den Aufbau paralleler Produktionskapazitäten erfolgen. Die Fertigung auf Anlagen mit mehreren Kapazitätsquerschnitten verteilt den Ausfall der Anlagen auf die Gesamtanzahl der Fertigungseinrichtungen.

4. Programme zur Steigerung der Wettbewerbsfähigkeit

Wettbewerbsfähigkeit erfordert Leistungsbereitschaft und Wege. Den Weg weisen strategische Leitlinien. Die Hilfsmittel der Zielerreichung lassen sich zu Programmen verbinden, um eine ausgewogene Balance der Ansatzpunkte zu erreichen. Dabei ist es möglich von zwei Seiten "anzugreifen". Eine Wertschöpfungsoffensive wählt die Ressourcen und Prozesse als Ausgangspunkt und gestaltet diese derart, dass Sie die geforderten Leistungen optimal erbringen. Eine Wettbewerbsoffensive greift am Leistungsportfolio an und sucht nach neuen Wegen, diese besser zu gestalten. Werden beide Ansätze zu einer bipolaren Strategie verknüpft, so entsteht ein ständiger Verbesserungsprozess im Spannungsfeld einer ressource-based und einer market-based view. Diese gilt es zu verknüpfen.

4.1 Elemente einer Wertschöpfungsoffensive

Eine Neugestaltung oder Optimierung der Wertschöpfungsprozesse ist Ziel der Wertschöpfungsoffensive. Diese gibt Antwort auf mehrere Fragestellungen: Wo soll Wertschöpfung stattfinden? Wie lassen sich Wertketten optimal gestalten? Wie kann die Dynamik in den Prozessen beherrscht werden und durch welche Maßnahmen lässt sich Wertschöpfung sprunghaft und kontinuierlich verbessern?

4.1.1 Standortplanung: Standortszenarien bilden und bewerten

Unternehmen benötigen valide Entscheidungsgrundlagen. Die Entscheidung für eine Verlagerung ist in Unternehmen nach wie vor keine Routine, sondern meist eine zwar zahlengetriebene, jedoch letztlich strategische Entscheidung auf oberster Ebene. Dabei liegt die Schwierigkeit darin, die einzelnen Abschätzungen von Kosten, qualitativen und quantitativen Chancen und Risiken realistisch zu einem Gesamtbild zu verknüpfen. Der Prozess der Standortentscheidung stellt in jedem Unternehmen eine wichtige strategische Aufgabe dar, die nicht nur über zukünftige Kostenstrukturen, Marktzugänge und die internationale Präsenz des Unternehmens entscheidet, sondern auch über Fortbestand oder Verlagerung vieler Arbeitsplätze. Mindestens vier Fragestellungen sind im Rahmen einer Standortentscheidung zu beantworten. Zunächst muss geklärt werden, welche Wertschöpfungsstufe optimiert oder verlagert werden soll. Im Fall einer Verlagerung ist dann zu entscheiden, wohin und in welcher Rechtsform die Verlagerung erfolgen soll. Für den Fall einer Optimierung sind mögliche Handlungsfelder zu identifizieren, die die notwendigen Verbesserungen bewirken. Schließlich ist zu entscheiden, wie die neue, vielleicht komplexere Wertschöpfungskette zu steuern und zu kontrollieren ist. Unterstützt werden kann dieser Prozess im Rahmen einer fünfphasigen Vorgehenweise, in der phasenspezifisch unterschiedliche Instrumente zur Anwendung kommen. Zunächst erfolgt eine Bestimmung der aktuellen Position in Bezug auf die Wettbewerbs- sowie die Wertschöpfungssituation des Unternehmens. Wird hierbei ein Veränderungsbedarf erkannt, werden im Folgenden die zu verlagernden Wertschöpfungsstufen ausgewählt und entsprechende strategische Optionen geplant. Hierfür werden Szenarien gebildet, die realistische Kombinationen der Handlungsaspekte darstellen. Wichtig dabei ist, dass sowohl Optimierungen der bisherigen Situation als auch strukturelle Veränderungen berücksichtigt werden. Für eine quantitative und qualitative Bewertung stehen unterschiedliche Modelle zur Verfügung. Bewertungsmodelle auf Basis statischer und dynamischer Investitionsrechnung ermöglichen die Quantifizierung. Die Systematik der Vorteilsrechnung von Verlagerungsszenarien beruht auf einer Betrachtung von Kosten und Erträgen der Umstrukturierung. Dabei werden sowohl die Einmalkosten als auch jährliche Zahlungsströme berücksichtigt. Das Ergebnis der Verlagerungsberechnungen bildet die Bewertung der Szenarien hinsichtlich Amortisationsdauer und Kapitalwert. Mit Hilfe von Sensititivitätsanalysen lassen sich dabei auch die Schwankungsbreiten der Ergebnisse projezieren. Dies ist vor allem beim Vergleich von Optimierungen am bisherigen Standort mit Verlagerungen geboten, da die Verlagerungen häufig zu größeren Einsparungspotenzialen führen, die jedoch nur mit geringerer Wahrscheinlichkeit eintreten. Eine alleinige Bewertung von Szenarien mit Hilfe der Vorteilsrechnung berücksichtigt jedoch nur quantifizierbare Aspekte. Um auch qualitative Aspekte mit ins Kalkül ziehen zu können ist es deshalb hilfreich, zusätzlich eine Bewertung der Szenarien in Form von Scoringmodellen oder Argumentenbilanzen durchzuführen, um damit eine Basis für eine fundierte Standortentscheidung zu erhalten. Die letzte Phase des Entscheidungsprozesses bei der Standortplanung umfasst die Umsetzung der ausgewählten und geplanten Maßnahmen sowie ein umfassendes Controlling des Umsetzungsprozesses und der Zielerreichung der Standortentscheidung. Hierzu eignen sich Instrumente wie eine Standort-Scorecard oder der Einsatz von Methoden des Risikomanagements. Der Aufbau eines Konzepts für eine Standort-Scorecard erfolgt dabei in drei Phasen. In einem ersten Schritt muss zunächst gewährleistet werden, dass sich die Reportingkonzepte an der den einzelnen Standortmaßnahmen zu Grunde liegenden Unternehmensstrategien orientieren, um eine optimale Abstimmung der einzelnen Maßnahmen auf die Unternehmensstrategien zu gewährleisten.

4.1.2 Wertstromdesign: Globale Wertketten planen und optimieren

Effektive Produktionsprozesse orientieren sich am Kundennutzen und leiten daraus die Anforderungen an die Prozessgestaltung ab. Effiziente Prozesse basieren auf dem Prinzip eines kontinuierlichen Materialflusses. Beide Zielsetzungen werden in der Wertstromgestaltung verknüpft und führen zu robusten und risikoresistenten Prozessen.

Das Wertstromdesign bietet hervorragende Möglichkeiten zur Optimierung vernetzter Strukturen. Eine wesentliche Grundstrategie des Wertstromdesigns ist die Erreichung eines kontinuierlichen Materialflusses um eine kundenorientierte, schlanke Wertschöpfung zu realisieren. Um die Kernfragen der Wertschöpfungsorientierung zu visualisieren und zu beleuchten ist eine Betrachtung des Wertstromes unabdingbar. Der Wertstrom steht zwischen dem Input und einem Ergebnis, welches den Kundenwunsch befriedigt. Wurde hierbei in der Vergangenheit vor allem auf die Optimierung einzelner Prozesse mit einer isolierten Betrachtung wert gelegt, bietet das Wertstromdesign die Möglichkeit einer ganzheitlichen Betrachtung und Optimierung des gesamten Wertstroms vom Rohstoff bis zum Kunden und betrachtet damit die gesamte Supply Chain. Das graphische Tool zeichnet sich auch durch seine einfache Handhabung aus und vermeidet Fehler, die durch Inseldenken entstehen. Durch die iterative Vorgehensweise verbessert es kontinuierlich den Wertstrom und hilft Verschwendung und Optimierungspotenzial aufzudecken. Somit ist es hervorragend für den praktischen Einsatz geeignet.

Das Value Stream Mapping lässt sich auf verschiedenen Ebenen, von Produktionsnetzwerken bis hin zur einzelnen Maschine, anwenden. Legt man den Fokus auf einzelne

Produktspektren, kann man mit Hilfe eines ausgewogenen Kennzahlenportfolios den Ist-Zustand des Wertstroms untersuchen. Damit lassen sich Quellen und Senken der Wertschöpfung und Wertvernichtung innerhalb eines Wertschöpfungsnetzwerks identifizieren. Besonders von Interesse sind dabei die Interdependenzen zwischen logistischen Maßnahmen eines Wertschöpfungspartners durch den Einsatz logistischer Prinzipien und die Auswirkung dieser Maßnahmen bei allen anderen Beteiligten. Somit lässt sich Wertwachstum und Wertvernichtung übergreifend erfassen. An diesem Punkt setzen dann die Optimierungsmaßnahmen an, die es ermöglichen, Optimierungen der Wertkette aus ganzheitlicher Sicht zu vollziehen.

4.1.3 Produktivitätsprogramme und Produktionssysteme: Wertschöpfung systematisch optimieren

Mit Hilfe eines ganzheitlichen Produktivitätsmanagements können verbleibende Leistungspotenziale gehoben werden. Die Analyse nicht genutzter Produktivitätspotenziale in den Unternehmen zeigt, dass Verluste insbesondere im Zusammenspiel der Systemelemente Anlagen, Logistik, Mitarbeiter und Management entstehen. 43 % der Produktivitätsverluste lassen sich auf mangelnde Planung, 23 % auf mangelndes Management zurückführen. Folglich sind die verbleibenden Produktivitätspotenziale auch nur im Rahmen eines ganzheitlichen Produktivitätsmanagements zu heben. In den vergangenen Jahren wurde häufig versucht, mit einzelnen Methoden die Leistungsfähigkeit der internen Prozesse zu optimieren. Zwangsweise werden dabei einzelne Aspekte betont, was zwar zu lokalen Optima im System führt, im Gesamten jedoch die Produktivität nicht nachhaltig verbessert.

Ein ganzheitliches Produktivitätsmanagement muss daher mehrere Aspekte vereinen: Eine kontinuierliche Steigerung der Produktivität ist das Fundament für den Erhalt der Wettbewerbsfähigkeit. Unternehmen, die nicht ständig den aktuellen Status in Frage stellen und einen kontinuierlichen Verbesserungsprozess im Unternehmen institutionalisiert haben, verlieren in kurzer Zeit ihre Wettbewerbsfähigkeit. Quantensprünge in der Produktivität sind jedoch notwendig, um die eigene Wettbewerbsfähigkeit zu verbessern und verlorenes Terrain wieder zu gewinnen. Ein Aufholen oder Überholen ist nur durch eine Steigerung der Veränderungsgeschwindigkeit möglich. Ausgehend von einem durchschnittlichen Produktivitätsfortschritt von 5 bis 8 % in der Industrie dauert es bei einem zweifachen Produktivitätsfortschritt mehr als 6 Jahre, um eine Produktivitätsdifferenz von 30 bis 40 % wieder aufzuholen. Deshalb sind kurzfristige Quantensprünge notwendig. Um beides miteinander zu verknüpfen, sind sowohl die kontinuierliche Verbesserung als auch die Quantensprünge der Produktivitätssteigerung schließlich in ein Produktivitätsmanagementsystem zu integrieren.

Produktivitätssteigerung sollte sich dabei sowohl auf die Materialprozesse als auch auf die indirekten Prozesse beziehen. Eine Reduzierung von Beständen, eine Erhöhung der wertschöpfenden Tätigkeitsbestandteile sowie eine Verringerung von Ausschuss und Blindleistung werden angestrebt. Im administrativen Bereich liegt der Schwerpunkt in der Schaffung einer durchgängigen Prozessorganisation, in der Standardisierung und Automatisierung der Prozesse und in der Verbesserung des Methodeneinsatzes. Was sind nun die Instrumente, die eine umfassende Produktivitätssteigerung unterstützen?

Da das Produktivitätsniveau deutscher Unternehmen bereits auf einem hohen Niveau liegt, ist in der Regel nur eine Kombination mehrerer Instrumente in der Lage, einen anhaltenden Produktivitätsfortschritt zu erreichen. Diese Instrumente können sowohl hinsichtlich ihrer Fristigkeit als auch der Veränderungsweise unterschieden werden:

- Kontinuierlich wirkende kurzfristige Instrumente sind das Einmaleins jeder Produktivitätsverbesserung. In KVP-Workshops, Quality Circles oder durch ein Vorschlagswesen werden laufend Verbesserungen erarbeitet und in die Prozesse überführt.

- Sprunghaft kurzfristige Verbesserungen sind notwendig, um schnell verlorene Kostenpositionen wieder zu erlangen. Hierbei bildet die GENESIS-Methodik einen wirksamen Ansatz, um schnelle Veränderungen unter Einbindung der Betroffenen zu erreichen.

- Um kontinuierliche Verbesserungen langfristig wirksam werden zu lassen, sind alle Einzelinstrumente in ein unternehmensweites KVP-Programm zu integrieren. Auch der Six Sigma-Ansatz ist hierzu ein wichtiger Baustein.

- Um allerdings auch radikale und sprunghafte Verbesserungen mit einem langfristigen Entwicklungspfad zu verbinden, sind heute moderne Produktionssysteme im Unternehmen zu implementieren.

4.1.4 An- und Auslaufmanagement: Prozessdynamik weltweit beherrschen

Im Zusammenhang mit dem Aufbau und der infrastrukturellen Einbindung neuer ausländischer Standorte in den Wachstumsmärkten stellt der Hochlauf neuer Produktionsstätten und die Koordination der für die Produktion notwendigen Teilleistungen von neuen und vielfach unbekannten Zulieferern am neuen Standort eine besondere Herausforderung an das Anlaufmanagement dar. Die Gestaltung eines effektiven Anlaufes neuer Produktionsstandorte stellt neue Anforderungen an den Zuschnitt von Unternehmensgrenzen und Managementfunktionen sowie die Kommunikation und Zusammenarbeit mit ausländischen Tochterunternehmen und Partnern. Hierfür haben sich einige Konzepte in der Praxis bewährt.

- Lead-Factories als Know-how-Führer

Zentral im Zusammenhang mit dem Aufbau neuer Kapazitäten im Ausland ist die Frage der Aufgabenteilung zwischen Zentrale und Produktionsstandort, sowie die Frage nach dem Roll-Out neuer Produkte im Unternehmen. Hierbei haben sich die vordefinierten Produkte von so genannten Lead-Factories bewährt, in denen neue Produkte in Serienreife und Produktionsprozesse stabilisiert werden. Dadurch können erste "Kinderkrankheiten" und produktionstechnisch bedingte Änderungen im Produkt zentral identifiziert und abgestellt werden, bevor der Roll-Out der Produktion auch an anderen Standorten erfolgt. Vorteile ergeben sich speziell dann, wenn die Entwicklungsarbeiten am gleichen Standort wie die Produktion durchgeführt werden, weil kurze Rückkopplungsschleifen implementiert werden können und es den Entwicklern und Produktionsvorbereitern ermöglicht wird, die Probleme vor Ort zu besichtigen.

Häufig wird diese Rolle deswegen am angestammten Hauptsitz durchgeführt. Ihm kommt dabei insbesondere die wichtige Aufgabe zu, Prozessmodelle, erprobte Methoden und Vorgehensweisen zu standardisieren und auf die neuen Produktionsstandorte zu übertragen. Darüber hinaus übernimmt die heimische "Zentrale" die Koordination über alle aufgebauten Produktionsstandorte mit dem Ziel, Synergien zu nutzen und die Effizienz im gesamten Verbund zu steigern. Damit kommen auch auf die transnationalen Unternehmen mit deutschen Wurzeln neue Herausforderungen zu, auf welche durch geeignete organisatorische und personelle Maßnahmen reagiert werden muss.

- Personelle Vernetzung mit Anlaufteams

Für die Übertragung standardisierter Prozesse, die Inbetriebnahme neuer Anlagen und Einführung in den Lead-Factories getesteter stabiler Produkte, werden in der Automobil- und Chip-Industrie spezialisierte Anlaufteams eingesetzt. Ihre Aufgabe besteht darin, Synergien bzw. Lernkurveneffekte aus vorhergehenden Anläufen und dem Anlauf in der Lead-Factory zu übertragen. Durch die eingespielten Teams und das Wissen über Produktionsprobleme in der Lead-Factory können Störungen vermieden und der Anlauf effizient gestaltet werden. Bei der Zusammensetzung der Teams setzen Unternehmen wie z. B. Siemens auf interdisziplinär zusammengesetzte Teams aus den Bereichen Produktion, Beschaffung, Qualität und Entwicklung.

- Präventives Lieferantenmanagement

Speziell wenn es sich um Standorte und Lieferanten handelt, über die es noch keine aussagefähige Historie bezüglich Qualität und Lieferfähigkeit gibt, kommt dem Anlaufmanagement im Sinne eines präventiven Lieferantenmanagements eine besondere Rolle zu. So werden bei DaimlerChrysler die erprobten Lieferanten mit bestehenden Produktionsstandorten denjenigen mit neuen Produktionsanlagen oder gar neuen Standorten im Ausland vorgezogen. Im Falle der Internationalisierung der Produktion, die zumeist einhergehen muss mit der Integration von neuen Zuliefernetzwerken, kommen vor Serienanlauf deswegen Methoden wie Logistik- und Prozessaudits zum Einsatz, um die Risiken einer mangelhaften Materialversorgung mit den entsprechenden Imageverlusten zu begegnen.

4.1.5 Global Sourcing: Chancen freier Beschaffungsmärkte nutzen

Mehrere Studien bestätigen den Trend der Globalisierung der Beschaffungsaktivitäten, denn wer Exzellenz im Einkauf erreichen will, sollte zwei Erfolgshebel beherrschen: Zum einen sollte der Wettbewerb unter den Lieferanten gezielt genutzt und verstärkt werden, um niedrige Einkaufspreise durchzusetzen. Zum anderen gilt es, alle Möglichkeiten auszuschöpfen, die die Lieferanten zur Verbesserung von Produktspezifikationen und -qualität bieten. Eine Ausweitung der Beschaffungsaktivitäten auf Billiglohnländer und auf Kompetenzzentren wird bereits durch die "Multinationals" gelebt. Kleine und mittelständische Unternehmen folgen zunehmend diesen Trends.

Nur wenige Hersteller haben bisher den geeigneten Strategiemix in der Zusammenarbeit mit Lieferanten gefunden. Es gibt keine "einzig richtige" Art, Lieferanten zu behandeln, weder über das ganze Teilespektrum noch über die Zeit. Die Abnehmer sollten je nach Beschaffungsgut und Beschaffungsmarkt eine klare Lieferantenstrategie definieren, um auch Sicherheit bei den Lieferanten und bei der Ableitung derer Unternehmensstrategie zu erzielen.

Wie können es Unternehmen schaffen, den bestehenden Wettbewerb optimal zu nutzen bzw. noch zu verschärfen? Nur wer den Markt kennt, kann auch den Wettbewerb nutzen. Weltweite Beschaffungsmarktanalysen und weltweite Marktkenntnis sind Voraussetzung zum Betreiben eines erfolgreichen Global Sourcing. Die Automobilbranche nutzt die Wettbewerbssituation auf den globalen Beschaffungsmärkten und sichert somit den Unternehmen günstige Einstandspreise. Dazu werden Projekte gestartet, die ohne Ausnahme den Einkauf standort-, produkt- und markenübergreifend auf den Prüfstand stellen. Als bekanntes Beispiel für einen wettbewerbsorientierten Einkauf gilt VW. Dabei setzt VW auf die organisatorische Trennung zwischen Projekt- und Serieneinkauf. Durch die organisatorische Ausgestaltung eines Forward Sourcers, der bereits in der Entwicklungsphase eng mit den technischen Abteilungen zusammenarbeitet, ist er in der Lage, das Einkaufsvolumen der Entwicklungsphase zu betreuen. Bei dem Übergang zur laufenden Serie übernehmen die Einkäufer für Serienteile, die Commodity Buyer, die Beschaffung. Dadurch wird den Lieferanten der Vorserie Sicherheit entzogen und bei dem Übergang in die Serienphase ein erneuter globaler Wettbewerbsdruck geschaffen. Ein Enabler für die Nutzung und Aufrechterhaltung von Wettbewerbssituationen sind E-Technologien. Mit dem Einsatz dieser Technologien verfolgen die Abnehmer in der Regel das Ziel, möglichst wettbewerbsfähige Preise und parallel die Beziehungen zu den Lieferanten zu optimieren und geographische Barrieren zu überwinden. Im Hause VW ist die weltweite, internetbasierte Ausschreibung von Vergabeumfängen zwingend vorgeschrieben, und das sowohl in der Projekt- als auch in der Serienphase. Ein weiteres organisatorisches Element zur Sicherung des Wettbewerbs liegt bei VW in der Einrichtung des zentralen Sourcing Committees. Dieses zentrale Gremium trifft die Vergabeentscheidungen für sämtliche Vergaben größer als 250 TEUR. Damit werden über 90% des konzernweiten Beschaffungsvolumens in diesem Gremium gebündelt und Preisdifferenzierungsstrategien einzelner Zulieferer aufgebrochen. VW verfügt damit über schnelle und transparente Einkaufsprozesse, die sich lieferantenseitig in einem hohen Kosten- und Wettbewerbsdruck äußern.

Aber auch in anderen Branchen spielt die Nutzung des Wettbewerbs unter den Lieferanten eine große Rolle. Im Anlagenbau hat Siemens erhebliche Fortschritte bei der Bündelung von Bedarfen erreicht und somit die Nachfrage-Macht deutlich gesteigert. Siemens reduziert die Heterogenität, die in den Materialfeldern im Anlagenbau vorherrscht durch die gemeinsame Strukturierung und die technische Vergleichbarkeit von Bedarfen. Dies geschieht über den Aufbau eines Siemens-Einkaufs-Netzwerkes. Im Rahmen dieses Netzwerkes entscheidet das Global Procurement Board über die globale Einkaufsstrategie des Konzerns. Die Koordination der Umsetzung erfolgt in dem Global Procurement Office. Die eigentliche Durchführung wird durch Purchasing Councils, Lead Buyers und Einkaufsdienstleister wahrgenommen. Purchasing Councils werden eingesetzt, wenn das Beschaffungsvolumen 50 Mio. Euro übersteigt und ein Einsparvolumen von mindestens 10% erwartet wird. Die Materialfelder, die keine strategische Relevanz für die Unternehmensbereiche besitzen, werden einem hauseigenen Einkaufsdienstleister übergeben.

Die Hemmnisse für Global Sourcing sind meist hausgemacht. Es sind seltener die sprachlichen und kulturellen Barrieren mit ausländischen Lieferanten, sondern vielmehr unzureichend stabile Beschaffungsprozesse, die ein Global Sourcing verhindern. Kombiniert mit Electronic Sourcing ergeben sich durch die Anwendung von Global Sourcing erhebliche Einsparungspotenziale gegenüber den lokalen Lieferanten.

4.2 Elemente einer Wettbewerbsoffensive

Die Aufgabe einer Wettbewerbsoffensive ist, ausgehend von den Erwartungen der Kunden und den Chancen globaler Märkte, neue Leistungen zu entwickeln. Diese sollte Antworten auf folgende Fragen geben können: Woher kommen die Ideen und Innovationen? Wie lässt sich mein Leistungsprogramm kundengerecht strukturieren? Wie entstehen neue Marktpotenziale? Wie entsteht eine nachhaltige Kundenbindung und wie können meine Leistungen zeitgerecht global geliefert werden?

4.2.1 Entwicklungspartnerschaften: Innovationsleistung auf mehreren Schultern

Durch Entwicklungspartnerschaften wird die Voraussetzung geschaffen, um die heute von wettbewerbsfähigen Unternehmen geforderte Innovationskraft zu stemmen: Die Innovation, die auf mehreren Schultern ruht, stabilisiert die gesamte Wertschöpfung. Der Erfolg von Entwicklungspartnerschaften ist dann gegeben, wenn beide Seiten als Gewinner aus der Zusammenarbeit hervorgehen. Daher sind die Anforderungen an die Partnerwahl und die Organisation und Durchführung der Partnerschaft erheblich.

- Die Partnerwahl ist systematisch und langfristig orientiert durchzuführen

Hierbei hat sich eine dreistufige Vorgehensweise bewährt, die die Phasen Identifikation potenzieller Unternehmenspartner, Bewertung der Partner und Vertragsgestaltung umfasst. Um einen unnötigen Ressourceneinsatz in der Bewertungsphase zu vermeiden, muss der Kriterienkatalog sorgfältig aufgestellt werden. Bei der Bewertung potenzieller Partnerunternehmen werden sowohl technische als auch betriebswirtschaftliche Kriterien herangezogen. Unternehmen müssen darauf bedacht sein, nicht nur nachzuweisen, dass sie Ideen generieren und darstellen können, sondern dass sie auch die Umsetzbarkeit in Form eines hohen Prozess- und Produktions-Know-hows sicherstellen. Es hat sich gezeigt, dass beim Eingehen einer Entwicklungspartnerschaft alle denkbaren Vertragstypen zum Einsatz kommen. Unter der Prämisse einer erfolgreichen Zusammenarbeit sind langfristige Verträge zu priorisieren.

- Konzeptwettbewerbe bewähren sich bei komplexen technischen Lösungen

Für das Gestaltungsprinzip des Advanced Purchasing stellt die Vorverlagerung von Erkenntnisprozessen zusammen mit dem Simultaneous-Engineering-Ansatz die tragende Säule dar. Um dementsprechend als OEM bereits in der frühen Phase der Konzeptentwicklung die Effizienz des Produktentstehungsprozesses Hand in Hand mit kompetenten Zulieferern zu erhöhen, ist vor allem in der Automobilindustrie der Konzeptwettbewerb mittlerweile eine bewährte Methode. System- und Modullieferanten sind heute in der Lage, Konzepte, sprich technische Lösungen, für komplexe Systeme und Module anzubieten, wie es ein OEM alleine nicht schaffen würde. Der Wettbewerbscharakter und die systematische Durchführung eines Konzeptwettbewerbs schaffen die Voraussetzung, um Entwicklungspartnerschaften mit dem geeignetsten Zulieferer einzugehen, der gleichzeitig das beste Konzept entwickelt.

- Vergütung auf Basis verursachungsgerechter Kostenermittlung

Im Sinne einer Verlagerung von Risiken präferieren OEM die finanzielle Kompensation der Entwicklungsleistung durch eine Amortisation über den Teilepreis. Die Zulieferer streben hingegen eine direkte Vergütung an. Verschärft wird diese Problematik durch den starken Bedeutungsanstieg und die Bewertungsproblematik in Zusammenhang mit geistigen, immateriellen Entwicklungsleistungen. Um finanzschwächeren Zulieferern die Möglichkeit zur Teilnahme an Entwicklungspartnerschaften zu geben, sollte der Entwicklungsaufwand direkt vergütet werden. Das gleiche gilt für Produkte mit besonders hohem Innovationsgrad. Um für beide Seiten eine zufrieden stellende Lösung zu schaffen, ist es notwendig, schon zu Beginn der Entwicklungspartnerschaft eine einfache und nachvollziehbare Handhabung der Entwicklungskostenkalkulation sowie eine verursachungsgerechte Kostenermittlung zu vereinbaren. Von diesem Kostenmodell profitieren beide Unternehmen, da die Diskussionen versachlicht werden.

4.2.2 Produktordnungssysteme: Individuelle Produkte effizient erzeugen

Produktordnungssysteme ermöglichen eine kunden- und prozessorientierte Gestaltung des Produktprogrammes. Auf der einen Seite können mit Hilfe standardisierter Teilkomponenten individuelle Produkte hergestellt werden, auf der anderen Seite ermöglicht die Standardisierung eine Gestaltung effizienter Prozessstrukturen. Damit geht das Konzept der Produktordnungssysteme über ein Variantenmanagement hinaus, in dem es die Verbindung von Markt und Unternehmen effizient gestaltet. Produktordnungssysteme ermöglichen:

- Standardisierung nach innen,
- Individualisierung nach außen,
- Stabilität der Struktur und
- Flexibilität in der Kombination.

Für die Umsetzung von Produktordnungssystemen lassen sich Module, Systeme, Gleichteile, Plattformen und Baukästen unterscheiden. Die Architektur- und Schnittstellengestaltung gibt den Rahmen vor. Durch die Berücksichtigung von Bildungsgesetzen wird der Gestaltungsraum eingeschränkt und die richtige Kombination der Bildungsgesetze gewährleistet.

Bei der Modul- und Systemgestaltung handelt es sich um Spaltungsstrategien, bei denen das Produkt top-down in verschiedene Elemente zerlegt wird. Neben der Modulgestaltung hat auch die Systemgestaltung das Ziel, eine Komplexitätsreduzierung durch die Abtrennung abgeschlossener Aufgabenpakete zu erreichen. Die Bauteile von Modulen und Systemen sind nicht notwendigerweise standardisiert, jedoch enthalten sie die gleichen Funktionsumfänge in verschiedenen Produkten. Das Gesetz, das hinter der Bildung von Modulen und Systemen steht, ist das Streben nach hoher Autonomie der Elemente eines Produkts. Dadurch können die mit dem Produkt verbundenen Prozesse und Organisationseinheiten unabhängig arbeiten. Bei MCC Smart wurde beispielsweise bei der Ausgestaltung des Fahrwerks darauf geachtet, die einzelnen Baugruppen (Komplettreifen von Continental, Achsenproduktion von Mercedes-Benz, Achsenentwicklung von Porsche Engineering, Motoraufhängung von Allied Signal, Bremssystem und Radaufhängung von Bosch) so abzugrenzen, dass wenig Abstimmungs- und Koordinationsaufwand notwendig ist. Dazu mussten die Schnittstellen eine geringe Komplexität aufweisen, und frühzeitig definiert werden. Von IBM wurde das erste modulare Computersystem mit dem Ziel entwickelt, klare Abgrenzungen und stabile Schnittstellen im Produkt zu schaffen, um die darauf basierenden Entwicklungsprozesse zu parallelisieren und damit die Gesamtentwicklungszeit zu verkürzen. Mittelfristig führte die Modularisierung zur Herausbildung so genannter Modular Cluster, Gruppen von Unternehmen, die sich auf nur ein Modul im Gesamtsystem spezialisierten. Dies führte zu einer Steigerung der Innovationsrate und Beschleunigung der Entwicklungen.

Gleichteile und Plattformen sind Bündelungsstrategien. Sie gehen bottom-up von der Betrachtung der Einzelteile aus und versuchen, diese über verschiedene Produkte oder Produktgenerationen hinweg zu verwenden. Gleichteile behandeln einzelne Komponenten von Produkten, während die Plattform ein Verbund mehrerer Komponenten ist. Ein Bildungsgesetz hinter den Bündelungsstrategien ist die Realisierung hoher Standardisierungsgrade. Neben der Möglichkeit der Umsatzsteigerung und dem Erzielen von Skaleneffekten können die Stückzahlen pro Element des Produktordnungssystems durch Standardisierung von Elementen erhöht werden. Durch die verringerte Anzahl an Teilen werden Tätigkeiten eingespart.

Zusätzlich stehen hinter der Gestaltung von Plattformen das Bildungsgesetz der marktsegmentübergreifenden Hebelwirkung. Beispielsweise basierten bei Volkswagen die Modelle VW Golf, Skoda Oktavia und Seat Toledo auf einer Plattform. Auf Basis einer herunterskalierten Plattform wurden der VW Lupo und der Seat Arosa entwickelt. Bei der Brückenkopfstrategie werden, ausgehend von einer Initialplattform, die für ein Marktsegment im unteren Leistungsbereich optimiert ist, die Plattformen an die speziellen Bedürfnisse der anderen Segmente angepasst. Dabei handelt es sich zum einen um Skalierungen, aber auch um das Hinzufügen, Erweitern oder Austauschen von Funktionen. Dies ermöglicht es Unternehmen, ausgehend von überlegenen Kostenpositionen, andere Marktsegmente zu erschließen. Beispielsweise wird in jeder Swatch-Uhr das gleiche Uhrwerk verwendet. Zur Entwicklung eines neuen Produkts müssen die Entwickler weniger als zehn Einzelteile auswechseln. Durch die geringe Anzahl unterschiedlicher Teile kann Swatch schnell neue Modelle auf den Markt bringen. Auch die Herstellungskosten bleiben trotz der etwa 140 neuen Modelle pro Jahr vergleichsweise gering. Zusätzlich wird durch Plattformen die Teilezahl reduziert, weil mehrere standardisierte Einzelteile zusammengefasst werden. Dies führt zu einer weiteren Reduzierung der komplexitätsabhängigen Kosten.

4.2.3 Kundenlösungen: Downstreamgeschäfte mit dem Sachprodukt verknüpfen

Die Orientierung der Angebote an den Kundenbedürfnissen wird für innovative Unternehmen immer wichtiger. Daher entwickeln Unternehmen zusammen mit den Kunden optimale Lösungen auch in Bereichen, die außerhalb ihrer Kernkompetenz angesiedelt sind. Der Kunde wird dadurch nachhaltig an das Unternehmen gebunden. Gerade Know-how intensive industrielle Dienstleistungsbündel, die materielle Bestandteile in Form von Sachgütern enthalten, bestimmen durch ihre Ressourcenabhängigkeit den Standort der Dienstleistungserstellung und der Produktion des Sachprodukts. Der Erfolgsfaktor industrieller Dienstleistungen ist die Frühzeitigkeit des Angebotes. Nur durch eine ständige Innovation des Dienstleistungsangebots rund um das bestehende Produkt kann das Unternehmen den Zeitvorteil ausnutzen. Bei der Erbringung spielen Servicenetzwerke eine immer wichtigere Rolle, insbesondere wenn die Unternehmen als Dienstleistung ein Komplettangebot anbieten wollen, ihnen aber alle dafür notwendigen Kernkompetenzen fehlen.

Die abnehmende Bedeutung technologiegetriebener Produktentwicklung resultiert aus der zunehmenden Bedeutung des Fortschrittes der Informations- und Kommunikationstechnologie, welche es erlaubt, weltweit Daten, Informationen und Wissen gezielt und schnell zu recherchieren, zu erfassen, zu verteilen und zu archivieren. Die Erfolgsfaktoren der Vergangenheit sind abgenutzt und zu schwach für die Sicherung des zukünftigen Unternehmenserfolges geworden. Zielsetzungen wie die alleinige Konzentration auf die Nutzung von Economies of Scale, Economies of Scope oder die Steigerung des Marktanteils sind nicht mehr ausreichend, weil sie nichts darüber aussagen, ob der Kunde, der hinter all den Umsätzen steht, mit den Leistungen des Unternehmens überhaupt noch zufrieden ist oder es jemals war. Erfolgreiche Unternehmen konzentrieren sich in der Zukunft auf die Quelle aller Werte. Und das ist nicht die Marke und auch nicht das Produkt. Die Quelle sind ganz allein die Kunden, deren Bedürfnisse durch innovative Dienstleistungen befriedigt werden können.

Services werden für die Steigerung der unternehmerischen Wertschöpfung ein entscheidender Faktor sein. Im Wettbewerb qualitativ austauschbarer Produkte, die es auch noch in hervorragender Qualität im Überfluss gibt, wird das Serviceangebot zur zentralen Argumentationsplattform gegenüber dem Kunden. Dadurch wird die totale Serviceorientierung die eigentlich im Wettbewerb entscheidende Leistung. Die Kombinationen von Produkt und Services lassen sich durch vier Merkmale beschreiben (Mack/Mildenberger, 2003):

- Produkt-Service-Integration: Kundenlösungen stellen ein spezifisch auf das Kundenproblem zusammengestelltes Leistungsbündel aus materiellen und immateriellen Produkten dar.
- Customization: Kundenlösungen sind auf einzelne Kunden oder homogene Kundengruppen ausgerichtet, kundenunabhängige Kombinationen aus Produkt- und Serviceleistungen sind somit keine Kundenlösungen.
- Co-Creation: Kundenlösungen werden entwickelt durch eine Zusammenarbeit von Kunden und Leistungserbringern.
- Managed-Risk-Taking: Die Risikoübernahme für die Leistungserbringung wird aufgrund der spezifischen Leistungserbringung gesondert geregelt und geht in der Regel über die normale Gewährleistung eines Verkäufers hinaus.

Das Geheimnis des Erfolges ist eine einzigartige Ausrichtung auf die Bedürfnisse der Kunden bei der individuellen Ausstattung der Computer, ein virtuelles Bestellwesen, reine Auftragsmontage und Lieferung innerhalb kürzester Fristen. Das Beispiel zeigt, dass bei einem Massengut starke Marken, langjährige Präsenz am Markt und eigene

Fabriken wenig zählen, wenn ein Wettbewerber mit dem besseren Servicekonzept in den Ring steigt. Die total auf den Kunden ausgerichtete Organisation konnte bisher von etablierten Unternehmen nicht einfach kopiert werden, obwohl Dienstleistungen als solche nicht patentierbar sind. Auffällig dabei ist, dass Dell die Hardware zwar weltweit einkauft, jedoch die Wertschöpfung in Form der Interaktion mit dem Kunden zur individuellen Konfiguration des PCs und die Steuerung der Geschäftsprozesse den Standort der Montage bestimmt. Der Ort der Montage bestimmt wiederum den Standort von Logistikdienstleistern und übt einen Einfluss auf die Standortentscheidungen der Hardwareproduzenten aus. Die Nähe zum Kunden, realisiert durch eine umfassende Kundenorientierung, besitzt damit eine Sogwirkung auf die Standortentscheidung von unterstützenden Dienstleistungen und von Produktionsunternehmen.

4.2.4 Beziehungsmanagement: Kundenbindung erzeugen

Beim Beziehungsmanagement geht es darum, "persönliche" Beziehungen zu profitablen Kunden zu knüpfen, zu pflegen und zu nutzen. Aus Geschäftssicht lassen sich verschiedene Potenzialquellen des Kundenbeziehungsmanagements erschließen:

Kundengewinnung: Durch Kundenbeziehungsmanagement können prospektive neue Kunden gezielt kontaktiert werden und es können individualisierte – und damit attraktive – Angebote gemacht werden, wodurch die Effektivität der Kundengewinnung steigt.

Verlängerung profitabler Kundenbeziehungen: Kundenbeziehungen durchlaufen verschiedene Phasen, die sich nach anfänglicher Unprofitabilität aufgrund von Akquisitionskosten durch zunehmende Profitabilität aufgrund sinkender Preissensibilität, cross selling und up selling auszeichnen (vgl. Schulze, 2000). Profitable Kundenbeziehungen müssen so lange wie möglich profitabel gehalten oder sogar noch profitabler gemacht werden. Kundenbeziehungsmanagement kann dazu beitragen, zusätzliche Verkaufspotenziale zu identifizieren und die Abwanderung profitabler Kunden durch "Individualisierung" der Preisgestaltung zu verhindern.

Umwandlung wenig profitabler Kundenbeziehungen in profitable: Aufgrund hoher Akquisitionskosten, geringer Verweildauer und/oder geringer Verkäufe können Kundenbeziehungen auch nach einiger Zeit unprofitabel oder wenig profitabel sein. Kundenbeziehungsmanagement hilft, solche Kundenbeziehungen zu erkennen und durch cross selling oder up selling profitabel zu machen.

Erkennung und Beendigung unprofitabler Kundenbeziehungen: Viele Kundenbeziehungen können nicht profitabel werden, weil keine Reaktion auf entsprechende Unternehmensaktivitäten erfolgt. Kundenbeziehungsmanagement kann helfen, solche Kundenbeziehungen zu identifizieren und durch Veränderung von Konditionen, in letzter Konsequenz aber möglicherweise auch verweigerte Vertragsverlängerungen oder Vertragskündigungen zu beenden.

Allerdings werden viele Projekte zur Einführung von CRM-Systemen als Misserfolge gewertet, weil z. B. die in der Standardsoftware unterstellte Form von Kundenbeziehungen von der Realität im betreffenden Unternehmen abweicht, weil wichtige Funktionalitäten wie z. B. die ganzheitliche Bewertung von Kundenbeziehungen nicht unterstützt werden oder weil dem bereichs- und funktionsübergreifenden Charakter des

Kundenbeziehungsmanagements durch die Software oder ihre Einführung nicht Rechnung getragen wird (Peppart, 2000). Um die Effektivität der informationstechnischen Unterstützung des Beziehungsmangements sicherzustellen und dessen umfassendem Charakter gerecht zu werden, empfiehlt sich eine Strukturierung des CRM gemäß der Rollen, die es in der Informationssystem-Architektur des Unternehmens spielt. So kann der Erfüllungsgrad, den ein bestehendes CRM-System erbringt, kritisch hinterfragt und eine eher operative, analytische, kollaborative oder strategische Ausrichtung differenziert gestaltet werden.

4.2.5 Logistische Dienstleistungen: Strategische Waffe im internationalen Vertrieb

Nach einer aktuellen Studie nimmt der Aufwand für Logistik im Verhältnis zum Umsatz trotz intelligenter IT-Systeme nach Meinung der befragten 100 Logistikverantwortlichen in rund 100 europäischen Unternehmen bis 2008 wieder um 8 % zu (vgl. WiWo, 2004). Wesentliche Einflussgröße ist die Globalisierung. Wachsende Komplexität der Lieferbeziehungen und wachsende Ansprüche seitens der Unternehmen, getrieben von stark wachsenden Ansprüchen der Kunden erzeugen Druck auf die Qualität der logistischen Leistungen. Exzellente logistische Leistungen befähigen Unternehmen, den Kostenanstieg aufzufangen, ausländische Produktionsstätten mit überlegenen Faktorkosten zu nutzen, Produkte auf internationalen Märkten anzubieten und damit den inländischen Standort zu stärken. Den wichtigsten Hebel, eine wettbewerbsfähige Logistik zu erreichen und den Kostenanstieg zu bremsen oder sogar zu überkompensieren, sehen viele Unternehmen in der Verlagerung von Logistikfunktionen als Logistikdienstleister. Die Leistungen von Logistikdienstleistern lassen sich in vier grundsätzliche Kategorien einteilen.

- Basisleistungen, wie Transportleistungen und einfache Lagerhaltungen, angeboten von Transporteuren und Logistikdienstleistern (Logistics Service Provider, LSP);
- Value-Added Services, wie Konfektionierung, Management des Wareneingangs, die innerbetriebliche Materialversorgung, Rechnungsstellung, Inkasso oder komplexe Lagerhaltung, angeboten von Third-Party Logistics Providern (3PL);
- Lead Logistics Services, wie Projektmanagement und IT-basierte Leistungen und Supply Chain Beratung, angeboten von Lead Logistics Providern (LLP) sowie
- Strategische Dienstleistungen, wie eine breitgefächerte Supply Chain Beratung, Übernahme vollständiger IT-Systemlandschaften und Steuerung von komplexen Logistiknetzwerken, angeboten durch Fourth-Party Logistics Provider (4PL).

Eine konsequente Analyse der logistischen Ist-Situation in den Unternehmen inklusive einer detaillieren Analyse der Bedarfe und Bedürfnisse der Kunden sowie einer anschließenden Make-or-Buy unter Integration der Transaktionskosten eröffnet die Möglichkeit, Faktorkostenvorteile und Know-how-Vorsprünge externer Logistikspezialisten zu nutzen. Der Einzelhändler Globus beispielsweise nutzt verschiedene logistische Dienstleistungen zur Stärkung seiner Wettbewerbsfähigkeit. Die Lagerstruktur wurde auf ein fremdbetriebenes Zentrallager in Deutschland reduziert. Externe Dienstleister übernehmen die Versorgung des Zentrallagers. Dort findet die Routenplanung, die

Konfektionierung, die IT-technische Steuerung des Logistiknetzwerkes und die Umverpackung statt. Externe Dienstleister übernehmen die Versorgung der Point of Sales und den Versandhandel. Gesteuert wird dies von einem Lead Logistics Provider, der über die Integration des Lagers in sein Netzwerk Skaleneffekte realisieren kann und daher eine überlegene Leistung anbieten kann. Die Chancen der Anwendung logistischer Dienstleistungen sind:

- Reduzierung vermeidbarer Kosten und Aktiva: Die logistische Effizienz kann durch den Einsatz eines Logistikdienstleisters entscheidend verbessert werden. Zum einen können Kosten über die Faktorkostenvorteile und Skaleneffekte eines externen Dienstleisters eingespart werden.

- Logistische Leistungen als Umsatzgenerator: Die Erwartungen der Kunden und die Fähigkeiten der Logistiker klaffen auseinander. A.T. KEARNEY ermittelte eine durchschnittliche Erwartung der Kunden bezüglich dem pünktlichen Eintreffen von Waren von 98,3 %. Die Absender erreichten im Branchendurchschnitt 92,9 %. Eine Erhöhung des Service-Levels stellt demzufolge einen wesentlichen Wettbewerbsvorteil dar.

- Logistische Leistungen als "Strategische Waffe": Exzellente logistische Leistungen können als Markteintritts- bzw. Wettbewerbsbarriere fungieren. Amazon hat über die Entwicklung herausragender Leistungen in Bestelltransparenz, Lieferzuverlässigkeit und Lieferzeit wesentliche Marktanteile im deutschen Buch- und Unterhaltungsmedienmarkt gewinnen können. Ein konsequenter Einsatz von Logistikdienstleistern ist ein maßgeblicher Enabler.

5. Fazit: Wertschöpfung und Heimat haben Zukunft

Wären die Wege zu einer wettbewerbsfähigen Wertschöpfungsgestaltung einfach zu finden und zu realisieren, stünde Deutschland nicht vor den diskutierten Fragestellungen. Mit Hilfe von Leitlinien und einer methodenbasierten Wertschöpfungs- und Wettbewerbsoffensive konnte gezeigt werden, wie Unternehmen sich erfolgreich in globalen Märkten behaupten können. Dabei wurde deutlich, dass bei allen aufgezeigten Ansätzen ein Committment zu zentralen Paradigmen notwendig ist, um alle Elemente zu einem Gesamtkonzept zusammenzufügen. Diese grundsätzlichen Linien lassen sich als drei dialektische Paare formulieren.

5.1 Bewahren und innovieren

In der Weltausstellung von 1876 wurden mit deutschen Produkten, mit Ausnahme der Kanonen von Krupp, primär die Attribute "billig" und "schlecht" in Verbindung gebracht. Deutsche Unternehmer schafften in Bezug auf das Image einen erfolgreichen Turnaround. Und zwar so erfolgreich, dass das Britische Empire sich zum Schutz der heimischen Unternehmen genötigt sah, 1887 das "Merchandise Marks Act" zu erlassen, nach dem jedes Produkt mit "Made in Germany" gekennzeichent werden musste.

Der Rückblick in unserer Geschichte zeigt beides. Es lohnt sich für Unternehmen genau zu prüfen, was es an exzellenten Fähigkeiten und Fertigkeiten zu bewahren gilt, die über lange Jahre dem Attribut "Made in Germany" zugeschrieben wurden. Dazu zählen

Eigenschaften wie Geradlinigkeit, Ehrlichkeit und Pünktlichkeit, aber auch Fertigkeiten wie innovatives, kreatives Denken sowie ein hohes Maß an Planungskompetenz. Diese Eigenschaften als Kernkompetenzen zu verstehen und zu fördern ist ein wichtiger Schritt zur Zukunftsfähigkeit. Der geschichtliche Rückblick zeigt auch etwas anderes. Deutsche Unternehmen sind zum Turnaround in der Lage. Auch viele aktuelle Fälle bestätigen dies. Dieser Veränderungsprozess beinhaltet die Entwicklung zusätzlicher Kompetenzen. Diese beziehen sich vor allem auf den Umgang mit der Dynamik der Märkte, die Begeisterung für neue Technologien und den Umgang mit immer "komplexer" werdenden Kundenbedürfnissen. Hierzu werden nicht nur "Unternehmer" im engeren Sinne benötigt, sondern unternehmerisches Denken in allen Bereichen der Unternehmen und unserer Gesellschaft. Dieses baut im Wesentlichen auf dem Prinzip der Eigenverantwortung auf. Eigenverantwortung bezieht sich auf eine Gestaltung von Organisationsstrukturen, auf eine Qualifizierung und Wissensvermittlung sowie auf die Strukturen unseres Arbeitsmarktes. Die Bereitschaft ständig zu lernen ist ein Wesenmerkmal, das das Unternehmen als Ganzes als auch die Einzelnen betrifft. Mit Bereitschaft ist dabei jedoch ein "aktives Wollen" gemeint, ein Wollen zur Verbesserung, zur Veränderung, zu neuen Produkten und zu neuen Technologien. Die Folge ist Innovation.

5.2 Selbermachen und kooperieren

„Ich bin überzeugt, dass wir niemals eine Dienstleistungsgesellschaft erleben werden, die nicht einen beträchtlichen Teil ihres Gesamtoutputs der Industrie verdankt. Die beiden Seiten gehören zusammen – da sie sich gegenseitig ergänzen.“ (H. von Pierer, 2003). Das Modell der produktionsfreien Dienstleistungsgesellschaft wird wahrscheinlich kein Erfolgsmodell für Deutschland. Viele Unternehmen sind an einem Punkt angelangt, an dem ein weiterer Abbau der Leistungstiefe und weitere Verlagerungen der Wertschöpfung zu nachhaltig negativen Folgen für die Unternehmen selbst und für unsere Volkswirtschaft führen können. Was sich volkswirtschaftlich in Form steigender Arbeitslosenzahlen zeigt, findet in den Unternehmen seinen Niederschlag, wenn notwendige Basiskompetenzen der Wertschöpfung nicht mehr zur Verfügung stehen und der Marktdynamik nur verzögert gefolgt werden kann. Deshalb gilt: Selbermachen ist gesund. Selbermachen bedeutet, zentrale Elemente der eigenen Wertschöpfungskette nicht aus der Hand zu geben und die Handlungskompetenz zu bewahren. Das optimale Maß ist allerdings branchen- und unternehmensspezifisch zu bestimmen. Für alle gilt jedoch gleichermaßen, den Wert eigener Wertschöpfung wieder als potente Ressource im Unternehmen zu begreifen.

Gleichzeitig hängt viel davon ab, ob Unternehmen die Spielregeln der internationalen Arbeitsteilung beherrschen und zu ihren Gunsten nutzen können. Ein "Cherry Picking" am internationalen Standortmarkt erfordert ein hohes Maß an Planungs- und Beurteilungskompetenz, will man nicht den allgemeinen Trends folgen. Neben der Auswahl der jeweiligen Beschaffungsquelle oder des richtigen Produktionsstandortes liegt die Herausforderung in der Verknüpfung der einzelnen Elemente. Der Aufbau kooperativer Strukturen ist ein mittel- bis langfristiges Projekt, das die Gewährleistung der Chancen und ein Minimieren der Risiken leisten muss. In der Fähigkeit, selbst zu leisten und gleichzeitig mit anderen zu kooperieren, liegt somit ein weiterer Erfolgspfad zukünftiger Wertschöpfungsgestaltung.

5.3 Global denken und lokal handeln

„Die Kräfte, die die Welt stärker vernetzen und ähnlicher machen, haben gleichzeitig den machtvollen Wunsch nach lokaler Selbstständigkeit und kultureller Identität gestärkt." (D. Daft, Coca-Cola, 2000). Verstehen wir die Heimat von Unternehmen als die strategische Identität, die auf einer starken Leistungsgemeinschaft beruht, so sind Globalität und Heimat nicht als Gegensätze zu verstehen. „Nur wer auf sich selbst vertraut, kann das Vertrauen anderer erwerben." Was im persönlichen Bereich gilt, lässt sich sinngemäß auch auf Unternehmen und Staaten übertragen. Unternehmen mit einer starken Identität, die "Heimat" auch für ihre Mitarbeiter bietet, können im globalen Markt erfolgreich agieren. Sie profitieren dabei sowohl von ihren eigenen Stärken als auch auch von Stärken ihres Heimatlandes. Deshalb sind solche Unternehmen auch in der Lage und dazu aufgerufen sich als aktive Bürger in die Gesellschaft einzubringen und sich im Sinne eines "Corporate Citizenship" zu engagieren.

Gleichzeitig bewegen sie sich in globalen Strukturen und nutzen die Möglichkeiten globaler Integrations- und Interaktionsstrategien. Je nach gewählter Strategie variiert der Bezug zu einem oder mehreren Heimatländern. Unternehmen besitzen dabei immer die Aufgabe, verantwortlich zu handeln gegenüber den Verankerungspunkten ihrer Organisation und Identität. Langfristige Verantwortung, auch für einzelne Standorte, ist dabei kein Selbstzweck, sondern zahlt sich langfristig als Wertwachstum aus. Verantwortung für Standorte ist jedoch auch keine Einbahnstraße, sondern bedingt auch die Bereitschaft zur Schaffung optimaler Rahmenbedingungen. Identität, Verantwortung und Globalität charakterisieren eine wettbewerbsfähige Wertschöpfungsgestaltung.

Literatur

BCG (2004): Deutschland – ein Perspektivenwechsel: Mit Leidenschaft zur Veränderung, München 2004

Bühner, R. (1990): Das Management-Wert-Konzept: Strategien zur Schaffung von mehr Wert im Unternehmen, Stuttgart 1990

Brumberg, C.; Hüttemann, A. (2002): Flexible Personalstrukturen, TCW-report Nr. 32, hrsg. v. Wildemann, H., München 2002

Collis, D.; Montgomery, C. (1996): Wettbewerbsstärke durch hervorragende Ressourcen, in: Harvard Business manager 2/1996, S.47-57

Farrell, D. (2004): Beyond Offshoring: Assess Your Company´s Global Potential, in: Harvard Business Review, December 2004, S.82-90

Fleck, A. (1994): Hybride Wettbewerbsstrategien, Wiesbaden 1995

Gomez, P. (1993): Wertmanagement, Düsseldorf 1993

Hausladen, I. (2001): Instrumente zur Implementierung des Kulturellen Wandels von Unternehmen, München 2001

Hamel, G.; Prahalad, C. (1995): Wettlauf um die Zukunft: Wie Sie mit bahnbrechenden Strategien die Kontrolle über ihre Branche gewinnen und die Märkte von morgen schaffen, Wien 1995

Heuskel, D. (1999): Wettbewerb jenseits von Industriegrenzen, Frankfurt 1999

Kaluza, B.; Blecher, T. (2000): Wettbewerbsstrategien: Markt- und ressourcenorientierte Sicht der strategischen Führung, München 2000

Keitsch, D. (2000): Risikomanagement, Stuttgart 2000

Kinkel, S.; Lay, G. (2004): Motive, strategische Passfähigkeit und Produktivitätseffekte des Aufbaus ausländischer Produktionsstandorte, in: ZfB 74. Jg. (2004), H.5, S.415-440

Krüger, W.; Homp, C. (1997): Kernkompetenzmanagement: Steigerung von Flexibilität und Schlagkraft im Wettbewerb, Wiesbaden 1997

Lee, E. S. (1966): A theory of Migration, in: Demography, Vol.3 (1966), No. 1, pp.47-57

Lück, W. (2000): Managementrisiken, in: Dörner, D.; Horváth, P.; Kagermann, H. (Hrsg.), Praxis des Risikomanagements: Grundlagen Kategorien, branchenspezifische Aspekte, Stuttgart 2000, S. 311-344

Markowitz, H. M. (1959): Portfolio Selection Efficient Diversification of Investments, Cowles Foundation Monograph 16, Yale University Press, New Haven 1959

Müller-Stefens, G.; Lechner, C. (2003): Strategisches Management: Wie strategische Initiativen zum Wandel führen, Stuttgart 2003

Porter, M.E. (1989): Wettbewerbsvorteile – Spitzenleistungen erreichen und behaupten, Frankfurt am Main, 1989

Porter, M.E. (1999): Nationale Wettbewerbsvorteile; erfolgreich konkurrieren auf dem Weltmarkt, 1999

Prahalad, C.; Hamel, G. (1991): Nur Kernkompetenzen sichern das Überleben, in: Harvard Business manager 2/1991, S.66-78

Rappaport, A. (1986): Creating Shareholder Value. The new Standard for Business Performance. 1. Auflage, 1986

Schulze, J. (2000): Prozessorientierte Einführungsmethode für das Customer Relationship Management, Dissertation Nr. 2432, Universität St. Gallen 2000

Schlink, B. (2000): Heimat als Utopie, Frankfurt am Main 2000

Siebert, H. (2002): Verliert die deutsche Wirtschaft Wettbewerbsfähigkeit, Diskussionspapier, URL: www.uni-kiel.de/ifw/pub/siebert/wettbewerb.pdf, Stand 22.04.2002

Simon, H. (1995): Management strategischer Wettbewerbsvorteile, in: Corsten, H. [Hrsg.]: Produktion als Wettbewerbsfaktor: Beiträge zur Wettbewerbs- und Produktionsstrategie, Wiesbaden 1995, S.37-58

Sinn, H.-W. (2003): Ist Deutschland noch zu retten?, 2. Auflage, München 2003

Spear, S. (2004): Management à la Toyota, in: Harvard Business manager, August 2004, S.36-47

Stratenwerth, I. (2001): Überall und nirgends: wir opfern sie dem globalen Wandel und Bewegungsdrang, doch können wir nicht ohne Heimat leben, in: Die Woche, Ausgabe 33, 10. August 2001, S.1-2

Weber, H. K. (1980): Wertschöpfungsrechnung, Stuttgart 1980

Wencke, K.-G. (1987): Theorie der Wertschöpfung, Mainz 1987

Weber, A. (1909): Über den Standort der Industrien, 1. Teil: Reine Theorie des Standorts, Tübingen 1909

Weizsäcker, E.-U. (2002): Bericht der Enquete-Kommission „Globalisierung der Weltwirtschaft – Herausforderungen und Antworten"), Bundestagsdrucksache 14/2350

World Economic Forum (2003): Global Competitiveness Report (GCR) 2003

WSI (2003): WSI-Standortbericht 2003: Standort Deutschland – reif für radikale Reformen?, WSI-Mitteilungen 6/2003

Wildemann, H. (1997): Produktivitätsmanagement: Handbuch zur Einführung eines Produktivitätssteigerungsprogramms GENESIS, München 1997

Wildemann, H. (1997): Fertigungsstrategien: Reorganisation für eine schlanke Produktion und Zulieferung, München 1997

Wildemann, H. (1997): Die modulare Fabrik: Kundennahe Produktion durch Segmentierung, München 1997

Wildemann, H. (1998): Entwicklungs-, Produktions- und Vertriebsnetzwerke in Zulieferindustrie, Delphi-Studie, München 1998

Wildemann, H. (2004): Der Wertbeitrag der Produktion – Entwicklungspfade von Produktionssystemen, in: ZfB, Zeitschrift für Betriebswirtschaft, 74. Jg. (2004), H.4, S.1-20, Gabler Verlag, 2004

Wildemann, H. (2004): Die Zukunft des Wachstums, München 2004

Wildemann, H. (2004): Personal und Organisation, München 2004

Wildemann, H. (2004): Der Wertbeitrag der Logistik, in: logistik management, 6. Jahrgang 2004, Ausgabe 3, S.67-75

Wildemann, H. (2005): Logistik Prozess-Management: Organisation und Methoden, 3. Auflage, München 2005

Wildemann, H. (2005): Unternehmensstandort Deutschland – Wege zu einer wettbewerbsfähigen Wertschöpfungsgestaltung, München 2005

Wildemann, H. (2005): LF – Produktordnungssysteme, München 2005

Wildemann, H. (2004): Produktordnungssysteme – Stabil und doch flexibel, Harvard Business Manager, Februar 2004, S.37-43

Deutschland im Wettbewerb – Globalisierung gestalten

Dr. Klaus Zumwinkel

Vorsitzender des Vorstands, Deutsche Post World Net

Deutschland im Wettbewerb – Globalisierung gestalten

Drei große säkulare Trends werden Deutschland und die Weltwirtschaft in den nächsten beiden Jahrzehnten bestimmen: Globalisierung, Liberalisierung und Digitalisierung. Im globalen Wettbewerb werden wir auf sie reagieren müssen.

Die Globalisierung wird enormen Einfluss nehmen. In dem Maße, in dem die Verflechtung von Völkern und Volkswirtschaften voran schreitet, werden die Dienstleister an Bedeutung gewinnen, die globale Netze haben und weiter knüpfen. Und das mit der Konsequenz, dass die führenden Unternehmen in der Logistikindustrie eine wichtige und noch bedeutendere Rolle als heute spielen werden. So wie Deutsche Post World Net in Deutschland seit jeher jeden Ort und jedes Gehöft erreicht hat, ist es für den Konzern heute und künftig selbstverständlich, dass er mit Briefen, mit Paketen und den schweren Gütern der Logistik jeden Ort weltweit erreicht. Ich meine, vom heutigen Standpunkt aus ist die Globalisierung ein Segen für die Welt. Mehr und mehr wird die global arbeitsteilige Wirtschaft dabei helfen, den Wohlstand auf der ganzen Welt weiter zu entwickeln.

Um diesen Fortschritt zu erreichen, bedarf es der weiteren, weltweiten Liberalisierung. Heute gibt es auf der Welt noch immer zu viele staatlich beeinflusste Wirtschaftszweige. Dabei hat sich längst herausgestellt, dass liberalisierte Wirtschaftssektoren besser als die staatlich bestimmten funktionieren. Es hat sich – nicht nur in der ordnungspolitischen Theorie, sondern auch in der empirisch belegbaren Praxis – gezeigt, dass Unternehmen wie Deutsche Post World Net effizienter arbeiten und mehr Wohlstand produzieren als andere, die voll in staatlich und bürokratischer Hand sind. Umso mehr spricht heute für den raschen Trend zur Liberalisierung der Märkte.

Auch der dritte Trend, die Digitalisierung, hat stark wachsenden Einfluss. Nicht nur, weil die eigene IT-Datenverarbeitung die komplexe, weltweite Arbeit erst in dieser Form ermöglicht. Auch viele Dienstleistungen weisen neben dem physikalischen Aspekt wichtige elektronische Komponenten auf. Kunden erwarten, dass die zur Logistik gehörenden Informationsprozesse abgebildet werden können. Im Business-Sektor läuft heute ohne den Einsatz von Informationstechnologie nichts mehr. Eine für die Zukunft interessante und die Logistik stark positiv beeinflussende Entwicklung ist die RFID-Technologie: Informationen lassen sich digital und berührungslos übertragen, Prozesse – vor allem im Handel – schneller und effizienter gestalten und der Kundenservice im Gesamten verbessern.

Unser Ziel ist: Der Konzern Deutsche Post World Net will weltweit nicht nur führend in Bezug auf mehr Umsatz oder mehr Reichweite sein. Wir wollen auch in Bezug auf die Qualität weltweit Spitze sein.

Wenn ich diese Ansprüche auf Deutschland im globalen Wettbewerb übertrage, ist für mich klar: Ein starker Standort Deutschland und die Wettbewerbsfähigkeit der deutschen Wirtschaft sind entscheidende Voraussetzungen für unseren globalen Erfolg. Bei der Geschwindigkeit, mit der sich heute die wirtschaftlichen Innovationen vollziehen, erfordert die Standortsicherung und -verbesserung rasche und mutige Entscheidungen.

Dort, wo Strukturen nicht mehr zeitgemäß sind, müssen erforderliche Konsequenzen gezogen und Anpassungen vorgenommen werden.

Es gilt, unsere Trümpfe wie die soziale Stabilität, eine hohe Qualität der Produkte, gute Ausbildung der Beschäftigten, hervorragende Infrastrukturen zu sichern und unsere Schwächen wie Überregulierungen, starre Regelungen am Arbeitsmarkt abzubauen und die hohen Lohnneben- und Sozialkosten zu senken. Erst die Standortsicherung durch Reformen eröffnet unsere Zukunftschancen!

Ich bin mir sicher, dass Deutschland und die Deutschen in der Lage sind, Globalisierung zu gestalten und eine wirklich "gute Figur" im Wettbewerb mit den Nationen, Regionen und Unternehmen dieser Welt zu spielen.

Europas Traum – Wachstumsvisionen für Wirtschaft und Mittelstand

Dieter Rampl

Sprecher des Vorstands, HVB Group

Europas Traum – Wachstumsvisionen für Wirtschaft und Mittelstand

Europäer urteilen über die wirtschaftliche und auch politische Vorstellung Europas vielfach sehr negativ. Dies gilt insbesondere auch für Diskussionen in Deutschland, dem Weltmeister des Lamentierens. Brigitte Sauzay, die französische Publizistin und Beraterin des Bundeskanzlers für die deutsch-französischen Beziehungen, hat uns nicht umsonst einmal ins Stammbuch geschrieben: „Jedes Mal, wenn ich die Deutschen über Europa reden höre, habe ich Lust zu weinen. Was gibt es Traurigeres als eine deutsche Rede über Europa? Es gibt darin nichts, was zum Träumen anregte."

Viel zu oft fallen uns zu Europa nur negative Begriffe ein wie Wachstumsschwäche, mangelnde Wettbewerbsfähigkeit, hohe Arbeitslosigkeit, überforderte Sozialsysteme oder der Brüsseler Bürokratie- und Regulierungswahn.

All diese Urteile über die ökonomische und politische Leistungsfähigkeit Europas sind in Teilen vielleicht sogar zutreffend, aber reichen sie aus, um das Projekt des gemeinsamen Europas ohne trennende Grenzen umfassend zu beschreiben?

Europas Position in der Welt(wirtschaft)

Die seit dem 1. Mai dieses Jahres auf 25 Staaten erweiterte Europäische Union stellte mit ihren 455 Millionen Einwohnern im vergangenen Jahr Waren und Dienstleistungen im Wert von rund **9,7 Billionen Euro** her. Sie ist damit, als Einheit betrachtet und bei den derzeitigen Wechselkursen, die größte Volkswirtschaft der Welt – knapp vor den USA, die von uns Europäern ja besonders gern als Vergleichsmaßstab und auch Vorbild herangezogen werden.

Natürlich sagt absolute Größe wenig über die wirtschaftliche Leistungsfähigkeit einer Volkswirtschaft aus, denn die Wirtschaftsleistung wird ja von einer unterschiedlichen Zahl von Menschen erbracht.

Und in der Tat – bezieht man die Wirtschaftsleistung auf die Einwohner, liegt Europa deutlich hinter den USA. So beträgt das (kaufkraftgewichtete) Bruttoinlandsprodukt pro Kopf im Durchschnitt der 15 Länder der "alten" EU, die gern kurz auch als EU-15 bezeichnet werden, nur etwa 70 % des US-amerikanischen Bruttoinlandsproduktes.

Dies bedeutet allerdings selbstverständlich nicht, dass in Europa lauter "arme Schlucker" wohnen: 12 der 15 westeuropäischen EU-Mitgliedsländer gehören zu den 20 reichsten Volkswirtschaften der Welt, wenn man Ministaaten wie Liechtenstein, Monaco oder die Cayman-Inseln einmal außen vorlässt.

Tatsache ist auch, dass Europa – genauer: die Europäische Union – sich wirtschaftlich in den vergangenen Jahren schlechter als die USA entwickelt hat. Während die Wirtschaft in den USA in den Jahren von 1991 bis 2000 im Schnitt mit einer jährlichen Rate von 3,2 % zulegte, wuchs die Wirtschaft der EU-15 in diesem Zeitraum nur um 2,1 %.

Bei der Produktivität der Wirtschaft sieht die Sache allerdings nicht so eindeutig aus: Noch 1960 wurden zwar in Frankreich und Großbritannien in einer Arbeitsstunde nur die Hälfte der Waren produziert, die in den USA im gleichen Zeitraum ausgestoßen wurden. Bis 2002 hatte die ganze EU (ohne die neuen Mitglieder) die USA fast eingeholt, die Produktivität lag bei 97 % der US-amerikanischen. 2002 wurden in den USA pro Arbeitsstunde Waren im Wert von knapp 39 Dollar (38,83 Dollar) produziert. In Norwegen waren es Waren im Wert von 45,50 Dollar (45,55 Dollar), in Frankreich kanpp 42 Dollar (41,85 Dollar) und in Deutschland etwas über 39 Dollar (39,39 Dollar).

Und wenn diese anerkannt hohe Produktivität im europäischen Rahmen – also ohne nationale Egoismen – genutzt wird, sind die Europäer zu erstaunlichen Leistungen fähig. Das vielleicht bekannteste und augenfälligste Beispiel ist die Erfolgsgeschichte von Airbus. Verschiedene Europäer haben ihr Know-how in **einen** Produktionsprozess eingebracht und das Ergebnis ist ein hochwertiges Industrieprodukt, dass innerhalb weniger Jahre Benchmark in seiner Branche wurde. Ähnliches gilt für die Raumfahrt. Auch hier hat die Bündelung europäischer Kompetenz eine Industrie entstehen lassen, die dem vermeintlich uneinholbarem Amerika – zumindest teilweise – Paroli bieten kann. Heute arbeiten die Menschen in Europa grenzübergreifend an den weltweit leistungsfähigsten Datennetzen.

Natürlich verdecken Durchschnittswerte für die gesamte Europäische Union zum Teil mehr als sie offen legen. Natürlich sind – wenn man es beispielsweise an der BIP-Wachstumsrate festmachen will – auch westeuropäische Erfolgsgeschichten zu vermelden, die sich hinter der Dynamik der USA der letzten Jahre nicht zu verstecken brauchen: wie Irland, Großbritannien und Spanien.

Es sind in starkem Maße die drei großen Volkswirtschaften Frankreich, Italien und natürlich als größtes EU-Mitgliedsland Deutschland, die mit ihrer schlechten wirtschaftlichen Entwicklung in den letzten zehn, fünfzehn Jahren EU-Europas Wachstumsziffern in den Keller gezogen haben.

Längst sind die Zeiten vorbei, als Deutschland die Wachstumslokomotive Europas war. Heute gehören wir zu den Wachstumsschlusslichtern in Europa. In allen wichtigen Rankings, die die internationale Wettbewerbsfähigkeit von Volkswirtschaften messen, verlieren wir beständig Platz um Platz.

Die Gründe für die derzeitige wirtschaftliche Schwäche Deutschlands, die auch die Performance Europas massiv belastet, sind allgemein bekannt: Zu lange haben wir uns damit beschäftigt, den Wohlstandskuchen möglichst gerecht aufzuteilen und haben dabei vergessen, dass er ständig neu und möglichst größer gebacken werden muss. Zu lange haben wir daran geglaubt, dass die Politik alles im (Wirtschafts-)Leben regeln kann und haben dabei vergessen, dass die Wirtschaftsakteure ein gehöriges Maß an Freiraum benötigen, um erfolgreich sein zu können.

Und wir haben geglaubt, dass wir den historischen Glücksfall der Wiedervereinigung Deutschlands quasi zum Nulltarif bekommen.

Es ist dabei müßig, heute darüber zu debattieren, ob man die Vereinigung wirtschaftspolitisch anders hätte gestalten müssen bzw. können.

Tatsache ist, was die EU-Kommission in einer Studie vor einiger Zeit festgestellt hat:

Nämlich dass rund ein **Drittel der Differenz der Wachstumsraten** zwischen Deutschland und seinen europäischen Partnern in der zweiten Hälfte der 90er Jahre **auf die innerstaatlichen Transferzahlungen von West nach Ost und deren Finanzierung zurückzuführen** sind. Die vereinigungsbedingten Belastungen haben zu einem ganz erheblichen Anstieg der Staatsverschuldung und der Steuer- und Sozialabgabenquote geführt und über diesen Weg die Wachstumsbedingungen hierzulande massiv beeinträchtigt. Kein anderes Land hätte wohl eine ähnliche Belastung besser verkraftet.

(Wachstums-)Visionen für Europa

Doch zurück zu Europa: Im vergangenen Jahrhundert haben sich Zeitgenossen zweierlei Dinge sicherlich nicht vorstellen können: Erstens, dass es innerhalb kürzester Zeit gelingen könnte, das zerstörte Deutschland friedlich in eine europäische Wertegemeinschaft zu integrieren.

Und zweitens hätte auch Ende der 80er Jahre kaum jemand gedacht, dass der eiserne Vorhang so geräuschlos zu Boden gleiten würde. Auch die Reintegration der osteuropäischen Staaten hat Europa friedlich bewältigt und den ‚neuen Nachbarn‘ eine tragfähige Perspektive eröffnet. Leistungen, die nicht selbstverständlich waren und auf die wir gemeinsam stolz sein können.

Heute sehen wir unter dem Dach der Europäischen Union einen Großteil Europas vereinigt, der sich gemeinsamen Werten und einer gemeinsamen Entwicklungsperspektive verschrieben hat. Natürlich ist auch in der EU die Kluft zwischen dem alten Westeuropa und dem neuen Osteuropa spürbar. Aber vielleicht sollten wir statt von einer Kluft lieber von Unterschieden sprechen. Unterschiede, die befruchtend und anspornend wirken können.

Ich halte die Koexistenz von entwickelten, tendenziell ‚satten‘ Volkswirtschaften und Volkswirtschaften, die sich auf einem nachholenden Weg befinden für einen Glücksfall – übrigens einen ähnlichen Glücksfall finden wir auch bei der strategischen Aufstellung der HVB Group, aber dazu nur so viel.

Natürlich sind es zunächst die ökonomischen Möglichkeiten dieser Konstellation, die ins Auge fallen: Die hoch entwickelten Länder profitieren von neuen Absatzchancen direkt vor ihrer Haustür, sie können neue Kooperationspartner finden und nicht zuletzt dem enormen Kostendruck in einigen Produktionsbereichen durch neue Standorte ausweichen.

Die Länder Osteuropas erhielten und erhalten auf diesem Weg relativ schnell attraktive Arbeitsplätze und einen großen entwickelten Absatzmarkt für ihre Waren.

Das steigende Lebensniveau macht es leichter, die sozialen Friktionen des Umbruchs zu bewältigen und schafft gleichzeitig für unsere hochwertigen Produkte neue Nachfrage. Übrigens konnte auf dem Gebiet der ehemaligen DDR genau dieser Mechanismus nicht greifen. Die Wirtschaft der DDR hatte nicht die Chance, sich als günstiger Produktionsstandort in die westlichen Wirtschaftskreisläufe zu integrieren oder ihre Waren – sozusagen ‚wechselkursgeschützt‘ – auf dem europäischen Markt anzubieten. Sie wurde über Nacht zu einem Hochlohnland ohne Hochleistung. Die Auswirkungen sind bekannt.

Doch die rein ökonomischen Auswirkungen, die durch die neue Partnerschaft zwischen Ost und West innerhalb der EU ausgelöst werden, sind nur die eine Seite der Medaille. Mindestens ebenso wichtig ist die belebende Wirkung der Neu-Mitglieder auf das Denken innerhalb der Union und der Anpassungsdruck, der auf die trägen Volkswirtschaften ausgeübt wird.

Schon heute spüren wir doch, dass so manche bürokratische Regelung, die bei uns gilt, für die schnell wachsenden Ökonomien der Osteuropäer – gelinde gesagt – skurril wirken. Der Modernisierungsdruck auf uns wird – zumindest teilweise – durch die bloße Mitgliedschaft von unkomplizierter organisierten Volkswirtschaften verstärkt. Dieser Druck und der mit ihm einhergehende frische Ostwind wird uns im weltweiten Wettbewerb nutzen.

„Aus der Vergangenheit kann jeder lernen. Heute kommt es darauf an, aus der Zukunft zu lernen“, hat der amerikanische Zukunftsforscher Hermann Kahn gesagt. Ich bin davon überzeugt, dass uns die neue Zusammensetzung der EU den Blick in die Zukunft sehr erleichtern wird und uns ein schnelleres Einstellen auf weltweite Herausforderungen ermöglicht.

Und, meine Damen und Herren, einiges ist ja auch bereits in Bewegung gekommen. Die EU-Osterweiterung hat – im Zusammenspiel mit den Folgen der Globalisierung und den absehbaren demografischen Veränderungen – ihren Teil dazu beigetragen, dass bei uns in Deutschland, aber auch bei unseren westeuropäischen Nachbarn ein beachtlicher Reformprozess in Gang gekommen ist, der unsere ökonomische Position in der Welt verbessern wird.

Endlich hat unsere Politik akzeptiert, dass Deutschland weniger ein konjunkturelles als vielmehr ein **strukturelles Wachstumsproblem** hat. Bei aller Kritik im Detail und bei allen Aufgaben, die bisher noch nicht angepackt worden sind, darf man den Reformprozess nicht kleiner reden als er wirklich ist.

Wann hat es in den letzten Jahrzehnten bei uns jemals eine Zeit gegeben, in der so viel angepackt und verändert wurde wie heute: Arbeitsmarktreformen, Umbau der Krankenversicherung und des Rentensystems, Streichung von Subventionen, Steuersenkungen, Zuwanderungsgesetz, Ladenschluss, Verbesserungen des Bildungssystems sind nur die wichtigsten Stichworte.

Diese Reformanstrengungen werden übrigens im Ausland viel positiver gesehen als hier im Lande. So titelte beispielsweise ausgerechnet das angesehene US-Nachrichtenmagazin „Time“ im Juli auf seiner Titelseite “What’s Right with Germany” – “Was richtig ist in Deutschland”.

Und Deutschland ist mit seinem Reformeifer in Europa keine Ausnahmeerscheinung. Praktisch alle europäischen Volkswirtschaften basteln derzeit mehr oder weniger intensiv an einer Modernisierung ihrer Arbeitsmarkt- und Sozialsysteme mit dem Ziel, besser auf die Herausforderungen der Globalisierung vorbereitet zu sein.

Alle unsere (west)europäischen Nachbarländer haben seit längerem mit wachsenden Finanzierungsproblemen in den sozialen Sicherungssystemen zu kämpfen. Die Gründe sind überall die gleichen, auch wenn sie nicht überall dasselbe Gewicht haben. Sie reichen vom beschleunigten Wandel der wirtschaftlichen Strukturen über Veränderungen der familiären Verhältnisse bis hin zum wachsenden Anteil älterer Menschen in der Gesellschaft.

Folgerichtig weisen die Trends der Reformen in den einzelnen Ländern zahlreiche Gemeinsamkeiten auf. Alle suchen nach Mitteln und Wegen, das Gesundheitswesen und die Alterssicherung leistungsfähig und bezahlbar zu halten. Daneben gehört auch die Arbeitsmarktpolitik zu den wichtigsten Reformfeldern. Vermehrtes Augenmerk richtet sich in einigen Ländern auch auf die Verbesserung der Funktionsfähigkeit der Arbeitsmärkte, angefangen von einer effizienteren Gestaltung der Arbeitsvermittlung über eine Deregulierung des Arbeitsrechts, bis hin zur Öffnung größerer Flexibilitätsspielräume in der Tarifpolitik.

Durch die Perspektiven einer vergrößerten Europäischen Union und unterstützt durch den einsetzenden Reformwettlauf hat Europa gute Chancen auf ein höheres Wachstum als in den letzten Jahren.

Europa braucht sich also in der Welt nicht zu verstecken. Es braucht nicht ängstlich in die Zukunft schauen, sondern kann sehr selbstbewusst die Zukunft gestalten.

„Nicht ein Europa der Mauern kann sich über Grenzen hinweg versöhnen, sondern ein Kontinent, der seinen Grenzen das Trennende nimmt“, hat Richard von Weizsäcker gesagt.

Wir sind auf gutem Weg, diese Aufgabe zu lösen. Das EU-Europa ist da sicherlich noch nicht das Ende der Geschichte. Auch die EU darf mit ihrer Außengrenze nicht trennend wirken. In diesem Sinne ist die HVB mit ihrem mittel- osteuropäischen Geschäftsmodell – mit Verlaub – sogar schon ein wenig weiter als die EU.

Luftverkehr –
Motor für Innovation und Wachstum in Deutschland

Wolfgang Mayrhuber

Vorsitzender des Vorstands, Deutsche Lufthansa AG

Luftverkehr – Motor für Innovation und Wachstum in Deutschland
Münchner Management Kolloquium 2005
Wolfgang Mayrhuber
Vorsitzender des Vorstands
Deutsche Lufthansa AG
cLufthansa

Luftverkehr – Unverzichtbar in einer vernetzten Weltwirtschaft
Zahlen, Daten, Fakten

- 1,6 Mrd. Passagiere pro Jahr
- 3,9 Mio. Beschäftigte bei Fluggesellschaften
- 18.000 Flugzeuge (>100 Sitze)
- 10.000 Flughäfen
- 260 Mrd. US-Dollar Umsatz
- Jährliches Wachstum (PKT) von 5,1% bis 2022 vorhergesagt
- 750.000 Arbeitsplätze direkt abhängig vom Luftverkehr in Deutschland
- Frankfurter Flughafen ist Deutschlands größte Arbeitsstätte

Wolfgang Mayrhuber

cLufthansa

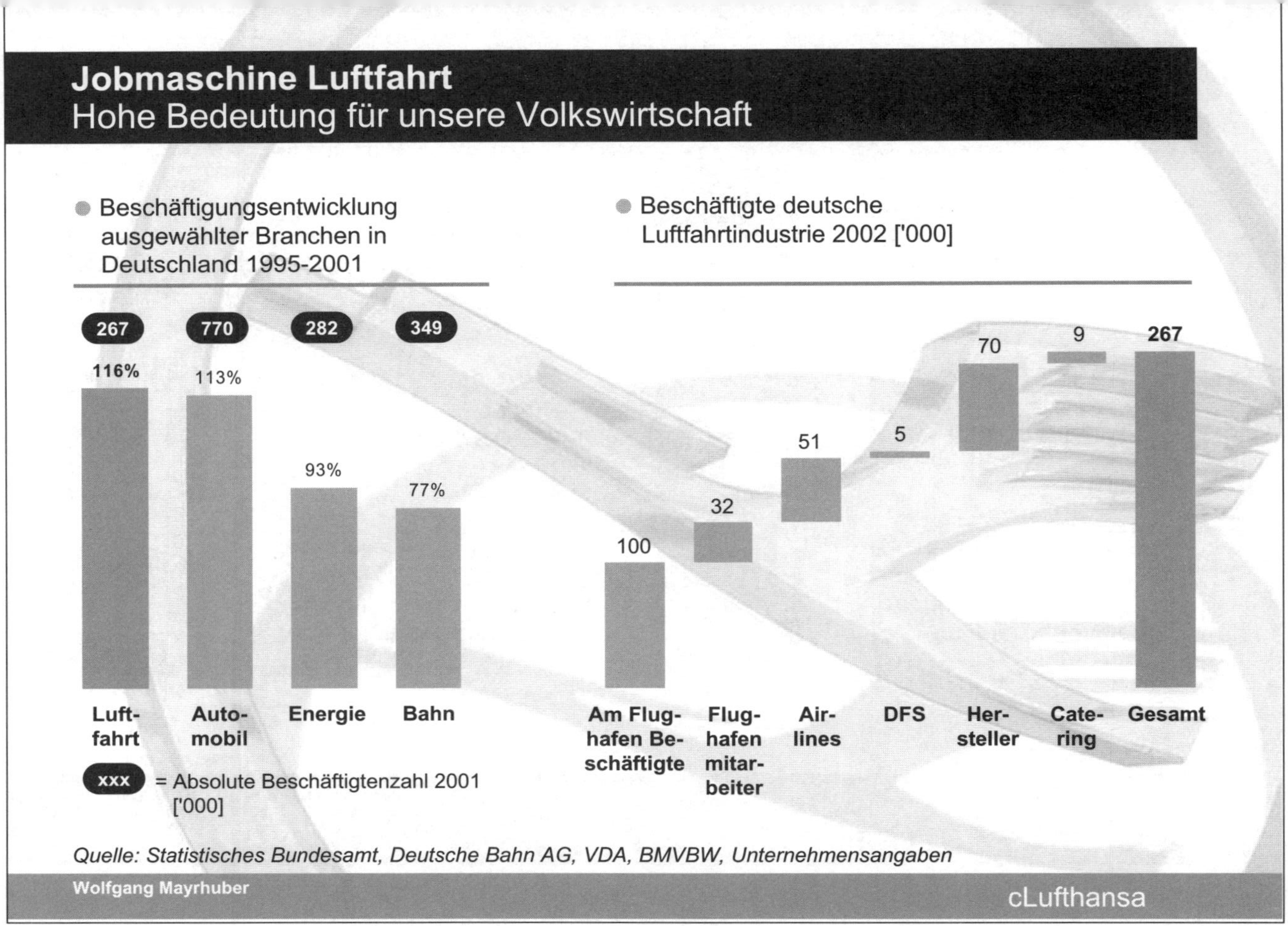
Jobmaschine Luftfahrt
Hohe Bedeutung für unsere Volkswirtschaft
Beschäftigungsentwicklung ausgewählter Branchen in Deutschland 1995-2001
267
770
282
349
116%
113%
93%
77%
Luft-fahrt
Auto-mobil
Energie
Bahn
xxx = Absolute Beschäftigtenzahl 2001 ['000]
Beschäftigte deutsche Luftfahrtindustrie 2002 ['000]
100
32
51
5
70
9
267
Am Flughafen Beschäftigte
Flughafen mitarbeiter
Airlines
DFS
Hersteller
Catering
Gesamt
Quelle: Statistisches Bundesamt, Deutsche Bahn AG, VDA, BMVBW, Unternehmensangaben
Wolfgang Mayrhuber
cLufthansa

Aviation Group
Der Aviation Konzern im Geschäftsjahr 2003
Lufthansa
Nr. 3 im internationalen Verkehr
Umsatz 10,2 Mrd. €
Mitarbeiter 34.559
Lufthansa Cargo
Nr. 1 im internationalen Frachtverkehr
Umsatz 2,2 Mrd. €
Mitarbeiter 5.075
Lufthansa Technik
Weltführer der MRO-Branche
Umsatz 2,9 Mrd. €
Mitarbeiter 18.075
LSG Sky Chefs
Weltgrößter Caterer
Umsatz 2,7 Mrd. €
Mitarbeiter 31.734
Thomas Cook AG
Nr. 2 der europäischen Reiseveranstalter
Umsatz 7,2 Mrd. €
Mitarbeiter 25.164
LH-Anteil 50 %
Lufthansa Systems
IT-Lösungen für die Aviation Industrie
Umsatz 0,6 Mrd. €
Mitarbeiter 3.159
Wolfgang Mayrhuber
Lufthansa

Langfristiger Trend
Luftfahrt bleibt Wachstumsbranche

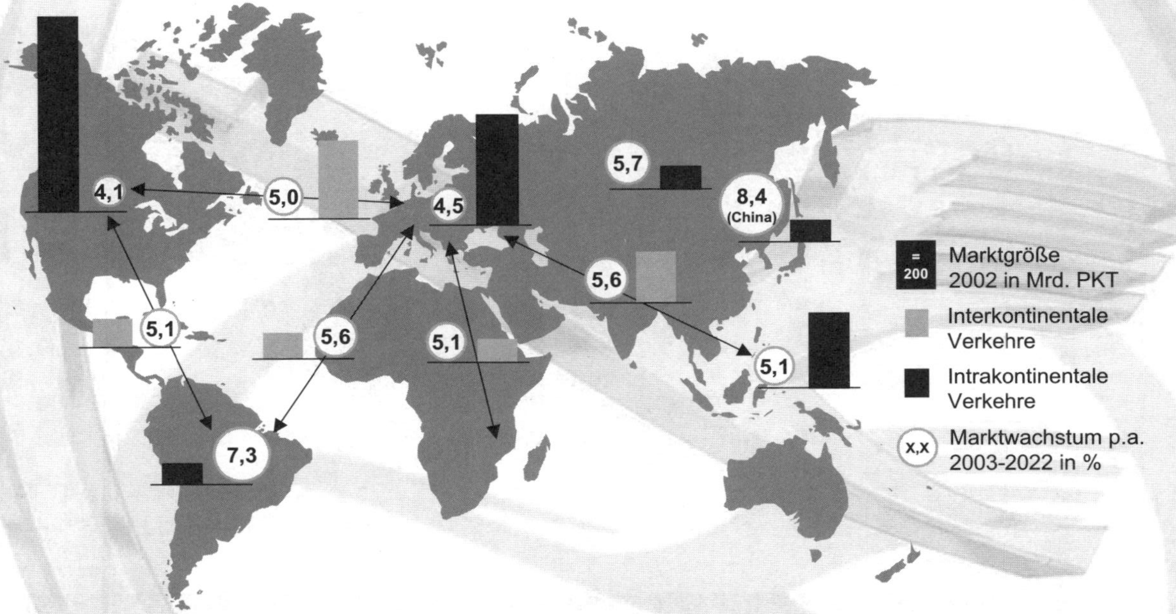

Quelle: Boeing Market Outlook

Wolfgang Mayrhuber cLufthansa

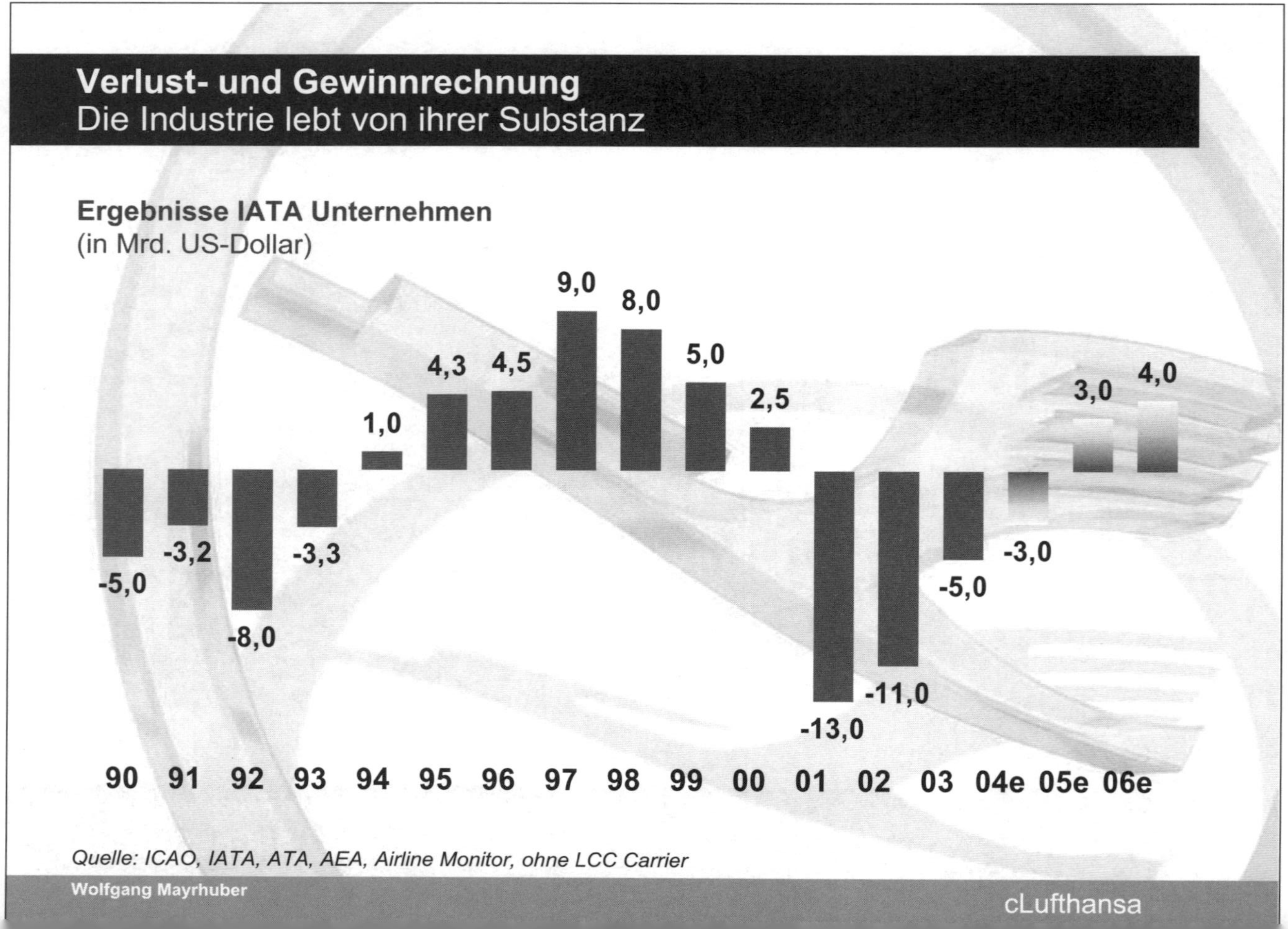
Verlust- und Gewinnrechnung
Die Industrie lebt von ihrer Substanz
Ergebnisse IATA Unternehmen
(in Mrd. US-Dollar)
-5,0
-3,2
-8,0
-3,3
1,0
4,3
4,5
9,0
8,0
5,0
2,5
-13,0
-11,0
-5,0
-3,0
3,0
4,0
90 91 92 93 94 95 96 97 98 99 00 01 02 03 04e 05e 06e
Quelle: ICAO, IATA, ATA, AEA, Airline Monitor, ohne LCC Carrier
Wolfgang Mayrhuber
cLufthansa

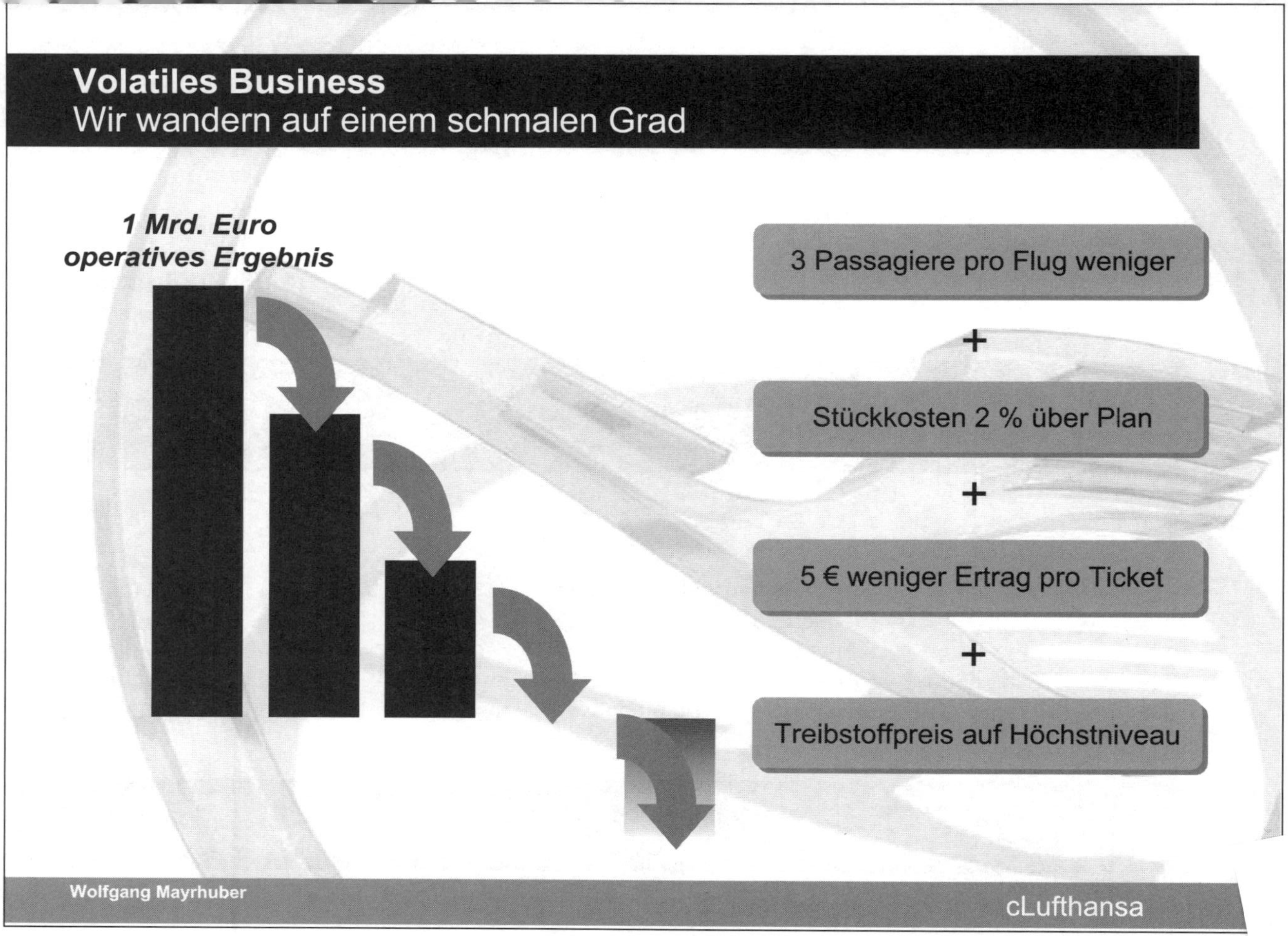
Volatiles Business
Wir wandern auf einem schmalen Grad
1 Mrd. Euro
operatives Ergebnis
3 Passagiere pro Flug weniger
+
Stückkosten 2 % über Plan
+
5 € weniger Ertrag pro Ticket
+
Treibstoffpreis auf Höchstniveau
Wolfgang Mayrhuber
cLufthansa

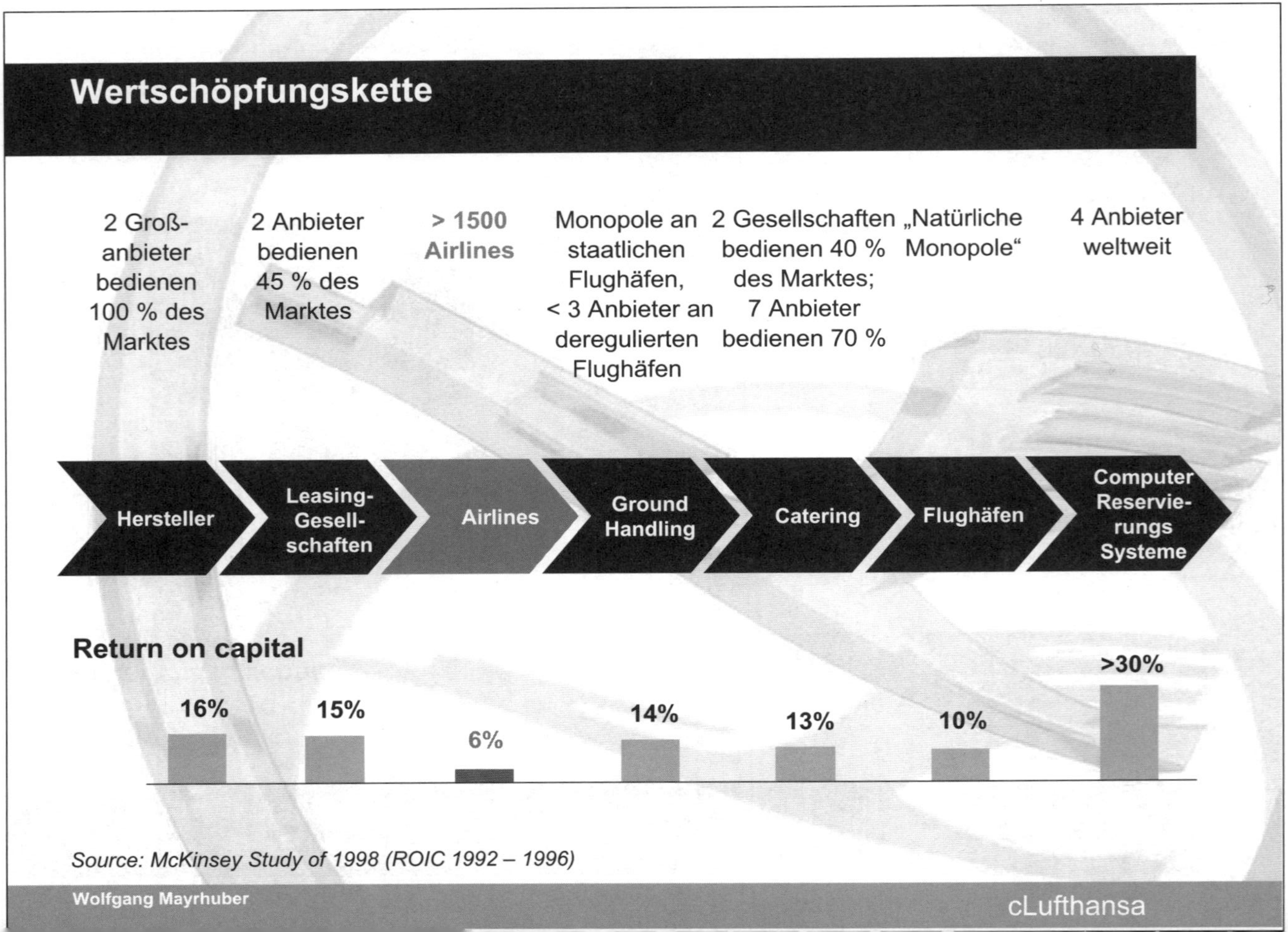
Wertschöpfungskette
2 Groß-anbieter bedienen 100 % des Marktes
2 Anbieter bedienen 45 % des Marktes
> 1500 Airlines
Monopole an staatlichen Flughäfen, < 3 Anbieter an deregulierten Flughäfen
2 Gesellschaften bedienen 40 % des Marktes; 7 Anbieter bedienen 70 %
„Natürliche Monopole“
4 Anbieter weltweit
Hersteller
Leasing-Gesell-schaften
Airlines
Ground Handling
Catering
Flughäfen
Computer Reservie-rungs Systeme
Return on capital
16%
15%
6%
14%
13%
10%
>30%
Source: McKinsey Study of 1998 (ROIC 1992 – 1996)
Wolfgang Mayrhuber
cLufthansa

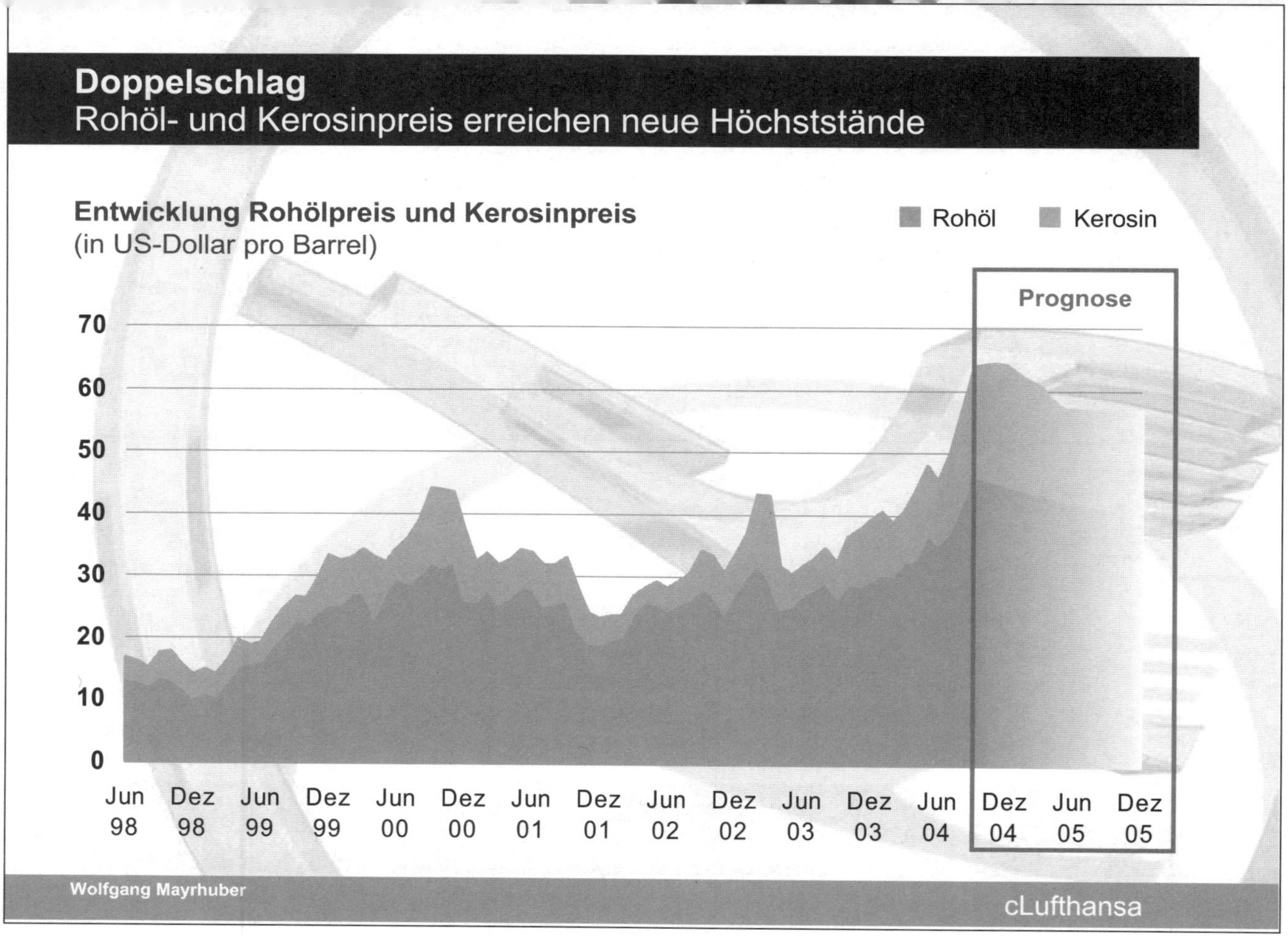
Doppelschlag
Rohöl- und Kerosinpreis erreichen neue Höchststände
Entwicklung Rohölpreis und Kerosinpreis
(in US-Dollar pro Barrel)
Rohöl
Kerosin
Prognose
70
60
50
40
30
20
10
0
Jun 98
Dez 98
Jun 99
Dez 99
Jun 00
Dez 00
Jun 01
Dez 01
Jun 02
Dez 02
Jun 03
Dez 03
Jun 04
Dez 04
Jun 05
Dez 05
Wolfgang Mayrhuber
cLufthansa

Erweitertes Angebotsspektrum bedient veränderte Kundenbedürfnisse

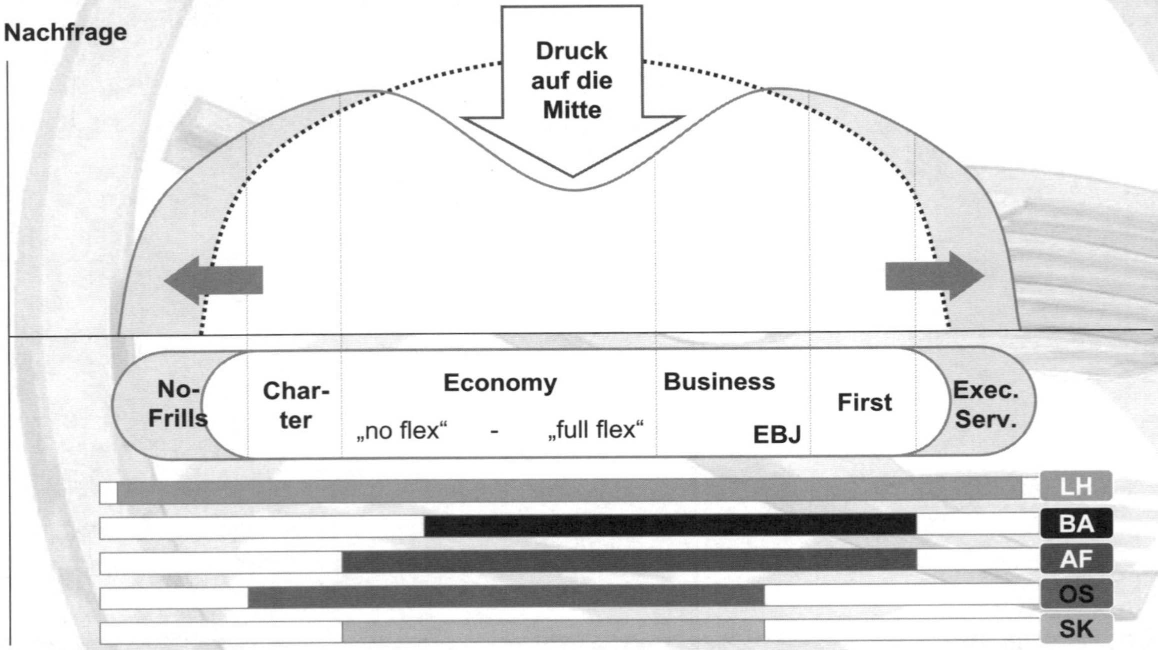

▶ **Erfolg „in der Mitte“ ist zwingend !**

Wolfgang Mayrhuber

cLufthansa

Unsere Hubs
Frankfurt und München Basis der Multi-Hub Strategie

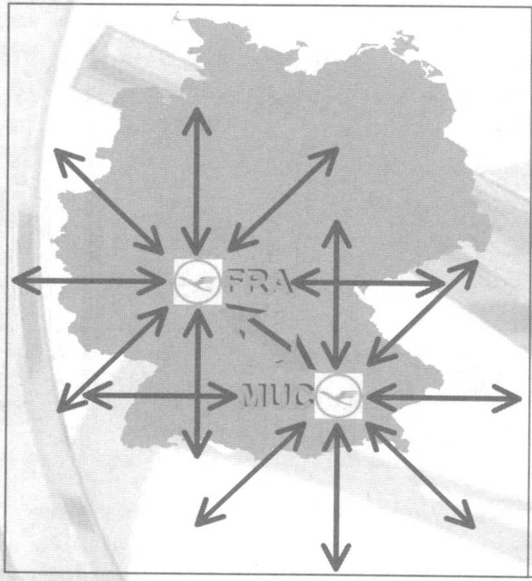

Wolfgang Mayrhuber

cLufthansa

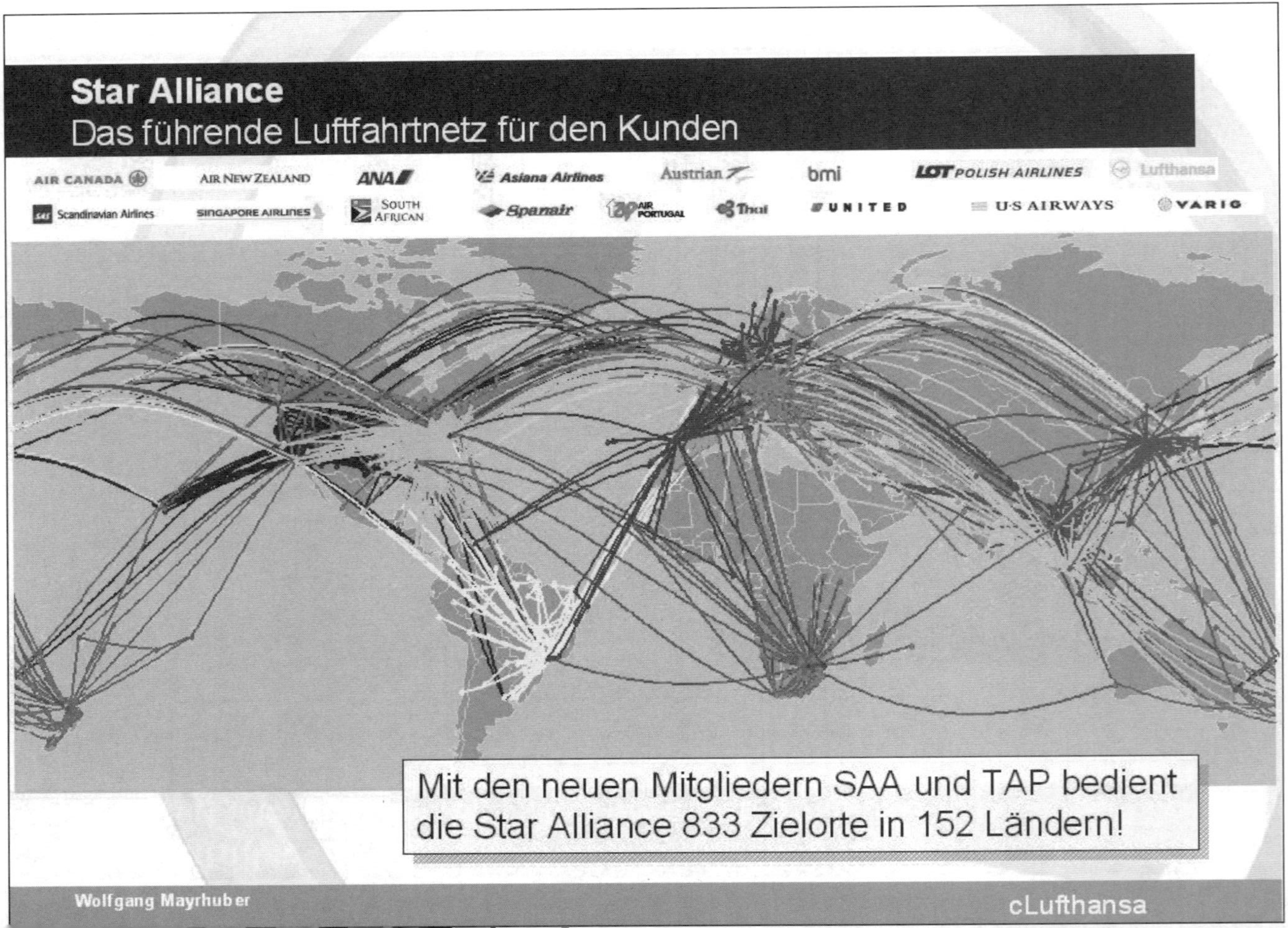
Star Alliance
Das führende Luftfahrtnetz für den Kunden
AIR CANADA
AIR NEW ZEALAND
ANA
Asiana Airlines
Austrian
bmi
LOT POLISH AIRLINES
Lufthansa
Scandinavian Airlines
SINGAPORE AIRLINES
SOUTH AFRICAN
Spanair
TAP AIR PORTUGAL
Thai
UNITED
US AIRWAYS
VARIG
Mit den neuen Mitgliedern SAA und TAP bedient
die Star Alliance 833 Zielorte in 152 Ländern!
Wolfgang Mayrhuber
cLufthansa

Produktinnovationen

First Class Terminal, FlyNet, neue Business Class

Wolfgang Mayrhuber

cLufthansa

Lufthansa
Zukunft durch Qualität, Innovation und Service

Wolfgang Mayrhuber

cLufthansa

Luftverkehr – Motor für Innovation und Wachstum in Deutschland
Münchner Management Kolloquium 2005
Wolfgang Mayrhuber
Vorsitzender des Vorstands
Deutsche Lufthansa AG
cLufthansa

Unternehmenskultur und Führung als Erfolgsfaktor – wie gestalten wir unsere Zukunft in Unternehmen und Wirtschaft?

Liz Mohn

Vorsitzende, Bertelsmann Verwaltungsgesellschaft

Unternehmenskultur und Führung als Erfolgsfaktor – wie gestalten wir unsere Zukunft in Unternehmen und Wirtschaft?

Globalisierung, Digitalisierung, demografischer Wandel und Werteorientierung sind zu Synonymen für Entwicklungen geworden, die eine Zeitenwende in Wirtschaft und Gesellschaft eingeleitet haben. Die Umbrüche stellen die Verantwortlichen in den Unternehmen im Hinblick auf die Gestaltung ihrer Unternehmensstrategien und -kulturen auf eine neue Belastungsprobe. Wie sollen Unternehmen auf die Internationalisierung der Märkte und Konkurrenz reagieren?

Welche Herausforderungen ergeben sich hieraus für die Führung eines Unternehmens?

Unternehmenskultur ist der wichtigste Wettbewerbsvorteil, denn Unternehmenskulturen sind im Gegensatz zu Produkten kaum zu kopieren. Unternehmenskultur und Führungsverhalten sind somit der Erfolgsfaktor für die Unternehmen in der Zukunft!

I. Zeitenwende in Wirtschaft und Unternehmen

"Wirtschaft und Unternehmen in den Umbrüchen einer Zeitenwende" – niemand wird wohl grundsätzlich diese Situationsbeschreibung in Frage stellen.

Viele Menschen werden sich erst allmählich der Schnelllebigkeit unserer Zeit und der Umbrüche in unserer Wirtschaft und Gesellschaft bewusst.

Werte und Einstellungen der Menschen passen sich aber nur langsam den neuen Lebens- und Arbeitsbedingungen an!

Nicht Fortschrittsdenken und Reformwille dominieren, sondern Unsicherheit und Ängste. Stillstand ist die Folge!

Andererseits dürfen wir aber auch nicht die Risiken und Ängste verkennen, die Handlungsunfähigkeit und Hilflosigkeit angesichts solcher Umbrüche hervorrufen können.

- Denken wir z. B. an die Globalisierung mit neuen Wettbewerbern. Viele Nationen bzw. Unternehmen von ihnen standen noch vor einigen Jahren nicht im Blickfeld der Entscheider.
- Die Erweiterung der Europäischen Union verschiebt die wirtschaftlichen Kräfte. Traditionelle Industrienationen und deren Arbeitsmärkte sind zunehmend dem Wettbewerb aus neuen EU-Mitgliedsstaaten ausgesetzt.
- Fusionen und Börsengänge versprechen bessere Marktpositionen und Renditen. Sie bergen aber auch eine nicht zu unterschätzende Gefahr durch Ängste und Motivationsverlust der Mitarbeiter sowie Zerstörung von gewachsenen Unternehmenskulturen.
- Moderne Technologien erleichtern Arbeits- und Kommunikationsprozesse. Sie stellen aber gleichzeitig neue Anforderungen an Qualifikation, Flexibilität und Mobilität, die Menschen auch überfordern können

- Gleichzeitig erleben wir einen bedrückenden Werteverlust in den “Keimzellen unserer Gesellschaft”, wie zum Beispiel den Familien, Gewerkschaften und Kirchen. Die Folge ist ein zunehmender Egoismus, der nicht mit der Forderung nach einer lebendigen Bürgergesellschaft einhergeht.
- Das Selbstverständnis der Menschen hat sich in den zurückliegenden Jahrzehnten mit dem Verlangen nach selbstbestimmtem und eigenverantwortlichem Handeln grundsätzlich gewandelt. In diesem Sinne werden hierarchische und bürokratische Führungsstrukturen langsam abgelöst.
- Der demografische Wandel kehrt die Alterspyramide in den meisten westlichen Industrieländern um, ohne dass wir in Arbeitswelt, Sozialversicherungssystemen und Gesellschaft auf die Auswirkungen entsprechend vorbereitet sind.

Zugegebenermaßen kann hier nur ein kleiner Ausschnitt der Herausforderungen und Probleme einer globalen Wirtschaft und Gesellschaft dargestellt werden.

Tatsache ist, dass die Anforderungen an die Führung – und ich sage auch ausdrücklich: an die Mitarbeiter – an Komplexität und Schwierigkeitsgrad extrem zu genommen haben!

Besitzstandswahrung, verkrustete Denkweisen, Streitkultur, hierarchische Führung und Machtstreben führen nicht zu Problemlösungen. Auch ein patriarchalischer Führungsstil und eine hierarchiegläubige Unternehmenskultur entsprechen nicht mehr den Anforderungen der heutigen Wirtschaftswelt und des Menschenbildes.

Tatsache ist auch, dass partnerschaftliche Zusammenarbeit und Menschlichkeit in den Unternehmen verloren gehen, wenn Vorbilder und Orientierung fehlen. Dabei suchen Mitarbeiter gerade in den heutigen Zeit nach Sicherheit, Halt, Kontinuität und Werteorientierung.

Fassen wir die Gründe dieser Suche nach Perspektiven und Orientierung zusammen, so ist es wohl die Sehnsucht nach:

Selbstverwirklichung, Sinnerfüllung, Partnerschaft und Menschlichkeit!

II. Bausteine und Grundsätze einer partnerschaftlichen Unternehmenskultur

Erlauben Sie mir zunächst einige persönliche Bemerkungen. Meine Auffassung von Unternehmenskultur ist geprägt durch den Wiederaufbau von Bertelsmann.

- die Erfahrungen mit Zwang und Unterdrückung aus Diktatur und Kriegsjahren;
- die Wirkung von Freiheit und Demokratie in der Nachkriegsära
- sein positives Menschenbild und positives Denken

Bertelsmann gilt heute weltweit als das internationalste Medienunternehmen mit ca. 75.000 Mitarbeitern in über 50 Ländern.

- Was waren die Erfolgsfaktoren für diese große unternehmerische Leistung?
- Wie hat sich die Unternehmenskultur von Bertelsmann weiterentwickelt?
- Was sind die Bausteine der partnerschaftlichen Unternehmenskultur?

"Was braucht der Mensch?" – diese Frage hat meinen Mann geprägt und in vielen Lebenssituationen geleitet.

- Der Dialog mit den Mitarbeitern über Gerechtigkeit und Solidarität, Vertrauen und Kooperation;
- Identifikation und Eigenverantwortung als Motivation für Mitarbeiter;
- die Überwindung vermeintlicher Interessenkonflikte zwischen Führung und Mitarbeitern zugunsten eines gemeinsamen Zielverständnisses;
- und der Grundsatz "Eigentum verpflichtet" als Voraussetzung des Leistungsbeitrages für die Gesellschaft.

Entscheidend für die Entwicklung einer partnerschaftlichen Unternehmenskultur ist:

- ein positives Menschenbild – Menschen wollen kreativ sein und sich einbringen;
- ein gemeinsames Zielverständnis – Unternehmens- und Mitarbeiterinteressen müssen im Einklang miteinander stehen;
- eine Wertegemeinschaft jenseits von Profitstreben – die das Unternehmen im Innersten zusammenhält;
- ein gemeinschaftlich getragenes Leitbild – oberstes Ziel ist die Erbringung eines Leistungsbeitrags für die Gesellschaft.

Denn:

- "Gewinne, Größe und Wachstum" können als Maßstab dienen, dürfen aber nicht allein unternehmerisches Denken leiten und zum Selbstzweck werden.
- Erst die Gesellschaft ermöglicht es dem Unternehmen, etwas zu leisten und Gewinne zu erzielen. Es folgt daraus eine Verpflichtung des Unternehmens, etwas an die Gesellschaft zurückzugeben.

Es sind folgende Prämissen, die unser Verständnis einer sozialen und gesellschaftlichen Verantwortung prägen sollten:

1. Partnerschaftliche Zusammenarbeit beruht auf der Dialogfähigkeit von Führung, Betriebsrat und Mitarbeitern.

Streitkultur lohnt sich nicht – sie kostet nur Nerven, Zeit und Geld.

2. Die Identifikation von Führung und Mitarbeitern mit dem Unternehmen ist Voraussetzung für unternehmerischen Erfolg.

Mitarbeiter müssen sagen können: "Dieses Unternehmen sind wir!"

3. Gemeinsame Ziele, Möglichkeiten zur Mitsprache und auch die Freiheit, aus unternehmerischen Fehlern zu lernen, setzen ungeahnte Fähigkeiten frei.
4. Gewinn- und Kapitalbeteiligung führen zu Vermögensbildung, materieller Gerechtigkeit und letztlich zu Mitarbeiterbindung.

Man gibt nicht nur, sondern erhält auch unendlich viel zurück!

5. Dezentralisierung und Delegation von Verantwortung sind Voraussetzungen für unternehmerisches Handeln.

Unternehmerischer Freiraum fördert Kreativität und bedeutet, "viele Köpfe ans Denken zu bringen".

6. Delegation von Verantwortung ist ein Lernprozess mit Rechten und Pflichten auf beiden Seiten. Freiraum und Vertrauen sind "Leihgaben", die notfalls auch wieder entzogen werden können und dürfen.
7. Im Zeitalter der Globalisierung müssen Unternehmen die Kulturen und Religionen in ihren Märkten respektieren. Wir müssen die Menschen mit ihren Mentalitäten und Emotionen akzeptieren und dürfen Kulturen nicht entwurzeln.
8. Die Sicherung der Kontinuität bedarf einer frühzeitigen Ordnung der Nachfolge und systematischer Führungskräfteentwicklung. Dem Fortbestand des Unternehmens ist oberste Priorität vor Individual- und Stakeholder-Interessen einzuräumen.
9. Führung heißt dienen, Gutes befördern und sich um den einzelnen Mitarbeiter zu kümmern. Jeder Mensch ist wichtig und ein Mosaikstein im Unternehmen!
10. Der Leistungsbeitrag für die Gesellschaft ist das oberste Leitbild eines Unternehmens. Ein sozial verantwortlich handelndes Unternehmen ist Teil einer aktiven und lebendigen Bürgergesellschaft!

III. Schlüsselfaktoren für Wettbewerbsfähigkeit und Innovation im Rahmen des Carl Bertelsmann-Preises 2003

Europaweit hat die Bertelsmann Stiftung Unternehmen recherchiert, die über Jahrzehnte eine konsensorientierte, auf den Menschen ausgerichtete Führung- und Dialogkultur vorgelebt und mit unternehmerischem Erfolg umgesetzt haben. Neben der Umsetzung eines Leitbildes sind es der Ausgleich zwischen den Stakeholder-Interessen, dezentrale Strukturen und Delegation von Verantwortung sowie eine konsequente Führungskräfteentwicklung und die Sicherung der Unternehmenskontinuität, die mittelfristig den unternehmerischen Erfolg gewährleisten. Dass Unternehmenskultur und Führung mit einem hohen Maß an gesellschaftlichem Verantwortungsbewusstsein einhergehen müssen, hat sich bei den Recherchen bestätigt.

Die Ergebnisse haben die Heterogenität bei der Gestaltung zeitgemäßer Führungs- und Organisationsstrukturen aufgezeigt. Trotz der Verschiedenartigkeit der Kulturansätze bezogen die besten Unternehmen ihre unternehmerische Kraft durchgängig aus Zuversicht und Erfolgsorientierung sowie der Konzentration auf die eigenen Stärken. Kompetenz, Motivation, Identifikation und Kreativität von Führung und Mitarbeitern wurden in Verbindung mit der Firmenphilosophie, den Führungswerten und Kernkompetenzen als das wichtigste Kapital des Unternehmens erkannt.

Die Recherchen haben den Stellenwert einer auf den Menschen ausgerichteten Führung und Unternehmenskultur verdeutlicht, in dem sich folgende Bausteine und Verhaltensweisen wie ein roter Faden durch die Audits zogen:

1. Die Verpflichtung auf ein transparentes und nachvollziehbares Leitbild sowie dessen konsequente Umsetzung in den Unternehmen;
2. die Verinnerlichung der Unternehmenskultur und Führungsgrundsätze im Sinne einer Vorbildfunktion;
3. die kontinuierliche Überprüfungen der Unternehmenskultur auf allen Ebenen sowie die Durchführung gezielter Trainings;
4. die Wahrung gesellschaftlicher Verantwortung durch die Berücksichtigung existentieller Mitarbeiterinteressen und Unterstützung sozialer Projekte;
5. die Förderung von Kommunikations- und Partizipationsprozessen zwischen Vorgesetzten und Mitarbeitern abseits von Hierarchien;
6. die Betonung von Innovations- und Lernkultur und die damit verbundene Fähigkeit, Fehler einzugestehen und zu korrigieren;
7. der Anspruch an eine leistungsorientierte Organisation über eine partnerschaftliche Zusammenarbeit und dem Respekt vor dem Menschen;
8. die Sicherung der Unternehmenskontinuität durch präventive Nachfolgeregelungen sowie unternehmensinterne Führungskräfteauswahl;
9. eine konsequente Mitarbeiter- und Führungskräfteentwicklung unter Berücksichtigung von Unternehmenskultur und Verhalten;
10. die Konsequenz in der Formulierung von Rechten und Pflichten bei Führung und Mitarbeiter innerhalb der Unternehmenskultur.

Bei allem Wettbewerbsdruck und Anpassungsbedarf an veränderte wirtschaftliche und gesellschaftliche Rahmenbedingungen haben die in die Recherchen einbezogenen Unternehmen bewiesen, welch hohen Stellenwert Transparenz, Partnerschaft, Menschlichkeit und Respekt vor den Leistungen der Mitarbeiter für den unternehmerischen Erfolg besitzen.

IV. Forderung nach einem "partnerschaftlichen Leitbild" in der Führung

Eine der großen Herausforderungen an die Führung Anfang des 21. Jahrhunderts stellt die gleichzeitige Bewältigung der Globalisierung und Internationalisierung von Produkt- und Kapitalmärkten, des Einflusses neuer Technologien auf Unternehmensprozesse sowie der strukturellen und humanen Anforderungen des demographischen Wandels dar. Die Auswirkungen dieser Umbrüche auf Wirtschaft und Gesellschaft werfen aufgrund der Komplexität bei Führungskräften und Mitarbeitern Fragen zur Gestaltung zeitgemäßer Führungs- und Organisationsstrukturen auf. Orientierungslosigkeit und Werteverlust als Konsequenz dieser Unsicherheiten erfordern eine verstärkte Suche nach auf den Menschen ausgerichteten, Erfolg versprechenden Ansätzen zur Führung und Unternehmenskultur.

Partnerschaftliche Führung bedarf der Vorbildfunktion des Vorgesetzten auf allen Ebenen. Das wichtigste für ein Unternehmen ist und bleibt die Personalarbeit! Neben fachlichen Kompetenzen werden soziale Kompetenzen an Bedeutung gewinnen. Darüber hinaus wird die kulturelle Vereinbarkeit zwischen Führung und Mitarbeiter mit dem Unternehmen mehr Raum in Personalpolitik und -auswahl einnehmen:

- Wie finde ich aber gute, motivierte und verlässliche Führungskräfte und Mitarbeiter?
- Welche Eigenschaften sind entscheidend? Müssen nicht Haltung und Persönlichkeit mehr berücksichtigt werden?

Immer weniger geben erstklassige Abschlüsse den Ausschlag! Ob Führung oder Mitarbeiter zur Kultur des Unternehmens passen, nimmt einen immer größeren Stellenwert ein.

Denn: Führungskräfte, die dauerhaft nicht in die Kultur eines Unternehmens passen, können mittelfristig im Unternehmen keinen Erfolg haben.

Gerade deshalb zeichnen sich vorbildliche Führungskräfte heute u.a. durch folgende Eigenschaften aus:

- Kompetenz und Leistungsfähigkeit
- Charakterstärke wie z.B. Bescheidenheit und Geradlinigkeit
- Kommunikationsfähigkeit
- Mut und Entscheidungsfähigkeit
- Menschenkenntnis
- Belastbarkeit
- Bewertungsfähigkeit und
- oftmals auch durch viel Geduld!!

VI. Zusammenfassung:

In der Arbeitswelt haben sich gravierende Veränderungen ergeben. Auf die Herausforderungen können wir nicht mit den Instrumenten der Vergangenheit reagieren. Erfahrungen haben bewiesen, dass gerade in wirtschaftlich angespannten Zeiten insbesondere eine partnerschaftliche Unternehmenskultur und Führung wirtschaftliche Kontinuität und unternehmerischen Erfolg gewährleisten. Ein an Rohstoffen armes Land wie die Bundesrepublik ist auf die Innovationskraft und das Wissen ihrer Menschen angewiesen, um Wachstum und damit Beschäftigung und Wohlstand zu sichern.

Es ist unser aller Ziel, innovative Ansätze für eine Fortschreibung der Kooperationsbereitschaft in Wirtschaft, Politik und Gesellschaft zu entwickeln:

- durch einen partnerschaftlichen Dialog und den Ausgleich von Interessenkonflikten zwischen den Vertretern aller gesellschaftlichen Bereiche;
- durch die Weiterentwicklung und Fortschreibung aktueller Beteiligungs- und Mitsprachemodelle;
- durch die Sicherung der Führungsfähigkeit in allen Gesellschaftsbereichen – auch in der Politik;
- durch einen Leistungsbeitrag für die Gesellschaft und soziale Verantwortung;
- durch die Vermittlung von Identifikation, Motivation, Sinnerfüllung und Selbstverwirklichung;
- und insbesondere durch die Wahrung menschlicher Werte in den Unternehmen.

Dezentrale Strukturen verbunden mit der Delegation von Verantwortung und dem Freiraum für innovative Lösungen weisen den Weg in die unternehmerische Zukunft. Mitsprache am Arbeitsplatz, eine ausgeprägte Innovations- und Fehlerkultur sowie der partnerschaftliche Dialog zwischen allen Beteiligten führen zu einem gemeinsamen Zielverständnis und damit zum unternehmerischen Erfolg.

Es sind diese Schlüsselstrategien, die die Motivation und Identifikation, Kreativität und Leistungsbereitschaft freisetzen, die Unternehmen im internationalen Wettbewerb bestehen lassen. Mit dieser Unternehmenskultur als Erfolgsfaktor gelingt es:

- die Wettbewerbs- und Zukunftsfähigkeit eines Unternehmens zu sichern und erfolgreiche unternehmerische Leistungen zu erbringen;
- durch die Expansion und das Wachstum des Unternehmens Arbeitsplätze für viele Menschen über die Grenzen unseres Landes hinaus zu schaffen;
- Unternehmenskrisen nicht gänzlich zu vermeiden, aber tragfähige Lösungen im Konsens und Dialog gemeinschaftlich zu finden;

Die Globalisierung eröffnet den Menschen und den Unternehmen heute größere Chancen als nach dem Kriege!

Wir leben in einer interessanten Zeit. Trotz der Umbrüche können wir froh sein, in dieser Welt zu leben! Es ist nicht immer einfach – wann war es schon einfach? Denken Sie mit Zuversicht und positiv an diese “Zeitenwende” – sie bietet große Chancen für uns alle.

Wettbewerb ja – Preisdruck nein?
Strategien zur Wertschöpfung

Dr. Helmut Eschwey

Vorsitzender der Geschäftsführung, Heraeus Holding GmbH

Wettbewerb ja – Preisdruck nein? Strategien zur Wertschöpfung

Massenprodukte ziehen naturgemäß die Aufmerksamkeit vieler auf sich. Wer in Massenmärkten tätig ist, muss sich grundsätzlich einem starken Preiswettbewerb stellen.

Nischenmärkte und Nischenprodukte bieten die Chance, dem frontalen Preiswettbewerb ein Stück weit zu entfliehen. In Nischen findet der Wettbewerb eher über Technologie und Innovation statt sowie über den Faktor Geschwindigkeit – Nischen müssen frühzeitig erkannt und besetzt werden.

Nischenstrategien sind keineswegs nur für kleine und mittlere Unternehmen relevant. HERAEUS als Großunternehmen verfolgt erfolgreich die Strategie der Differenzierung in hochwertige und hochpreisige Nischen (Edelmetalle, Quarzglas, Sensoren, Speziallichtquellen, Dentalwerkstoffe, Medizintechnik, Pharmawirkstoffe und Biomaterialien).

Die Fokussierung auf hochwertige Nischen ist ein wesentlicher Leitgedanke der Wertschöpfungsgestaltung bei HERAEUS.

Die Nische als Gegenstück zum "main stream" kann sich durch ihre geringe Größe definieren oder auch durch besondere Werthaltigkeit der Werkstoffe und Produkte, durch hohe Produktkomplexität, durch lange Vorlaufzeiten der Produktentwicklung und Zulassung, durch hohe Anfangsinvestitionen – Barrieren, die die Mehrzahl der Wettbewerber vor einem Eintritt abhalten mögen.

Während der Aufbau zukünftiger Nischen grundsätzlich zeit- und kostenintensiv ist, und mit erhöhten unternehmerischen Risiken verbunden, sichern reife Nischen bei üblicherweise hohen Marktanteilen sichere Renditen.

Hohe globale Marktanteile in engen, begrenzten Märkten sind gleichzeitig auch Verpflichtung, Märkte und Technologien weiterzuentwickeln und die Versorgung weltweit jederzeit sicherzustellen.

Ein idealtypisches Nischenprodukt erfüllt z. B. eines oder mehrere der folgenden Kriterien:

- Das Marktsegment ist meist unterhalb der Aufmerksamkeitsschwelle des Wettbewerbs, die Zahl der Wettbewerber ist begrenzt.
- Das Produkt erfüllt eine Schlüsselfunktion bei Kunden, ist nicht oder nur kaum zu ersetzen.
- Das Produkt (im Falle von HERAEUS oft eine Komponente oder ein Zulieferteil) kostet nur einen Bruchteil des Endprodukts oder Gesamtsystems, ist also nicht preiskritisch.

Während viele unternehmerische Erfolgsfaktoren (Qualität, Service, Kundennähe, Flexibilität, globale Präsenz etc.) in Nischen ebenso wichtig sind wie in Massenmärkten, gewinnen andere Faktoren gerade in High Tech-Nischen besondere Bedeutung:

- langfristig angelegte Forschung & Entwicklung,
- weit vorausschauendes technisches Marketing und
- ein Management, das statt Komplexitätsreduzierung die Komplexitätsbeherrschung als seine Kernkompetenz definiert.
- Der Mitarbeiterqualifikation kommt mit steigendem technischen Anspruch und steigender Komplexität größte Bedeutung zu.

Entgegen dem allgemeinen Trend zur Komplexitätsreduzierung und zur Fokussierung auf so genannte Kernkompetenzen postuliert HERAEUS:

VIELFALT UND BREITE SIND UNSERE STÄRKE!

Eine Vielzahl der technisch höchst anspruchsvollen Produkte von HERAEUS wird global nachgefragt. Die internationale Arbeitsteilung innerhalb des Konzerns ist weniger vom Lohnkostengefälle getrieben, als vielmehr eine Bedingung für die globale Marktpräsenz und Kundennähe.

Während Kostenvorteile z. B. in China durchaus intensiv genutzt werden, darf gerade im High Tech-Bereich das Thema Know-how-Schutz nicht unterschätzt werden.

Die durch die Globalisierung zunehmende Komplexität und Vielfalt wird zur willkommenen Chance zur weiteren Differenzierung vom Wettbewerb.

Die hohe Komplexität eines breit aufgestellten Technologie-Konzerns erfordert ein hohes Maß an Dezentralisierung und an unternehmerischer Freiheit, nicht zu knappe Managementressourcen aber auch spezielle Management Tools zur vernetzten Kommunikation.

Als eigenkapitalstarkes Familienunternehmen mit über 150-jähriger Geschichte kann HERAEUS den Leitgedanken der globalen Wertschöpfung in hochwertigen Nischen stetig und nachhaltig verfolgen – unbeschadet vom kurzfristigen Quartalsdenken vieler börsennotierter Gesellschaften.

Die vorgenannten Thesen werden im Vortrag mit konkreten Beispielen aus dem Portfolio von HERAEUS untermauert.

TUI AG –
Wertschöpfung durch Wandel

Dr. Michael Frenzel

Vorsitzender des Vorstands, TUI AG

TUI

Aktiengesellschaft

Wertschöpfung durch Wandel

Dr. Michael Frenzel

- Vorsitzender des Vorstands -

12. Münchner Management Kolloquium, 1. März 2005

Ausgangssituation 1997: Preussag AG mit einer Vielzahl an Geschäftsfeldern

TUI Aktiengesellschaft

Auszug Geschäftsfeldportfolio

Stahl- und NE-Metall Erzeugung
- Rohstahlerzeugung
- Stahlveredelung
- Grobblechproduktion
- Dienstleistungen für Stahlerzeuger

Energie und Rohstoffe
- Erdöl- und Erdgasförderung
- Kohle- und Spezialbergbau (z.B. Kali, Uran, ...)
- Bohrdienstleistungen
- Kavernen Bau und Betrieb

Handel und Logistik
- Handel mit Stahl, Kupfer, Aluminum, Blei, Zink,...
- Eisenschrottgeschäft
- Speziallogistik für chemische Industrie
- Tankcontainer und Mobilbauten

Anlagen- und Schiffbau
- System- und Maschinentechnik
- Energie-, Umwelt- und Prozesstechnik
- Bau und Sanierung von Rohrleitungen
- Werftbetrieb

Gebäudetechnik und Komponenten
- Baustoffe
- Heizungs- und Sanitärtechnik
- Brandschutz
- Verbindungselemente

Sonstiges
- Immobilien

Vision 1997: Marktführerschaft in rentabler Dienstleistungsbranche

TUI Aktiengesellschaft

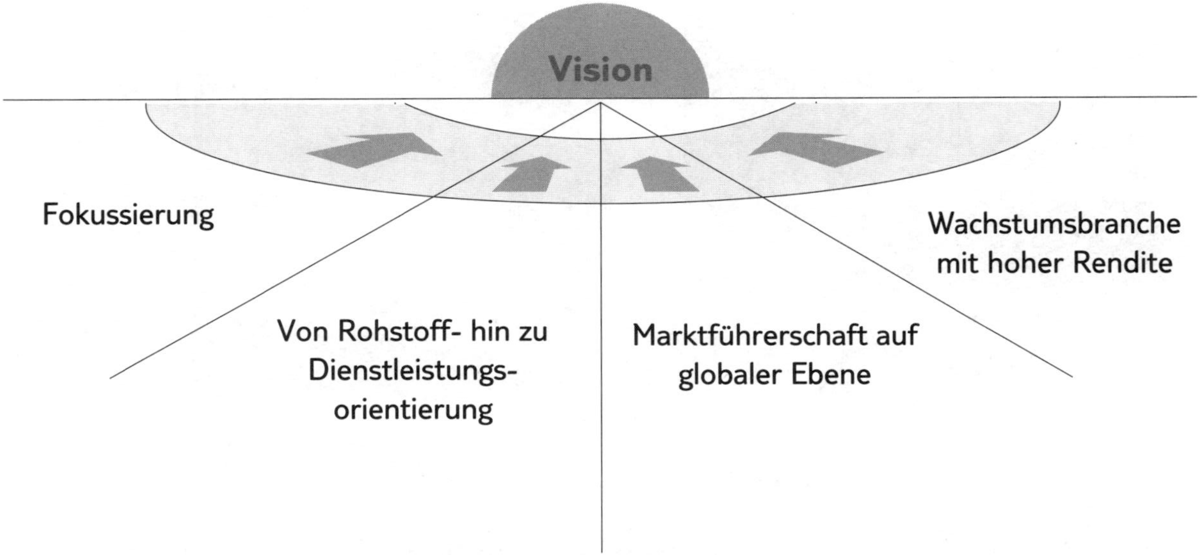

Strategie:
Vom Industriekonglomerat zum Touristikkonzern

TUI
Aktiengesellschaft

PREUSSAG

TUI
Aktiengesellschaft

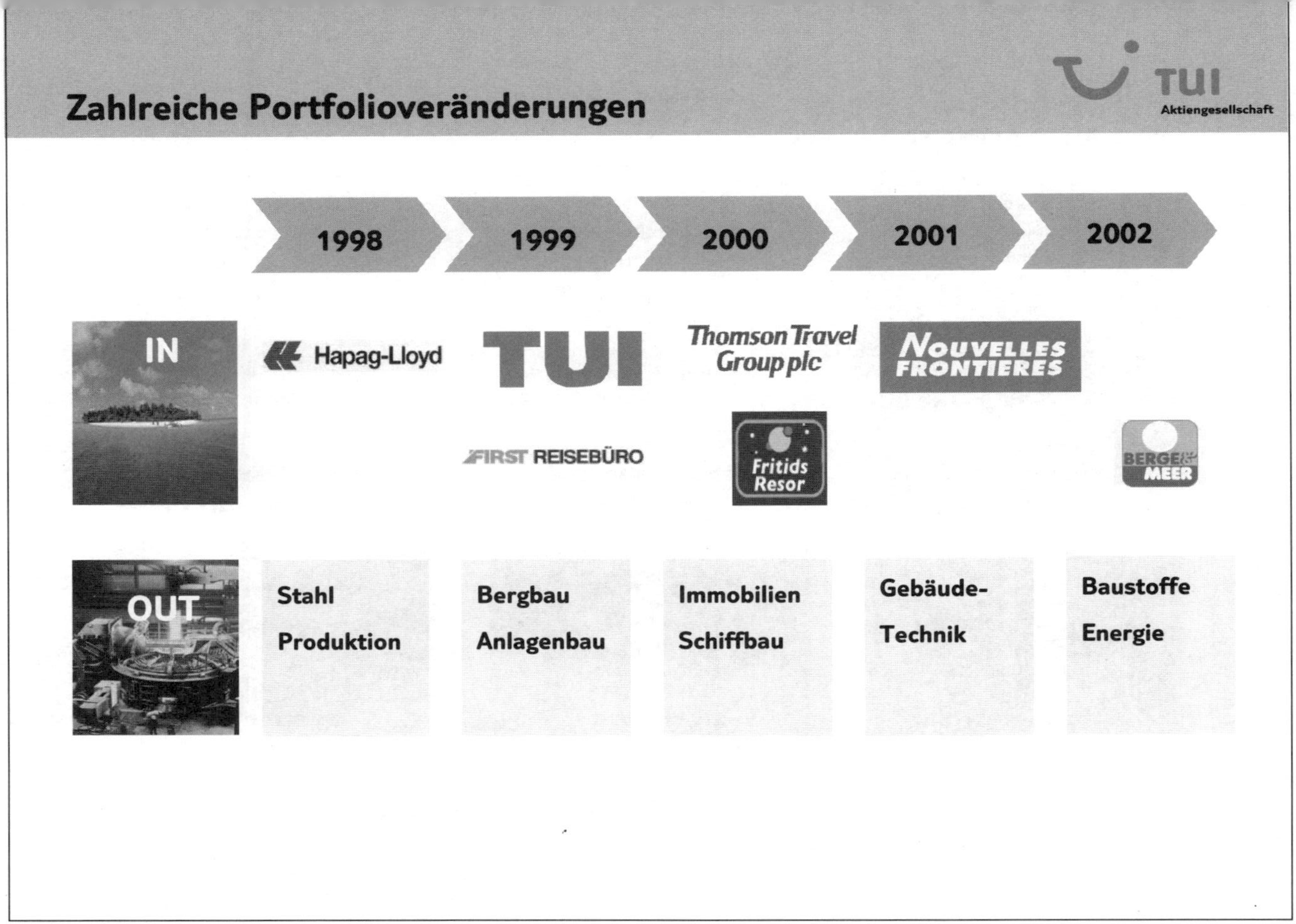
Zahlreiche Portfolioveränderungen
TUI
Aktiengesellschaft
1998
1999
2000
2001
2002
IN
Hapag-Lloyd
TUI
Thomson Travel Group plc
Nouvelles Frontieres
FIRST REISEBÜRO
Fritids Resor
BERGE & MEER
OUT
Stahl
Produktion
Bergbau
Anlagenbau
Immobilien
Schiffbau
Gebäude-
Technik
Baustoffe
Energie

Heute: Klar strukturiertes Portfolio
TUI
Aktiengesellschaft
1 Touristik
€ 12.7 Mrd. Umsatz
66% vom Gesamtumsatz
52.000 Mitarbeiter
81% aller Mitarbeiter
Geschäftsfelder:
Vertrieb
Veranstalter
Airlines
Destination Management
Hotels
2 Schifffahrt
Hapag-Lloyd
€ 3.9 Mrd. Umsatz
20% vom Gesamtumsatz
9.200 Mitarbeiter
14% aller Mitarbeiter
Geschäftsfelder:
Schifffahrt
Container Schifffahrt
Kreuzfahrten
Spezialloqistik
Andere Bereiche
€ 2.6 Mrd. Umsatz
14% vom Gesamtumsatz
3.300 Mitarbeiter
5% aller Mitarbeiter
Geschäftsfelder:
Zentralbereich
Low Cost Carrier
(bis 31.12.04)
Immobilien
Handel
Kursiv = Veräußerung geplant

Kerngeschäft Touristik: Marktführerschaft in Europa

TUI Aktiengesellschaft

Umsatz 2003 (Mrd EUR)

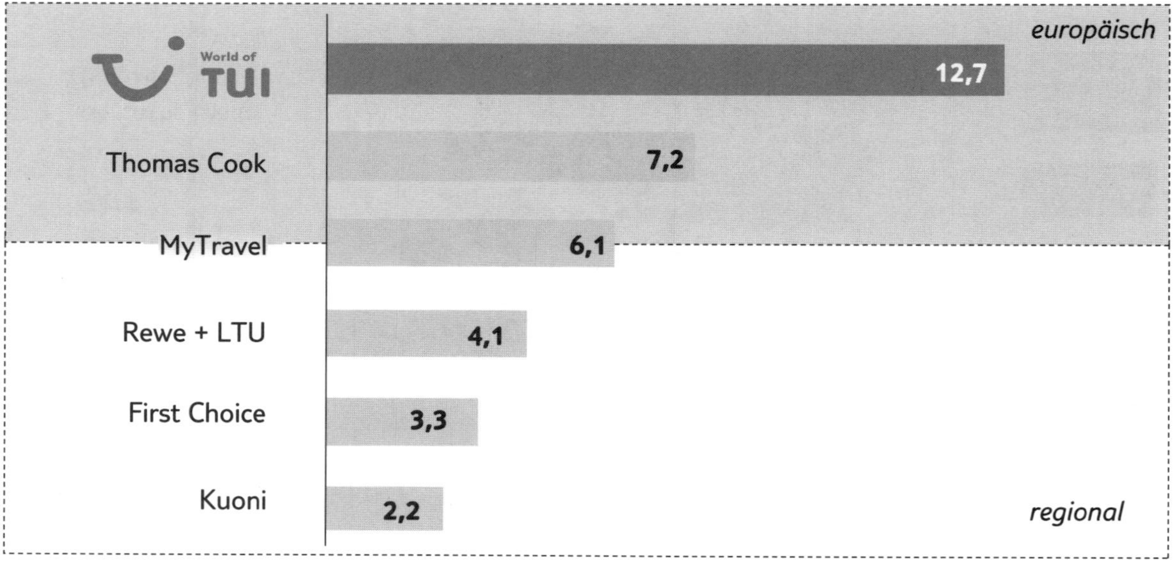

Quelle: Unternehmensangaben

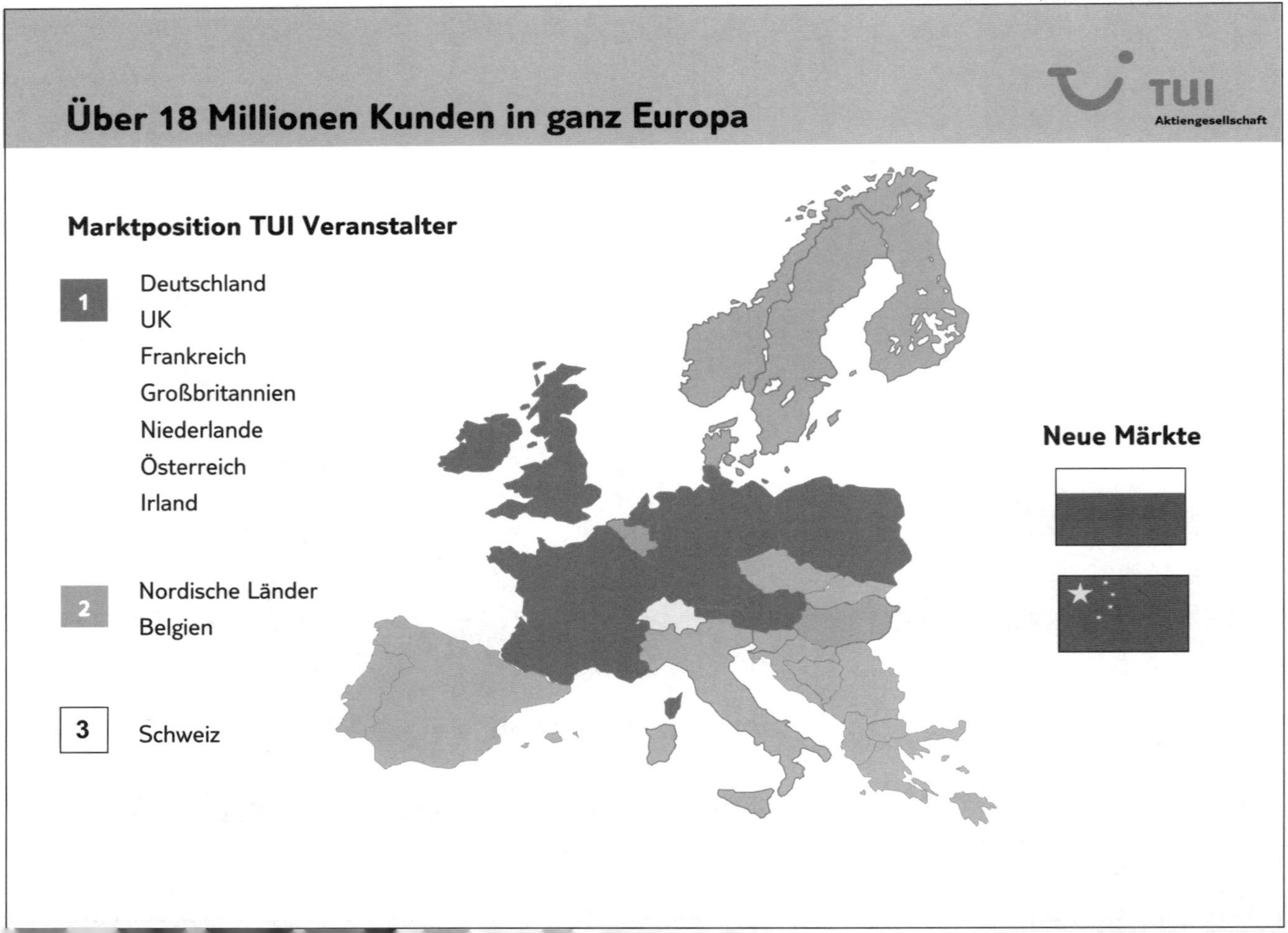

TUI
Aktiengesellschaft
Über 18 Millionen Kunden in ganz Europa
Marktposition TUI Veranstalter
1
Deutschland
UK
Frankreich
Großbritannien
Niederlande
Österreich
Irland
2
Nordische Länder
Belgien
3
Schweiz
Neue Märkte

Integriertes Geschäftsmodell

TUI
Aktiengesellschaft

Vertrieb		**> 3,600** Reisebüros
Veranstalter		**84** Marken
Airline		**104** Flugzeuge
Destination Management		**35** Incoming-Agenturen
Hotel		**285** Hotels

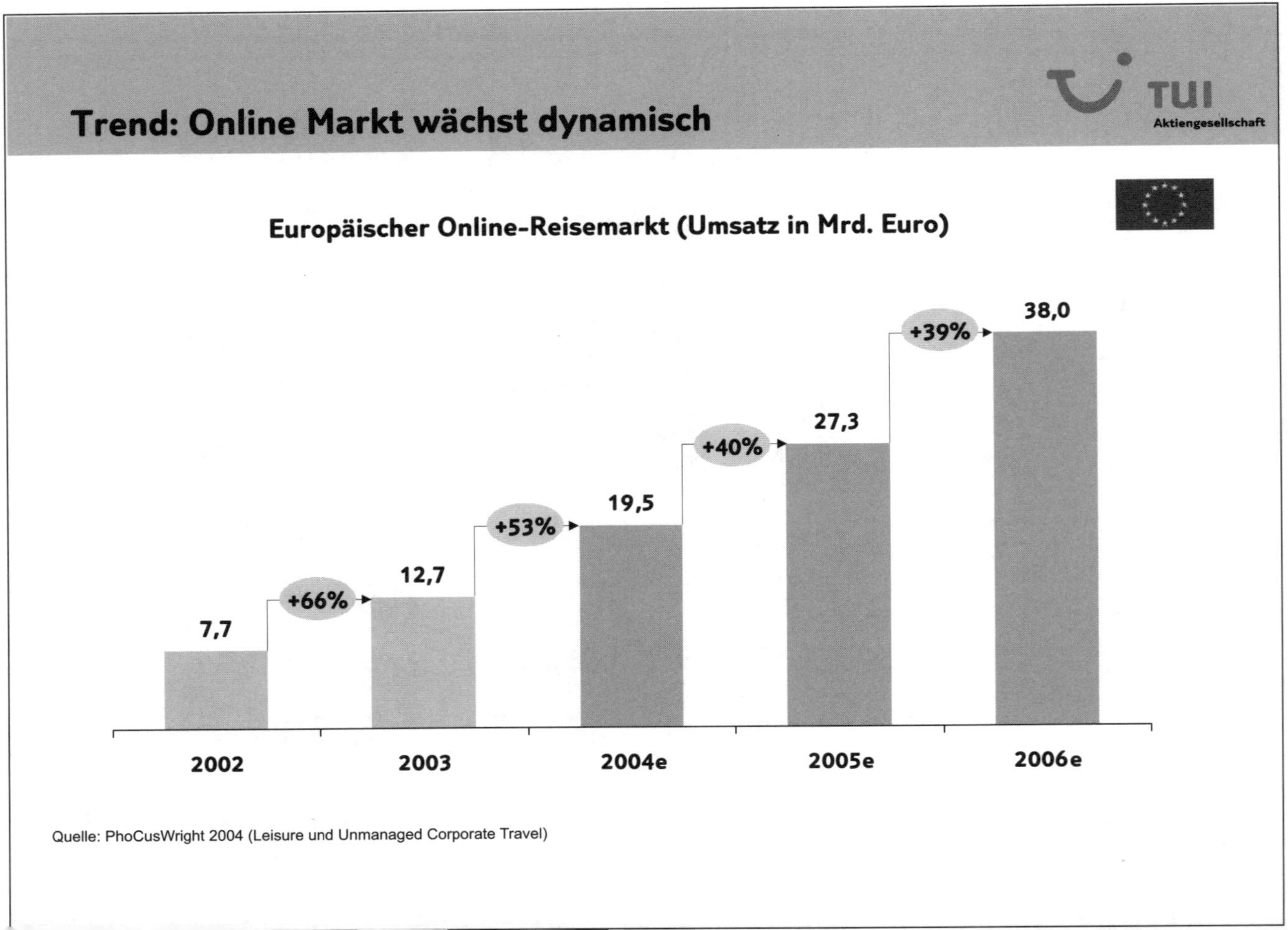
Trend: Online Markt wächst dynamisch
TUI
Aktiengesellschaft
Europäischer Online-Reisemarkt (Umsatz in Mrd. Euro)
7,7
+66%
12,7
+53%
19,5
+40%
27,3
+39%
38,0
2002
2003
2004e
2005e
2006e
Quelle: PhoCusWright 2004 (Leisure und Unmanaged Corporate Travel)

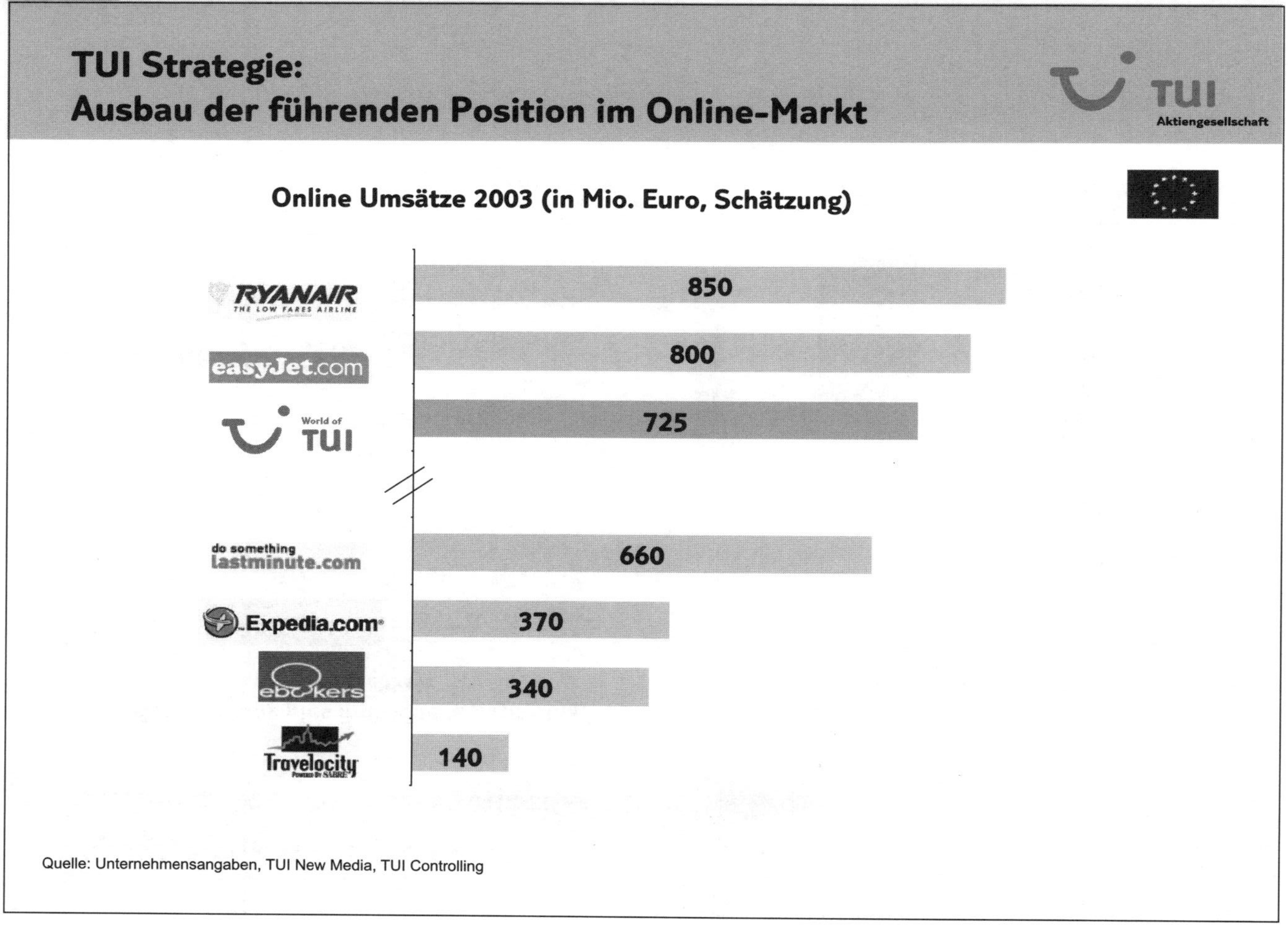
TUI Strategie:
Ausbau der führenden Position im Online-Markt
TUI
Aktiengesellschaft
Online Umsätze 2003 (in Mio. Euro, Schätzung)
RYANAIR
THE LOW FARES AIRLINE
850
easyJet.com
800
World of TUI
725
do something
lastminute.com
660
Expedia.com
370
ebookers
340
Travelocity
140
Quelle: Unternehmensangaben, TUI New Media, TUI Controlling

Beispiel Thomson Portal:
Wachstum durch „Customized-Packaging"

TUI Aktiengesellschaft

Basisleistung plus individuelle „Upselling"-Möglichkeit

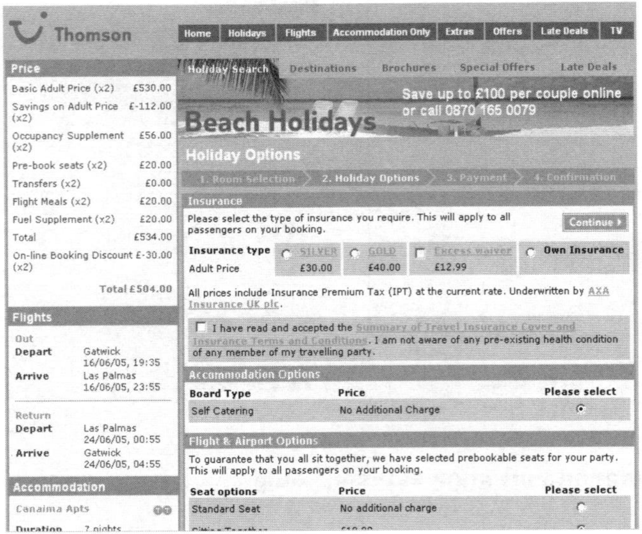

Internetumsätze Veranstalter und Reisebüro

(TUI UK, Jan - September 2004)

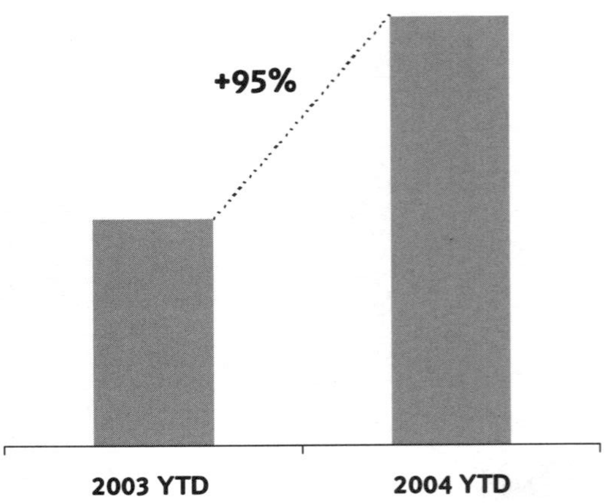

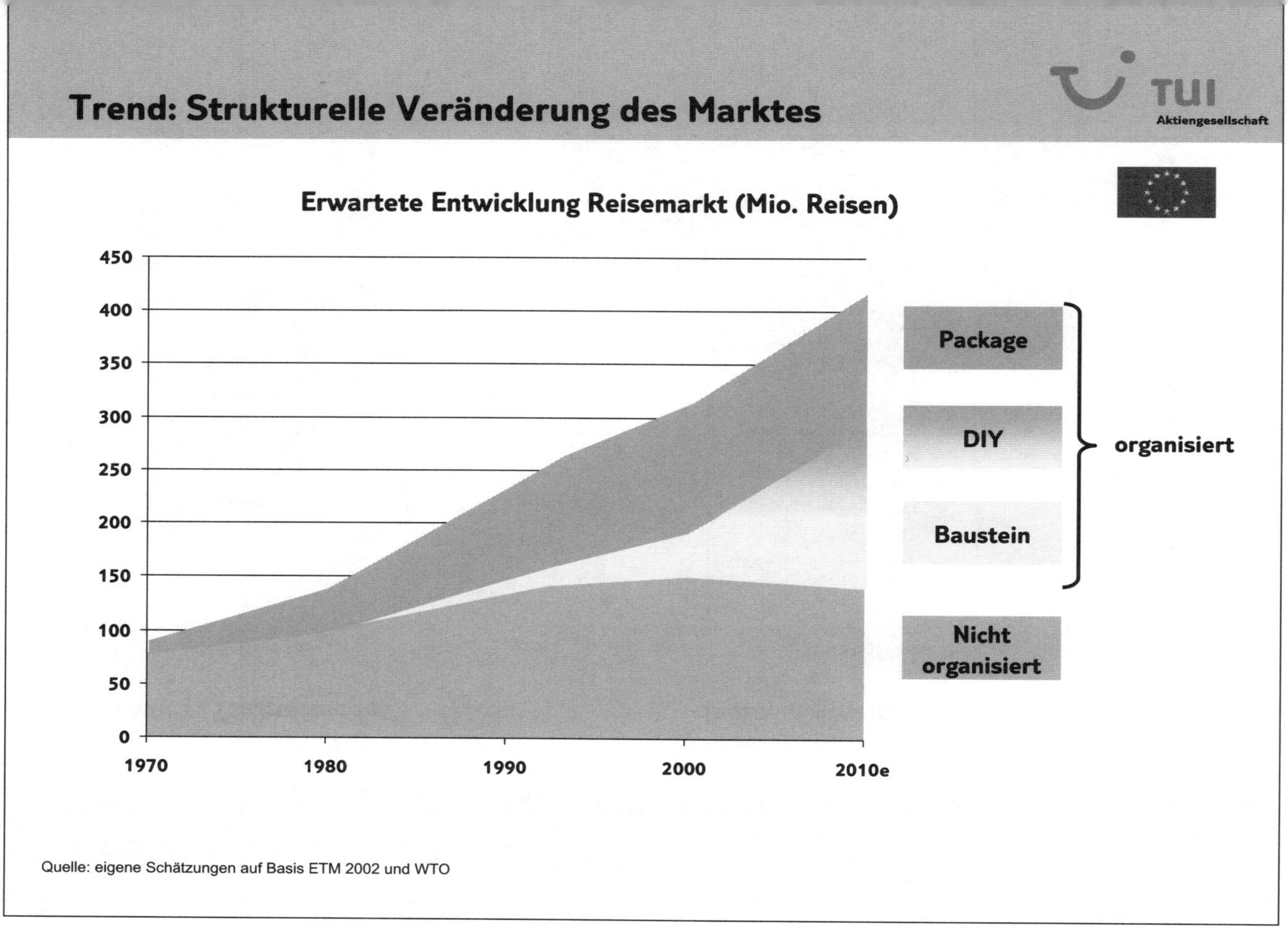
Trend: Strukturelle Veränderung des Marktes
TUI
Aktiengesellschaft
Erwartete Entwicklung Reisemarkt (Mio. Reisen)
450
400
350
300
250
200
150
100
50
0
1970
1980
1990
2000
2010e
Package
DIY
Baustein
organisiert
Nicht organisiert
Quelle: eigene Schätzungen auf Basis ETM 2002 und WTO

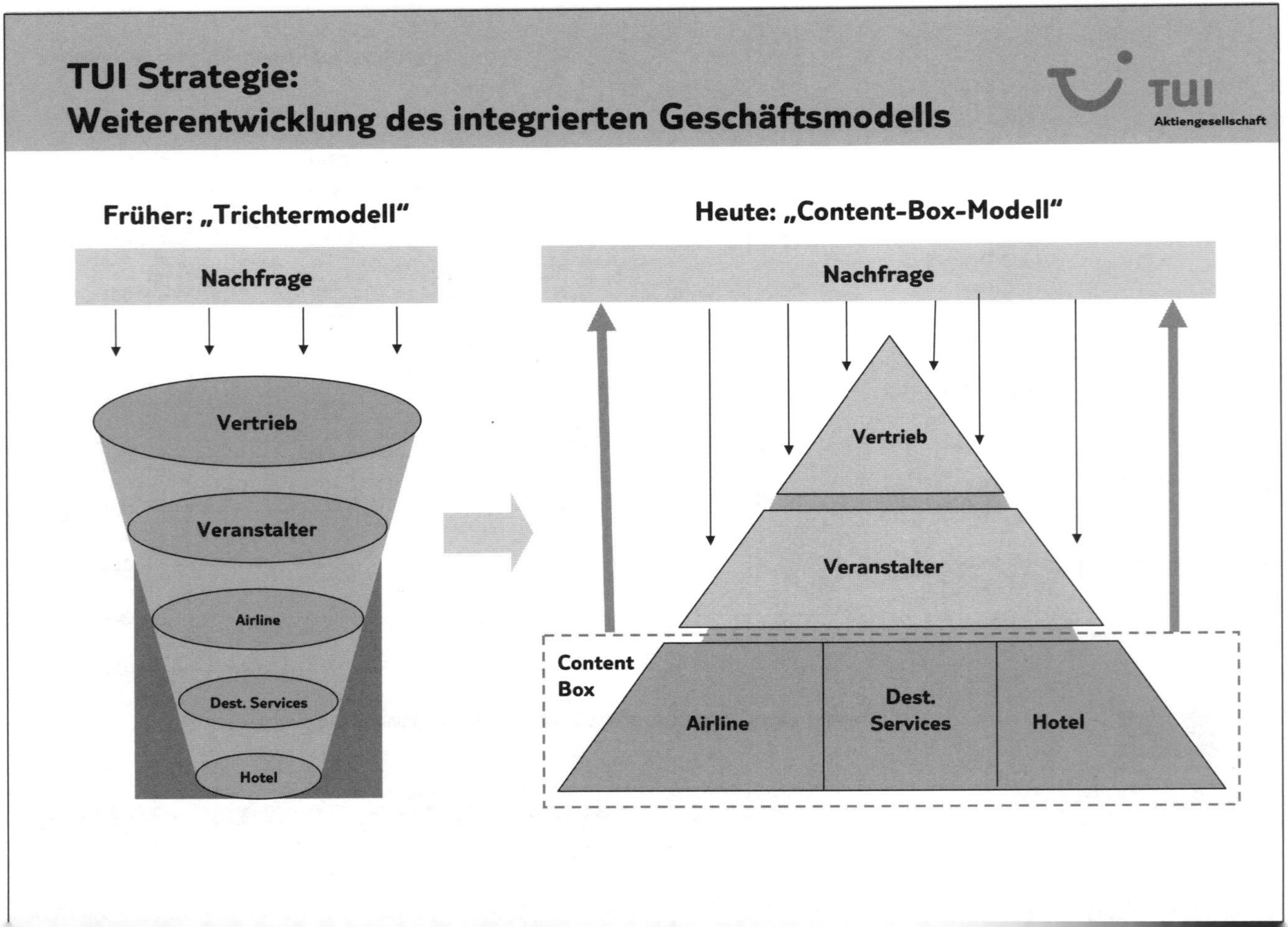
TUI Strategie:
Weiterentwicklung des integrierten Geschäftsmodells
TUI
Aktiengesellschaft
Früher: „Trichtermodell"
Nachfrage
Vertrieb
Veranstalter
Airline
Dest. Services
Hotel
Heute: „Content-Box-Modell"
Nachfrage
Vertrieb
Veranstalter
Content Box
Airline
Dest. Services
Hotel

Flug:
Weiterentwicklung der Vermarktungsplattform

TUI Aktiengesellschaft

Top 10 im europäischen LCC/Charter-Markt

Platz	Airline	Flottengröße (2004e)
1.	TUI	104
2.	easyJet	92
3.	Ryanair	72
4.	Thomas Cook	72
5.	Air Berlin	46
6.	MyTravel	44
7.	First Choice Airways	30
8.	LTU	24
9.	Monarch	21
10.	Volareweb.com	16

Strategische Stoßrichtungen:

1. Vertrieb Flugeinzelplatz
2. Cross-selling von modularen Komponenten
3. Aufbau eines „one-stop-travel-shop“

Quelle: eigene Schätzungen auf Basis ETM 2002 und WTO

Hotel: Ausbau des Portfolios von differenzierten Produkten

TUI Aktiengesellschaft

ATLANTICA HOTELS – Dorfhotel – GRAN RESORT HOTELS
GRECOTEL – Grupotel – Iberotel Hotels & Resorts
MAGIC LIFE – Nordotel – Paladien HOTEL
RIU Hotels & Resorts – ROBINSON – SOL Y MAR Hotels & Resorts

Daten und Fakten 2004:

- 285 Hotels
- 157.500 Betten
- 31,3 Mio. Übernachtungen
- ca. 3,1 Mio. Gäste
- 80,0% durchschnittliche Auslastung

→ **Größte Ferienhotelgruppe Europas und Nr. 13 der Welt**

Zusammenfassung: Konstanter Wandel seit 1997

TUI Aktiengesellschaft

- Wandel vom Industriekonglomerat zum Touristikkonzern erfolgreich umgesetzt
- Neukonfiguration des touristischen Geschäftsmodells zur Erschließung von Wachstumspotentialen

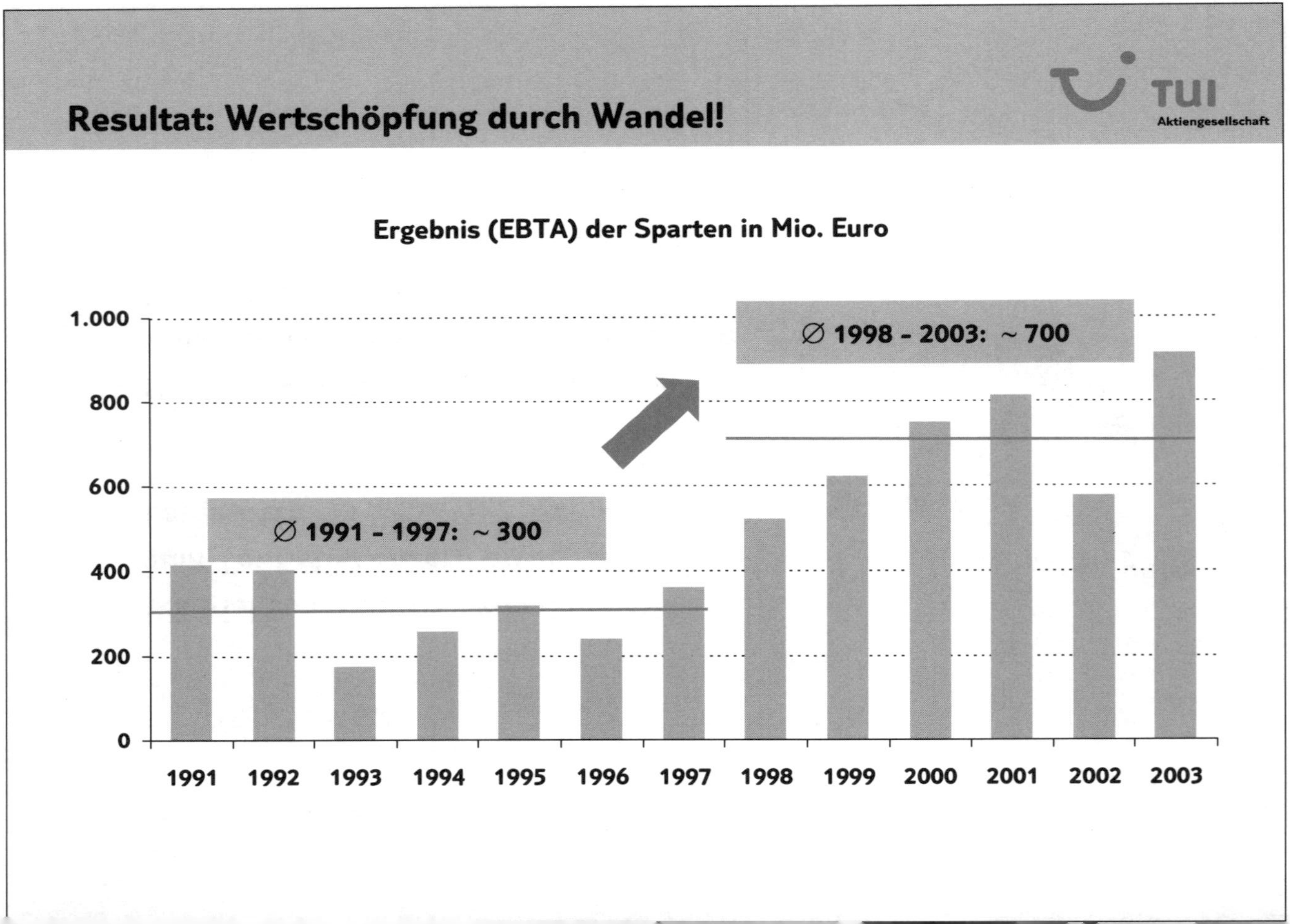
Resultat: Wertschöpfung durch Wandel!
TUI
Aktiengesellschaft
Ergebnis (EBTA) der Sparten in Mio. Euro
1.000
800
600
400
200
0
∅ 1991 - 1997: ~ 300
∅ 1998 - 2003: ~ 700
1991
1992
1993
1994
1995
1996
1997
1998
1999
2000
2001
2002
2003

Der Spin Off von Lanxess: von Menschen und Marken. Herausforderungen bei der Abspaltung der Wurzeln der Bayer AG

Dr. Axel Claus Heitmann

CEO, LANXESS AG

Der Spin Off von Lanxess: von Menschen und Marken. Herausforderungen bei der Abspaltung der Wurzeln der Bayer AG

Ein eigenes Kaufhaus, ein ganzjährig beheiztes Freibad, ein Fußballclub, preiswerte Häuser und Wohnungen, ein Werks-Fahrrad: Wer bei Bayer beschäftigt war, durfte sich sicher fühlen. Und rundum versorgt. Geborgenheit und Sicherheit waren Programm. Entstanden sind daraus ein erfolgreiches Großunternehmen mit Weltruf und eine Marke, die rund um den Erdball für Vertrauen, Kompetenz und Verantwortung steht.

Auf diesem Fundament wird heute ein neues Unternehmen gebaut. Die Zeit der Versorgungskultur geht zu Ende, aber das gewonnene Fundament bleibt bestehen. Neben Diskontinuität und Neuorientierung steht die Kontinuität des Selbstbewusstseins. Die Menschen bei Lanxess – als Spin-Off der Bayer AG soeben auf dem Weg an die Börse – bauen auf die Erfahrung und Stärke ihrer Geschichte – und schaffen so etwas vollständig Neues!

Sie wissen aus der Vergangenheit: Eine starke Marke stärkt die Menschen, und nur Menschen machen Marken auf lange Sicht stark und erfolgreich. Lanxess wird deshalb so sein, wie die Menschen, die jetzt das neue Unternehmen formen: lebendig, fähig und: mutig. Denn die Mitarbeiterinnen und Mitarbeiter von Lanxess werden Vieles, was bisher gewohnt war, ändern. Sie werden Abschied nehmen von historisch Gewordenem und neue Wege gehen.

Aus dem Prinzip der Versorgung von früher wird jetzt das Prinzip der Verantwortung und des unternehmerischen Handelns. Die Kraft dazu nimmt die neue Marke "Lanxess" auch aus der Marke "Bayer". Was dort ein Thema von vielen war – die Chemie – wird bei Lanxess das einzige Thema sein. Kaum ein anderes Unternehmen bekennt sich so klar und eindeutig zu diesem Geschäft. Um es profitabel und nachhaltig erfolgreich zu führen, setzt Lanxess auf das Engagement von über 20.000 Mitarbeiterinnen und Mitarbeitern in der ganzen Welt. Auf ihre Performance, auf schlanke Strukturen, reduzierte Kosten und gezielte Partnerschaften.

Neues Unternehmen in Rekordzeit geschaffen

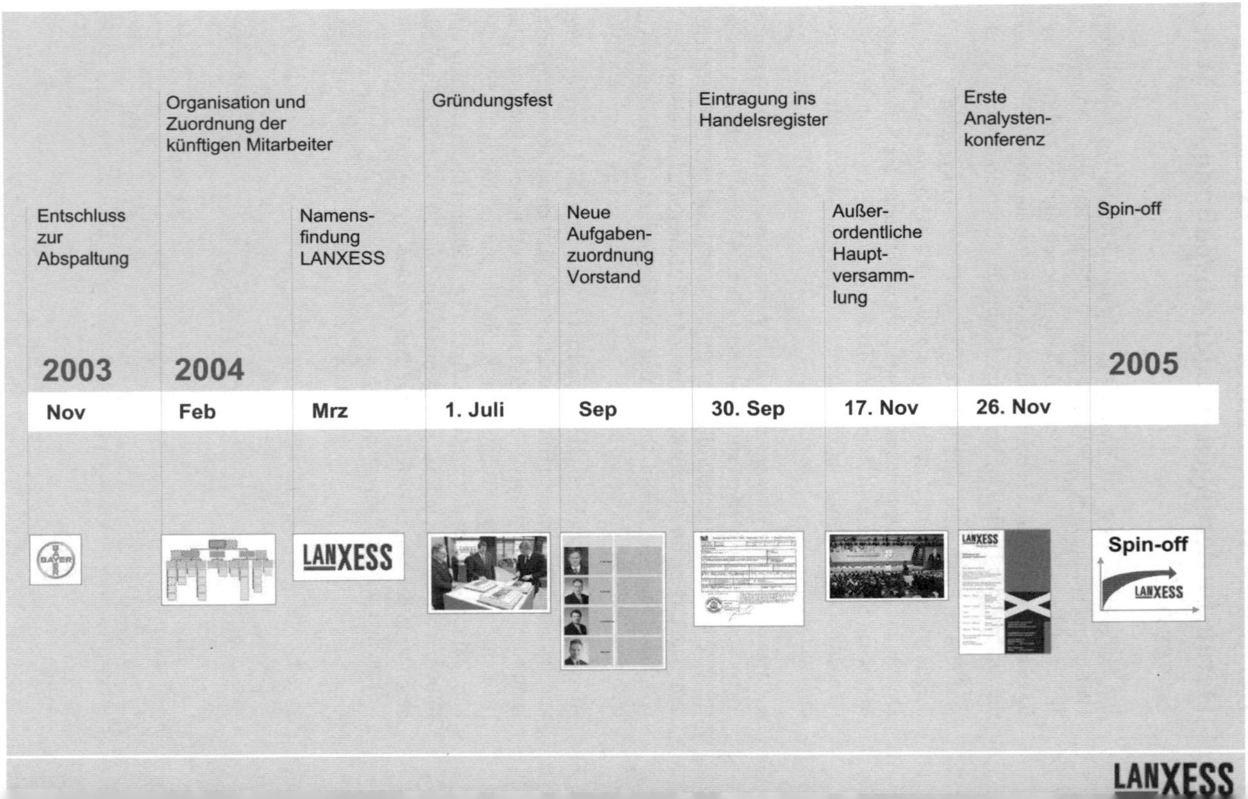

Unsere Basis: Polymere und Chemikalien

LANXESS
Energizing Chemistry

Performance Rubber

Engineering Plastics

Chemical Intermediates

Performance Chemicals

LANXESS

Etablierte Produkte für vielfältige Märkte

Marken

- LEWATIT
- BAYFERROX
- Buna CB
- MACROLEX®
- Therban
- PREVENTOL

Marktsegmente

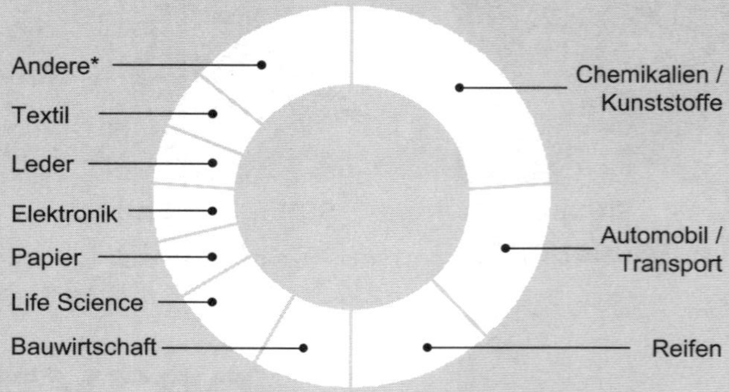

* – Wasseraufbereitung
– Ernährung
– Möbel/Einrichtung
– Sanitär-/Hygieneanwendungen
– Lacke
– Verpackung
– Gesundheit

LANXESS

Globale Präsenz

Weltweite Marktabdeckung

LANXESS (21 Länder) | Bayer Agency (~30 Länder) | Andere

Umsatz nach Regionen

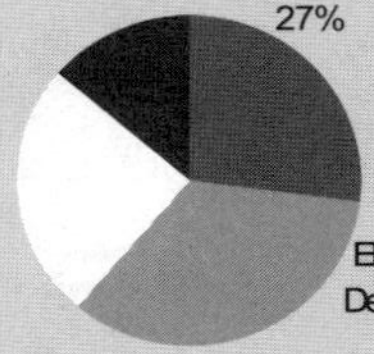

Produktionsanlagen nach Regionen

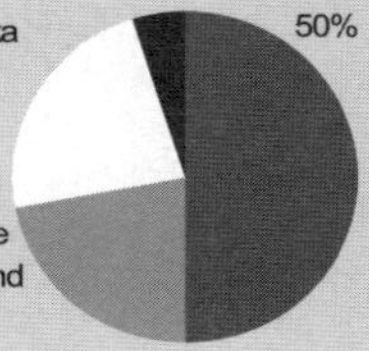

Mitarbeiter nach Regionen

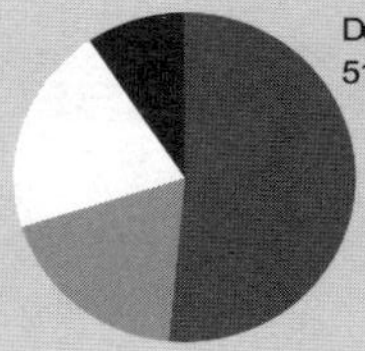

Alle Angaben auf Basis Konzernabschluss (Combined financial statements) 2003 (zum 31.12.2003)

LANXESS

Starke Position in Asien

Aktuelle Präsenz in Asien

– 14% des Firmenumsatzes

– Mehr als 10 Zentren für Vertrieb und Anwendungstechnik

– 8 Produktionsstandorte

– ~ 1.800 Mitarbeiter

Vertriebs- und Produktionsnetzwerk Asien

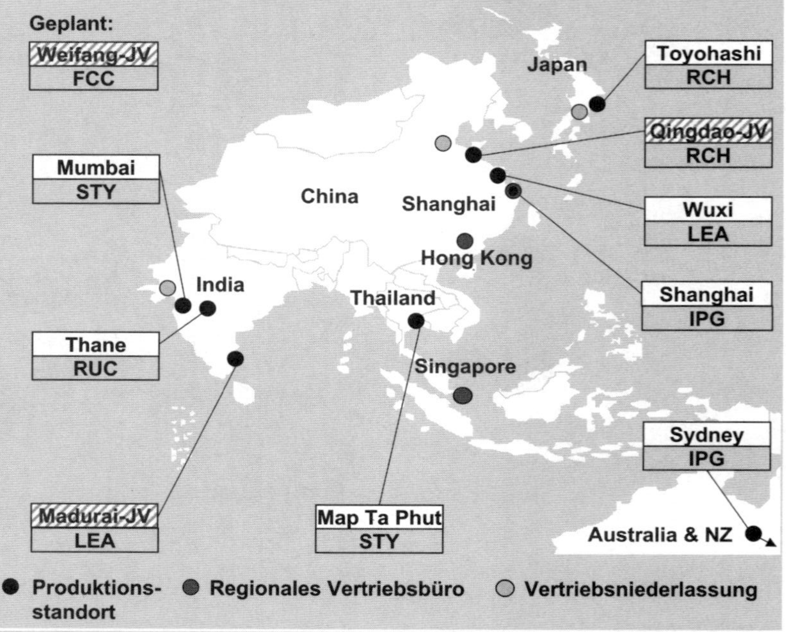

LANXESS

BÖRSEN
GANG
X

LANXESS

31.1.2005
LANXESS –
Die Chemie hat
einen neuen Namen
www.lanxess.com

Qualität und Service als Wettbewerbsvorteil in der Finanzdienstleisterbranche

Dr. Uwe Schroeder-Wildberg

Vorsitzender des Vorstands, MLP AG

Qualität und Service als Wettbewerbsvorteil in der Finanzdienstleisterbranche

Sehr geehrte Damen und Herren,

ich freue mich, heute zu Ihnen sprechen zu dürfen. Dies auch deshalb, weil das Oberthema dieses Kolloquiums – "Wertschöpfung und Wettbewerb" – eine hohe Relevanz für unser Unternehmen, MLP, hat.

Dabei meine ich nicht nur die "Wertschöpfung" in ihrem ökonomischen Sinne, also das Nettoergebnis einer Produktionstätigkeit. Über ihre Bedeutung muss ich an dieser Stelle nicht lange referieren. Vielmehr meine ich auch die "Wertschöpfung" in ihrem eigentlichen Sinne, also das "Schöpfen" von "Werten" für unsere Kunden.

Denn anders als bei vielen Verbrauchsgütern, deren Lebenszyklus auf einige Jahre beschränkt ist, wirkt unsere Dienstleistung ein ganzes (Menschen)Leben lang. Egal welchen unserer Beratungsbereiche Sie betrachten – sei es die Immobilienfinanzierung, das Gesundheitsmanagement oder die Altersvorsorge: Immer geht es darum, rechtzeitig die Weichen für einen sehr langen Zeitraum zu stellen. Nur so gelingt es, genügend "Werte zu schöpfen" – also zum Beispiel einen ausreichenden Kapitalstock für ein sorgenfreies Rentenalter aufzubauen.

Uns als Finanzdienstleister kommt damit eine sehr verantwortungsvolle Aufgabe zu. Denn die Kunden vertrauen ihrem Berater; sie erwarten, dass er eine optimale Vorsorge für sie aufbaut. Nicht zuletzt wegen dieser großen Verantwortung spielen Qualität und Service eine so entscheidende Rolle in unserer Branche. Womit ich beim Thema meines heutigen Vortrags wäre: "Qualität und Service als Wettbewerbsvorteil in der Finanzdienstleisterbranche".

Rahmenbedingungen und Herausforderungen für Finanzdienstleister

Bevor ich aber zu MLP komme, möchte ich gerne einige wichtige Herausforderungen und Rahmenbedingungen für Finanzdienstleister skizzieren. Und damit meine ich zu allererst die Anforderungen der Kunden. Denn sie – und das ist in meinen Augen für ein Dienstleistungsunternehmen selbstverständlich – stehen im Mittelpunkt unseres Geschäftsmodells.

Was also erwartet der Kunde von einem Finanzdienstleister? Die Antwort fällt kurz und knapp aus: integrierte Finanzdienstleistungen, also ein komplettes Finanzmanagement aus einer Hand. Dazu zählen sämtliche Dienstleistungen, die Banken und Versicherungen anbieten. Unsere Aufgabe ist es, mit den einzelnen Bausteinen ein stimmiges Konzept zu entwickeln. Im Mittelpunkt dieses Konzeptes stehen immer die Ziele des Kunden – und nicht einzelne Produkte.

Lassen Sie mich diesen Punkt an einem Beispiel verdeutlichen – der Altersvorsorge: Es gibt immer einzelne Produkte, die wegen staatlicher Förderungen zu einem bestimmten Zeitpunkt besonders attraktiv sind. So wie es im vergangenen Jahr bei Lebensversicherungen der Fall war. Dies sollte aber keinen Einfluss auf das Ergebnis einer Beratung haben. Wichtig ist vielmehr die Frage, wie sich die kurz-, mittel- und langfristige Vorhaben des Kunden umsetzen lassen. Auf Grundlage dieser Überlegungen gilt es, ein Konzept zu erstellen. Erst im zweiten Schritt folgt die Ausgestaltung mit konkreten Produkten. Und das kann durchaus eine Lebensversicherung sein.

Weitere wichtige Rahmenbedingungen für die Branche ergeben sich durch die demographischen Veränderungen in unserer Gesellschaft. Auch wenn die Fakten längst auf dem Tisch liegen – sie sich vor Augen zu führen, finde ich immer wieder wichtig und erschreckend zugleich.

Deshalb ein Überblick in Kürze:

- In der Vergangenheit war es ganz einfach: Die Altersstruktur unserer Gesellschaft hat sich dadurch ausgezeichnet, dass das Gros der Menschen zu einem jüngeren Jahrgang zählte. Grafisch lässt sich dies an der so genannten Alterspyramide nachvollziehen – mit einem breiten Fundament und einer schmalen Spitze. Diese Pyramide dreht sich nun Stück für Stück; das eigentliche Fundament wandert also immer weiter nach oben. Anders ausgedrückt: Es gibt immer mehr Alte und immer weniger Junge.
- Zudem beobachten wir eine deutlich steigende Lebenserwartung. So rechnet die Deutsche Aktuarvereinigung in ihren neuen Sterbetafeln für die Rentenversicherung damit, dass Neugeborene rund 100 Jahre alt werden.
- Gleichzeitig ist eine sinkende Geburtenrate zu erkennen. Im Durchschnitt bringt heutzutage jede Frau 1,36 Kinder zur Welt.
- Dies ist verbunden mit einer deutlichen Abnahme der Gesamtbevölkerung. Berechnungen zufolge schrumpft sie bis zum Jahr 2050 auf 68 Millionen Euro. Mehr als 40 Prozent der Menschen sind dann älter als 60 Jahre. Dies wiederum führt zu einem dramatischen Rückgang der Erwerbstätigen.

Diese Kumulation der Probleme hat weit reichende Folgen auf die sozialen Sicherungssysteme, zum Beispiel die Rentenversicherung: Entweder, so hat der Bielefelder Wissenschaftler Prof. Herwig Birg ausgerechnet, steigt der Beitragssatz bei konstanter Rente auf 46 Prozent im Jahr 2050; hielte man den Beitragssatz dagegen stabil, müsste die Rente um 56 Prozent sinken. Der Freiburger Wissenschaftler Prof. Bernd Raffelhüschen beziffert die Nachhaltigkeitslücke, also die Differenz zwischen künftigen Beiträgen und künftigen Leistungen, im gesamten fiskalischen System Deutschlands auf mehr als sechs Billionen Euro.

Damit wird schnell klar: Der Zwang zur privaten Vorsorge, in der Rente genauso wie bei der Gesundheit, steigt unaufhörlich.

Das hat auch der Gesetzgeber erkannt. Und damit komme ich zur letzten Rahmenbedingung, die ich an dieser Stelle skizzieren möchte. Denn mit dem Rentenversicherungs-Nachhaltigkeitsgesetz und dem am 1. Januar in Kraft getretenen Alterseinkünftegesetz hat die Politik einschneidende Veränderungen vorgenommen. Das Entscheidende bei diesen Neuregelungen ist aus meiner Sicht, dass der Staat große Teile der Vorsorge in die Hände der Bürger gibt. Denn anders als noch vor Jahren wird die gesetzliche Rente in Zukunft nicht mehr als eine Basisversorgung sein. Zum Beispiel muss ein Besserverdiener mit einem jährlichen Bruttoeinkommen von 60.000 Euro mit rund 43 Prozent Kaufkraftverlust seiner Rente rechnen, wenn er statt im Jahr 2004 erst in 2040 in Rente geht.

Kurzum: Eigenverantwortung ist gefragt wie nie zuvor.

Dabei kommt es vor allem darauf an, frühzeitig mit dem Sparprozess zu beginnen. Denn nur so können die Menschen von der enormen Hebelwirkung des Zinseszins-Effektes profitieren. Das bedeutet aber, dass unsere Kunden über einen sehr langen Zeitraum planen müssen. Wohlgemerkt: Wir reden über 60 Jahre oder mehr.

Mit der Einführung der privaten Basisrente und der Festlegung neuer steuerlicher Rahmenbedingungen zu Beginn dieses Jahres ist zudem die Komplexität der Altersvorsorge weiter gestiegen. Man kann nicht mehr ein oder zwei Produkte herausgreifen und pauschal sagen, dass sie mit dem größten Nutzen für den Kunden verbunden sind. Vielmehr ist es die Aufgabe eines Beraters, in jedem Einzelfall das Optimum herauszuarbeiten. Entsprechend der Kundenpräferenzen sollte also ein individueller Produktmix entstehen.

Beides – die längeren Planungszeiträume und die steigende Komplexität – haben eines zur Folge: Der Bedarf an qualifizierter Beratung steigt drastisch.

MLP-Geschäftsmodell: höchste Priorität auf Qualität und Service

Womit wir bei MLP wären. Wie agieren wir unter diesen Rahmenbedingungen? Wie wird MLP den beschriebenen Herausforderungen gerecht?

Gestatten Sie mir zunächst einige Worte zu unserem Beratungsansatz. Wir beraten unsere Kunden oftmals von Studentenzeiten an – und das ein ganzes Leben lang. Diese langfristig angelegte Finanzplanung berücksichtigt die einzelnen Etappen im Leben unserer Kunden, also zum Beispiel die Gründung einer Familie, den Erwerb einer Immobilie oder eine Existenzgründung. Dabei geht es nicht nur um Fragen des Vermögensaufbaus und des Vorsorgemanagements. Auch die Absicherung existenzieller Risiken, ein passendes Krankenversicherungskonzept sowie Darlehens- und Cash-Management sind wichtige Bestandteile unserer Lösungskonzepte.

Zugegeben, viele Unternehmen nehmen einen derartigen Beratungsansatz für sich in Anspruch. Um Ihnen zu verdeutlichen, dass wir es bei MLP ernst meinen mit einer ganzheitlichen Beratung, nenne ich eine Zahl, über die ich normalerweise nur ungern rede – ich erkläre später warum. Es geht um die so genannte Cross-Selling-Rate, also die durchschnittliche Anzahl der Verträge pro Kunde. Mit einem Wert von 5,3 liegt MLP in Europa an der Spitze. Da wir viele Berufsstarter betreuen, die nur einen oder zwei Verträge bei uns haben, bedeutet dies im Umkehrschluss, dass viele Kunden zehn oder mehr Verträge haben. Einen eindeutigeren Beweis für Vertrauen in unsere Dienstleistung und für die Ganzheitlichkeit unserer Beratung gibt es nicht.

Warum ich die Cross-Selling-Rate nur ungern nenne, hat einen einfachen Grund: Es könnte der Eindruck entstehen, dass wir unseren Beratern Zielvorgaben für die Anzahl der Verträge pro Kunde machen. Dies ist aber nicht der Fall – im Gegenteil: Eine solche

Vorgehensweise würde den Fundamenten unseres Geschäftsmodells widersprechen.

Dieser umfassende Beratungsansatz spiegelt sich auch in unserer IT-Unterstützung wider. Es ist uns gelungen, Systeme und Prozesse für die Personen- und Vertragsverwaltung aufzubauen, die den Bedürfnissen unserer Berater entsprechen. Ein gutes Beispiel für solch ein beraterorientiertes IT-Systeme ist unser Vorsorgerechner, den wir Anfang dieses Jahres eingeführt haben. Mit diesem Tool ist eine detaillierte Planung der Altersvorsorge unserer Kunden möglich ist. Mit den entsprechenden Daten können wir berechnen, welcher Produktmix – unter Berücksichtigung des geeigneten Versicherungsschutzes – die höchste Nachsteuerrendite garantiert. Die IT ist also ein wichtiger Helfer, um Kundenziele und Lösungskonzepte optimal aufeinander abzustimmen.

Ein weiteres Kernelement des MLP-Beratungsansatzes ist unsere Unabhängigkeit. Von vielen in der Vergangenheit angezweifelt, haben wir dieses Element seit Beginn des Jahres 2004 deutlich gestärkt. So haben wir im Bereich der Lebens- und Rentenversicherungen die Anzahl unserer Produktpartner deutlich erhöht. Jeden einzelnen Partner stellen wir regelmäßig auf den Prüfstand.

Den entscheidenden Differenzierungsfaktor für MLP vom Wettbewerb sehe ich aber in unserem hohen Qualitätsanspruch. Denn viele Angebote und Dienstleistungen in der Finanzdienstleistungsbranche sind austauschbar. Vor diesem Hintergrund ist es essentiell, Alleinstellungsmerkmale aufzubauen – in unserem Fall die Qualität unserer Dienstleistung. Ziel ist es, dass der Kunde mit MLP automatisch höchste Qualität verbindet.

Dies ist umso wichtiger, weil sich MLP auf eine klar definierte Zielgruppe konzentriert: Akademiker und anspruchsvolle Kunden. Für sie sind eine qualifizierte Beratung und ein hoher Servicelevel entscheidend für die Auswahl ihres Beraters. Dies untermauern auch die Ergebnisse der Marktstudie "Soll & Haben" aus dem Jahr 2004, die im SPIEGEL und dem manager magazin Verlag erschienen ist. Darin wurden Akademiker nach den wichtigsten Ansprüchen an ihr Finanzinstitut gefragt. Ergebnis: 95 Prozent erwarten eine erstklassige Qualität, 93 Prozent eine umfassende Beratung und ebenfalls 93 Prozent , dass die Angebote auf ihre Bedürfnisse zugeschnitten sind.

Kurzum: Unsere Kunden erwarten Dienstleistungen auf höchstem Niveau. An diesem Anspruch müssen wir uns jeden Tag aufs Neue messen lassen. Und ich bin überzeugt: Wir werden diesem Anspruch jeden Tag aufs Neue gerecht.

Das ist kein Zufall. Denn Qualität hat höchste Priorität in sämtlichen Bereichen unseres Unternehmens. Im Rahmen eines systematischen Qualitätsmanagements haben wir feste Standards für Beratung, Produkte und Service definiert, die wir regelmäßig überwachen. Treten Abweichungen auf, nehmen wir gezielt Verbesserungen vor.

Unsere hohen Ansprüche zeigen sich zum Beispiel bei der Auswahl und der Ausbildung unserer Berater. Bei der Neueinstellung haben wir die klare Richtung vorgegeben: Was zählt, ist Qualität – nicht Quantität. So haben knapp 90 Prozent unserer Berater einen akademischen Abschluss.

Wer als Berater bei uns neu anfängt, bekommt eine in Deutschland einzigartige Ausbildung an der hauseigenen Corporate University. Die Grundausbildung dauert zwei Jahre und umfasst mehr als 700 Unterrichtseinheiten. Zeitgleich sammeln "unsere Junioren" erste Erfahrungen in den Geschäftsstellen. Nach dem Ende der Grundausbildung finden regelmäßige Weiterbildungen statt. Somit ist garantiert, dass jeder MLP-Berater immer up-to-date ist. Die Qualität dieser Ausbildung überwacht ein Beirat, der mit renommierten Wissenschaftlern besetzt ist.

Die Ausbildung an unserer Corporate University ist zudem speziell auf unsere einzelnen Kundengruppen ausgerichtet. Seit der MLP-Gründung im Jahr 1971 konzentriert sich jeder Berater auf nur einen Berufszweig – zum Beispiel Mediziner oder Juristen. Oftmals hat der Berater das gleiche Studium wie sein Kunde absolviert; hinzu kommen spezielle Unterrichtseinheiten zum jeweiligen Berufsfeld. In der Praxis hat dieses weit reichende "Zielgruppenwissen" viele Vorteile. So weiß zum Beispiel ein Mediziner-Berater, wie teuer eine neue Praxiseinrichtung ist.

Aber nicht nur auf der Berater-, auch auf der Kundenseite ist die Qualität unserer Leistungen das A und O. Unsere Berater führen täglich rund 3.000 Beratungsgespräche – und sind damit "ganz nah dran" an den Kunden. Das Wissen aus diesen Gesprächen ist eine unendlich wertvolle Ressource für MLP. Denn welches Unternehmen kann in diesem Ausmaß von sich behaupten, die Bedürfnisse seiner Kunden zu kennen? Deshalb ist es für uns sehr wichtig, dieses Wissen zu sammeln und es anschließend systematisch in unserem Produktmanagement auszuwerten.

Mit Hilfe verschiedener Qualitätswerkzeuge übersetzen wir dabei die Anforderungen der Kunden in entsprechende Lösungen. Dies ist ein kontinuierlicher Prozess, der sicherstellt, dass wir jederzeit die Produkte in unserem Portfolio haben, die unsere Kunden nachfragen.

Darüber hinaus erheben wir regelmäßig repräsentative Studien über die Zufriedenheit unserer Kunden. Dabei nimmt ein renommiertes Institut gezielte Befragungen vor. Die Ergebnisse werten wir aus und setzen sie im Rahmen von Verbesserungsmaßnahmen um.

Damit diese Überlegungen in der Praxis funktionieren, muss eine Bedingung erfüllt sein: Man braucht qualifizierte und motivierte Mitarbeiter. Wir haben diese Mitarbeiter. Deshalb ist die Umsetzungsgeschwindigkeit bei Verbesserungen sehr hoch.

Über die Qualität unserer Dienstleitungen gelingt uns also eine deutliche Differenzierung vom Markt. Aber auch die günstigen Rahmenbedingungen lassen mich optimistisch in die Zukunft blicken. Die Folgen der demographischen Entwicklung habe ich bereits angesprochen. Sie sind ein Grund dafür, dass Experten mit hohen Wachstumsraten in der betrieblichen und der privaten Altersvorsorge in den nächsten Jahren rechnen. Eine Studie von Tillinghast aus dem Jahr 2003 kommt beispielsweise zu dem Ergebnis, dass das Altersvorsorgevermögen in der betrieblichen (bAV) und privaten Altersversorgung von 15 Prozent im Jahr 2002 auf insgesamt 30 Prozent im Jahr 2035 wachsen wird. Dabei entfallen 12,5 Prozent auf die private und 17,5 Prozent auf die betriebliche Altersversorgung.

Im ersten Bereich – der privaten Vorsorge – waren wir schon immer stark. Bei der betrieblichen Altersversorgung war MLP in der Vergangenheit kaum vertreten. Deshalb haben wir diesen Zweig seit Anfang 2004 konsequent aufgebaut. Ziel ist es, dass die bAV in fünf Jahren einen zweistelligen Anteil an den Gesamterträgen des Unternehmens hat. Weil der Bereich bAV ebenfalls ein gutes Beispiel dafür ist, wie MLP Qualität und Service als Wettbewerbsfaktor einsetzt, möchte ich an dieser Stelle gerne etwas intensiver einsteigen:

Betriebliche Altersversorgung ist ein äußerst attraktives Instrument – sowohl für Arbeitgeber als auch für Arbeitnehmer. Denn für die Beschäftigten ergibt sich eine überdurchschnittlich hohe Rendite. Die Arbeitgeber können durch Einzahlungen in die Vorsorgepläne ihrer Mitarbeiter Steuern und Sozialabgaben sparen; gleichzeitig machen sie sich mit einer lukrativen bAV attraktiv für hochqualifizierte Arbeitnehmer. Eine gute Altersversorgung wird somit immer mehr zum Differenzierungsmerkmal für Unternehmen auf dem Arbeitsmarkt.

Trotz dieser Vorteile: Deutschland hinkt bei der bAV weit hinter anderen Ländern hinterher. Während sie hierzulande gerade einmal 5 Prozent des Einkommens eines Rentners ausmacht, sind es in den Niederlanden 40 Prozent, in der Schweiz mehr als 30 Prozent. Zudem hat jedes dritte deutsche Unternehmen mit weniger als 50 Mitarbeitern bislang überhaupt keine bAV; nahezu kein Unternehmen hat sämtliche bAV-Möglichkeiten gänzlich ausgeschöpft.

Worin also liegt der Grund für diesen Widerspruch – attraktive Renditen, aber Ablehnung durch Arbeitnehmer und Arbeitgeber? Den Hauptgrund sehen wir in der Komplexität der betrieblichen Altersversorgung. Mehr noch als in der privaten Vorsorge sind die Produkte und Dienstleistungen in diesem Bereich erklärungsbedürftig. Dies hängt zum einen mit der Vielzahl gesetzlicher Umsetzungsmöglichkeiten zusammen. Zum anderen ist die bAV ein vielschichtiger Prozess. Zuerst muss sich ein Anbieter mit dem Arbeitgeber – teilweise sind sogar noch Tarifpartner vorgeschaltet – auf ein Modell einigen. Erst im zweiten Schritt kann er mit dem Mitarbeiter über den Abschluss einer Versorgung sprechen.

Um in diesem Segment erfolgreich zu sein, braucht man genügend und speziell ausgebildete Berater, die systematisch jeden einzelnen Arbeitnehmer beraten. Gelingt dies nicht, kommen nur sehr geringe Durchdringungsquoten zustande. Das heißt, ein nur geringer Teil der Arbeitnehmer entschließt sich für einen Vertragsabschluss.

“Vertriebschance für Spezialisten.” So lautete die Überschrift eines Fachbeitrags im Versicherungsmagazin im August vergangenen Jahres. Dem ist nichts hinzuzufügen – und genau an diesem Punkt setzt unser bAV-Geschäftsmodell an. Wir haben schon bei anderen, sehr erklärungsbedürftigen Produkten wie der Riester-Rente gezeigt, dass wir erfolgreich damit sein können. Diese jahrelange Vertriebserfahrung haben wir jetzt auf den Firmenkunden-Bereich übertragen.

Dazu haben wir zunächst ein Competence Center aufgebaut. An der Spitze der Geschäftsführung steht einer der Top-Manager in der Branche. Mit der Beteiligung an der Berag Beratungsgesellschaft für betriebliche Altersversorgung und Vergütung mbH haben wir uns Expertise u. a. im Erstellen komplexer Finanzanalysen und versicherungsmathematischer Gutachten ins Haus geholt. Gleichzeitig haben wir ein entsprechendes

Vertriebssystem implementiert. Dabei bekommt jeder Berater – abhängig von der zu betreuenden Unternehmensgröße und Branche – eine gezielte Ausbildung.

Genauso systematisch gehen wir in der eigentlichen Beratung vor. Wir nehmen uns die Zeit, jeden Arbeitnehmer einzeln zu beraten. Dabei können wir – nicht zuletzt wegen unserer Erfahrung im Privatkundenbereich – die Bedürfnisse von Unternehmen und Mitarbeitern optimal aufeinander abstimmen.

An dieser Stelle möchte ich gerne ein Praxis-Beispiel nennen: Ein Unternehmen hatte jahrelang eine betriebliche Altersversorgung – allerdings ohne große Zustimmung der Arbeitnehmer. Gerade einmal 30 der 930 Mitarbeiter nutzen diese renditestarke Möglichkeit der Vorsorge – eine Durchdringungsquote von rund drei Prozent.

Im April 2004 hat MLP die bAV-Beratung dieses Unternehmens übernommen. Der erste Schritt nach der Einigung mit dem Arbeitgeber bestand darin, an sämtlichen Standorten in Deutschland eine Präsentation vor den Mitarbeitern zu halten. Rund 50 Prozent derjenigen, die an der Präsentation teilgenommen haben, sind schließlich in die Einzelberatung gekommen. Ergebnis: Bis Mitte November 2004 hatten bereits rund 170 Mitarbeiter einen Vertrag abgeschlossen; gemessen an der aktuellen Mitarbeiterzahl ergibt sich eine Durchdringungsquote von knapp 20 Prozent.

Ich bin mir sicher, dass dieses Beispiel kein Einzelfall bleibt. Mit der Organisation unserer Beratung haben wir den Grundstein für solch überdurchschnittliche Durchdringungsquoten gelegt.

Fazit: MLP agiert in einem langfristigen Wachstumsmarkt

Lassen Sie mich kurz zusammenfassen: Die Rahmenbedingungen für einen Finanzdienstleister sind optimal. Niemand zweifelt an der Notwendigkeit für private und betriebliche Vorsorge. Deshalb kann ich mit Sicherheit sagen: MLP agiert in einem langfristigen Wachstumsmarkt.

Gleichzeitig befinden wir uns in einem sehr kompetitiven Markt. Umso wichtiger ist eine eindeutige Differenzierung zum Wettbewerb. Für MLP als Premium-Marke im Finanzdienstleistungsbereich kann dies nur eine eindeutige Positionierung als Qualitätsführer sein. Darauf haben sich das Unternehmen, sein Management und alle Berater verpflichtet. Deshalb legen wir allergrößten Wert auf eine gute Ausbildung und regelmäßige Weiterbildung unserer Berater. Deshalb setzen wir Maßstäbe in der Dokumentation unserer Beratung. Deshalb wählen wir unsere Partner und deren Produkte sehr sorgfältig aus. Mit unserem neuen Markenclaim "Sie verdienen das Beste" haben wir die Messlatte bewusst sehr hoch gelegt.

Ich hoffe, anhand meiner beispielhaften Ausführungen deutlich gemacht zu haben, dass auch ein Finanzdienstleister gut an einem Seminar zum Thema "Prozesseffizienz" teilnehmen kann. Denn unser Anspruch ist, "Prozesse" im Sinne des Kunden "effizient" zu gestalten.

Vielen Dank für Ihre Aufmerksamkeit.

Selten passt etwas so perfekt zusammen wie ein MLP-Kunde und sein MLP-Berater.

Bei MLP trifft Verstand auf Verstand. Das heißt, Akademiker und anspruchsvolle Kunden werden von Beratern betreut, die eine gleiche oder ähnliche Ausbildung durchlaufen haben. Sie verstehen Situation, Ziele und Möglichkeiten ihrer Kunden – und können deshalb ein ganz individuelles Finanzkonzept entwickeln. Von diesem Modell profitieren nicht nur Privat-, sondern auch Firmenkunden: Die auf betriebliche Altersversorgung spezialisierten Berater kennen Besonderheiten der unterschiedlichen Branchen und Unternehmensgrößen – und entwickeln maßgeschneiderte Vorsorgekonzepte.

MLP Finanzdienstleistungen AG
Forum 7
69126 Heidelberg
Telefon (01803) 554400 (9 ct/Min.)
www.mlp.de

MLP PRIVATE FINANCE
SIE VERDIENEN DAS BESTE.

Wettbewerbsfähigkeit des Standorts Deutschland durch Business Excellence

Dr. Karl Nowak

Direktor, Robert Bosch GmbH
Mitglied Bereichsvorstand, Geschäftsbereich Diesel Systems

BOSCH

Wettbewerbsfähigkeit des Standorts Deutschland durch Business Excellence

Dr. Karl Nowak
Mitglied Bereichsvorstand
Geschäftsbereich Diesel Systems

März 2005

© Alle Rechte bei Robert Bosch GmbH, auch für den Fall von Schutzrechtsanmeldungen.
Jede Verfügungsbefugnis, wie Kopier- und Weitergaberecht, bei uns.

Dr. Karl Nowak

Wettbewerbsfähigkeit des Standorts Deutschland durch Business Excellence

BOSCH

Vortragsübersicht

März 2005

© Alle Rechte bei Robert Bosch GmbH, auch für den Fall von Schutzrechtsanmeldungen.
Jede Verfügungsbefugnis, wie Kopier- und Weitergaberecht, bei uns.

Dr. Karl Nowak

BOSCH

1. Business Excellence: ganzheitlicher Betrachtungsansatz durch das EFQM-Modell

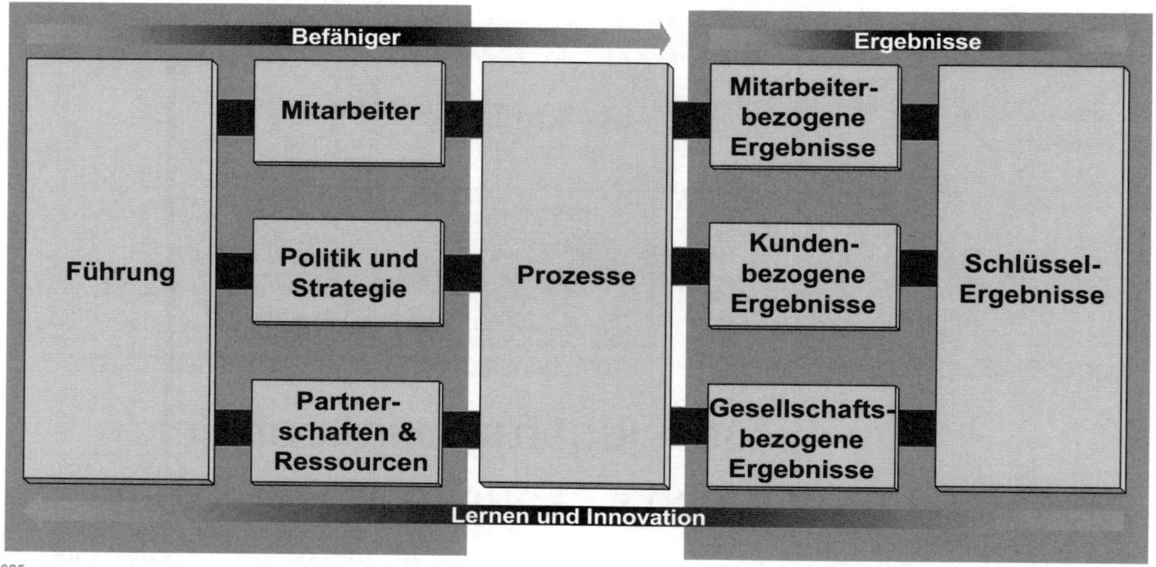

März 2005

© Alle Rechte bei Robert Bosch GmbH, auch für den Fall von Schutzrechtsanmeldungen.
Jede Verfügungsbefugnis, wie Kopier- und Weitergaberecht, bei uns.

Dr. Karl Nowak

Wettbewerbsfähigkeit des Standorts
Deutschland durch Business Excellence

BOSCH

1. Business Excellence: Zusammenhänge von Befähigern und Ergebnissen

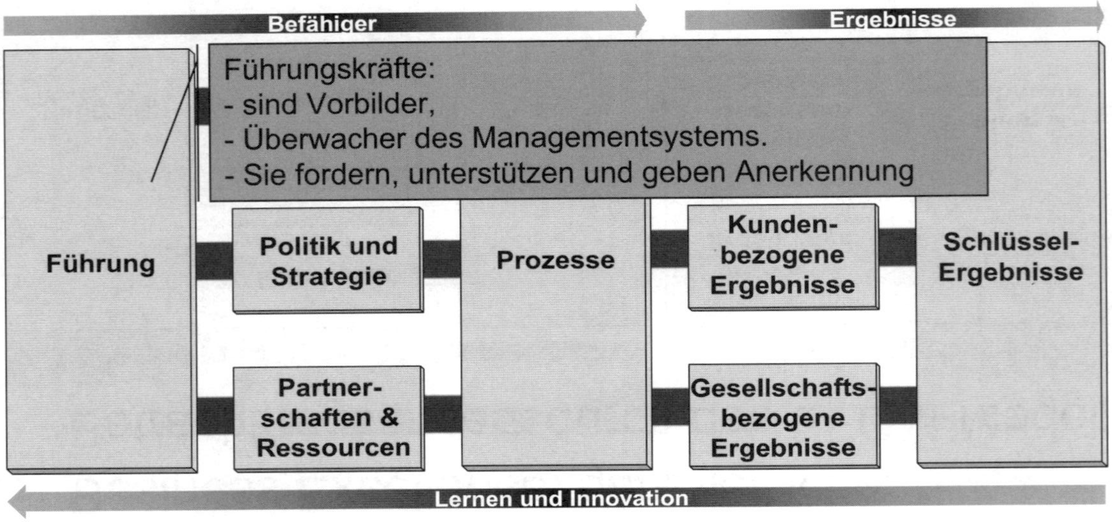

März 2005

© Alle Rechte bei Robert Bosch GmbH, auch für den Fall von Schutzrechtsanmeldungen.
Jede Verfügungsbefugnis, wie Kopier- und Weitergaberecht, bei uns.

Dr. Karl Nowak

Wettbewerbsfähigkeit des Standorts Deutschland durch Business Excellence

BOSCH

1. Business Excellence: Zusammenhänge von Befähigern und Ergebnissen

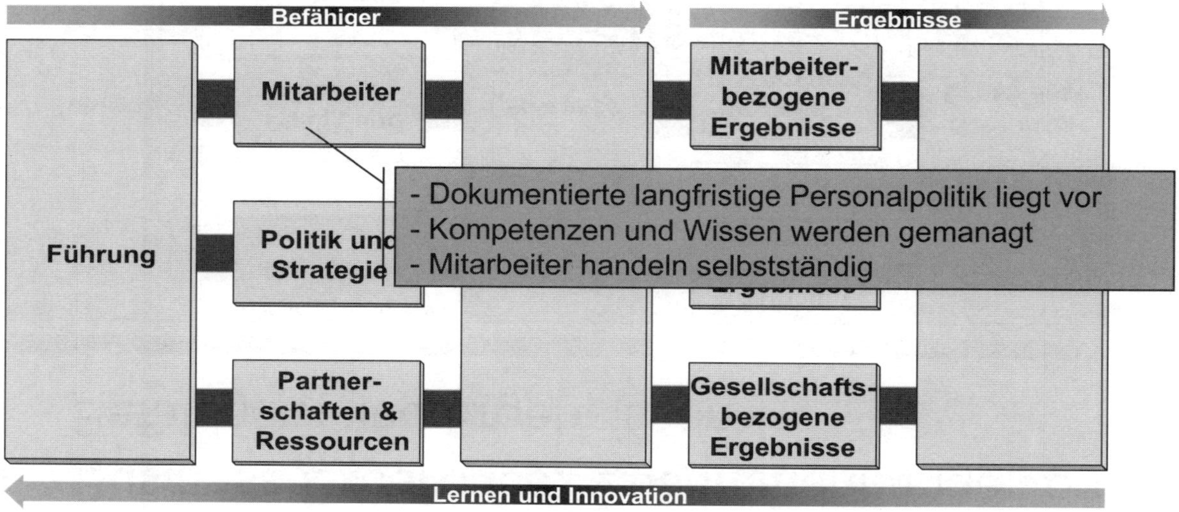

März 2005

© Alle Rechte bei Robert Bosch GmbH, auch für den Fall von Schutzrechtsanmeldungen.
Jede Verfügungsbefugnis, wie Kopier- und Weitergaberecht, bei uns.

Dr. Karl Nowak

Wettbewerbsfähigkeit des Standorts
Deutschland durch Business Excellence

BOSCH

1. Business Excellence: Zusammenhänge von Befähigern und Ergebnissen

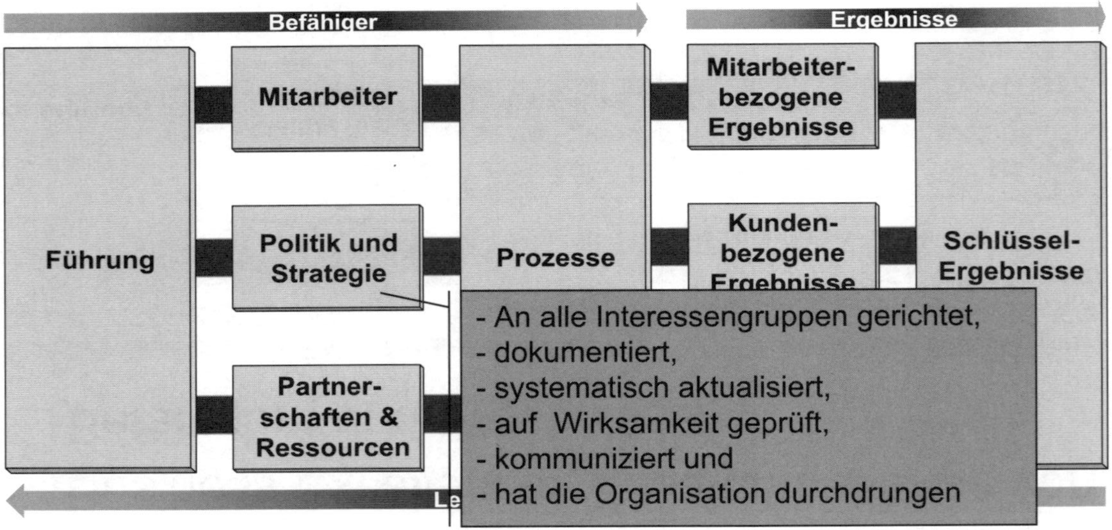

März 2005

© Alle Rechte bei Robert Bosch GmbH, auch für den Fall von Schutzrechtsanmeldungen.
Jede Verfügungsbefugnis, wie Kopier- und Weitergaberecht, bei uns.

Dr. Karl Nowak

BOSCH

1. Business Excellence: Zusammenhänge von Befähigern und Ergebnissen

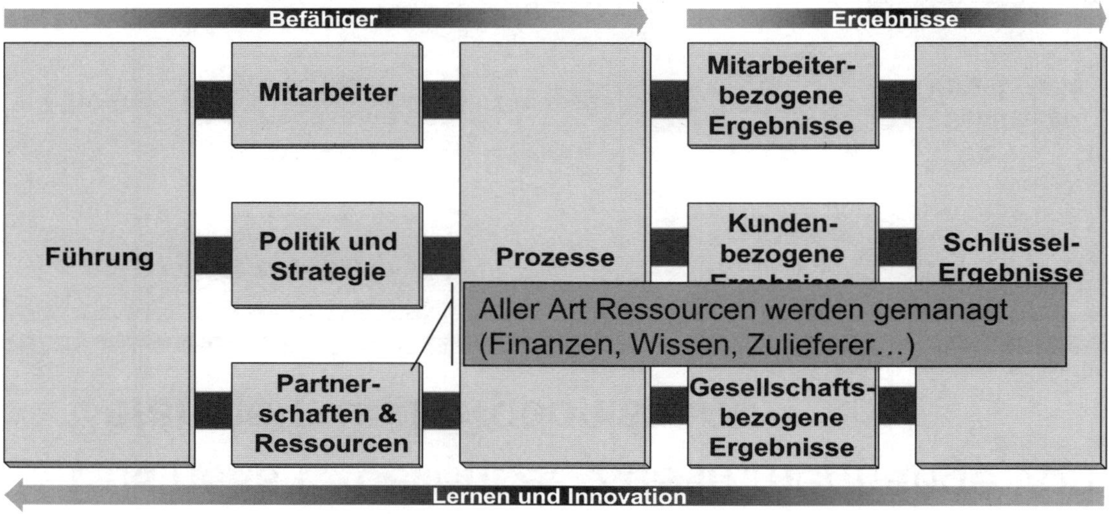

März 2005

© Alle Rechte bei Robert Bosch GmbH, auch für den Fall von Schutzrechtsanmeldungen.
Jede Verfügungsbefugnis, wie Kopier- und Weitergaberecht, bei uns.

Dr. Karl Nowak

Wettbewerbsfähigkeit des Standorts Deutschland durch Business Excellence

BOSCH

1. Business Excellence: Zusammenhänge von Befähigern und Ergebnissen

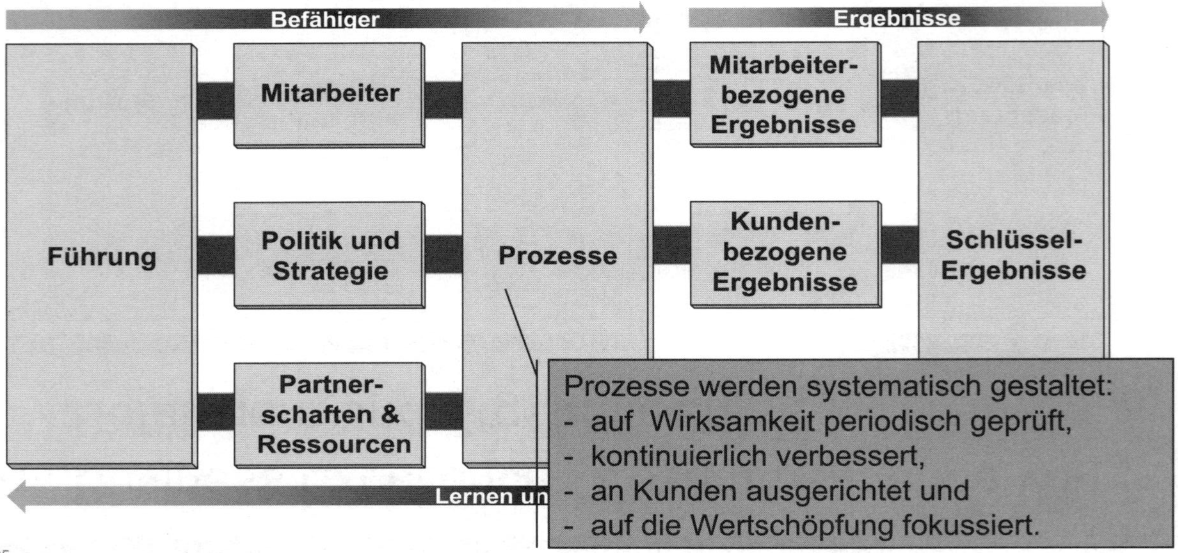

März 2005

© Alle Rechte bei Robert Bosch GmbH, auch für den Fall von Schutzrechtsanmeldungen.
Jede Verfügungsbefugnis, wie Kopier- und Weitergaberecht, bei uns.

Dr. Karl Nowak

Wettbewerbsfähigkeit des Standorts Deutschland durch Business Excellence

BOSCH

1. Business Excellence: Zusammenhänge von Befähigern und Ergebnissen

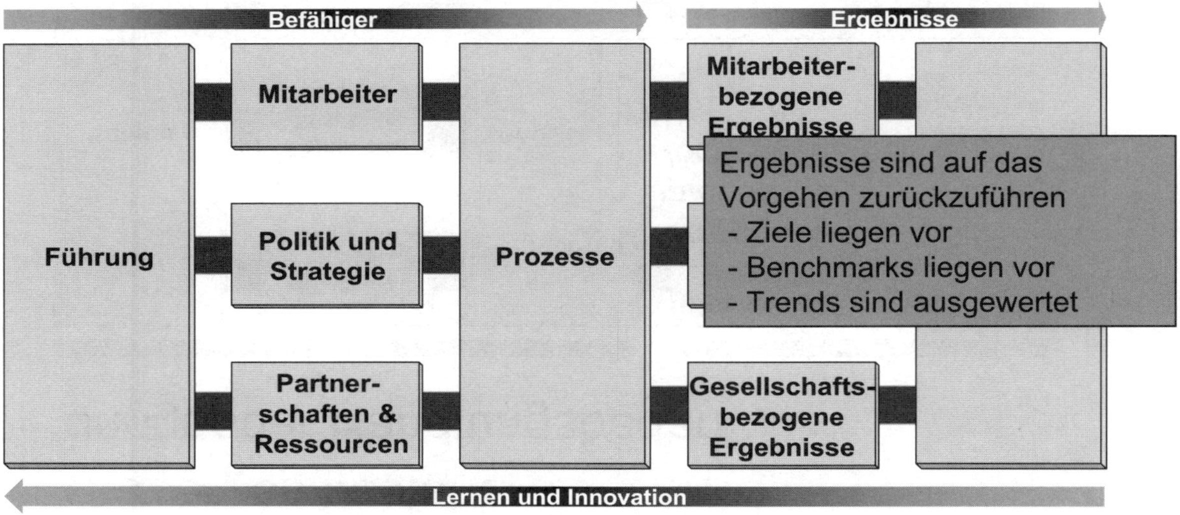

März 2005

© Alle Rechte bei Robert Bosch GmbH, auch für den Fall von Schutzrechtsanmeldungen.
Jede Verfügungsbefugnis, wie Kopier- und Weitergaberecht, bei uns.

Dr. Karl Nowak

Wettbewerbsfähigkeit des Standorts Deutschland durch Business Excellence

BOSCH

2. …aber, es besteht dringender Handlungsbedarf

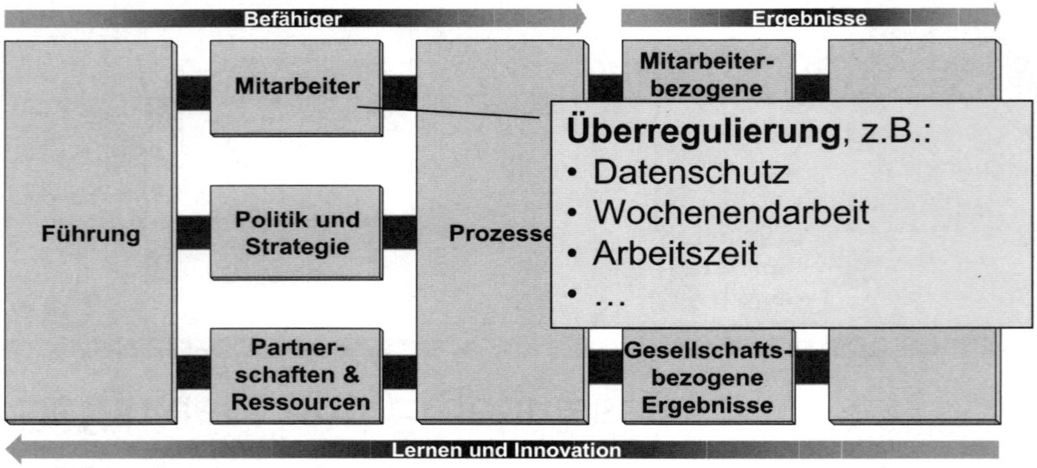

März 2005

© Alle Rechte bei Robert Bosch GmbH, auch für den Fall von Schutzrechtsanmeldungen.
Jede Verfügungsbefugnis, wie Kopier- und Weitergaberecht, bei uns.

Dr. Karl Nowak

Wettbewerbsfähigkeit des Standorts Deutschland durch Business Excellence

BOSCH

2. …aber, es besteht dringender Handlungsbedarf

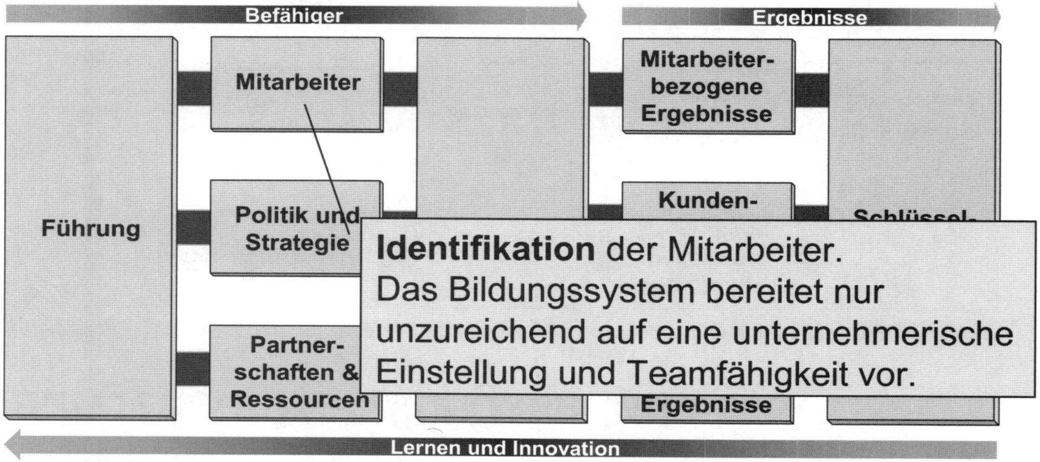

März 2005

© Alle Rechte bei Robert Bosch GmbH, auch für den Fall von Schutzrechtsanmeldungen.
Jede Verfügungsbefugnis, wie Kopier- und Weitergaberecht, bei uns.

Dr. Karl Nowak

Wettbewerbsfähigkeit des Standorts Deutschland durch Business Excellence — BOSCH

2. …aber, es besteht dringender Handlungsbedarf

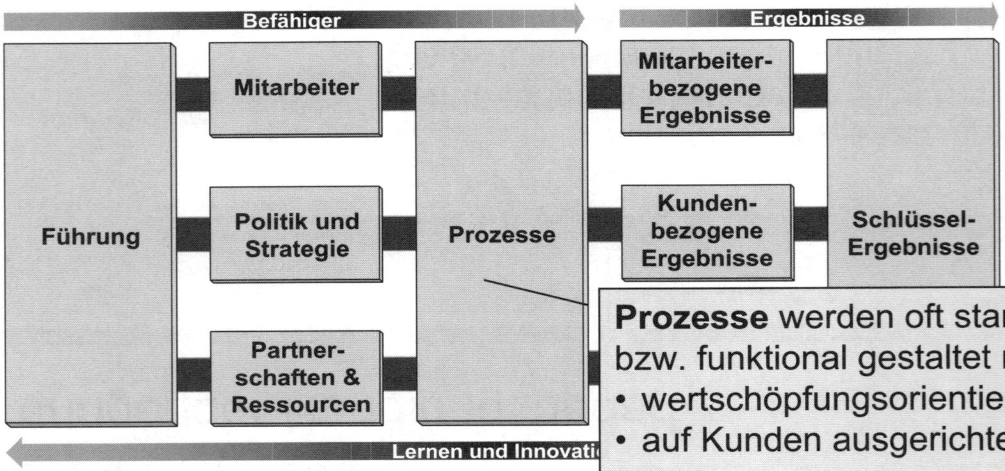

Prozesse werden oft starr bzw. funktional gestaltet **nicht**
- wertschöpfungsorientiert und
- auf Kunden ausgerichtet

März 2005
© Alle Rechte bei Robert Bosch GmbH, auch für den Fall von Schutzrechtsanmeldungen.
Jede Verfügungsbefugnis, wie Kopier- und Weitergaberecht, bei uns.

Dr. Karl Nowak

Wettbewerbsfähigkeit des Standorts Deutschland durch Business Excellence

BOSCH

2. …aber, es besteht dringender Handlungsbedarf

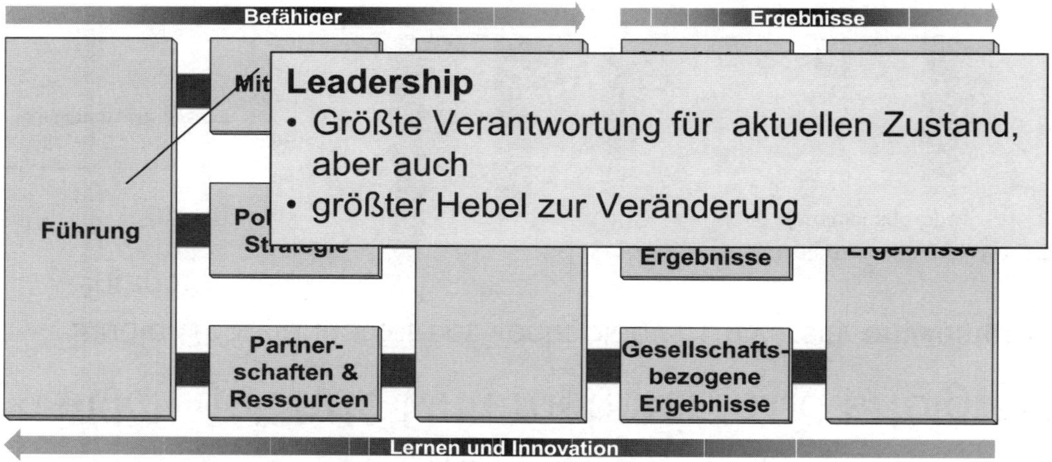

März 2005

© Alle Rechte bei Robert Bosch GmbH, auch für den Fall von Schutzrechtsanmeldungen.
Jede Verfügungsbefugnis, wie Kopier- und Weitergaberecht, bei uns.

Dr. Karl Nowak

Wettbewerbsfähigkeit des Standorts
Deutschland durch Business Excellence

BOSCH

3. Erfolgsfaktor Business Excellence (BE)? Ganzheitlich geführte Unternehmen sind erfolgreicher

➔ Studie Georgia Institute of Technology / University of Western Ontario:

Durchschnittlicher Zuwachs innerhalb von 5 Jahren nach Einführung BE-System

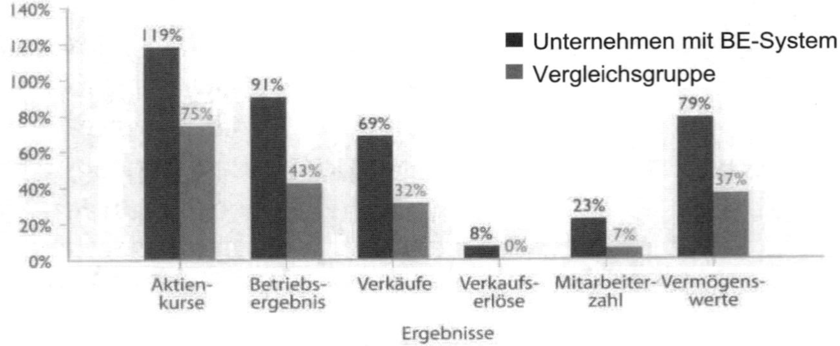

➔ Toyota begann seine Aktivitäten mit dem Deming-Excellence Modell in den 50-iger Jahren

März 2005

© Alle Rechte bei Robert Bosch GmbH, auch für den Fall von Schutzrechtsanmeldungen.
Jede Verfügungsbefugnis, wie Kopier- und Weitergaberecht, bei uns.

Dr. Karl Nowak

Wettbewerbsfähigkeit des Standorts
Deutschland durch Business Excellence

BOSCH

3. EFQM: Wie einführen?
Entscheidender Faktor sind die Führungskräfte

- Eine Studie(*) zeigt, dass zwei Aspekte eine sehr hohe Korrelation zum Unternehmenserfolg haben
  - aktive Führung
    bewirkt Mitarbeiterengagement und hohe Kundenloyalität
  - eine zukunftsorientierte Vision hat das gesamte Unternehmen durchdrungen
- Nutzung des Ordnungsrahmen im EFQM-Modell zur
  - Fokussierung aller Geschäftsprozesse auf Kunden („Lean Management")

(*) EUCUSA-Studie über Unternehmenserfolg und Führung in den 1000 wichtigste Firmen Österreichs

März 2005
© Alle Rechte bei Robert Bosch GmbH, auch für den Fall von Schutzrechtsanmeldungen.
Jede Verfügungsbefugnis, wie Kopier- und Weitergaberecht, bei uns.
Dr. Karl Nowak

Wettbewerbsfähigkeit des Standorts Deutschland durch Business Excellence

BOSCH

3. Excellence erreichen ist Aufgabe der Führungskräfte

Erfolgsfaktoren hierfür sind:

- → **Mindset der Führungskräfte auf allen Ebenen**
- → **Klare Vision der Zukunft**
- → **Design von schlanken Geschäftsprozessen**
- → **Klare gesellschaftliche und ökologische Verantwortung**

Excellence-Modell hilft dabei:

- → **Klare Priorisierung von Maßnahmen**
- → **Transparente Kommunikation der Vision/Strategie**
- → **Schaffung eines Ordnungsrahmens für Veränderungsinitiativen wie z. B. Lean Management**

März 2005

© Alle Rechte bei Robert Bosch GmbH, auch für den Fall von Schutzrechtsanmeldungen.
Jede Verfügungsbefugnis, wie Kopier- und Weitergaberecht, bei uns.

Dr. Karl Nowak

Wettbewerbsfähigkeit des Standorts
Deutschland durch Business Excellence

BOSCH

4. BOSCH und EFQM
Mit EFQM auf dem Weg zur Excellence

	2002	2003
Umsatz	35 000	36 400
Auslandsanteil in Prozent vom Umsatz	72	71
Mitarbeiter im Jahresmittel	225 900	229 400
davon in Deutschland	102 700	105 600
davon im Ausland	123 200	123 800
Investitionen in Sachanlagen	2 000	2 000
Aufwendungen für Forschung und Entwicklung	2 500	2 700
Jahresüberschuss	650	1 100

Werte in Millionen EUR

März 2005
© Alle Rechte bei Robert Bosch GmbH, auch für den Fall von Schutzrechtsanmeldungen.
Jede Verfügungsbefugnis, wie Kopier- und Weitergaberecht, bei uns.

Dr. Karl Nowak

Wettbewerbsfähigkeit des Standorts Deutschland durch Business Excellence

BOSCH

4. BOSCH agiert weltweit ….

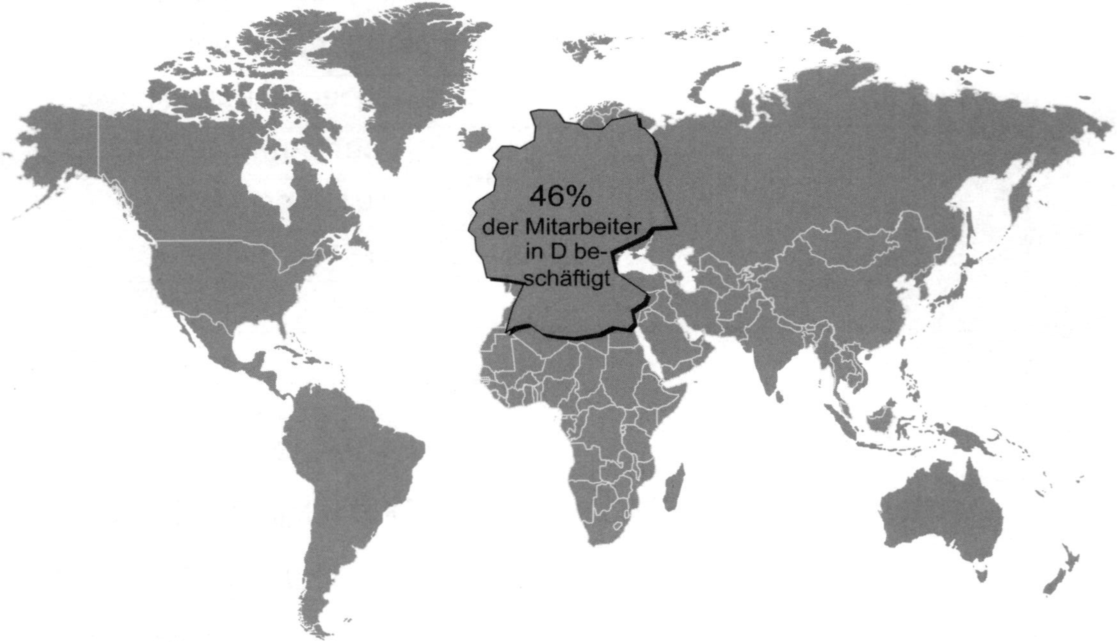

März 2005

© Alle Rechte bei Robert Bosch GmbH, auch für den Fall von Schutzrechtsanmeldungen.
Jede Verfügungsbefugnis, wie Kopier- und Weitergaberecht, bei uns.

Dr. Karl Nowak

Wettbewerbsfähigkeit des Standorts Deutschland durch Business Excellence

BOSCH

4. …und steht zum Standort Deutschland

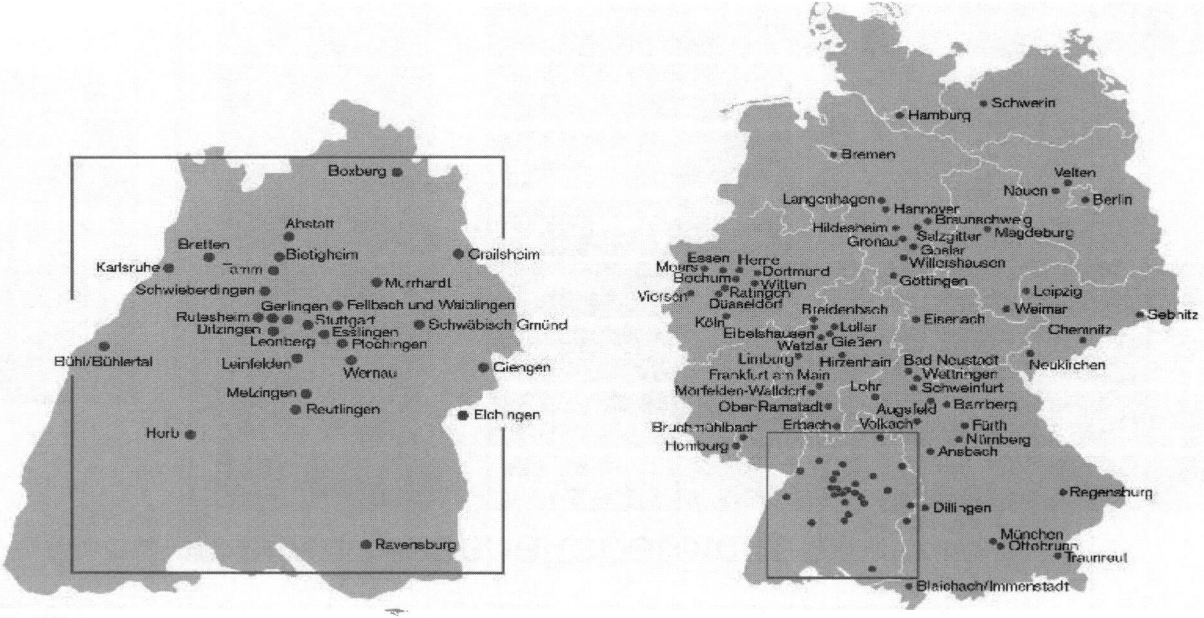

März 2005

© Alle Rechte bei Robert Bosch GmbH, auch für den Fall von Schutzrechtsanmeldungen.
Jede Verfügungsbefugnis, wie Kopier- und Weitergaberecht, bei uns.

Dr. Karl Nowak

Wettbewerbsfähigkeit des Standorts
Deutschland durch Business Excellence
BOSCH
4. …in allen Geschäftsbereichen
Bosch-Gruppe
Kraftfahrzeugtechnik
Benzinsysteme
Dieselsysteme
Chassissysteme
Energie- und Karosseriesysteme
Car Multimedia
Automobilelektronik
ZF Lenksysteme
Automobiltechnik Handel
Industrietechnik
Bosch Rexroth
Metalltechnologie
Verpackungstechnik
Gebrauchsgüter und Gebäudetechnik
Elektrowerkzeuge
Thermotechnik
Hausgeräte
Sicherheitssysteme
Breitbandnetze
März 2005
© Alle Rechte bei Robert Bosch GmbH, auch für den Fall von Schutzrechtsanmeldungen.
Jede Verfügungsbefugnis, wie Kopier- und Weitergaberecht, bei uns.
Dr. Karl Nowak

Wettbewerbsfähigkeit des Standorts Deutschland durch Business Excellence

BOSCH

4. BOSCH und EFQM
Die Geschichte

- ➔ 1989: Mitgründer der ***E**uropean **F**oundation for **Q**uality **M**anagement*
- ➔ 1995: diverse Selbstbewertungen
- ➔ 2003: EFQM-Preis für Bosch Einheit RB Türkei
- ➔ 2004: EFQM-Award für Bosch Einheit RB Türkei
- ➔ 2004: DBE

Selbstbewertung im Geschäftsbereich Diesel Systems

März 2005

© Alle Rechte bei Robert Bosch GmbH, auch für den Fall von Schutzrechtsanmeldungen.
Jede Verfügungsbefugnis, wie Kopier- und Weitergaberecht, bei uns.

Dr. Karl Nowak

4. Beispiel RB Türkei: Ausgangsbasis 1996

Die erste EFQM Selbstbewertung 1996 ergab folgende Ergebnisse:

- Unzureichende Kommunikation zwischen Hierarchien und Abteilungen
- Es fehlen gemeinsame Ziele, nur wenig Entwicklungsmöglichkeiten
- Mangelndes Führungsverhalten
- keine ausreichende Beteiligung der Führungskräfte an Verbesserungsaktivitäten

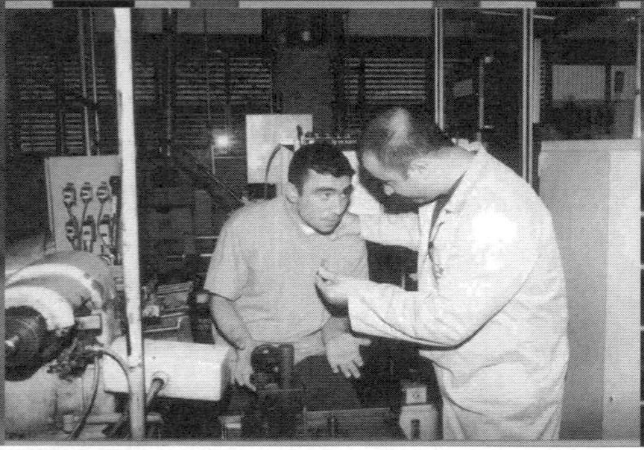

März 2005

© Alle Rechte bei Robert Bosch GmbH, auch für den Fall von Schutzrechtsanmeldungen.
Jede Verfügungsbefugnis, wie Kopier- und Weitergaberecht, bei uns.

Dr. Karl Nowak

BOSCH

4. Beispiel RB Türkei: Situation 2004

Zielentfaltungsprozess

100% Entfaltung der Strategie, durch Ziele für jeden Mitarbeiter im Rahmen von Mitarbeitergesprächen und Zielentfaltungs-Workshops

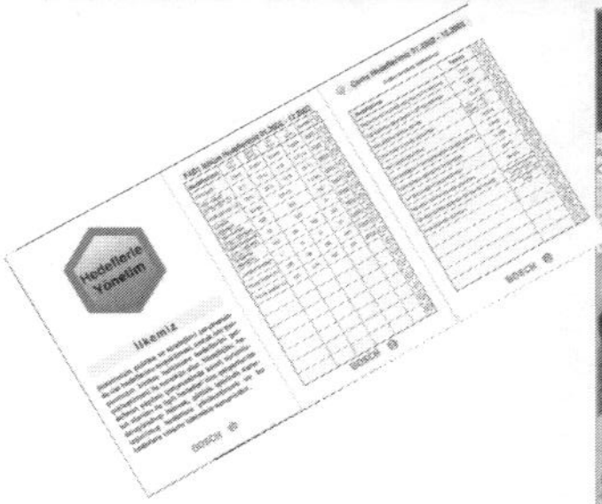

96% der Mitarbeiter kennen ihre Ziele und wissen wie diese zu den Unternehmenszielen passen

März 2005

© Alle Rechte bei Robert Bosch GmbH, auch für den Fall von Schutzrechtsanmeldungen.
Jede Verfügungsbefugnis, wie Kopier- und Weitergaberecht, bei uns.

Dr. Karl Nowak

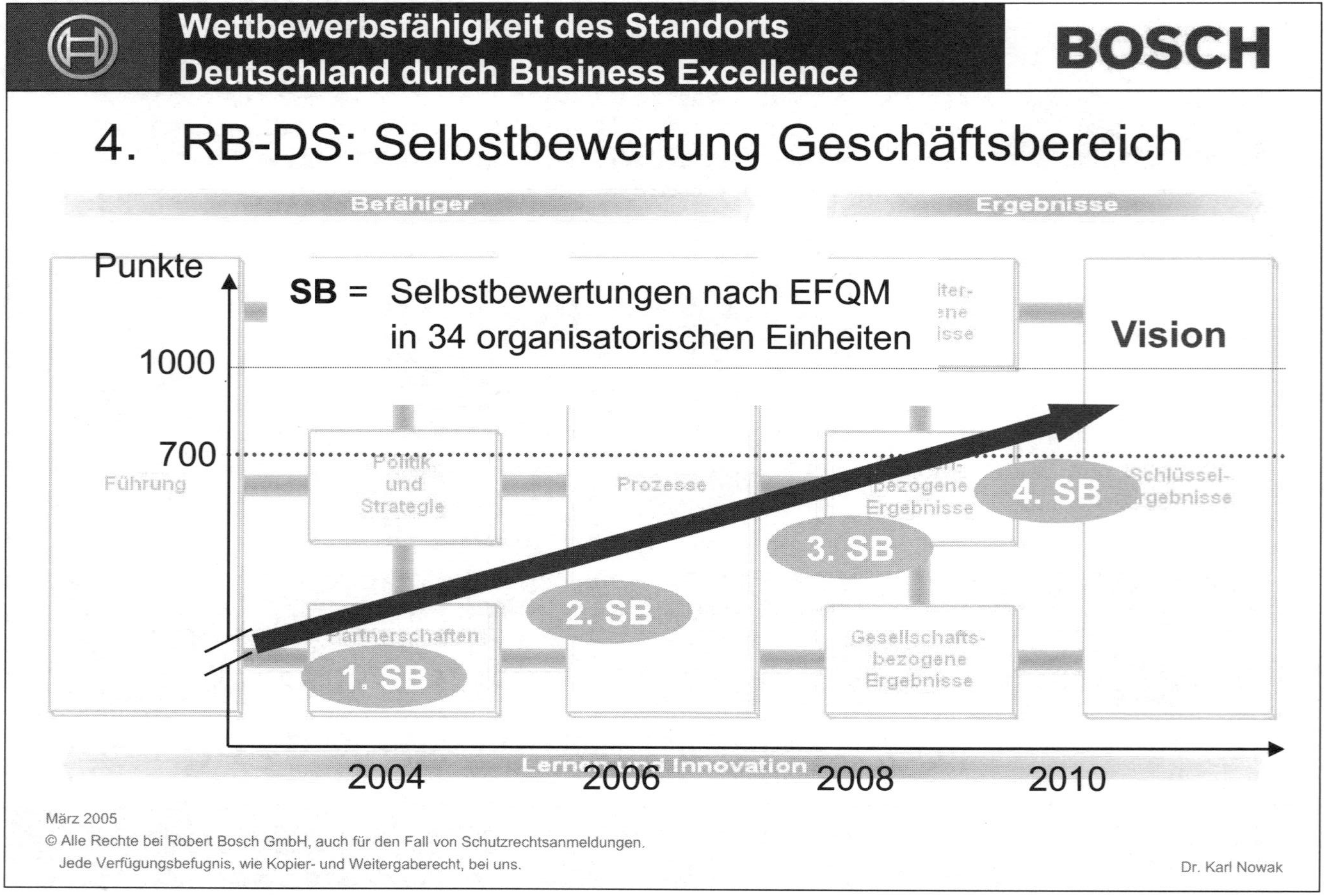
Wettbewerbsfähigkeit des Standorts
Deutschland durch Business Excellence
BOSCH
4. RB-DS: Selbstbewertung Geschäftsbereich
Befähiger
Ergebnisse
Punkte
SB = Selbstbewertungen nach EFQM
in 34 organisatorischen Einheiten
1000
700
Vision
Führung
Politik und Strategie
Prozesse
Partnerschaften
Gesellschafts-bezogene Ergebnisse
bezogene Ergebnisse
1. SB
2. SB
3. SB
4. SB
2004
2006
2008
2010
März 2005
© Alle Rechte bei Robert Bosch GmbH, auch für den Fall von Schutzrechtsanmeldungen.
Jede Verfügungsbefugnis, wie Kopier- und Weitergaberecht, bei uns.
Dr. Karl Nowak

Wettbewerbsfähigkeit des Standorts Deutschland durch Business Excellence

BOSCH

5. Zusammenfassung

- Business Excellence erhöht die Wettbewerbsfähigkeit von Organisationen am Standort Deutschland
- Entscheidende Wettbewerbsvorteile entstehen nur noch aus exzellenter Kundenausrichtung und exzellenten Prozessen im Rahmen eines gemeinsam verstandenen Ordnungsrahmens wie z.B. des EFQM-Modells
- Erreichen von Business Excellence ist eigentlich standort-unabhängige Führungsaufgabe, aber konsequent angewendet bietet sie für Organisationen in D aufgrund der Voraussetzungen besonders hohe Potentiale

März 2005

© Alle Rechte bei Robert Bosch GmbH, auch für den Fall von Schutzrechtsanmeldungen.
Jede Verfügungsbefugnis, wie Kopier- und Weitergaberecht, bei uns.

Dr. Karl Nowak

Kompensation von Standortnachteilen, Möglichkeiten eines Technologieunternehmens

Peter Feldweg

Geschäftsführer, Océ Printing Systems GmbH

Kompensation von Standortnachteilen, Möglichkeiten eines Technologieunternehmens

Vorab eine kurze Information über das Unternehmen Océ Printing Systems GmbH (OPS GmbH), um die Basis für die folgenden Erörterungen zu verstehen.

OPS macht mit ca. 1400 Mitarbeitern im Hauptquartier und einer mindestens ebenso hohen Anzahl in den Funktionen Vertrieb und Support in ca. 30 Ländern über 80 % des Umsatzes außerhalb von Deutschland. Ein gutes Drittel des Umsatzes geschieht mit Drucksystemen, die andere Hälfte mit Services und Verbrauchsmaterialien. Die Position am Weltmarkt ist geprägt als Technologie- und Qualitätsführer. Bereits vor über 10 Jahren konnte damit die weltweite Marktführerschaft im Bereich des digitalen Hochleistungsdruckermarktes erreicht werden (siehe Abb. 1, 2).

Um diese Position zu halten, ist es notwendig permanent und kritisch sämtliche Eigenschaften in deren Performance zu überprüfen. Als Technologieführer ist "time-to-market" das wichtigste Ziel. Um dies zu erreichen, muss man seine Fähigkeiten in der Forschung permanent ausbauen. Dies bedingt eine hohe Beachtung der Erfahrungen des eingesetzten Personals und die progressive Zusammenarbeit mit entsprechenden Einrichtungen wie Forschungsinstitute, Universitäten und spezialisierte Technologieunternehmen. Hier spielt eine Eigenschaft eine große Rolle, nämlich die "Partnerschaftsfähigkeit". Ebenso ist in der Produktentwicklung die Einbeziehung der strategischen Produktionspartner sehr wichtig, um trotz extremen Zeitdruck das maximal mögliche Kostensenkungspotential zu erreichen. Trotzdem wird es in vielen Fällen erforderlich sein, ein Wertanalyseprojekt nach Produktionsbeginn durchzuführen. Dabei hat uns das TCW in München im Jahre 2004 geholfen, neuere Systematiken einzuführen. Diese Vorgehensweise ist bei der Festlegung der Vermarktungsstrategie zu berücksichtigen.

Die Frage der Arbeitskosten unterliegt hier einer besonderen Betrachtung. Welche Bedeutung haben die Einkommen und die so genannten Lohnnebenkosten in der Produktion und den übrigen Funktionen? Welche Rolle spielt die Arbeitszeitflexibilität, die Qualifikationen und vor allem die Motivation im Unternehmen? Auch die Einbeziehung der Strategien der wichtigen Zulieferanten ist zu beachten. Sind Produktionsverlagerungen die Lösung? Die richtigen Antworten auf all diese Fragen können nur gefunden werden, wenn die unterschiedlichen Randbedingungen beachtet werden.

Der Umgang mit den Mitarbeitern, mit dem Erfahrungswert der Organisation, mit den Geschäftspartnern und den Kunden soll am Beispiel der OPS GmbH erläutert und diskutiert werden.

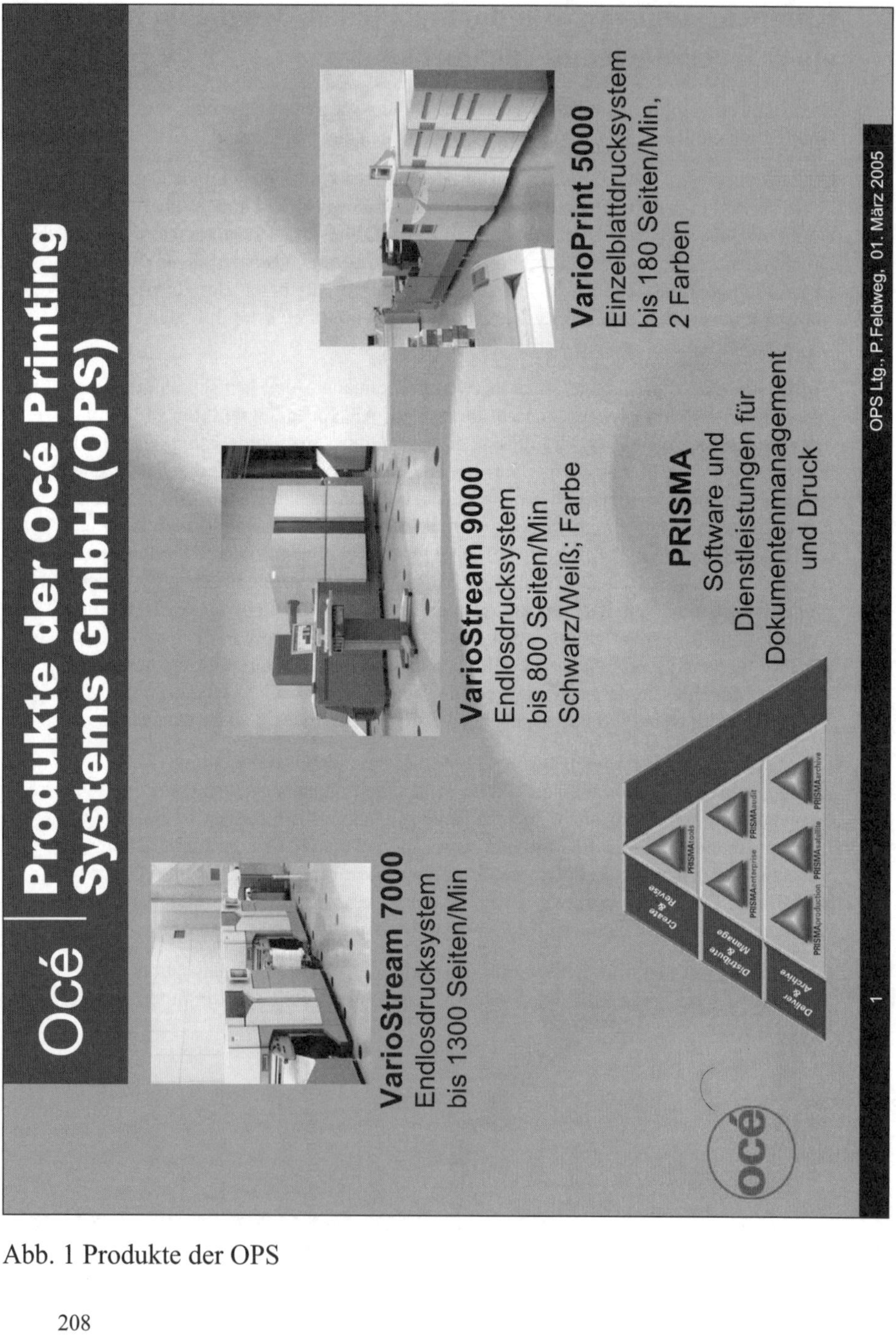

Abb. 1 Produkte der OPS

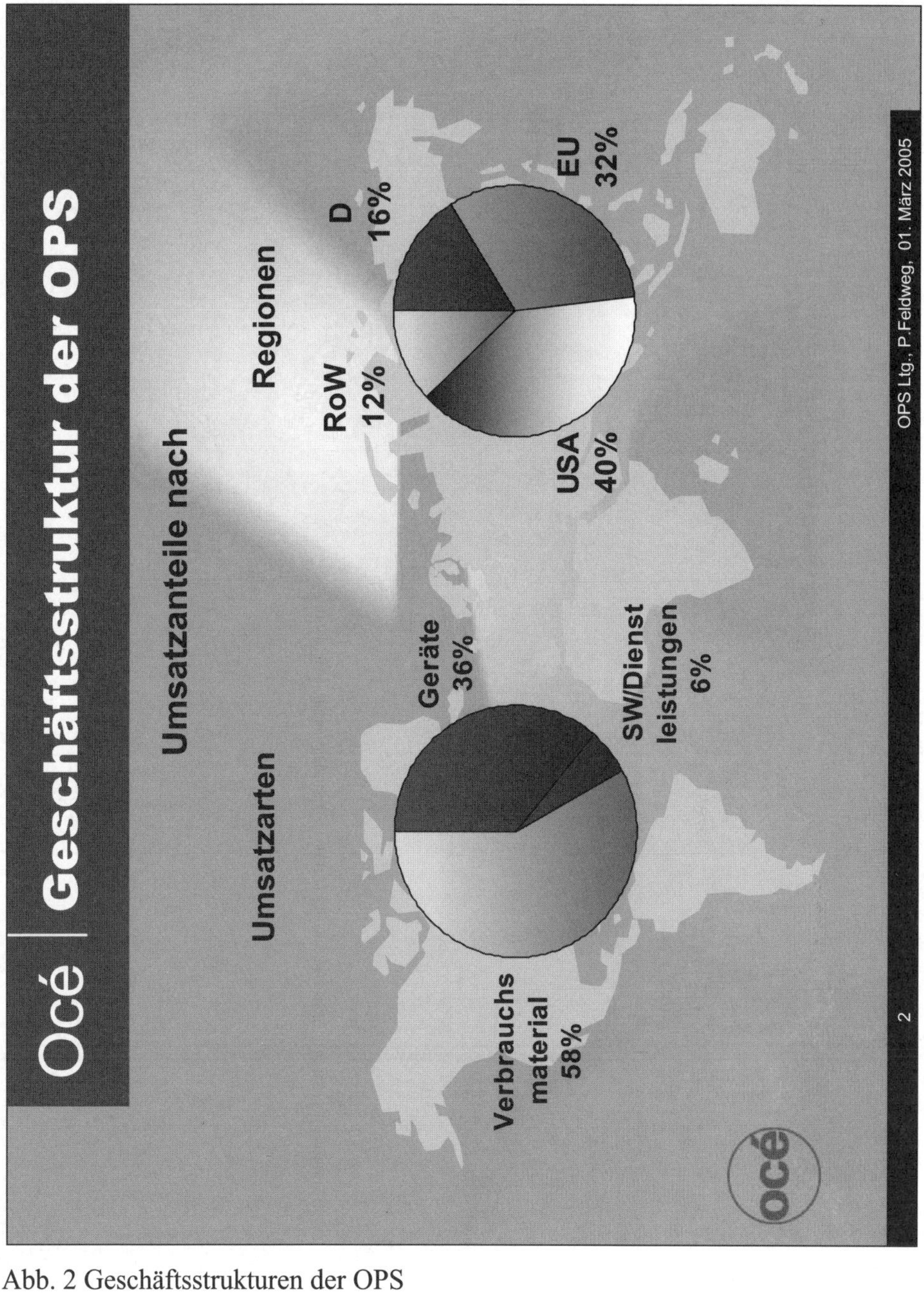

Abb. 2 Geschäftsstrukturen der OPS

Toward a Global Standard of Excellence

Robert W. Hall

Professor Emeritus, Indiana University
Editor-in-Chief, *Target*, Association for Manufacturing Excellence

Toward a Global Standard of Excellence

Standards and excellence don't go together. A standard is a specific, possible level of achievement. It may be a minimum level, as for a motor vehicle to pass a safety inspection, or it may be relatively high, as for a vehicle to win a design award.

Excellence is paradoxical, and like infinity, literally unattainable. No matter how high the level of performance, better can be imagined. Recognizing that, the original intent of an organization I helped found, The Association for Manufacturing Excellence, was that all companies should always strive for a better level of performance. Few do. It's too easy to lapse into complacence, which is normal human behavior.

Techniques and Working Culture

Complacence cycles are normal in organizations whose work culture never embraced the idea of excellence. The majority of American companies have not; they rely primarily on techniques for process improvement. Take away its champions and a technique erodes in practice and possibly disappears. A number of colorful colloquialisms describe this phenomenon; "flavor of the month" is a common one.

In the past twenty-five years American companies have experienced wave after wave of techniques. Some persist; some don't. Business Process Reengineering faded; ERP, lean manufacturing, and Six-Sigma quality seem to be hanging on, at least in companies that must demonstrate performance, such as automotive. An auto supplier cannot survive without a modicum of actual performance to show from its techniques. The better companies extend their efforts into product design and elsewhere.

For example, this past winter I visited a company that had rigorously executed a design project using classic Six-Sigma design principles. It is likely to win an innovation award – and recapture a market they were in danger of losing. And yet something is still amiss. Its work culture is still "C-Class." Work flows well, lead times are short compared with 10-15 years ago, and design processes are cross-functionally integrated, but they are inconsistent. Some programs and projects do very well; others are so-so.

The auto industry is a convenient, well-known example. Take General Motors for instance, for every Cadillac CTS it also launches an SSR pick up that sells poorly. Ford has a hot new Mustang – and Jaguar, Mercury, and other lines insufficiently distinguished in their class. European makers have similar problems, and a rising Euro to boot. In the United States, meanwhile, Toyota and Honda slowly increase market shares.

What's going on? Toyota, for example, doesn't make as many mistakes; doesn't boast; and doesn't over-inflate public expectations. By default, its market strategy is to stay quiet, wait for competitors to make their mistakes, and pick up the pieces. A core element of Toyota's culture is to never become complacent, hard because it's against human nature. In North American operations, Toyota is still B-Class, but struggling to sustain this distinctive working culture, easily diluted by rapid expansion taking in new people. (Among Toyota watchers, that dilution is considered the company's greatest danger.) A few key differences between Toyota's B-Class culture and the average C-Class company are shown in Figure 1.

Technique-Driven Culture (C-Class)	Toyota Culture (B-Class)
Deploy techniques to improve processes	People adopt techniques to improve themselves
Implementation of techniques improves processes	Techniques make problems visible; people solve problems; as a result, processes improve
Staff leads process improvement projects	People doing the work take initiative to improve processes daily
Drive process improvement toward goals using performance measurements	"True North" – perfection – is the only goal
Compare ourselves with others: Benchmark	Never become complacent; address negative feedback first – top priority
Develop technology to design new products: "Design, then test."	Learn and prove technology: Select design options late: "Test; then design."

Figure 1. Toyota as a Learning Culture

The premise of Figure 1 is a working culture is more than the language and customs of everyday behavior. In the American vernacular, it's "how we do things around here" – systems used, rules for action, how discipline is administered, and even vision and logic for deciding what goals are important. Only a few key comparisons are listed; the table in Figure 1 could be much longer.

All cultures reconcile inconsistencies. That is, in some way they reconcile discipline and freedom; individual self-reliance and group reliance; and so on. If the overall pattern of this balancing is inconsistent, people are attempting to behave in ways inconsistent with their core beliefs, which they may not recognize in themselves. Changing a culture is to learn to act consistently on a different set of core beliefs, never an easy transition.

For example, one reason lean manufacturing stagnates in American companies is that they swim in a business culture inimical to it. Auditors think operations are going out of control. Bankers impose restrictive covenants on inventory levels. Customer personnel, not uniformly coached, contradict each other. (Ford mandated that a supplier hold fifteen days of finished goods inventory when it routinely made and shipped product the same day – just as a Ford team was arriving to explain "lean production.")

Like Ford, any big company can have mix ups when personnel rotate frequently, but that rotation is also evidence of a working culture problem in any company, large or small. It begins with the top management, including owners or their representatives. There's more to being dedicated to excellence than lean manufacturing or quality techniques – or for that matter, product clinic, supply chain management, and other techniques.

The A-B-Cs of Working Culture

Great performance in the broadest sense is more than internal process improvement, innovation, and ethical external responsibility. It's going for excellence on all three of these criteria. Every working organization isn't going to do this, of course – not every sidewalk vendor. But a high standard is to be expected from organizations on which life in an advanced economy depends: health care, food production, and many kinds of engineering and manufacturing. At best it is a very great demand to make.

Innovation: Creative advance not only technology, but in business models. Innovation is far from complete with the development of technology; only when it is in safe and accepted use is that accomplished. The lion's share of effort is in testing advances in all kinds of conditions, and in educating people in its availability and use.

Process Improvement: This frequently is addressed by various techniques, from complex quality methodology to straightforward development of process visibility in work settings, and it includes product design refinements. Process improvement is small-step; innovation is large-step.

External Responsibility: Almost all companies recognize responsibility to customers. In a complex society, it is impossible for customers to know whether their vehicles, medicines, and similar products will do what is claimed and can be used safely. The provider has to assure that – in practice. Beyond primary responsibility to customers is secondary responsibility to all others; employees, suppliers, and the public in general. Despite much pushback, responsibility for a sustainable environment is not going away.

External responsibility is sometimes regarded as ethical behavior, which presumes that we know what to do, but this area is beset by questions we should ask, but don't. For example, by what criteria should an aging person no longer be allowed to drive a vehicle?

These three dimensions of performance constitute a mix that does not blend into some rigid formula for excellence. They come together, or not, in the working culture of the company. For example, I recently wrote an article on an outstanding hospice in the United States, swirling in human emotion day and night. No more knowledgeable than I am, I could spot minor lapses in health care techniques, but the attentiveness of its staff and volunteers made up for technique shortcomings. Interviewing the director, cited by the staff as the institution's role model, about her approach to leadership, she did not know how to respond at first, then blurted out, "I don't try to be any kind of leader; I cannot separate my hospice from my personal life."

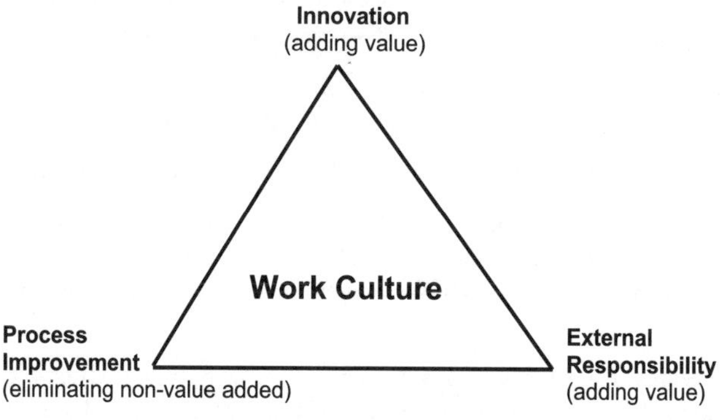

Figure 2. Different Dimensions of Performance Blend in a Working Culture

Managers of companies striving for superior performance seem obsessed with measuring it. At least in the United States they do. How do you know "who's better" or "who's best" without performance measurement? Try to measure something as diffuse as the dimensions of performance in Figure 2, and the measurement criteria become voluminous, the opposite of ideal of simplicity. For example, applications for the Baldrige Award, or even for *Industry Week's* 10 Best Plants Award easily run 25-75 pages, and examiners are left with many questions. (I've examined for both.)

So I was intrigued to learn that a Japanese group comparing some of their companies considered best paid little attention to Deming Prizes or other awards won. Those examination criteria look first for proficiency in the use of techniques, and then at the human side, the why's and how's of performance. An alternative is to simply evaluate the working culture itself. A little fuzzy, and perhaps subjective, but as one of them put it, "Better to look at something important, although imprecise, than to gather many numbers and wonder what they mean."

Their rating system was like a school grade in the United States, an A-B-C categorization system, sometimes with plusses and minuses. The A-B-C system shown in Figure 3 is not based on the Japanese system. It does presume that companies are trying to improve quality and reduce waste by some organized means.

Organization Class	Process Improvement	Innovation	External Responsibility
A. Change Resilient	Mastery of process improvement eliminates waste from all-new processes very quickly	Capable of transforming its industry; able to adopt new business models	Unifying social mission serves all stakeholders well; aggressively adapts to rapid changes
B.	Autonomous improvement and	Innovate by rigorously learning	"Outside-in;" focused on … balances all stakeholders' needs.
C. Structured Flow Operations	Core operations integrated; improvement is directed; still coaching tools	New product or service development is project-structured; cross-functional collaboration on projects	Good basic service to customers; good cost-quality-delivery; good "corporate citizen"

Working Culture

Figure 3. Brief Overview of n American A-B-C Culture Rating System

One type of culture not shown in Figure 3 is "D-Class," an old-style bureaucracy tightly adhering to its functional compartments. Almost any commercial organization still trying to do that today is falling behind. Communication is too slow; everything takes too long.

C-Class represents a great many American manufacturing organizations. Some have only implemented one or two techniques and claim that they are "doing lean manufacturing." Others have achieved more complete process integration, but have primarily engineered their changes, improving project by project. A limited amount of cultural change is necessary just integrate to the point where a visitor can identify the mains flows of work. For example the culture of a shop floor with cells and much cross-training is different from one organized more by departments.

However, there is a big cultural gap between C-Class and B-Class. At C-Class companies believe that processes improve by implementing techniques. Even if they have repeated kaizen events in the same areas multiple times, they are really just coaching the techniques. If the workers agree to cooperate with staff-led improvement we have participation.

They miss the point of all this change. The objective is to become a "learning organization" where everyone is learning, and everyone can take initiative to make something better. Indeed all workers may be expected to do that; it's just part of the job.

That's a huge cultural change; it struggles to escape the status systems that are a legacy of Taylorism. Then "experts" analyzed and made changes, or directed them; those doing the work might participate, but only to a limited extent. The arguments for experts directing change are many. Two are that an experience person should take less time, and that islands of change will not easily integrate into needed organization-wide standards. The counterargument is that those left out of this don't need to think through anything, and may not carry it out as intended. That is, they are denied the opportunity to learn. Getting to a standardized system with everyone learning may take a little longer, but it's likely to be better done at the detail level.

Today software is in almost everything. If people cannot influence the design or the parameters in software, they are limited taking initiative. That's why the rule with this approach is process improvement first; software second.

One does not need to dig into B-Class learning culture very deeply to find issues that terrify staff people – and figure out why it's a tough gap to close. It doesn't fit a rational engineering mentality. However, at some level of development C-Class structures its own enclosure from which it is difficult to escape. Learning bogs down if it is presumed to emanate from application of techniques, and technique capacity is limited.

Instead the whole idea is to make process so visible that everyone is forced to give thought to them. In other words, great process visibility creates a great deal of negative feedback. If nothing is done, the system degenerates to seal negative feedback from sight, probing only for what experts can deal with.

A-Class, the top of the heap, is only reached by experiencing traumatic stress and living through it. One can strive for B-Class. You'll only know if you were A-Class later, somewhat like living through harrowing danger, like a major fire – or combat – not knowing how you would react until you were in it.

B-Class Companies

Of course, Toyota's more mature North American operations exhibit some of the characteristics of B-Class working culture. However, the instinct of the American managers is to be directive, not developmental, and that is one of their ongoing problems. A developmental manager is always mentoring, always asking questions. "How does this work? "What did you learn today?" "What have we learned from this incident that will prevent it happening again?" The better managers are quite good at this, if not always kindly, just as good school teachers press people to learn without always being the best liked personality doing it.

The Toyota Development System illustrates Toyota's culture as well as their actual practice of the Toyota Production System, much better known. In both cases, the core of the system is that everyone should learn excellent problem seeing and problem solving techniques. Toyota still uses the Deming Circle PDCA, and in less formal problem solving just coaches people to "ask Why five times."

Given that, Toyota development stresses the development and codification of technology in useable form – technical learning over accomplishment of specific vehicle design tasks. Technical learning consists of developing trade-off tables, with data tested and kept up to date. In many tables, costs are one parameter. Designers can quickly refer to them to, for instance, quickly select a radiator size and configuration for specific engine configuration in a specific vehicle. Most design decisions are made as late as possible, based on best-available data. Data is reusable, engineers are very efficient, few errors are made, and Toyota still brings a design to market as fast as anyone, and faster than most.

Before making a design decision, everyone goes through an exercise to fix in mind the type of customer and vehicle that this project is intended for. The chief engineer ratifies all final decisions to be sure that the design integrates.

Significantly, Westerners are excited to know how Toyota develops vehicles quickly. They tend to miss the main point. The system, and the culture in which it is embedded, were created not for fast design, but to maximize learning. The same is true of the Toyota Production System. Westerners tend to overlook that too.

An American B-Class Company

Companies other than Toyota can become B-Class. An example is a small American plastics molder, Webster Plastics (139 employees), which specializes in engineered composite parts with abrasive fillers. Technically, Webster keeps up. They are phasing in electric injection for better precision, extruders and dies are fully instrumented; machines stop production whenever a parameter starts to drift; resin blending is automated and precise; and Webster's computerized monitoring system rivals the best in the business. They are working on creating better new tooling, faster.

Webster Plastics began their "evolution" around 1990. Toward what isn't clear. They don't adopt technique labels for what they do. If a methodology seems make the whole operation better, they take it up and integrate it into "how we do things around here." They won a lean manufacturing award while rarely using the term "lean" inside the company. They've won a few design and quality awards too, but don't dwell on them. That is, Webster isn't into technique contests, or self-deceived that more tools hanging on their belt, and heavier ones, makes them better process mechanics.

Instead Webster undertook a working culture revolution. They are still in it.

In the mid-1990s the president, Vern DeWitt found Webster saddled with a British owner that could not comprehend anything except financial data. Almost any operational change didn't fit a pattern they expected. DeWitt told them to sell the company while they could still get something for it, in effect firing the owner. The new ownership is an investment bank, but one that unlike many, understands that there's more to great operations than monitoring investment and payback. Vern meets with them once a year.

Webster also "fires" customers. Sales were once nearly ninety percent automotive; now it's closer to twenty percent. Customers from diverse industries are a hedge against the economic cycles of a single industry. Webster has only seven primary customer-partners, and picks them carefully; any not open to innovation they abandon. Annual cost reductions they accept; they won't accept cost-down fiats by companies unwilling to help accomplish them.

But the heart of Webster Plastics' work culture is all 130 people mentally engaging in the full business. Some are more enthusiastic than others, of course, but all are engaged. Throughout production for example, everyone is coached to "think like the resin," every day watching for ways to make it behave better. One fellow's daily job is to find and post a "tip of the day." (If he doesn't see one, he works with somebody in the shops to create one.) And while there are three creative customer field engineers, anyone can come up with an innovative product idea, and when one is introduced, everyone is involved. And the job of field engineers – make their customers' processes better. If it can be done with a Webster-designed part, wonderful; if not, help them anyway.

(Webster Plastics got a solid B-Class rating in all three categories.)

A Different System of Thought: Free Energy Density

One reason this line of thinking is so strange and so difficult, seemingly ideal, is that we are struggling to overcome the legacy of industrial thinking for many generations. Classical engineering and economics depended on division of work and economy of scale – straight from Adam Smith. But this pattern of thought may not serve us well much longer.

If we take seriously warnings of problems from energy and material shortages to global warming, we should alter our thought about how to advance, or even what advancement means. The industrial revolution substituted fuel energy for human and animal energy in all kinds of ingenious ways, and our creativity doing this is ongoing. Of course, we might be able to find some source of energy as convenient and powerful as coal, oil, and gas, but most alternatives also have drawbacks. Basic laws of physics are not subordinate to market demand. Whatever has to end sometime, will. We just don't know exactly when.

A concept from astrophysicist Eric Chaisson has some promise although it will take considerable development to make it much more than descriptive. Chaisson has projected cosmic evolution as moving toward higher free energy density; the creations of man as well as nature seem to have moved in this direction.[1]

Free energy density is energy flow, per unit of mass, per unit of time [ergs/gram/sec]. Free energy is that which a system can expend externally after powering the internal needs of the system. Anything can be a system; for example, a human body or a human organization is a system. An organism with little free energy barely keeps itself alive. If it has high free energy, it influences its environment more than it is influenced by it;

it's lively. With higher free energy *density* it becomes more "intelligent," vigorously exploring different strategies, and like humans, eventually harnessing non-bodily energy for its own use.

Chaisson noted that the highest free energy density of any biological organism is the human brain. Of course, the sun is vastly bigger and hotter, but its free energy density is much lower. The human brain is thermodynamically much more efficient.

Among human made devices, the free energy density of an integrated circuit is much higher than that of an automotive engine. In short, free energy density does not appear to follow economy of scale.

Of course, humans have long increased the free energy at their disposal by harnessing animal power, and sometimes that of other humans, and during the Industrial Revolution, learning to make much great use of fuel energy. The more we improve thrust-to-weight ratios and similar measures, the more we increase the free energy density of powered devices.

Anthropologists have also explained the rise and fall of civilizations based on free energy, and to an extent, free energy density. Joseph Tainter, for example, explained the rise of empires, including the Roman one, as the result of developing higher free energy, so they could capture territory, subjugating the energy flowing from it for their own use. When an empire became big and tired, it mustered less free energy compared with its size. When the energy required to hold it together became greater than the envergy derived from it, the empire declined, having reached a scale with no economy left to it.[2]

Human organizations today, and the processes of which they are a part, seem subject to the same analogy. I've been around several that consumed so much energy in internal confusion and infighting that they had little left over for external service.

But those are free energy analogies. A well integrated total system has superior free energy density. How? In financial terms, by keeping overhead down, but in thermodynamic terms by having each part of a system serve multiple purposes. A common example is a well done lean operation, with highly visible processes, in which the processes do much of their own communicating. No extra supervision or IT is required.

A similar idea is at work in automotive design, where the need to compact functions into a small space is forcing double duty on some components and subassemblies – letting a fan shroud also store windshield washer fluid, for instance. We are being forced into becoming more efficient in much smaller space. Probably the most common example is computer IC speed increasing by putting more lines in a smaller space.

The A-B-C measurement of cultural integration fits very well with this concept. Both are the opposite of increasing productivity by economy of scale and division of work. I propose making this line of thinking into a more practical ideal for future human advance.

Footnotes

[1] Eric Chaisson, *Cosmic Evolution: The Rise of Complexity in Nature*, Harvard University Press, Cambridge, MA 2001. The last half of the book proposes free energy density as a measure of the direction of evolution, from large scope galactic phenomena to smaller scale development of the human brain and human societies. These concepts have been broached for some time by other authors like Richard Coren, *The Evolutionary Trajectory*, Gordon and Breach Publishers, India, 1998.

[2] Joseph A. Tainter, *The Collapse of Complex Societies*, Cambridge University Press, Cambridge, UK, 1988.

Innovationstreiber für Business Excellence

Prof. Dr.-Ing. habil. Prof. e. h. Dr. h. c. mult. Hans-Jörg Bullinger

Präsident der Fraunhofer-Gesellschaft, München

Innovationstreiber für Business Excellence

Es besteht Handlungsdruck. Die beschleunigten Zyklen der Veränderungen in Technik, Wirtschaft und Gesellschaft, die Dynamik der internationalen Partner und Wettbewerber erlauben Deutschland kein Ausruhen auf Erfolgen der Vergangenheit und Gegenwart. Neuer Vorsprung, neue Beschäftigung und neues Wachstum ist das, was wir brauchen, damit wir uns unseren Wohlstand auch in Zukunft noch leisten können. Und das erreichen wir nur durch Innovationen.

Der Begriff Innovation wird häufig für alle möglichen Fortschrittsanstrengungen und Reformen verwendet. Im engeren Sinne werden mit Innovationen jedoch die Erfindungen bezeichnet, die sich erstmals erfolgreich am Markt als nützliche und bessere Lösungen in den Arbeits-, Lebens- und Lernwelten der Menschen durchsetzen. Im weiteren Sinne kann der Innovationsbegriff in drei Bereiche unterteilt werden:

- Technologische Innovationen, das heißt Investitionen in Forschung und Entwicklung für die Schaffung und Markteinführung neuer Produkte und Dienstleistungen;
- Struktur- und Prozessinnovationen, also die Entwicklung und Umsetzung von Konzepten für kreativitätsförderliche, wandlungsfähige Arbeits-, Lern- und Lebenswelten und schließlich
- Innovationen in Gesellschaft und Politik zur Gestaltung zukunftsfähiger Standortfaktoren und zur Mobilisierung individueller und kooperativer Schaffenskraft.

Um den Wettbewerbsvorteil zu sichern, müssen die Unternehmen nicht nur diese drei Innovationsbereiche im Auge behalten, sondern immer mehr den Fokus auf den Faktor Zeit richten. Es gilt, schnell zu neuen Lösungen zu kommen. Doch wie können Innovationsvorhaben beschleunigt werden?

Dieser Fragestellung hat sich die Fraunhofer-Gesellschaft gewidmet und ein Projekt gestartet, in dem Lösungen für Unternehmen und Organisationen erarbeitet werden, die Innovationsprozesse zu beschleunigen ohne dabei den Gesamtzusammenhang exzellenten Innovationsmanagements aus dem Blick zu verlieren. Wissenschaftler verschiedener Disziplinen arbeiten an einem Rahmenmodell für Innovationsexzellenz. Dabei werden Fragen der Performanzmessung und Bewertung von Innovationen genauso berücksichtigt wie ontologiebasierte, technologische Lösungen zur Beherrschung von Komplexität und zur Unterstützung interdisziplinärer Wissensintegration in Innovationsprozessen. Fachleute aus sechs Fraunhofer-Instituten stellen ihre empirischen Erfahrungen aus Innovationsprojekten in den Pilotfeldern Adaptronik, Optoelektronik, Polytronik und Dienstleistungen zur Verfügung und begleiten die Entwicklung und Erprobung der entstehenden Lösungen.

Das Rahmenmodell zur Innovationsexzellenz mit dem Fokus auf die Geschwindigkeit verknüpft die normative »top down« Rahmensetzung zum Innovationsmanagement mit phänomenologischem »bottom up« Gestaltungswissen aus konkreten Innovationsprojekten. Geschaffen wird ein Lösungsvorrat, der eine normativ und phänomenologisch begründete Auswahl an Methoden, Prozessbausteinen und strategischen Paradigmen zur Beschleunigung von Innovationsprozessen beinhaltet.

Parallel zu diesem Fraunhofer-Projekt unterstützt die Fraunhofer-Gesellschaft die Innovationsinitiative der Bundesregierung “Partner für Innovation”. Nach einem Modell der Fraunhofer-Gesellschaft werden in so genannten Impulskreisen – etwa für die Sektoren Energie, Mobilität, Medien, Vernetzung und Gesundheit – Themen aufgezeigt, konkrete Pionieraktivitäten ausgearbeitet, Handlungsempfehlungen formuliert und zu sichtbaren und beispielhaften Initiativen gebündelt. Zur wissenschaftlichen Unterstützung der Initiative wurde von der Bundesregierung in Zusammenarbeit mit der Fraunhofer-Gesellschaft ein gemeinsames Büro in Berlin eingerichtet.

Die Ziele der Initiative sind ehrgeizig, aber notwendig:

- Menschen in Deutschland für innovative Ideen und Erfindungen begeistern.
- Das Vertrauen des Einzelnen in seine Leistungsfähigkeit stärken, zu Veränderungen ermutigen und die Freude an Kreativität wecken.
- Die Bedingungen für Innovationen in Deutschland verbessern.
- Wege zu innovationsfreundlicheren Standort- und Wettbewerbsbedingungen aufzeigen und den Abbau bürokratischer Hemmnisse vorantreiben.
- In einer Vielzahl wichtiger Themenfelder die konkrete Umsetzung von Innovationen ermutigen und unterstützen.
- Beispielhafte Projekte aufzeigen, Handlungsempfehlungen geben und Pionieraktivitäten anstoßen.

Die Innovationskraft soll wieder eine traditionelle Stärke Deutschlands werden.

Im Vortrag werden erste Ergebnisse des Rahmenmodells zur Innovationsexzellenz präsentiert. Darüber hinaus wird auf die Innovationsinitiative eingegangen und aufgezeigt, was erfolgreiche Unternehmen verbindet: Wachstumsorientierung, Strategieorientierung, Kundenorientierung, Kompetenzorientierung, Technologieorientierung. Was sind Innovationstreiber? Was sind typische Hauptsünden im Innovationsprozess und wie können sie vermieden werden? Wie kann eine innovationsförderliche Unternehmenskultur die Innovationskraft steigern?

Auswirkungen globaler Unternehmensnetzwerke auf den Standort Deutschland

Prof. Dr. Claus E. Heinrich

Mitglied des Vorstands, SAP AG

Auswirkungen globaler Unternehmensnetzwerke auf den Standort Deutschland

Prof. Dr. Claus E. Heinrich
Mitglied des Vorstandes, SAP AG

THE BEST-RUN BUSINESSES RUN SAP

„Es ist nicht die stärkste Art, die überleben wird, oder die intelligenteste, sondern die, die sich **am besten an Veränderungen anpasst**“

Charles Darwin

Die Internationalisierung des Vertriebs

Globale Kunden drängen die Lieferanten zur Internationalisierung

- Zur Betreuung der globalen Kunden vor Ort entstehen **Vertriebs- und Servicegesellschaften**
- **Kern** der Wertschöpfung verbleibt in **Deutschland**

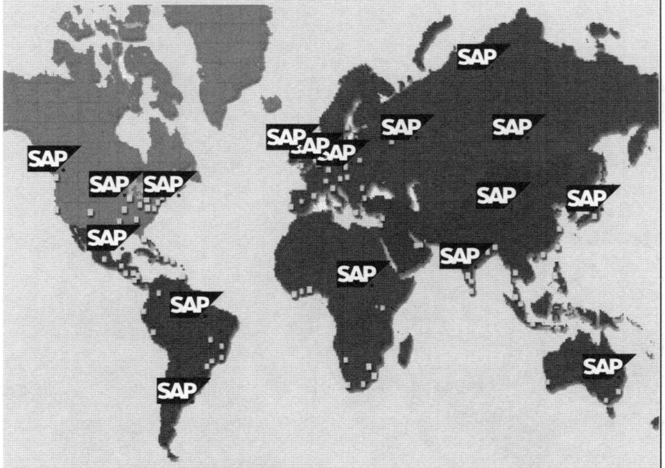

Die Inter-nationalisierung der Entwicklung

Die Eroberung von Schlüsselmärkten erfordert marktspezifische Know-How

- Kundennähe der Entwicklung
- Ausländische Entwicklungsstandorte als verlängerte Werkbank

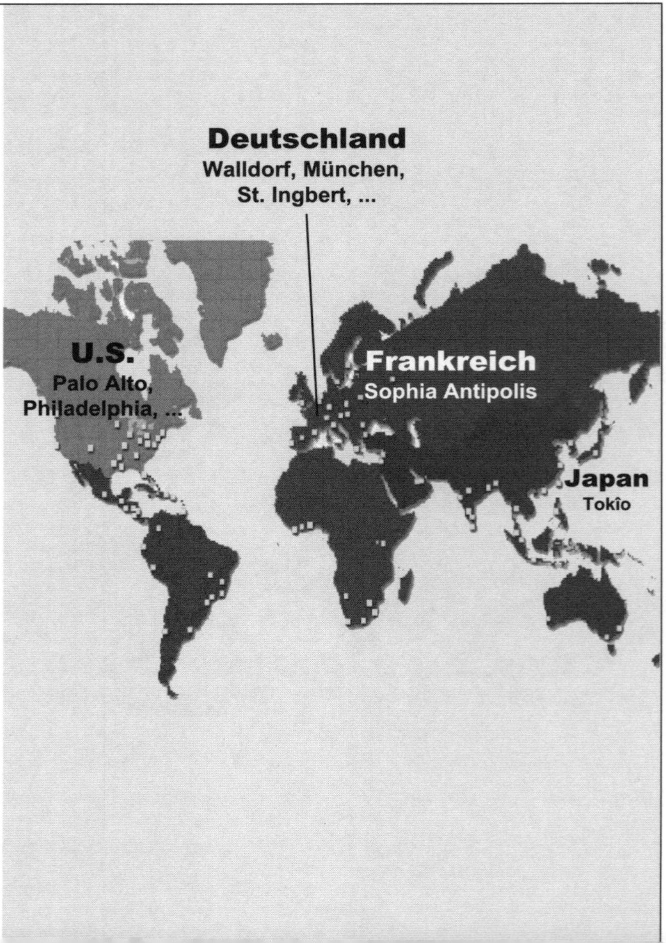

Die Globalisierung der SAP

Die Industrialisierung der Softwareentwicklung erlaubt weltweite Arbeitsteilung

- Ausnutzung von Kostenvorteilen
- Gewinnung der besten Mitarbeiter weltweit
- **Wertschöpfung** gemäß der **spezifischen Stärken**

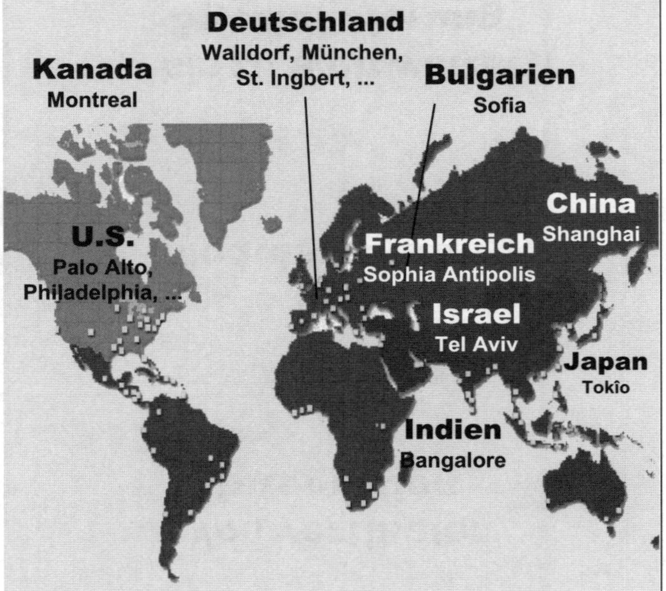

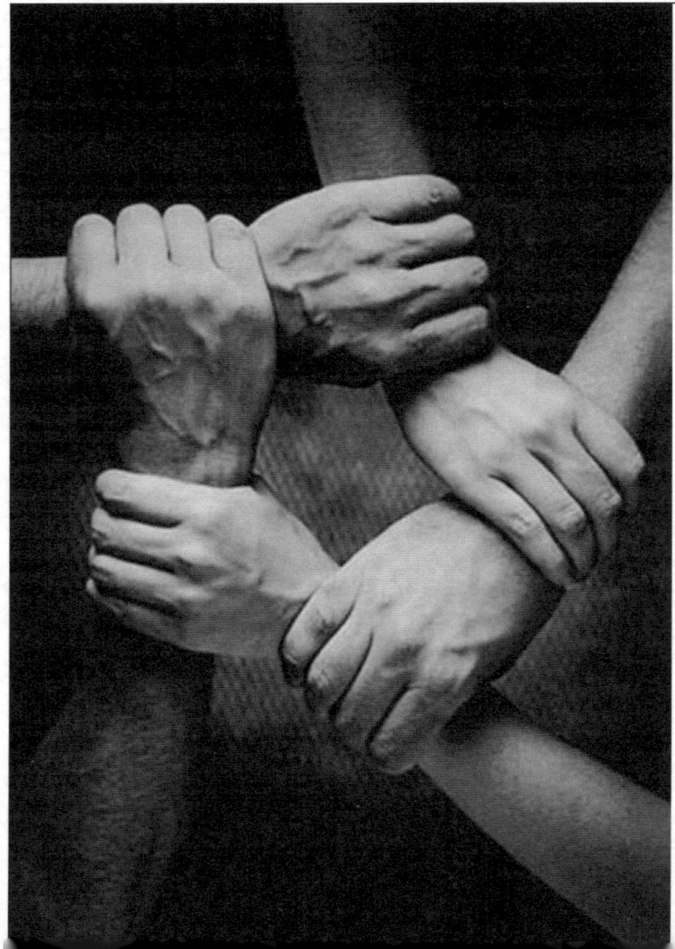

Entstehung globaler Wertschöpfungs-netzwerke

Von **vertikaler Integration**

↕

über **Modularisierung**

↕

hin zu **weltweiter Spezialisierung**

Wertschöpfungs-modell in der Automobilindustrie

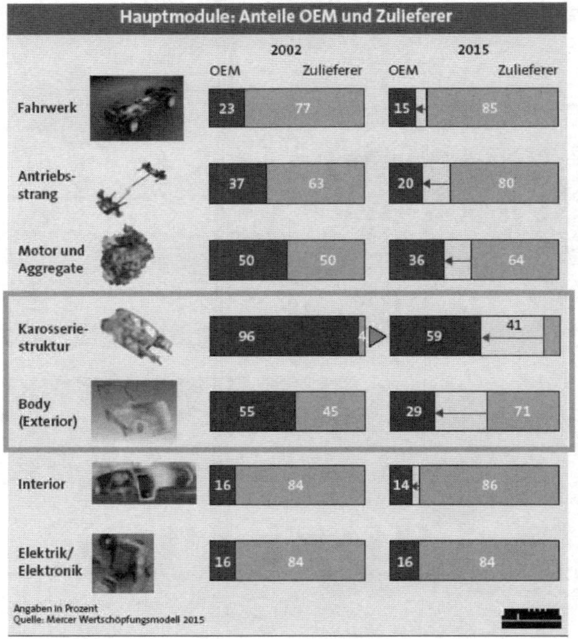

Quelle: Mercer Wertschöpfungsmodell 2015

Diversity: Die Quelle des Wettbewerbsvorsprungs

- Erfolgreiche Unternehmen nutzen die Stärken weltweiter Unternehmensnetzwerke

↓

- Deutschland muss seine **spezifischen Stärken** in internationalen Unternehmensnetzwerken nutzen

Die deutsche Stärke - Integration

Deutschlands Stärke liegt im Bereich komplexer Engineering-Produkte mit enger Verzahnung von Produkt- und Fertigungsinnovation.

Beispiel: Automobilherstellung, Apparatebau, Spezialmaschinenbau

	Forschungs-getriebene Innovation	**Integrierte Produkt- & Prozess-entwicklung**	**Markt- und Anwenderinduzierte Innovation**
AUSLAND	Home-base Exploiting R&D	Sukzessive Aufbau von Produktionswerken im Ausland	Export Strategien
STAMMLAND	Impulse für F&E in D	Starke Homebase/ Produkt- und Prozess-optimierung in D/ Funktionierende Zulieferinfrastruktur	Erstanwender-Märkte in D

Quelle: Prof. Dr. Alexander Gerybadze

Flexibilität ...

„Die Losgröße eins ist mittlerweile möglich"

Norbert Reithofer
Vorstand Produktion bei BMW

... und Agilität ...

Kundennähe
ist ein entscheidender
Wettbewerbsvorteil in
bedarfs-
getriebenen
Liefernetzwerken

... brauchen Freiheiten

„Ich brauche
keine Zuschüsse,
sondern **Freiheiten**“

Henning Kagermann

Wandel tut Not

Vom deutschen ...

- Stammsitz als Zentrum der Gravität
- Niederlassungen als verlängerte Werkbank
- Deutsche Manager verantworten Auslandsniederlassungen

zum globalen Unternehmen

- Gleichberechtigte Nutzung der unterschiedlichen Stärken
- Global verteilte Wertschöpfung
- Management Team aus verschiedenen Nationalitäten

Fazit

Als **Exportweltmeister** müssen sich deutsche Unternehmen der Globalisierung stellen. **Globalisierung bedeutet** aber auch die Übernahme **soziale Verantwortung zu Hause.**

©2005 SAP AG. SAP and the SAP logo are registered trademarks of SAP AG in Germany and several other countries. O&M SAP LM 07/05

Weltkonzern in kommunaler Hand? Entwicklung und Strukturen der Zeppelinstiftung Friedrichshafen

Josef Büchelmeier

Oberbürgermeister, Friedrichshafen

Weltkonzern in kommunaler Hand?

Die Zeppelinstiftung und ihre Unternehmen

FRIEDRICHSHAFEN

Grundsätzliche Themen

- Stiftungen in der Industrie
  Von Bertelsmann bis Zeiss
- Kommunen und Stiftungen
  Spitalstiftungen und Privatstiftungen
- Beteiligung und Einfluss
  Stiftungsrechtliche und aktienrechtliche Grundlagen
- Konzern und Kommune
  Die Friedrichshafener Sondersituation:
  Stiftungsvermögen an Unternehmen
  von weltweiter Bedeutung

FRIEDRICHSHAFEN

Die Geschichte der Stiftung

- Gründung 1908

- Bezug zur Geschichte der Luftschiffe
  wegen des Zeppelinunglücks in Echterdingen

- Entwicklung der Stiftungsunternehmen
  bis 1945 (Maybach, Dornier, Luftschiffbau Zeppelin,
  Zahnradfabrik Friedrichshafen, Zeppelin Wohlfahrt)

- Veränderungen der Stiftung nach 1945

FRIEDRICHSHAFEN

Zeppelinstiftung 1908 - 1945

- Graf Zeppelin gibt seine Geschäftsanteile von 2 698 000 Mark in die Stiftung
- Sammlung im deutschen Volk erbringt rund 6 Millionen Mark
- Vorstand der Stiftung wird Graf Zeppelin Bedeutung von Colsman und Eckener
- Bis Kriegsende 1945 selbständige Zeppelinstiftung Friedrichshafen

FRIEDRICHSHAFEN

Zeppelinstiftung nach 1945

- Französische Besatzungszeit
  Herauslösung von Maybach aus dem Konzern
- Neugliederung des Luftschiffbau-Konzerns
  Luftschiffe sind „nicht mehr möglich“
- Debatte um die Zukunft der Stiftung
  und der Stiftungsunternehmen
- Neuregelung mit sozialer Verantwortung:
  Verwaltung der Stiftung als Sondervermögen der Stadt

FRIEDRICHSHAFEN

Aufteilung der Funktionen

- Stiftung ist nicht selbst wirtschaftlich tätig
  Unabhängigkeit der Unternehmensführung
  Stiftung ist nicht „Unternehmer"
- Stiftungsentscheidungen im Gemeinderat
  Verwendung der Dividende
  Verwaltung im Stiftungshaushalt
  Themen des Stiftungsvermögens
  Hauptversammlung
- Aufsicht im Aufsichtsrat
  Berufung von Mitgliedern des Aufsichtsrates

FRIEDRICHSHAFEN

Aufbau der Stiftung heute

- Satzung
  Fassung von 1957
  „Gemeinnützigkeit“
- Organe
  Oberbürgermeister
  Gemeinderat Friedrichshafen
- Vermögen
  Beteiligung an ZF Friedrichshafen AG
  Beteiligung an Zeppelin GmbH

FRIEDRICHSHAFEN

Zeppelinstiftung: Gut für Bürger

- Stiftungsaktivitäten
  Entscheidungsprozesse
  durch Gremien der Stadt
- Gemeinnützigkeit
  Geregelt durch gesetzliche Grundlagen, Finanzaufsicht
- Soziales Engagement
  Hilfe in Notlagen und für Bedürftige
  Unter anderem: Altenpflegeheim, Jugendhaus etc.
- Kulturelles Engagement
  Museum, Musikschule, Stadtbücherei, Kulturzentrum

FRIEDRICHSHAFEN

Gut für Zeppelinunternehmen

- **Unabhängigkeit**
  Weltkonzern ist nicht in kommunaler „Hand“
  Ausgewogene, vorteilhafte Balance der Verantwortung
- **Nachhaltigkeit**
  Relative bescheidene Dividende
  Eigenfinanzierung der Stiftungsunternehmen
  Entwicklungschancen des jeweiligen Konzerns
- **Langfristigkeit**
  Eigenständigkeit, keine Gefahr der Übernahme
  Sicherheit für Führung, Mitarbeiter und Kunden
- **Bewusstsein technologischer Tradition**
  Ein Jahrhundert Technikentwicklung
  Hohe Identifikation und Motivation der Führung und Mitarbeiter
- **Soziale Verantwortung**
  Identifikation mit dem Stiftungszweck

FRIEDRICHSHAFEN

Unternehmenskrisen beherrschen – Situationsintelligenz und Sensibilität sind entscheidend

Peter Engel

Vorsitzender des Aufsichtsrats, Engel & Zimmermann AG

Erfolgreiche Krisenbewältigung

Sehr geehrte Damen und Herren,

herzlichen Dank dafür, dass Sie mich eingeladen haben. Das war nicht ohne Risiko: Meine erste Vorbemerkung ist, dass Sie sich über Krisenprävention und -bewältigung nur etwas von Leuten erzählen lassen sollten, die Ihnen eine tatsächliche Kompetenz auch belegen können. Es gibt so viele selbsternannte Krisenberater ohne Krisenerfahrung, dass Sie hier gar nicht vorsichtig genug sein können. Der falsche Rat durch den falschen Berater kostet Sie viel Geld, vielleicht sogar Ihr Unternehmen.

Natürlich gehe ich mit gutem Beispiel voran: Dies sind einige der Fälle, die die Engel & Zimmermann AG und ich mit bewältigen durften. Diese Liste beinhaltet nicht die Krisenfälle, die nicht öffentlich geworden sind – über die reden wir nicht. Sie beinhaltet auch nicht die Fälle der Krisenprävention, die wir permanent für Unternehmen verantworten.

Eine zweite Vorbemerkung: Es gibt keine Rezepturen für eine erfolgreiche Krisenprävention und -bewältigung. Wer Ihnen das verspricht, lügt Sie an und gibt Ihnen eine trügerische Sicherheit, die nicht vorhanden ist. Misstrauen Sie so genannten Krisen-Konzepten, kostenaufwändigen Trainingseinheiten zur Krisenvorbereitung und Krisen-Handbüchern. Diese Vorbeugungsmaßnahmen trüben nur Ihre Sinne, verlangsamen Ihre Handlungsfähigkeit, behindern eine situative, schnelle und sensible Reaktion auf plötzliche und extreme Sondersituationen in einem Unternehmen. Wer erst in einem Handbuch nachschlagen muss, hat schon verloren.

Eine letzte Vorbemerkung: Eigentlich hätten Sie einen Mediziner einladen sollen. Ich persönlich bin absolut davon überzeugt, dass die Prävention gegen und die Soforthilfe bei einem Herzinfarkt absolut vergleichbar sind mit extremen Krisensituationen in Unternehmen. Eine Krise ist ein Herzinfarkt im Unternehmen. Was Sie vorbeugend tun können ist so zu leben, dass das Risiko eines Infarkts geringer ist – völlig auszuschalten ist es nie. Je sensibler die Branche ist, desto mehr sollten Sie vorbeugen. So wie Sie durch gesundes und fettreduziertes Essen, Sport, Bewegung und Stressvermeidung einem Herzinfarkt vorbeugen, sollten Sie Ihr Unternehmen fit machen für extreme Situationen. Und die Leute kennen und ansprechen können, die Ihnen in plötzlichen extremen Situationen helfen.

Soweit die Vorbemerkungen – lassen Sie uns jetzt einige **präventive Maßnahmen** herausarbeiten, die Ihnen vielleicht helfen können.

1.) Sie sind nicht sicher. Sie haben Feinde.

Anders ausgedrückt: Glauben Sie nicht, dass Sie davon kommen. Wenn Sie ein Problem bekommen bei Ihrem Produkt, bei den wirtschaftlichen Verhältnissen in Ihrem Unternehmen, bei Rahmenbedingungen wie Verpackung, Pfand oder sonstigen Umweltfragen, bei Steuern oder Arbeitsplatzabbau – egal, wo Sie in Probleme geraten: Der Informant ist schon da.

Über 70% der Hinweise an Wirtschaftsjournalisten über angebliche Missstände in Unternehmen kommen vom Wettbewerb. Die besten Informanten bei "Spiegel" und "Manager Magazin" sind ehemalige Führungskräfte. Bei den Finanzbehörden gehen durchschnittlich täglich 200 anonyme Anzeigen ein, meist von betrogenen oder verlassenen Ehe- oder Lebenspartnern. Merken Sie sich: Im Zweifel ist der Wettbewerber, der Ihnen im Ernstfall telefonisch als Erster sein Mitleid und seine Loyalität ausspricht, der Informant.

Sie haben Feinde in den Medien, die die zugespitzte Story suchen und bei den Politikern, denen in einigen Fällen unternehmerischer Erfolg per se suspekt ist.

In fast allen Fällen, bei denen ich involviert war, kam die realistische und ungeschminkte Einschätzung der Situation zu spät. Fast überall gab es die Hoffnung, dass A oder Z nicht entdeckt würde, der Kelch an einem vorüber ginge und alles doch gar nicht so schlimm werden würde, wie manche prophezeien. In fast allen Fällen, die ich betreuen durfte, kam alles viel schlimmer, als es am Anfang gedacht war. Es gibt inzwischen ein Bundesamt für diese Risikobewertung. So lange sollten Sie nicht warten – eine realistische Risikoeinschätzung und -bewertung ist der unverzichtbare Einstieg in die Krisenbewältigung. Ein totes Kind nach dem Verzehr einer Torte lässt keinen anderen Spielraum als sofortige Rückruf-Maßnahmen gemeinsam mit der Behörde. Diese erste Entscheidung in der Nacht von Freitag auf Samstag im Januar 2003 war der Kern der erfolgreichen Krisenbewältigung bei Coppenrath & Wiese.

Wer die Schmerzen in der Brust und im linken Arm ignoriert, kommt auf die Intensivstation. Manchmal zu spät.

2.) Sie haben Freunde.

Besser gesagt: Sie könnten welche haben, wenn Sie sich so benehmen würden, dass man mit Ihnen befreundet sein will.

Ich beobachte immer wieder und gerade beim Mittelstand, wie introvertiert vermieden wird, dem Unternehmen ein freundlich gesinntes Kontaktfeld an die Seite zu stellen. Dies ist für mich die beste mögliche Prävention.

Wer sich einigelt und nur noch sein Innenleben praktiziert, für wen das Unternehmen ausschließlich aus Produkten und Märkten besteht, der hat im Ernstfall wenig Hilfe.

Sie brauchen Freunde in der Politik, also kümmern Sie sich um die Abgeordneten Ihres Wahlkreises in Land, Bund und Europa. Kümmern Sie sich um Bürgermeister und Gemeinderäte. Kümmern Sie sich um die Medien in der Region, in der Branche und in den Tageszeitungen und Agenturen. Oder beschäftigen Sie jemanden intern oder extern, der sich um diese Personen kümmert. Kümmern Sie sich um die Wissenschaft, sprich: um die Universitäten und damit die Professoren, die zu Ihrer Branche und zu Ihren Themen etwas zu sagen haben. Um die Verbraucherverbände, um Bürgerinitiativen, um das sportliche, kulturelle und soziale Leben im Umfeld Ihres Betriebes.

Ein sympathisches, vertrautes und offenes Unternehmen schlägt man nicht. Oder zumindest nicht so fest.

Mein erfolgreichstes Beispiel ist hier die PHW-Gruppe mit der Marke "Wiesenhof": Ein intelligenter und sensibler Unternehmer hat vor über einem Jahrzehnt begonnen, die Marke qualitativ auszuformen, die Kontakte mit Medien zu entwickeln und permanent zu festigen, Politik, Wissenschaft und Verbraucherverbände über die Heinz Lohmann Stiftung und Symposien einzubinden. Ein Unternehmen der sonst permanent gescholtenen Agrarindustrie und vorher fast ausschließlich unter dem Stichwort "Massentierhaltung" abgehandelt, ist heute selbstverständlicher und gehörter Gesprächspartner bei allen Zielgruppen. Frau Künast musste einen Preis überreichen, in Bayern wurde zusätzlich der Tierschutzpreis verliehen, von der Lebensmittelzeitung gab es den "Goldenen Zuckerhut" und von fast allen Medien in TV und Print sachliche und faire Berichterstattungen. Warum? Weil es zu den vorrangigen Unternehmenszielen gehört hat, einem Unternehmen in einer Branche mit vielen Feinden so viele Freunde wie möglich zur Seite zu stellen.

3.) Interessen sind nicht gleich. Und ändern sich.

Meine Kritik an so genannten Krisen-Konzepten resultiert auch aus der Erkenntnis, dass sie starr und unbeweglich sind und verhindern, dass man sich situativ und sensibel auf neuen Situationen einstellen muss. Krisen haben es an sich, dass am nächsten Tag nichts so ist, wie man es am Vortag erwartet hat. Das flexible Einstellen auf neue Situationen, besser ausgedrückt: Situationsintelligenz ist eine der ganz wesentlichen Faktoren, um einigermaßen schadlos extreme Situationen zu bewältigen.

Beispiele: Von den Managern, die im so genannten Glykol-Skandal bei Pieroth am Anfang dabei waren, waren nur noch die Eigentümer in der letzten Instanz beim Bundesgerichtshof in der Firma. Die ebenfalls angeklagten Manager waren in alle Winde zerstreut, längst bei anderen Firmen, gegeneinander positioniert und ohne Zwang zur wechselseitigen Loyalität und zum ehemaligen Unternehmen.

Bei vielen großen Steuerverfahren gilt das Gleiche: der angeklagte ehemalige Chef hat nicht unbedingt die gleichen Interessen wie der amtierende Nachfolger. Die betroffenen Führungskräfte, von Staatsanwälten gezielt in Untersuchungshaft genommen, haben verständlicherweise mehr Interesse am eigenen Schicksal als am Schicksal der Firma.

Wenn es um einen millionenschweren Rückruf von Produkten aus dem Markt geht, hat der Lieferant von verunreinigtem Paprika ein anderes Interesse als der Hersteller der Paprika-Chips, der davon betroffen ist. Das eskaliert ganz schnell in der Frage, ob die Ausgangs- oder Eingangskontrolle verantwortlich ist und in teuren, wechselseitigen juristischen Scharmützeln.

Nehmen Sie das Beispiel der Conditorei Coppenrath & Wiese: Wenn das Produkt einen Schaden verursacht hätte, was nicht der Fall war, wäre lange Zeit offen geblieben, wann und wo dieser Schaden entstanden ist. Wurde die Kühlkette unterbrochen? Auf dem Weg zum Handel? Im Handel? Auf dem Weg zum Verbraucher? Beim Verbraucher? Haben Zutaten nicht gestimmt? Welche und von wem? Wessen Kontrollen haben dann versagt?

Die Liste der Fragen ließe sich unendlich weiter treiben – alle Krisen haben gemeinsam, dass die Fragen mehr sind als die Antworten.

4.) Qualität! Qualität?

Ein ganz wichtiges Feld. Ich habe es selbst erlebt (Namen werden natürlich nicht genannt), dass Unternehmen einen Missstand in einer Nische aufrecht erhalten bei gleichzeitiger Gefährdung eines Markenwertes, den man auf einige 100 Mio. Euro beziffern muss. Manchmal fehlen nicht nur Sensibilität und Moral sondern auch die Intelligenz, auf Ereignisse angemessen zu reagieren. Oder: Risiken richtig zu bewerten.

Zur Prävention gehört, dass Qualität nicht nur in Sonntagsreden stattfindet, sondern gelebt wird. Die meisten Produktkrisen sind importiert und damit Krisen von Rohstoffen und Zulieferern. Die Markenartikler tragen sie dann aus.

Glykol war die Krise österreichischer Weine und wurde über deren Verunreinigung nach Deutschland und zur Pieroth-Gruppe importiert. Birkel war Flüssigei, Bahlsen waren Gewürze, Convenience-Produkte waren Krabben aus Thailand, Gesundheitstees waren Kräuter nach Tschernobyl – die Liste ließe sich beliebig erweitern. Es gibt so etwas wie eine Produktethik. Es gibt so etwas wie eine Einkaufsmoral. Es gibt Qualitätskriterien jenseits der betriebswirtschaftlichen Kostenbetrachtung. Ich weiß auch, wie schwer dies alles umzusetzen ist beim Preisdruck des Marktes. Ich bin trotzdem davon überzeugt, dass die Prävention im Produktbereich durch klare Qualitätsmaßstäbe für Rohstoffe, Zutaten und Verarbeitung ein ganz wesentliches Element für Krisenvermeidung und -bewältigung ist.

Beispiel Coppenrath & Wiese: Das bei unterschiedlichsten Zielgruppen vorhandene Wissen über die Qualitätskriterien und Produktionsbedingungen hat uns die Arbeit in der Krise leichter gemacht. Wir konnten schnell und überzeugend darstellen, dass das Unternehmen Qualität und Sicherheit tatsächlich auf höchstem Niveau praktiziert.

5.) Medien entscheiden.

Krisen werden erst durch Medien Krisen. In wenigen Ausnahmefällen durch Staatsanwälte.

Anders herum: Wenn Sie sich die Liste der von uns oder mir beratenen und betreuten Krisenfälle anschauen, dann kommen Sie – wie bei fast allen anderen Fällen auch – schnell zu dem Ergebnis, dass es zwei extreme Risiken gibt:

- Die Medien vernichten das Unternehmen.
- Staatsanwälte vernichten Schicksale.

Um den zweiten Bereich sollen sich Juristen kümmern. Hier will ich nur anmerken, dass es inzwischen absolut Usus ist, Produkthaftungsfragen zur Wirtschaftskriminalität hoch zu stilisieren und wie Steuerdelikte zu behandeln. Und dafür groß angelegte Untersuchungs-, Beschlagnahmungs- und Verhaftungsaktionen einzusetzen, zur Einschüchterung und zur Erreichung eines schnellen Erfolges im Sinne einer Akzeptanz eines Strafrahmens.

In der Wirtschaft werden heute nach meiner Kenntnis mehr als zwei Drittel der Verfahren nicht mehr zu Ende gebracht, sondern im Zuge eines “Deals” zwischen Staatsanwälten und Verteidigern entschieden. Gerichte sind dann nur noch die Handlanger des Vollzugs.

Mehr beschäftigen sollte uns die Gefährdung der Unternehmen durch die Medien: Zeitung, Hörfunk und Fernsehen entscheiden, ob und wie angeschlagen Sie eine Krise überstehen.

Auf diesem Feld gilt wie auf keinem anderen, dass Prävention möglich und nötig ist. Wenn Sie mit Journalisten nicht umgehen, Pressearbeit als überflüssig ansehen, müssen Sie sich nicht wundern, wenn Sie weder Instinkt noch Fähigkeit entwickelt haben, in extremen Situationen mit Medien umzugehen. Das üben Sie in normalen Zeiten.

Egal, ob Sie das intern oder extern organisieren – Priorität Ihrer Öffentlichkeitsarbeit ist Medienarbeit. Ihre Selbstdarstellungen in Form von Videoproduktionen, Broschüren, Internetauftritten oder sonstigen Eigendarstellungen interessieren im Krisenfall niemanden. So sollten Sie die Priorität Ihrer Öffentlichkeitsarbeit absolut auf die Pressearbeit ausrichten und zusätzlich zur Kenntnis nehmen, dass Sie als Mittelständler nicht den Kontakt aufbauen können zu den überregionalen Medien, wie Sie ihn im Ernstfall benötigen.

Die Konsequenz: Belegen Sie das Feld der Pressearbeit. Dort wo Sie nicht groß und wichtig genug sind, brauchen Sie das trotzdem für die Fachpresse, für die lokale und regionale Presse. Sie sollten sich gleichzeitig eine Agentur anbinden, die die überregionalen Pressekontakte nachweist. Die Betonung liegt auf nachweist – behaupten tut sie jeder.

Dies ist überhaupt ein ganz wichtiger Punkt: Die Entwicklung bei Kommunikationsberatern und PR-Agenturen in Deutschland geht leider weg vom schweißtreibenden Geschäft der Medienkontakte und hin zu immer extremeren Formen der Selbstdarstellung durch Eigenproduktionen. Das ist teuer und wenig effektiv, das ist einfacher aber nutzloser.

Egal ob Pieroth, Coppenrath & Wiese, Fuchs Gewürze oder die anderen Krisenfälle, die wir bearbeitet haben: in jedem Fall waren es hunderte von direkten Medienkontakten, die erarbeitet werden mussten. Bei Coppenrath & Wiese in den ersten fünf Tagen alleine über 200.

6.) Medien entscheiden? Politik auch!

Gerade bei Produkt-Rückrufen werden Sie erleben, wie wichtig eine Gesprächsplattform mit Behörden und der Politik ist. Das wird auch schon einmal zum Glückspiel, in welchem Bundesland Sie beheimatet sind.

Noch einmal das Beispiel Coppenrath & Wiese: Der Fall eines verstorbenen Mädchens war in Hessen und die hessische Sozialministerin und ihre Beamten sind hervorragend, sensibel und kooperativ mit der Unternehmensleitung und auch mit uns die Sache herangegangen. Dann gab es einen Fall in Niedersachsen und wir konnten mit dem dort zuständigen Verbraucherschutz-Minister sogar am Sonntag Abend telefonieren und erreichen, dass nicht voreilige Schlüsse gezogen und öffentlich kommuniziert wurden.

Dann gab es aber auch noch Frau Höhn in Nordrhein-Westfalen und die hatte schon die öffentlichen Antworten, als alle anderen Beteiligten noch im Bereich der Fragen waren. Hier mussten wir sogar einen Weg über ihren Ministerpräsidenten gehen, um Schaden von der Firma abzuwenden.

Ich habe gerade in jüngster Zeit bei Eckes-Granini, auch einer unserer Kunden und Ihnen ja allen bestens bekannt, erleben können, wie Aktivitäten und Kontaktaufnahmen zur Politik ausgesprochen produktiv und hilfreich sein können. Da geht's um Verpackungs- und Pfandfragen und Sie alle wären erstaunt, wie aufgeschlossen selbst prominenteste Politiker sind, wenn Sie sie mit Wünschen oder Fragen konfrontieren. Dies führt nicht immer und schnell zu erwünschten Ergebnissen und konkreten Erfolgen – aber Sie haben Gesprächspartner und in vielen von mir erlebten Fällen auch wirklich Unterstützer. Laden Sie Politik in Ihre Firma ein, zu Symposien und Veranstaltungen, veranstalten Sie zu übergreifenden Branchenthemen einen parlamentarischen Abend in Berlin mit den zuständigen Ausschüssen, gehen Sie mit dieser Zielgruppe um wie Sie mit Journalisten und Medien umgehen – im "Ernstfall" hilft Ihnen das weiter.

7.) Die richtigen Leute zur richtigen Zeit am richtigen Ort.

Das gehört mit Sicherheit zum Kapitel Prävention: Sie brauchen einen Krisenstab mit allen beruflichen und privaten Kontaktadressen und damit der Möglichkeit, dieses Gremium schnell einzuberufen. Da gehört das Management hinein, der PR-Manager oder Pressesprecher oder Agenturvertreter, wenn Sie das extern organisiert haben. Halten Sie den Kreis klein und effektiv und holen Sie sich zusätzlichen Rat dazu an Hand der eingetretenen Situation. Ein Krisenstab besteht also aus einem fixen und einem variablen Teil. Lassen Sie diesen Stab nicht fremd bestimmen durch externe "Spezialisten" – Krisenprävention und -bewältigung sind ganz normale Unternehmensaufgaben, die das Management zu leisten hat. Die Eingangsbemerkungen gelten auch für das Raster des Krisenstabes: Nicht Handbücher und Schubladenkonzepte, sondern Situationsintelligenz, Reaktionsschnelligkeit und Sensibilität sind entscheidend. Eben die richtigen Leute zur richtigen Zeit am richtigen Ort.

8.) Vorsicht: Plünderung.

Wenn Sie in eine Krisensituation kommen, vor allem als Mittelständler und im Produktbereich, stürzen sich die angeblichen Krisenberater wie Geier auf das verletzte Wild. Beispiel Humana: Nach gewöhnlich gut unterrichteten Kreisen gab es am ersten Tag rund 300 Faxeingänge zum Thema – 200 von Medien und 100 von selbsternannten Krisenexperten und PR-Agenturen.

Ich habe es selbst erlebt, dass eine international durchaus anerkannte PR-Agentur an dem Tag, an dem die Bildzeitung titelte "Oma tot. Glykol-Wein schuld?" empfahl, doch eine repräsentative Kunden- und Bevölkerungsschicht zu befragen, wie das aktuelle Image der Firma sei. Bei Coppenrath & Wiese empfahlen uns Anbieter Unternehmensbroschüren, Qualitätsbroschüren, Videofilme, neue Homepages zu produzieren.

Auch großflächige Imageanzeigen, übereilt einberufene Pressekonferenzen oder Mitarbeiter- und Kundenmonitorings werden gerne empfohlen. Die Stresssituation wird ausgenutzt, man bietet einen Strohhalm und glaubt, dass man dafür viel Geld verlangen kann.

Hier schließt sich der Kreis: die Nachweiskriterien der tatsächlichen Erfahrungen bei Krisenbewältigungen, die Referenzen einschlägiger Fälle, die Werturteile von Kunden, denen konkret geholfen wurde und die nachgewiesenen Medienkontakte helfen Ihnen, die Plünderer von den Helfern zu unterscheiden.

Bitte beklagen Sie sich bei der Beurteilung dieser Veranstaltung und meines Vortrages nicht, dass Sie zu wenig Unterlagen in der Seminarmappe haben. Ich würde mir ja untreu werden und Ihnen Rezepturen an die Hand geben wollen, wo es meiner Meinung nach keine gibt. Es ist wie in der Politik: keine Krise ist gleich, Menschen müssen Sie mit ihren Fähigkeiten bewältigen, gute oder schlechte Berater helfen oder schaden. Der Menschenverstand ist wichtiger als das Lehrbuch, die Sensibilität für gesellschaftliche Erwartungen wichtiger als der eigene Wissensstand. Lernen Sie Fehler zu vermeiden – von Ackermann bis Scharping. Lesen Sie nicht nur den Wirtschaftsteil der FAZ und Handelsblatt, sondern auch Spiegel, Stern und Bild am Sonntag. Schauen Sie nicht nur Tagesthemen, sondern auch Panorama und Frontal, Explosiv und Reporter.

Ich habe zum Schluss natürlich noch eine gute Nachricht für den Mittelstand: Vielleicht haben es Mittelständler schwerer, die zur Prävention notwendigen Kontakte in den verschiedenen Bereichen aufzubauen. Ich kann Ihnen aber andererseits und aus eigener Erfahrung versichern, dass die Fähigkeit zur schnellen und effektiven Krisenbewältigung beim Mittelstand deutlich besser ausgeprägt ist als bei Konzernen. Kürzere Wege, schnellere Abstimmungen, schnelleres und effektiveres Handeln – dies sind Fähigkeiten, die gerade in Krisenzeiten besonders wertvoll sind.

So wünsche ich Ihnen und ihren Unternehmen, dass Sie gesund bleiben. Tun Sie auch etwas dafür. Sollte es Sie trotzdem treffen, hoffe ich, dass ich einen kleinen Beitrag leisten konnte, dass Sie auch eine Krise gut überstehen.

Wir sind so gut wie unsere Kunden.
Wann gehören Sie dazu?

ENGEL & ZIMMERMANN AG

Agentur für Wirtschaftskommunikation
Unternehmen · Marken · Finanzen

www.engel-zimmermann.de

Investitionen in den Standort Deutschland – Balanceakt zwischen Regulierung und Liberalisierung

Dr. Johannes Teyssen

Vorsitzender des Vorstands, E.ON Energie AG

e·on | Energie

Investitionen in den Energiestandort Deutschland – Balanceakt zwischen Regulierung und Liberalisierung

Dr. Johannes Teyssen, Vorsitzender des Vorstands der E.ON Energie AG

12. Münchner Management Kolloquium
München, 02. März 2005

e·on | Energie

Die zehn wichtigsten technischen Innovationen des 20. Jahrhunderts

1. **Elektrifizierung**
2. Entwicklung des Autos
3. Entwicklung des Flugzeugs
4. Moderne Wasserversorgung
5. Elektronik
6. Radio und Fernsehen
7. Landwirtschaftliche Mechanisierung
8. Computer
9. Telefon
10. Air Conditioning / Kühlung

E.ON | Energie

Gliederung

- Fundamentale Herausforderungen der künftigen Energiemärkte
- Strom- und Gasinvestitionen in Europa 2001 - 2030
- Aktuelle Fragen der deutschen Energiepolitik
- Entwicklung der Strom- und Gaspreise in Deutschland
- E.ON Energie – ein Münchner Konzern versorgt Zentraleuropa mit Strom und Gas

E.ON Energie

Gliederung

- **Fundamentale Herausforderungen der künftigen Energiemärkte**
- Strom- und Gasinvestitionen in Europa 2001 - 2030
- Aktuelle Fragen der deutschen Energiepolitik
- Entwicklung der Strom- und Gaspreise in Deutschland
- E.ON Energie – ein Münchner Konzern versorgt Zentraleuropa mit Strom und Gas

E.ON | Energie

Entwicklung der Weltbevölkerung

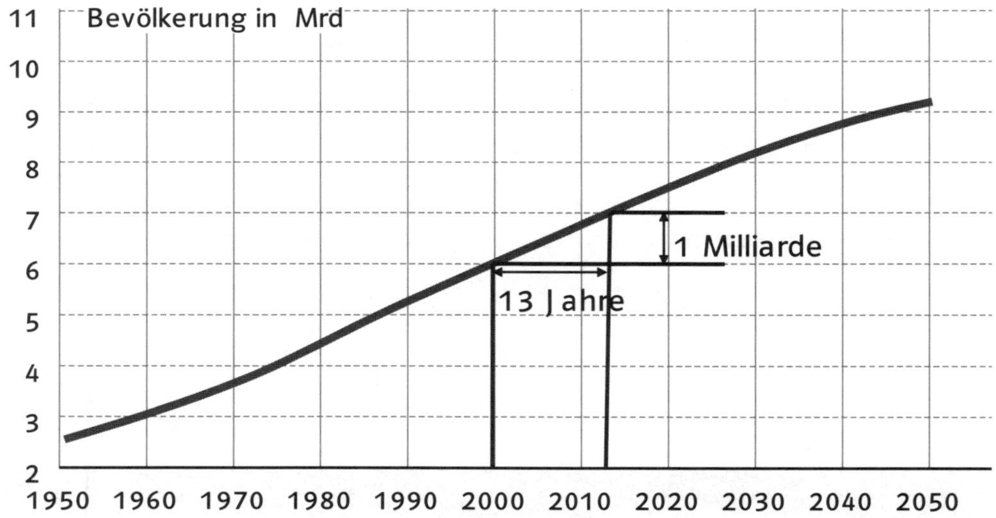

Quelle: IUB

e·on | Energie

Energiebedarf

Einschätzungen der Internationalen Energieagentur (IEA)

Dramatisch ansteigender Energieverbrauch

59 %	mehr Energie benötigen Unternehmen und Privathaushalte, bis zum Jahr 2030 im Vergleich zu heute.
85 %	der Energieträger werden auch zukünftig aus Kohle, Öl und Gas gewonnen.
1,6 %	jährlich wird die Nachfrage nach Erdöl weltweit steigen.
200 %	wird der Gasverbrauch bis zum Jahr 2030 im Vergleich zu heute steigen.
20 %	des Energiebedarfs wird auch weiterhin die Kohle decken.
2 %	Anteil werden die Erneuerbaren Energien weltweit nicht übersteigen.

Zwei Drittel des prognostizierten Verbrauchzuwachses gehen auf das Konto von China und Indien.

e·on | Energie

Versorgungsabhängigkeiten

Einschätzungen der Internationalen Energieagentur (IEA)

Öl- und Gasversorgung

- Die Öl- und Gasversorgung wird deutlich unsicherer werden.
- Größere Abhängigkeit von den Ölproduzenten.
- Weltweite Anfälligkeit durch Lieferengpässe verursacht Preisschocks.
- Energiegewinnung wird auch ohne Politikwechsel überwiegend aus Kohle, Öl und Gas bestehen.

Abhängigkeit von Lieferungen aus weit entfernten und politisch instabilen Regionen

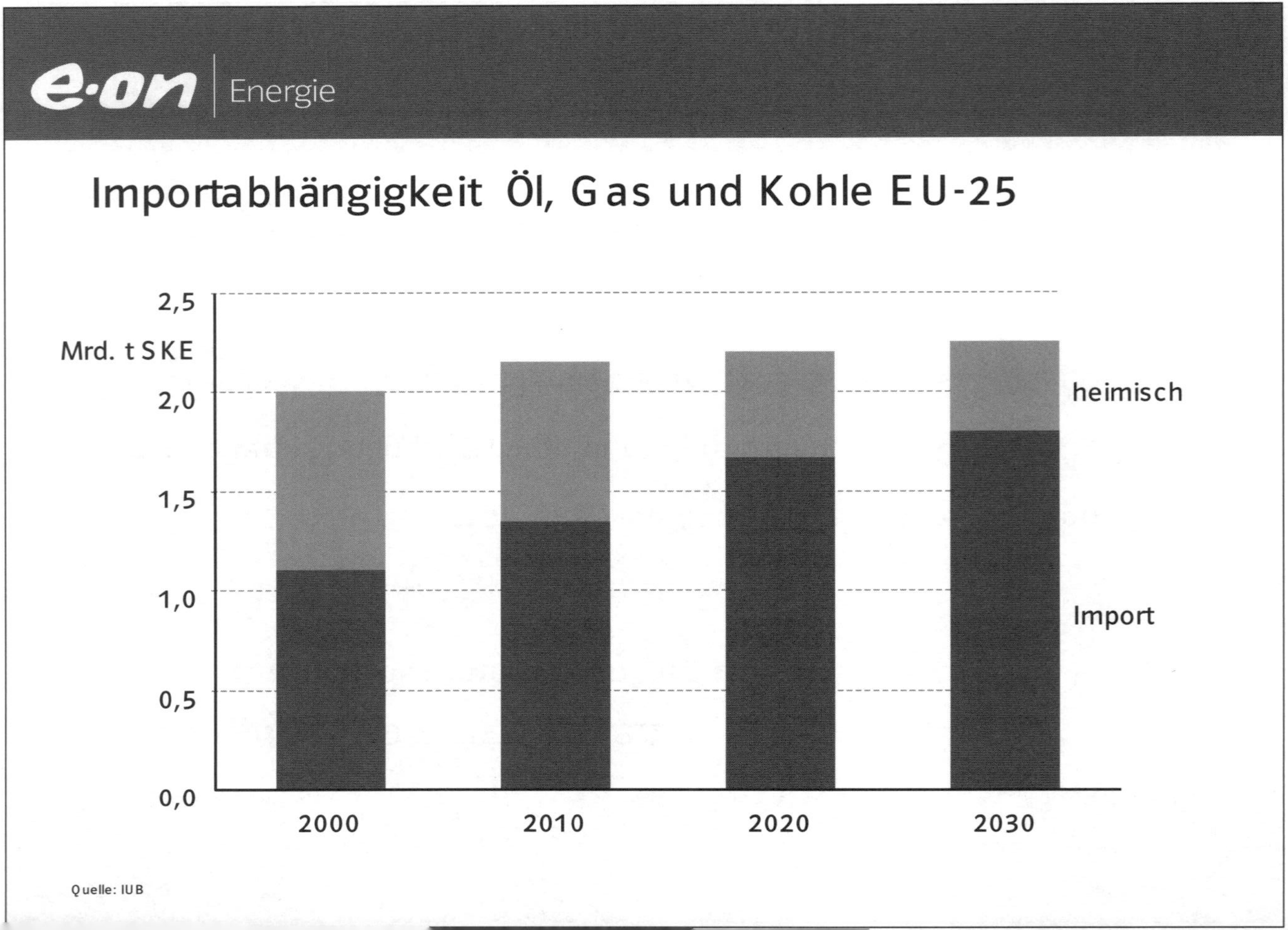
e·on Energie
Importabhängigkeit Öl, Gas und Kohle EU-25
Mrd. t SKE
2,5
2,0
1,5
1,0
0,5
0,0
2000
2010
2020
2030
heimisch
Import
Quelle: IUB

e·on | Energie

Gliederung

- Fundamentale Herausforderungen der künftigen Energiemärkte
- **Strom- und Gasinvestitionen in Europa 2001 - 2030**
- Aktuelle Fragen der deutschen Energiepolitik
- Entwicklung der Strom- und Gaspreise in Deutschland
- E.ON Energie – ein Münchner Konzern versorgt Zentraleuropa mit Strom und Gas

e·on | Energie

Strom- und Gasinvestitionen in Europa 2001 bis 2030

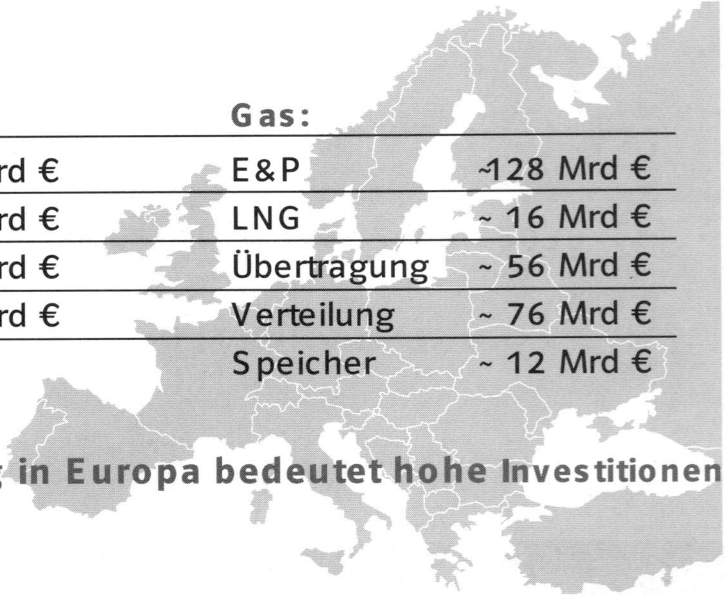

Strom:		Gas:	
Erzeugung	~420 Mrd €	E&P	~128 Mrd €
Instandhaltung	~ 40 Mrd €	LNG	~ 16 Mrd €
Übertragung	~ 96 Mrd €	Übertragung	~ 56 Mrd €
Verteilung	~328 Mrd €	Verteilung	~ 76 Mrd €
		Speicher	~ 12 Mrd €

Eine sichere Versorgung in Europa bedeutet hohe Investitionen.

Quelle: IEA World Energy Investment Outlook 2003

e·on | Energie

Investitionen in der Erzeugung

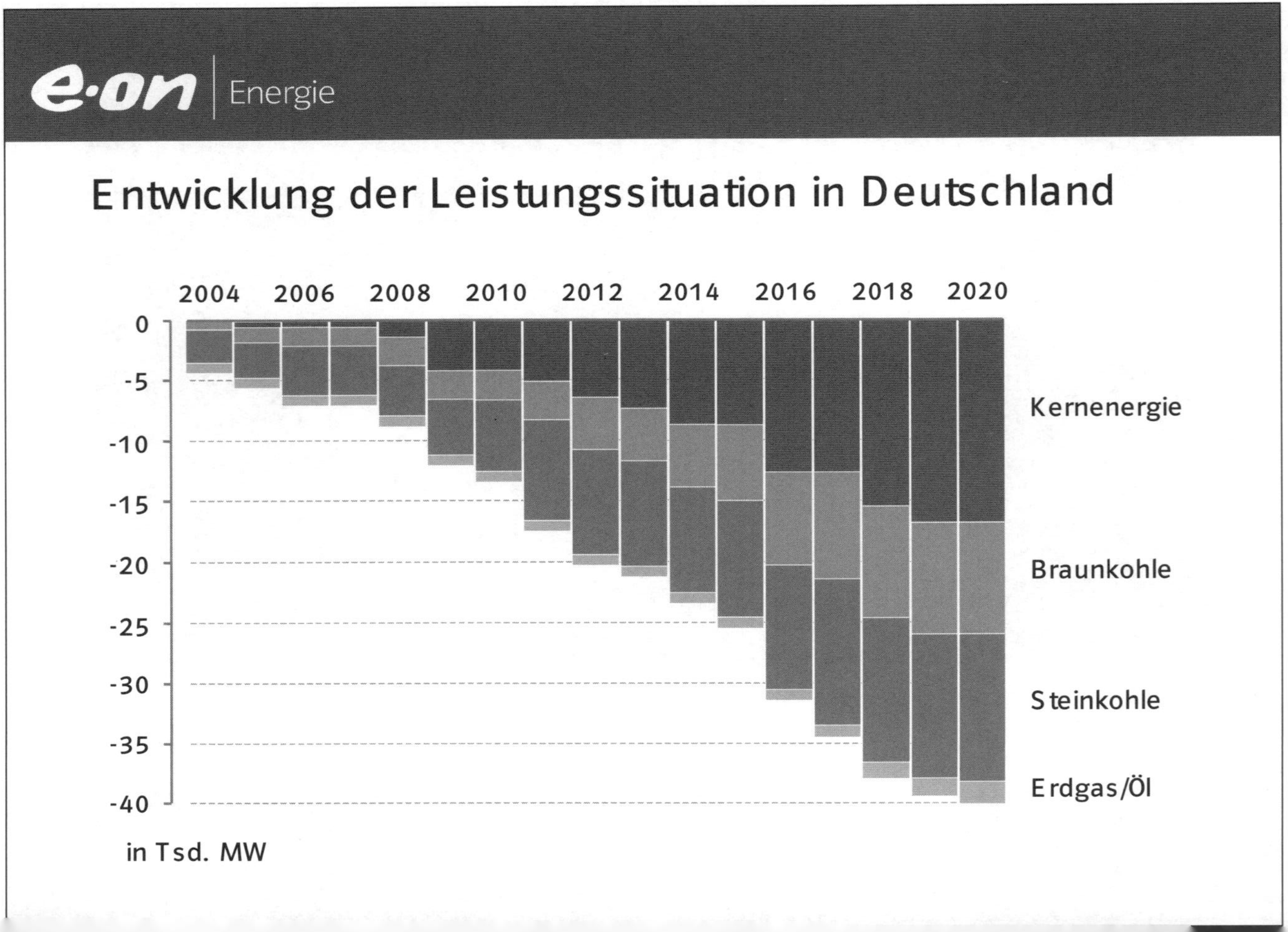
e·on Energie
Entwicklung der Leistungssituation in Deutschland
2004
2006
2008
2010
2012
2014
2016
2018
2020
0
-5
-10
-15
-20
-25
-30
-35
-40
in Tsd. MW
Kernenergie
Braunkohle
Steinkohle
Erdgas/Öl

e·on | Energie

Investitionen im Netz

e·on | Energie

Der Investitionsbedarf im Netz ist bedeutend

E.ON Netz

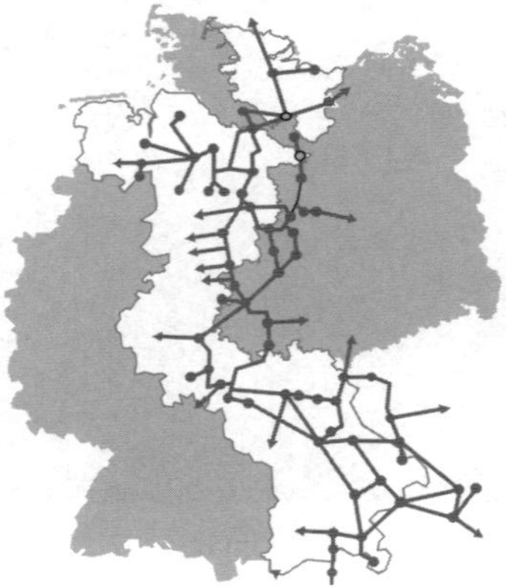

Regionalversorgungsunternehmen

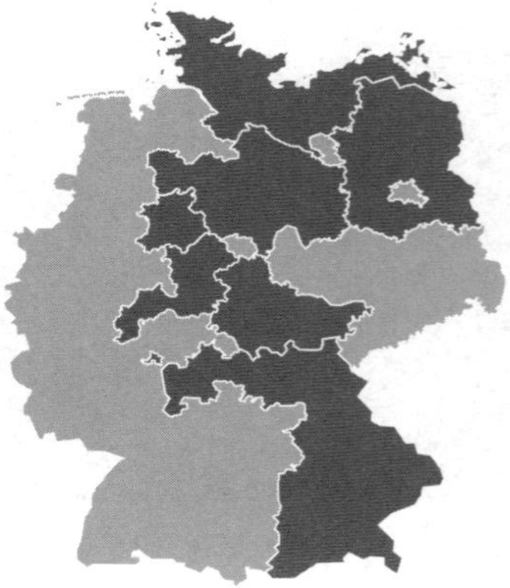

Die Lebensdauer der Anlagen ist schon zum Teil überschritten.
Über eine Zustandsanalyse wird der Umfang weiterer Investitionen geprüft.

e·on | Energie

Zusammenfassung:

Erzeugung

- Ausnutzung aller bestehenden Investitionsmöglichkeiten
  - Lebenszeitverlängerung
  - Aktivierung der Kaltreserve
  - Boosting
  - Neubau

Netz

- Versorgungssicherheit soll auch zukünftig auf im internationalen Vergleich hohem Niveau gehalten werden

Umfangreiche Investitionen in Netz und Erzeugung sind vorgezeichnet

E.ON Energie

Projekte

- Erste konkrete Investitionsprojekte sind bereits angelaufen

Politische Rahmenbedingungen

- Rahmenbedingungen für die notwendigen Investitionen sind noch unsicher
  - z.B. Regulierung im Netzbereich

Das Zusammenwirken der geplanten Investitionen dient dem Ziel, die starke Position von E.ON Energie zu sichern und auszubauen

E.ON Energie

Gliederung

- Fundamentale Herausforderungen der künftigen Energiemärkte
- Strom- und Gasinvestitionen in Europa 2001 - 2030
- **Aktuelle Fragen der deutschen Energiepolitik**
- Entwicklung der Strom- und Gaspreise in Deutschland
- E.ON Energie – ein Münchner Konzern versorgt Zentraleuropa mit Strom und Gas

e·on | Energie

Energiepolitische „Großwetterlage" in Deutschland

Die vier nationalen „E"s Verabschiedung

•EEG-Novelle	Sommer 2004
•**Emissionshandel**	**Sommer 2004**
•Energiemarkt-Regulierung	Frühjahr 2005 ?
•Energieprogramm der Bundesregierung	?

Energie

Widersprüche in der deutschen Energiepolitik

Realisierung ehrgeiziger CO_2-Minderungsziele	☐	Ausstieg aus der Kernenergie
Massiver Ausbau der regenerativen Energien	☐	ungelöste Fragen zum Ausbau der Netzinfrastruktur
Verengung des Energiemix	☐	Erhöhung der Versorgungssicherheit
Energieverteuerung durch zusätzliche staatliche Belastungen	☐	Forderung nach niedrigeren Strompreisen

E.ON Energie

EEG-Novelle

Positiv:

- Bundesweiter Ausgleich des Regelenergie-Aufwands
- Erzeugungsmanagement für EEG-Anlagen bei Netzengpässen

Negativ:

- **Ausbau der erneuerbaren Energien auf 20% in 2020** (2003: 8%)
- **Ausweitung des Fördervolumens**
  - → Zahl der Förderkategorien lt. EEG-Novelle: rd. 150 (EEG alt: 30)
  - → massive Förderung Windkraftausbau On-Shore und Off-Shore
  - → neuer Boom bei Biomasse
- **Ausbau der Bürokratie**
  - → Härtefallregelung
  - → Anrechnung vermiedener Netznutzungsentgelte

E.ON Energie

Emissionshandel – Chance oder Risiko?

- **Ziel: Wirtschaftlich effiziente, d. h. möglichst kostengünstige Minderung der CO_2-Emissionen**
- Entscheidend ist nicht **wo**, sondern **dass** CO_2-Emissionen reduziert werden
- Nur knapp die Hälfte der EU-weiten CO_2-Emissionen wird vom Handelssystem erfasst
- In Deutschland werden Subventionen von regenerativen Energien und KWK zwar mit Klimavorsorge begründet, aber aus der Emissionshandel-Diskussion ausgeblendet

Wenn Emissionshandel zu volkswirtschaftlich kostenminimalen Lösungen beitragen soll, darf er nicht zur Investitionslenkung im Kraftwerksbau eingesetzt werden

E.ON Energie

Gliederung

- Fundamentale Herausforderungen der künftigen Energiemärkte
- Strom- und Gasinvestitionen in Europa 2001 - 2030
- Aktuelle Fragen der deutschen Energiepolitik
- **Entwicklung der Strom- und Gaspreise in Deutschland**
- E.ON Energie – ein Münchner Konzern versorgt Zentraleuropa mit Strom und Gas

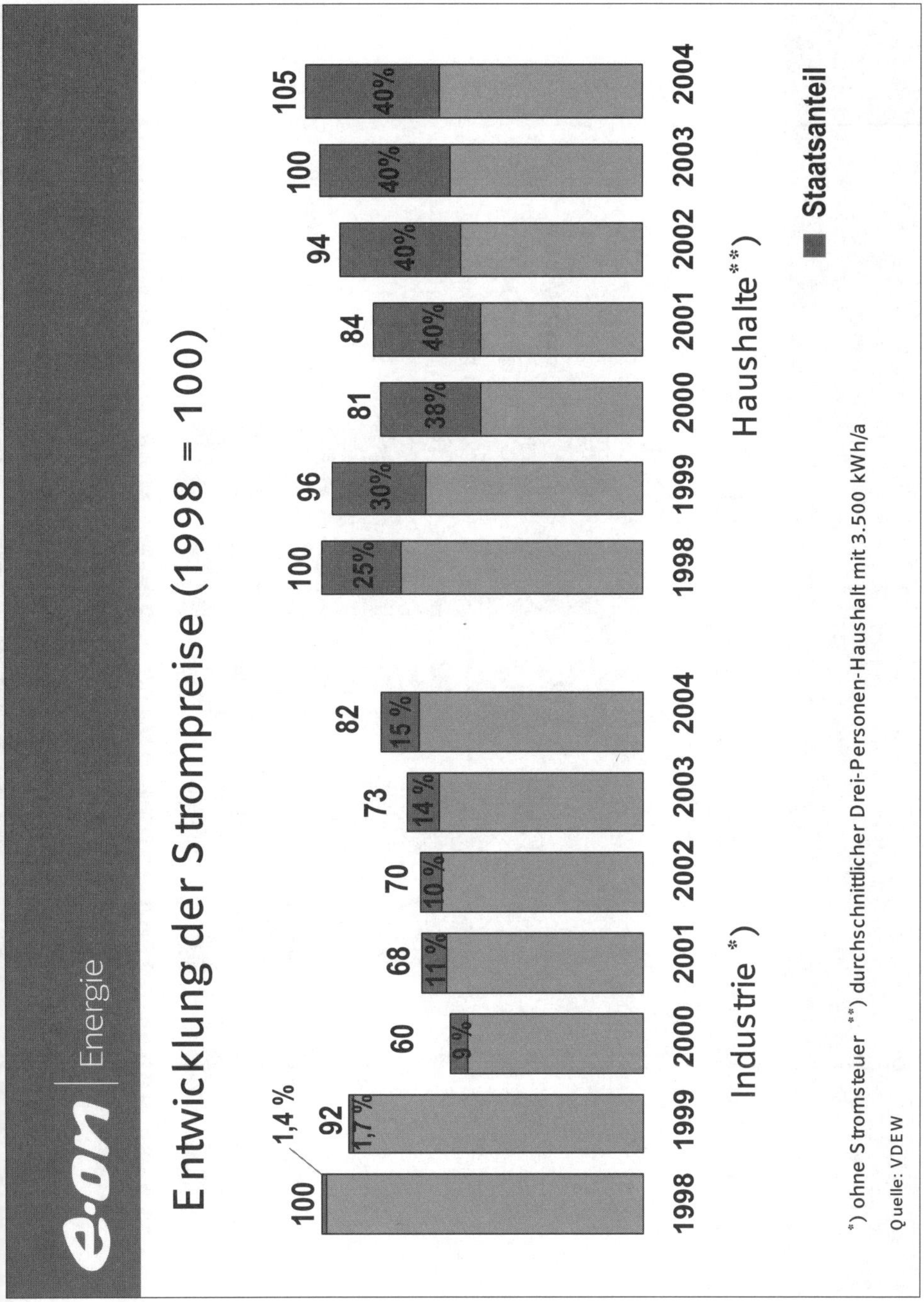
e.on Energie
Entwicklung der Strompreise (1998 = 100)
100
1,4 %
92
1,7 %
60
9 %
68
11 %
70
10 %
73
14 %
82
15 %
1998 1999 2000 2001 2002 2003 2004
Industrie *)
100
25%
96
30%
81
38%
84
40%
94
40%
100
40%
105
40%
1998 1999 2000 2001 2002 2003 2004
Haushalte**)
Staatsanteil
*) ohne Stromsteuer **) durchschnittlicher Drei-Personen-Haushalt mit 3.500 kWh/a
Quelle: VDEW

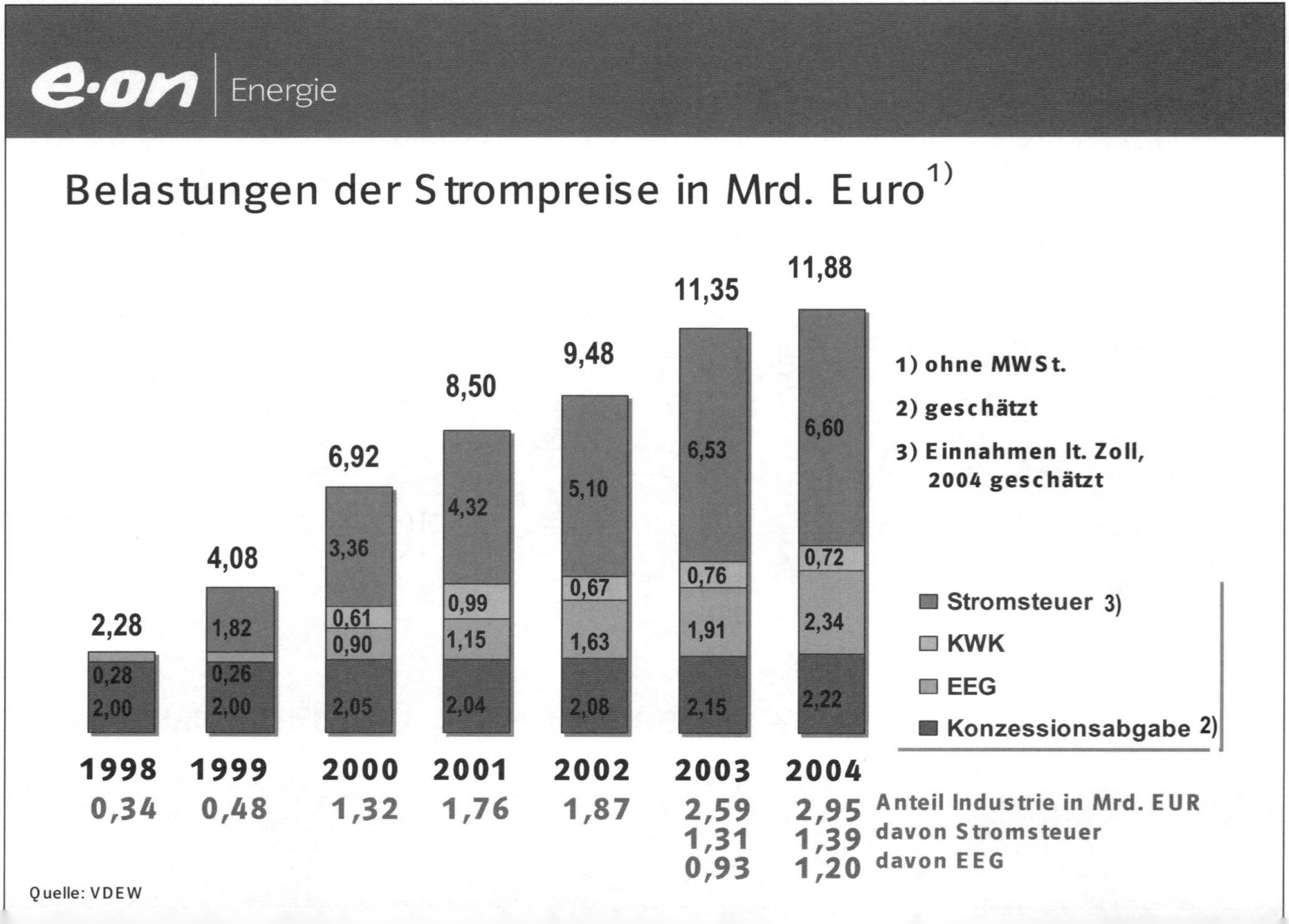
e·on Energie
Belastungen der Strompreise in Mrd. Euro1)
2,28
4,08
6,92
8,50
9,48
11,35
11,88
0,28
2,00
1,82
0,26
2,00
3,36
0,61
0,90
2,05
4,32
0,99
1,15
2,04
5,10
0,67
1,63
2,08
6,53
0,76
1,91
2,15
6,60
0,72
2,34
2,22
1) ohne MWSt.
2) geschätzt
3) Einnahmen lt. Zoll, 2004 geschätzt
Stromsteuer 3)
KWK
EEG
Konzessionsabgabe 2)
1998 1999 2000 2001 2002 2003 2004
0,34 0,48 1,32 1,76 1,87 2,59 2,95 Anteil Industrie in Mrd. EUR
1,31 1,39 davon Stromsteuer
0,93 1,20 davon EEG
Quelle: VDEW

e·on | Energie

Erdgaspreise für Haushaltskunden im Vergleich

in ct/kWh*

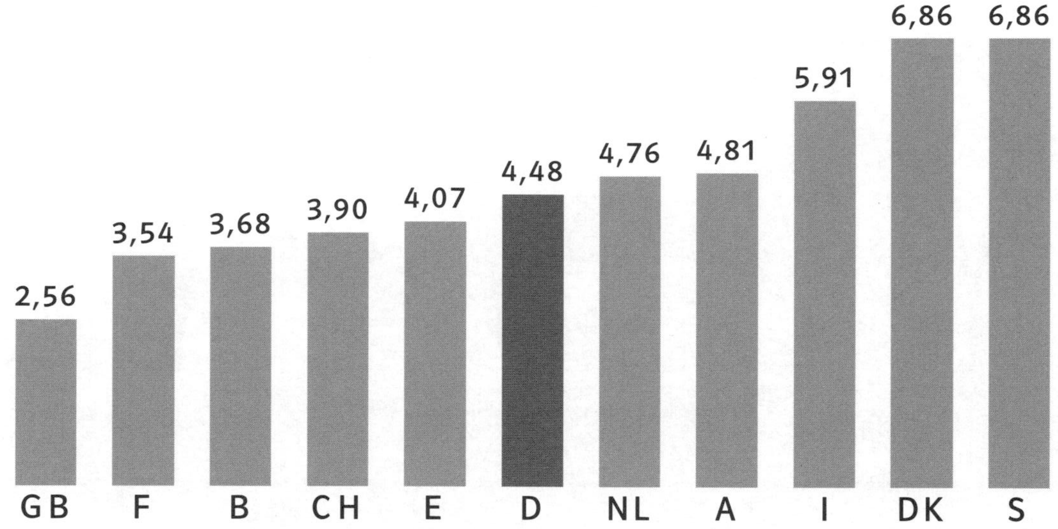

* bei einem Jahresverbrauch von 30.000 kWh, incl. aller Steuern
Quelle: Energy Advice Ltd. (EA), Stand: 04/2004

e·on | Energie

Forwardpreisentwicklung*

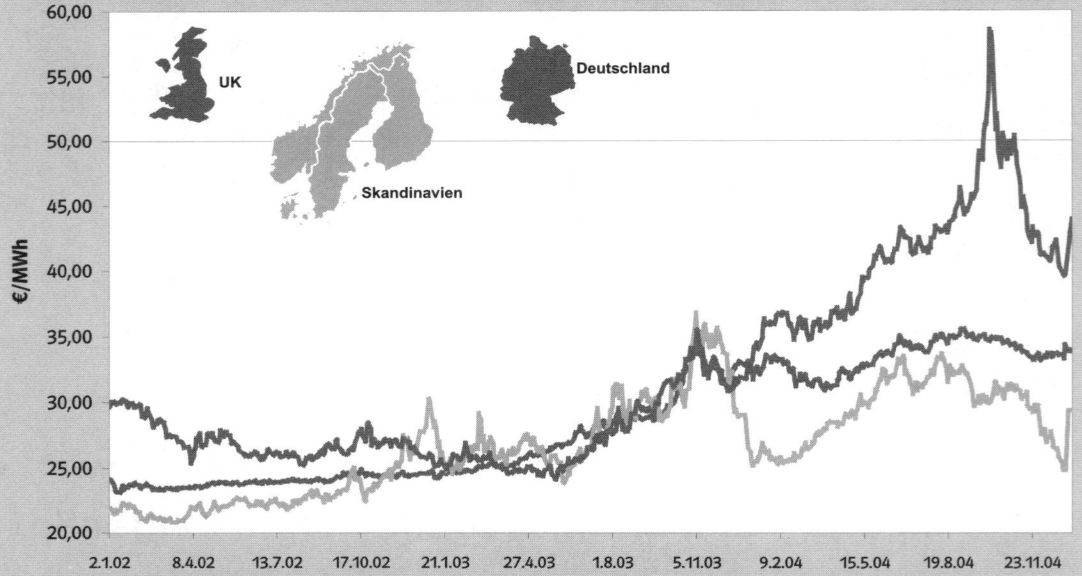

* Für den Zeitraum 01.01.2002 - 31.12.2003 sind die Preise für die Terminmarktprodukte mit Lieferung in 2004 (Base) abgebildet.
Ab 01.01.2004/01.01.2005 wird die Zeitreihe mit den Terminmarktprodukten mit Lieferung in 2005/2006 (Base) fortgesetzt.

Quelle: EST-TAS

e·on | Energie

Preisentwicklungen im Vergleich

	Durchschnitt Q3 2003	Durchschnitt Q3 2004	Veränderung ggü. Vorjahr in %
Euro (in Dollar)	**1,14**	**1,24**	**8,80**
Öl (Brent pro Barrel in $)	**28,90**	**42,20**	**46,00**
Kupfer (Dollar pro Tonne)	**1639,95**	**2848,66**	**73,70**
Stahl (Dollar pro Tonne)	**285,20**	**579,70**	**103,30**
Polyethylene (Dollar pro Tonne)	**536,67**	**930,98**	**73,50**
Rendite 10-jähr. **Bundesanleihen** in %	**4,18**	**4,19**	**0,00**

Strom hat sich im Vergleich moderat verteuert.

Quelle: Die Welt

Energie

Gliederung

- Fundamentale Herausforderungen der künftigen Energiemärkte
- Strom- und Gasinvestitionen in Europa 2001 - 2030
- Aktuelle Fragen der deutschen Energiepolitik
- Entwicklung der Strom- und Gaspreise in Deutschland
- **E.ON Energie – ein Münchner Konzern versorgt Zentraleuropa mit Strom und Gas**

e·on | Energie

E.ON – der weltweit größte private Energieversorger

45 Mrd. € Marktkapitalisierung – >40 Mio. Kunden – 66.000 Mitarbeiter

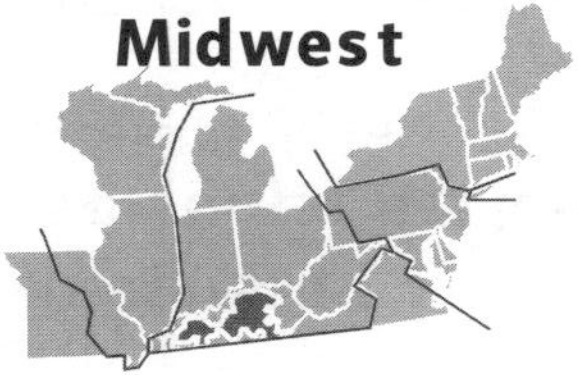

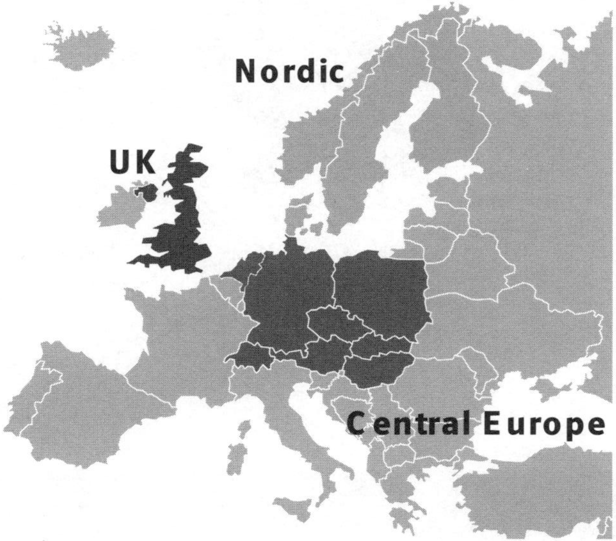

e·on | Energie

Unsere Vision und Mission

E.ON will

- ihren Kunden wettbewerbs-fähige Lösungen bieten
- als integrierter Strom- und Gasversorger bestens aufgestellt sein
- internationale Stärke mit lokalem Fokus verbinden
- das exzellente Energie-Know-how der gesamten Gruppe nutzen

→ **das weltweit führende Strom- und Gasunternehmen sein**

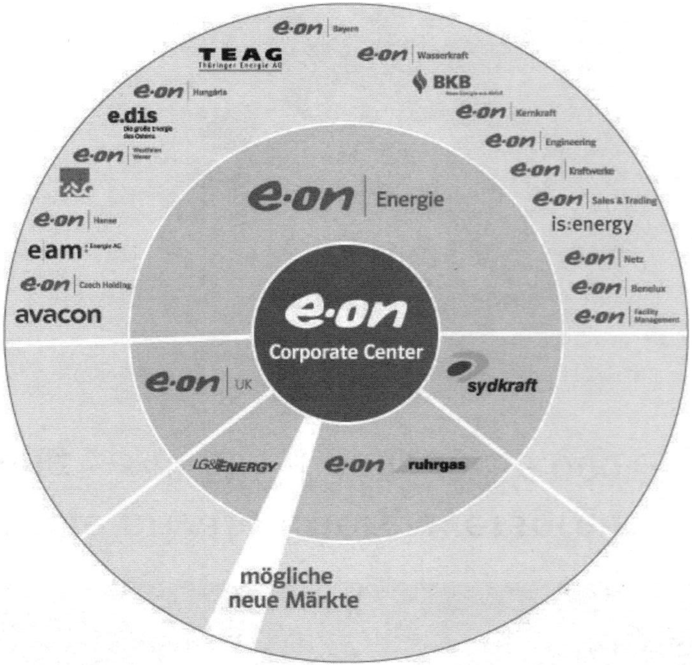

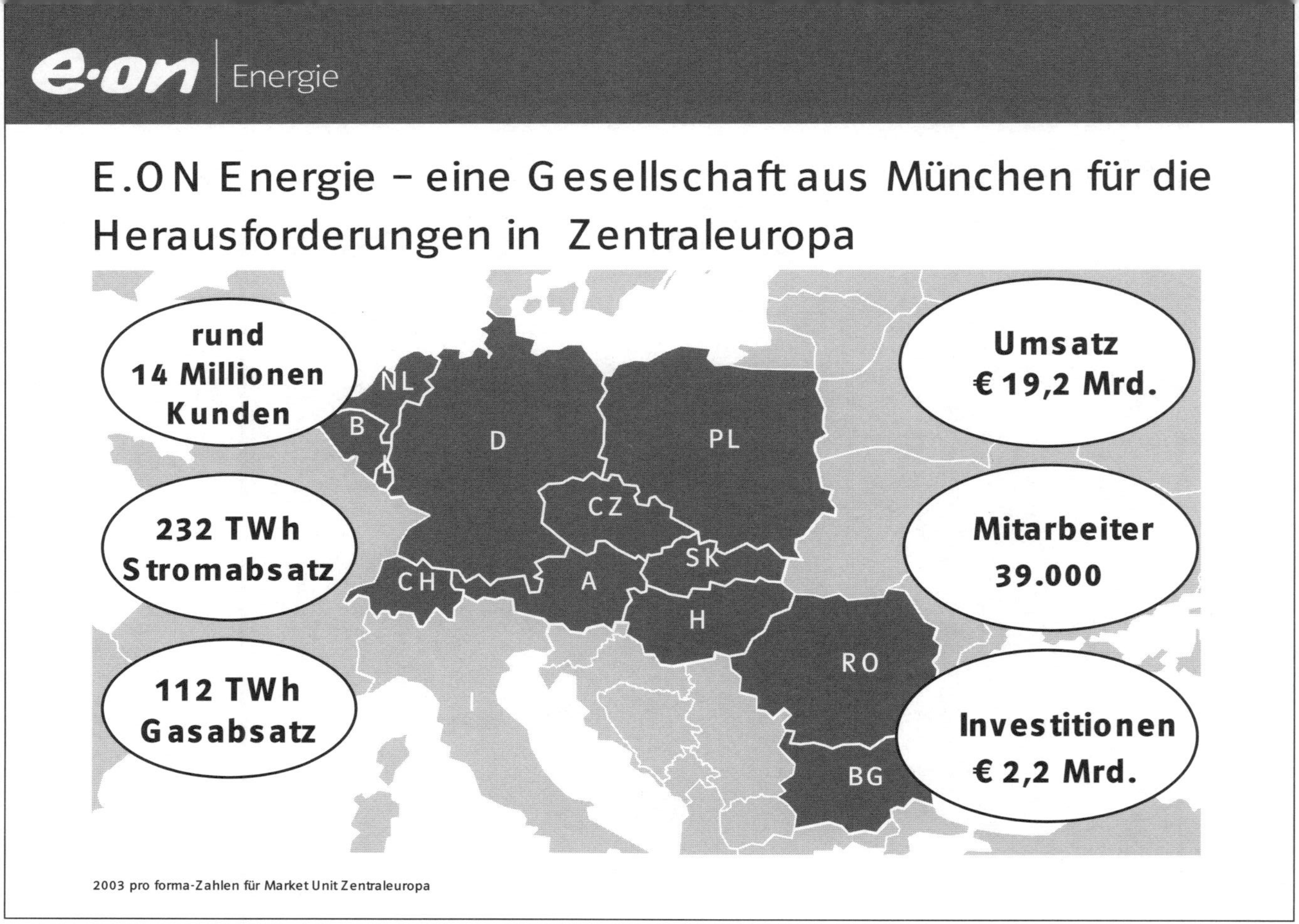

e·on Energie
E.ON Energie – eine Gesellschaft aus München für die Herausforderungen in Zentraleuropa
rund 14 Millionen Kunden
232 TWh Stromabsatz
112 TWh Gasabsatz
Umsatz € 19,2 Mrd.
Mitarbeiter 39.000
Investitionen € 2,2 Mrd.
NL
B
L
D
PL
CZ
SK
CH
A
H
RO
I
BG
2003 pro forma-Zahlen für Market Unit Zentraleuropa

Innovationsträger Automation – Zukunftschancen für Deutschland

Manfred Grundke

Vorsitzender des Vorstands, Bosch Rexroth AG

Innovationsträger Automation – Zukunftschancen für Deutschland. Potenziale für intelligente Produkte und Services

Innovative Lösungen für noch effizientere Automation sind eine wesentliche Voraussetzung für den Erfolg des deutschen Maschinen- und Anlagenbaus in der Zukunft. Dabei geht es nicht nur darum, die Grenzen des technisch Machbaren weiter nach vorn zu treiben, sondern vor allem betriebswirtschaftlichen Nutzen zu schaffen. Rexroth, als weltweit einziger Anbieter aller wesentlichen Antriebs- und Steuerungstechnologien, stellt bei der Entwicklung neuer Komponenten, Systeme und Dienstleistungen ausdrücklich das Ziel in den Mittelpunkt, durch Innovation die Total Cost of Ownership zu senken. Damit eröffnet der Automatisierungsspezialist Maschinenherstellern und Endanwendern Wettbewerbsvorteile durch technisch überlegene Lösungen bei hoher Wirtschaftlichkeit.

Das Potenzial für solche innovativen Produkte und Dienstleistungen ist noch lange nicht erschöpft. Selbst scheinbar ausgereifte Technologie wie die Hydraulik, stoßen durch die Kombination mit digitaler Regelungstechnik in neue Dimensionen vor. Mit Hilfe der Fortschritte in der Steuerungstechnik, die nun erstmals alle Antriebstechnologien gleichermaßen einbindet, können Maschinenhersteller die Komplexität in der Konstruktion und Inbetriebnahme deutlich reduzieren. Das enge Zusammenspiel der verschiedenen klassischen Antriebsarten ermöglicht neue Maschinenkonzepte und modulare Fertigungsmodelle, bei denen Automatisierer Systemverantwortung übernehmen.

Rexroth forciert diese Entwicklung nicht nur mit innovativen Produkten, sondern auch mit einer Vielzahl moderner Dienstleistungen: Angefangen von der Simulationstechnik für die Projektierung und Konstruktion von Automationslösungen bis hin zur zustandsabhängigen Wartung, bei der Verschleiß im laufenden Betrieb gemessen wird. Damit können die Wartungskosten deutlich gesenkt und gleichzeitig die Verfügbarkeit der Anlagen nachhaltig gesteigert werden. Gemeinsam mit Automatisieren kann der deutsche Maschinen- und Anlagenbau durch Innovationsfreude seine Spitzenstellung auch in den kommenden Jahren halten und ausbauen.

Industrial Hydraulics | Electric Drives and Controls | Linear Motion and Assembly Technologies | Pneumatics | Service Automation | Mobile Hydraulics

Rexroth
Bosch Group

Münchner Management Kolloquium
01.-02. März 2005

Innovationsträger Automation – Zukunftschancen für Deutschland

Potenziale für intelligente Produkte und Services

Manfred Grundke
Vorsitzender des Vorstandes der Bosch Rexroth AG

Industrial Hydraulics | Electric Drives and Controls | Linear Motion and Assembly Technologies | Pneumatics | Service Automation | Mobile Hydraulics

Rexroth
Bosch Group

Unsere Leistungen kennt man in praktisch allen Branchen

Münchner Management Kolloquium 01.-02. März 2005

© Alle Rechte bei Bosch Rexroth AG, auch für den Fall von Schutzrechtsanmeldungen. Jede Verfügungsbefugnis, wie Kopier- und Weitergaberecht, bei uns.

Industrial Hydraulics | Electric Drives and Controls | Linear Motion and Assembly Technologies | Pneumatics | Service Automation | Mobile Hydraulics

Rexroth
Bosch Group

Unsere Technologiefelder

Komponenten, Module, Systeme sowie Dienst- und Engineeringleistungen für die Industrie- und Fabrikautomation und „Off Highway Vehicles"

Hydraulik

Elektrische Antriebe und Steuerungen

Linear- und Montagetechnik

Pneumatik

Service

Münchner Management Kolloquium 01.-02. März 2005

© Alle Rechte bei Bosch Rexroth AG, auch für den Fall von Schutzrechtsanmeldungen. Jede Verfügungsbefugnis, wie Kopier- und Weitergaberecht, bei uns.

Industrial Hydraulics | Electric Drives and Controls | Linear Motion and Assembly Technologies | Pneumatics | Service Automation | Mobile Hydraulics

Rexroth
Bosch Group

Umsatz- und Mitarbeiterzahlen

Umsatz gesamt 2003:
3,7 Mrd. €

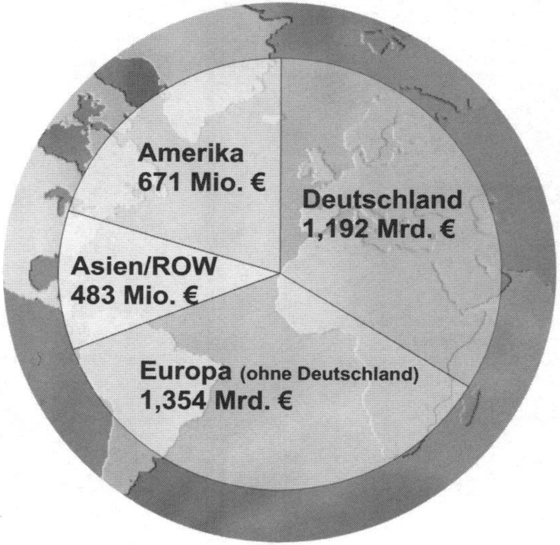

Mitarbeiter gesamt 2003:
25.708

Münchner Management Kolloquium 01.-02. März 2005

© Alle Rechte bei Bosch Rexroth AG, auch für den Fall von Schutzrechtsanmeldungen. Jede Verfügungsbefugnis, wie Kopier- und Weitergaberecht, bei uns.

Rexroth
Bosch Group

Global Player

- Verkaufsnetz in über 80 Ländern
- 41 Produktionsstandorte in 12 Ländern
- Eigene Verkaufs- und Servicestellen in 37 Ländern
- 12 Standorte in Deutschland und 6 Vertriebs-Regionalzentren

© Alle Rechte bei Bosch Rexroth AG, auch für den Fall von Schutzrechtsanmeldungen. Jede Verfügungsbefugnis, wie Kopier- und Weitergaberecht, bei uns.

Industrial Hydraulics | Electric Drives and Controls | Linear Motion and Assembly Technologies | Pneumatics | Service Automation | Mobile Hydraulics

Rexroth
Bosch Group

Maschinenausfuhr der wichtigsten Lieferländer (Stand: 2003)

Anteile in Prozent der gesamten Maschinenausfuhr*, 2003

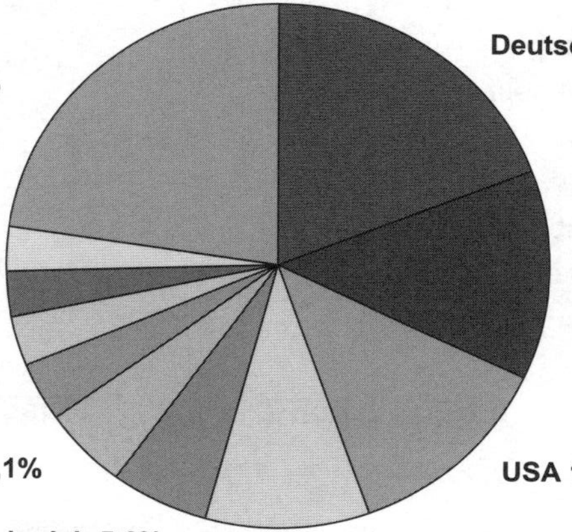

*** 41 Berichtsländer, repräsentieren 95% des Welthandels mit Maschinen**

Quelle: Nationale statistische Ämter, VDMA-eigene Berechnungen

Münchner Management Kolloquium 01.-02. März 2005
© Alle Rechte bei Bosch Rexroth AG, auch für den Fall von Schutzrechtsanmeldungen. Jede Verfügungsbefugnis, wie Kopier- und Weitergaberecht, bei uns.

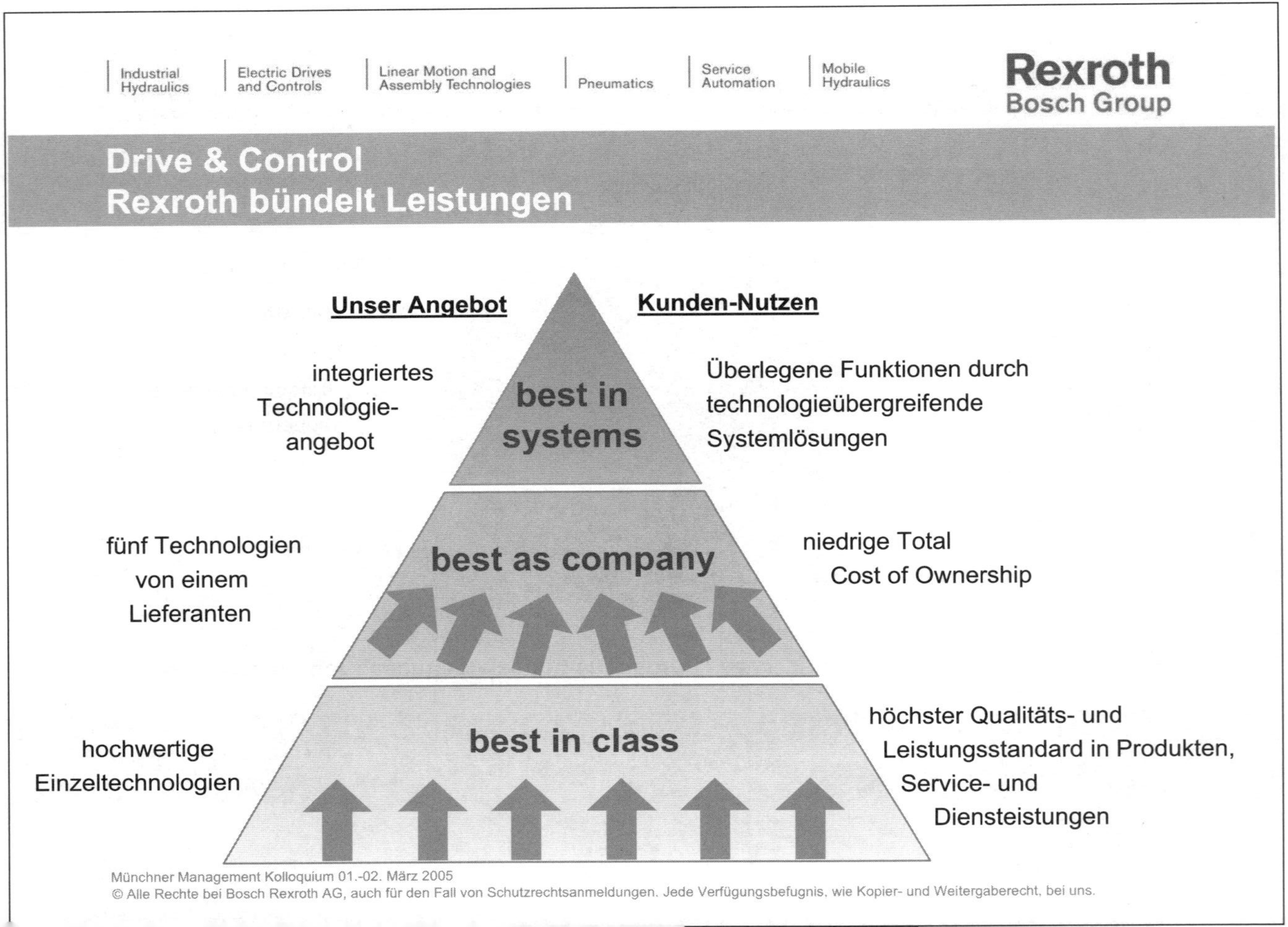
Industrial Hydraulics
Electric Drives and Controls
Linear Motion and Assembly Technologies
Pneumatics
Service Automation
Mobile Hydraulics
Rexroth
Bosch Group
Drive & Control
Rexroth bündelt Leistungen
Unser Angebot
Kunden-Nutzen
integriertes Technologie-angebot
best in systems
Überlegene Funktionen durch technologieübergreifende Systemlösungen
fünf Technologien von einem Lieferanten
best as company
niedrige Total Cost of Ownership
hochwertige Einzeltechnologien
best in class
höchster Qualitäts- und Leistungsstandard in Produkten, Service- und Diensteistungen
Münchner Management Kolloquium 01.-02. März 2005
© Alle Rechte bei Bosch Rexroth AG, auch für den Fall von Schutzrechtsanmeldungen. Jede Verfügungsbefugnis, wie Kopier- und Weitergaberecht, bei uns.

Industrial Hydraulics
Electric Drives and Controls
Linear Motion and Assembly Technologies
Pneumatics
Service Automation
Mobile Hydraulics
Rexroth
Bosch Group
Der Wunsch:
Alles zum Antreiben, Steuern und Bewegen aus einer Hand
Die Erfüllung:
The Drive & Control Company
Münchner Management Kolloquium 01.-02. März 2005
© Alle Rechte bei Bosch Rexroth AG, auch für den Fall von Schutzrechtsanmeldungen. Jede Verfügungsbefugnis, wie Kopier- und Weitergaberecht, bei uns.

Industrial Hydraulics | Electric Drives and Controls | Linear Motion and Assembly Technologies | Pneumatics | Service Automation | Mobile Hydraulics

Rexroth
Bosch Group

Drive & Control-Funktionsmodule

Serienmodule mit zusätzlicher technischer Funktionalität und / oder Innovation

Komponenten

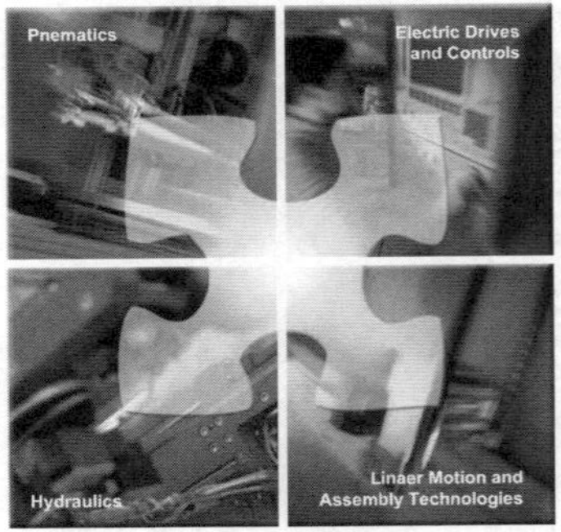

\+

Engineering
Entwicklung

=

Funktionsmodul

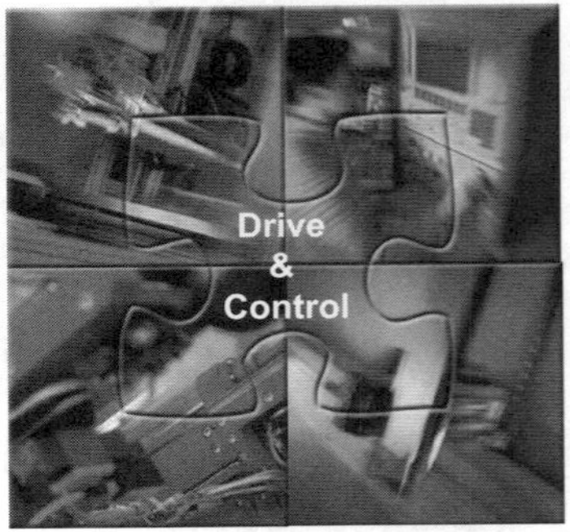

Fundament
- Best in Class

Drive & Control-Know-how
- Kundenkontakte /-gespräche
- Produkt - Know-how
- Anwendungs - Know-how
- Produktions - Know-how

Kundennutzen
- Reduzierte Kosten durch Komplettlieferung
- Zeiteinsparung bei Inbetriebnahme
- Reduzierte Nebenzeiten
- Höhere Zuverlässigkeit aufgrund reduzierter Anzahl von Schnittstellen

∑ **Lower Total Cost of Ownership**

Münchner Management Kolloquium 01.-02. März 2005
© Alle Rechte bei Bosch Rexroth AG, auch für den Fall von Schutzrechtsanmeldungen. Jede Verfügungsbefugnis, wie Kopier- und Weitergaberecht, bei uns.

Industrial Hydraulics | Electric Drives and Controls | Linear Motion and Assembly Technologies | Pneumatics | Service Automation | Mobile Hydraulics

Rexroth
Bosch Group

Ressource Know-how

Münchner Management Kolloquium 01.-02. März 2005

© Alle Rechte bei Bosch Rexroth AG, auch für den Fall von Schutzrechtsanmeldungen. Jede Verfügungsbefugnis, wie Kopier- und Weitergaberecht, bei uns.

Drive & Control- Steuerungs- und Antriebsplattform

Technologieübergreifende, offene Antriebs- und Steuerungsplattform (Firmware, Tools)

Durchgängige und einheitliche Connectivity- (Feldbusse und Tools)

Harmonisierung der Ergonomie und einheitliches Look & Feel der Produkte

Erhöhung des Drive & Control-Mehrwerts

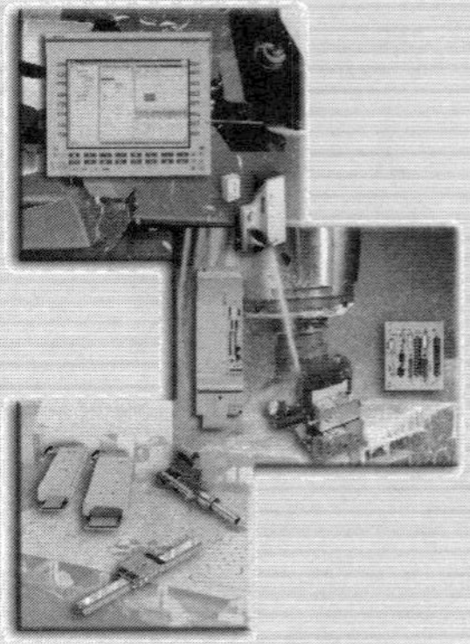

durch harmonisiertes Produktportfolio im Komponenten- und Systemgeschäft

© Alle Rechte bei Bosch Rexroth AG, auch für den Fall von Schutzrechtsanmeldungen. Jede Verfügungsbefugnis, wie Kopier- und Weitergaberecht, bei uns.

Rexroth
Bosch Group

Service

- Service und Schulung aus einer Hand
- vielfältige Technologiekompetenz
- innovative Servicedienstleistungen
- Service über den gesamten Lebenszyklus
- steigende Kundennähe
- globale Koordination
- betonte Zukunftsorientierung

Münchner Management Kolloquium 01.-02. März 2005

© Alle Rechte bei Bosch Rexroth AG, auch für den Fall von Schutzrechtsanmeldungen. Jede Verfügungsbefugnis, wie Kopier- und Weitergaberecht, bei uns.

**Wer aufhört, besser zu werden,
hat aufgehört, gut zu sein !**

Philip Rosenthal

Standort Deutschland – Motor für den internationalen Erfolg der Süd-Chemie

Dr. Günter von Au

Vorsitzender des Vorstands, Süd-Chemie AG

Standort Deutschland – Motor für den internationalen Erfolg der Süd-Chemie

Der Standort Deutschland steckt in einer Krise. Die fortschreitende Globalisierung offenbart immer stärker strukturelle Schwächen. Die Politik tut sich seit vielen Jahren schwer, die Probleme konsequent anzugehen. Seit Mitte der neunziger Jahre liegt die Wachstumsrate des Bruttoinlandsprodukts im Schnitt bei nur noch knapp über ein Prozent. Auch aufgrund der Standortschwächen haben viele Unternehmen Fertigungsstätten ins Ausland verlagert. Diskutiert man mit Spitzenkräften vor allem aus der Industrie über Standortpläne, wird ersichtlich, dass sich die Verlagerung in Zukunft verstärkt fortsetzen wird. Mit dem Rückgang der industriellen Wertschöpfung in Deutschland geht ein beträchtlicher Abbau von Arbeitsplätzen einher.

Im Rahmen der aktuellen Diskussion über die Behebung der Standortschwächen werden die Standortvorteile, die Deutschland nach wie vor zu bieten hat, jedoch vernachlässigt. Natürlich sind Reformen dringend notwendig, jedoch sollten die Vorteile des Standorts Deutschland nicht verschwiegen werden. Deutschland ist – trotz der Mängel im Unternehmensumfeld – immer noch einer der wettbewerbsfähigsten Standorte weltweit. Die Wettbewerbsfähigkeit unterstreichen nicht zuletzt die beeindruckenden Exportzahlen. Es gibt hierzulande also sehr viele Unternehmen, die unter den Rahmenbedingungen in Deutschland sehr erfolgreich arbeiten und dies auch in Zukunft werden. Hierzu zählt auch die Süd-Chemie.

Die Süd-Chemie ist ein unabhängiger Spezialchemie-Konzern mit den beiden Unternehmensbereichen Katalysatoren und Adsorbentien. Zu den Kernthemen gehören Energie, Umwelt und die schonende Nutzung von Ressourcen. Der Konzern beschäftigt rund 5.000 Mitarbeiter in weltweit über 60 Produktions- und Vertriebsgesellschaften und erzielt im Ausland rund 83 % seines Umsatzes (Konzernumsatz 2003: 763 Mio. €).

Der Vorstandsvorsitzende der Süd-Chemie AG, Dr. Günter von Au, wird in seinem Vortrag darlegen, mit welchen Maßnahmen die Süd-Chemie unter den bestehenden Rahmenbedingungen im intensiver werdenden internationalen Wettbewerb erfolgreich ist. Entscheidend ist ein konsequent auf die Kunden ausgerichtetes Innovationsmanagement. Innovationsführerschaft im Sinne der Kunden ist die Voraussetzung für den weltweiten Erfolg. Des Weiteren ist Kosteneffizienz über die gesamte Wertschöpfungskette hinweg von immenser Bedeutung. Durch das Zusammenspiel der Konzentration auf die Bedürfnisse der Kunden, Innovationsführerschaft und Kosteneffizienz gelingt es der Süd-Chemie mit ihren hervorragend ausgebildeten Mitarbeitern den Standort Deutschland als Basis für ihren weltweiten Erfolg zu nutzen.

SÜD-CHEMIE
Creating Performance Technology

Standort Deutschland – Motor für den internationalen Erfolg der Süd-Chemie

Dr. Günter von Au
Vorstandsvorsitzender der Süd-Chemie AG
2. März 2005

SÜD-CHEMIE
Creating Performance Technology

Standort Deutschland –
Motor für den
internationalen Erfolg
der Süd-Chemie

Agenda:

Rahmenbedingungen für deutsche Unternehmen im internationalen Wettbewerb

Süd-Chemie Konzern: International erfolgreich

Erfolgsfaktoren der Süd-Chemie

Schlussfolgerungen

SÜD-CHEMIE
Creating Performance Technology

Standort Deutschland – Motor für den internationalen Erfolg der Süd-Chemie

Agenda:

Rahmenbedingungen für deutsche Unternehmen im internationalen Wettbewerb

Süd-Chemie Konzern: International erfolgreich

Erfolgsfaktoren der Süd-Chemie

Schlussfolgerungen

Standort Deutschland

Schwaches Wirtschaftswachstum

SÜD-CHEMIE
Creating Performance Technology

Durchschnittliches jährliches Wirtschaftswachstum (real)

1994-2003

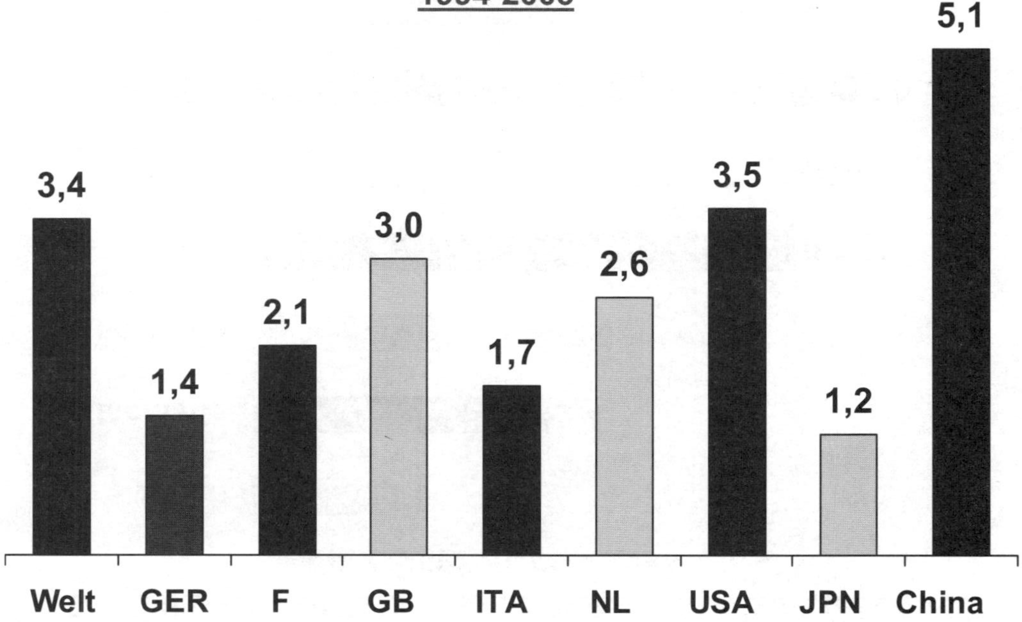

Quelle: Jahresgutachten Sachverständigenrat

Indiz Rendite: Standortnachteile überwiegen
Zu geringe Umsatzrendite (1)

SÜD-CHEMIE
Creating Performance Technology

Durchschnittliche Nettoumsatzrendite Gewerbliche Wirtschaft ohne Banken 1996-2002

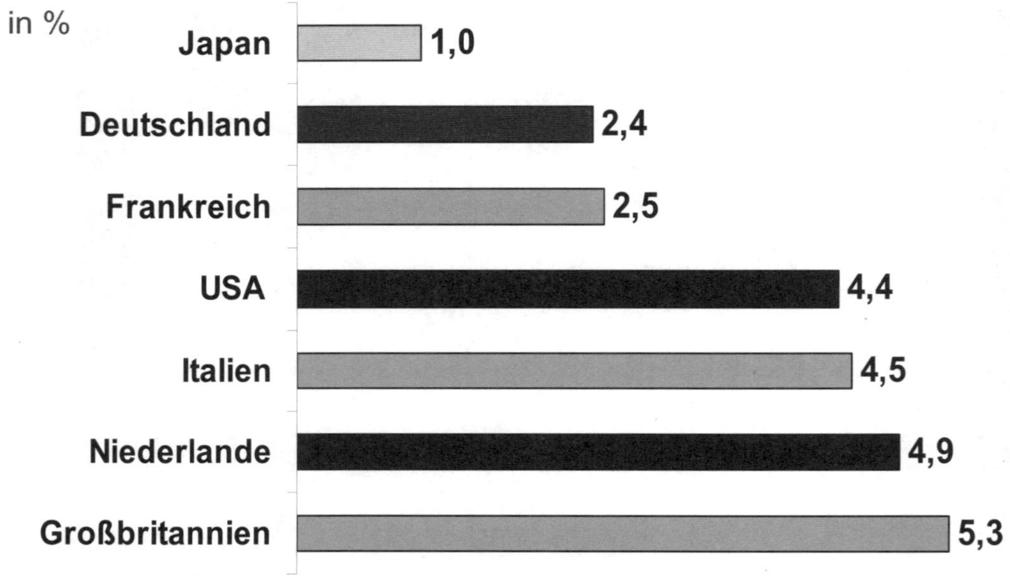

Quelle: Worldscope Datenbank

Indiz Rendite: Standortnachteile überwiegen

Zu geringe Umsatzrendite (2)

SÜD-CHEMIE
Creating Performance Technology

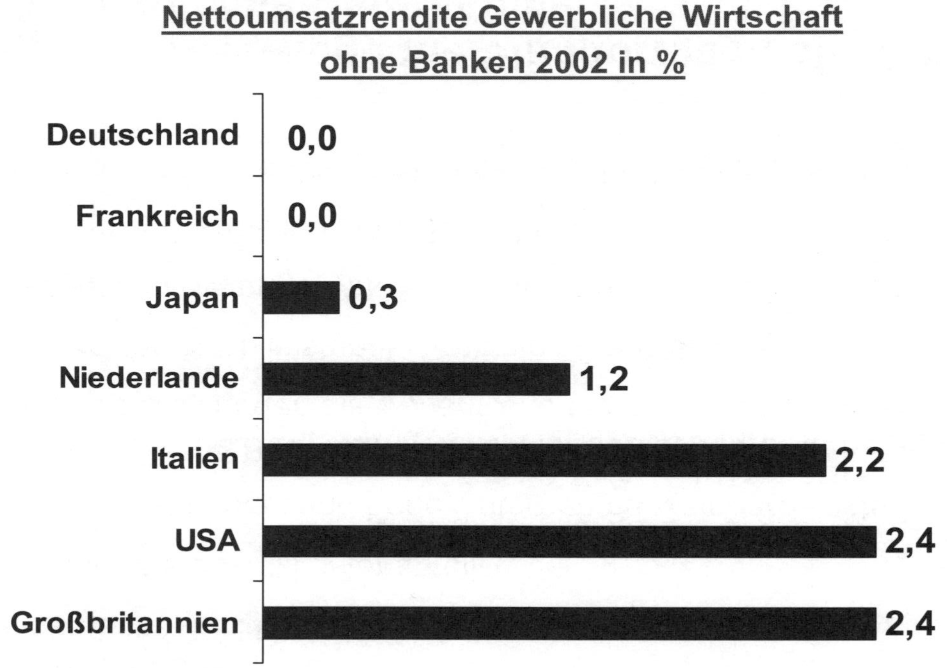

Quelle: iwd, Osiris-Datenbank

Standort Deutschland
Belastende Rahmenbedingungen

SÜD-CHEMIE
Creating Performance Technology

- Überregulierter Arbeitsmarkt mit hohen Arbeitskosten => Spitzenplatz bei den Lohnstückkosten
- Hoher Lohnzusatzkostenanteil
- Steuer-Dschungel und hohe Unternehmenssteuerbelastung
- Überbordende Bürokratie (72 % aller deutschen Unternehmen geben administrative Hürden als wesentliche Investitionsbarriere an)
- Schwache Schulleistungen, mittelmäßiger Bildungsstand
- Mängel im Bildungssystem (vor allem unterfinanzierte Hochschulen)
- Schlechte Verfassung der Staatsfinanzen
- Erhaltungssubventionen für rückwärts gerichtete Branchen

➡ **Schwerwiegende Standortnachteile für deutsche Unternehmen**

Standort Deutschland

Positive Rahmenbedingungen

SÜD-CHEMIE
Creating Performance Technology

→ Rechtssicherheit und politische Stabilität

→ Gesellschaftliche Stabilität und geringe Wohlstandsspreizung

→ Weitgehend offener Wirtschaftsraum

→ Geographischer und wirtschaftlicher Mittelpunkt in Europa

→ Moderne Infrastruktur: Gute Verkehrs- und Datennetze

→ Hohe Lebensqualität (Lebenserwartung: ∅ 79 Jahre, überdurchschnittlich hohes Pro-Kopf-Einkommen)

→ Großer Binnenmarkt (trotz Stagnation): Verfügbares Einkommen private Haushalte in 2003: 1,8 Bill. €; Konsumausgaben private Haushalte 2003: 1,2 Bill. €

→ Verfügbarkeit von hoch qualifizierten Fachkräften

→ Hohe Effizienz der Finanzmärkte

→ Leistungsstarker international ausgerichteter Mittelstand

➡ **Vielzahl von Standortstärken**

Standort Deutschland
Hervorragende Rahmenbedingungen für F&E

SÜD-CHEMIE
Creating Performance Technology

Spitzenleistungen in der wissensbasierten Wirtschaft

→ Bei Anmeldung von Weltmarktpatenten unter den Top 3
→ Forschungseinrichtungen von Weltrang – hervorragende Grundlagenforschung
→ Gut ausgebildete Wissenschaftler und Techniker mit hoher Leistungsbereitschaft
→ Netzwerk erstklassiger staatlicher und halbstaatlicher Forschungsinstitute
→ 9 % aller Publikationen im Bereich Spitzenforschung
→ Brain Drain unterstreicht das enorme Potenzial an Wissen und Kreativität
→ Hoher Stand der Technikausbildung
→ Gutes industrielles Umfeld – leistungsfähige Technologiecluster

Forschungsstandort ist die Basis für den Wirtschaftsstandort

➡ **Exportnation Deutschland muss an der Spitze des technischen Fortschritts marschieren**

Standort Deutschland

Rahmenbedingungen für F&E weiter verbessern

SÜD-CHEMIE
Creating Performance Technology

Spitzenleistungen in der wissensbasierten Wirtschaft fördern

→ Innovationsoffensive der Bundesregierung greift zu kurz

→ F&E-Quote bis 2010 von 2,5 % auf 3,0 % des BIP steigern

→ Schnellere Genehmigungsprozesse für neue Technologien

→ Weitere Verzahnung universitärer und außeruniversitärer Forschung

→ Mehr Innovationen durch verstärkten Technologietransfer aus der Grundlagenforschung an die Wirtschaft – Lücke zwischen wissenschaftlichen Erkenntnissen und Umsetzung in Produkte schließen

→ Anreize für Banken und Wagniskapitalgeber bzgl. F&E-Kredite

→ Wettbewerb zwischen den Hochschulen zulassen

→ Auf die Ergebnisse der Pisa-Studie angemessen reagieren

Forschungsstandort Deutschland ausbauen

➡ **Exportnation Deutschland muss an der Spitze des technischen Fortschritts marschieren**

Standort Deutschland
Exkurs: Chemische Industrie

SÜD-CHEMIE
Creating Performance Technology

Bedeutung der Chemieindustrie für den Standort Deutschland

- Chemieindustrie ist als Querschnittsindustrie der Schlüssel für die wirtschaftlich-technologische Leistungs- und Wettbewerbsfähigkeit Deutschlands unentbehrlich → praktisch alle Branchen profitieren von Innovationen in der Chemie
- Chemieindustrie ist dank ihrer Innovationsstärke wesentlicher Eckpfeiler der deutschen Industrie → leistungsfähigere Chemie sichert die Zukunft des gesamten Industriestandortes Deutschland
- Gesellschaftliche Akzeptanz für bestimmte Produkte und Technologien der Chemie noch nicht ausreichend gegeben

Vorhandenes Innovations- und Wachstumspotenzial der deutschen Chemie kommt nicht ausreichend zum Einsatz

Standortvorteil F&E
Unternehmens-F&E stark gestiegen

SÜD-CHEMIE
Creating Performance Technology

F&E-Aufwendungen der deutschen Unternehmen in Mrd. €

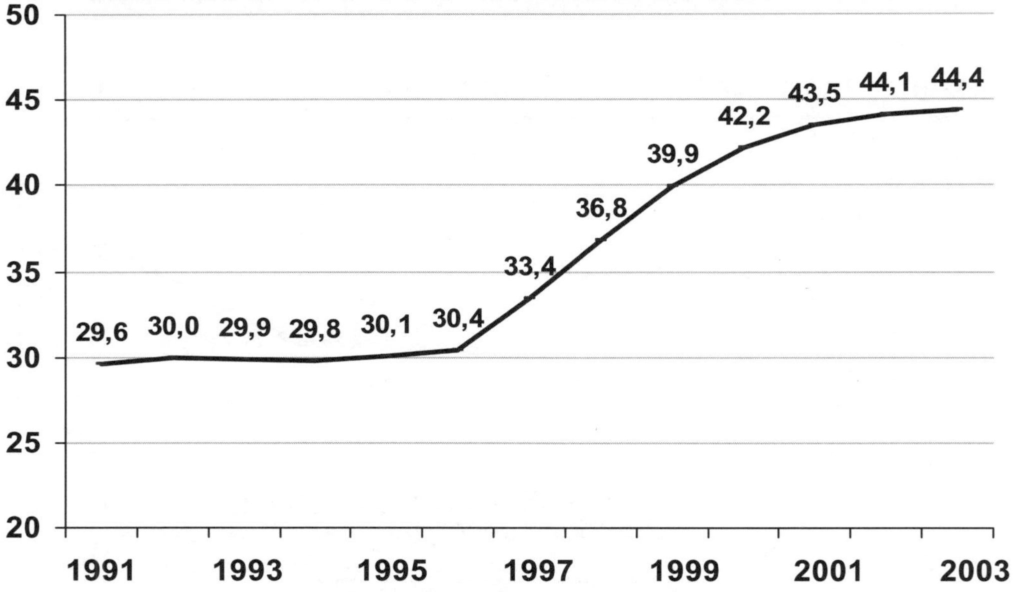

➡ **Wettbewerbsfähigkeit deutscher Unternehmen im internationalen Vergleich Weltspitze**

Quelle: Stifterverband Wissenschaftsstatistik

Standortvorteil F&E
F&E sichert weltweite Erfolge

SÜD-CHEMIE
Creating Performance Technology

F&E-Aufwendungen je nach Exportorientierung
Verarbeitendes Gewerbe

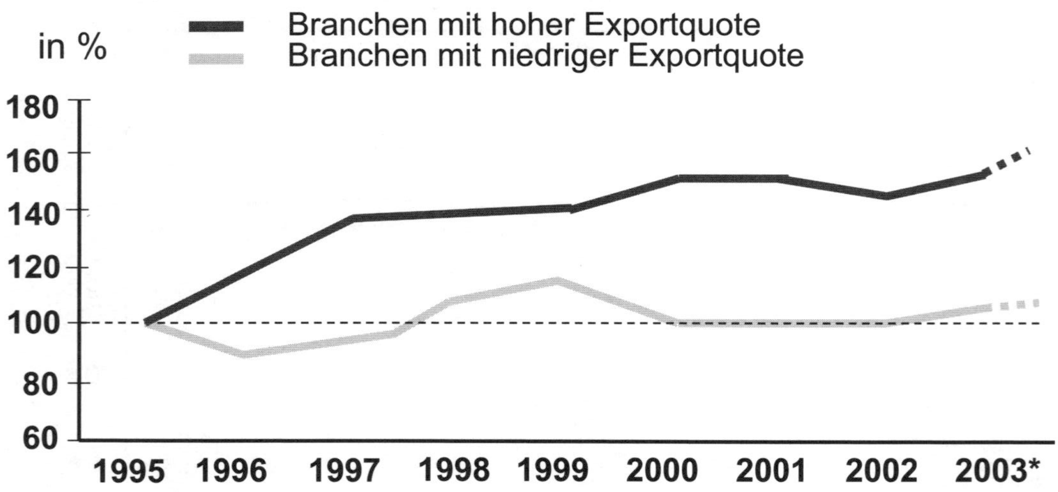

1995 = 100; * Prognose

Quelle: ZEW: Mannheimer Innovationspanel

Wirtschaftsmotor Export
Wettbewerbsfähigkeit bei hochwertigen Technologien

SÜD-CHEMIE Creating Performance Technology

Technologieführerschaft in einer Vielzahl von zukunftsweisenden Branchen:

→ Automobilbau
→ Elektrotechnik und Elektroindustrie
→ Industrielaser
→ Luftfahrt
→ Materialwissenschaften
→ Mikrosystemtechnik
→ Pharmaindustrie
→ Chemische Industrie
→ Industrieautomatisierung
→ Kraftwerksbau
→ Maschinenbau
→ Medizintechnik
→ Optik
→ Umwelttechnik etc.

Anteil der Export-Bruttowertschöpfung am BIP

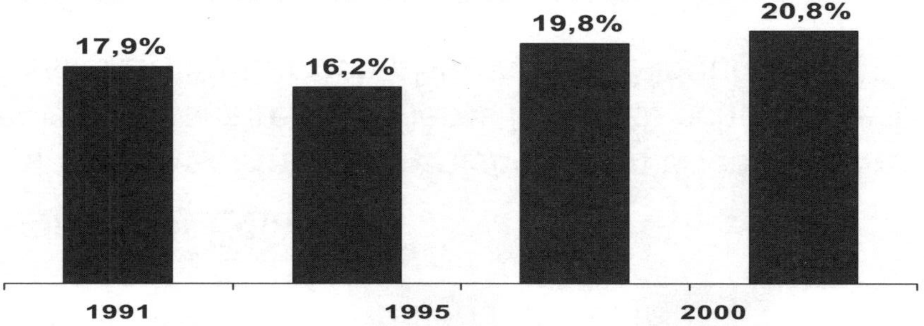

Schlussfolgerungen
Reformen umsetzten, Stärken ausbauen

SÜD-CHEMIE
Creating Performance Technology

Aufgabe der Politik

Erkannten Reformbedarf entschlossen angehen, um ein investitions- und innovationsfreundlicheres Klima zu schaffen (Arbeitsmarkt, Sozialstaat, Steuerrecht, Bürokratie, Bildung, F&E)

Aufgabe der Wirtschaft

Chancen des Wandels der Rahmenbedingungen ergreifen und optimal positionieren - unter Nutzung aller Standortvorteile

Binnenmarktschwäche mit beherzten Reformen angehen

Exportstärke weiter ausbauen

Konsequenter Ausbau von F&E-Kompetenzen

➡ **Entfesselung des vorhandenen Potenzials**

SÜD-CHEMIE
Creating Performance Technology

Standort Deutschland –
Motor für den
internationalen Erfolg
der Süd-Chemie

Agenda:

Rahmenbedingungen für deutsche Unternehmen im internationalen Wettbewerb

Süd-Chemie Konzern: International erfolgreich

Erfolgsfaktoren der Süd-Chemie

Schlussfolgerungen

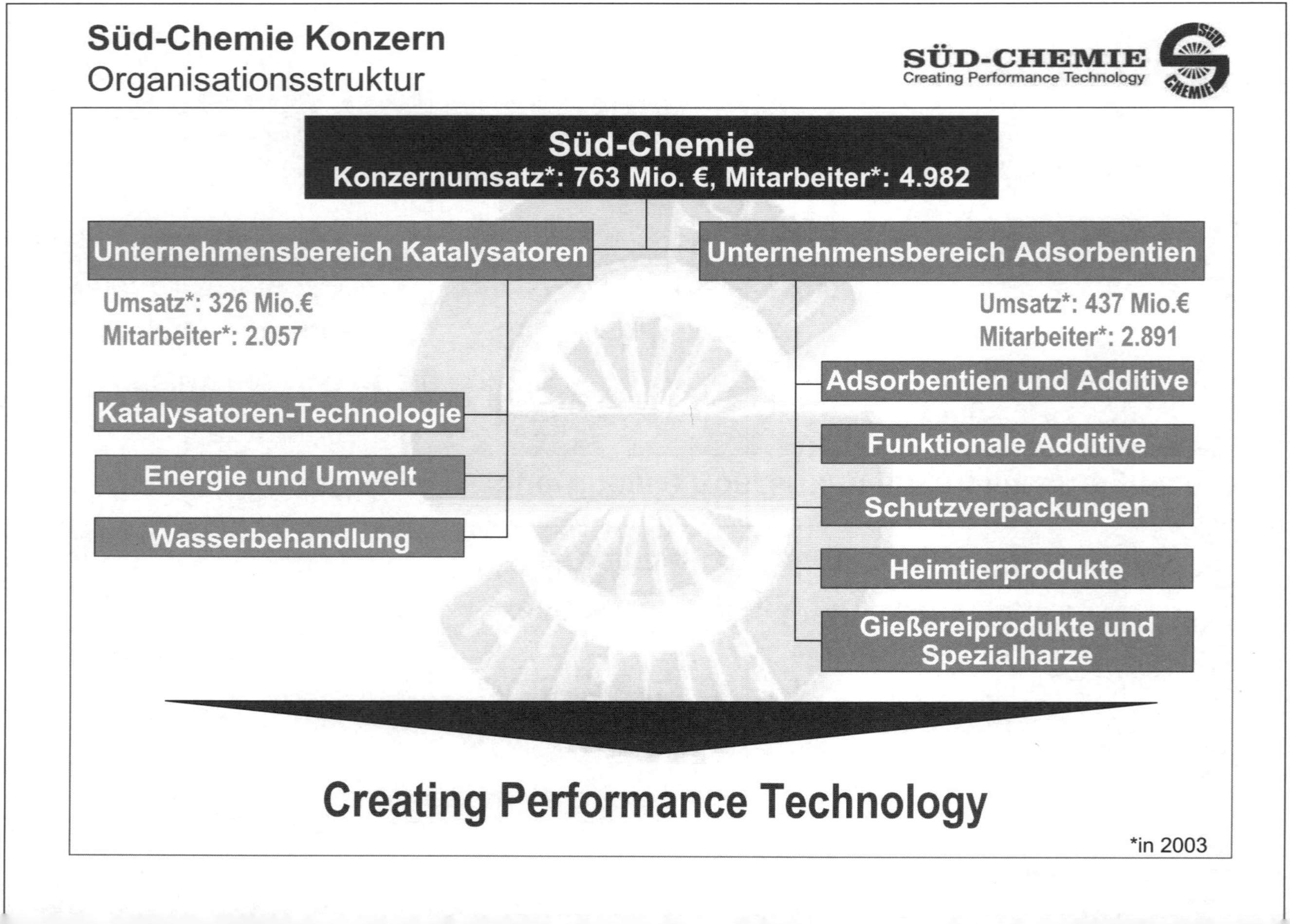
Süd-Chemie Konzern
Organisationsstruktur
SÜD-CHEMIE
Creating Performance Technology
Süd-Chemie
Konzernumsatz*: 763 Mio. €, Mitarbeiter*: 4.982
Unternehmensbereich Katalysatoren
Umsatz*: 326 Mio.€
Mitarbeiter*: 2.057
Katalysatoren-Technologie
Energie und Umwelt
Wasserbehandlung
Unternehmensbereich Adsorbentien
Umsatz*: 437 Mio.€
Mitarbeiter*: 2.891
Adsorbentien und Additive
Funktionale Additive
Schutzverpackungen
Heimtierprodukte
Gießereiprodukte und Spezialharze
Creating Performance Technology
*in 2003

Süd-Chemie Konzern
Unternehmensbereiche

SÜD-CHEMIE
Creating Performance Technology

*in 2003

Süd-Chemie
Konzernumsatz*: 763 Mio. €, Mitarbeiter*: 4.982

Katalysatoren

Umsatz*: 326 Mio.€
Mitarbeiter*: 2.057

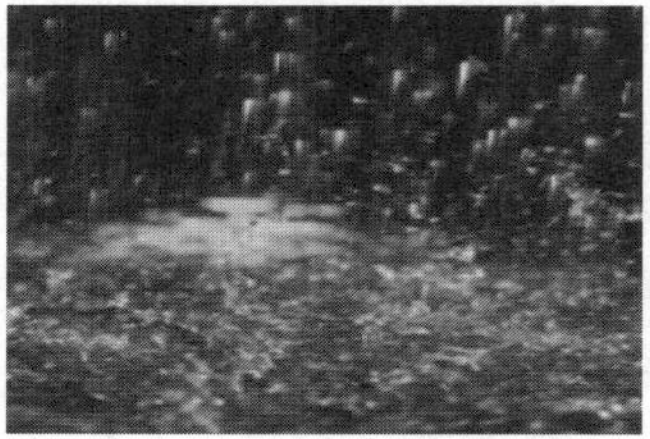

→ Führend in der Chemie und Physik für Oberflächen von feinstverteilten anorganischen Feststoffen

Süd-Chemie Konzern
Unternehmensbereiche
SÜD-CHEMIE
Creating Performance Technology
*in 2003
Süd-Chemie
Konzernumsatz*: 763 Mio. €, Mitarbeiter*: 4.982
Adsorbentien
Umsatz*: 437 Mio.€
Mitarbeiter*: 2.891
Führend in der Chemie und Physik für Oberflächen
von feinstverteilten anorganischen Feststoffen

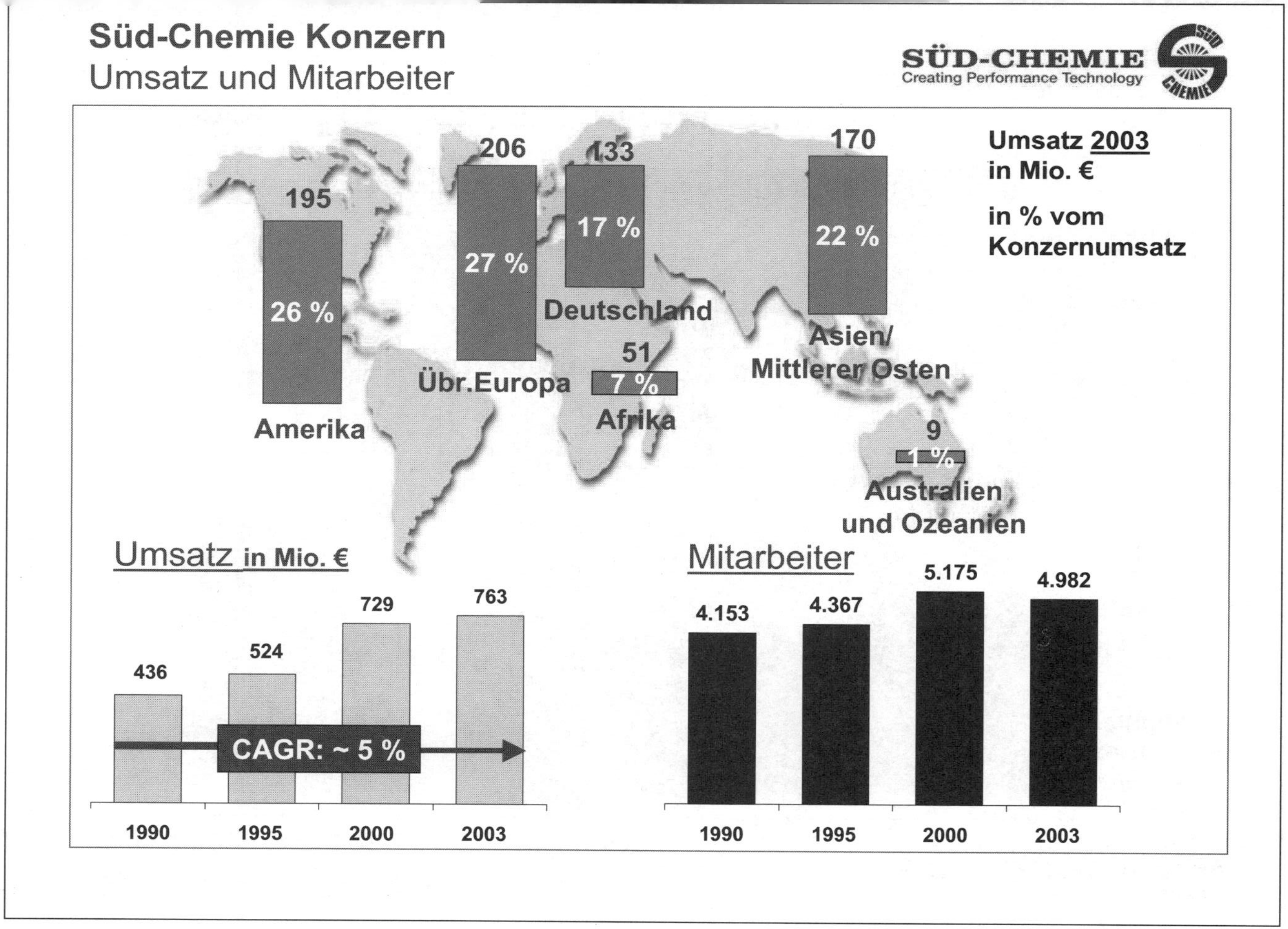

Süd-Chemie Konzern
Umsatz und Mitarbeiter
SÜD-CHEMIE
Creating Performance Technology
195
26 %
Amerika
206
27 %
Übr.Europa
133
17 %
Deutschland
51
7 %
Afrika
170
22 %
Asien/
Mittlerer Osten
9
1 %
Australien
und Ozeanien
Umsatz 2003
in Mio. €
in % vom
Konzernumsatz
Umsatz in Mio. €
436
524
729
763
CAGR: ~ 5 %
1990
1995
2000
2003
Mitarbeiter
4.153
4.367
5.175
4.982
1990
1995
2000
2003

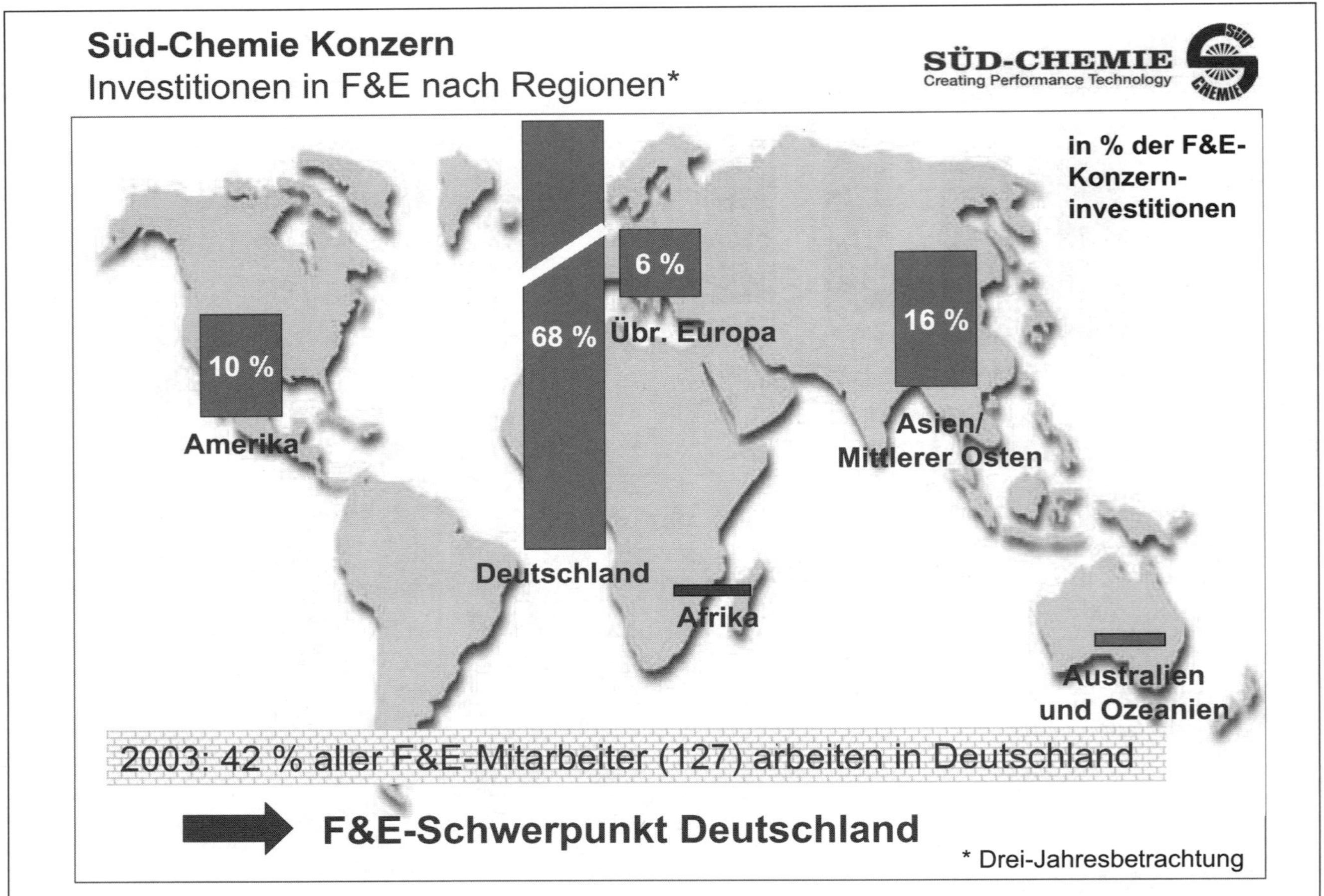
Süd-Chemie Konzern
Investitionen in F&E nach Regionen*
SÜD-CHEMIE
Creating Performance Technology
in % der F&E-Konzern-investitionen
10 %
Amerika
68 %
Deutschland
6 %
Übr. Europa
Afrika
16 %
Asien/ Mittlerer Osten
Australien und Ozeanien
2003: 42 % aller F&E-Mitarbeiter (127) arbeiten in Deutschland
F&E-Schwerpunkt Deutschland
* Drei-Jahresbetrachtung

Süd-Chemie Konzern Rahmenbedingungen

West-Ost-Migration von Märkten und Produktion

SÜD-CHEMIE
Creating Performance Technology

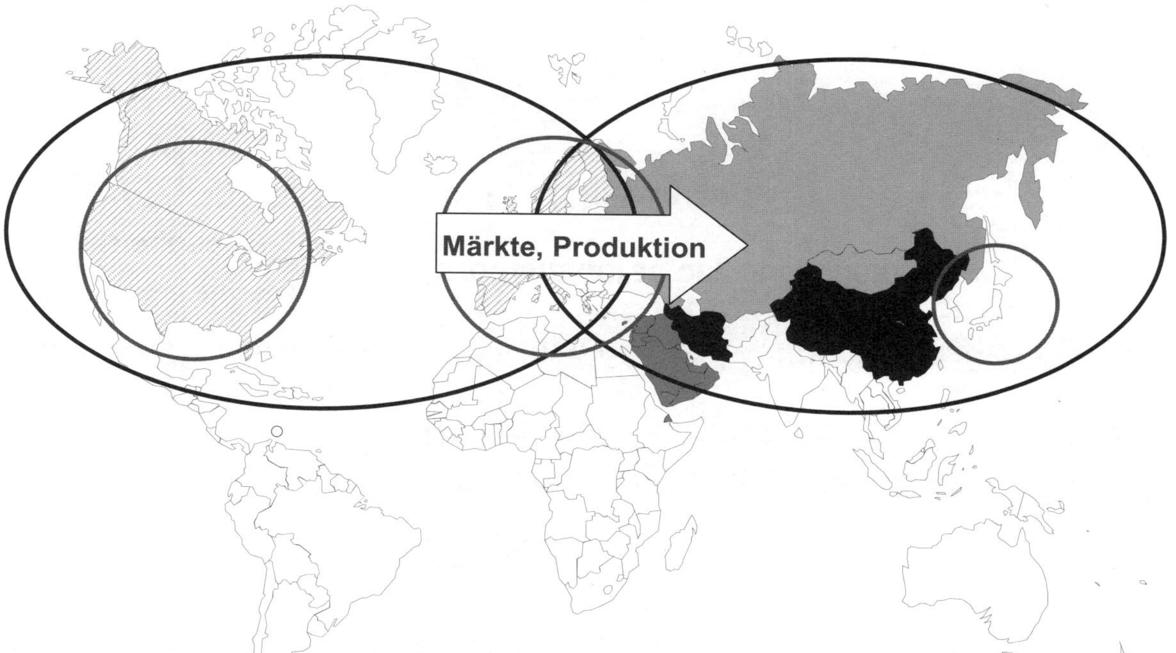

Süd-Chemie baut ihre Position in den zukünftigen Märkten Mittlerer Osten, GUS und China aus, ohne bestehende Märkte in USA und Europa zu vernachlässigen

SÜD-CHEMIE
Creating Performance Technology

Standort Deutschland – Motor für den internationalen Erfolg der Süd-Chemie

Agenda:

Rahmenbedingungen für deutsche Unternehmen im internationalen Wettbewerb

Süd-Chemie Konzern: International erfolgreich

Erfolgsfaktoren der Süd-Chemie

Schlussfolgerungen

Süd-Chemie Konzern
Erfolgsfaktoren für profitables Wachstum
SÜD-CHEMIE
Creating Performance Technology
Globale Wettbewerbsfähigkeit
Technologie/ Innovation
Ausbau der Innovationsführerschaft
Zielgerichtete Forschung und Entwicklung
Konsequentes Key-Account-Management
Kundenorientierung
Nutzung der regionalen und der Kundenpotenziale
Mitarbeiter
Führungspotenzial
Fokus auf Kerngeschäfte
„Operational Excellence“
Portfoliomanagement
Definition der Kerngeschäfte
Straffes Kostenmanagement
Prozessoptimierung
Ständiger Fokus auf Profitabilität/Rigoroses Kostenmanagement

Kundenorientierung

Kundenbedürfnisse im Mittelpunkt des Konzerns

SÜD-CHEMIE
Creating Performance Technology

Durch intensive Kundenbeziehungen bessere Marktausschöpfung

- Konsequente Ausrichtung der Süd-Chemie Organisationsstruktur auf Kundenbedürfnisse → 21 Industriegruppen für die Zielmärkte
- Kontinuierlicher Kontakt zu den Kunden, längerfristige Kooperationen und dauerhafte Partnerschaften → Orientierung an globalen Kundenbedürfnissen bei Berücksichtigung regionaler Anforderungen
- Differenzierte Behandlung von Kunden (Key-Account-Management) v. a. im Hinblick auf zunehmende Kundenkonzentration

Systematisches Kundenmanagement:

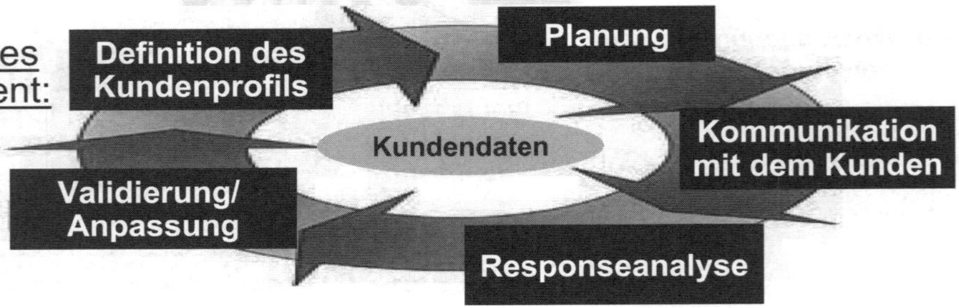

Kundenorientierung

Verstärktes Key-Account-Management

- Ausbau von (exklusiven) Kooperationen und Allianzen in den Kernmärkten
- Intensive Betreuung der Key-Accounts durch verantwortliche Key-Account-Manager
- Steigerung des Kundenmehrwertes durch kontinuierliche Verbesserung des Produkt- und Serviceangebots

Kundenorientierung und Produktivitätssteigerung
Permanente Aufgabe

SÜD-CHEMIE
Creating Performance Technology

Konzernprojekt Free For Customers

Ziele:
➡ Optimierung des gesamten Wertschöpfungsprozesses und konsequente Ausrichtung der gesamten Organisation auf die Kundenbedürfnisse

Maßnahmen:
- Deutliche Reduzierung administrativer Aktivitäten
- Stärkung von Marketing, Vertrieb und kundenorientierter Forschung
- Optimierung interner Prozesse: Vereinfachung und Standardisierung
- Konsequente Straffung der Organisation

Phasen:
1. Bestandsaufnahme: Schaffung von Transparenz, Ermittlung von Handlungsfeldern
2. Bestimmung der Projektziele, Maßnahmenerarbeitung und Priorisierung
3. Umsetzung der Projekte/Optimierung der Prozesse

Prozessoptimierung
Supply-Chain-Management

SÜD-CHEMIE
Creating Performance Technology

Beherrschung der gesamten Wertschöpfungskette

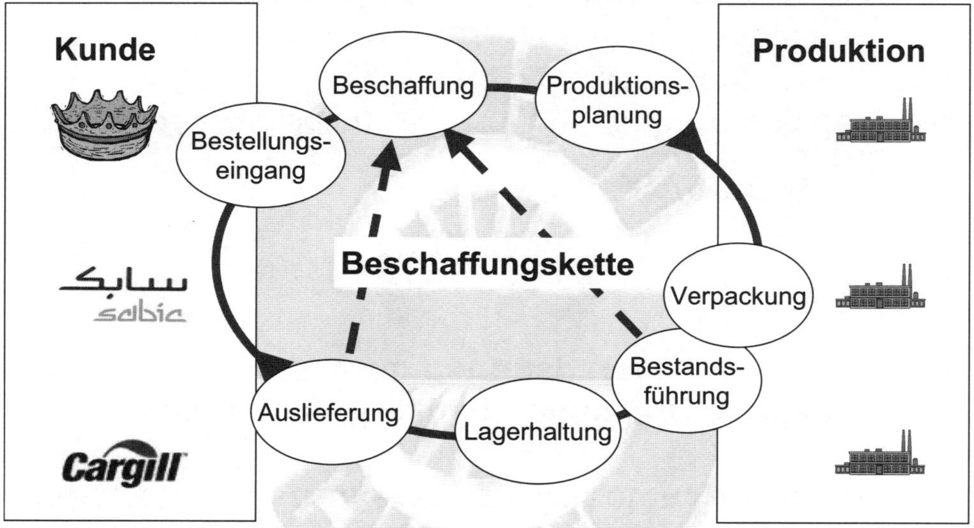

<u>Operational Excellence:</u> Optimierung des weltweiten Produktions- und Logistikverbunds durch vernetztes Denken: Schnelle Rückkopplung zwischen Produktionsplanung, Beschaffung, Bestandsführung und Auslieferung ➡ Hohe Qualität und schnelle Verfügbarkeit

Kostenmanagement
Bestandssteuerung

SÜD-CHEMIE
Creating Performance Technology

Logistic Management System (LMS)

SAP-basiertes Instrument zur effizienten Bestandsführung

Senkung der Kapitalbindung durch höhere Bestandstransparenz

intern bei:

- Produktion
- Beschaffung
- Absatz
- Lagerung

extern durch:

Optimierung der Prozesse mit
- Lieferanten
- Kunden

Kostenmanagement
Beschaffungsoptimierung

SÜD-CHEMIE
Creating Performance Technology

Globales Einkaufsprojekt PRESTO

Ziel: Kostensenkung durch

- Bündelung von Einkaufsvolumina,
- größere Markttransparenz,
- langfristige Lieferantenkontakte,
- Optimierung des Lieferantenverbundes und
- verstärkte Nutzung des technischen Know-hows

Einsparungs- und Optimierungsmaßnahmen vor allem in den Bereichen Produkte und Dienstleistungen, Rohstoffe sowie Energie

Portfoliomanagement
Konzentration auf Kerngeschäfte

SÜD-CHEMIE
Creating Performance Technology

Konzernentwicklung auf Basis starker Positionen in den Kerngeschäften

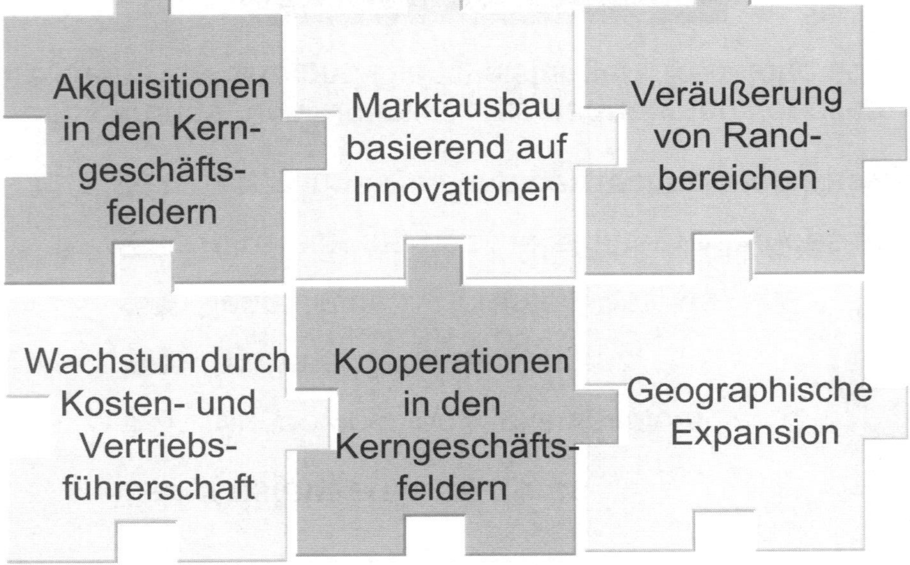

plus Positionierung in zukunftsprägenden Wissens-gebieten entlang der Kernkompetenzen

Technologie / Innovation

Wettbewerbsvorteile durch Innovationsführerschaft

SÜD-CHEMIE
Creating Performance Technology

Aktiver Einsatz von Patenten und Erhöhung des Innovationstempos

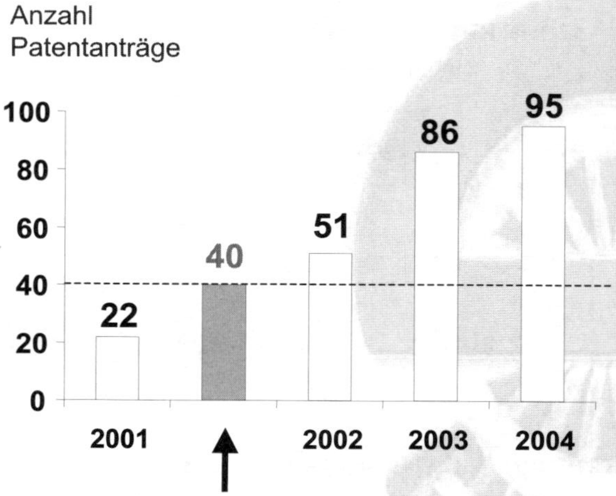

Zahl der notwendigen Patentanträge, um den derzeitigen Bestand von über 400 Patenten weltweit aufrecht zu erhalten (rund 10 Jahre Schutzdauer durchschnittlich)

- Offensive Patentpolitik: Steigerung der Patentanmeldungen
- Nutzung des internen Wissens: Globale Patentsteuerung und -absicherung
- Patententwicklungen gemeinsam mit strategischen Partnern
- Weitere Verzahnung mit Hochschulen und Forschungsinstituten
- Einführung einer bereichsübergreifenden strategischen Forschung für die Erschließung neuer Arbeitsgebiete
- Kontinuierliche Wirtschaftlichkeitsbetrachtung von F&E-Projekten („Stage-Gate-Prozess“)
- Steigerung der F&E-Quote von 3,1% auf 3,5% in 2004; Konzentration der F&E-Investitionen in Wachstumsbereiche
- Konzerneinheitliche Leistungsanreize

Technologie / Innovation
Innovationsmanagement: Stage-Gate-Prozess

SÜD-CHEMIE
Creating Performance Technology

Stage-Gate-Prozess: Evaluierung von F&E-Projekten

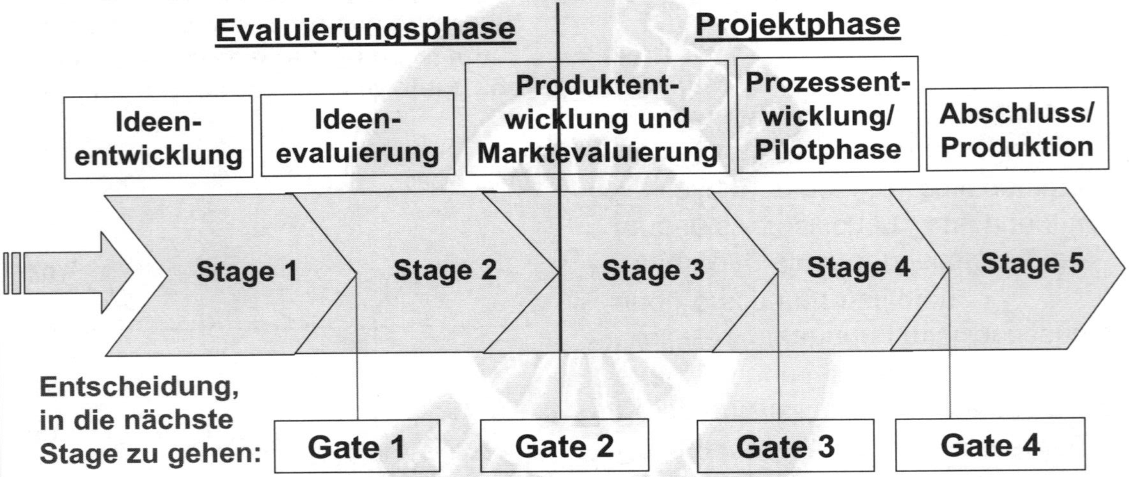

- Markt-Evaluierung
- Technologie-Evaluierung

} Verbindung des technisch Machbaren mit dem ökonomisch Sinnvollen

- Abschätzung der Risiken und der Strategiekonsistenz im Hinblick auf die Süd-Chemie Konzernstrategie

Technologie / Innovation
Weltweites F&E-Netzwerk

SÜD-CHEMIE
Creating Performance Technology

<u>Forschungszentren in Bayern ausschlaggebend für den globalen Konzernerfolg</u>

- Hochqualifizierte F&E-Mitarbeiter
- Strategische Kooperationen mit Kunden
- Intensiver Wissensaustausch zwischen Vertriebs- und F&E-Abteilungen
- Effiziente Organisation der Innovationsprozesse („time to market“)

SÜD-CHEMIE
Creating Performance Technology

Standort Deutschland –
Motor für den
internationalen Erfolg
der Süd-Chemie

Agenda:

Rahmenbedingungen für deutsche Unternehmen im internationalen Wettbewerb

Süd-Chemie Konzern: International erfolgreich

Erfolgsfaktoren der Süd-Chemie

Schlussfolgerungen

Fazit
Entfesselung des vorhanden Potenzials

SÜD-CHEMIE
Creating Performance Technology

Standortbelastungen sind längst identifiziert und werden nun angegangen – wenn auch noch viel zu langsam

- Arbeitszeiten steigen ohne Lohnausgleich => Arbeitskosten und Lohnstückkosten sinken
- Umbau der Sozialsysteme – eine „Reform“ ist jedoch noch nicht in Sicht
- Steuerreform wird zumindest diskutiert
- Bürokratische Prozesse werden teilweise vereinfacht – Handlungsbedarf groß
- Abbau von Subventionen, vor allem Erhaltungssubventionen, wird diskutiert
- Bildungssystem steht am Pranger – von der Pisa-Studie aufgerüttelt
- Bedeutung von F&E ist erkannt – Innovationsoffensive greift noch zu kurz

Spitzenleistungen der deutschen Unternehmen unter Nutzung der Standortstärken, Stärken nicht zerreden

- Ausgleich der Standortschwächen durch herausragende Managementleistungen: Konsequente Kundenorientierung, konsequentes Innovationsmanagement vor allem durch intensivere Nutzung des überragenden F&E-Potenzials in Deutschland, konsequente Prozessoptimierung und Kostenmanagement, konsequentes Portfoliomanagement

→ **Standort Deutschland: Motor für den internationalen Erfolg deutscher Unternehmen**

SÜD-CHEMIE
Creating Performance Technology

Creating Performance Technology

Von SWOT-Analyse bis Weltführer in einer Marktnische

Eric van Lammeren

Vorsitzender des Geschäftsführung, DSI DYWIDAG-Systems GmbH

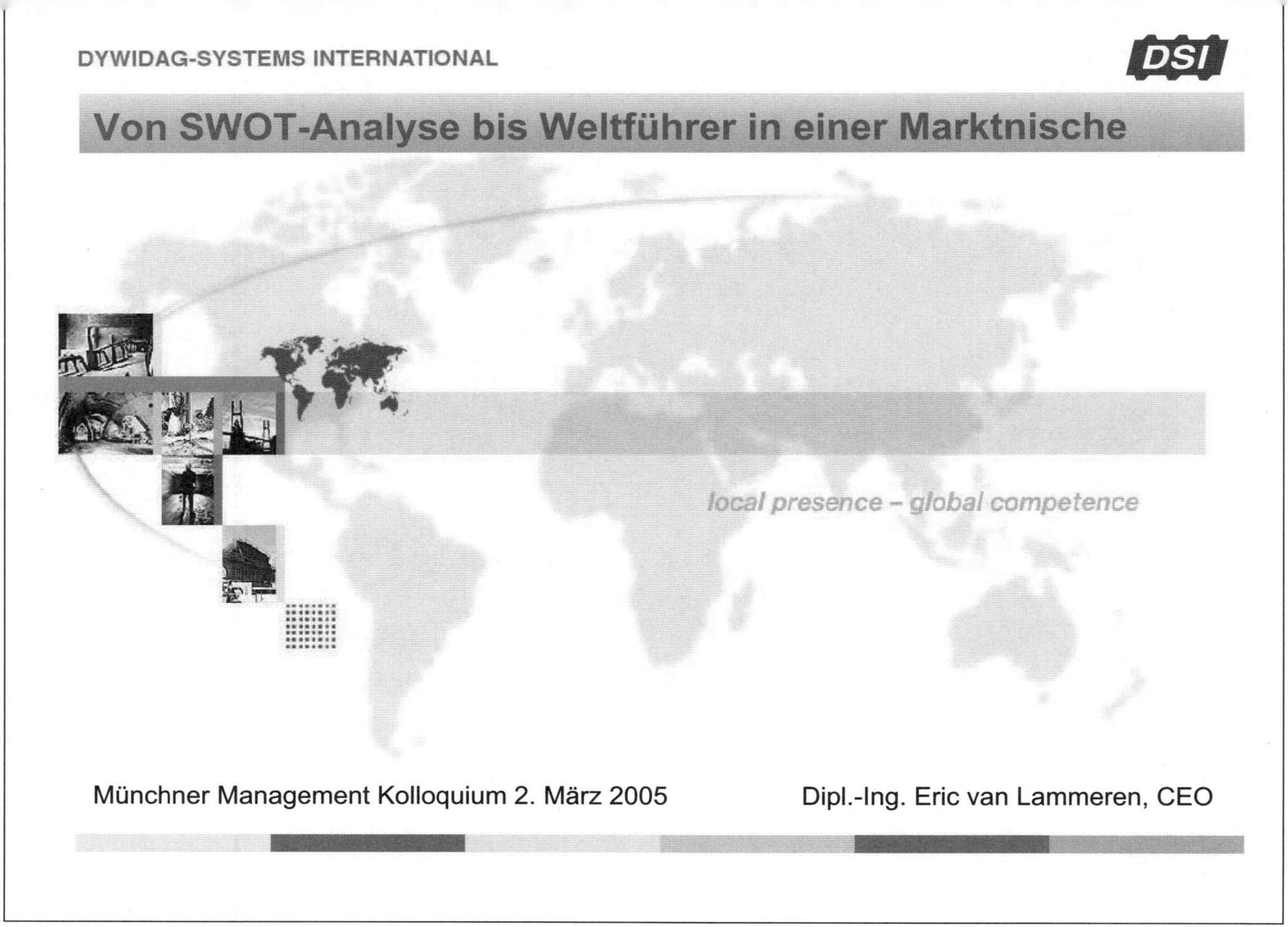
DYWIDAG-SYSTEMS INTERNATIONAL
DSI
Von SWOT-Analyse bis Weltführer in einer Marktnische
local presence – global competence
Münchner Management Kolloquium 2. März 2005
Dipl.-Ing. Eric van Lammeren, CEO

DYWIDAG-SYSTEMS INTERNATIONAL

DSI

Index

1. Vorstellung der DSI-Gruppe
2. Sicherung der Marktposition als Systemlieferant im Bau
3. Über SWOT-Analyse zur Wachstumsstrategie Bergbau in 2000
4. Ausbau der weltweiten Marktführerschaft im Bergbau
5. Fazit

DYWIDAG-SYSTEMS INTERNATIONAL

Historie der DYWIDAG-Systems International GmbH

1865	DYWIDAG Bauunternehmung wird gegründet
1950	DYWIDAG startet Lizenzgeschäft
1979	DSI wird gegründet zur Koordinierung des int. Lizenzgeschäftes
2001	DYWIDAG fusioniert mit Walter Bau-AG
	DSI Netzwerk von mehr als 75 Tochtergesellschaften, Lizenznehmern und Vertretern

DYWIDAG-SYSTEMS INTERNATIONAL

Hauptaktivitäten der DSI - Gruppe

- Lieferung von Spannstahl und Verankerungssystemen

- Lieferung von geotechnischen Systemen

- Lieferung von Deckensicherungssystemen im Bergbau

- Vermietung von Geräten

- Einbau, Spannen, Verpressen, Prüfen

- Vermarktung von Spezialbauverfahren

DYWIDAG-SYSTEMS INTERNATIONAL

Marktsegmente nach Anwendungsbereichen

Brücken

Tanks

Wohnungsbau

Industriebau

Hangsicherung

Baugruben

Tunnelbau

Bergbau

Wasser- & Hafenbau

Verschiedenes

DYWIDAG-SYSTEMS INTERNATIONAL

DSI

Niederlassungen der DSI: Lokale Präsenz – Globale Kompetenz

- Amerika
- Deutschland
- Europa
- Bergbau

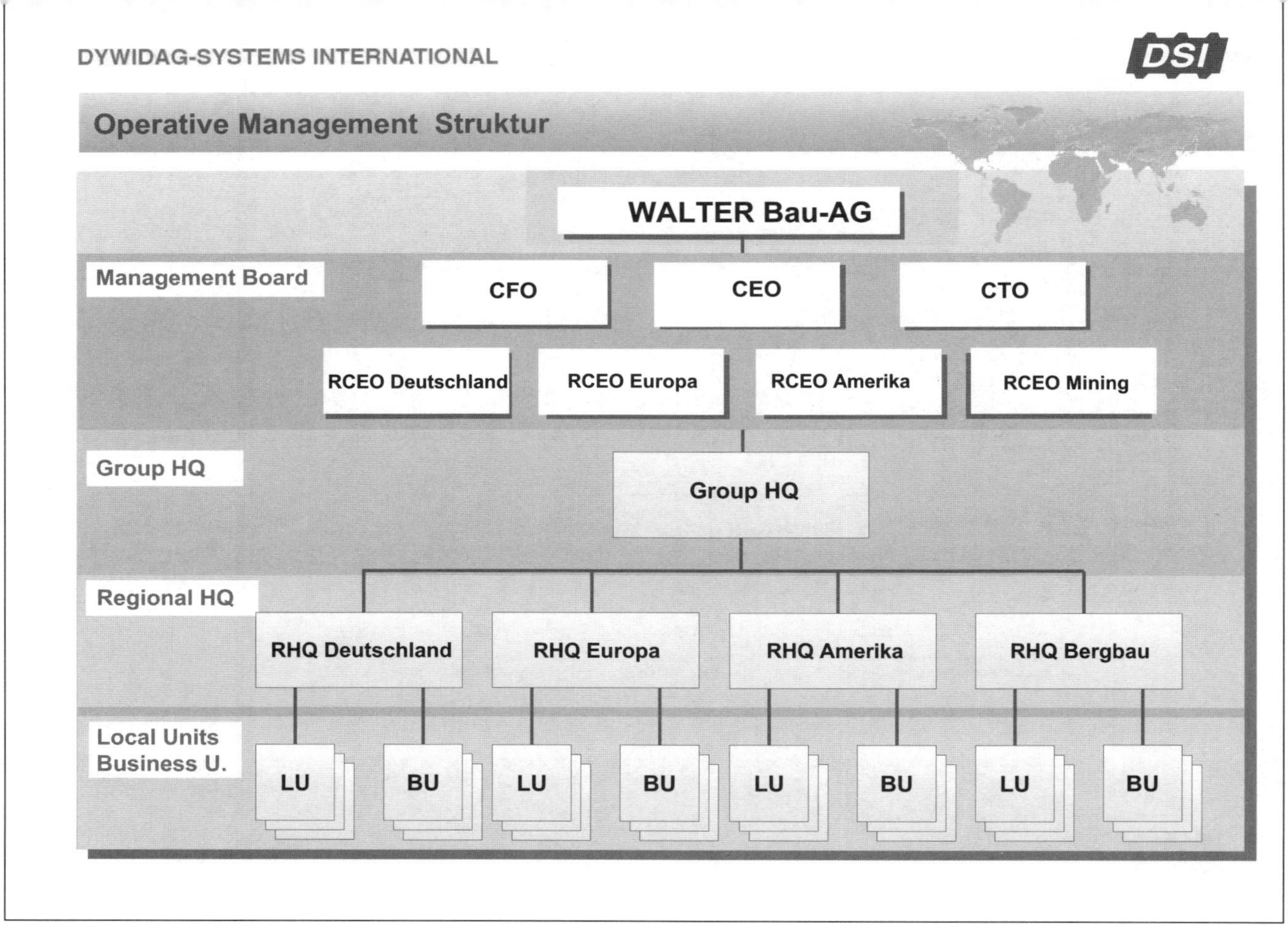
DYWIDAG-SYSTEMS INTERNATIONAL
DSI
Operative Management Struktur
WALTER Bau-AG
Management Board
CFO
CEO
CTO
RCEO Deutschland
RCEO Europa
RCEO Amerika
RCEO Mining
Group HQ
Group HQ
Regional HQ
RHQ Deutschland
RHQ Europa
RHQ Amerika
RHQ Bergbau
Local Units
Business U.
LU
BU
LU
BU
LU
BU
LU
BU

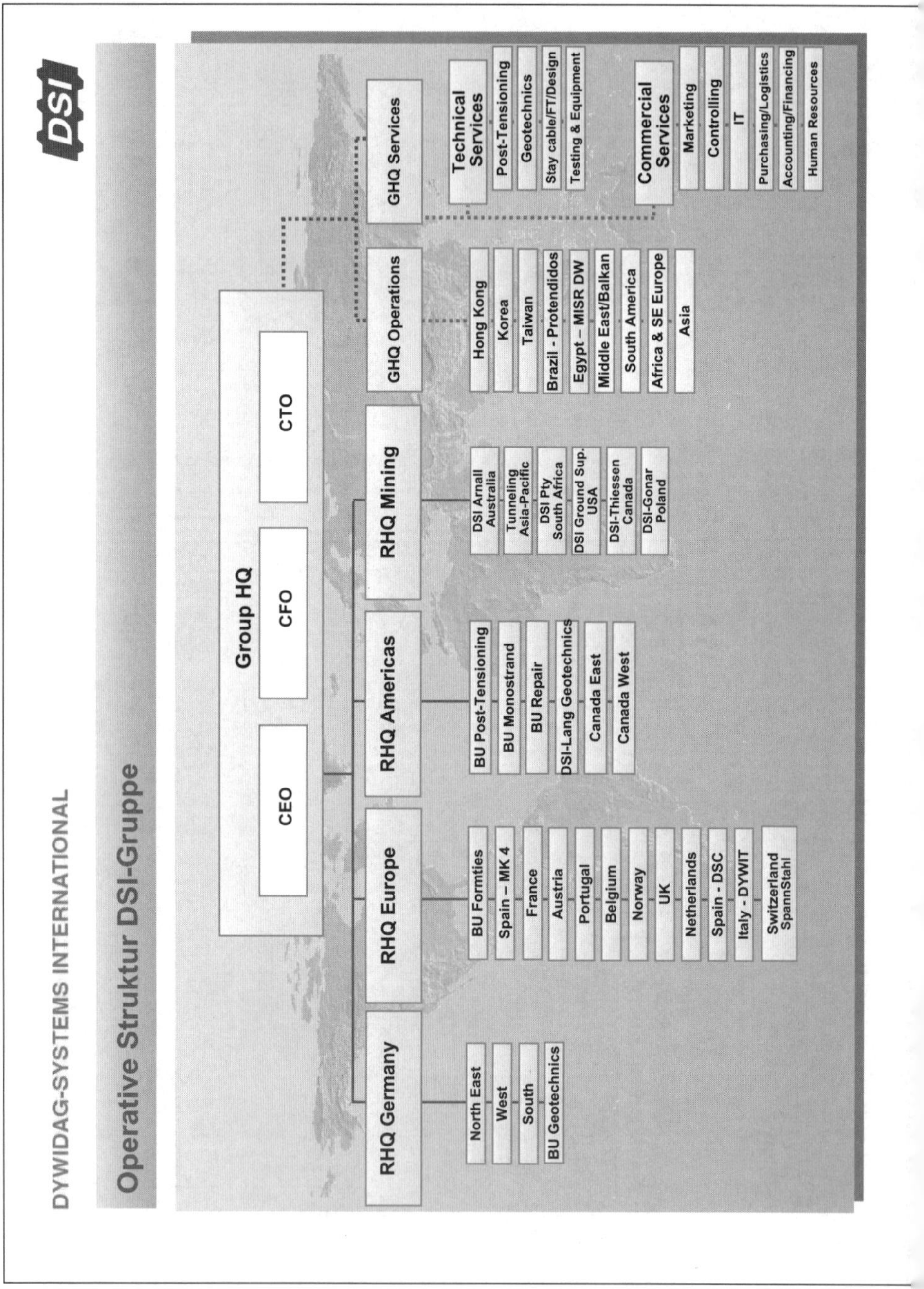
DYWIDAG-SYSTEMS INTERNATIONAL
Operative Struktur DSI-Gruppe
DSI
Group HQ
CEO
CFO
CTO
RHQ Germany
North East
West
South
BU Geotechnics
RHQ Europe
BU Formties
Spain – MK 4
France
Austria
Portugal
Belgium
Norway
UK
Netherlands
Spain - DSC
Italy - DYWIT
Switzerland SpannStahl
RHQ Americas
BU Post-Tensioning
BU Monostrand
BU Repair
DSI-Lang Geotechnics
Canada East
Canada West
RHQ Mining
DSI Arnall Australia
Tunneling Asia-Pacific
DSI Pty South Africa
DSI Ground Sup. USA
DSI-Thiessen Canada
DSI-Gonar Poland
GHQ Operations
Hong Kong
Korea
Taiwan
Brazil - Protendidos
Egypt – MISR DW
Middle East/Balkan
South America
Africa & SE Europe
Asia
GHQ Services
Technical Services
Post-Tensioning
Geotechnics
Stay cable/FT/Design
Testing & Equipment
Commercial Services
Marketing
Controlling
IT
Purchasing/Logistics
Accounting/Financing
Human Resources

DYWIDAG-SYSTEMS INTERNATIONAL

Umsatz- und Ergebnisentwicklung 2000- 2005

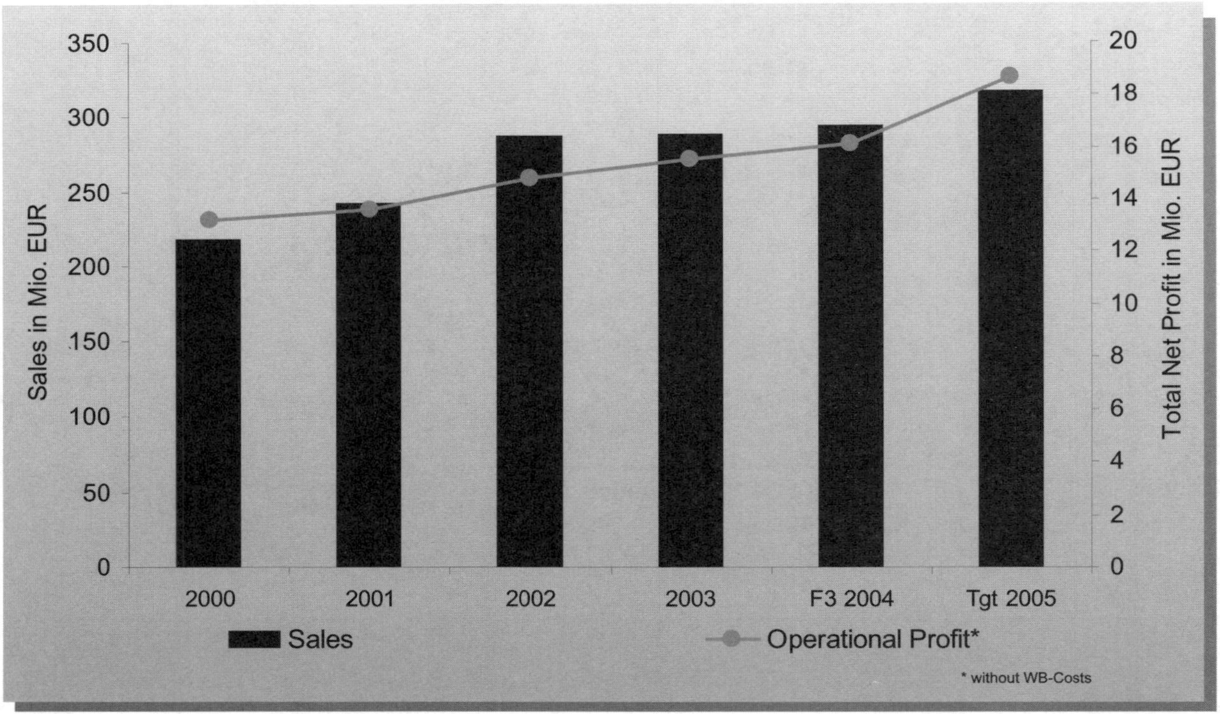

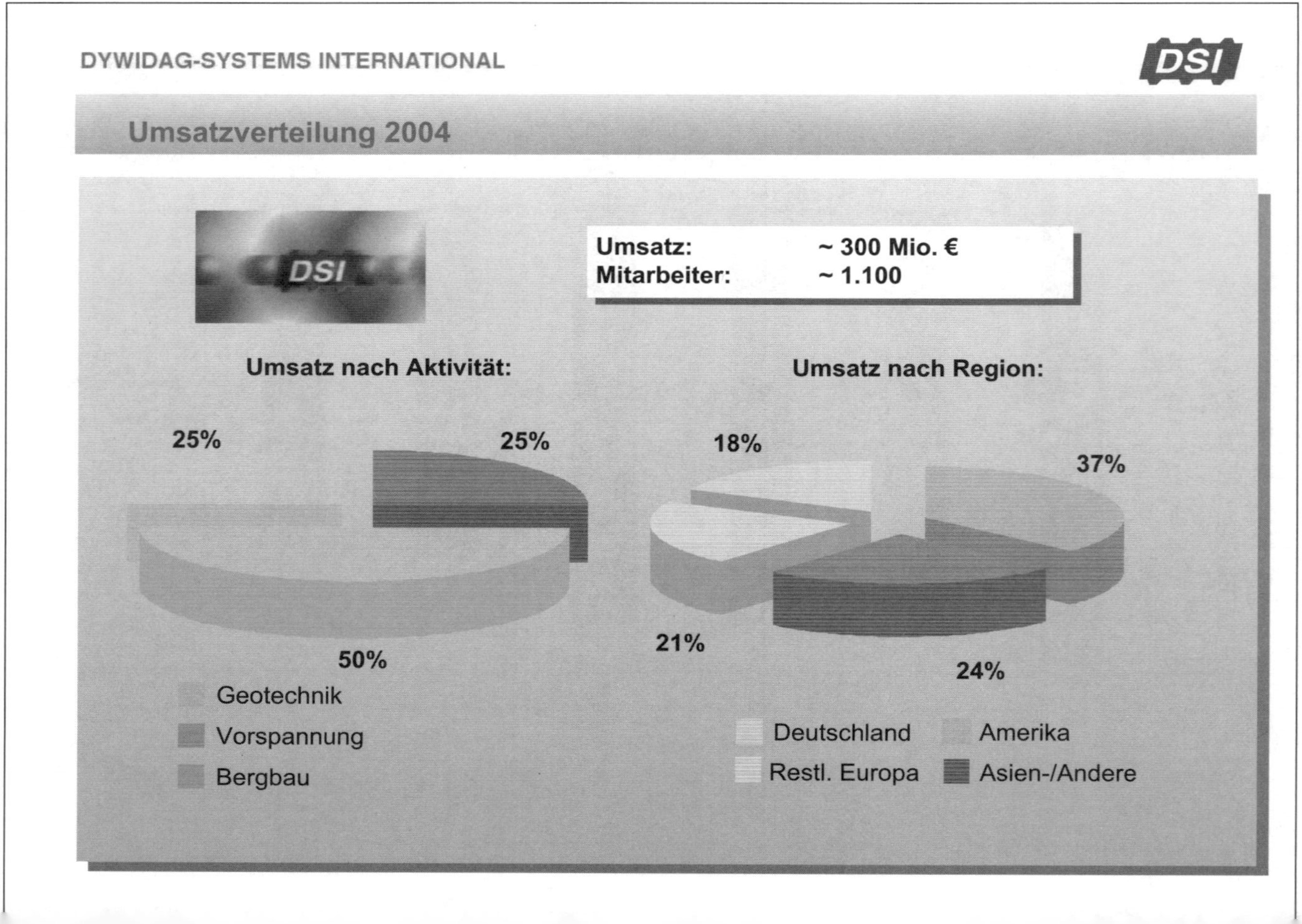
DYWIDAG-SYSTEMS INTERNATIONAL
DSI
Umsatzverteilung 2004
DSI
Umsatz: ~ 300 Mio. €
Mitarbeiter: ~ 1.100
Umsatz nach Aktivität:
25%
25%
50%
Geotechnik
Vorspannung
Bergbau
Umsatz nach Region:
18%
37%
21%
24%
Deutschland
Amerika
Restl. Europa
Asien-/Andere

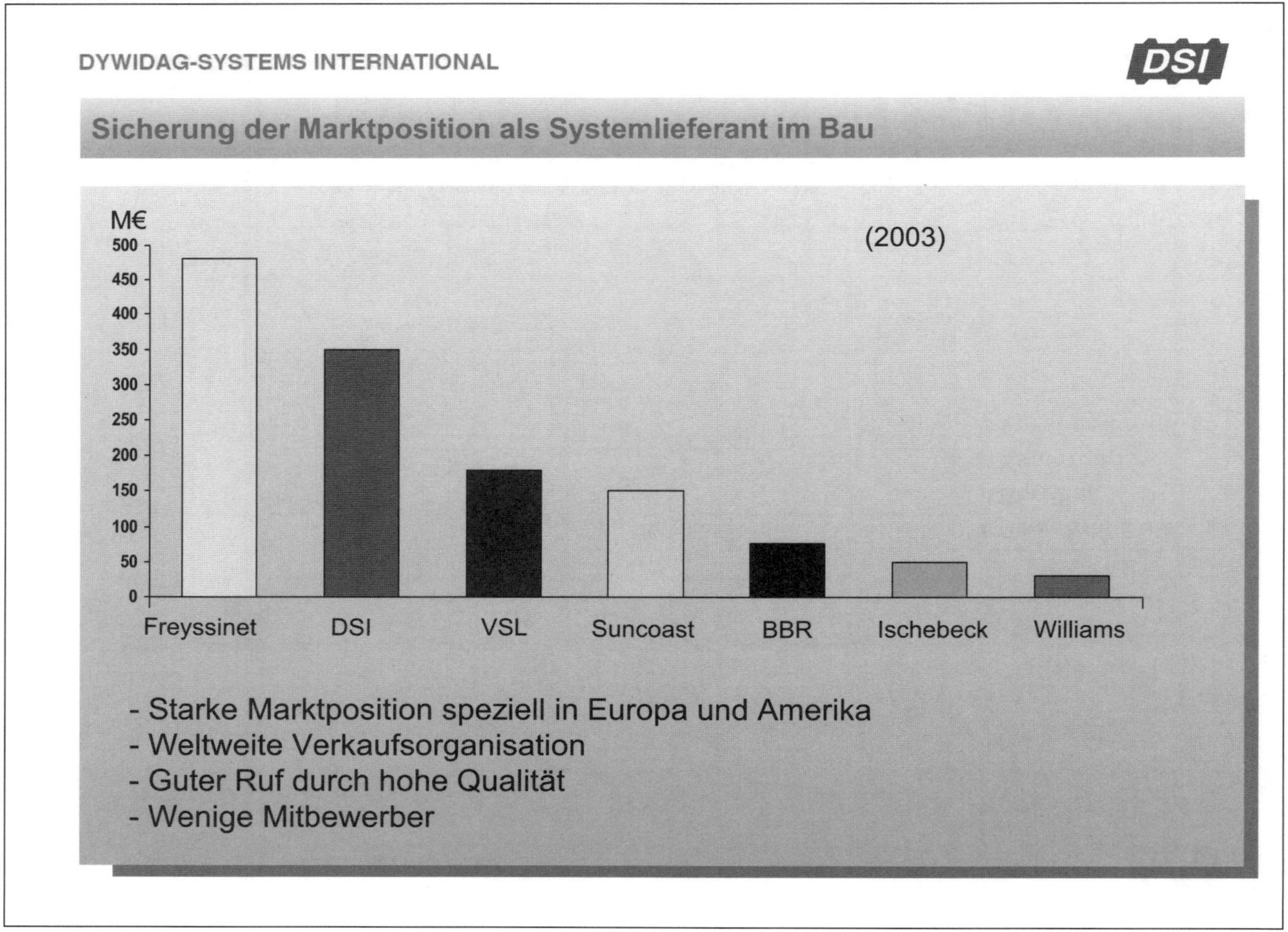
DYWIDAG-SYSTEMS INTERNATIONAL
DSI
Sicherung der Marktposition als Systemlieferant im Bau
M€
500
450
400
350
300
250
200
150
100
50
0
(2003)
Freyssinet
DSI
VSL
Suncoast
BBR
Ischebeck
Williams
- Starke Marktposition speziell in Europa und Amerika
- Weltweite Verkaufsorganisation
- Guter Ruf durch hohe Qualität
- Wenige Mitbewerber

DYWIDAG-SYSTEMS INTERNATIONAL

DSI

Marktposition DSI im relevanten Markt Vorspann-/Geotechnik: Total 1 Mrd. €

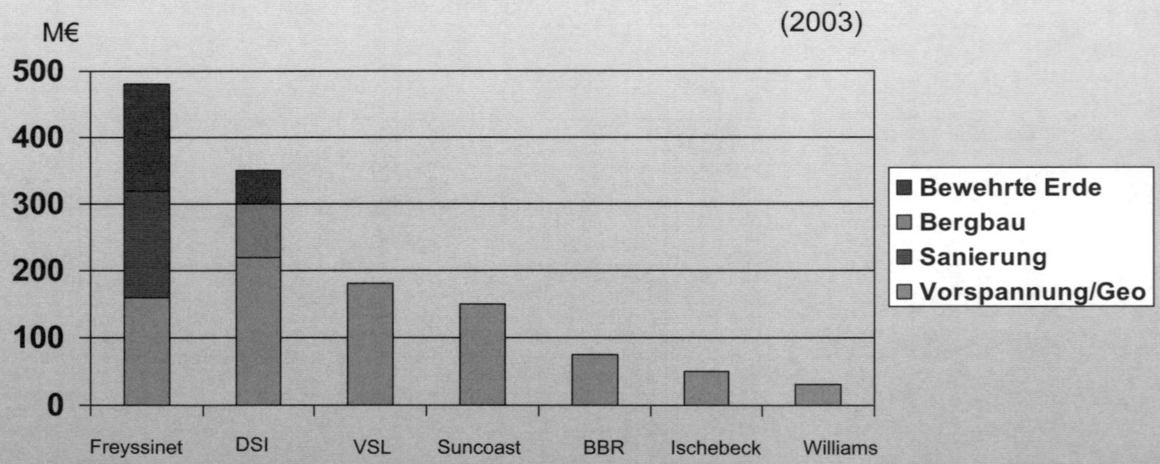

- **DSI ist Marktführer in Vorspann-/Geotechnik (~ 22 % Marktanteil)**
- **Profitabel durch Fokus auf Liefergeschäft, keine Bauausführung**

DYWIDAG-SYSTEMS INTERNATIONAL

DSI

Markttrends für Systemlieferanten im Bau

Trends

- ☐ Weltweit stabiles Marktvolumen
- ☐ Unterschiedliche Volumina pro Land
- ☐ Überall Abhängigkeit von öffentlichen Investitionen
- ☐ Asiatischer Markt verlangt Bauleistung statt Systemlieferung
- ☐ Vorspannverfahren und -systeme werden allgemeines Wissen
- ☐ Wachstum nur in Nischen mit speziellem Know-how möglich

→ **Wachstumspotential ist begrenzt**

DYWIDAG-SYSTEMS INTERNATIONAL

Geringes Wachstumspotential im stagnierenden Baumarkt

Ziele

- ☐ Flächendeckende globale Vertriebsstruktur (Firmenübernahmen/JV)
- ☐ Kostenführerschaft durch Volumeneffizienz (Einkauf/Produktion/Logistik)
- ☐ Know-how in Spezialanwendungen erweitern:
  - Behälter (LNG/Wasser)
  - Windturbinen

→ **Erfolgsversprechende Nischen suchen**

DYWIDAG-SYSTEMS INTERNATIONAL

SWOT-Analyse der Haupttätigkeitsfelder DSI im Jahr 2000

Hoch- und Tiefbau :
- Vorspannung (PT)
- Geotechnik (Geo)

Untertagebau :
- Bergbau

→ **Ausführliche SWOT-Analyse führt zum Bergbau**

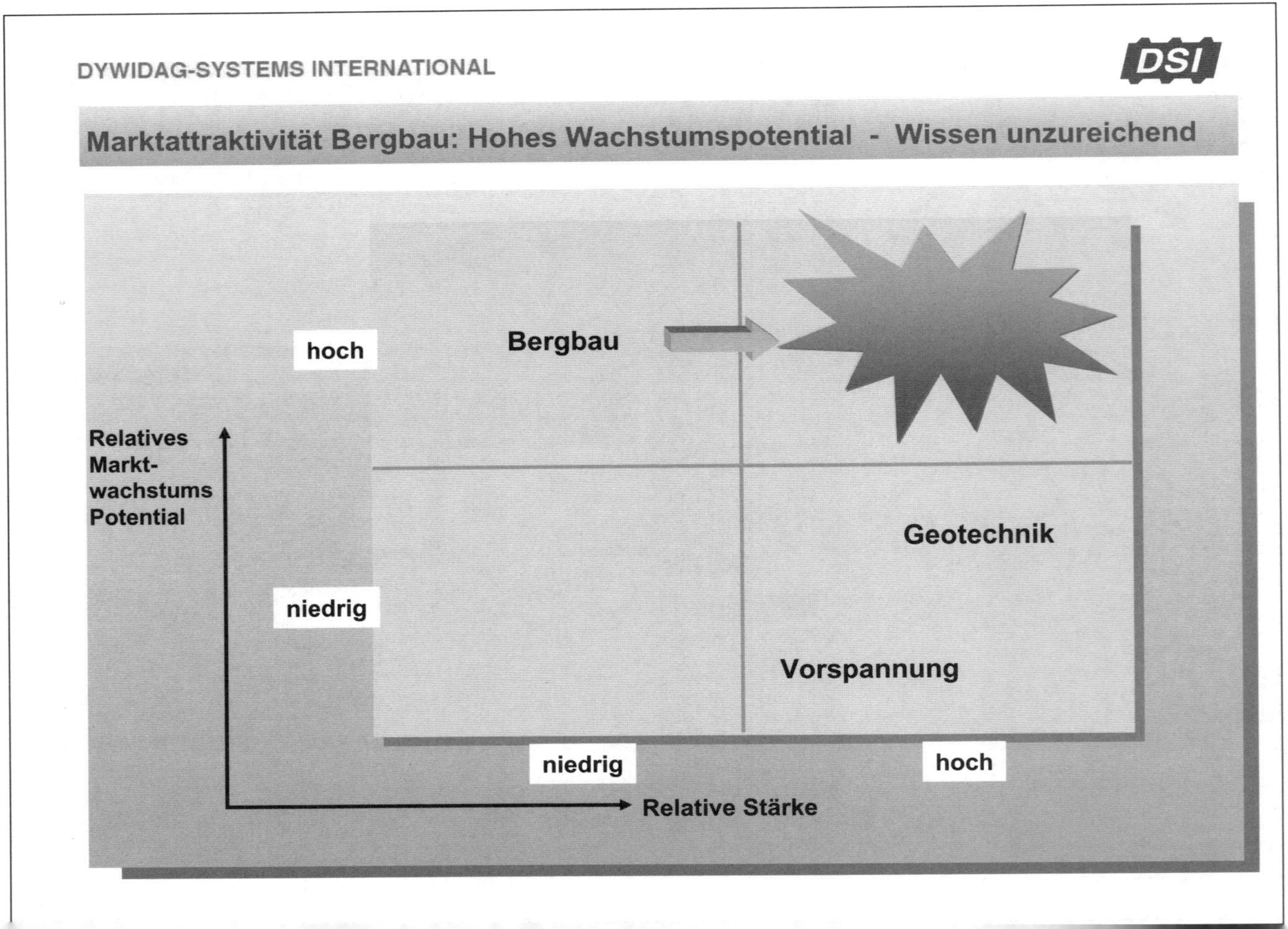
DYWIDAG-SYSTEMS INTERNATIONAL
DSI
Marktattraktivität Bergbau: Hohes Wachstumspotential - Wissen unzureichend
Relatives Markt-wachstums Potential
hoch
niedrig
Bergbau
Geotechnik
Vorspannung
niedrig
hoch
Relative Stärke

DYWIDAG-SYSTEMS INTERNATIONAL

Marktqualität Bergbau: Attraktive Rendite bei geringem Risiko

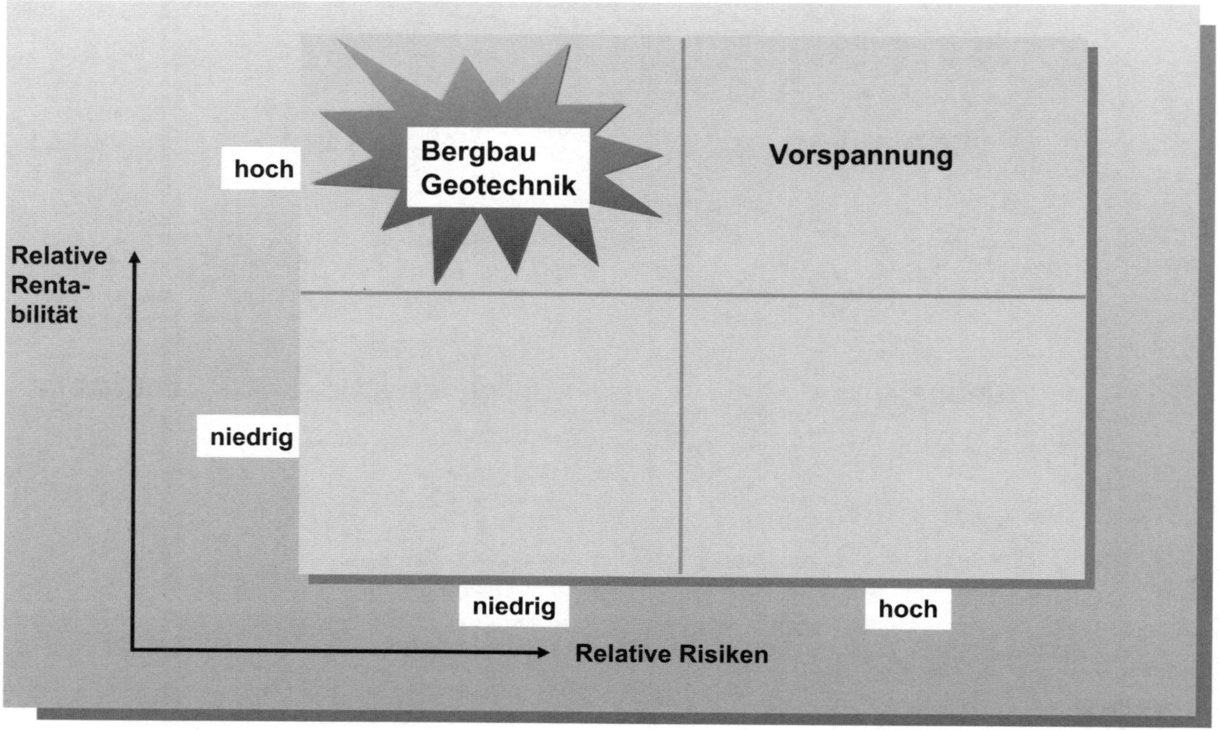

DYWIDAG-SYSTEMS INTERNATIONAL

Geschäftsanalyse – Risiko in verschiedenen Aktivitäten

	PT	Geo	Bergbau
Systeme:	projektspezifisch		Standard
Einbau:	oft verlangt		nicht notwenig
Risiko:	hoch		niedrig

→ **Risikominimierung durch Fokus auf Standardsysteme**

DYWIDAG-SYSTEMS INTERNATIONAL

DSI

Geschäftsanalyse – Gemeinsamkeiten bei allen Aktivitäten

PT **Geo** **Bergbau**

Technologie:
- Stahlprodukte & Systeme
- Spann- und Ankertechnologie
- Qualität & Sicherheit

Märkte:
- Nischen-Märkte
- globale Vorgehensweise & Kompetenz
- lokale Präsenz & Service

Risiken:
- geringe Risiken bei der Bauausführung
- DSI-Ruf Verlässlichkeit
- ähnliche Fertigungstiefe

DYWIDAG-SYSTEMS INTERNATIONAL

DSI

Geschäftsanalyse – Kunden/Wettbewerber in verschiedenen Aktivitäten

	PT	Geo	Bergbau
Kunden:	Haupt-unternehmer	Sub-unternehmer	Bergwerke
Wettbewerber:	Freyssinet VSL Suncoast BBR	Ischebeck Williams Con-Tech VSL	Ani Arnall Excel Jenmar Stewart

→ **Einstieg in Bergbau durch Erwerb von Kompetenz**

DYWIDAG-SYSTEMS INTERNATIONAL

Aufbau der weltweiten Marktführerschaft als Systemlieferant im Bergbau

Ziele

- ☐ Größter globaler Felsbolzen-Lieferant
- ☐ Start: Fertigungswerke in Australien, USA, Südafrika
- ☐ Mining Division in der DSI-Gruppe – weltweite Koordination
- ☐ Aufbau/Übernahme lokaler Einheiten:
  (Kanada, Polen, Russland, Chile, China)

→ **Strategische Expansion im Bergbau verringert die Abhängigkeit vom öffentlichen Bau**

DYWIDAG-SYSTEMS INTERNATIONAL

DSI

Aufbau der Niederlassungen in wichtigen Bergbauregionen

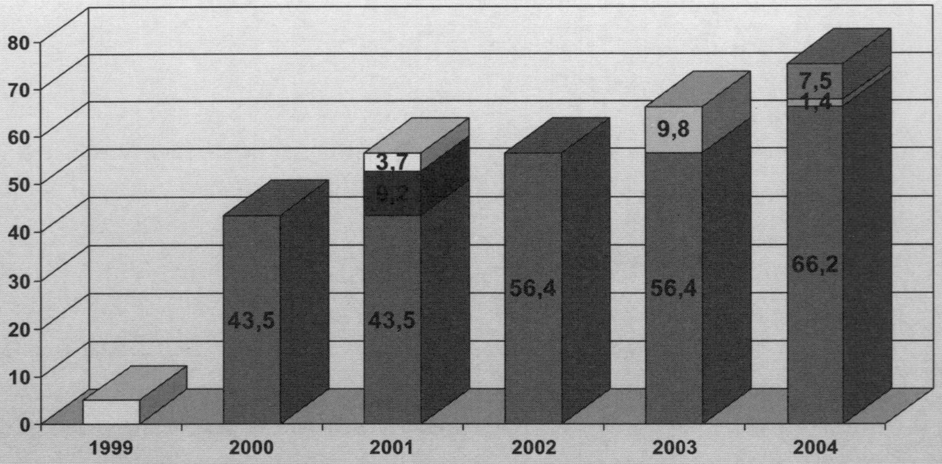

Total
75 Mio €

2000	DYWIDAG-Systems International erwirbt ANI Strata Products - DSI Australien	43.5	2001	DSI gründet DSI Ground Support USA	9.2
2001	DSI bildet Joint Venture in Südafrika - DSI Südafrika *40% DSI	3.7	2003	DSI erwirbt Thiessen, Canada - DSI-Thiessen Mining Products	9.8
2004	DSI bildet Joint Venture in Polen - DSI Gonar *40% DSI	1.4	2004	DSI Australien erwirbt Celtite Pty Ltd	7.5

DYWIDAG-SYSTEMS INTERNATIONAL

Weltweite Marktführerschaft als Systemlieferant im Bergbau erreicht

Marktposition

- ☐ DSI ist einer der größten Anbieter weltweit (~ 20 % Marktanteil)
- ☐ Technologieführer (Größte Produktpalette)
- ☐ Weltweite Organisation (einziger Global Player)
- ☐ Hohe Qualität
- ☐ Kostenführer durch Automation

→ **Viele lokale Wettbewerber**

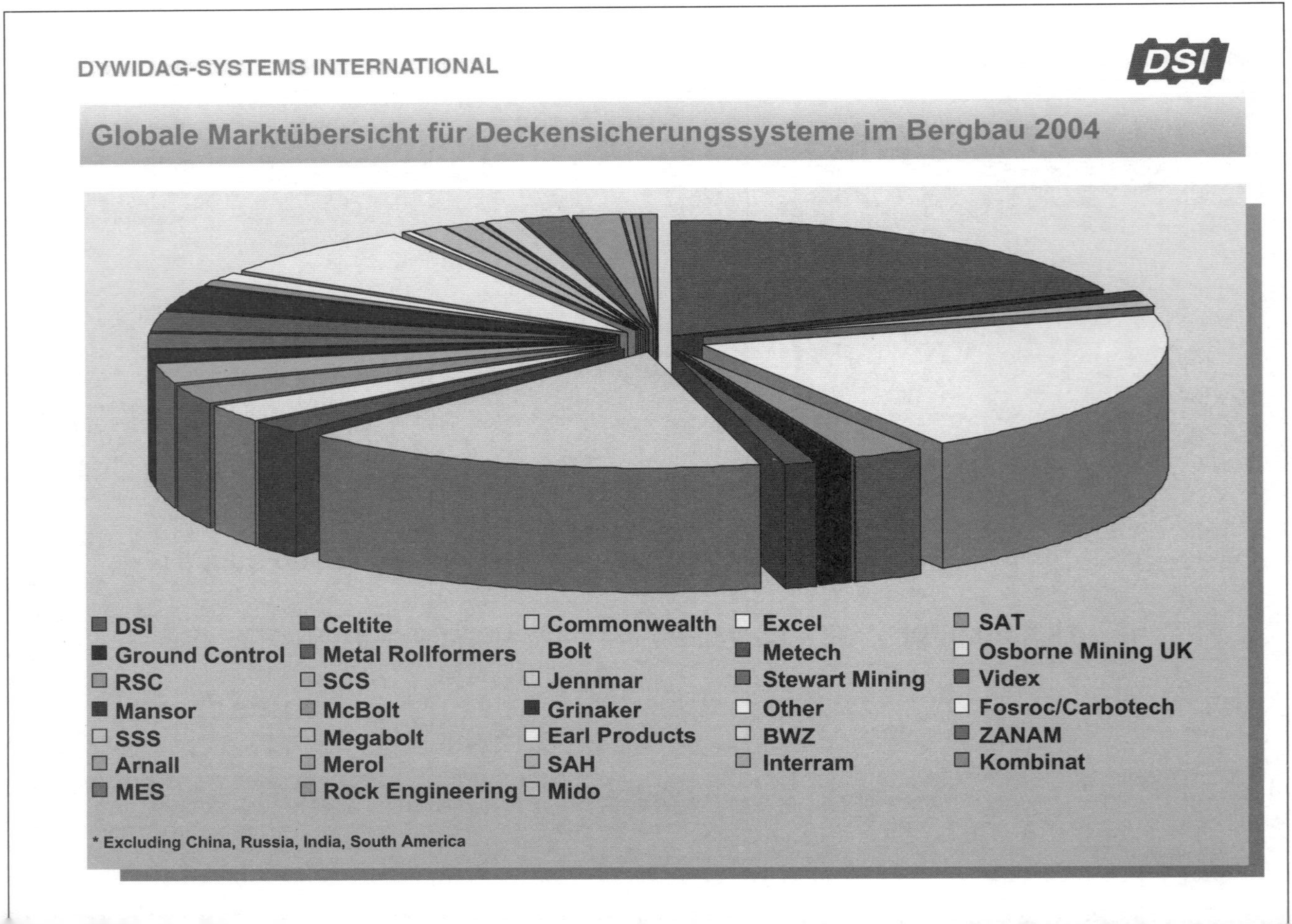
DYWIDAG-SYSTEMS INTERNATIONAL
Globale Marktübersicht für Deckensicherungssysteme im Bergbau 2004
DSI
Ground Control
RSC
Mansor
SSS
Arnall
MES
Celtite
Metal Rollformers
SCS
McBolt
Megabolt
Merol
Rock Engineering
Commonwealth Bolt
Jennmar
Grinaker
Earl Products
SAH
Mido
Excel
Metech
Stewart Mining
Other
BWZ
Interram
SAT
Osborne Mining UK
Videx
Fosroc/Carbotech
ZANAM
Kombinat
* Excluding China, Russia, India, South America

DYWIDAG-SYSTEMS INTERNATIONAL

DSI

Ausbau der weltweiten Marktführerschaft als Systemlieferant im Bergbau

Trends

- ☐ Steigende Rohstoffpreise treiben Expansion im Bergbau
- ☐ Weltweite Konsolidierung von Bergbau-Firmen
- ☐ Drängen auf Qualität und Sicherheitsstandards weltweit
- ☐ Knapper werdende Rohstoffe:
  Tendenz zu hochwertigerer Bolzen-Technologie

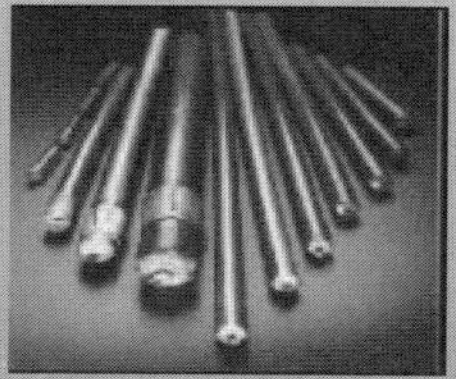

→ **Weltweite Technologie-Führerschaft ausbauen**

Weiteres Wachstumspotential

- ☐ Geographische Marktdurchdringung
- ☐ Einstieg in Marktsegmente (Anwendung)
- ☐ Ausbau der Produktpalette
- ☐ Ausweitung der Fertigungstiefe

→ **Organisches Wachstum durch Übernahmen beschleunigen**

DYWIDAG-SYSTEMS INTERNATIONAL

DSI

Geografisches Wachstumspotential - Kohlebergbau: 4,5 Mrd. Tonnen

Coal 2002, world mine production by country.

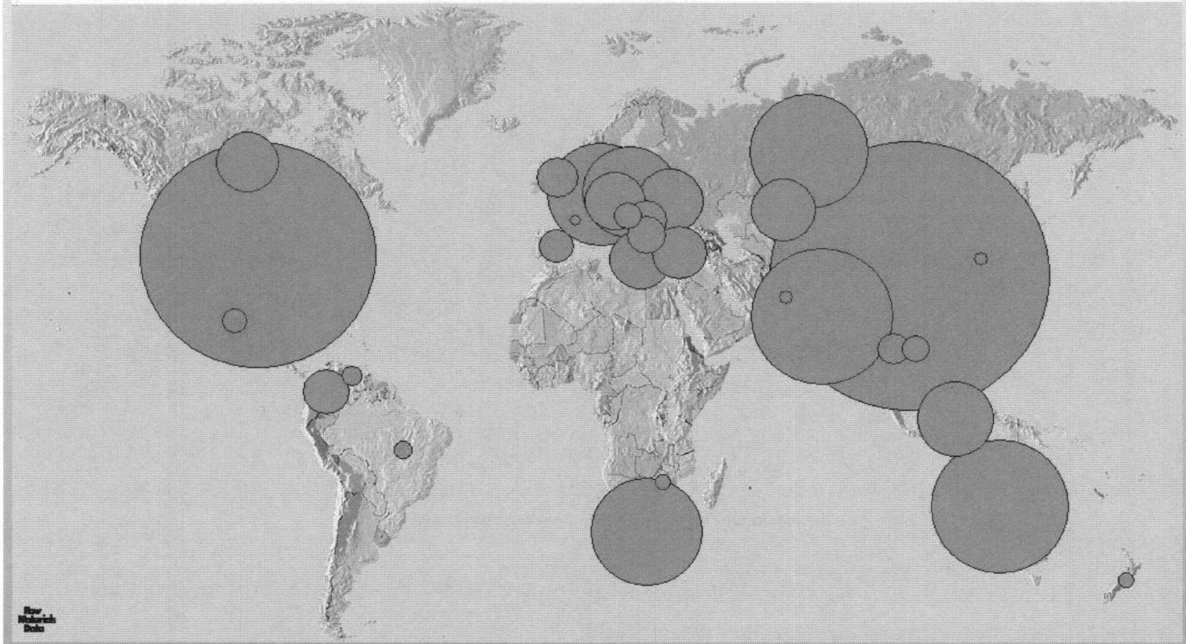

DYWIDAG-SYSTEMS INTERNATIONAL

Geografisches Wachstumspotential – Hartgestein-Bergbau : 620 Mio Tonnen

Underground hard rock ore production in 2002 by country

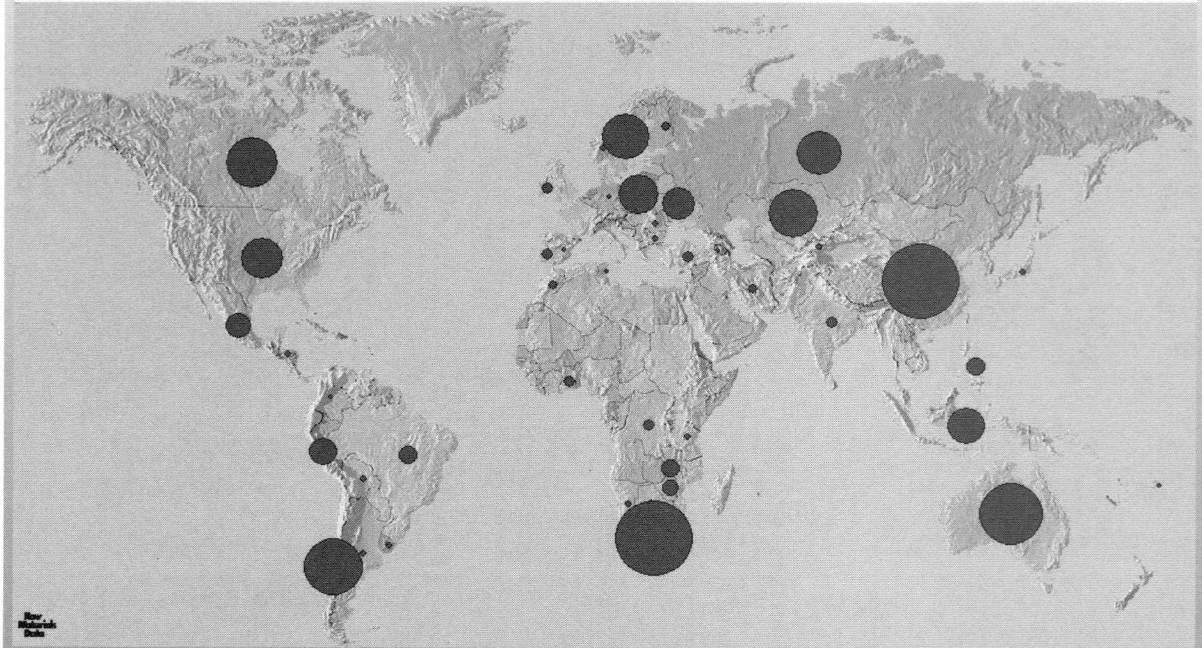

DYWIDAG-SYSTEMS INTERNATIONAL

Wachstumspotential im Marktsegment Tunnelbau

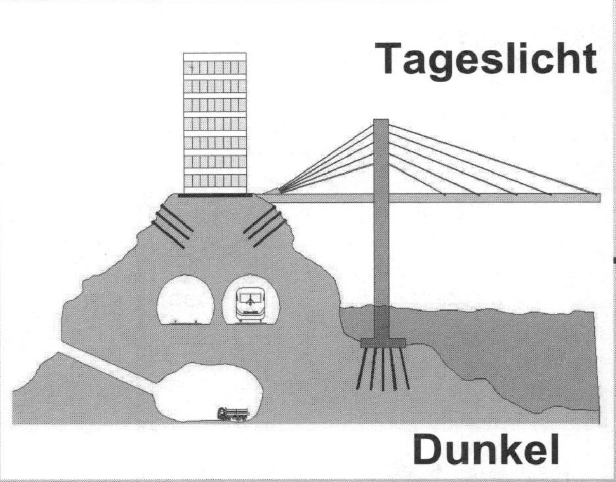

Hoch- und Tiefbau : Vorspannung, Geotechnik

Untertagebau : Tunnelbau, Bergbau

→ **Tunnelbau ist eine Untertageaktivität mit ähnlicher Technologie**

DYWIDAG-SYSTEMS INTERNATIONAL

DSI

Wachstumspotential durch Integration der Klebepatronen als Befestigung

Sicherheit zwingt zu Systemintegration

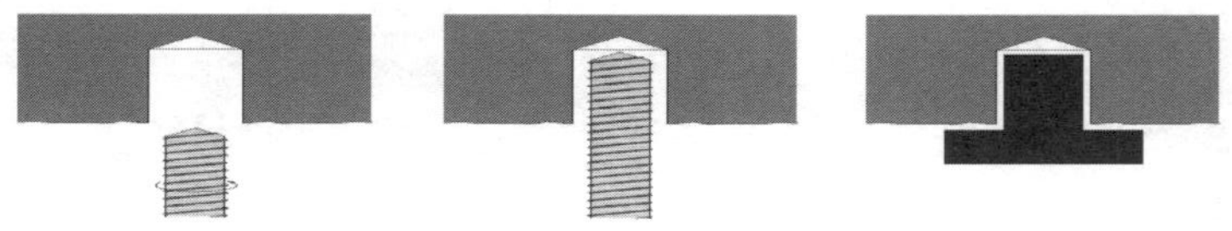

Bohrmaschine	**Loch**	**Befestigung**	**Bolzen**
	Bohrer/Stäbe	Spreizköpfe oder Klebepatronen	Verankerungssysteme/Platten

Lieferanten

A.C.	A.C.	Minova	61 %	DSI	20 %
Tamrouk/Sandvik	Tamrouk/Sandvik	DuPont	27 %	Jenmar	16 %
Joy	I.R.	DSI	2 %	Excel	19 %
I.R.	Joy	Andere	10 %	Andere	45 %

→ **Ausbau One-Stop-Shop Produktpalette**

DYWIDAG-SYSTEMS INTERNATIONAL

Wachstumspotential durch Erhöhung der eigenen Fertigungstiefe

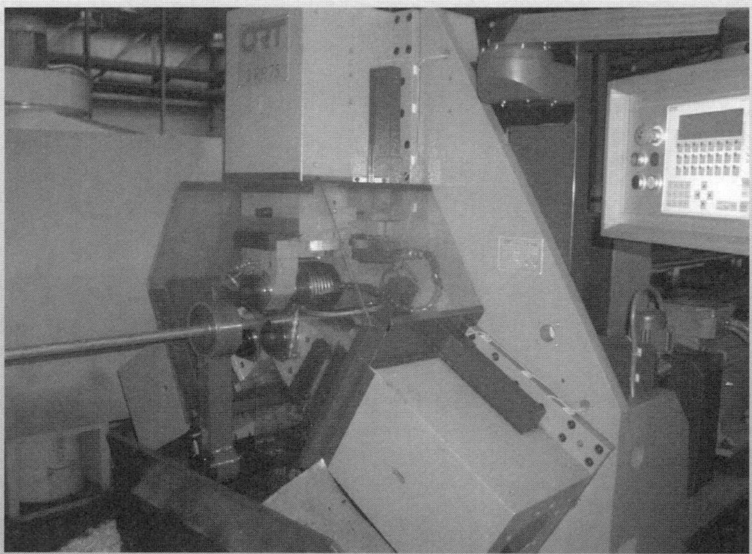

→ **Eigenfertigung bei Komponenten bei Lieferantenabhängigkeit**

DYWIDAG-SYSTEMS INTERNATIONAL

Wachstumsstrategie der DSI als Systemlieferant im Bergbau

- ☐ Globale Stärkung der Marktposition
- ☐ Einstieg in das Marktsegment Tunnelbau
- ☐ Erhöhung Marktanteil Klebepatronen
- ☐ Erweiterung der One-Stop-Shop Produktpalette
- ☐ Aufrechterhaltung der Kostenführerschaft
- ☐ Lokale Belieferung unter globalen Verträgen

→ **Vom globalen Marktwachstum profitieren**

DYWIDAG-SYSTEMS INTERNATIONAL

DSI

Globale Führerschaft der DSI in Marktnischen sichert nachhaltig die Rendite

„Der weltweite Einsatz der DSI-Kompetenz
zum Nutzen unserer Kunden
ermöglicht nachhaltiges profitables Wachstum“

DYWIDAG-SYSTEMS INTERNATIONAL

Lokale Präsenz – Globale Kompetenz: Wachstumsmotor für Erfolg

Lokale Produkte & Systeme

Globaler Technologie Transfer

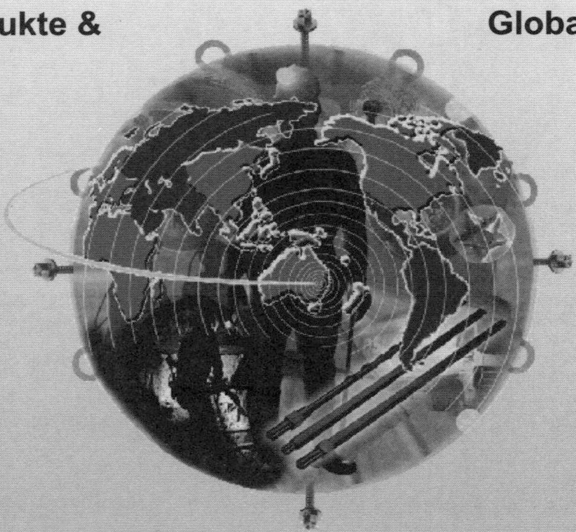

→ **Jeder heimische Markt hat lokale Herausforderungen**

DYWIDAG-SYSTEMS INTERNATIONAL

DSI

Wertschöpfung & Wettbewerb: Haben Unternehmen eine Heimat ?

„Auf unsere Werte

- Zuverlässigkeit
- Sicherheit
- Qualität

lässt sich weltweit gut bauen!“

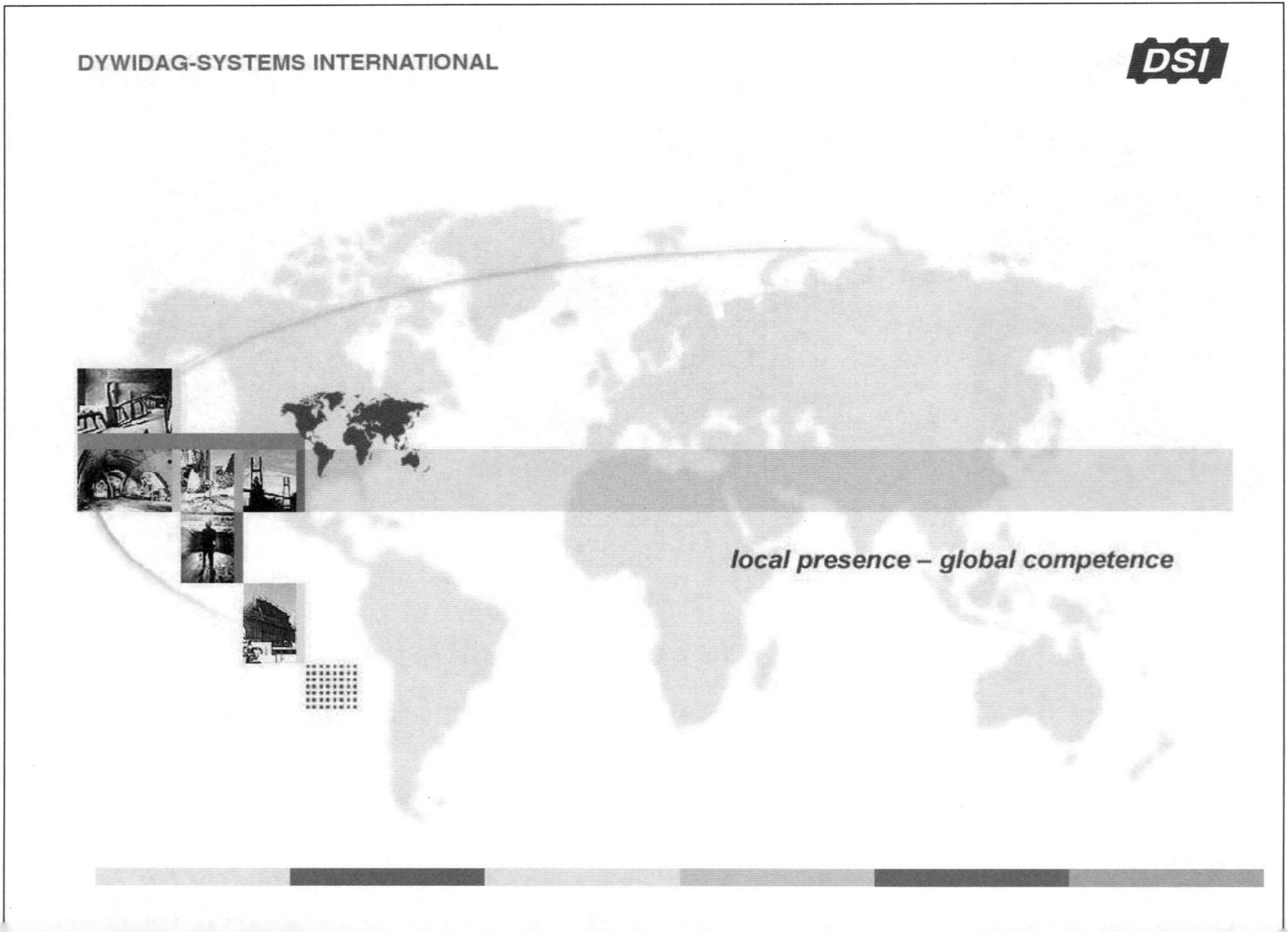
DYWIDAG-SYSTEMS INTERNATIONAL
DSI
local presence – global competence

Die Demag Story – Globalität im Wandel der Zeit

Harald Joachim Joos

Vorsitzender der GF, Demag Cranes & Components GmbH

DEMAG Cranes & Components
12. Münchner Management Kolloquium
01. - 02. März 2005
Die Demag Story
Globalität im Wandel der Zeit
Harald J. Joos
Vorsitzender der Geschäftsführung
Demag Cranes & Components GmbH

- Demag Cranes & Components im Überblick
  - Zahlen und Fakten
- Von der mechanischen Werkstatt zum internationalen Fördertechnik-Anbieter
- Wandel zum globalen Konzernunternehmen
  - Die Mannesmann-Ära -
- Vom globalen Konzern zum globalen Mittelständler
  - Die Zeit nach Mannesmann -
- Wandel der Globalisierung
  - Vom globalen Anbieter zum Global Player -
- Hat die DEMAG eine Heimat ?

Stammsitz und Wurzel der DEMAG in Wetter an der Ruhr

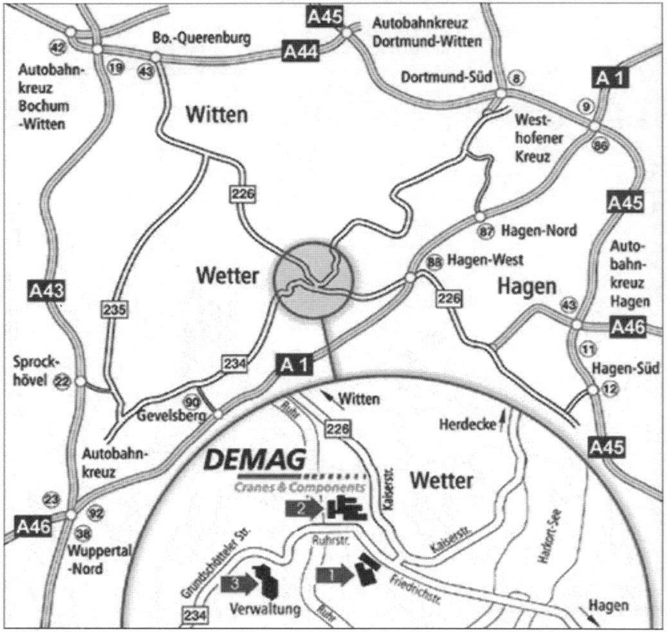

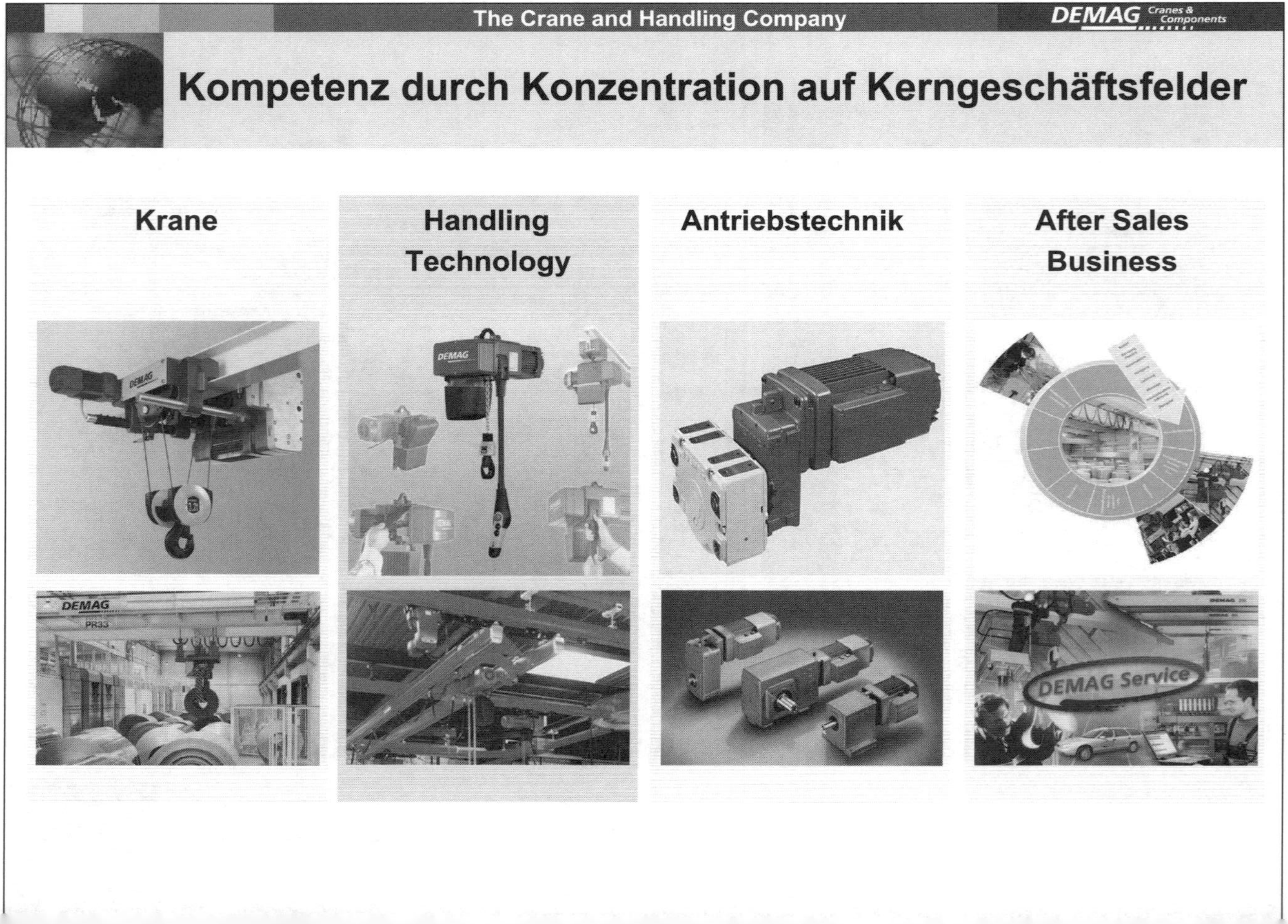
The Crane and Handling Company
DEMAG Cranes & Components
Kompetenz durch Konzentration auf Kerngeschäftsfelder
Krane
Handling Technology
Antriebstechnik
After Sales Business
DEMAG
PR33
DEMAG Service

Fördertechnik für höchste Ansprüche an Präzision und Zuverlässigkeit, Beispiel Flugzeugindustrie

The Crane and Handling Company — DEMAG Cranes & Components

Demag Cranes & Components in Zahlen und Fakten

Geschäftsjahr	2004
Auftragseingang (Mio. €)	620
Umsatzerlöse (Mio. €)	621
Auftragsbestand (Mio. €)	140
Investitionen (Mio. €)	17
Forschung und Entwicklung (Mio. €)	14
Beschäftigte (Stand 30.09.)	5.156

The Crane and Handling Company — DEMAG Cranes & Components

Von der mechanischen Werkstatt zum internationalen Fördertechnik-Anbieter

1819
Gründung der Mechanischen Werkstätten Harkort & Co. in Wetter an der Ruhr

1840
Beginn der Laufkranproduktion

1910
Beginn der Produktion von Hebezeugen mit Elektro-Antrieb

1963
Beginn der Kran-Serienfertigung

- **1910 Fusion mit zwei weiteren Maschinenbau-Unternehmen zur "Deutsche Maschinenfabrik AG", Telegrammkürzel DEMAG**
- **1926 Zusammenschluss mit der Maschinenfabrik "Thyssen & Co." zur Demag AG**
  - **Größtes Maschinenbau-Unternehmen Deutschlands**

The Crane and Handling Company DEMAG Cranes & Components

Von der mechanischen Werkstatt zum internationalen Fördertechnik-Anbieter

- 1950 Beginn der Internationalisierung durch Gründung von Tochtergesellschaften
  - 1950 Italien
  - 1957 Kanada
  - 1962 Australien
  - 1963 Frankreich
  - 1967 Schweden
  - 1968 Großbritannien
  - 1969 USA

Wandel zum globalen Konzernunternehmen - Die Mannesmann-Ära -

1973

Übernahme der Demag AG durch die Mannesmann AG

- **Kontinuierliche Fortsetzung der Globalisierung, bereits 1980…**
  - 13 Auslandsgesellschaften
    - Vertrieb
    - Stahlbauproduktion
  - 20 Auslandsvertretungen
    - Vertrieb
- **Im Jahr 2000 2/3 des Weltumsatzes im Ausland**
- **Globalisierung des Vertriebs**
  - Entwicklung und Produktion der Kernkomponenten zentralisiert in Deutschland

2000-2001

Übernahme der Mannesmann AG durch Vodafone

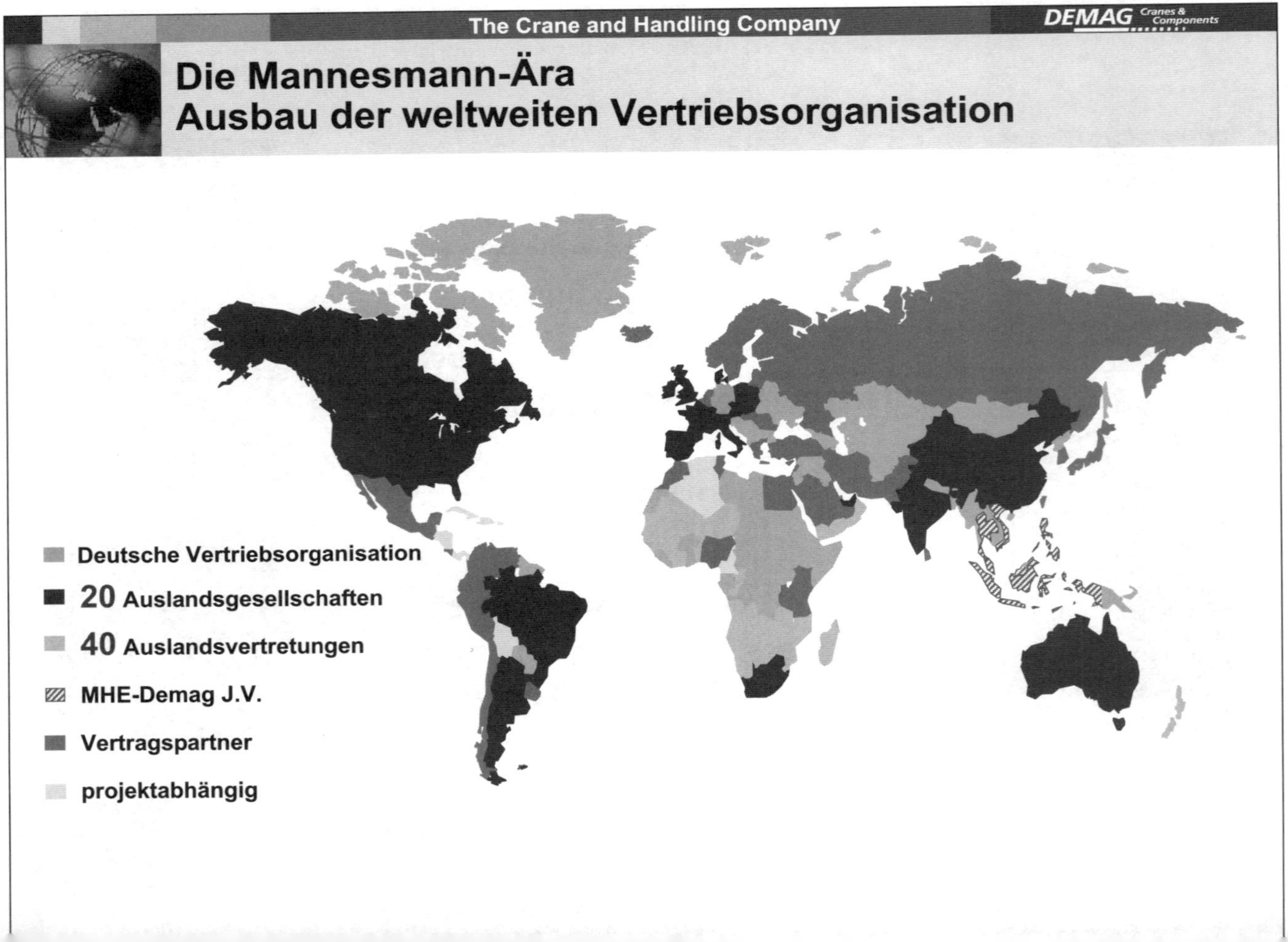
The Crane and Handling Company
DEMAG Cranes & Components
Die Mannesmann-Ära
Ausbau der weltweiten Vertriebsorganisation
Deutsche Vertriebsorganisation
20 Auslandsgesellschaften
40 Auslandsvertretungen
MHE-Demag J.V.
Vertragspartner
projektabhängig

The Crane and Handling Company

DEMAG Cranes & Components

Die Mannesmann-Ära
Aufbau des dichtesten Service-Netzes der Branche

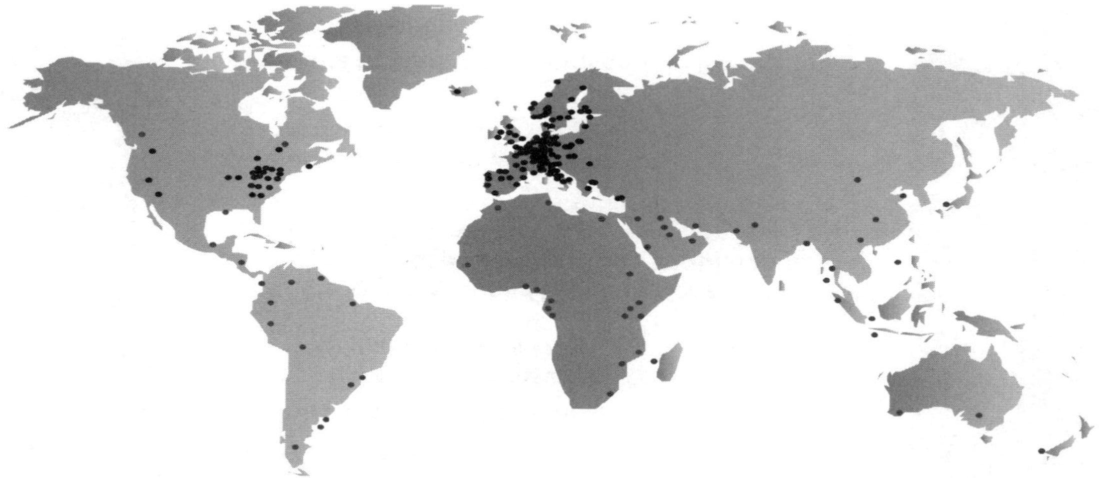

Inland
31 Service-Stationen
377 Service-Techniker

International (inkl. Service-Partner)
über 1.000 Service-Stationen
mehr als 3.000 Service-Techniker

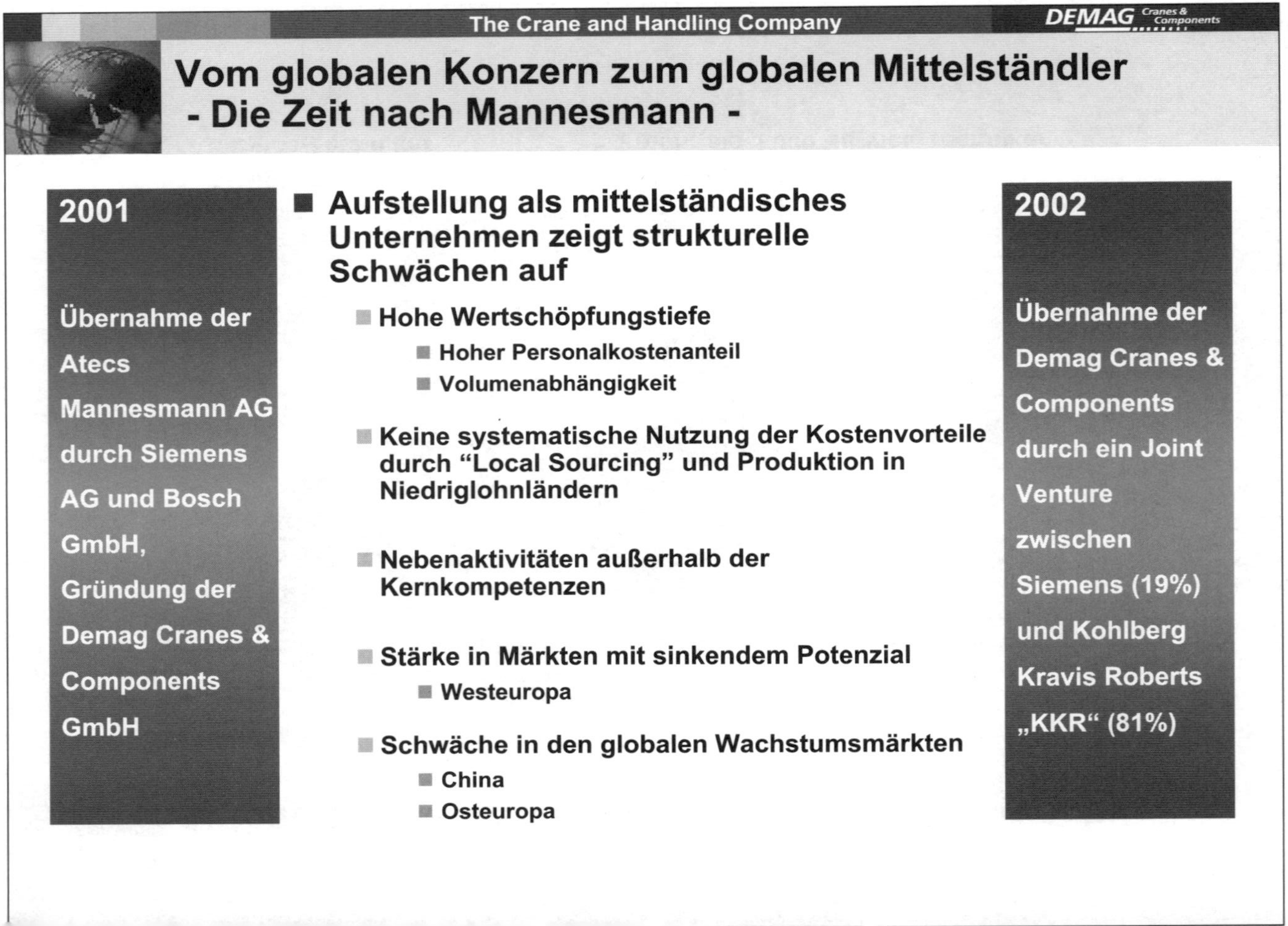
The Crane and Handling Company
DEMAG Cranes & Components
Vom globalen Konzern zum globalen Mittelständler
- Die Zeit nach Mannesmann -
2001
Übernahme der Atecs Mannesmann AG durch Siemens AG und Bosch GmbH, Gründung der Demag Cranes & Components GmbH
Aufstellung als mittelständisches Unternehmen zeigt strukturelle Schwächen auf
Hohe Wertschöpfungstiefe
Hoher Personalkostenanteil
Volumenabhängigkeit
Keine systematische Nutzung der Kostenvorteile durch "Local Sourcing" und Produktion in Niedriglohnländern
Nebenaktivitäten außerhalb der Kernkompetenzen
Stärke in Märkten mit sinkendem Potenzial
Westeuropa
Schwäche in den globalen Wachstumsmärkten
China
Osteuropa
2002
Übernahme der Demag Cranes & Components durch ein Joint Venture zwischen Siemens (19%) und Kohlberg Kravis Roberts „KKR" (81%)

The Crane and Handling Company

DEMAG Cranes & Components

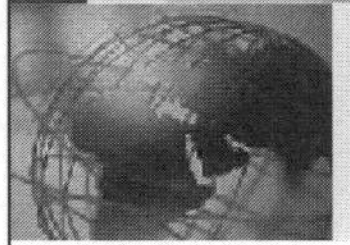

Wandel der Globalisierung
- Vom globalen Anbieter zum Global Player -

- **Produkte für den Weltmarkt**
  - **Global Sourcing**
  - **Global Assembly**
  - **Produktreihen für unterschiedliche Leistungsanforderungen**

- **Bearbeitung der weltweiten Wachstumsmärkte**
  - **China**
  - **Osteuropa**

- **Anpassung der Wertschöpfungstiefe**
  - **Konzentration auf Kernkompetenzen**

- **Weltweiter und regionaler Produktionsverbund**

Wandel der Globalisierung
- Vom globalen Anbieter zum Global Player -

- **Produkte für den Weltmarkt**
  - **Global Sourcing**
    - **Nutzung internationaler Beschaffungsmärkte**
    - **Strategische Kooperationen**
  - **Global Assembly**
    - **Nutzung von Kosten- und Logistikvorteilen**
  - **Produktreihen für unterschiedliche Leistungsanforderungen**
    - **Unterschiedliche Leistungs- und Ausstattungsklassen**
    - **Identische Plattformen**

Wandel der Globalisierung
- Vom globalen Anbieter zum Global Player -

- Bearbeitung der weltweiten Wachstumsmärkte (I)
  - China
    - Umsatzziel 2004 bis 2008: Faktor 6+
    - Tochtergesellschaft in Shanghai
      - Kranproduktion seit 1997
    - Aufbau der Vertriebsorganisation
    - Bau einer neuen Kran- und Komponentenfabrik in 2004

Wandel der Globalisierung
- Vom globalen Anbieter zum Global Player -

- **Bearbeitung der weltweiten Wachstumsmärkte (II)**
  - **Osteuropa**
    - **Umsatzziel 2004 bis 2008: Faktor 4+**
      - **Erschließung Russland**
    - **Tochtergesellschaften**
      - **Tschechische Republik**
      - **Polen**
      - **GUS-Strategie**
    - **Aufbau der Vertriebsorganisation**
      - **GUS**
      - **Polen**
    - **Aufbau einer neuen Prozesskranproduktion in 2003**
      - **Tschechische Republik**

The Crane and Handling Company

DEMAG Cranes & Components

Wandel der Globalisierung
- Vom globalen Anbieter zum Global Player -

- **Anpassung der Wertschöpfungstiefe**
  - **Konzentration auf Kernkompetenzen**
    - **Entwicklung**
    - **Krankomponenten**
    - **Krane**
    - **Handhabungstechnik**
    - **Serviceleistungen**

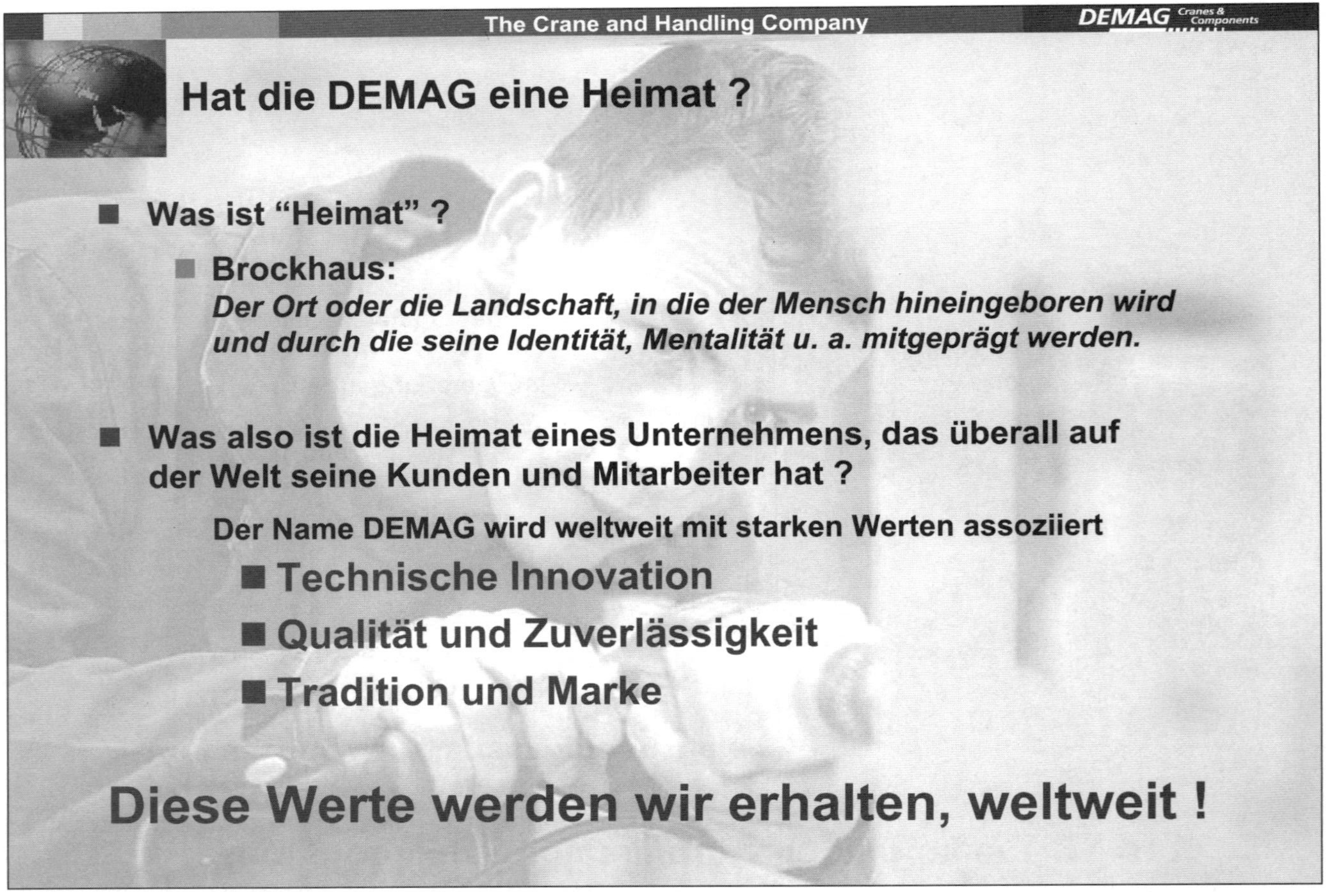
The Crane and Handling Company
DEMAG Cranes & Components
Hat die DEMAG eine Heimat ?
Was ist “Heimat” ?
Brockhaus:
Der Ort oder die Landschaft, in die der Mensch hineingeboren wird und durch die seine Identität, Mentalität u. a. mitgeprägt werden.
Was also ist die Heimat eines Unternehmens, das überall auf der Welt seine Kunden und Mitarbeiter hat ?
Der Name DEMAG wird weltweit mit starken Werten assoziiert
Technische Innovation
Qualität und Zuverlässigkeit
Tradition und Marke
Diese Werte werden wir erhalten, weltweit !

DEMAG Cranes & Components
Vielen Dank
für Ihre
Aufmerksamkeit !

Wertschöpfungswandel in der Schienenverkehrsbranche

Hans M. Schabert

Vorsitzender des Bereichsvorstands, Siemens AG Transportation Systems

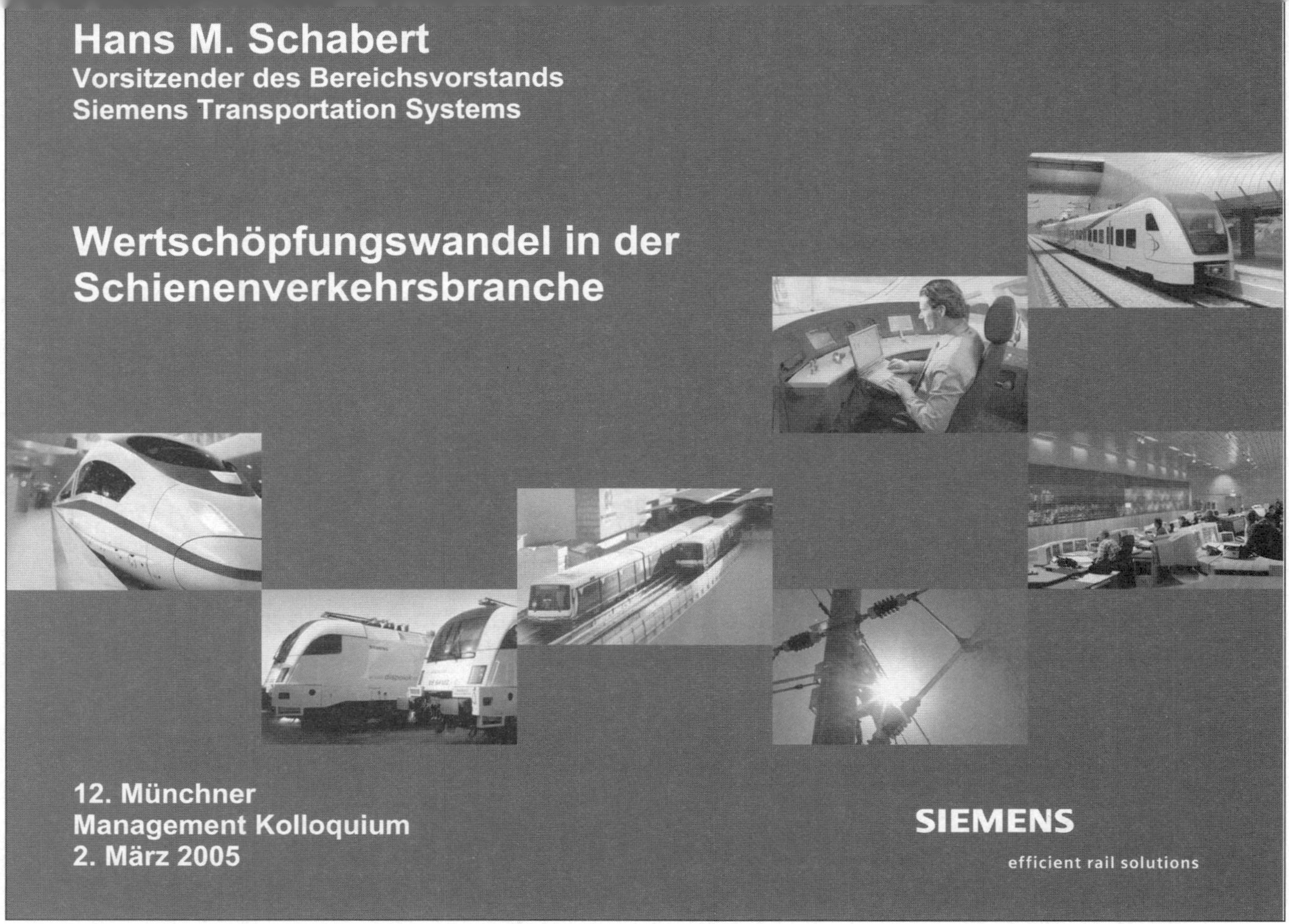

Hans M. Schabert
Vorsitzender des Bereichsvorstands
Siemens Transportation Systems
Wertschöpfungswandel in der
Schienenverkehrsbranche
12. Münchner
Management Kolloquium
2. März 2005
SIEMENS
efficient rail solutions

Wertschöpfungswandel in der Schienenverkehrsbranche

SIEMENS

Transportation Systems

Formierung der drei großen Bahntechnik-Systemhäuser

In den letzten 20 Jahren haben die drei großen Systemhäuser - Bombardier, Alstom und Siemens TS rd. 100 Firmen integriert

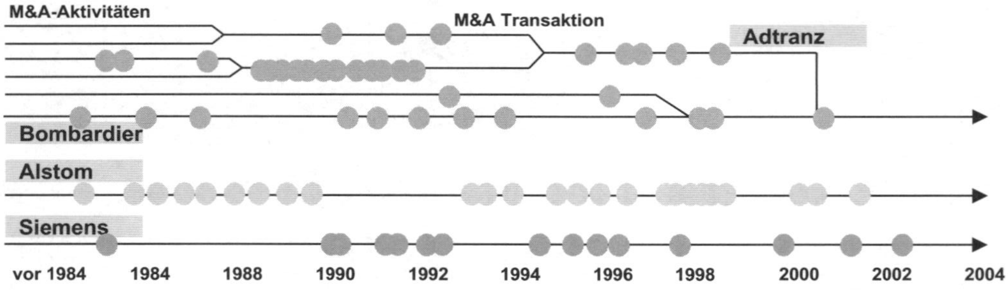

Hans M. Schabert

Vorsitzender des Bereichsvorstands Siemens Transportation Systems

Wertschöpfungswandel in der Schienenverkehrsbranche

12. Münchner Management Kolloquium

2. März 2005

Folie 2

SIEMENS

Transportation Systems

TS-Wertschöpfung: Schwerpunkt High Cost Standorte in Westeuropa

TS Umsatz GJ 1994 – 2004 in %

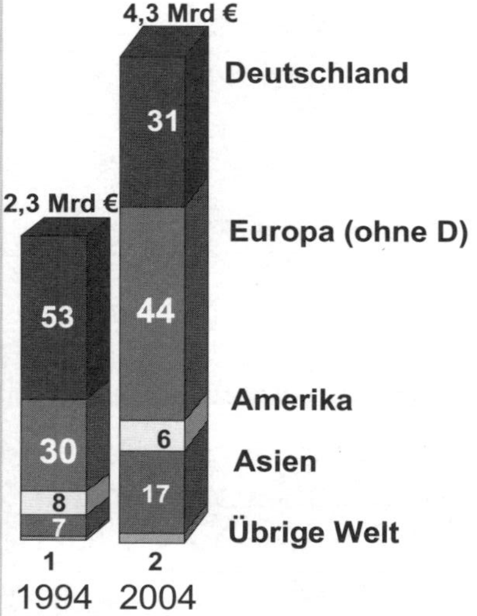

TS Standorte mit Fertigung

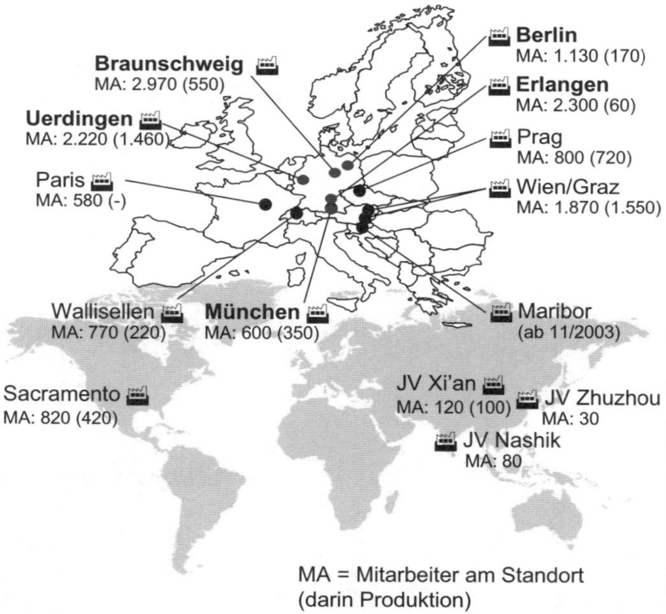

Hans M. Schabert

Vorsitzender des Bereichsvorstands Siemens Transportation Systems

Wertschöpfungswandel in der Schienenverkehrsbranche

12. Münchner Management Kolloquium

2. März 2005

Folie 3

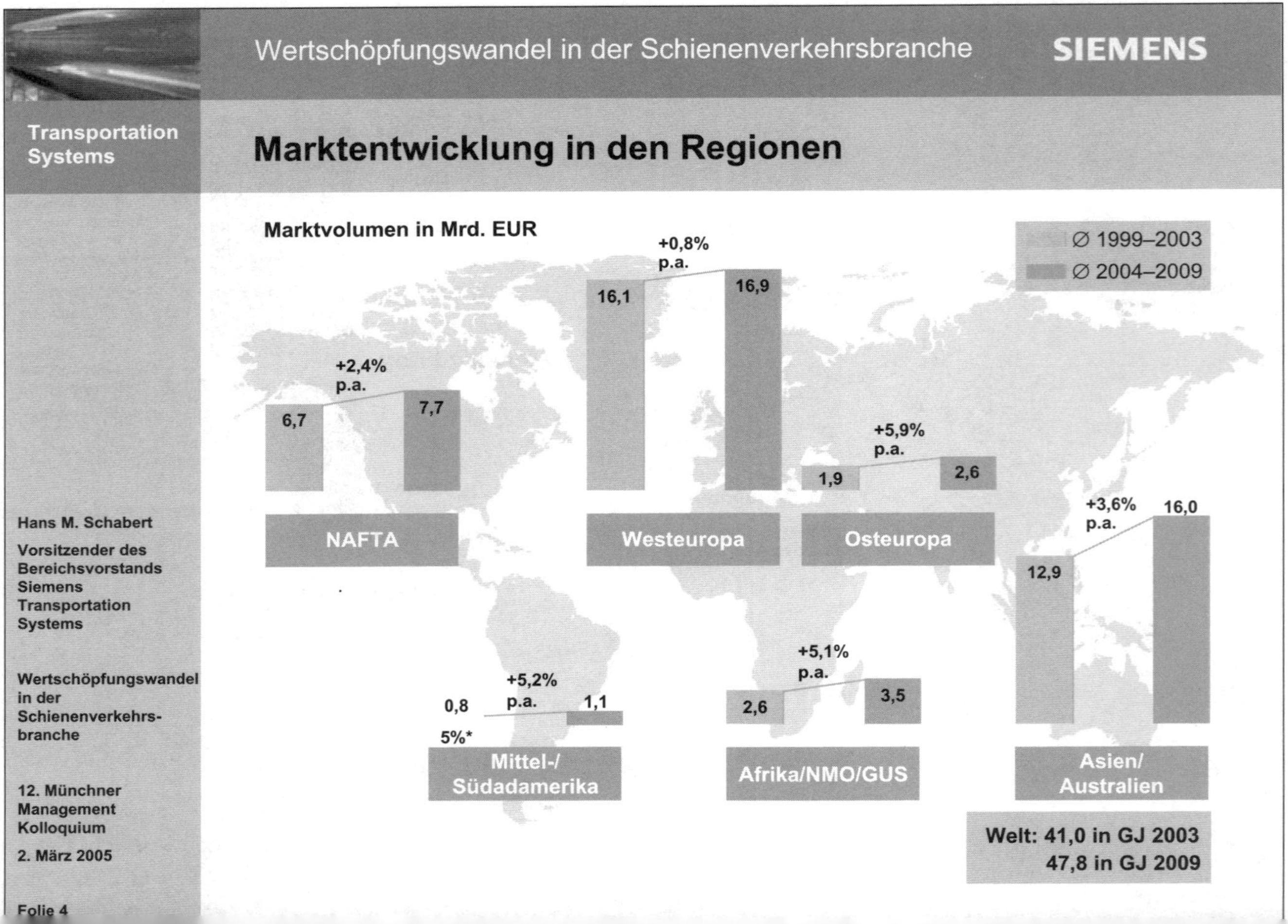
Wertschöpfungswandel in der Schienenverkehrsbranche
SIEMENS
Transportation Systems
Marktentwicklung in den Regionen
Marktvolumen in Mrd. EUR
Ø 1999–2003
Ø 2004–2009
NAFTA
6,7
+2,4% p.a.
7,7
Westeuropa
16,1
+0,8% p.a.
16,9
Osteuropa
1,9
+5,9% p.a.
2,6
Mittel-/ Südadamerika
0,8
+5,2% p.a.
1,1
5%*
Afrika/NMO/GUS
2,6
+5,1% p.a.
3,5
Asien/ Australien
12,9
+3,6% p.a.
16,0
Welt: 41,0 in GJ 2003
47,8 in GJ 2009
Hans M. Schabert
Vorsitzender des Bereichsvorstands Siemens Transportation Systems
Wertschöpfungswandel in der Schienenverkehrs-branche
12. Münchner Management Kolloquium
2. März 2005
Folie 4

Transportation Systems

Der Bahntechnikmarkt im Wandel
Faktoren und Treiber

Derzeit gibt es 3 Treiber für Strukturveränderungen im Markt:

- freier Netzzugang seit ca. 10 Jahren innerhalb diverser Länder
- grenzüberschreitender Frachtverkehr in der EU ab 2006
- Privatisierungsbestrebungen diverser Länder in unterschiedlichen Entwicklungsstadien

Diese Faktoren haben bereits zu Änderungen im System Bahn geführt bzw. werden noch dazu führen.

Erwartete Übergangszeit: weitere 5-10 Jahre

Hans M. Schabert
Vorsitzender des Bereichsvorstands Siemens Transportation Systems

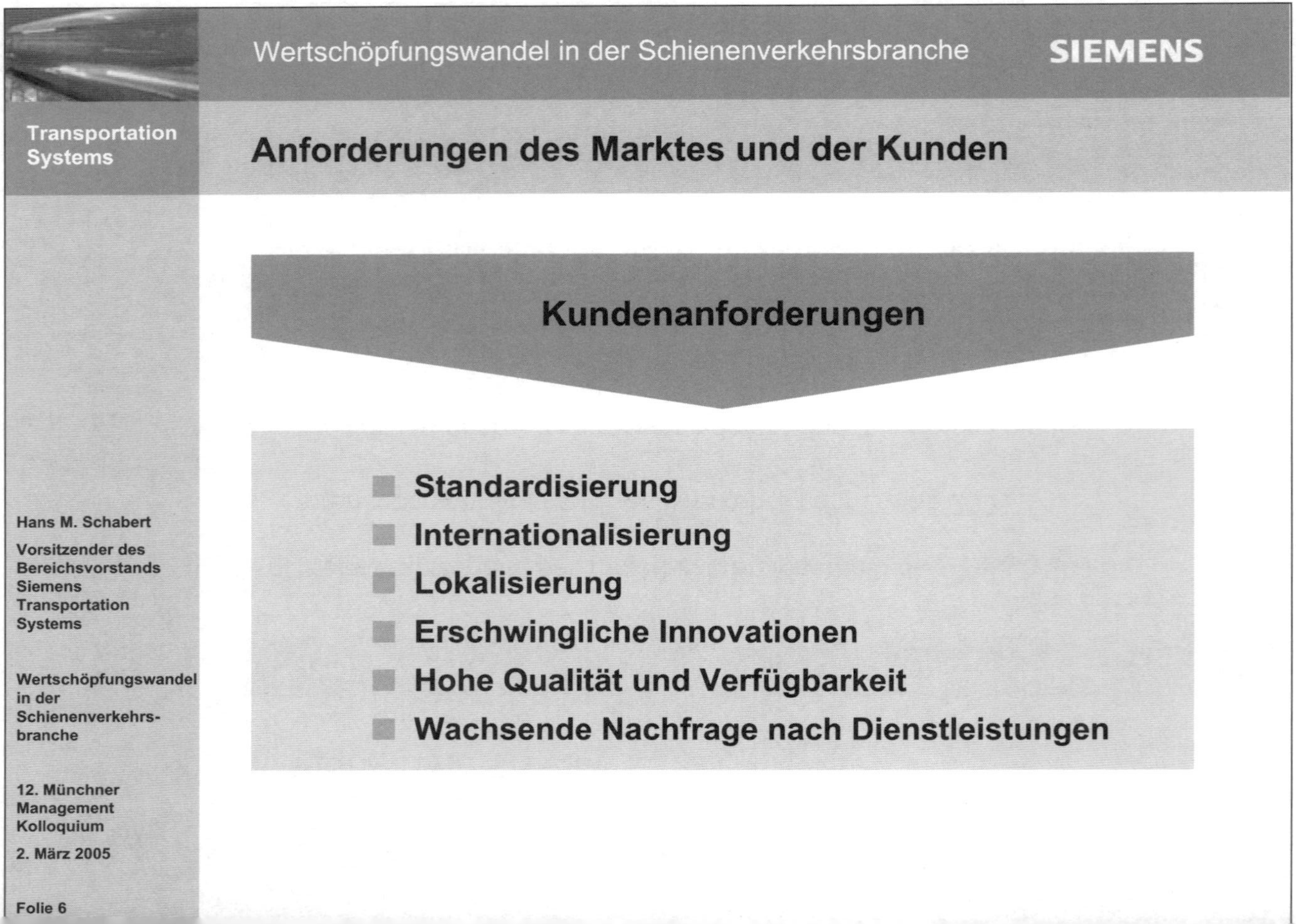
Wertschöpfungswandel in der Schienenverkehrsbranche
SIEMENS
Transportation Systems
Anforderungen des Marktes und der Kunden
Kundenanforderungen
Standardisierung
Internationalisierung
Lokalisierung
Erschwingliche Innovationen
Hohe Qualität und Verfügbarkeit
Wachsende Nachfrage nach Dienstleistungen
Hans M. Schabert
Vorsitzender des Bereichsvorstands Siemens Transportation Systems
Wertschöpfungswandel in der Schienenverkehrsbranche
12. Münchner Management Kolloquium
2. März 2005
Folie 6

Wertschöpfungswandel in der Schienenverkehrsbranche

SIEMENS

Transportation Systems

Spezifische Rahmenbedingungen Deutschland: z.B. Lohnstückkosten

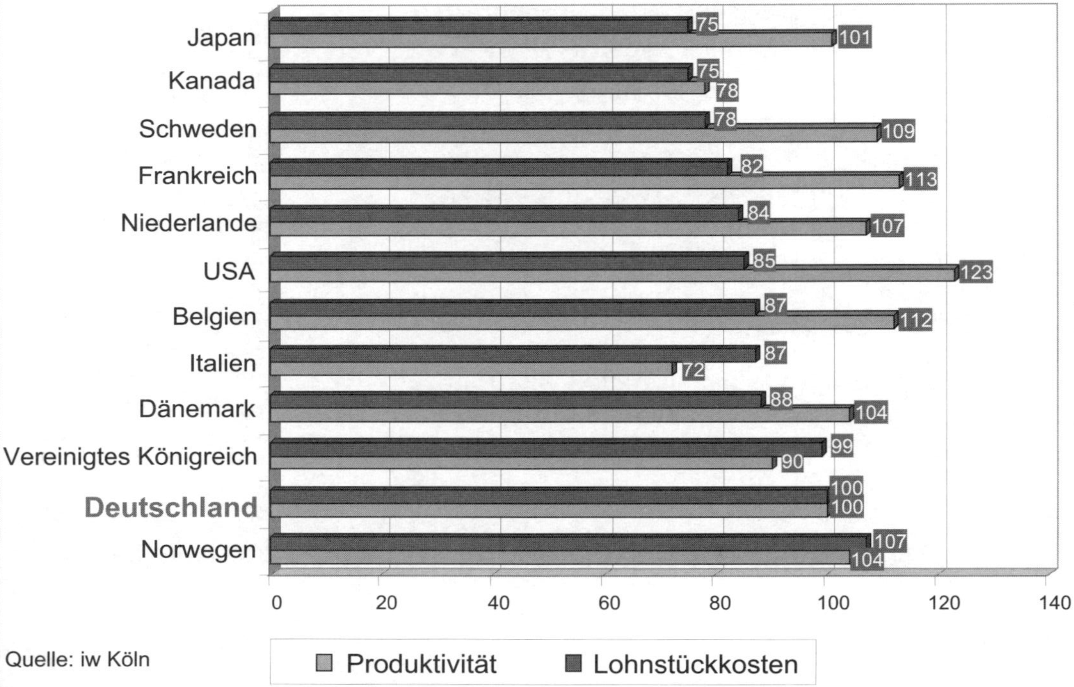

Quelle: iw Köln

Hans M. Schabert

Vorsitzender des Bereichsvorstands Siemens Transportation Systems

Wertschöpfungswandel in der Schienenverkehrsbranche

12. Münchner Management Kolloquium

2. März 2005

Folie 7

Handlungsoptionen für einen deutschen Hersteller

Strategische F&E-Planung	▪ effiziente Betreuung der lokalen Produktion / des Supply Chain ▪ schnelle Reaktion auf spezifische regionale Anforderungen ▪ Begrenzung der Zahl der Netzwerkpartner
Optimierung des Fertigungs-verbunds	▪ Standortwahl abhängig von Marktstrukturen ▪ Verbindung von Faktorkostenvorteilen und Markt
Fertigung vor Ort	▪ lokale Wertschöpfung zwecks Markterschließung ▪ Vermeidung von Handelsbarrieren und Währungsrisiken
Konsequentes Qualitäts-management	▪ Wettbewerbsvorteil ▪ Erfordernis kalkulierbarer Lifecycle Costs

Hans M. Schabert

Vorsitzender des Bereichsvorstands Siemens Transportation Systems

SIEMENS

Transportation Systems

Handlungsoption: Strategische Innovationsplanung

Pictures of the Future: Transportation

Hans M. Schabert

Vorsitzender des Bereichsvorstands Siemens Transportation Systems

Wertschöpfungswandel in der Schienenverkehrsbranche

12. Münchner Management Kolloquium

2. März 2005

Folie 9

Wertschöpfungswandel in der Schienenverkehrsbranche **SIEMENS**

Transportation Systems

Handlungsoptionen: Fertigungsverbund bei Siemens TS/ Fertigung vor Ort

Fertigungsverbund bei Siemens TS

Werk Prag

Werk München

Fertigung vor Ort

Joint Venture in Xian

Transrapid Shanghai

Hans M. Schabert

Vorsitzender des Bereichsvorstands Siemens Transportation Systems

Wertschöpfungswandel in der Schienenverkehrsbranche

12. Münchner Management Kolloquium

2. März 2005

Folie 10

Transportation Systems

Wertschöpfungswandel in der Schienenverkehrsbranche

SIEMENS

Handlungsoption: Qualitätsmanagement

Quality Gates sind der Schlüssel zur Verhinderung von Fehlern bereits im frühen Stadium…

… des Projekt Managements

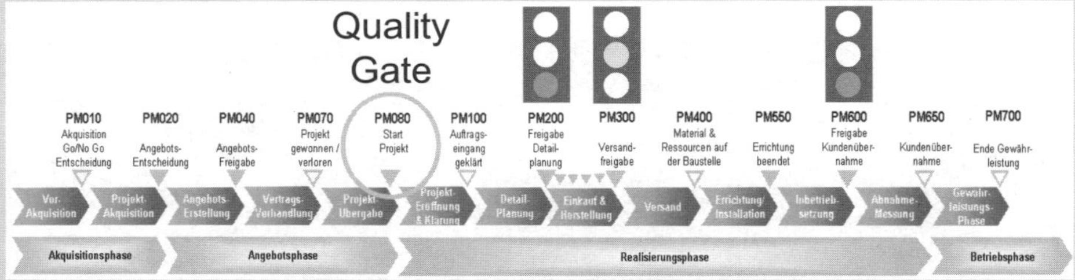

… von Engineering und der Beschaffungskette

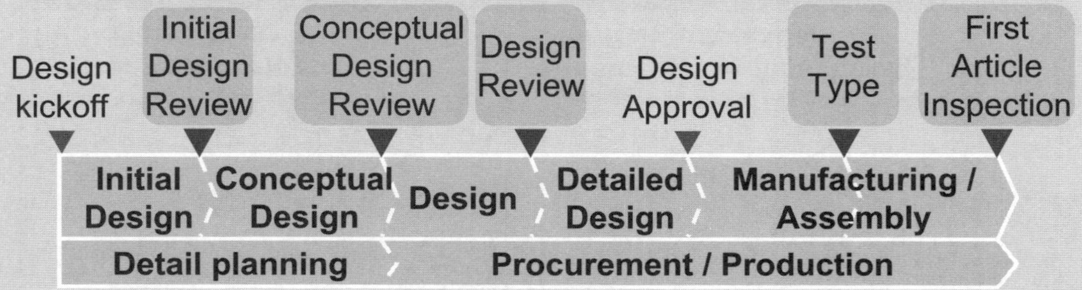

Hans M. Schabert

Vorsitzender des Bereichsvorstands Siemens Transportation Systems

Wertschöpfungswandel in der Schienenverkehrs-branche

12. Münchner Management Kolloquium

2. März 2005

Folie 11

Wertschöpfungswandel in der Schienenverkehrsbranche **SIEMENS**

Transportation Systems

Siemens Transportation Systems hat eine Heimat

Prüfcenter Wildenrath für Rolling Stock

Testcenter Braunschweig für Rail Automation

Mit hoher Innovationsrate, optimalem Kostenmix, verbreiteter Wertschöpfungsstruktur und klarem Fokus auf Qualität können deutsche Unternehmen im internationalen Wettbewerb bestehen.

Hans M. Schabert
Vorsitzender des Bereichsvorstands Siemens Transportation Systems

Wertschöpfungswandel in der Schienenverkehrsbranche

12. Münchner Management Kolloquium
2. März 2005

Folie 12

Bayer Pharma: Fokussierung als Wettbewerbsvorteil

Dr. Wolfgang Plischke

Vorsitzender des Vorstands, Bayer HealthCare AG

Bayer HealthCare

Bayer HealthCare Pharma

Fokussierung als Wettbewerbsvorteil

12. Münchner Management Kolloquium
1.-2. März 2005

Dr. Wolfgang Plischke

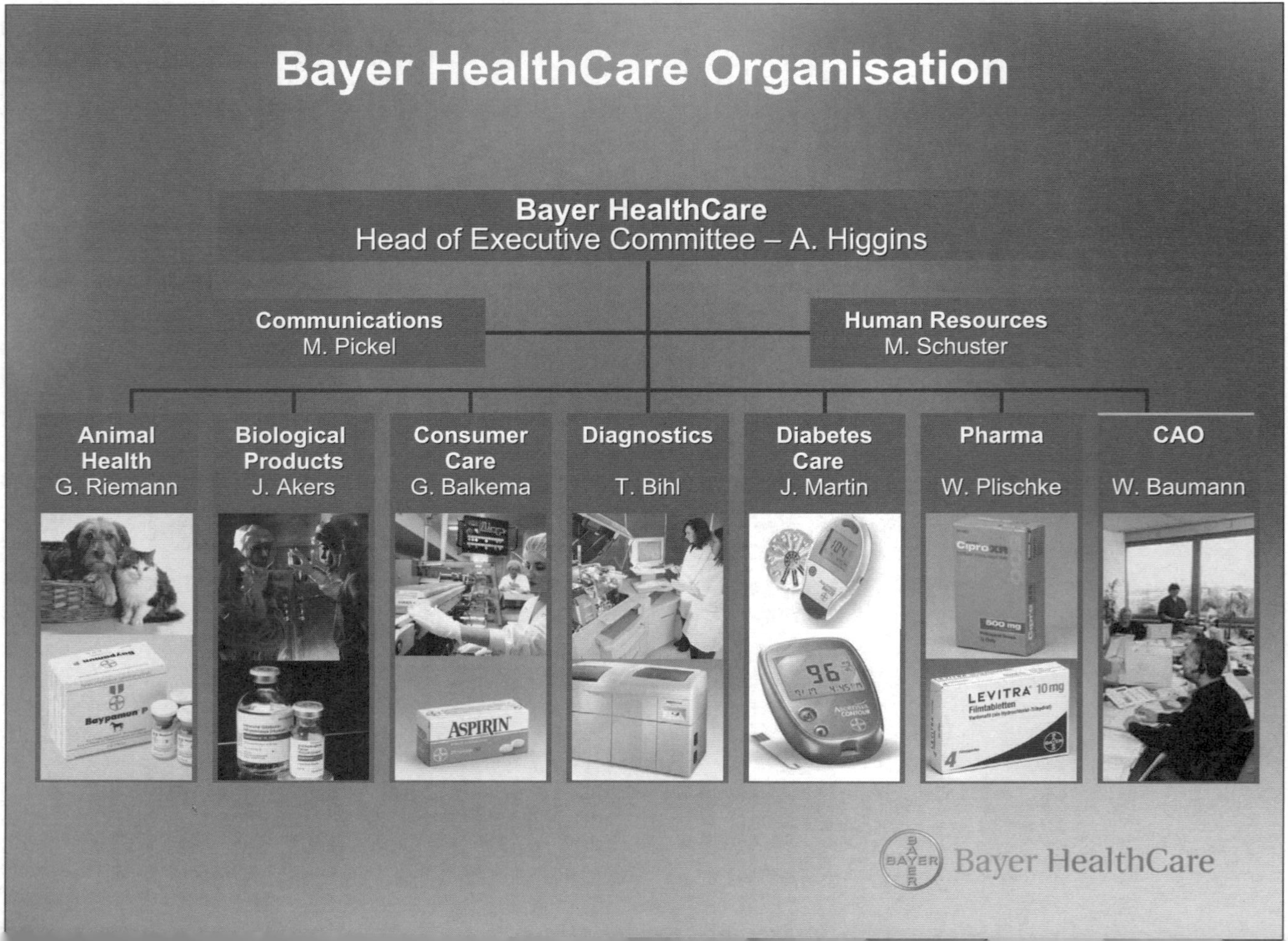
Bayer HealthCare Organisation
Bayer HealthCare
Head of Executive Committee – A. Higgins
Communications
M. Pickel
Human Resources
M. Schuster
Animal Health
G. Riemann
Biological Products
J. Akers
Consumer Care
G. Balkema
Diagnostics
T. Bihl
Diabetes Care
J. Martin
Pharma
W. Plischke
CAO
W. Baumann
ASPIRIN
LEVITRA 10 mg
Filmtabletten
500 mg
Bayer HealthCare

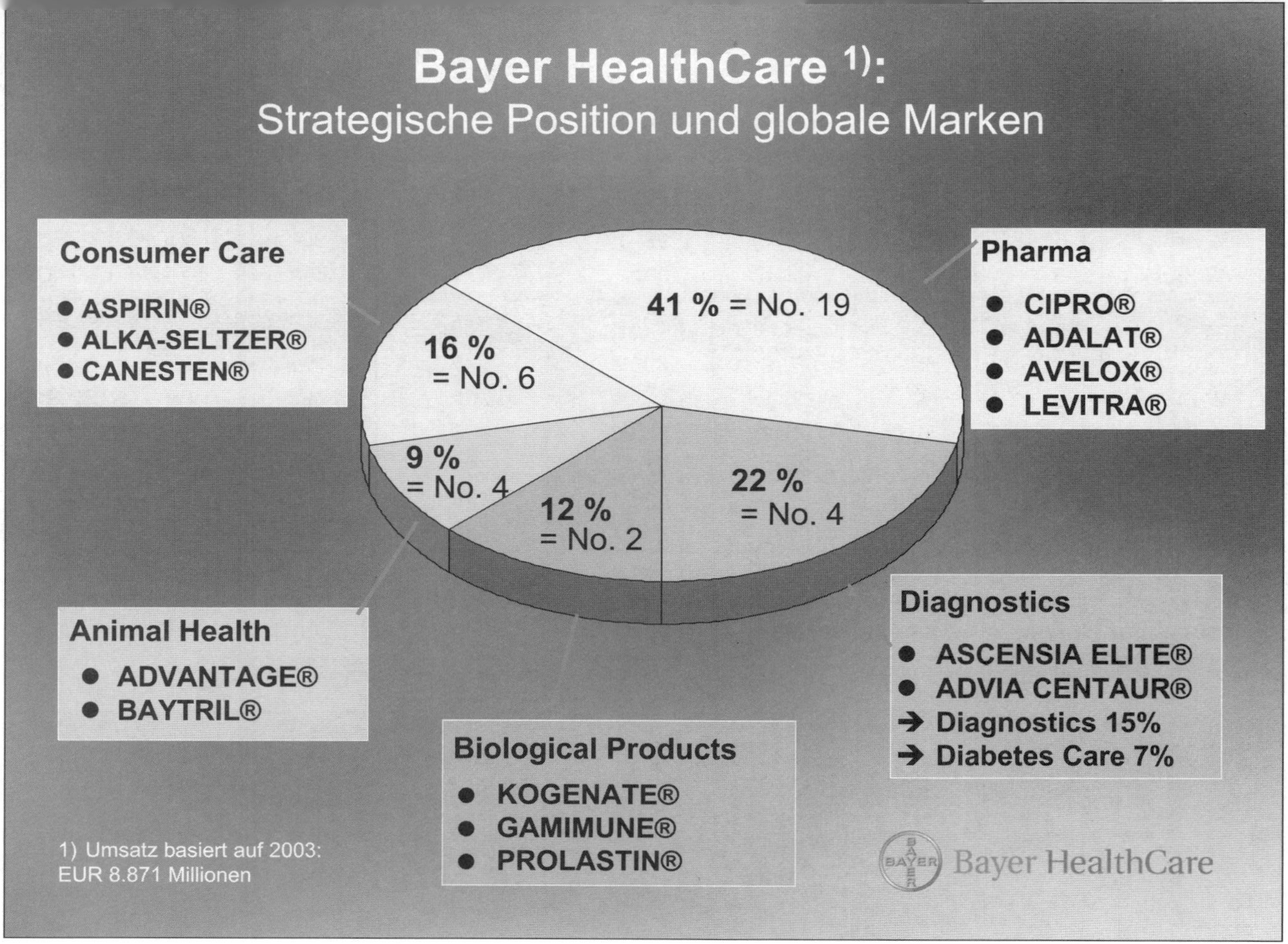
Bayer HealthCare 1):
Strategische Position und globale Marken
Consumer Care
● ASPIRIN®
● ALKA-SELTZER®
● CANESTEN®
Pharma
● CIPRO®
● ADALAT®
● AVELOX®
● LEVITRA®
41 % = No. 19
16 % = No. 6
9 % = No. 4
12 % = No. 2
22 % = No. 4
Animal Health
● ADVANTAGE®
● BAYTRIL®
Biological Products
● KOGENATE®
● GAMIMUNE®
● PROLASTIN®
Diagnostics
● ASCENSIA ELITE®
● ADVIA CENTAUR®
→ Diagnostics 15%
→ Diabetes Care 7%
1) Umsatz basiert auf 2003:
EUR 8.871 Millionen
Bayer HealthCare

Bayer HealthCare:
Externer Umsatz pro Division - 3. Quartal 2004

[EUR Millionen]	Januar - September			Abweichung			
	Ist 2003	Budget 2004	**Ist 2004**	**+ / - Ist zum Budget** Gesamt	Landeswährung	**+ / - Ist zum Vorjahr** Gesamt	Landeswährung
AH	598	580	598	3 %	2 %	0 %	5 %
BP-KOG	355	421	398	-5 %	-6 %	12 %	15 %
CC-OTC	984	982	970	-1 %	-1 %	-1 %	5 %
DS - PTS	933	995	967,3	-3 %	-3 %	4 %	8 %
DS - STS	457	497	491,3	-1 %	-1 %	8 %	13 %
PH	2.724	2.430	2.362	-3 %	-3 %	-13 %	-9 %
BHC cont.	**6.051**	**5.905**	**5.787**	**-2 %**	**-2 %**	**-4 %**	**0 %**
Discont. Plasma	452	470	480	2 %	2 %	6 %	14 %
Discont. (HOU)	68	31	35	12 %	12 %	-49 %	-45 %
Gesamt BHC	**6.571**	**6.406**	**6.303**	**-2 %**	**-2 %**	**-4 %**	**1 %**

Bayer HealthCare

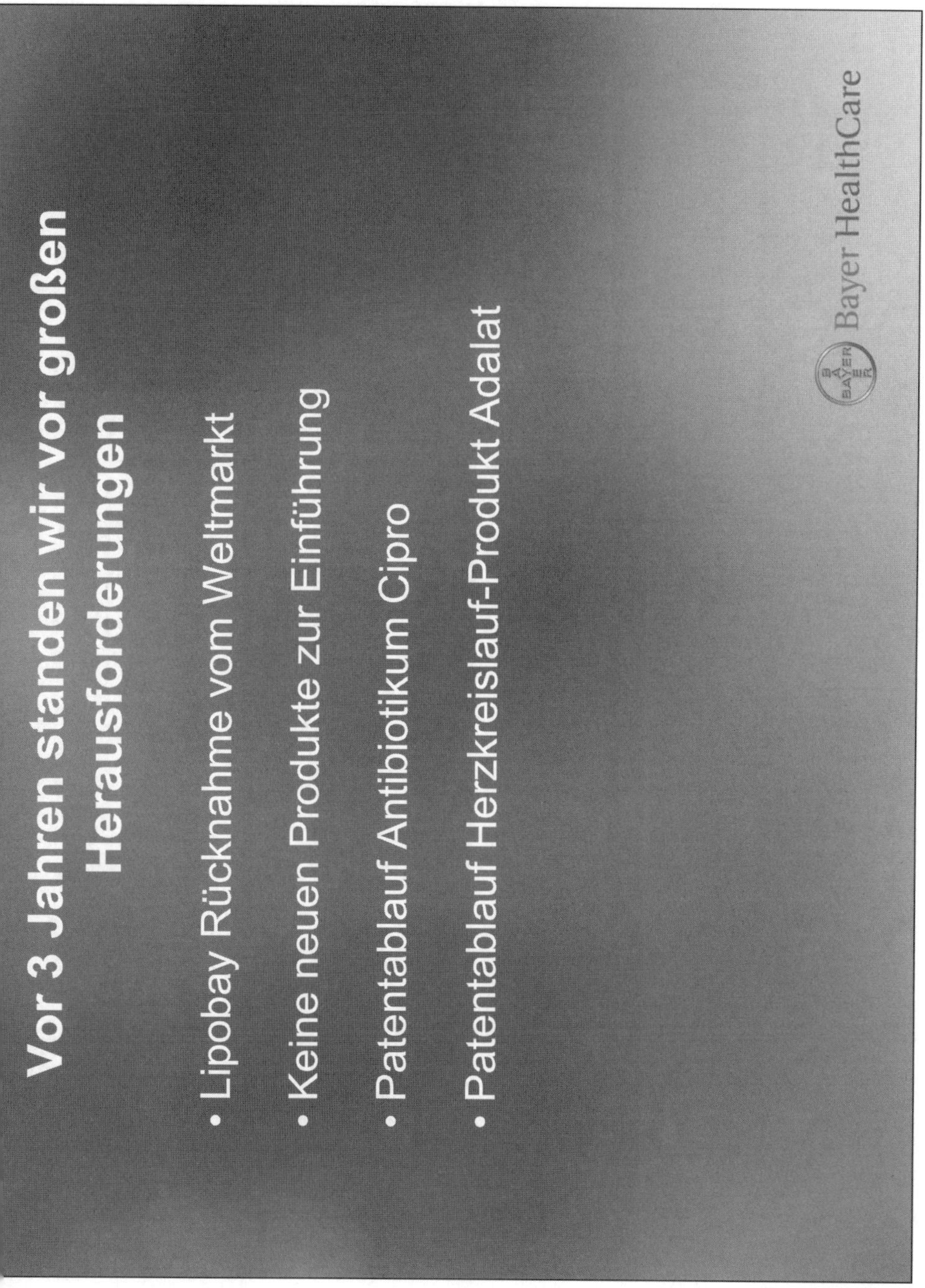
Vor 3 Jahren standen wir vor großen Herausforderungen
• Lipobay Rücknahme vom Weltmarkt
• Keine neuen Produkte zur Einführung
• Patentablauf Antibiotikum Cipro
• Patentablauf Herzkreislauf-Produkt Adalat
Bayer HealthCare

In der Zwischenzeit haben wir das Pharma-Geschäft fokussiert

Therapeutischer Fokus	• Forschungs-Fokus auf Onkologie und Herzkreislauf-Risiko-Management
Spezialisten Fokus	• Aufbau des Spezialisten-Geschäftes in USA
Regionaler Fokus	• „Primary Care"-Geschäft in USA mit Schering-Plough verpartnert • Stärkung unseres „Primary Care"-Geschäft außerhalb USA

Kontinuierliche Verbesserung der Profitabilität:
Restrukturierungs-Programm (€ 1 Mrd Einsparungen)

Bayer HealthCare

Bayer Pharma hat vielversprechende neue Therapien in der Entwicklung

- Faktor Xa-Inhibitor: ein oral wirksamer Gerinnungshemmer mit dem Potenzial eine führende Substanz im stark wachsenden Antithrombotika-Markt zu werden

- Signal-Transduction-Inhibitor (BAY43-9006 - Raf Kinase): ein aussichtsreicher neuer Wirkstoff in der Krebs-Behandlung

Bayer HealthCare

BAY43-9006 - Signal-Transduction-Inhibitor:

ein viel versprechender Ansatz für die Krebs-Behandlung

Das linke Bild zeigt einen Patienten mit Nierenzellkrebs. Das rechte Bild zeigt die gleiche Region nach Behandlung mit BAY 43-9006.

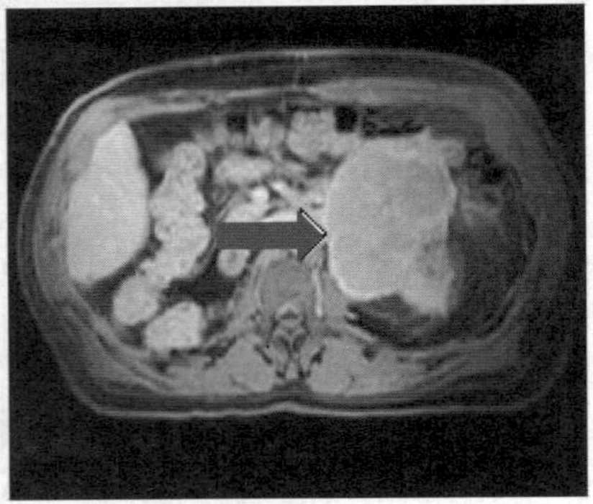

vorher

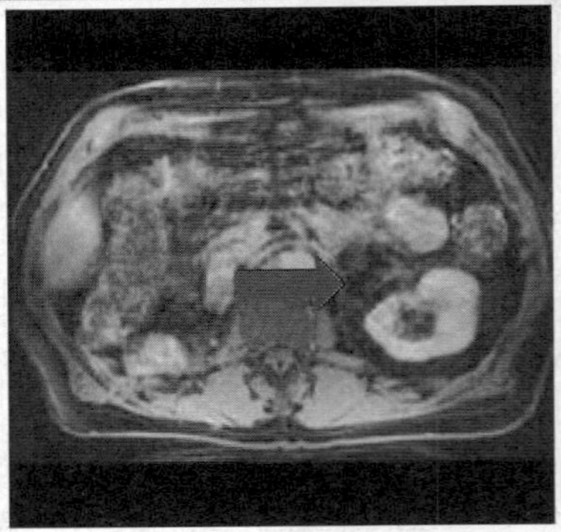

nach 16 Wochen

- Gut verträglich für die Langzeit-Behandlung
- In einer Phase II Studie zeigten 68% der Patienten (N=50) mit Nierenzell-Karzinom (RCC) Stabilisierung oder Schrumpfung des Tumors *

Bayer HealthCare

* Flaherty KT, et al. Proceedings of the AACR-NCI-EROTC International Conference 2003; 69:A78

Die erfolgte Fokussierung eröffnet Bayer HealthCare Pharma aussichtsreiche Chancen im Markt

- Fokus der Forschung auf Kernsegmente:
  Onkologie und Herzkreislauf-Risiko-Management
- Exzellente High-Tech-Plattform in der Forschung
- Aussichtsreiche Entwicklungskandidaten in unserer Pipeline:
  Faktor Xa-Inhibitor, Raf Kinase-Inhibitor
- Aufbau Biotech/Spezialisten Geschäft:
  Onkologie, Trasylol, Kogenate
- Stärkung unseres Geschäftes außerhalb der USA durch Zetia Co-Marketing mit Schering-Plough in Japan und Levitra-Rückkauf

Bayer HealthCare

BAYER
BAYER

Deutscher Wirtschaftsstandort: Ruhmreich in der Vergangenheit, mittelmäßig in der Gegenwart, in der Zukunft?

Stephan Götzl

Vorsitzender des Vorstands, Bayerischer Genossenschaftsverband

Deutscher Wirtschaftsstandort: Ruhmreich in der Vergangenheit, mittelmäßig in der Gegenwart, in der Zukunft?

Mit dem Wirtschaftsstandort Deutschland steht es nicht zum Besten. Täglich bieten Hiobsbotschaften in den Medien genügend Anlass zur Sorge. Tatsächlich ist die Lage ernst. Aber sie ist nicht hoffnungslos. Wenn jeder betroffene Bereich seinen Beitrag leistet, besteht eine reelle Chance, die Zukunft des Wirtschafts- und Industrie-Standortes Deutschland zu sichern.

Zu den ernüchternden Fakten gehören die Ergebnisse der Studie "Wettbewerbsfähige Wertschöpfungsgestaltung am Standort Deutschland", die im Auftrag des VBM – Verband der Bayerischen Metall- und Elektro-Industrie vom Transfer Centrum für Produktions-Logistik und Technologiemanagement (TCW) der TU München erstellt wurde:

1. Die verarbeitende Industrie in Deutschland wird ihre Verlagerungsbemühungen um mehr als 50 % steigern, das heißt jährlich gehen ca. 150.000 Arbeitsplätze aus Deutschland weg.
2. Mit jedem verlagerten Arbeitsplatz verschwinden 1,7 weitere in Dienstleistung und Handwerk.
3. Bisher haben vorwiegend Großunternehmen geplant, Arbeitsplätze zu verlagern. Nun tun das auch kleine und mittlere Unternehmen, und zwar massenweise.
4. Von Verlagerungen besonders betroffen ist jetzt auch der FuE-Bereich.

Fazit: Wenn wir nichts ändern, wird Deutschland eindeutig zum Globalisierungsverlierer.

Was können wir tun, damit wir Arbeitsplätze in Deutschland halten oder zumindest den Arbeitsplatzabbau aufhalten können?

Zum einen ist die Politik gefordert, uns endlich aus der Sackgasse zu führen.

Wissen und Kapital sind global. Sie gehen dahin, wo sie sich ungehindert entfalten können und wo sie die besten Rahmenbedingungen vorfinden. Die sind in Deutschland nicht gerade ideal – siehe Arbeitsmarkt, Arbeitsrecht, Tarifrecht, Lohnniveau, Steuer- und Abgabenhöhe, Finanzierung und Eigenkapital.

Zum anderen kann aber auch die Wirtschaft selbst etwas tun.

Deutsche Industrie-Unternehmen stecken in einer Zangenbewegung zwischen Kosten-Wettbewerb mit den Schwellenländern, die arbeitsintensive Dinge bei gleicher Qualität günstiger herstellen können, und Know-how-Wettbewerb mit anderen Industrie-Staaten.

Deutschland rangiert zwar selbst in Krisenzeiten an der Spitze der Exportländer. Allerdings zeigt das Beispiel Automobil: zwei Drittel eines deutschen Pkws werden im Ausland hergestellt. Der Preis dafür ist hoch. Bezahlt wird mit deutschen Arbeitsplätzen!

Warum? Weil Produktions-Prozesse in Deutschland oft nicht mehr "state of the art" sind und weil Produkt-Kosten durch Over-Engineering oft nicht mehr konkurrenzfähig sind gegenüber denen in Nachbarstaaten, ganz zu schweigen gegenüber denen z.B. in Südostasien.

Auf drei Wegen können deutsche Unternehmen selbst aktiv werden für die Standorterhaltung:

1. Sie müssen ihre Produkte auf den neuesten Stand bringen, sie noch stärker kundenorientiert gestalten und das typisch deutsche Over-Engineering stoppen.
2. Sie müssen ihre Produktions-Prozesse auf Vordermann bringen und ihre internen Produktivitätsreserven voll ausschöpfen.
3. Sie müssen ihre gesamte Wertschöpfungskette unter die Lupe nehmen. Dazu gehört auch, das Know-how der Kunden und Lieferanten zu nutzen.

Unternehmen, die hier am heimischen Standort ihre Hausaufgaben machen, können in einer bestimmten Wertschöpfungsbandbreite eine gute Zukunft haben. Das geht nicht ohne Arbeit, Mühe und Schweiß. Aber es wird sich lohnen, denn wir alle wollen doch gerne an diesem Standort leben und eine sichere Zukunft haben.

Schließlich sind auch die Tarifparteien gefordert, zum Erhalt des Industriestandortes Deutschland beizutragen und somit die wirtschaftliche Basis des Landes zu erhalten.

Die Lohnstückkosten sind in Deutschland so teuer wie sonst fast nirgends auf der Welt. Der Hauptgrund: Wir arbeiten zu wenig, in der Woche, im Jahr, im Leben. Seit 1960 haben wir die Arbeitszeit umgerechnet auf heute um 11,5 Wochen reduziert. Das muss man sich leisten können. Wir können es uns nicht mehr leisten. Deshalb muss auch die IG Metall endlich mit uns zusammen um jeden Arbeitsplatz in Deutschland kämpfen, und zwar ideologiefrei.

Wir haben eine gute Chance, Wertschöpfung auch im eigenen Land zu vertiefen und damit Industrie in Deutschland und in Bayern zu halten, wenn

- die Unternehmen ihre betrieblichen Möglichkeiten optimieren,
- die Politik für die richtigen Rahmenbedingungen sorgt und
- die Gewerkschaften ihre Verantwortung für Jobs im eigenen Land wahrnehmen.

Innovationsmanagement als Beitrag nachhaltiger Wertschöpfung

Thomas Ganswindt

Mitglied des Zentralvorstands, Siemens AG

SIEMENS

Global network of innovation

Innovationsmanagement als Beitrag nachhaltiger Wertschöpfung

Thomas Ganswindt

Mitglied des Zentralvorstandes der Siemens AG

SIEMENS

Inhalt

Was ist eine Innovation?

Wie werden Innovationen gemanagt?

- Strategie
- Prozesse
- Organisation

SIEMENS
Eine innovative Technologie – Das Telefon

SIEMENS

Inhalt

Was ist eine Innovation?

Wie werden Innovationen gemanagt?

- Strategie
- Prozesse
- Organisation

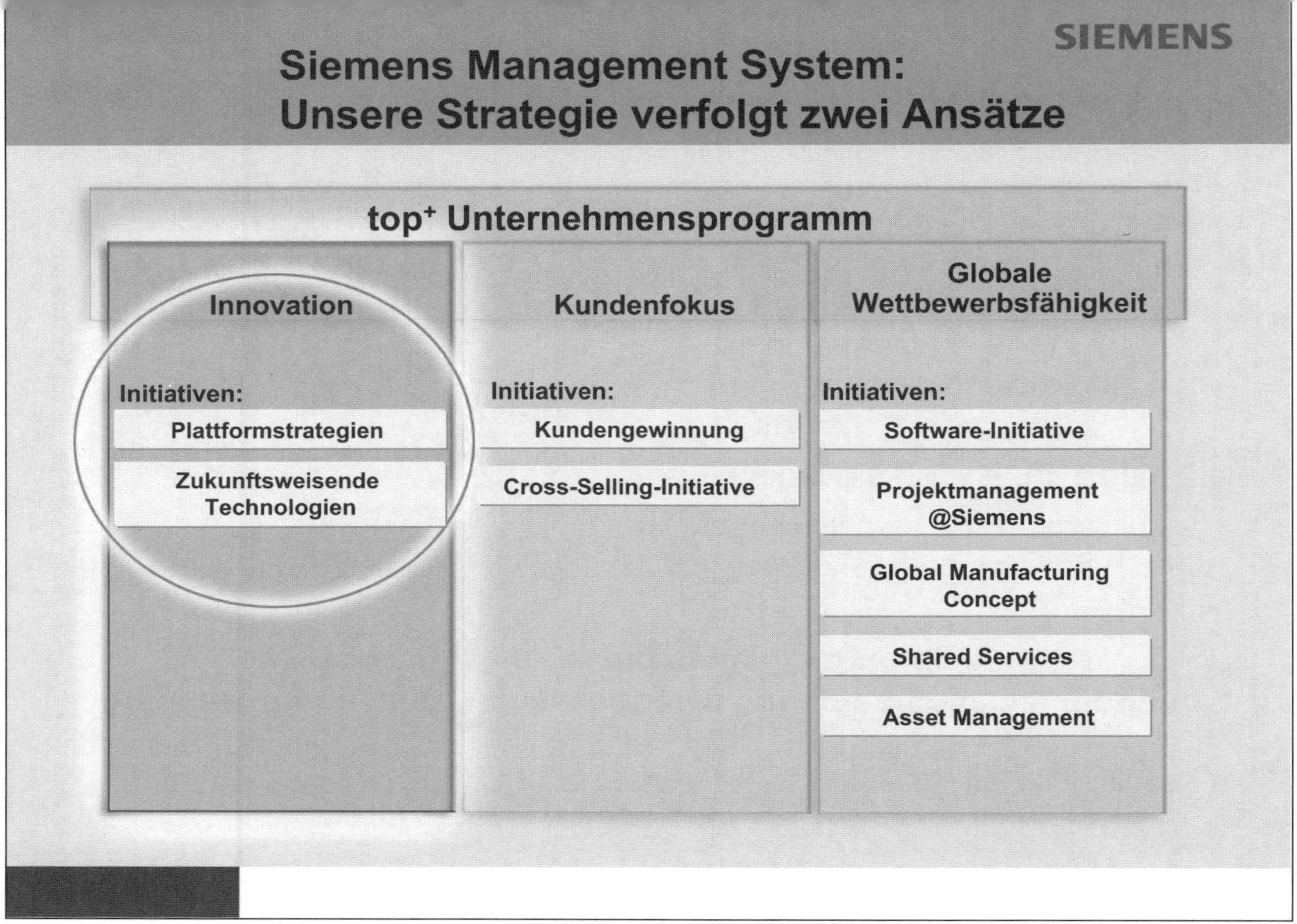
SIEMENS
Siemens Management System:
Unsere Strategie verfolgt zwei Ansätze
top+ Unternehmensprogramm
Innovation
Initiativen:
Plattformstrategien
Zukunftsweisende Technologien
Kundenfokus
Initiativen:
Kundengewinnung
Cross-Selling-Initiative
Globale Wettbewerbsfähigkeit
Initiativen:
Software-Initiative
Projektmanagement @Siemens
Global Manufacturing Concept
Shared Services
Asset Management

SIEMENS

„Innovator's Dilemma"

Ablösestrategie und Ablösezeitpunkt sind die Schlüssel für den wirtschaftlichen Erfolg neuer Technologien

Replacement of Technologies *)

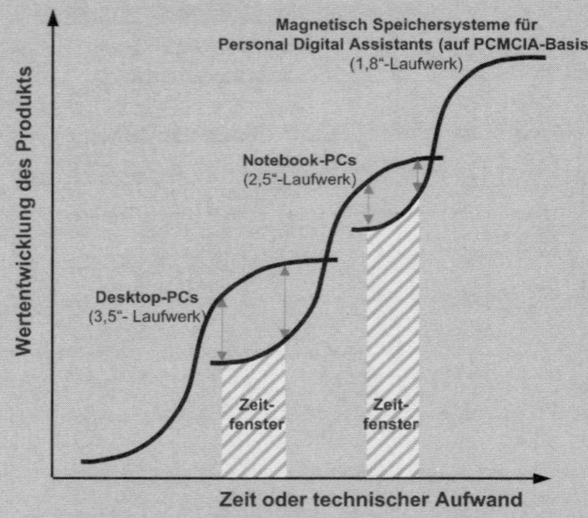

*) Source: C.M.Christensen The Innovator's Dilemma - When New Technologies Cause Great Firms to Fail

- Disruptive Technologien bergen das Risiko des „Kannibalismus"
- Ist aber ein „Muss" für Trendsetter
- **Lösung:**
  Intelligente Ablösestrategie und zukunftsfähiges Portfoliomanagement

SIEMENS

Inhalt

Was ist eine Innovation?

Wie werden Innovationen gemanagt?

- Strategie
- Prozesse
- Organisation

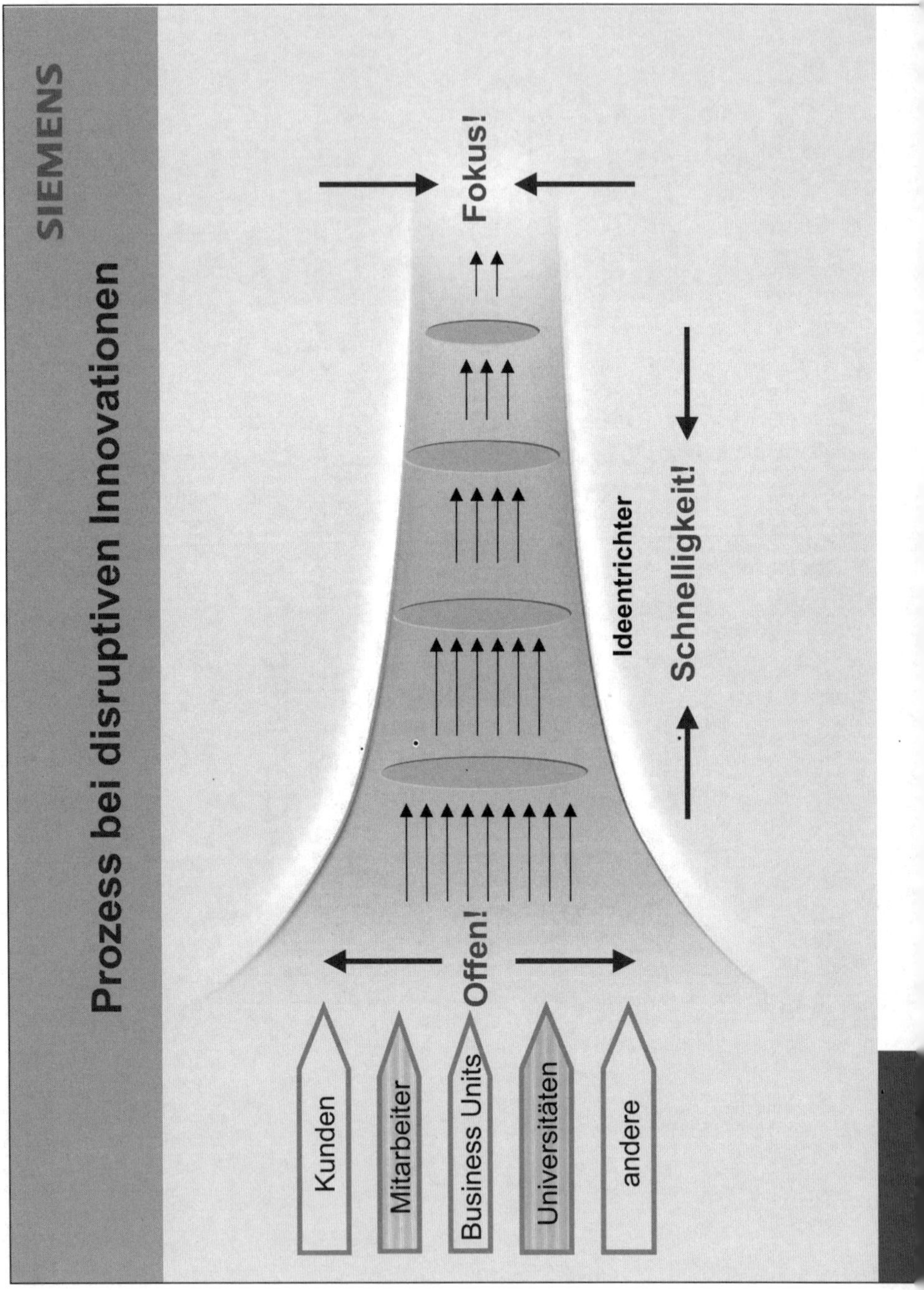

Prozess bei disruptiven Innovationen
SIEMENS
Kunden
Mitarbeiter
Business Units
Universitäten
andere
Offen!
Ideentrichter
Schnelligkeit!
Fokus!

SIEMENS

Kriterien der Innovationsbewertung

Innovationskraft:
- Neu auf dem Markt
- Einzigartig, erster Schachzug

Disruptions-Potenzial:
- Technologie/Markt noch in Entstehung
- Technologisches Potenzial/ Geschwindigkeit der vorhergesagten Performance-Änderung
- Angehen anderer Märkte

Nutzen für Kunden/Markt:
- Erheblicher Nutzen für Kunden oder Anwender
- Befriedigt bestehende Nachfrage

Durchführbarkeit:
- Technologisches Know-how
- Vertriebsaufbau, Kanäle

Strategie:
- Strategisch abgestimmt
- Auf technologische Roadmap abgestimmt

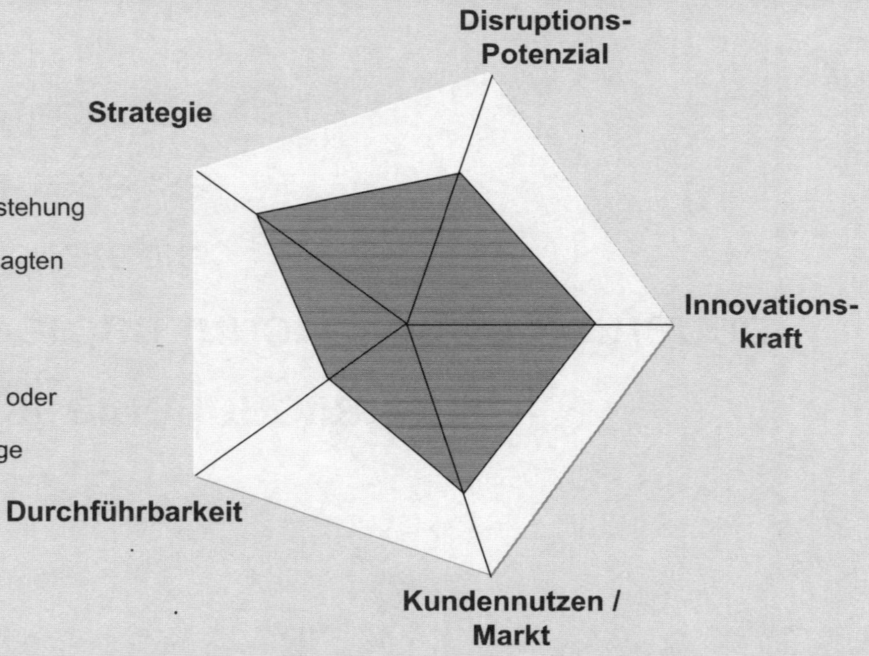

SIEMENS

Inhalt

Was ist eine Innovation?

Wie werden Innovationen gemanagt?

- Strategie
- Prozesse
- Organisation

SIEMENS

Drei Programme für Innovation und Beschleunigung

RAPID - Programm

SMART - Programm

Innovation Board

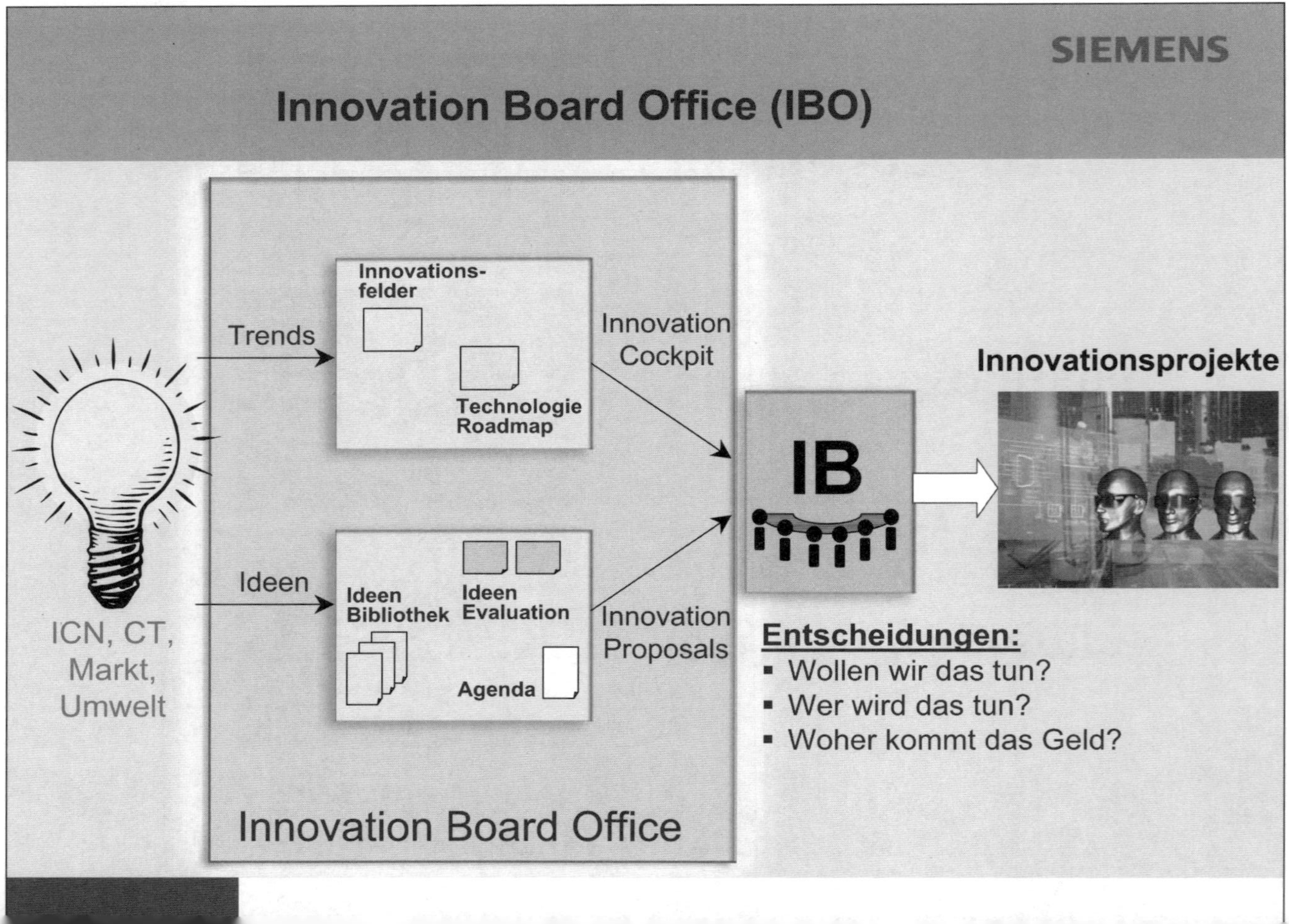
SIEMENS
Innovation Board Office (IBO)
ICN, CT, Markt, Umwelt
Trends
Ideen
Innovations-felder
Technologie Roadmap
Ideen Bibliothek
Ideen Evaluation
Agenda
Innovation Cockpit
Innovation Proposals
Innovation Board Office
IB
Innovationsprojekte
Entscheidungen:
Wollen wir das tun?
Wer wird das tun?
Woher kommt das Geld?

Wachstumsmotor Innovation im Mittelstand

Manfred Rauser

Sprecher des Vorstandes, Erlus AG

Wachstumsmotor Innovation im Mittelstand

Selbstverständlich kann ich nicht für den gesamten deutschen Mittelstand sprechen, sondern lediglich über die Erfahrungen und Erkenntnisse berichten, die ich persönlich und in meiner aktuellen Funktion als Sprecher des Vorstandes der Erlus AG machen konnte. Die Erlus AG ist ein seit über 60 Jahren börsennotiertes Unternehmen.

Das konkrete Beispiel Erlus AG ist besonders interessant, denn hier lautete und lautet die Kernfrage: Wie kann sich ein Unternehmen in einer von Überkapazitäten und rigorosem Preiskampf gekennzeichneten Branche – und dies im Kontext eines krisengeschüttelten Marktumfeldes – positiv entwickeln?

Hierzu zunächst einige Eckdaten:

Erlus ist einer der führenden deutschen Hersteller von Tondachziegeln und Kaminbaustoffen. Der Umsatz lag im vergangenen Jahr bei rund 100 Mio. Euro, ca. 600 Mitarbeiter sind in dem Unternehmen beschäftigt, der Export spielt bisher nur eine untergeordnete Rolle. Wir sind also – anders als viele Unternehmen, die bei einem schlechten Binnenmarkt eine relativ gute Exportsituation haben – weitgehend auf den deutschsprachigen Raum als Absatzmarkt angewiesen.

Sie können sich vorstellen, dass unsere Unternehmensentwicklung sehr eng verknüpft ist mit der allgemeinen Baukonjunktur, insbesondere dem Wohnungsbau. Wobei man von Baukonjunktur eigentlich nicht sprechen kann, denn die Bauindustrie befindet sich seit zehn Jahren in einer Krise. Sie ist damit im Übrigen auch mit verantwortlich für die gesamtwirtschaftlich negative Entwicklung in Deutschland, denn sie umfasst fast 12 Prozent am Brutto-Inlandsprodukt. Ich möchte Sie hier nicht im Detail mit den Zahlen und Hiobsbotschaften der letzten Jahre zur Krise in der Baubranche langweilen, in der jedes Jahr tausende von Arbeitsplätzen verloren gehen – 2004 waren es wiederum 50.000 – und in deren Sog auch die gesamte Baustoffindustrie in eine tiefe Rezession rutschte. Ich denke, es wird auch ohne weitere Details deutlich, in welchem Marktumfeld sich unser Unternehmen behaupten muss. Und wir haben uns behauptet, indem wir der anhaltenden Baukrise im achten Jahr in Folge eine solide Firmenkonjunktur entgegensetzen und kontinuierlich Marktanteile gewinnen konnten. Dabei sind wir immer profitabel geblieben und so war es für uns auch keine Frage, den Aktionären in den vergangenen Jahren regelmäßig eine ansprechende Dividende auszuschütten. Noch mal zum Hintergrund: In den letzten sieben Jahren sind die Wohnungsfertigstellungen in Deutschland um über 50 Prozent eingebrochen.

Wo liegen nun die Gründe für die positive Entwicklung von Erlus? – Auch wenn es für Sie im ersten Eindruck sehr pauschal klingt: Es ist unsere Innovationskraft. Innovation heißt Erneuerung. Wir haben uns dabei immer wieder ermutigt, auch neue Wege zu gehen. So haben wir uns auf die Überkapazitäten, insbesondere bei Standardprodukten, die zu einem enormen Preisdruck im Markt geführt haben, rechtzeitig eingestellt und unseren Schwerpunkt auf höherwertige Technik und designgetriebene Produkte gelegt.

Neue Gestaltungsideen und hochwertiges Design bilden eine Säule unserer Unternehmensphilosophie und Marktstrategie. Das andere, ebenso wichtige Standbein heißt: Innovative Technik.

Es mag Sie vielleicht auf den ersten Blick überraschen, dass Design, Individualität und Markenpolitik auch in einem eher traditionell und handwerklich-funktional geprägten Anwendungsgebiet wie der Dacheindeckung an Bedeutung gewinnen. Aber der Erfolg unseres Unternehmens in den vergangenen Jahren bestätigt dies. Denn mit unserer Fokussierung auf die ästhetische Dachgestaltung sind wir offensichtlich einem wachsenden Bedürfnis der Verbraucher nach Design als Lebensgefühl nachgekommen.

Um keine Missverständnisse aufkommen zu lassen, wir haben uns nicht an kurzfristigen modischen Trends orientiert – bei der Dachgestaltung waren z. B. vor einiger Zeit alle möglichen und unmöglichen Farben auf dem Markt; mittlerweile sind sie wieder sang- und klanglos verschwunden. Vielmehr setzen wir auf einen natürlichen Baustoff und landschaftsgerechte Farben mit hohem ästhetischen Anspruch. Dass wir in unserer Design-Kompetenz wegweisend sind, hat uns das Industrie Forum Design Hannover, einer der international führenden Institutionen im Bereich Industrie-Design, übrigens mehrfach bestätigt: Vier Jahre infolge wurden Tondachziegel von Erlus mit dem IF-Design-Award ausgezeichnet.

Welche Bedeutung unsere Produktinnovationen in unserer Unternehmenspolitik einnehmen, zeigt auch eine Zahl sehr deutlich: Circa 25 Prozent des Umsatzes bei Dachbaustoffen, den wir im vergangenen Jahr erwirtschaftet haben, wurde mit Produkten erzielt, die es vor fünf Jahren noch nicht gab.

Wir haben uns an die Spitze der technologischen Entwicklungen unserer Branche setzen können. Im Mai vergangenen Jahres haben wir in München eine Weltneuheit präsentiert, die unserer Meinung nach auch tiefgreifende Veränderungen in der Branche nach sich ziehen wird: Mit ERLUS Lotus® haben wir das erste selbstreinigende Tondach der Welt vorgestellt.

Es sind vier allgemeine Charakteristika, die meines Erachtens ein erfolgreiches Unternehmen auszeichnen: Kundenfokus, Innovationsstärke, Veränderungsbereitschaft und Vertriebskraft. All diese Faktoren in Verbindung mit einer großen Beharrlichkeit waren über Jahre hinweg entscheidend dafür, dass wir heute als einziger Tondachziegel-Hersteller diese Innovation anbieten können. Sie können sich vorstellen, dass für ein relativ kleines Unternehmen wie wir es darstellen, die grundlegende Entscheidung, eine solche Innovation in Angriff zu nehmen und auch – trotz aller Hindernisse und Investitionen – konsequent durchzuziehen, von ganz erheblicher Bedeutung ist. Denn nicht zuletzt müssen wir alle unsere Ausgaben auch selbst erwirtschaften und können nicht – wie manch großer Konzern – auf erhebliche Finanzreserven zurückgreifen.

Kurz zum Hintergrund: Wir haben von den Forschungsergebnissen des Herrn Prof. Barthlott auf dem Gebiet der Bionik erfahren und waren von dem Phänomen der Selbstreinigung fasziniert. Der Botaniker Prof. Barthlott hatte die spezifische Oberflächenstruktur eines Lotusblattes untersucht und dabei den so genannten Lotus-Effekt, die Mechanismen der Selbstreinigung, entdeckt. Wir haben sofort erkannt, dass wir diesen Effekt in unserer Dachkeramik einsetzen und damit die erste wesentliche Innovation seit 100 Jahren im Bereich der Dacheindeckung realisieren können. Die vielfältigen Anwendungsmöglichkeiten dieses Phänomens in der Industrie werden heute in diversen Branchen untersucht oder bereits schon angewendet. Damals traf Prof. Barthlott bei großen Konzernen allerdings vor allem auf Skepsis und Ablehnung. Wir haben die grundlegende Forschung vorangetrieben, so dass das Produkt, das wir heute anbieten, von zwei Vorbildern inspiriert ist: Zum einen die Selbstreinigung der Lotus-Blume und zum anderen die Fähigkeit lebender Zellen, Keime und organische Verunreinigung zu verbrennen. Dank sieben Jahren gemeinsamer, intensiver Forschung und Kooperation sowohl mit Prof. Barthlott als auch – zwischenzeitlich – mit Prof. Dr. Detlef Bahnemann, einem der international renommiertesten Forscher im Bereich der Oberflächenveredelung, ernten wir heute die Früchte unserer Arbeit und Beharrlichkeit. Denn die Oberflächenveredelung von ERLUS Lotus® zerstört organische Schmutzteilchen mit Hilfe des Sonnenlichts. Der nächste Regen wäscht sie einfach ab. Somit beseitigt unser oberflächenveredelter Ziegel alle natürlichen Schmutzpartikel, die normalerweise auf Dächern zu erwarten sind: Fette, Ruße, Moose, Pilze, Bakterien oder Algen. Durch dieses intelligente Zusammenspiel von Sonne und Regen wird gewährleistet, dass ein mit ERLUS Lotus®-Ziegel gedecktes Dach sich kontinuierlich selbstreinigt und auch nach vielen Jahren sauber aussieht.

Wir alle wissen, dass eine innovative Erfindung nicht automatisch auch ein wirtschaftlich erfolgreiches Produkt sein muss. Deswegen haben wir uns natürlich auch frühzeitig über die Markt- und Verbraucherakzeptanz ins Bild gesetzt. Eine von uns bei Forsa in Auftrag gegebene Umfrage hat ergeben, dass über die Hälfte der repräsentativ Befragten sich bei einem Neubau oder einer Renovierung für einen Dachziegel entscheiden würde, der sich durch Einwirkung von Regen und Sonne selbstreinigt. Die Absatzzahlen der ersten acht Monate bestätigen dies. Über 1.000 Dächer konnten bereits mit ERLUS Lotus® eingedeckt werden.

Der Erfolg eines Unternehmens und speziell einer Innovation hängt nicht unwesentlich auch von so genannten „weichen" Faktoren ab: der Motivation aller Beteiligten, die von der Innovation begeistert sind und an das neue Produkt glauben. Hemmschuh der Innovation ist vor allem die Angst vor Misserfolg. Sie lähmt und ist in gewisser Weise auch bezeichnend für den aktuellen Stand unserer gesamtgesellschaftlichen Entwicklung. Ich möchte sie ermutigen, Querdenker zu sein. Es lohnt sich. Das Quäntchen Glück, das man braucht, steht ja bekanntlich dem Tüchtigen zur Seite.

Flexibilität als Standortfaktor

Ann-Kathrin Deutrich

Sprecherin des Vorstands, SICK AG

Flexibilität als Standortfaktor

Wird in Deutschland über Flexibilisierung geredet, dann fast immer bezogen auf die Reduzierung der Gesetz- und Regelungsdichte (Deregulierung) sowie auf die Flexibilisierung des Arbeitsmarkts – Flexibilität wird also typischerweise eingefordert, nicht jedoch angeboten oder sogar gefördert.

An Gesetzen – dort besteht in Deutschland anerkanntermaßen ein besonders hoher Deregulierungsbedarf – kann ein Manager kurzfristig nichts ändern, es sei denn er ginge als Quereinsteiger in die Politik, aber auch da ist die Veränderungsmöglichkeit nur in seltenen Fällen gegeben.

Die Regulierung des Arbeitsmarkts ist ein Handlungsfeld, in dem Unternehmen insbesondere im Bereich der Arbeitszeitregelungen Flexibilität beweisen können. Nicht nur Großkonzerne operieren mit einer Vielzahl von Arbeitszeitmodellen, sondern ebenso mittelständische Konzerne wie SICK. Aber natürlich lässt auch die hundertste Form einer Schichtregelung ein Unternehmen nicht zur atmenden Fabrik werden – der Anspruch ist zu hoch und geht irgendwann an der Realität, der Praktikabilität vorbei.

Was aber ist mit "Flexibilität in den Köpfen" erreichbar – was mit Innovationskultur und kreativen Freiräumen, mit kundenorientierten Lösungen? Die kann, soll, ja muss ein Manager schaffen, anstatt sich auf einer einfachen Lösung des "sich Ereiferns" über exogene Faktoren auszuruhen. Deutschland war aus der ökonomisch-historischen Perspektive gesehen schon seit Beginn des 19. Jahrhunderts ein überreguliertes Land – hat aber mit den gleichen Problemen schon bessere Ergebnisse erzielt.

Unter allen Ansprüchen, die an das Management herangetragen werden, ragt das Eingehen auf Kundenerwartungen zusammen mit dem Erzielen angemessener Wertsteigerungen für Anteilseigner, den Innovationsbemühungen und der Mitarbeiterorientierung aus dem Zielsystem heraus. Untersuchen wir die Kundenorientierung als wichtigsten und für die Weiterentwicklung eines Unternehmens besonders kritischen Faktor:

Kundenorientierung meint hier im Wesentlichen, das richtige – den Kundenerwartungen entsprechende – Produkt zu einem wettbewerbsfähigen Preis in angemessener Qualität und Lieferzeit bereitzustellen – am besten verbunden mit der Zukunftssicherheit eines Angebots und einer langfristigen Produktstrategie. Wenn man zudem noch ständig für den Kunden ansprechbar bleibt und die angebotenen Lösungen je einen Schuss brillanter Qualität, zeitnaher Innovation und überzeugender Kreativität aufweisen, sollte dem Erfolg auf dem Markt nichts mehr im Wege stehen.

Einfach gesagt, schwer getan. Schon ein oberflächlicher, erster Blick auf deutsches Investitionsverhalten verdeutlicht, dass keinesfalls die flexible Erfüllung der Kundenwünsche zu den Prioritäten gehört, sondern eher der wettbewerbsfähige Preis eines Produkts. Die Lösung darauf lautet immer häufiger, Wertschöpfungsketten in Länder mit geringeren Personalkosten und steuerlichen Belastungen zu verlagern.

Dies mag mit vielen Commodities und für große Konzerne einfacher als für mittelständische Unternehmen funktionieren, gerade Spezialisten und Nischenanbieter zögern allerdings zu recht, lediglich aus Kostengründen zu verlagern. Denn kostengünstig geforscht und produziert wird oft gerade dort nicht, wo der Kunde sitzt, wo die geeigneten Ingenieure und Spezialisten zu finden sind und wo eine Infrastruktur existiert, in die man sich schnell und risikolos einklinken kann. Und das Verlagern ist dann möglicherweise gleichzeitig mit dem Zerschlagen von funktionierenden, kundenorientierten Strukturen verbunden.

Eine Verlagerung aus Kostengründen ist also keine unvermeidbare Tatsache. Ich spreche hier für ein Unternehmen mit einem Exportanteil von 70 Prozent, zweistelligen Wachstumsraten im Umsatz, langjährigen weltweiten Kundenbeziehungen und durchaus zufrieden stellenden Ergebnissen. Aber doch: Fast 70 Prozent unserer ca. 4.000 Mitarbeiter arbeiten in Deutschland – sehr effektiv und anscheinend recht zufrieden, wenn man sich unsere Auszeichnungen als guter Arbeitgeber und verschiedene Umfrageergebnisse anschaut. Es ist also demnach möglich, Kunden aus in Deutschland arbeitenden Unternehmen heraus zufrieden zu stellen – und dabei vorteilhafte und langjährige Partnerschaften zu begründen.

Zugestanden, auch SICK – für all jene, die uns nicht kennen: wir sind ein Anbieter von Sensoren und Sensorlösungen – hat über 40 Tochtergesellschaften weltweit und Produktionsstätten ebenfalls im Ausland. Aber: Globalisierung hat bei uns mit Kundennähe zu tun, weniger mit dem Blick auf Kosten. Denn Kundennähe und Kundenorientierung ist eine der Stärken unserer Mitarbeiter und kann schnell in Gefahr geraten, wenn ein Unternehmen Arbeitsplätze und Standorte wie auf einem Schachbrett hin und her schiebt. Im Dickicht zwischen den genannten Zielen – Kundennutzen, Shareholder Value und Mitarbeiterorientierung – kann man sich dann schnell verheddern: Mitarbeiter werden demotiviert, die Innovationsrate sinkt, das Engagement sinkt und es entsteht ein Teufelskreis aus Demotivation und schlechten Ergebnissen mit zwingenden nachfolgenden Sparrunden.

Die Lösung für SICK – und ich glaube ebenfalls für viele andere Unternehmen, die noch in Deutschland produzieren – lässt sich in den Worten Langfristorientierung und Flexibilität zusammenfassen. Wer langfristig und glaubwürdig arbeiten kann und darf – dies ist sicherlich ein Privileg, das nicht jedem Management zuteil wird – kann ein Unternehmensklima schaffen, in dem Flexibilität und Kundenorientierung zentrale Aspekte sind.

Flexibilität ist hierbei sehr umfassend verstanden und beschränkt sich nicht auf Arbeitszeitkonzepte. Flexibilität ist eine Frage der Einstellung und der Unternehmenskultur. Es ist zutreffend, dass Deutschland kein Freizeitpark ist – im Gegenteil. Mitarbeiter suchen zunehmend Sinn in ihrer Tätigkeit und sind bereit, viel Engagement in ihren "Beruf" zu stecken – ein Begriff übrigens, der sehr deutsch ist und in der Tat ein wenig auf "Berufung" deutet. Notwendig ist hierfür, dass das Unternehmen ein in diesem Sinne faires Angebot bietet. Und deshalb ist Flexibilität keinesfalls die gewerkschaftsrhetorische Schutzlosigkeit und Unterdrückung. Flexibilität heißt statt dessen mehr Freiräume, mehr Sinn, mehr Möglichkeiten, mehr Lebensqualität. Wer an diesem Punkt ansetzt und langfristig dabeibleibt, kann eine Unternehmenskultur schaffen, die auf festen Werten ruht, sich aber flexibel an den Markterfordernissen ausrichtet. Natürlich sind "weiche" Flexibilitätsfaktoren nicht alles – auch SICK setzt auf moderne Arbeitszeitkonzepte,

Logistikketten und internationale Produktionsstandorte. Wesentlich für den Erfolg der "harten" Flexibilitätsfaktoren ist jedoch die Einstellung der in einem Unternehmen beschäftigten Menschen.

SICK hat sich über viele Jahre eine Unternehmenskultur aufgebaut, die in unserem Leitbild mit den Begriffen Independence, Innovation und Leadership dargestellt wird. Dahinter steckt die oben skizzierte Idee, den Mitarbeitern den Freiraum zur Lösung der Kundenprobleme zu bieten und so flexibel und sachgerecht auf alle anstehenden Herausforderungen reagieren zu können. Wir reden hier bewusst nicht von Modeworten wie "Entrepreneurship", meinen aber etwas Ähnliches.

Independence ist zunächst sehr umfassend und geht zudem weit über Flexibilität hinaus. Wir meinen, dass es nötig ist, zwar flexibel, aber nicht rückgratlos zu sein. Nur wer unabhängig denkt, kann auch unabhängig handeln. Das gilt gleichermaßen für Menschen wie für Unternehmen. Nur ein unabhängiger Kopf hat die Freiheit, etwas so zu tun, wie er es für richtig hält, und er huldigt keinesfalls der Flexibilität oder der Mode um ihrer selbst willen, sondern nutzt eigene Freiheiten und Handlungsmöglichkeiten, um dem Kunden die bestmögliche Lösung zu bieten.

Flexibilität steckt unter anderem in unserem Begriff Innovation. Eine wesentliche Voraussetzung für Innovation ist Antizipation – das Erkennen oder Erahnen künftiger Kundenbedürfnisse und Marktentwicklungen. Nur wer sich intelligent auf die Herausforderungen des Alltags einlässt, kann heraushören, wo die künftigen Anforderungen liegen, Änderungen anstoßen und der Flexibilität ein Ziel geben. Jeder Arbeitsplatz bei SICK eröffnet Freiräume für Innovation. Innovation ist ein Anspruch, den wir an alle Unternehmensbereiche stellen – an Forschung und Entwicklung, an die Managementprozesse, die Produktion und ebenso an die Administration.

Leadership schließlich bedeutet, all jene Menschen agieren zu lassen, die dafür als kompetent eingeschätzt werden – also Dezentralität und Führung über definierte Prozesse und Gremien statt straffer Hierarchien und überstrapazierendem Mikromanagement. Dies benötigt Delegation von Verantwortung aufgrund vereinbarter Ziele und Rahmenbedingungen. Eine Führungspersönlichkeit fördert Eigeninitiative und führt Teams gemeinschaftlich zum Erfolg – im Sinne des Ganzen und des persönlichen Erfolgs. Sie gibt konstruktives Feedback, ist konflikt- und konsensfähig. Sie zeigt Verbindlichkeit und Stehvermögen, auch – und besonders – in schwierigen Situationen. Sie ist Vorbild und erwartet von Mitarbeitern und Geschäftspartnern nicht Dinge, die sie selbst nicht lebt.

Die Nutzung dieser Art von Flexibilität als weichem Standortfaktor erfordert zum einen einen langen Atem: sie ist nur möglich in einer Verantwortungs- und Vertrauenskultur, in der klar ist, dass der langfristige Erfolg im Vordergrund steht und Mitarbeiterorientierung nicht nur im Leitbild. Lohn des Ganzen soll im Falle von SICK ein Unternehmen sein, das trotz wachsender Größe flexibel und kundenorientiert bleibt, dem Kunden aber die Lösungskompetenz und das Produktportfolio eines Global Players anbieten kann.

Betrachtet man SICK unter dem Gesichtspunkt dieses weichen Standortfaktors "Flexibilität", so ist eindeutig erkennbar, dass SICK eine Heimat hat und diese Heimat weiterhin braucht: nämlich seine eigene spezifische Unternehmenskultur. Und diese lässt sich wohl kaum auf dem Reißbrett konstruieren und hin- und herverlagern. Die eigene Unternehmenskultur muss stattdessen gepflegt und behutsam weiterentwickelt werden – in Richtung der zukünftigen Kundenanforderungen. Aber dort sind wir dann – selbstverständlich - - - flexibel.

: Independence
: Innovation
: Leadership

SICK
Sensor Intelligence.

: Independence

We think and act independently.

Wir denken und handeln unabhängig.

We are legally and financially independent.

Wir sind rechtlich und finanziell unabhängig.

Our products are open for all systems.

Unsere Produkte sind für alle Systemwelten offen.

SICK

Sensor Intelligence.

: Innovation

We are inventors.
Wir sind Erfinder.

We anticipate future developments.
Wir antizipieren künftige Entwicklungen.

We create markets with innovative products and solutions.
Wir erschließen Märkte mit innovativen Produkten und Lösungen.

SICK
Sensor Intelligence.

: Leadership

We lead worldwide with local competencies.
Wir führen weltweit und bauen auf Kompetenzen vor Ort.

We act with the long-term future in mind.
Wir denken und handeln nachhaltig.

We create superior customer benefit.
Wir schaffen überlegenen Kundennutzen.

SICK
Sensor Intelligence.

Werden Sie zum Kundenmanagement-Innovator!

Stefan Gilmozzi

CEO, VIVEON AG

Viveon
be client driven

Business- und IT-Consulting

12. Münchner Management Kolloquium

Werden Sie zum Kundenmanagement Innovator!

Stefan Gilmozzi
Vorstandsvorsitzender VIVEON AG

02. März 2005

Viveon
be client driven

AGENDA

- Über die VIVEON AG
  - Kurzprofil
  - Facts & Figures
- Definitionen: „CRM"
- Ausgangssituation
  - Der Kunde hat die Wahl
  - Status Quo von CRM-Aktivitäten
  - Typische Stolpersteine
- Visionen in der Kundenorientierung
  - CRM -> CMR „Customer manage relations"
  - CMR Massmahmen
  - Kundeninnovator-Fitness-Test / Ganzheitliche Kundenbetrachtung
- Best Pratices
- Fazit / Diskussion / Fragen

Viveon
be client driven

Kurzprofil Stefan Gilmozzi

Position	**CEO VIVEON**
Ausbildung	Diplom-Betriebswirt, Diplom Controller (CA)
Berufs-erfahrung	▸ 14+ Jahre Berufserfahrung bei VIVEON und anderen Beratungsgesellschaften ▸ 5+ Jahre Leiter von Competence Center für CRM & Data Warehouse in unterschiedlichen Unternehmen ▸ Branchenerfahrung: Automotive, Telecommunicatios, Chemie, Retail
Aufgaben / Verantwortung	▸ Management Consulting ▸ Interims Management ▸ Partner Management ▸ Corporate Strategy
Methodik / SKills	▸ CRM-Strategie (Kampagnen-Ideen –Design, Targeting und Planung) ▸ Program-Management, Projektmanagement Geschäftsprozessanalyse, IT-Architektur, Evaluierung ▸ Database Marketing, Campaign Management, CRM Prozess-Modellierung, Customer Segmentation / Profiling ▸ Architecture Design, MOLAP / ROLAP / Web-Reporting Data Mining / Predictive Modeling, Balanced Scorecard

be client driven

VIVEON AG Kurzprofil

- VIVEON gehört zu den führenden deutschen Beratungsunternehmen im Business Intelligence, analytischen CRM und Data Warehouse.

- VIVEON genießt das Vertrauen namhafter Unternehmen unterschiedlichster Branchen und verzeichnet seit Unternehmensgründung ein überproportionales Wachstum.

- VIVEON Geschäftsbereiche:
  - VIVEON Consulting:
    -> Fokus: Business- und IT-Beratung, Themenfokus Data Warehouse- und analytisches CRM
  - VIVEON Interactive:
    -> Fokus: "Next Generation Campaign Management" sowie die Entwicklung und die integrierte Realisierung mobiler Dienste und Applikationen.

- Mit den beiden Geschäftsbereichen "VIVEON Consulting" und "VIVEON Interactive" deckt VIVEON die gesamte Wertschöpfungskette integrierter Multikanal-Kampagnen ab –
  - von der Idee, dem Konzept und der technischen Umsetzung,
  - Über die (Response-)Datensammlung und Auswertung des Userverhaltens,
  - Bis Zurverfügungstellung des Kundenwissens für zukünftige Kampagnen.

Viveon
be client driven

VIVEON AG – Facts & Figures

Gründung	19. April 2000
Grundkapital	500.000 EURO VIVEON AG 200.000 CHF VIVEON CH AG
Gründer	7 ehemalige CSC Ploenzke Mitarbeiter
Aktien-verteilung	100 % vinkuliert Stämme davon 15 % Plönzke Holding AG 10% (SOP) Mitarbeiter
Standorte	München – Wiesbaden - Zürich
Anzahl MA	60+
Umsatz 2003 Umsatz 2004	D: 4,6 Mio. EUR CH: 2,1 Mio. EUR (Ist) D: 5,5 Mio. EUR CH: 2,4 Mio. EUR (Plan)
Aufsichtsrat	Dr. Harald Föst (Vorsitzender) Klaus Christian Plönzke Klaus Knoff
Verwaltungsrat CH	Stefan Gilmozzi (Vorsitzender) Heinz Bossert (ehem. Verwaltungsratspräsident CSC CH) Jacques Egli (ehem. Director Marketing Emmi)

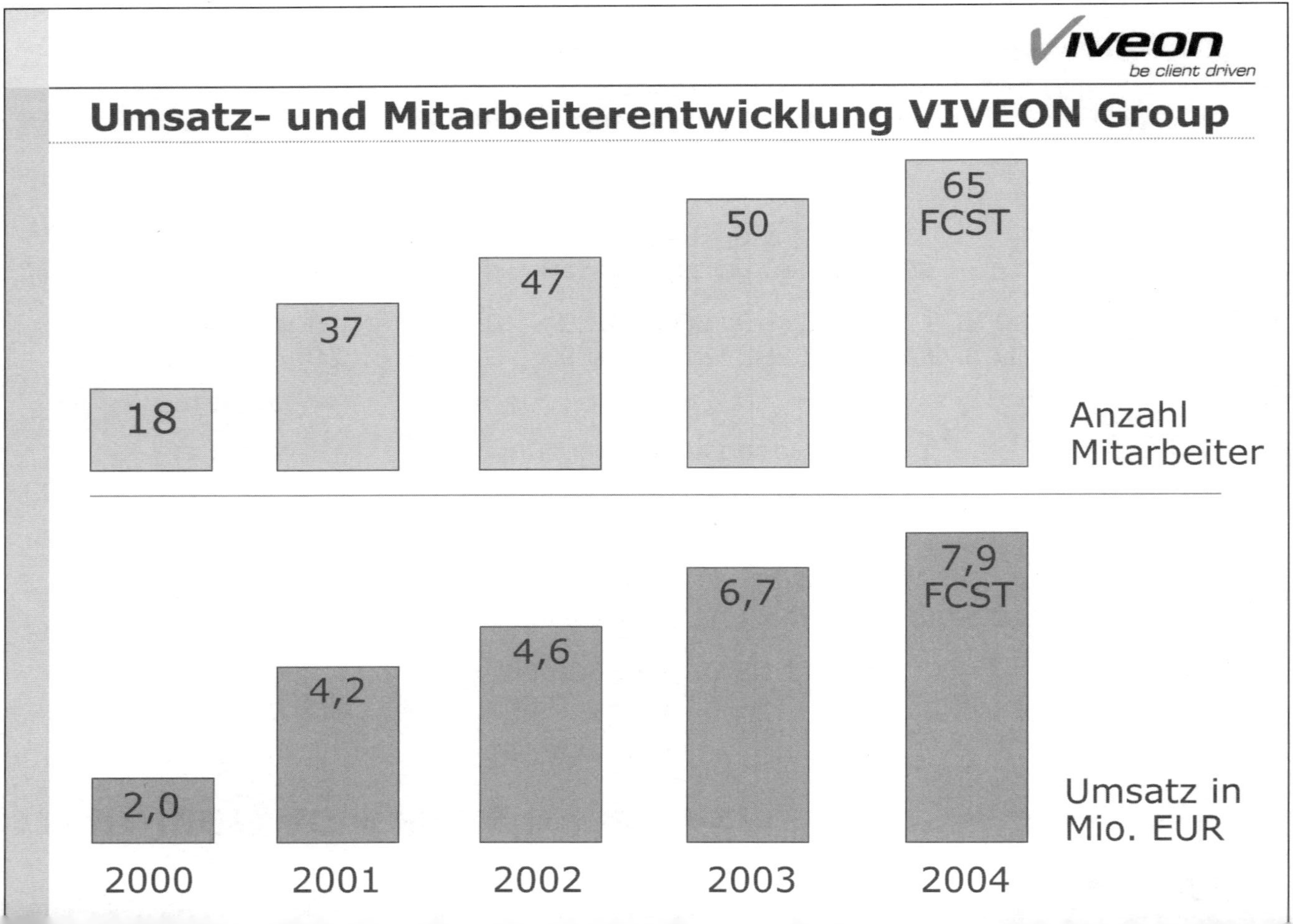
Viveon
be client driven
Umsatz- und Mitarbeiterentwicklung VIVEON Group
18
37
47
50
65 FCST
Anzahl Mitarbeiter
2,0
4,2
4,6
6,7
7,9 FCST
Umsatz in Mio. EUR
2000
2001
2002
2003
2004

VIVEON Consulting & VIVEON Interactive – "Closing the Loop"

VIVEON Consulting

- DWH/CRM Consulting & Integration
- Customer & Service Analysis
- Business Intelligence
- Data Mining & Reporting

VIVEON Interactive

- Campaign Management
- Community Management
- Mobile Services
- Multichannel Integration
- Software Solutions
- Networks Connectivity

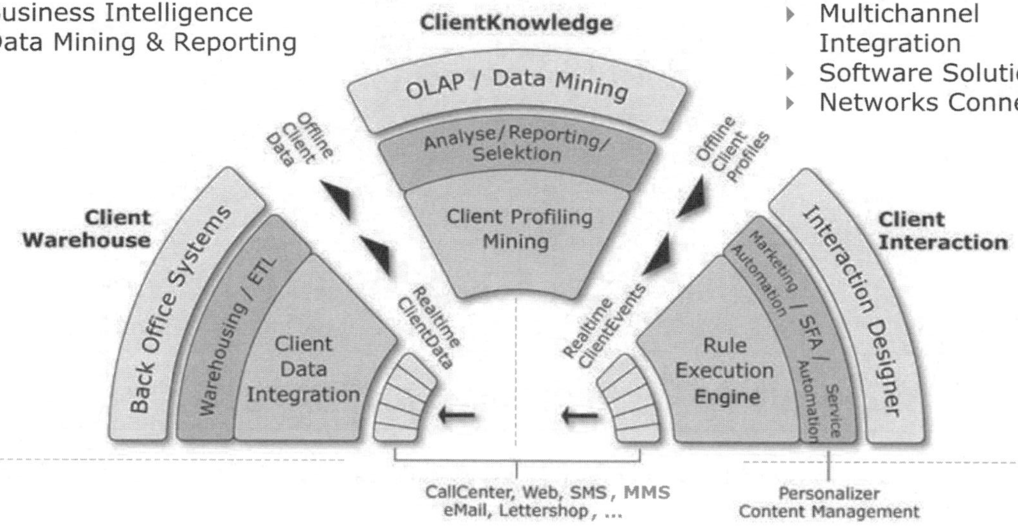

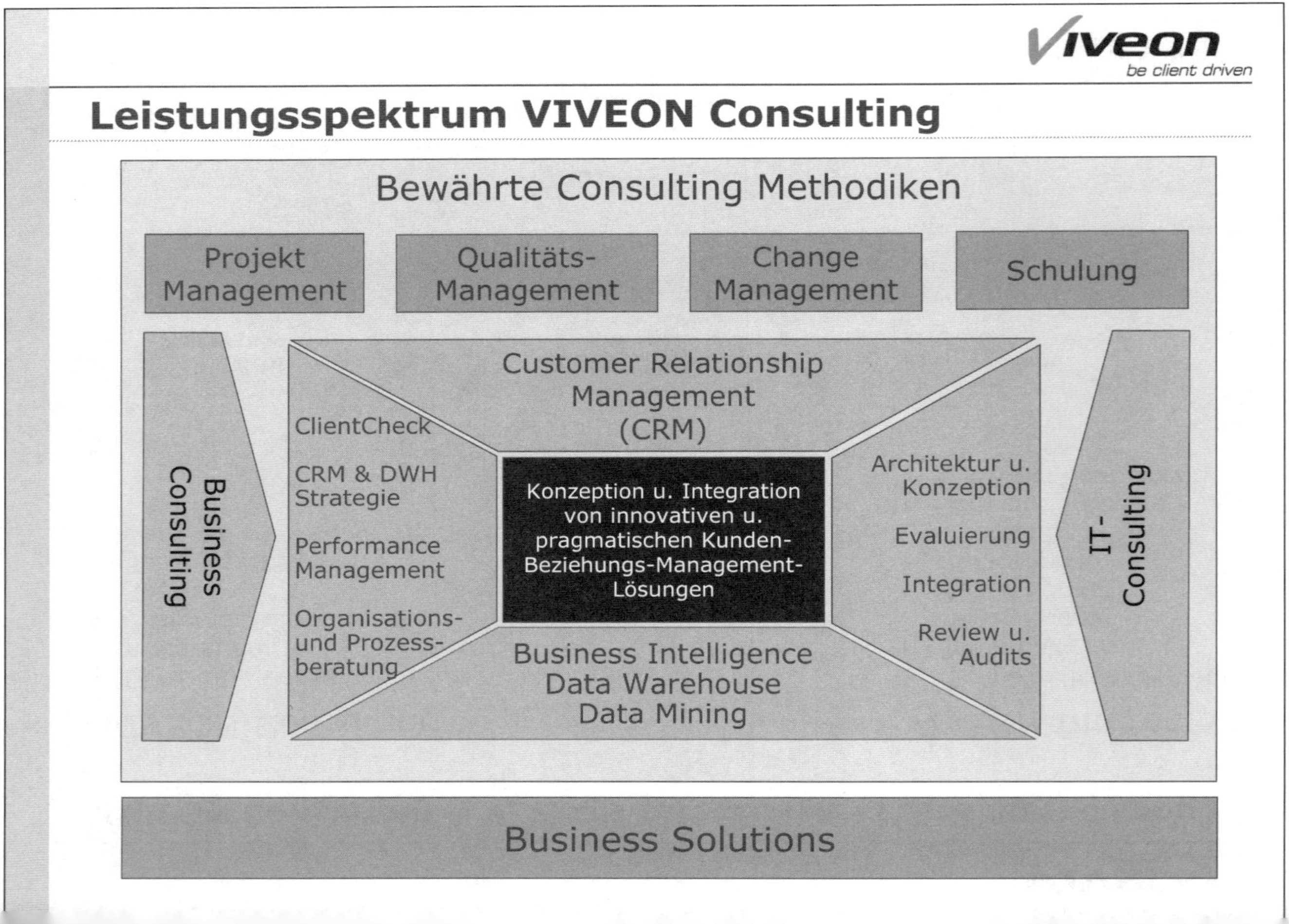
Viveon
be client driven
Leistungsspektrum VIVEON Consulting
Bewährte Consulting Methodiken
Projekt Management
Qualitäts-Management
Change Management
Schulung
Business Consulting
Customer Relationship Management (CRM)
ClientCheck
CRM & DWH Strategie
Performance Management
Organisations- und Prozess-beratung
Konzeption u. Integration von innovativen u. pragmatischen Kunden-Beziehungs-Management-Lösungen
Architektur u. Konzeption
Evaluierung
Integration
Review u. Audits
Business Intelligence
Data Warehouse
Data Mining
IT-Consulting
Business Solutions

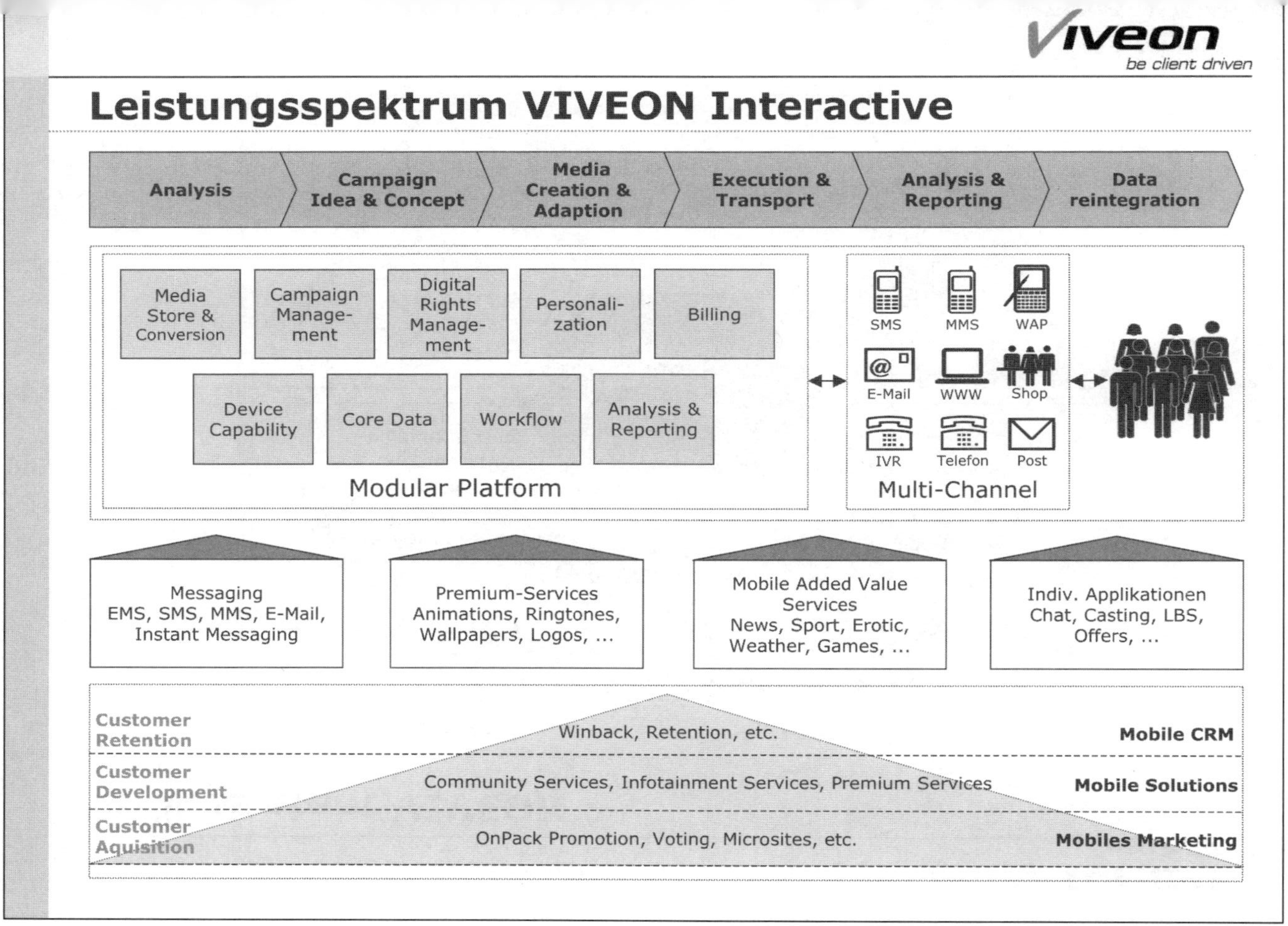

Viveon
be client driven
Leistungsspektrum VIVEON Interactive
Analysis
Campaign Idea & Concept
Media Creation & Adaption
Execution & Transport
Analysis & Reporting
Data reintegration
Media Store & Conversion
Campaign Manage-ment
Digital Rights Manage-ment
Personali-zation
Billing
Device Capability
Core Data
Workflow
Analysis & Reporting
Modular Platform
SMS
MMS
WAP
E-Mail
WWW
Shop
IVR
Telefon
Post
Multi-Channel
Messaging EMS, SMS, MMS, E-Mail, Instant Messaging
Premium-Services Animations, Ringtones, Wallpapers, Logos, ...
Mobile Added Value Services News, Sport, Erotic, Weather, Games, ...
Indiv. Applikationen Chat, Casting, LBS, Offers, ...
Customer Retention
Winback, Retention, etc.
Mobile CRM
Customer Development
Community Services, Infotainment Services, Premium Services
Mobile Solutions
Customer Aquisition
OnPack Promotion, Voting, Microsites, etc.
Mobiles Marketing

Für was steht VIVEON ?

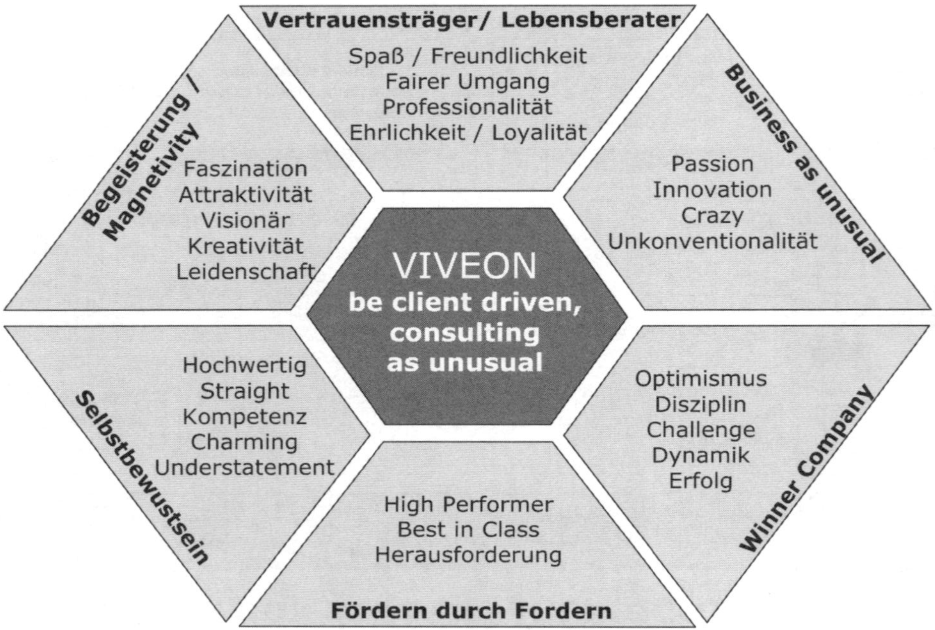

Viveon
be client driven

Referenzen

ADIDAS Salomon	Karstadt
ADIG Investment	Infineon
Bayerischer Rundfunk	Loyalty Partner
Bosch Siemens Hausgeräte	Orange
Credit Suisse PF Deutschland	O2
DAB Bank	QUAM
Danone	RTL New Media
Deutsche Bahn	Sparda Banken
E.ON	Sparkassen- Versicherung
e-plus	UBS Card Center
EWO (Elektrizitätswerk Obwalden)	Weltbild Verlag

Viveon be client driven

CRM - Definition

Customer Relationship Management

... ist das gezielte Management aller kundenbezogenen Unternehmensaktivitäten in den Bereichen Marketing, Vertrieb und Service mit dem Ziel der Identifikation, Gewinnung, Bindung und Ausschöpfung profitabler Kundenbeziehungen bzw. der Optimierung des langfristigen Kundenwerts.

viveon be client driven

CRM – Definition

Customer	Der Aufbau einer engen Beziehung zu bestehenden und potentiellen neuen Kunden steht im Fokus aller Unternehmensaktivitäten
Relationship	Die individuelle Behandlung von bestehenden und potentiellen Kunden ist der Schlüssel zum zukünftigen Erfolg
Management	Die Fähigkeit, alle Interaktionen mit bestehenden und potentiellen Kunden über organisatorische Grenzen hinweg kontinuierlich zu koordinieren,muss entwickelt werden.

Viveon be client driven

Wieso Customer Relationship Management?

Entwicklung von der Produkt- zur Kundenorientierung

1 Produktpolitik	2 Markenpolitik	3 Beziehungsmanagement
Fokus auf Produkt	Fokus auf Produkt	Fokus auf Kunden
Produkt = Kundenbindungsinstrument	**Markenimage = Kundenbindungsinstrument**	**Qualität des Beziehungsmanagements = Kundenbindungsinstrument**
Preiswettbewerb	Produktentwicklung mit Hilfe von Markt- & Wettbewerbsanalysen	
Homogene Produkte	Massenmarktstrategie	
Massenmarktstrategie		

Der kontinuierliche Rückgang der Markentreue führte zur Entwicklung des Customer Relationship Managements.

Viveon be client driven

Der Kunde ist König ...

- Unternehmen verlieren durchschnittlich alle vier Jahre die Hälfte ihrer Kunden.
- Kundenzufriedenheit bedeutet nicht gleich Kundenloyalität – 60% der Kunden, die abwandern beschreiben sich selbst in Umfragen als zufrieden.
- Kundenloyalität ist nicht gleichzusetzen mit –profitabilität.
- Die Kosten für die Akquisition neuer Kunden sind 5 bis 10 mal so hoch wie die Kosten, profitable Kunden zu halten.
- Eine Steigerung der Kundenbindung um 5% kann die Gewinne in fünf Jahren um 60% steigern.

-> Der Kunde hat die Wahl!

Viveon
be client driven

Der Kunde ist König ...

Heute verliert im Durchschnitt jedes Unternehmen jährlich zwischen 15 – 35% seiner Kunden**

** Forum Corporation

69% der Kündigung resultieren aus einer schlechten Verkaufserfahrung oder einem negativen Kundenbetreuungserlebnis**

** Forum Corporation

Eine Reduzierung der Kündigungen um

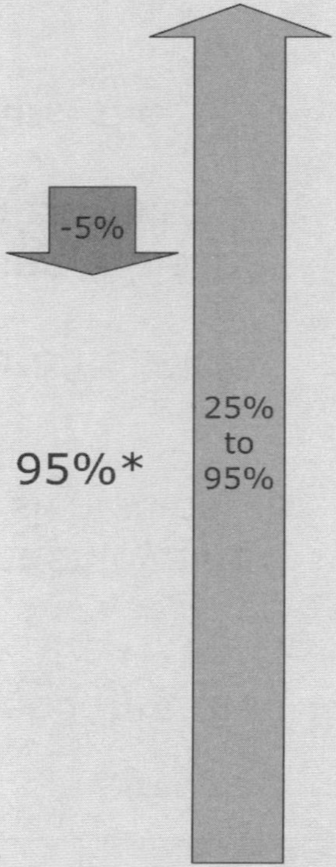

steigert den Profit zwischen 25% und 95%*

* Harvard Business Review

Viveon
be client driven

Status Quo CRM (Unternehmenssicht)

- Die meisten Unternehmen haben mittlerweile CRM etabliert
  - Themen wie:
    - Kundenzufriedenheit, Loyalität
    - Kundenzentrierung, Kundenwertmodelle
  - sind mittlerweile bei den meisten Unternehmen in der Unternehmensstrategie integriert oder als Vision/Mission vorhanden
  - Trotzdem gibt es Probleme den Kundenwertbeitrag zu messen
- Der Fokus der Kundenbetrachtung basiert auf der Annahme: Was kann das Unternehmen **MIT** den Kunden tun?
  -> d.h. Ihre CRM-Lösungen sind darauf ausgerichtet
  - Zielgruppen oder Kundensegmente zu identifizieren
  - den Kundenservice zu optimieren
  - die Kosten für Kundenbetreuung zu reduzieren
  - Cross/up – sell Kampagnen zu adressieren
  - Verlorene Kunden wieder zurück zugewinnen
  - Den Wert für das Unternehmen zu steigern

Viveon be client driven

Stolpersteine auf dem Weg zur Kundenorientierung

- Falsche Ansätze und Erwartungen:
  - Kundenbedürfnisse werden falsch eingeschätzt. -> Man erwartet eine Automatisierung der Prozesse, aber die Beziehung zum Kunden wird nicht verbessert.
- Fehlende durchgängige Kunden-ausrichtung
  - Prozesse sowie Organisation müssen angepasst werden
  - Kennzahlen sind überwiegend nach Innen ausgerichtet
  - Unklarheit über die Verantwortung von CRM Maßnahmen.

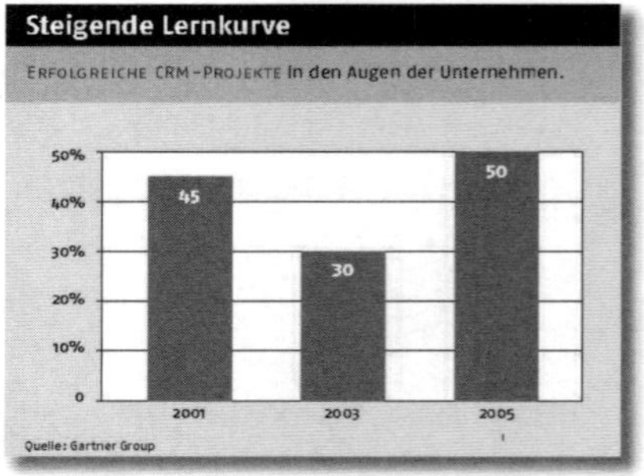

- CRM wird als reine SW-Lösung gesehen
  - Auswahl der SW erfolgt ohne klare Zielsetzungen
  - Überstürzte Einführung von Software-Lösungen, ohne vorherige wichtige strategische und organisatorische Weichenstellungen.

-> 15% aller Projekte scheitern vollständig (Gartner Group)

… „**How to make a Customer rich?**“ (GE)

Der Kunde hat die Wahl! … und er nutzt diese …

- Um Partner des Kunden zu bleiben, müssen seine Bedürfnisse verstanden und integriert werden.

  -> eine zusätzliche Fragestellung muss beantwortet werden

- Was kann das Unternehmen **FÜR** den Kunden tun?
- Wie kann das Unternehmen **für Ihre** Kunden Wert generieren?
- Wie kann der Kunde die Geschäftsbeziehung mitgestalten?

  -> „**CMR**“ – Customer managed Relations als 2. Sicht

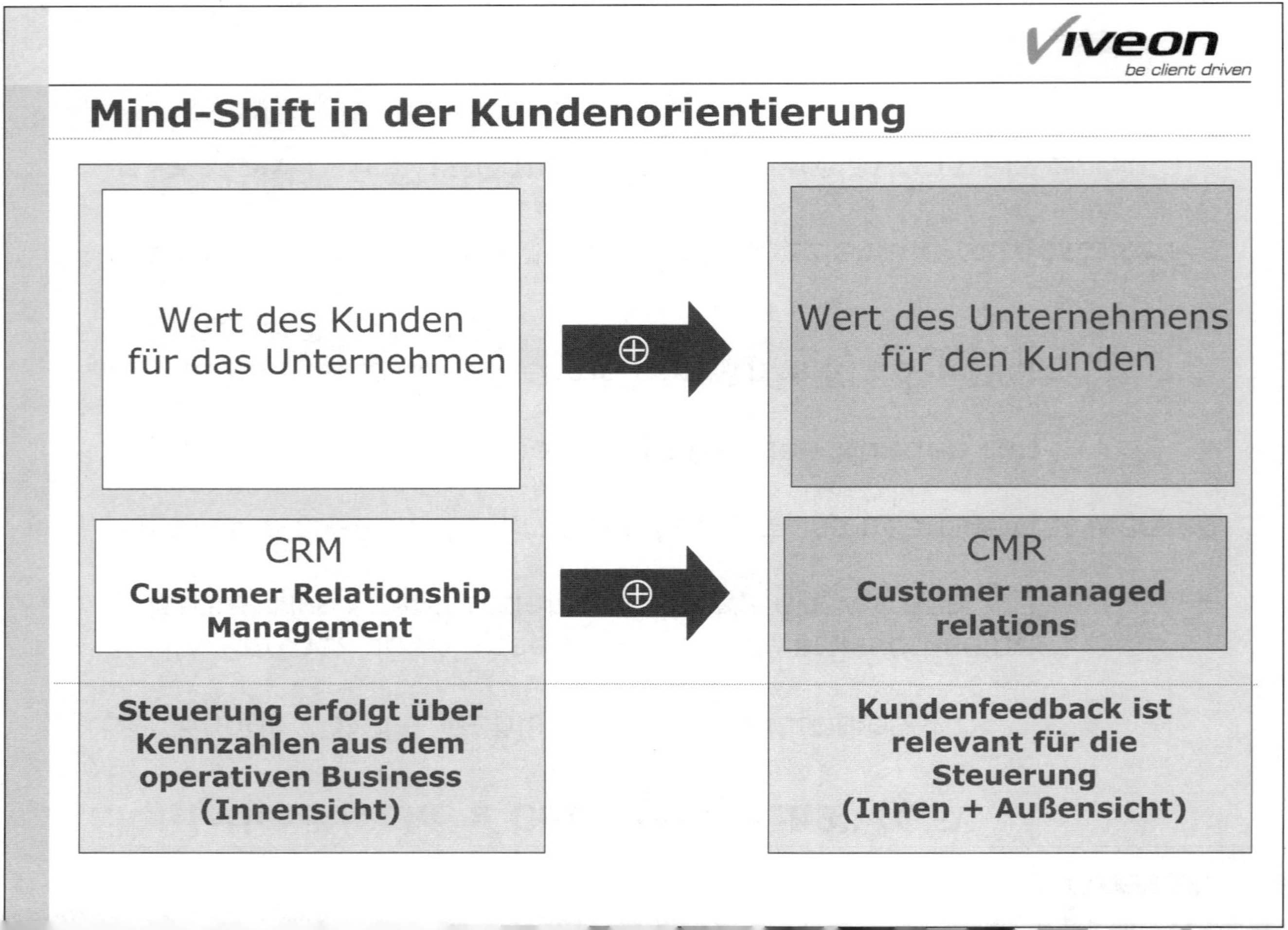
Viveon
be client driven
Mind-Shift in der Kundenorientierung
Wert des Kunden für das Unternehmen
Wert des Unternehmens für den Kunden
CRM
Customer Relationship Management
CMR
Customer managed relations
Steuerung erfolgt über Kennzahlen aus dem operativen Business (Innensicht)
Kundenfeedback ist relevant für die Steuerung (Innen + Außensicht)

Lifecycle: Kundenorientierungsansätze

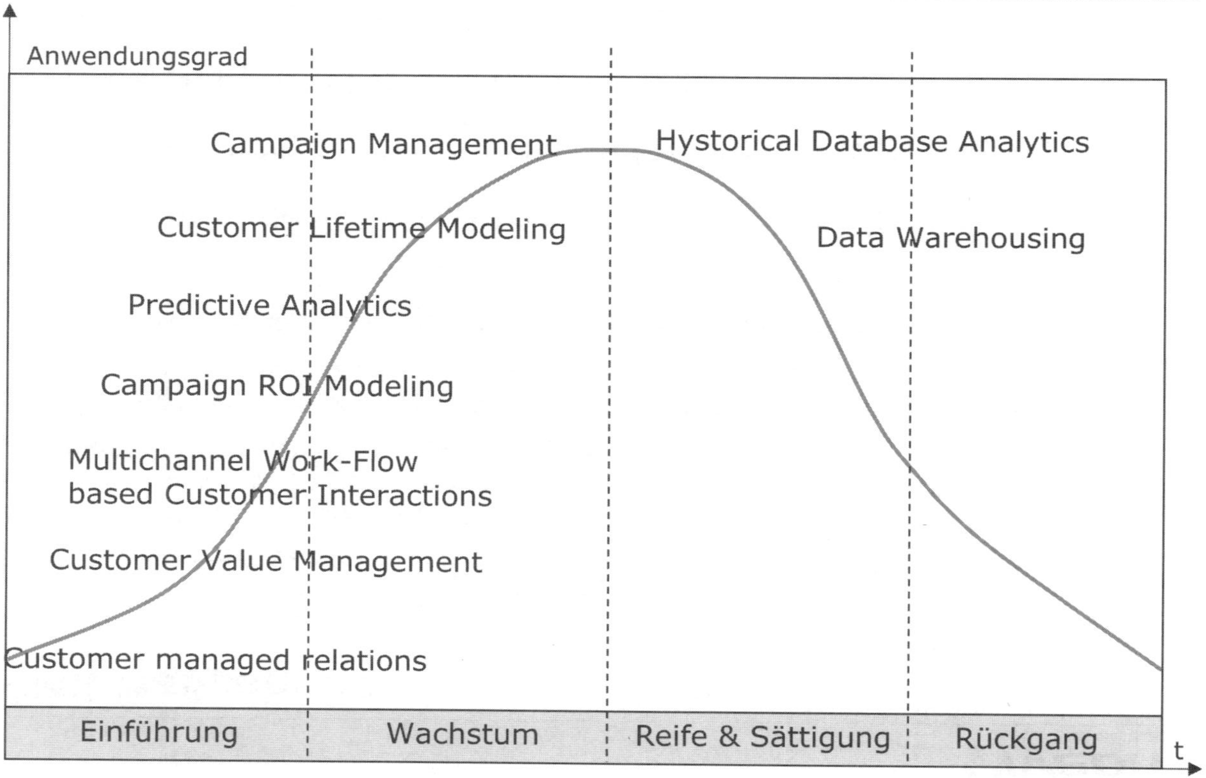

Viveon
be client driven

CMR Maßnahmen

- Barrieren entfernen zwischen
  - Anbieter & Nachfrager
  - Nachfrager & Nachfrager (Advokaten)
- Detaillierte Kundenanalyse (ClientCheck)
  - Wie sehen sind die Wünsche und Behaviours der Kunden aus?
  - Welche Maßnahmen erhöhen die Kundenzufriedenheit?
  - Was denkt der Kunde über das Unternehmen / Kundenfeedback?
  - Befriedigung des Bedarfs
- Integration der Kundensicht zur Unternehmenssicht
- Unterstützung bei der Produktwahl & Konfiguration
- Erklärung des individuellen Mehrwertes
- Erfahrungsaustausch
  - Kunde-Unternehmen: War der Kauf für den Kunden sinnvoll?
  - Kunde-Kunde: Wer bevorzugt welche Angebote?

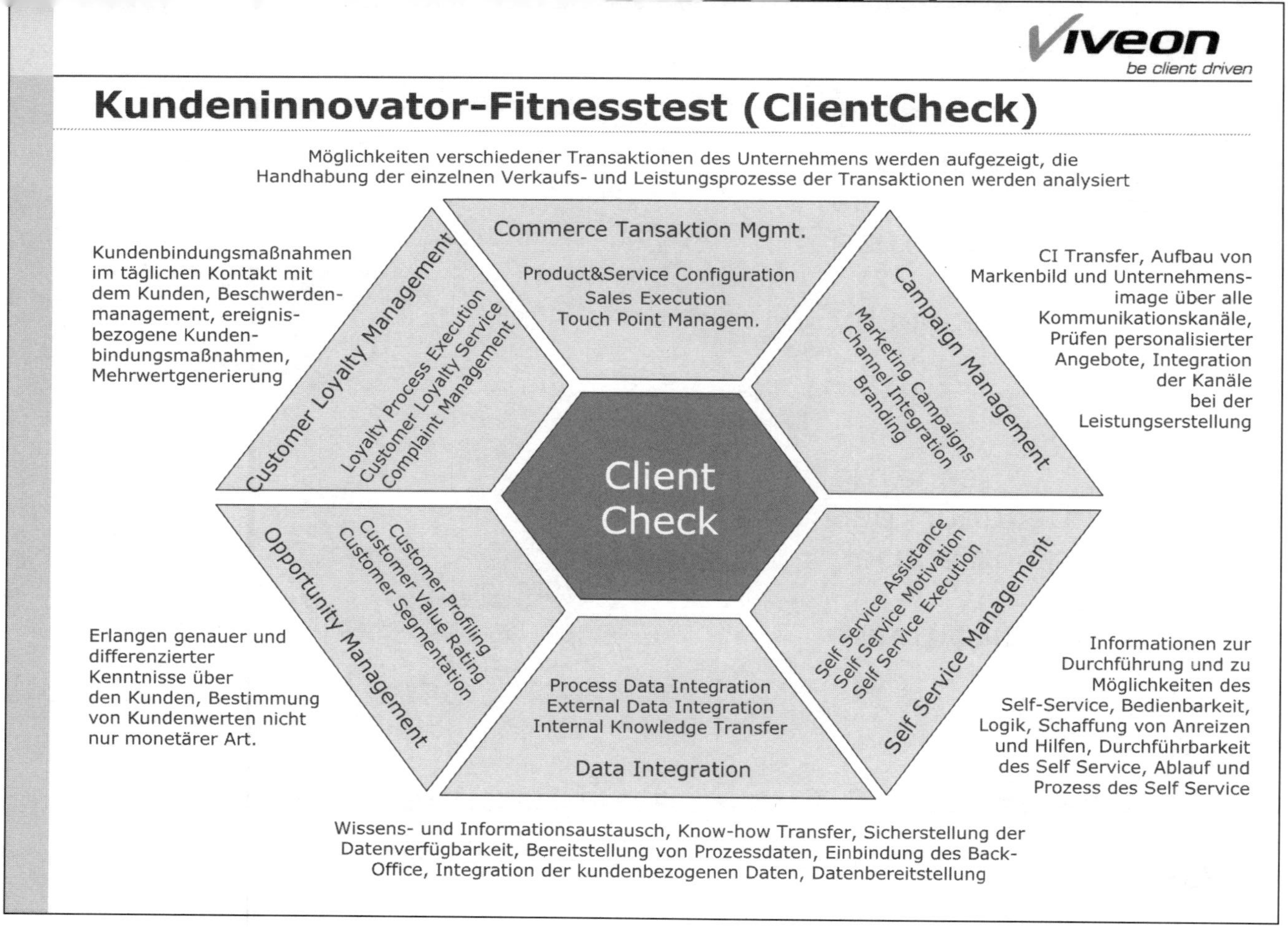
Viveon
be client driven
Kundeninnovator-Fitnesstest (ClientCheck)
Möglichkeiten verschiedener Transaktionen des Unternehmens werden aufgezeigt, die Handhabung der einzelnen Verkaufs- und Leistungsprozesse der Transaktionen werden analysiert
Commerce Tansaktion Mgmt.
Product&Service Configuration
Sales Execution
Touch Point Managem.
Kundenbindungsmaßnahmen im täglichen Kontakt mit dem Kunden, Beschwerdenmanagement, ereignisbezogene Kundenbindungsmaßnahmen, Mehrwertgenerierung
Customer Loyalty Management
Loyalty Process Execution
Customer Loyalty Service
Complaint Management
Campaign Management
Marketing Campaigns
Channel Integration
Branding
CI Transfer, Aufbau von Markenbild und Unternehmensimage über alle Kommunikationskanäle, Prüfen personalisierter Angebote, Integration der Kanäle bei der Leistungserstellung
Client Check
Opportunity Management
Customer Profiling
Customer Value Rating
Customer Segmentation
Erlangen genauer und differenzierter Kenntnisse über den Kunden, Bestimmung von Kundenwerten nicht nur monetärer Art.
Self Service Management
Self Service Assistance
Self Service Motivation
Self Service Execution
Informationen zur Durchführung und zu Möglichkeiten des Self-Service, Bedienbarkeit, Logik, Schaffung von Anreizen und Hilfen, Durchführbarkeit des Self Service, Ablauf und Prozess des Self Service
Data Integration
Process Data Integration
External Data Integration
Internal Knowledge Transfer
Wissens- und Informationsaustausch, Know-how Transfer, Sicherstellung der Datenverfügbarkeit, Bereitstellung von Prozessdaten, Einbindung des Back-Office, Integration der kundenbezogenen Daten, Datenbereitstellung

Viveon
be client driven

Ganzheitliche Kundenbetrachtung (6 Dimensionen)

Unternehmenss.
CRM

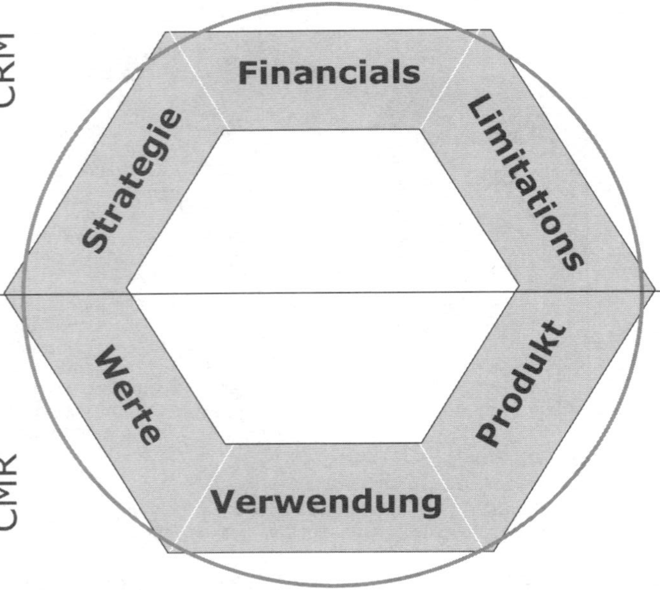

Unternehmensziel:

Nachhaltige Sicherung und Optimierung des Ertrages.

Kundensicht
CMR

Kundenziel:

Befriedigung des eigenen Bedarfs mit dem vorhandenem Budget.

Relevante Kundenmerkmale in der Kundenansprache

- Umsatz
- Kosten (SACS, Servicecosts)
- CLTV
- Ergebnis pro Kunde

CRM

- Produktpriorisierung
- Kundengewinnung/ Kundenbindung
- Kundenwert-segment

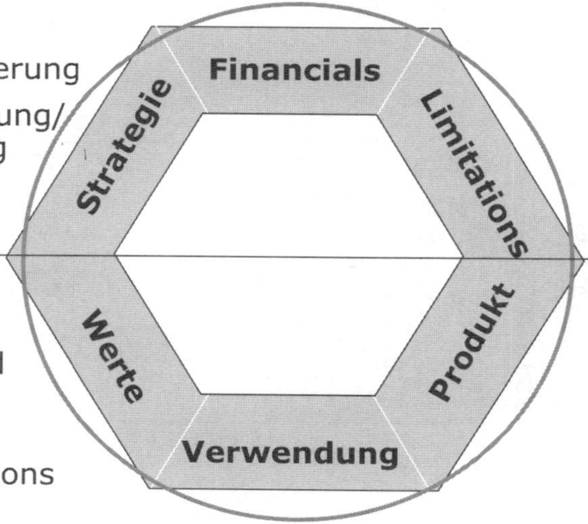

- Kundenlebenszyklus
- Kreditstatus
- Kontakthistorie

CMR

- Tonality entsprechend der Kunden-Lebenswelt
- Kommunikations -Kanal
- Zeitpunkt

- Produktkonfiguration
- Preis/Tarifgestaltung
- Vertragslaufzeit

- Erklärung des Mehrwerts
- Was hat der Kunde davon?

Unternehmen auf dem Weg zur Kundenorientierung

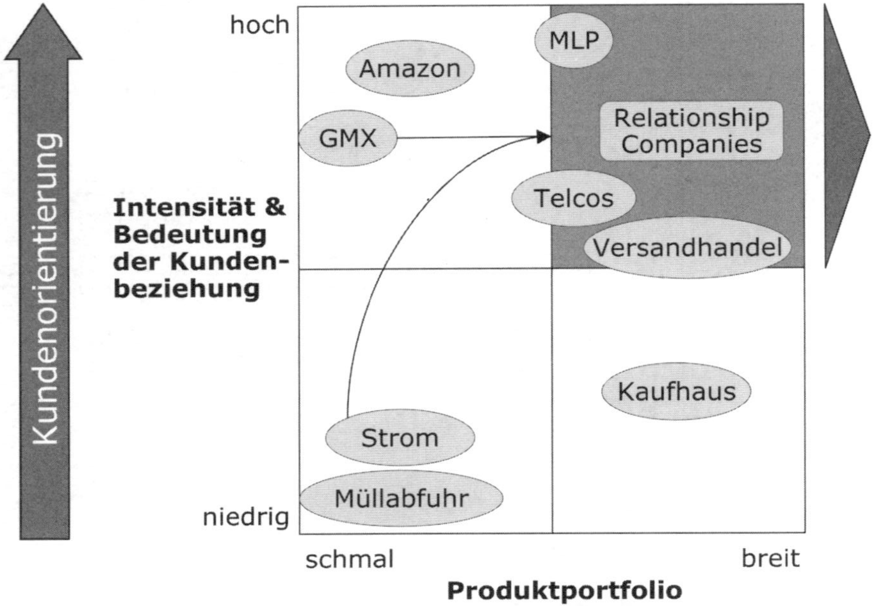

- Viele Kunden
- Hohe Kunden-umsätze
- Hohe Kunden-profitabilität
- Hoher Unternehmenswert

Quelle: THE LAUNCH GROUP AG, 2000

Viveon
be client driven

Beispielunternehmen für CMR

- Amazon — amazon.de
- o2 — O_2 can do.
- Ritz-Carlton — THE RITZ-CARLTON®

Viveon be client driven

Zusammenfassung

- CRM ist mittlerweile in allen Unternehmen ein wichtiger Bestandteil der Unternehmensstrategie
- CRM besteht heute oft aus der Optimierung interner Prozesse + Optimierung von Value für das Unternehmen
- Erfolgreiche Unternehmen haben verstanden, dass man Kunden zu einer Partnerschaft (=deliver value to the customers) entwickelt. D.h. der Kunde hat durch sein Feedback und seine Konfigurationsmöglichkeit die Möglichkeit die Geschäftsbeziehung mitzugestalten.
- CMR ist eine Erweiterung von CRM um einen neuen Fokus (=Kundensicht).
- CMR macht die bestehende CRM Investition **profitabler für Anbieter und Kunden.**

Viveon be client driven

Ihr Ansprechpartner

Stefan Gilmozzi
Vorstandsvorsitzender & CEO VIVEON AG

stefan.gilmozzi@viveon.de
www.viveon.de

VIVEON Standorte - Kontakt

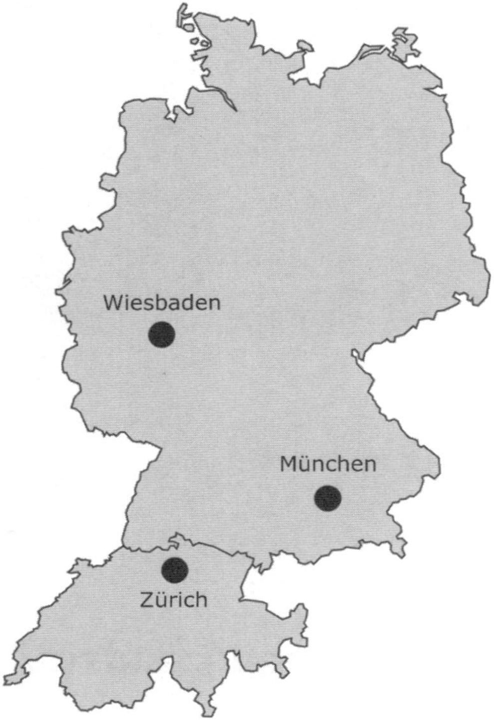

Headquarter
VIVEON AG
Wilhelm-Wagenfeld-Str.16
D-80807 München
phone: +49 (0) 89 - 85 63 25 - 0
fax: +49 (0) 89 - 85 63 25 - 333
e-mail: info@viveon.de
Ihr Ansprechpartner: Stefan Gilmozzi

Niederlassung Wiesbaden
VIVEON AG
Wilhelmstr. 14
D-65185 Wiesbaden
phone: +49 (0) 611 - 97 45 4 - 0
fax: +49 (0) 611 - 97 45 4 - 22
e-mail: info@viveon.de
Ihr Ansprechpartner: Harry Becker

Landesgesellschaft Schweiz
VIVEON Schweiz AG
Täfernstrasse 4
CH-5405 Baden-Dättwil
phone +41 (0) 56 - 483 03 - 10
fax +41 (0) 56 - 483 03 - 11
e-mail: info@viveon.ch
Ihr Ansprechpartner: Thomas Lenz

Viveon
be client driven

Der Wert jedes Unternehmens ist eng verknüpft mit dem Wert seiner Kundenbasis.
Erfolgreiche Unternehmen haben gelernt ihr Business aus der Sicht ihrer Kunden zu sehen. Sie haben verstanden, dass der erste Schritt auf dem Weg zur profitablen Kundenbasis die Beantwortung folgender Frage ist: "Was kann ich FÜR meine Kunden tun?" - die sie mit dem CMR Customer Managed Relations-Ansatz beantworten.

Business Entscheidungen konzentrieren sich somit nicht nur auf den Gewinn, sondern berücksichtigen auch die Erhaltung und Optimierung des "Kapital Kunde" als wichtigsten Asset.

Die VIVEON AG schafft für Unternehmen unterschiedlicher Branchen die Voraussetzungen für ein optimales Management ihrer Kundenbasis. Wir geben Ihnen Werkzeuge an die Hand, die Ihnen erlauben Veränderungen im Wert Ihrer Kundenbasis frühzeitig zu erkennen und adäquat darauf zu reagieren. Ziel ist die Steigerung Ihres "Return on Customer", mit dem Ergebnis - Mehrwert für Ihre Kunden und Ihr Unternehmen.

Für weitere Informationen: Claudia Wittek, Tel.: +49 (0) 89 - 85 63 25 - 255, claudia.wittek@viveon.de

Business- und IT-Consulting München - Wiesbaden - Zürich www.viveon.de

Wertschöpfung im Verbund – Modell für die Zukunft

Dr. Thomas Fischer

Vorsitzender des Vorstands, WestLB AG

Wertschöpfung im Verbund – Modell für die Zukunft

Mit Wegfall von Gewährträgerhaftung und Anstaltslast werden die Karten in der Kreditwirtschaft neu gemischt. Auf dem deutschen Bankenmarkt werden öffentlich-rechtliche Banken künftig auf einem Level Playing Field agieren, das auf traditionelles und dogmatisches „Säulen-Denken" keine Rücksicht nehmen wird.

Landesbanken und Sparkassen vor fundamentalen Veränderungen

Im europäischen Vergleich ist die Bankenkonzentration in Deutschland relativ gering. Der Marktanteil der Top 5 Banken liegt bei 20 %, während er in Großbritannien über 70 % und in den Niederlanden, Belgien und Finnland über 80 % ausmacht. Die steigende Konzentration ist Resultat der erheblich wachsenden Investitionsintensität der Banken u. a. in EDV, Aufsichtsanforderungen und Produktinnovationen.

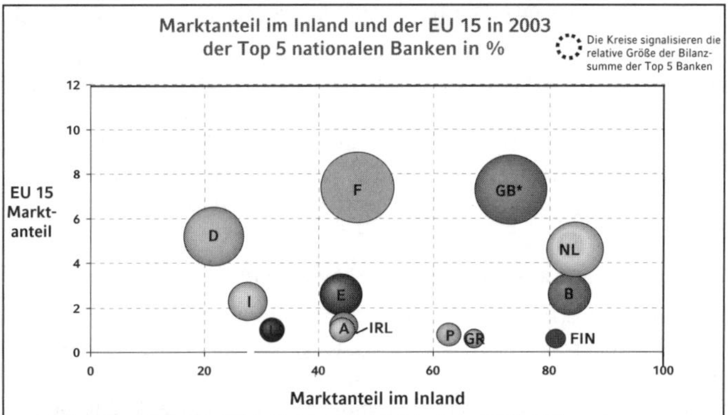

Auf der Basis von Einzelinstituten in % der Bilanzsumme aller inländischen Banken / EU 15 in 2003;
* nur britische Banken, 55% der Bilanzsumme von Banken in GB entfallen auf Auslandsbanken; Länderabkürzungen entsprechend den Auto-Nationalitätenkennzeichen

Quelle: WestLB Marktforschung

Deutsche Banken sind infolgedessen von in Großbritannien und den USA erwirtschafteten Renditen weit entfernt. Dort werden Eigenkapitalrentabilitäten von über 20 % realisiert, die vornehmlich auf den oligopolistischen Marktstrukturen im Retailgeschäft basieren. In Deutschland sorgt der Wettbewerb demgegenüber für Renditen, die deutlich unter 10 % liegen. Der Wettbewerbsdruck hier zu Lande wird weiter zunehmen. Internationale Großbanken stoßen auf ihren Heimatmärkten an Wachstumsgrenzen und werden daher den interessanten deutschen Markt betreten. Gerade deshalb ist es jetzt unabdingbar, dass sich Landesbanken und Sparkassen schnell an die geänderten Marktbedingungen anpassen.

Sparkassen und Landesbanken brauchen gemeinsame Strategie-Finanzverbünde als Modell der Zukunft

Sparkassen und Landesbanken können nur in einem starken strategischen Verbund erfolgreich sein. Das maßgebliche Erfolgskriterium bildet das Geschäftsmodell. Es muss ein offensiver Ansatz verfolgt werden, der unter dem Motto steht: Skills, Scale und

Scope. Hierbei geht es darum, dass die jeweiligen Stärken optimal kombiniert werden. Sparkassen brauchen die Landesbanken als Produktlieferanten, Fenster zu den internationalen Kapitalmärkten und als Produktionsbanken, die Größenvorteile realisieren. Landesbanken benötigen die Sparkassen als strategischen Partner in der Region; sie verfügen über regionales Wissen und können auf stabile und langjährige Geschäftsbeziehungen verweisen. Sparkassen und Landesbanken verfügen somit gemeinsam über ein enormes Marktpotenzial. Ziel muss es sein, über eine effiziente Marktbearbeitung und Erhöhung der Cross-Selling-Quote dieses Potenzial zu heben. Grundlegende Voraussetzung hierzu ist Vertrauen, Commitment und Transparenz zwischen Sparkassen und Landesbanken.

Bereits Adam Smith und David Ricardo erkannten: Arbeitsteilung, Konzentration auf Kernkompetenzen und Kooperation bilden die wesentliche Grundlage für Produktivitätsgewinne. In der heutigen postindustriellen Gesellschaft mit komplexen Produkten und Dienstleistungen wird der Produktionsfaktor Wissen zur strategischen Ressource. Bankdienstleistungen sind finanzbezogene Problemlösungen für Kunden, die maßgeblich auf Wissen beruhen. Sparkassen und Landesbanken kombinieren in idealer Weise Kompetenzen und Wissen. Sie bilden in diesem Sinne ein „symbiotisches Netzwerk", das flexibler auf Marktanforderungen reagieren kann als monolithische Finanzkonzerne wie die großen Privatbanken. Und: Die Voraussetzungen für die Etablierung eines effektiven Sparkassen-Verbundes sind jetzt so gut wie nie zuvor. Denn ab jetzt bestraft der Markt die Organisation, wenn eine konsequente Realisierung unterbleibt.

Erschließung neuer Ertragsfelder für Sparkassen und Landesbanken

Die Generierung neuer Erträge und Märkte steht im Mittelpunkt dieses Ansatzes. Ziel ist eine „win-win-Situation" für Sparkassen und Landesbanken. Dies ist auch realistisch, da die enge Zusammenarbeit im Verbund die Erschließung eines beachtlichen, bisher noch nicht voll ausgenutzten Marktpotenzials ermöglicht. Bedeutende Wachstumsmöglichkeiten gibt es primär im Mittelstandsgeschäft und im Private Banking. Das Schließen der Mittelstandslücke ist dabei die dringendste Aufgabe. Den größten Marktanteil mit 46 % erreichen Sparkassen bei kleineren und mittleren Unternehmen mit einem Jahresumsatz bis 25 Mio. Euro. Bei Firmen mit Umsätzen von 25-100 Mio. Euro geht der Marktanteil auf 32 % zurück und fällt auf 23 % bei Umsätzen über 100 Mio. Euro. Um dieses Missverhältnis aufzulösen, müssen Sparkassen und Landesbanken neue Wege beschreiten: Landesbanken sind gefordert, ihr Produktprofil stärker auf den Mittelstand auszurichten und ihre Kreditpolitik anzupassen. Die Sparkassen ihrerseits müssen den Markt gemeinsam mit den Landesbanken bearbeiten. Allein in NRW ließe sich auf diese Weise ein zusätzliches Marktpotenzial von über 3 Mrd. Euro erschließen.

Im Private Banking ist der Sparkassenverbund ein schlafender Riese. Bedenkt man, dass jeder Zehnte der weltweit wohlhabendsten Menschen in Deutschland lebt, so wird das enorme Marktpotenzial in diesem Geschäftsfeld deutlich: Aus einem investierbaren Vermögen von etwa 1.100 Mrd. Euro ergeben sich Ertragsmöglichkeiten von mehr als 9 Mrd. Euro. Mit einem Marktanteil von weniger als 25 % ist die Position von Sparkassen und Landesbanken hier noch unbefriedigend, zumal der Marktanteil im Retailgeschäft über 40 % ausmacht. Das Private Banking ist geradezu prädestiniert für ein gemeinsam betriebenes Geschäft von Sparkassen und Landesbanken. Die dichte Präsenz in der Fläche sowie die engen Geschäftsbeziehungen zum Mittelstand der Sparkassen, kombiniert mit der Produkt- und Marktexpertise der Landesbanken, bilden ein starkes Fundament.

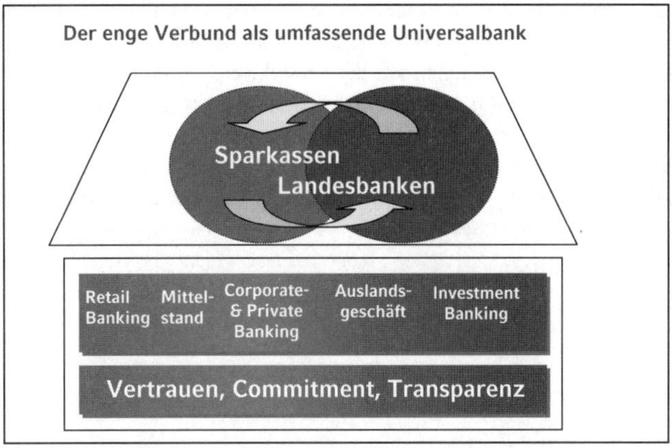

Voraussetzung für den Erfolg ist jedoch die koordinierte Marktbearbeitung.

Ein drittes Beispiel ist die Zusammenarbeit zwischen WestLB und NordLB bei der Verwertung notleidender Kredite. Deutschland hat nach Einschätzung von Experten mit einem geschätzten Gesamtvolumen an notleidenden Krediten von bis zu 300 Mrd. Euro das Potenzial, sich zum größten Markt in Europa für die Verwertung so genannter Non-Performing Loans zu entwickeln. Ziel des Joint Ventures ist es daher, den Gründungsgesellschaftern und eventuellen weiteren Partnern einen vollen Risikotransfer der Kredite zu ermöglichen. Die Bündelung derartiger Kredite in einem Gemeinschaftsunternehmen erlaubt es Kreditgebern, Kostenvorteile durch Fokussierung und Spezialisierung zu erzielen. Bei den Investoren ist gleichzeitig eine hohe Nachfrage nach dieser Art von Anlagemöglichkeiten vorhanden (z. B. über Verbriefungen). Mittelfristig bietet sich hier zudem die Chance, ein neues profitables Geschäftsfeld auch den Sparkassen zu eröffnen.

Der starke Verbund wird erfolgreich sein

Sparkassen und Landesbanken haben jetzt die große Chance durch enge Vernetzung und Verzahnung, einen starken Verbund als umfassende Universalbank zu positionieren. Der starke Verbund ist genau das Geschäftsmodell, das die Privatbanken gerne hätten. Die Idee selbst ist nicht neu; sie existiert schon seit 30 Jahren. Bisher erfolgte die Umsetzung aber nur halbherzig. Das muss sich ändern.

Besonders relevant ist dies vor dem Hintergrund, dass der Konsolidierungsdruck am deutschen Bankenmarkt hoch bleibt. Über die zukünftige Anzahl von Kreditinstituten, auch über die Anzahl von Sparkassen und Landesbanken wird am Ende allein der Markt entscheiden. Innerhalb der Sparkassenorganisation dürfte sich dabei eine „Koalition der Willigen" herausbilden. Auch für die Zusammenarbeit zwischen den Landesbanken gilt dabei: Vertrauen ist die Grundlage des Geschäfts. Und dieses bildet sich am besten auf der Basis gleichgerichteter Interessen und einer darauf aufbauenden fruchtbaren, praktischen Zusammenarbeit.

Dies gilt im Übrigen auch für eine säulenübergreifende Kooperation. In vielen Backoffice-Bereichen sind übergreifende Strukturen betriebswirtschaftlich sinnvoll. Darüber hinaus sind weitere Kooperationen auf der Produktseite – Stichwort „White Labelling" – nötig und wünschenswert. Die Zusammenarbeit über die Säulengrenzen hinweg endet jedoch dort, wo das Geschäftsmodell an sich in den Fokus rückt. Denn hier darf und wird die Sparkassenorganisation auf ihren natürlichen Wettbewerbsvorteil nicht verzichten. Nutzt sie diesen, hat sie die besten Voraussetzungen, aus der anstehenden Neuverteilung der Märkte gestärkt hervorzugehen.

Die Umstrukturierung von Vossloh zum Verkehrskonzern

Burkhard Schuchmann

Vorsitzender des Vorstands, Vossloh AG

vossloh

12. Münchner Management Kolloquium

Umstrukturierung von Vossloh zum Verkehrskonzern

02. März 2005

Vossloh AG
Fokussierung auf Verkehrstechnologie

1995	1996	1997	1998	1999	2000	2001	2002	2003	2004
Verkehrs-technik (112,3 Mio. €) Lichttechnik (175,0 Mio. €) Dekoration (93,7 Mio. €) Gesamt: 381,3 Mio. €	Einstieg in **Informations-technologie** durch Erwerb VST Kiel, der heutigen Vossloh Information Technologies (VIT)	Einstieg in **Fahrgast-informations-systeme** durch Erwerb der MAN System-elektronik Verkauf **Dekoration**	Einstieg in den **Weichen-bau** durch Beteiligung an VAE-Gruppe Einstieg in den **Loko-motivenbau** durch Erwerb der Siemens Schienenfahr-zeugtechnik	Erweiterung des Bereiches VIT durch Erwerb der **Comreco Rail**	Joint-Ventures: **Locomotion Service** und **Locomotion Capital**	Ausbau des Bereichs VIT durch Erwerb einer Beteiligung (55%) an **NovoSignal** Verkauf **Maschinen-bau**	Erwerb **Vossloh Switch Systems** (VSS) Erwerb **Vossloh Infrastructure Services** (VIS) Erwerb Kiepe Gruppe **Electrical Systems** Erwerb **Skamo** Verkauf **Lichttechnik** Verkauf **VAE-Beteiligung**	Erwerb **Vossloh Min Skretnice**	Erwerb **Dieselloko-motivenwerk von Alstom in Valencia** Erwerb **JS Industries Private Ltd.** Erwerb **Swedish Rail Systems** Erwerb **Delkor**

Rail Technologies
918 Mio. €
(Umsatz 2004e)

vossloh

Investitionen in der Bahnindustrie wachsen weltweit um rund 4 % p.a.

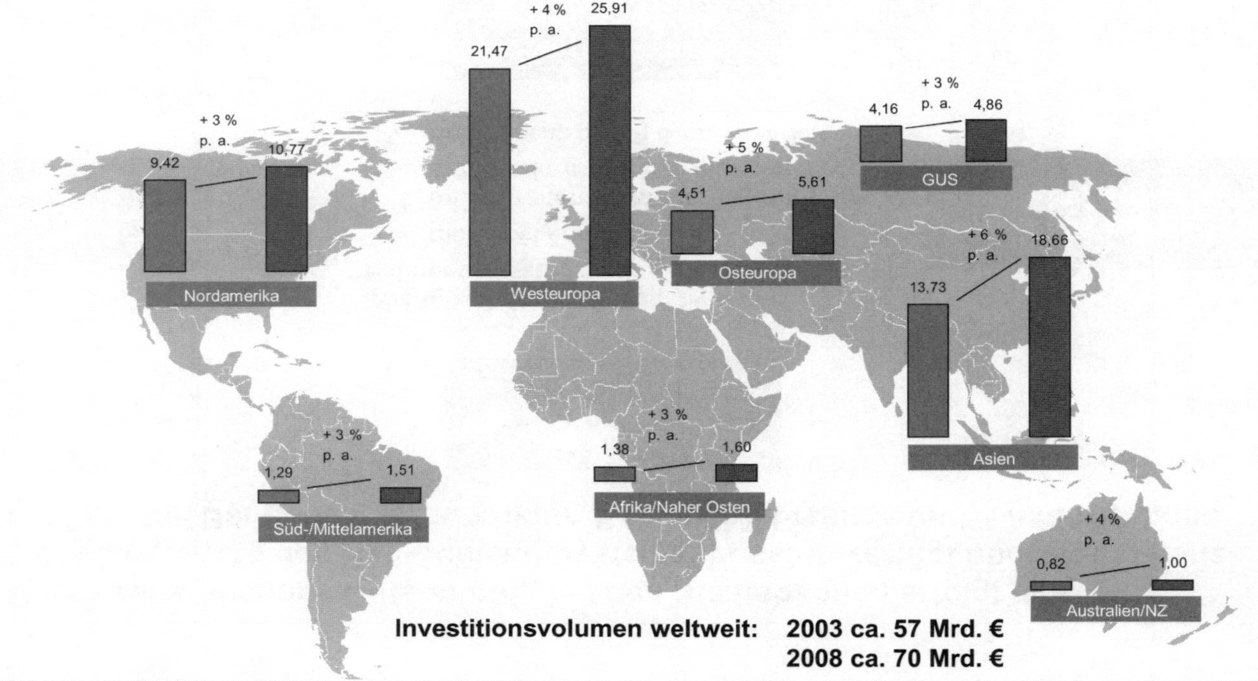

Investitionsvolumen weltweit: 2003 ca. 57 Mrd. €
2008 ca. 70 Mrd. €

vossloh

Rad-Schiene-System

Durch zunehmendes Outsourcing bei den Staatsbahnen erfolgt eine Modularisierung des Rad-Schiene-Systems. Vossloh verfügt über Kompetenz in allen drei Bereichen, Infrastruktur, Schienenfahrzeuge und Systemtechnik.

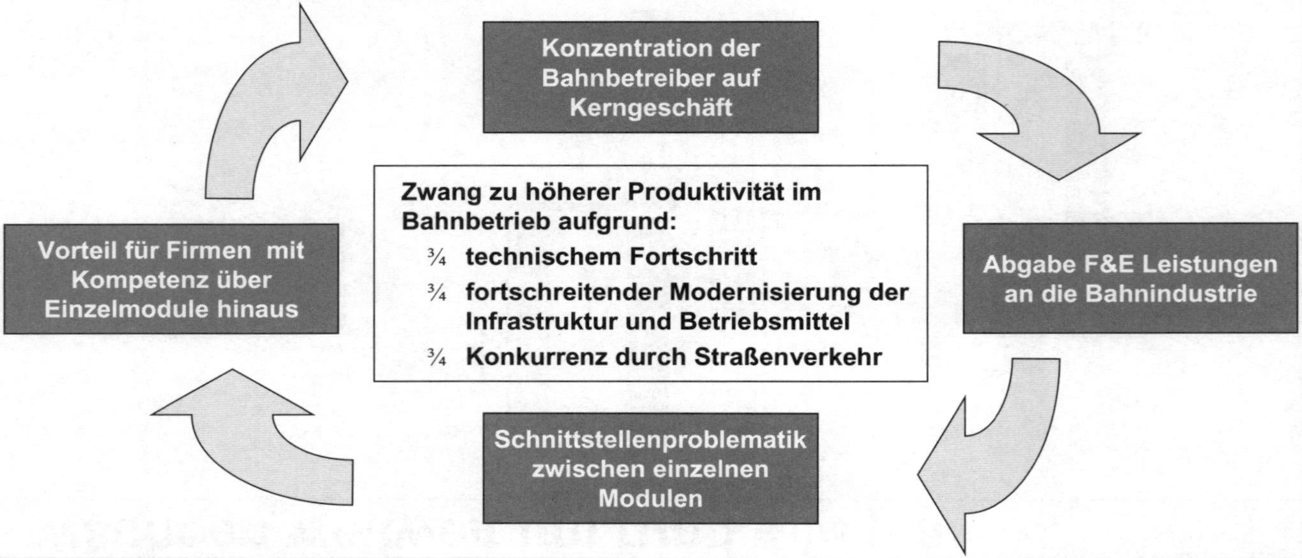

vossloh

Konzern

Umsatz/EBIT/Konzernüberschuss[1]

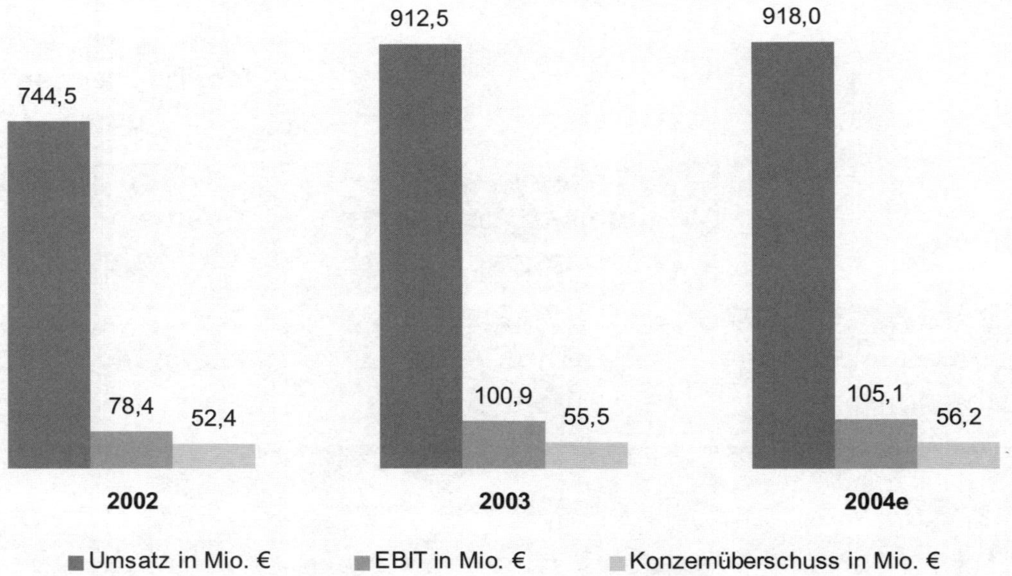

[1] Ab 2003 nach IAS/IFRS.

vossloh

Die Vossloh Gruppe in 2004e
(Umsatz: 918 Mio. €, EBIT: 105 Mio. €, Mitarbeiter: 4.534)

Rail Infrastructure (517 Mio. €)	Motive Power (334 Mio. €)	Information Technologies (67 Mio. €)
Vossloh Fastening Systems (149 Mio. €)	Vossloh Locomotives (239 Mio. €)	Vossloh Information Technologies (67 Mio. €)
Vossloh Switch Systems (230 Mio. €)	Vossloh Electrical Systems (90 Mio. €)	
Vossloh Infrastructure Services (151 Mio. €)		

vossloh

Die Vossloh-Kernkompetenzen

Vossloh wird als Unternehmer-Unternehmen geführt, in dem die Verantwortung für das operative Geschäft bei den Tochtergesellschaften liegt. Dies gewährleistet Flexibilität.

Vossloh denkt und handelt wie ein erfolgreicher mittelständischer Unternehmer und genauso werden die einzelnen Geschäftseinheiten geführt. Vossloh kennt seine Märkte, ist nah bei seinen Kunden und sieht seine Mitarbeiter als Schlüssel zum nachhaltigen Erfolg.

PPP-Modelle zur Absatzfinanzierung

Zur Sicherung eines bedarfsgerechten Absatzes initiiert Vossloh Private-Public-Partnership-Projekte in den Mittel- und Osteuropäischen Ländern.

Derzeitig hoher Investitionsbedarf in die Bahn ⇔ Fehlende Finanzmittel der öffentlichen Hand (insbes. in Mittel- und Osteuropa)

Verzögerung oder Streichung wichtiger Bahnprojekte

Selektive Erweiterung der Wertschöpfungskette um Absatzfinanzierung sichert Absatz

vossloh

Konzern
Aktionärsstruktur

Derzeitige Marktkapitalisierung: rd. 500 Mio. €

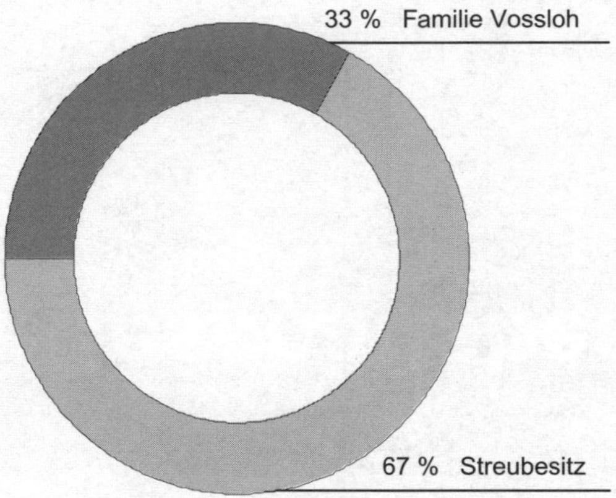

31/12/2003

vossloh

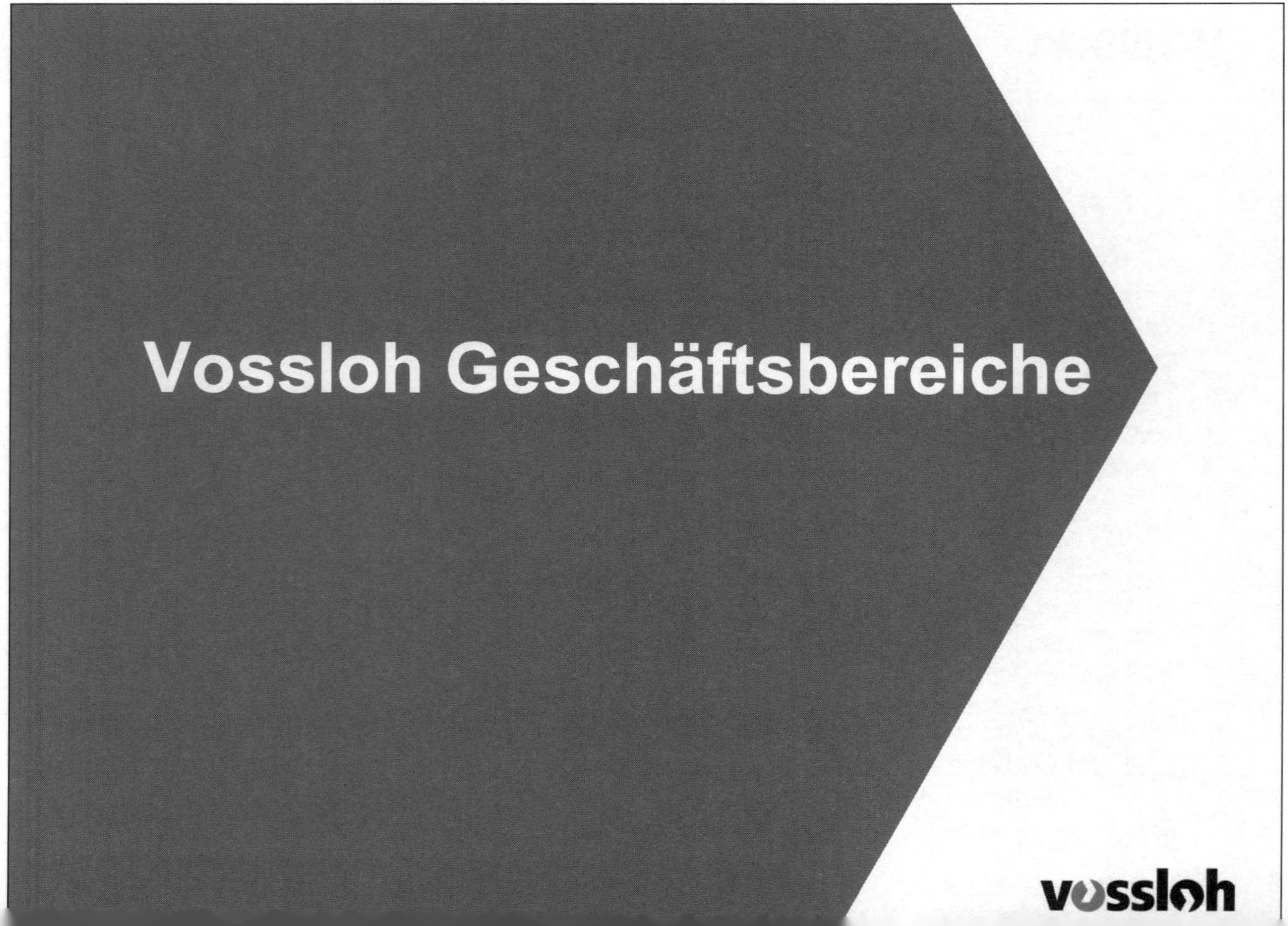
Vossloh Geschäftsbereiche
vossloh

Rail Infrastructure
Fastening Systems

Geschäftsfelder

- Elastische Schienenbefestigungssysteme für Schottergleise und feste Fahrbahnen im Voll- und Nahverkehrsbahnenbereich
- Geschraubte Schienenbefestigungssysteme für alle Belastungsprofile – von der Schwerlast- bis zur Hochgeschwindigkeitsstrecke
- Schraubenlose Schienenbefestigungen und Schienennägel (Skamo)

Positionierung

- Weltmarktanteil ca. 35 %, Marktanteil Europa ca. 65 %, Einsatz der Schienenbefestigungssysteme in über 65 Ländern
- Auslandsumsatzanteil rund 65 %

Wettbewerber

- Pandrol (GB)

vossloh

Rail Infrastructure
Switch Systems

Geschäftsfelder
- Standard-, Hochgeschwindigkeits- und Spezialweichen nach allen weltweit geltenden Standards
- Signaltechnische Komponenten, wie Weichenantriebe und -überwachungssysteme (10% Umsatzanteil)

Positionierung
- Weltweit zweitgrößter Weichenlieferant
- 1.500 Mitarbeiter, Fertigungsstätten in 12 Ländern

Wettbewerber
- VAE

vossloh

Rail Infrastructure
Infrastructure Service

Geschäftsfelder

- Gleisbau (25 % Umsatzanteil) und Gleisinstandhaltung (75 % Umsatzanteil)
- Staatsbahnen und Industriebahnen
- Straßenbahn-/Stadtbahnsysteme
- Fahrleitungsbau

Positionierung

- Gleisinstandhaltung: Marktführer in Frankreich, Belgien, Luxemburg
- Industriebahnen: Marktführer in Frankreich
- 1.250 Mitarbeiter

Wettbewerber

- Wayss & Freytag (D), Colas SA (F), Balfour Beatty (GB), Spie Drouard (F, Tochter der britischen AMEC Group)

vossloh

Rail Infrastructure

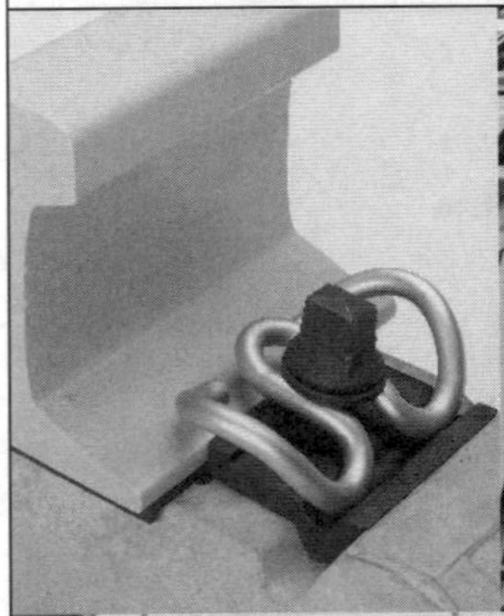

Perspektiven

- Beteiligung an Infrastrukturmaßnahmen im Zuge der EU-Osterweiterung
- Erschließung asiatischer, mittel- und südamerikanischer Märkte
- Nutzung der Synergiepotenziale
- Weiterer Ausbau der bestehenden Marktposition in Westeuropa (UK, Skandinavien, Italien)

vossloh

Motive Power
Locomotives

Geschäftsfelder
- Diesellokomotiven
- Instandhaltung (auch für Drittkunden) und Vermietung von Lokomotiven
- Komponenten für Lokomotiven (Drehgestelle)

Positionierung
- Marktvolumen bis ca. 260 Lokomotiven pro Jahr in Westeuropa
- Marktanteil in Westeuropa: ca. 50%
- Steigende Bedeutung durch Zunahme des grenzüberschreitenden Güterverkehrs in Europa

Wettbewerber
- Siemens
- Bombardier
- Alstom
- General Electric
- General Motors

vossloh

Motive Power
Electrical Systems

Geschäftsfelder
- Elektrische Systeme für Busse/Trolleybusse
- Elektrische Systeme für Light Rail Vehicles (Stadtbahnen)
- Teilausrüstung, Modernisierung, Service, Wartung und Montage
- Komponenten

Positionierung
- Weltweit führendes Unternehmen bei Trolleybussen
- Spezialist für technisch anspruchsvolle Stadtbahnsysteme

Wettbewerber
- Siemens, Bombardier, Alstom

vossloh

Motive Power

Perspektiven
- Erschließung neuer Märkte
- Ausbau Vermietgeschäft
- Ausbau Servicetätigkeit

vossloh

Information Technologies

Geschäftsfelder

- Fahrgastinformationssysteme
- Betriebsleittechnik
- Planungssysteme, Simulation, Consulting
- Signal- und Stellwerkstechnik

Positionierung

- Führender IT-Spezialist für Eisenbahnen im Nah- und Fernverkehr

Wettbewerber

- IT-Unternehmen für Bahntechnologie

vossloh

Information Technologies

Perspektiven

- Ausbau der Marktposition in Europa
- Europaweite Vermarktung von Alister für Regionalstrecken
- Ausweitung des Einsatzes der Betriebsleittechnik bei U-Bahnen und Regionalbahnen

vossloh

Strategie für das Unternehmen Deutschland

Randolf Rodenstock

Vorsitzender des Aufsichtsrats, Rodenstock GmbH

Strategie für das Unternehmen Deutschland

Deutschland ist ein Sanierungsfall. Das zu akzeptieren und die Sanierung an den Wurzeln zu beginnen sind die ersten Voraussetzungen für einen Erfolg. Der ist möglich, denn in den Menschen in unserem Land steckt genügend Kraft und Kreativität. Um diese freizusetzen, müssen wir eine konkrete Vision, eine schlüssige Strategie und ein umfassendes Konzept entwickeln, das dann auch konsequent umgesetzt wird.

Die größte Herausforderung ist unser Nachhaltigkeitsproblem. Wir leben auf Kosten unserer Kinder und Enkel. Die vom Sachverständigenrat errechnete so genannte Tragfähigkeitslücke der deutschen Finanzpolitik beträgt rund 7.000 Milliarden Euro. Das sind etwa 330 Prozent des Bruttoinlandsprodukts. Diese Zahl ist schon beunruhigend genug. Schlimmer ist: Diese Nachhaltigkeitslücke wird immer größer, denn die demografische Entwicklung verschärft unser Problem: Wir werden immer weniger und die Wenigen werden immer älter.

Die Aufgabe lautet also: Wie sichern wir angesichts dieser Fakten auch in Zukunft Innovationen und Investitionen, Wachstum und Beschäftigung?

Zur Lösung gehört vor allem der Mut, auf die Kraft des Wettbewerbs zu setzen, den einzelnen Menschen und den Unternehmen mehr Eigenverantwortung und Kreativität zuzutrauen.

Die vbw – Vereinigung der Bayerischen Wirtschaft hat ein nachhaltiges Reformkonzept entwickelt. Seine drei Säulen sind:

1. Weniger Subventionen für die Wirtschaft.

Subventionen sind ordnungspolitische Sündenfälle. Sie behindern den Fortschritt, verlangsamen den Strukturwandel und verzerren den Wettbewerb, meist auf Kosten des Mittelstandes. Es ist nicht marktwirtschaftlich, wenn jedes Jahr Subventionen von rund 150 Milliarden Euro verteilt werden. Es läuft vieles schief, wenn die Summe aller Subventionen die Gesamtsumme der Lohn- und Einkommensteuer um zehn Prozent überschreitet. Wir plädieren dafür, die Subventionen zunächst durch die "Rasenmäher-Methode" in drei Jahren zu halbieren.

2. Weniger Steuern und Abgaben für alle.

Die frei werdenden Mittel müssen genutzt werden, um Steuern und Abgaben zu senken. Bei der notwendigen Steuerentlastung geht es sowohl um die Höhe als auch um das ganze System. Weniger Steuern und Abgaben heißt: Die Unternehmen haben mehr Geld zum Investieren und die Arbeitnehmer haben mehr Geld zum Konsumieren. Nur dann kriegen die Bürgerinnen und Bürger den finanziellen Spielraum für

3. Mehr Eigenverantwortung in den sozialen Sicherungssystemen und beim Arbeitsmarkt.

Ich will keine Ellenbogengesellschaft! Solidarität muss sein, aber eben Solidarität im Sinne von Subsidiarität, also Hilfe zur Selbsthilfe. Transferleistungen sind für die wirklich Bedürftigen ebenso nötig wie für mich selbstverständlich. Aber sie dürfen – kombiniert mit der hohen Abgabenlast – nicht dazu führen, dass Nichtarbeiten wirtschaftlicher ist als Arbeiten. Dazu müssen wir auch Arbeitsmarkt, Arbeitsrecht und Tarifpolitik auf mehr Beschäftigung trimmen. Beide Tarifpartner tragen Mitverantwortung für die Arbeitsplätze.

Unsere drei Reform-Säulen stehen auf einem breiten und soliden Fundament:

Bildung und Ausbildung.

Bildung ist der Schlüssel für die Zukunft der Arbeit. Wir alle – jeder Einzelne, die Unternehmen, auch der Staat, müssen viel mehr in Bildung investieren. Denn unsere Zukunft beruht auf nichts mehr als auf Bildung und Wissen. Die Innovationsfähigkeit der Jungen, ihre Befähigung zum lebenslangen Lernen, ist der einzige Weg zu ihrer sozialen Sicherheit – und damit zum sozialen Frieden wie zur Kultur unserer Demokratie.

Gemeinsam mit mehr als 70 ausgewählten Experten hat die Vereinigung der Bayerischen Wirtschaft das erste ganzheitliche Konzept für das deutsche Bildungswesen erarbeitet. "Bildung neu denken!" antizipiert die Situation im Jahr 2020 und formuliert Handlungsvorschläge an Politik und Öffentlichkeit.

Wohin wollen wir?

Bildungsziele und Bildungsinhalte müssen heutigen und künftigen Anforderungen angepasst werden, d. h., wir müssen deregulieren und internationalisieren, differenzieren und individualisieren. Dazu brauchen alle Bildungseinrichtungen mehr Autonomie, personelle und finanzielle. Unsere Studie baut auf Lebens- und Lernphasen auf, die dem neuesten Stand der Wissenschaft entsprechen: dem Kindesalter, dem Jugendalter, dem frühen, dem mittleren und dem späteren Erwachsenenalter.

Das Unternehmen Deutschland braucht Reformen – rasch und tief greifend. Dem stimmt fast Jeder ganz allgemein zu. Insgeheim aber sitzt die Angst vor Veränderungen tief. Deshalb müssen wir die Menschen rational überzeugen. Das geht, wenn die konkrete Reformdividende nicht nur für unsere Volkswirtschaft insgesamt, sondern auch für einzelne Bevölkerungsgruppen berechnet wird. Ich bin sicher, dass eine solche Rechnung möglich ist. Darüber hinaus aber müssen wir die Menschen auch emotional für Reformen gewinnen. Dazu brauchen wir ganz eine positive Vision, ein konkretes Bild davon, wie das Unternehmen Deutschland nach der Sanierung aussieht. Nur dann ernten wir von den Menschen Zuversicht und Akzeptanz.

Von Experten – Für Fachleute

Management-Wissen

Neue Wege für die wirtschaftliche Gestaltung von Unternehmen mit Zukunft zeigen die zahlreichen Veröffentlichungen, die in engem Kontakt mit der Praxis entstanden sind.

Die Bücher bieten dem Leser gründliche Analysen aktueller Tendenzen in der Reorganisation aller Unternehmensbereiche und verbinden in hervorragender Weise theoretische und empirische Forschungsergebnisse. Erfolgsfaktoren, Handlungsempfehlungen und Konzepte zur Selbsthilfe verleihen den Büchern hohe Aktualität und Praxisrelevanz.

Die systematische Aufbereitung in Verbindung mit konkreten Gestaltungshinweisen liefert für Manager und Forscher neue Denkanstöße.

24-Stunden-Lieferservice bei Bestellungen Mo.-Fr. bis 10 Uhr.

Univ.-Prof. Dr. Dr. h. c. mult. Horst Wildemann

TCW Transfer-Centrum für Produktions-Logistik und Technologie-Management GmbH & Co. KG,
Leopoldstraße 145, D-80804 München,
Tel.: 089/360523-0, Fax: 089/361023-20

Schaffhauser Str. 117, CH-8302 Kloten,
Tel.: 0041/1/8141913, Fax: 0041/1/8141918

e-mail: Mail@tcw.de; Internet: www.tcw.de

1 Agile Unternehmen

Das agile Unternehmen: Kostenführerschaft und Service

Horst Wildemann (Hrsg.)
Das agile Unternehmen: Kostenführerschaft und Service
München 1998
ISBN 3-931511-25-1
EUR 195,-
zzgl. Versandkosten

Autoren:
Konrad Auwärter, NEOPLAN • **Werner Baier**, Webasto • **Dr. Gerhard Cromme**, Krupp-Hoesch • **Manfred Eicker**, Eisenwerk • **Dr. Gunther Geisweid**, VHB • **Dr. Horst Hollstein**, Schmierstoffraffinerie • **Dr.-Ing Peter-Jürgen Kreher**, FAG • **Hans Knürr**, Knürr • **Dr. Edward Krubasik**, Siemens • **Dr. Christoph Lindenmeyer**, Schindler • **Dr. Willfred Mayer**, DBV • **Jürgen K. Nehls**, Giesecke • **Dr. Helmut Perlet**, Allianz • **Univ.-Prof. Dr. Dr. h. c. Ralf Reichwald**, TU München • **Gordon Riske**, KUKA • **Randolf Rodenstock**, Rodenstock • **Dr.-Ing. Helmut Schöneberger**, Rex-nord • **Univ.-Prof. Dr. Richard J. Schonberger**, Schonberger • **Walter Siepmann**, Siepmann • **Frank Straub**, BLANCO • **Dr.-Ing. Ulrich Viethen**, Vaillant • **Univ.-Prof. Dr. Horst Wildemann**, TU München • **Dr. Klaus Zumwinkel**, Deutsche Post

2 Anreizsystem

Anreizsystem zur Operationalisierung von Unternehmensstrategien

Karin Pforte
Anreizsystem zur Operationalisierung von Unternehmensstrategien
München 1999
ISBN 3-931511-31-6
EUR 85,-
zzgl. Versandkosten

Die Autorin gibt theoretisch und empirisch belegte Handlungsempfehlungen für die Ausgestaltung eines erweiterten, auch das Führungssystem umfassenden Anreizsystems. Das Gestaltungsmodell weist ein hohes, belegbares Potenzial zur Steigerung der Strategieorientierung und Leistungsmotivation der Partizipienten auf.

Die Arbeit richtet sich gleichermaßen an Leser aus Wissenschaft und Praxis, die an einer praktikablen Anreizgestaltung zur Operationalisierung von Unternehmensstrategien interessiert sind.

3 Arbeitszeitmanagement

Einführung und Bewertung flexibler Arbeits- und Betriebszeiten

Vorgestellt werden innovative Modelle zur Einführung flexibler Arbeits- und Betriebszeiten, die sowohl die Wettbewerbsfähigkeit der Unternehmen stärken als auch den Bedürfnissen der Mitarbeiter Rechnung tragen.
Wildemann fasst hier empirische Forschungsergebnisse zusammen, die er in 22 Unternehmen sammeln konnte. Ein unerlässliches Werk für den Praktiker, gerade im Hinblick darauf, dass durch Flexibilisierung Kosten- und Standortnachteile kompensiert werden können.

Horst Wildemann
Arbeitszeitmanagement
2. Auflage
München 1995
ISBN 3-929918-62-5
EUR 78,-
zzgl. Versandkosten

4 Auftragsabwicklung

Das Konzept der Auftragsabwicklungssegmente aus personeller und organisatorischer Sicht

Zu den Erfolgsfaktoren der Auftragsabwicklung in Betrieben gehören Lieferflexibilität und -qualität als auch Termintreue. Dies geht einher mit zunehmender Variantenvielfalt aufgrund einer Individualisierung der Nachfrage. Aktuelle Fragen resultieren aus der Neudefinition der Schnittstelle zum Kunden aufgrund der Nutzung elektronischer Medien. Neben der theoretischen Analyse werden anhand von Fallstudien organisatorische Gestaltungsempfehlungen für die Auftragsabwicklung konzipiert und konkrete Vorschläge für Unternehmen geliefert. Die Arbeit richtet sich an Praxis und Wissenschaft.

Stefan Frings
Auftragsabwicklungssegmente
München 2001
ISBN 3-934155-37-5
EUR 85,-
zzgl. Versandkosten

5 Bayerischer Qualitätspreis

Festschrift – 10 Jahre Bayerischer Qualitätspreis

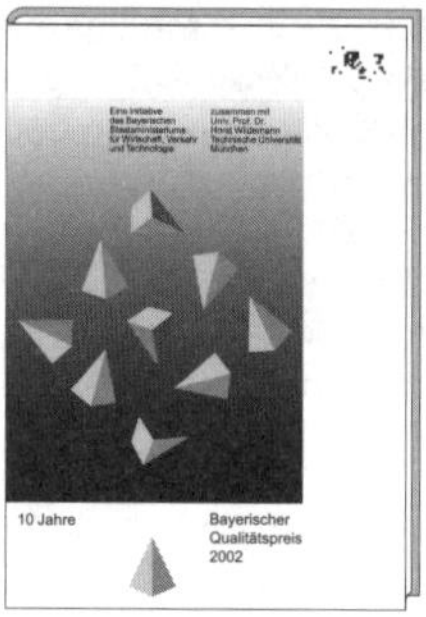

Die Festschrift zum 10-jährigen Bestehen des Bayerischen Qualitätspreises stellt neben den Preisträgern der bisherigen Kategorien "Industrie", "Handwerk", "Handel" und "Wirtschaftsfreundliche Gemeinde" auch die beiden Gewinner der Kategorie "Unternehmensorientierte Dienstleister" vor. Das Buch enthält detaillierte Informationen zu Qualitätskonzepten und Fallstudien von ausgezeichneten Unternehmen und Gemeinden und stellt neben Bedeutung und Zielsetzung auch die organisatorische Verankerung und Entwicklung des Qualitätswettbewerbs dar.

Horst Wildemann
Festschrift 10 Jahre
Bayerischer Qualitätspreis
München 2002
ISBN 3-934155-74-X
EUR 46,-
zzgl. Versandkosten

6 Behältersysteme

Behältersysteme – Konzepte zur Optimierung des Behälterkreislaufs

Wildemann gibt in Form eines Pflichtenheftes konkrete Handlungsanleitungen zur Ausgestaltung von Behälterkreislauf-Systemen. Er berücksichtigt ökologische Aspekte, stellt einen Vergleich zwischen Einweg- und Mehrwegsystemen an und bestimmt den Materialfluss-Durchdringungsgrad der Behälterkreislauf-Systeme.
Dieses Buch ist für jeden Praktiker unerlässlich, da empirische Untersuchungen gezeigt haben, dass ein deutlicher Handlungsbedarf hinsichtlich der Standardisierung und Durchgängigkeit im Materialfluss besteht.

Horst Wildemann
Behältersysteme
München 1995
ISBN 3-929918-41-2
EUR 95,-
zzgl. Versandkosten

7 Beschaffung

Produktionssynchrone Beschaffung – Einführungsleitfaden

Wildemann analysiert die Bausteine einer produktionssynchronen Beschaffung sowie Speditions- und Qualitätssicherungskonzepte hinsichtlich ihrer Ausgestaltungsformen und betriebswirtschaftlichen Konsequenzen.
Die produktionssynchrone Beschaffung, dies zeigen die untersuchten Beispiele aus der Automobil-, Elektro- und Hausgeräteindustrie sehr deutlich, ist ein effizientes Werkzeug zur Kostenlenkung und nicht, wie von vielen Zulieferanten behauptet, ein Instrument zur Abwälzung von Kosten.

Horst Wildemann
Produktionssynchrone Beschaffung
3. Auflage
München 1995
ISBN 3-929918-60-9
EUR 76,-
zzgl. Versandkosten

8 Bewertung der Logistik

Bewertung logistischer Leistungen – Abschlussbericht des Forschungsprojektes BiLog

Dass die Logistik bei optimaler Ausgestaltung einen herausragenden Hebel zur Wertsteigerung darstellt, ist unter Praktikern wie Wissenschaftlern unbestritten. Investitionen in die Logistik werden in der Praxis jedoch auf unsicheren Datengrundlagen geplant. Während der Investitionsaufwand in der Regel noch mit einer hohen Genauigkeit prognostiziert werden kann, sind Aussagen bezüglich der Veränderung von Kosten- und Ertragsstrukturen durch die Logistikinvestition schwer zu tätigen. Um hier Abhilfe zu schaffen, wurden im Rahmen des Forschungsprojektes "Bilanzfähige Logistik" drei Instrumente zur quantitativen Bewertung der Unternehmenslogistik entwickelt.

Horst Wildemann
Bewertung logistischer Leistungen
München 2003
ISBN 3-937236-05-8
EUR 179,-
zzgl. Versandkosten

9 Computerintegrierte Produktion

Einführungsstrategien für die computerintegrierte Produktion (CIM)

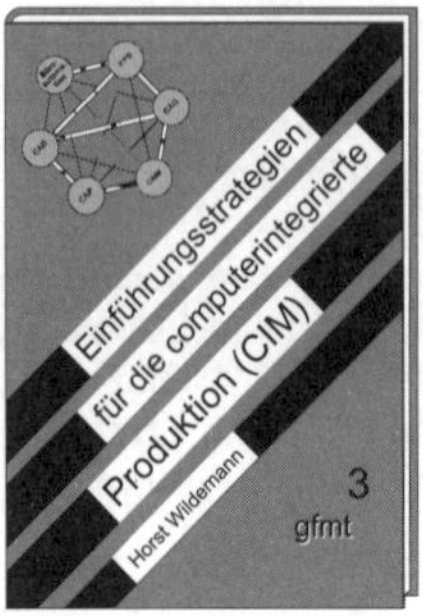

Wildemann behandelt in dieser Veröffentlichung die Bedingungen für eine effiziente Einführung neuer computergestützter Technologien in Produktion und Logistik, wobei er sich auf Modelle stützt, die in 24 Unternehmen empirisch begründet wurden. In der Praxis setzt sich die Überzeugung durch, dass die Fabrik der Zukunft neue rechnergestützte Fertigungstechnologien, integrierte firmenspezifische PPS-Systeme, Just-in-Time-Logistik sowie eine angepasste Fertigungsorganisation aufweisen muss. Dies wird als Voraussetzung für die wirtschaftliche Realisierung von CIM angesehen.

Horst Wildemann
Einführungsstrategien für CIM
München 1990
Art-Nr.: 3-999999-CIM
EUR 48,-
zzgl. Versandkosten

10 Distributions- und Entsorgungslogistik

Trends in der Distributions- und Entsorgungslogistik – Delphi-Studie

Die vorliegende Delphi-Studie befasst sich mit Trends in der Distributions- und Entsorgungslogistik, deren Einfluss die Marktteilnehmer des logistischen Kreislaufs in unterschiedlich starkem Umfang ausgesetzt sind. Die gewonnenen Ergebnisse weisen auf Leistungsreserven in der Logistik hin und zeigen ein deutliches Differenzierungspotenzial im Wettbewerb auf. Um die Trends für die Distributions- und Entsorgungslogistik auf eine fundierte Basis zu stellen, wurde eine Delphi-Befragung bei 121 Unternehmen und 58 Professoren, die wissenschaftlich mit dem Thema befasst sind, durchgeführt.

Horst Wildemann
Trends in der Distributions- und Entsorgungslogistik
München 1996
ISBN 3-929918-98-6
EUR 45,-
zzgl. Versandkosten

11 Einkaufsorganisation

Prozessorientierte Gestaltung der Einkaufsorganisation

Die Gestaltung der Einkaufsorganisation aus der Prozessperspektive heraus eröffnet zahlreiche neue Potenziale in der Supply Chain. Eine erfolgreiche Umsetzung dieses Gedankens erfordert die Berücksichtigung materialgruppenspezifischer, regionaler und strategischer Aspekte. Im Mittelpunkt steht die Unterscheidung der Einkaufsprozesse und ihre Integration in das Gesamtmodell eines Unternehmens. Auf der Grundlage von Beschaffungsprozesstypen und Organisationsleitlinien werden verschiedene Modelle zur Abbildung der Prozesse in einer Einkaufsorganisation diskutiert. Fallstudien belegen die praktische Relevanz der Gestaltungsempfehlungen.

Stefan Schifferer
Prozessorientierte Gestaltung der Einkaufsorganisation
München 2001
ISBN 3-934155-65-0
EUR 85,-
zzgl. Versandkosten

12 Einkaufspotenzialanalyse

Programme zur partnerschaftlichen Erschließung von Rationalisierungspotenzialen

Wildemann zeigt in dieser Veröffentlichung, dass es erforderlich ist, für unterschiedliche Teile- und Lieferantengruppen die jeweils effizienteste Abwicklungsstruktur mit unterschiedlich hohen Kooperationsintensitäten einzusetzen und stellt gleichzeitig Handlungsalternativen von Einkäufern in den unterschiedlichen Gestaltungsfeldern der Abnehmer-Lieferanten-Beziehung dar. Auf den Märkten konkurrieren ganze Wertschöpfungsketten. Das Buch wird für den Praktiker zu einem unerlässlichen Instrumentarium zur Ausschöpfung von Einkaufspotenzialen und Beschaffungsmaßnahmen.

Horst Wildemann
Einkaufspotenzialanalyse
München 2000
ISBN 3-929918-64-1
EUR 98,-
zzgl. Versandkosten

13 Entstörmanagement

Realisierung störungsrobuster Wertschöpfungsprozesse

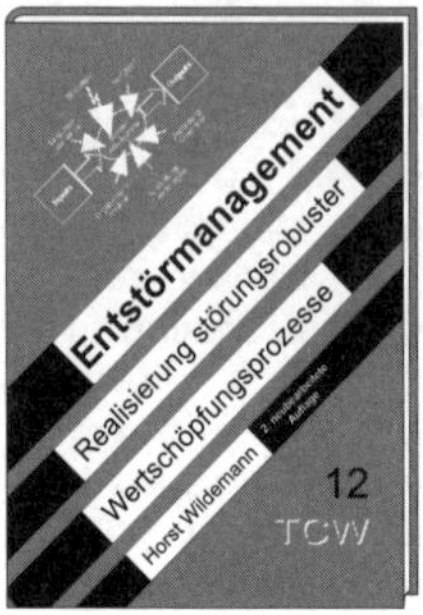

Wildemann verfolgt in diesem Buch das Ziel, auf der Grundlage eines Entstörmanagements die Störungsraten von Wertschöpfungsprozessen präventiv zu vermindern und eintretende Prozessabweichungen effizient zu bekämpfen. Im Vordergrund steht die empirische Analyse des Störungsphänomens im Hinblick auf ihre Störungsursachen und -wirkungen. Daraus werden Strategien zur Prozessstabilisierung abgeleitet, die die Voraussetzung für ein effizientes Entstörmanagement bilden.

Horst Wildemann
Entstörmanagement
2. neubearb. Auflage
München 1995
ISBN 3-929918-06-4
EUR 95,-
zzgl. Versandkosten

14 Entwicklungspartnerschaften

Entwicklungspartnerschaften in der Automobil- und Zulieferindustrie – Ergebnisse einer Delphi-Studie

Die Ergebnisse der Delphi-Studie zeigen, dass OEM und Zulieferer durch Entwicklungspartnerschaften eine Win-Win-Situation erreichen können. Die OEM profitieren durch Kostensenkungspotenziale und innovative Ideen sowie einen schnellen Markteintritt, während sich die Zulieferer langfristige Aufträge sichern. Die Erkenntnisse sind durch eine empirische Analyse bei über 2.200 Experten belegt.

Entscheidungsträger erhalten mit dieser Studie Handlungsempfehlungen für die Implementierung und Steuerung von Entwicklungspartnerschaften.

Horst Wildemann
Entwicklungspartnerschaften in der Automobil- und Zulieferindustrie
München 2004
ISBN 3-937236-04-X
EUR 158,-
zzgl. Versandkosten

15 Entwicklungstrends

Entwicklungstrends in der Automobil-und Zulieferindustrie – Eine empirische Studie

Die der Veröffentlichung zugrunde liegende Expertenbefragung, an der sich über 300 Unternehmen beteiligten, macht deutlich, welche Trends in der Branche erkennbar sind und wie die Unternehmen darauf reagieren. Die Zusammenarbeit von Unternehmen im Rahmen von Entwicklungspartnerschaften bildet hier den Schwerpunkt. Die wesentlichen Herausforderungen zur Erreichung einer Win-Win-Situation ergeben sich folglich in den Bereichen Konzeptwettbewerbe, Know-how-Schutz, Projektmanagement, Lieferantenmanagement und Partnerwahl.

Horst Wildemann
Entwicklungstrends in der Automobil- und Zulieferindustrie
München 2004
ISBN 3-934155-85-5
EUR 98,-
zzgl. Versandkosten

16 Entwicklungszeitoptimierung

Optimierung von Entwicklungszeiten – Just-in-Time in Forschung & Entwicklung und Konstruktion

In diesem Buch setzt sich Wildemann mit neuen Formen der Projekt- und Unternehmensorganisation auseinander. Ablaufkonzepte wie Simultaneous Engineering und Methoden der präventiven Qualitätssicherung in der Softwareentwicklung werden erläutert, Vorgehensweisen für fertigungs- und logistikgerechte Konstruktion sowie Ansätze der Prozesskostenrechnung in F&E werden dargestellt. Darüber hinaus befasst sich Wildemann mit dem Varianten- und Änderungsmanagement und erörtert Methoden zur Auswahl strategisch wichtiger F&E-Projekte.

Horst Wildemann
Optimierung von Entwicklungszeiten
München 1993
ISBN 3-929918-01-3
EUR 95,-
zzgl. Versandkosten

17 Entwicklungszeitreduzierung

Beschleunigte Entwicklungsprozesse in der Elektronikindustrie

Sinkende Innovationszyklen bei gleichzeitig steigender Funktionalität der Produkte führen viele Unternehmen in die Zeitfalle. Die Folge sind verspätete Markteinführungen und nicht marktgerecht entwickelte Produkte aufgrund schneller Trendänderungen.
Gerade in hoch innovativen Branchen wie der Elektronikindustrie ist ein früher Markteinführungszeitpunkt der Produkte entscheidend für die Sicherung von Marktanteilen und den wirtschaftlichen Erfolg der Produkte am Markt. Der Ausweg aus der Zeitfalle liegt in einer parallelen Steigerung der Entwicklungseffektivität und -effizienz.

Horst Wildemann
Entwicklungszeitreduzierung
München 2003
ISBN 3-934155-89-8
EUR 179,-
zzgl. Versandkosten

18 Ersatzteilversorgung

Strategie und Organisation

Die betriebliche Ersatzteilversorgung steht im Spannungsfeld zweier gegensätzlicher Koordinationsanforderungen: Einerseits ist wegen der hohen Bedarfsdringlichkeit eine schnelle Auslieferung der Ersatzteile notwendig, während andererseits organisatorische Regelungen auf eine effiziente Koordination innerbetrieblicher Leistungsprozesse im Hinblick auf die Erzielung kürzestmöglicher Durchlaufzeiten auszurichten sind. Eine detaillierte Analyse von 17 Unternehmen des mittelständischen Maschinenbaus und der elektrotechnischen Industrie gewährleistet den Praxisbezug der Untersuchung.

Erich Frese/
Karsten Heppner
Ersatzteilversorgung
München 1995
ISBN 3-929918-55-2
EUR 95,-
zzgl. Versandkosten

19 Fabrikplanung

Die modulare Fabrik – Kundennahe Produktion durch Fertigungssegmentierung

Wildemann fasst in „Die modulare Fabrik" die Ergebnisse zusammen, die er in den letzten 10 Jahren bei der Erarbeitung und Einführung der Fertigungssegmentierung in über 80 europäischen Unternehmen sammeln konnte. Aufbauend auf empirischen Untersuchungen werden Gestaltungsprinzipien und Einführungsstrategien formuliert. Die Erfahrungen zeigen, dass bei der Realisierung des Segmentierungskonzepts Durchlaufzeitreduzierungen von 65 % die Regel sind und Bestandsreduzierungen im Umlaufvermögen von durchschnittlich 40 % und Qualitätskostensenkungen um 25 % erreichbar sind.

Horst Wildemann
Die modulare Fabrik
5. neubearb. Auflage
München 1998
ISBN 3-931511-19-7
EUR 95,-
zzgl. Versandkosten

20 Fertigungsstrategien

Reorganisationskonzepte für eine schlanke Produktion und Zulieferung

Wildemann befasst sich in diesem Buch mit der Anwendung von Konzepten wie Lean Management, Reverse Engineering, Just-in-Time, Fertigungssegmentierung, Computer Integrated Manufacturing und lernende Organisationen. Seine Darlegung der Einsatzvoraussetzungen und der Verbindung zu einer unternehmensindividuellen Strategie wird ergänzt durch eine Bewertung der Wirtschaftlichkeit. Dieses Buch richtet sich an den Praktiker, der Wettbewerbsvorteile erreichen will, die der Kunde honoriert und die vom Mitbewerber nicht kurzfristig imitiert werden können.

Horst Wildemann
Fertigungsstrategien
3. überarb. Auflage
München 1997
ISBN 3-929918-89-7
EUR 98,-
zzgl. Versandkosten

21 Frühwarnsysteme

Frühwarnsysteme für das strategische Management: Effizienzkonzeption, Diagnose und Fallstudien

Axel Niemeyer
Frühwarnsysteme
München 2003
ISBN 3-937236-06-6
EUR 85,-
zzgl. Versandkosten

Die zunehmende Komplexität, Dynamik und Diskontinuität der Unternehmensumwelt führt zu einem ständigen Veränderungsbedarf von Produkten, Märkten und Geschäftsportfolios. Ansätze zur Lösung bieten Frühwarnsysteme. Bislang existieren wenige Implementierungen für das strategische Management aufgrund der Ineffizienz bestehender Konzeptionen. Erforderlich ist daher eine Effizienzkonzeption für Frühwarnsysteme, mit der strategisch relevante Information generiert und an die Unternehmensführung weitergeleitet werden kann. Der Autor stellt eine Effizienzkonzeption dar, die auf einem systemtheoretischen Informationsmodell und Erkenntnissen aus empirischen Fallstudien basiert, und mit dem Unternehmen ihren Informationsaufwand zur Erhaltung und Weiterentwicklung ihrer strategischen Positionierung im Wettbewerb begrenzen können.

22 Führungsverantwortung

Bewährte oder innovative Managementmethoden?

Horst Wildemann (Hrsg.)
Führungsverantwortung
München 2003
ISBN 3-934155-78-2
EUR 165,-
zzgl. Versandkosten

Autoren:
Rolf Allmendinger, WMF • **Univ.-Prof. Dr. Hans H. Bauer**, Universität Mannheim • **Pepyn R. Dinandt**, Mannesmann Plastics Machinery • **Peter Mark Droste**, Siebel • **Dr. Dierk Ernst**, Hannover Leasing • **Prof. Dr. Dr. h. c. Utz-Hellmuth Felcht**, Degussa • **Günter Fergen**, Kaufland • **Thomas Fischer**, LBBW • **Jürgen Fritz**, SAS • **Dr.-Ing. Ekkehard Gericke**, Festo • **Dr.-Ing. Burkhard Göschel**, BMW • **Dr.-Ing. E. h. Siegfried Goll**, ZF Friedrichshafen • **Rudi Gröger**, O_2 • **Dr. Hans-Dieter Harig**, E.ON Energie • **Dr. Horst Hollstein**, H&R Wasag • **Prof. Dr.-Ing. Albert Jugel**, Dräger • **Dr. Georg Kellinghusen**, Escada • **Georg Konstantinou**, Tolatec • **Uwe H. Lamann**, Leoni • **Justus M. Leyde**, Oechsler • **Andreas F. J. Obereder**, Atoss • **Dr. Jürgen Rüttgers**, CDU NRW • **Hans Schardt**, Ford • **Hilmar Schmidt-Kohlhas**, BVG • **Dr.-Ing. E. h. Hans-Joachim Schöpf**, DaimlerChrysler • **Dr.-Ing. Hermann Scholl**, Robert Bosch • **Jörg Sost**, Freudenberg • **Dr. Frank Stieler**, Siemens • **Dr.-Ing. E. h. Heinrich Weiss**, SMS • **Dr. Alexander Winkels**, WestLB • **Alexander von Witzleben**, Jenoptik • **Univ.-Prof. Dr. Horst Wildemann**, TU München

23 Geschäftsprozessorganisation

Geschäftsprozessorganisation – Konzepte und Fallstudien

Autoren:
Univ.-Prof. Dr. Werner Delfmann, Universität Köln • **Univ.-Prof. Dr. Reinhard Haupt**, Friedrich-Schiller-Universität Jena • **Univ.-Prof. Dr. Werner Jammeregg**, Wirtschaftsuniversität Wien • **Univ.-Prof. Dr. Hans-Ulrich Küpper**, LMU München • **Dr. Sebastian Kummer**, Otto-Beisheim-Hochschule Koblenz • **Dr. Bärbel Reuter**, Bergische Universität Gesamthochschule Wuppertal • **Univ.-Prof. Dr. Bernd Schiemenz**, Philipps-Universität Marburg • **Dr. Hartmut Wiethoff**, Universität Dortmund • **Univ.-Prof. Dr. Horst Wildemann**, TU München

Horst Wildemann (Hrsg.)
Geschäftsprozessorganisation
München 1997
ISBN 3-931511-05-7
EUR 85,-
zzgl. Versandkosten

24 Geschäftsprozessoptimierung

Leitlinien zur erfolgreichen Prozessoptimierung

Koniordos analysiert konkrete Projekte zur Geschäftsprozessoptimierung und leitet aus den so gewonnenen Erkenntnissen Leitlinien für optimale Vorgehensmodelle ab. Die theoretische Grundlage für die Ableitung der Leitlinien bildet die Verknüpfung der Konzepte der Geschäftsprozessoptimierung und des organisationalen Lernens. Hierauf aufbauend konnten aus der empirischen Analyse vier Vorgehensmodelle verdichtet werden, um dem Praktiker einen Leitfaden für die erfolgreiche Restrukturierung seines Unternehmens, Geschäftsbereiches oder Prozesses an die Hand zu geben.

Thomas Koniordos
Lernbasierte Geschäftsprozessoptimierung
München 2001
ISBN 3-934155-72-3
EUR 85,-
zzgl. Versandkosten

25 Gestaltung der Kundenbeziehung

Wissensbasierte Gestaltung von Kundenbeziehungen durch Service, Logistik und E-Technologien

Ein intensivierter Wettbewerb, eine stagnierende Nachfrage sowie gestiegene, individuelle Kundenanforderungen führen zu einem Abrücken von permanenter Neukundengewinnung und zum verstärkten Aufbau von Kundenbeziehungen. Für die Unternehmen stellt sich die Frage einer wissens- und leistungspolitischen Ausgestaltung der Kundenbeziehungen. Der Autor entwickelt hierfür ein ganzheitliches, empirisch unterstütztes Modell, das eine Kundenbeziehungsanalyse unter Profitabilitäts- und Wissensaspekten beinhaltet.

Peter Faust
Gestaltung von Kundenbeziehungen
München 2003
ISBN 3-937236-02-3
EUR 85,-
zzgl. Versandkosten

26 Globalisierung

Vom nationalen Qualitätsexporteur zum globalen Unternehmen

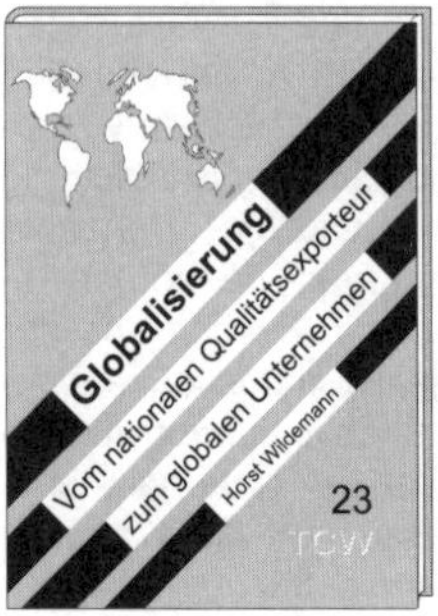

Autoren:
Georg Acker, Mannesmann • **Manfred Ahle**, Vaillant • **Roland Berger**, Roland Berger • **Heinz Dürr**, Deutsche Bahn • **Dr. Dierk Ernst**, Hannover HL Leasing • **Prof. Robert W. Hall**, Kelly School of Business • **Peter Hamberger**, Hamberger Industriewerke • **Prof. Dr.-Ing. Günter Kappler**, BMW Rolls-Royce • **Bob Lee**, Gottlob Auwärter • **Prof. Dr.-Ing. Uwe Loos**, FAG • **Jürgen Mohr**, Siemens • **Sönke Mehrgardt**, Infineon • **Erhard Schipporeit**, VIAG • **Dr. Albrecht Schmidt**, HypoVereinsbank • **Ernst Susanek**, Zeppelin • **Univ.-Prof. Dr. Horst Wildemann**, TU München

Horst Wildemann (Hrsg.)
Globalisierung
München 2000
ISBN 3-934155-60-X
EUR 98,-
zzgl. Versandkosten

27 Industrielle Serviceleistungen

Auditierung und Erfolgsfaktoren industrieller Serviceleistungen

Als Differenzierungsmerkmal im Wettbewerb werden häufig industrielle Serviceleistungen eingesetzt. Viele Unternehmen erzielen jedoch damit keinen wirtschaftlichen Erfolg: Stattdessen verschärfen undifferenzierte und intransparente Services den Kostendruck. Vor diesem Hintergrund entwickelt Dirk Hartel ein Konzept zur Auditierung industrieller Serviceleistungen unter Berücksichtigung relevanter Einflussgrößen und Erfolgsfaktoren. Auf der Basis eines Service-Erfolgs-/Service-Audit-Portfolios leitet der Autor Normstrategien für ein effektives Service-Management ab.

Dirk H. Hartel
Auditierung und Erfolgsfaktoren
München 2002
ISBN 3-934155-76-6
EUR 85,-
zzgl. Versandkosten

28 Instandhaltungslogistik

Ziele und Rahmenbedingungen der Instandhaltungslogistik

Die Betriebswirtschaftslehre hat die Instandhaltungsfunktion in Unternehmen bisher vorwiegend aus absatzwirtschaftlicher Sicht behandelt. Die vorliegende Arbeit stellt diesen Ansätzen eine am modernen betriebswirtschaftlichen Logistikdenken ausgerichtete Betrachtung zur Seite.
Die empirische Relevanz wird an den Fällen der Instandhaltungslogistik in den Luftverkehrsgesellschaften und westlichen Luftstreitkräften untersucht. Es werden Ziele konkretisiert, ihre Struktur- und Prozessparameter abgeleitet und dabei gezeigt, wie die Logistik kooperativ vollzogen werden kann.

Arno Schieck
Ziele und Rahmenbedingungen der Instandhaltungslogistik
München 2003
ISBN 3-934155-84-7
EUR 85,-
zzgl. Versandkosten

29 Innovation

Innovation und Kundennähe: Wachstumsstrategien im Wettbewerb

Horst Wildemann (Hrsg.)
Innovation und Kundennähe
München 1996
ISBN 3-929918-84-6
EUR 145,-
zzgl. Versandkosten

Autoren: **Manfred Ahle**, Vaillant • **Univ.-Prof. Dr. Manfred Broy**, TU München • **Dr. Peter Demmer**, Kloeckner-Moeller • **Manfred Eicker**, VAW • **Prof. John E. Ettlie**, University of Michigan • **Dr.-Ing. Ralf Feierabend**, ConMoto • **Univ.-Prof. Dr.-Ing. Manfred Geiger**, Universität Erlangen-Nürnberg • **Prof. Dr. Robert Hall**, University of Indianapolis • **Dr. Ing. Hans-Jürgen Hauck**, Müller Weingarten • **Axel Kappes**, Enermet • **Hans Knürr**, Knürr • **Dr. Ing. Peter-Jürgen Kreher**, FAG • **Dr. Hermann Krog**, VW • **Univ.-Prof. Dr. Hans-Ulrich Küpper**, LMU München • **Dr. Manfred Lamy**, Lamy • **Univ.-Prof. Dr. Karl-Heinz Leist**, TU München • **Univ.-Prof. Dr. Dr. Peter Mertens**, Universität Erlangen-Nürnberg • **Jürgen Mayer,** Interelectric • **Dr.-Ing. Manfred Merz**, Freudenberg • **Joachim Meyer**, Vaillant • **Prof. Jinichiro Nakane**, University Tokyo • **Hans-Dieter Lesch**, Kautex • **Dr. Albrecht Ostermann**, PKL • **Karl Peter,** Fendt • **Dr. Götz Pieper**, Nölke • **Prof. Dr.-Ing. Karl Renius**, TU München • **Achim Renziehausen**, Elba • **Univ.-Prof. Dr.-Ing. Horst Josef Roos**, Universität Stuttgart • **Dr. Wolfgang Schmitz**, TÜV Bayern • **Kurt Schacherl**, Kögel • **Univ.-Prof. Dr.-Ing. Herbert Schnauber**, Universität Bochum • **Ruedi Seewer**, Seewer • **Ernst Susanek**, Zeppelin • **Hans Weisbarth**, BMW • **Univ.-Prof. Dr. Kurt Weis**, TU München • **Prof. Dr. Burkhard Welkener**, VW • **Univ.-Prof. Dr. Horst Wildemann**, TU München • **Gerhard Winklhofer**, Winklhofer • **Alfred Wirch**, Pelikan

30 Investitionsentscheidungsprozess

Für numerisch gesteuerte Fertigungssysteme

Horst Wildemann
Investitions-entscheidungsprozess
2. Auflage
München 1985
ISBN 3-922246-46-X
EUR 45,-
zzgl. Versandkosten

In diesem Buch wird ein bereits in der Praxis erprobter Weg aufgezeigt, den Investitionsentscheidungsprozess unter Beachtung von betriebswirtschaftlichen und technologischen Aspekten rational durchzuführen. Insbesondere die Methoden zur Feststellung der ökonomischen, technologischen und sozialen Eignung numerisch gesteuerter Fertigungssysteme für spezielle Anwendungsfälle und die Aufbereitung der Daten mit Hilfe der Kosten-Wirksamkeits-Analyse erlauben es, eine begründete Investitionsentscheidung zu fällen.

31 Just-in-Time

Das Just-in-Time-Konzept – Produktion und Zulieferung auf Abruf

Wildemann, der über zwanzig Jahre Erfahrung mit dem Just-in-Time-Konzept besitzt, zeigt, dass bei Anwendung dieses Konzepts Zeit- und Bestandsverkürzungen um 50 % bei gleichzeitiger Stückkostenreduzierung um 10 %, Qualitätsverbesserungen um das 5- bis 10fache und Flexibilitätserhöhungen erreichbar sind. Dazu ist eine Umgestaltung der Funktionen Produktion, Logistik, Auftragsabwicklung und Konstruktion im Unternehmen und im Zulieferbereich erforderlich. Diese Themen sind Gegenstand des Buches, in das zudem Fallstudien aus 248 Unternehmen einfließen.

Horst Wildemann
Das Just-in-Time-Konzept
5. Auflage
München 2001
ISBN 3-934155-63-4
EUR 95,-
zzgl. Versandkosten

32 Kernkompetenzen

Kernkompetenzen und E-Technologien managen

Autoren:
Kurt Bay, Döring • **Wilhelm Becker**, BMW • **Uli Behr**, Gartner • **Dr. Axel Deich**, DaimlerChrysler Aerospace • **Peter Mark Droste**, Compaq • **Prof. Dr. Utz-Hellmuth Felcht**, SKW • **Prof. Robert Hall**, Inidiana University • **Hans-Georg Härter**, Zahnradfabrik • **Dr. Rainer Hecker**, Loewe • **Franz-Josef Kortüm**, Webasto • **Prof. Dr. Eckart Kottkamp**, CLAAS • **Dr. Bernd Kundrun**, Gruner+Jahr • **Dr. Fritz Lehnen**, Dynamit Nobel • **Prof. Dr. Rolf Lidl**, Krupp Werner & Pfleiderer • **Prof. Dr. Norbert Loos**, BWK • **Dr. Georg Obermeier**, RHI • **Hans-Joachim Rudnik**, debis - **Reiner G. Schüle**, NOVEM • **Felix Servas**, Schuh-Union • **Prof. Dr. Wilhelm Simson**, VIAG • **Dieter Specht**, Interroll • **Adi Stahuber**, i2-Technologies • **Dr. Klaus Steffens**, MTU • **Univ.-Prof. Dr. Horst Wildemann**, TU München • **Winfried Witte**, Mannesmann Rexroth • **Dr. Klaus Zumwinkel**, Deutsche Post

Horst Wildemann (Hrsg.)
Kernkompetenzen und E-Technologien managen
München 2000
ISBN 3-934155-96-0
EUR 195,-
zzgl. Versandkosten

33 Komplexitätsmessung

Konzept zur Komplexitätsmessung des Auftragsabwicklungsprozesses – Eine empirische Untersuchung

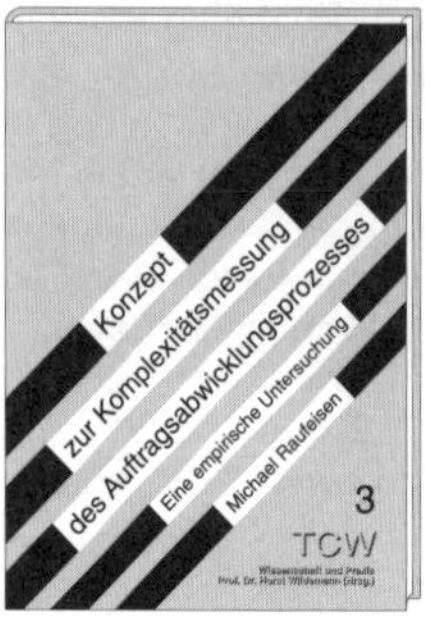

Der Komplexitätsbegriff hat in den letzten Jahren zunehmend an Bedeutung gewonnen. Überwiegend findet er bei solchen problembezogenen Sachverhalten Anwendung, die dem Beobachter als intransparent erscheinen. Die vorliegende Arbeit bietet eine Gesamtkonzeption der Komplexitätsmessung von Prozessen. Der Schwerpunkt dieser Prozessbetrachtung liegt im Geschäftsprozess der Auftragsabwicklung, der entlang der indirekten Bereiche über die Strecke von der ersten Kundenanfrage bis zur Einsteuerung der Aufträge in den Produktionsbereich systemorientiert definiert ist.

Michael Raufeisen
Konzept zur Komplexitätsmessung des Auftragsabwicklungsprozesses
München 2000
ISBN 3-931511-81-2
EUR 85,-
zzgl. Versandkosten

34 Kostenführerschaft & Service

Kostenführerschaft und Service – Der Weg zum agilen Unternehmen

Fallstudien von:
Konrad Auwärter, NEOPLAN • **Werner Baier**, Webasto AG Fahrzeugtechnik • **Dr. Karl-Hermann Baumann**, Siemens AG • **Dr. Gerhard Cromme**, Friedrich Krupp AG, Hoesch-Krupp • **Manfred Eicker**, Eisenwerk Brühl GmbH • **Rainer Grohe**, VIAG AG • **Dr. Horst Hollstein**, Schmierstoffraffinerie Salzbergen GmbH • **Dr.-Ing. Peter-Jürgen Kreher**, FAG Kugelfischer, Georg Schäfer AG • **Dr. Edward G. Krubasik**, Siemens AG • **Dr. Christoph Lindenmeyer**, Schindler Aufzüge AG (CH) • **Dr. jur. Willfred Mayer**, DBV - Winterthur Versicherungen • **Jürgen K. Nehls**, Giesecke & Devrient GmbH • **Dr. Georg Obermeier**, VIAG AG • **Dr. Helmut Perlet**, Allianz AG • **Dr. Bernd Pischetsrieder**, BMW AG • **Gordon Riske**, KUKA Roboter GmbH • **Randolf Rodenstock**, Optische Werke G. Rodenstock • **Olaf Schwan**, Giesecke & Devrient GmbH • **Frank Straub**, BLANCO GmbH & Co. KG • **Dr.-Ing. Ulrich Viethen**, Joh. Vaillant GmbH u. Co. • **Univ.-Prof. Dr. Horst Wildemann**, TU München • **Dr. Klaus Zumwinkel**, Deutsche Post AG

Horst Wildemann (Hrsg.)
Kostenführerschaft und Service – Der Weg zum agilen Unternehmen
München 1998
ISBN 3-931511-80-4
EUR 98,-
zzgl. Versandkosten

35 Kostenmanagement

Kostenmanagement in der Softwareentwicklung

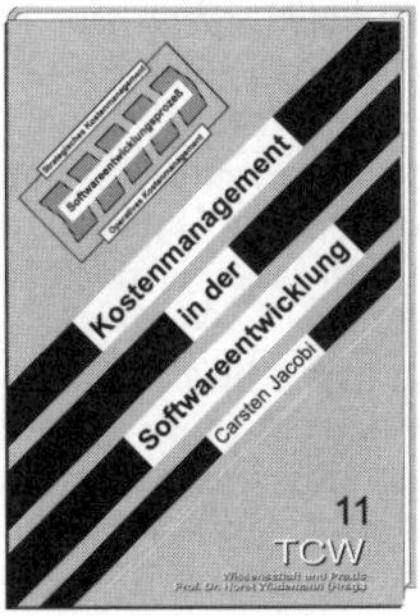

Die zunehmende Bedeutung von Software führt zur Notwendigkeit der Beherrschung von Entwicklungsaktivitäten. Dies erfordert eine konsequente Ausrichtung aller Aktivitäten an den Wertschöpfungsprozessen der Kunden. Das Buch zeigt auf, welche Softwareprojektarten zu unterscheiden sind. Anhand von Fallstudien wird die praktische Relevanz von Gestaltungsempfehlungen und des Instrumenteneinsatzes zur wertorientierten Softwareproduktentwicklung gezeigt.

Carsten Jacobi
Kostenmanagement in der Softwareentwicklung
München 2001
ISBN 3-934155-66-9
EUR 85,-
zzgl. Versandkosten

36 Kultureller Wandel

Instrumente zur Implementierung des kulturellen Wandels von Unternehmen

Die Autorin zeigt Wege zur Implementierung des kulturellen Wandels von Unternehmen auf, die sich in praxisorientierten Handlungsempfehlungen niederschlagen. Innovative Instrumente der Personal- und Führungskräfteentwicklung werden im Hinblick auf ihre Veränderungsbeiträge zum kulturellen Wandel sowie ihre Zielgruppeneignung detailliert untersucht. Ein partizipativer, evolutorischer Kulturmanagementansatz mit den Phasen Planung, Durchführung, Steuerung und Kontrolle bildet den konzeptionellen Rahmen der Arbeit.

Iris Hausladen
Kultureller Wandel
München 2001
ISBN 3-934155-64-2
EUR 85,-
zzgl. Versandkosten

37 Lean Management

Methoden, Vorgehensweisen und Wirkungsanalysen

Horst Wildemann
Lean Management
3. überarb. Auflage
München 1996
ISBN 3-929918-82-X
EUR 85,-
zzgl. Versandkosten

Wildemann zeigt in einer zweijährigen, mehr als 20 Unternehmen umfassenden Studie, dass schlanke Organisationsstrukturen und Geschäftsprozesse mit kurzen Durchlaufzeiten, eine kontinuierliche Verbesserung der betrieblichen Abläufe oder die schnelle Umsetzung neuer Ideen nicht allein mit einer Reihe von Einzelmaßnahmen zu erreichen sind.
Lean Management beruht auf einem ganzheitlichen Verständnis betrieblicher Abläufe. In diesem Buch werden Leitlinien für eine Beschleunigung des Übergangs zu mitarbeiter- und prozessorientierten Strukturen aufgezeigt.

38 Logistikcontrolling

Wertorientiertes Logistikcontrolling – Eine theoretische und empirische Untersuchung

John Victor Herold
Wertorientiertes Logistikcontrolling
München 2003
ISBN 3-937236-01-5
EUR 85,-
zzgl. Versandkosten

Das Aufgabenspektrum der Logistik in Unternehmen bietet die Möglichkeit, neue Differenzierungspotenziale gegenüber dem Wettbewerb zu identifizieren und nachhaltig auszuschöpfen. Es stellt sich die Frage, wie ein Unternehmen seine logistischen Potenziale erkennen kann und auf Basis welcher Informationen die Entscheidungen für Verbesserungsmaßnahmen getroffen werden sollen. Zur Beantwortung dieser Fragen entwickelt der Autor ein Konzept für den unternehmensspezifischen Aufbau von Controllingsystemen, mit dem sich die Logistik wertoptimal ausrichten lässt.

39 Logistikmanagement

Logistik – Prozessmanagement

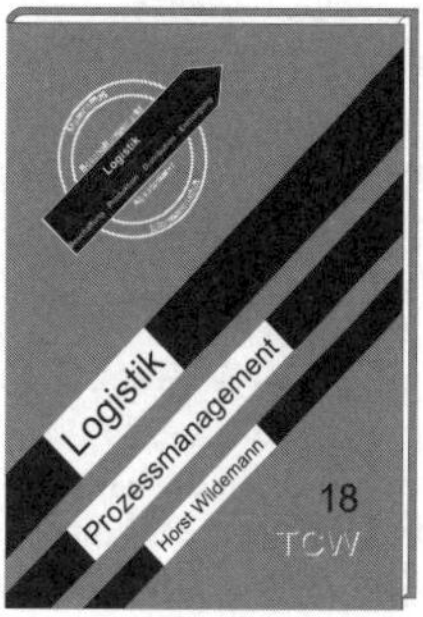

Nach mehr als 25-jähriger Auseinandersetzung mit logistischen Fragestellungen fasst Wildemann seine Gedanken zu einer praxiserprobten Managementkonzeption zusammen. Ausgehend von der Porterschen Wertschöpfungskette werden Ziele, Strategien sowie weitere Gestaltungsparameter logistischer Systeme der Beschaffung, Produktion, Distribution und Entsorgung theoretisch fundiert, analysiert und bewertet. Ferner werden robuste Methoden zur Rationalisierung diskutiert, die in Unternehmen bereits erfolgreich angewandt wurden.

Horst Wildemann
Logistik – Prozessmanagement
2. überarb. Auflage
München 2001
ISBN 3-934155-61-8
EUR 98,-
zzgl. Versandkosten

40 Marktführerschaft

Reorganisation und Innovation – Fallsammlung

Autoren:
Georg Acker, Thyssen • **Dr. Götz-Peter Blumbach**, FAG • **Heiko Bostelmann**, Deutsche Bahn • **Markus Ehl**, Argus • **Hans Ruedi Fanti**, Matra • **Horst Gotthardt**, Siemens Nixdorf • **Dr. Peter Grassmann**, Zeiss • **Stefan K. W. ten Hoevel**, Mercedes Benz • **Axel Kappes**, Enermet • **Harald Landmann**, Setra • **Dr. Uwe Lebens**, GENUPORT • **Dr. Uwe Loos**, Porsche • **Wolfgang Mayrhuber**, Lufthansa • **Gerhard Meier**, Deutsche Bahn • **Detlef Metzler**, Elba • **Heinz Neuhaus**, Deutsche Bahn • **Dr. Georg Obermeier**, VIAG • **Eckhard Pfeiffer**, Compaq • **Dr. techn. h. c. Dipl.-Ing. ETH Ferdinand Piëch**, VW • **Dr. Jürgen Ritz**, Herberts • **Dr. Ulrich Schumacher**, Siemens • **Dr. Peter Stehle**, Freudenberg • **Michael Timmermann**, Schmitz • **Rolf Waldi**, BLANCO • **Prof. Dr. Burkhard Welkener**, VW of South Africa • **Dr. Michael Wessel**, Herberts • **Dr. Otto Wiesheu**, Bayerischer Staatsminister • **Univ.-Prof. Dr. Horst Wildemann**, TU München • **Dr. Hans-Dietrich Winkhaus**, Henkel • **Dr. Walter-G. Wrobel**, Zeiss.

Horst Wildemann (Hrsg.)
Marktführerschaft:
Reorganisation und Innovation
München 1997
ISBN-Nr. 3-931511-15-4
EUR 145,-
zzgl. Versandkosten

41 Moderne Produktionskonzepte

Für Güter- und Dienstleistungsproduktionen

Horst Wildemann (Hrsg.)
Moderne Produktionskonzepte
München 2003
ISBN 3-934155-83-9
EUR 115,-
zzgl. Versandkosten

Autoren:
Dr. rer. pol. Sven Behrens; Dr. Thorsten Blecker, Universität Klagenfurt • **Univ.-Prof. Dr. Harald Dyckhoff**, RWTH Aachen • **Univ.-Prof. Dr.-Ing. Norbert Gronau**, Universität Oldenburg • **Dr. Joachim Kahmann**, Infineon AG • **Univ.-Prof. Dr. Wolfgang Kersten**, TU Hamburg-Harburg • **Univ.-Prof. Dr. Koller**, Universität der Bundeswehr Hamburg • **Dipl.-Kfm. Oliver Mack**, Mack. Managementconsuling, Hamburg • **A. Univ.-Prof. Dr. Kurt Matzler**, Universität Innsbruck • **Dr. Udo Mildenberger**, Universität Mainz • **PD Dr. Markus Schweitzer**, Universität des Saarlandes, Saarbrücken • **Univ.-Prof. Dr.-Ing. habil. Dieter Specht**, Brandenburgische TU Cottbus • **Univ.-Prof. Dr. Dr. habil. Dr. h. c. Horst Wildemann**, TU München

42 Nationaler Qualitätsexporteur

Vom nationalen Qualitätsexporteur zum globalen Unternehmen

Horst Wildemann (Hrsg.)
Vom nationalen Qualitätsexporteur zum globalen Unternehmen
München 1999
ISBN 3-931511-85-5
EUR 145,-
zzgl. Versandkosten

Autoren:
Georg Acker, Mannesmann • **Manfred Ahle**, Vaillant • **Roland Berger**, Roland Berger • **Dr. Dierk Ernst**, Hannover HL Leasing • **Prof. John E. Ettlie**, University of Michigan Business School • **Prof. Robert W. Hall**, Kelly School of Business • **Peter Hamberger**, Hamberger Industriewerke • **Univ.-Prof. Dr.-Ing. Günter Kappler**, BMW Rolls-Royce • **Prof. Dr.-Ing. Klaus G. Lederer**, Deutsche Babcock • **Bob Lee**, Gottlob Auwärter • **Prof. Dr.-Ing. Uwe Loos**, FAG • **Jürgen Mohr**, Siemens • **Dr. Albrecht Schmidt**, HypoVereinsbank • **Dr.-Ing. Ulrich Schumacher**, Siemens • **Oskar J. Schwenk**, Pilatus Aircraft • **Ernst Susanek**, Zeppelin • **Jürgen Tiemann**, Philips Medical Systems • **Rolf Waldi**, BLANCO • **Univ.-Prof. Dr. Horst Wildemann**, TU München

43 Online-Auktionen

Gestaltung von Online-Auktionen im Einkauf – Eine theoretische und empirische Untersuchung

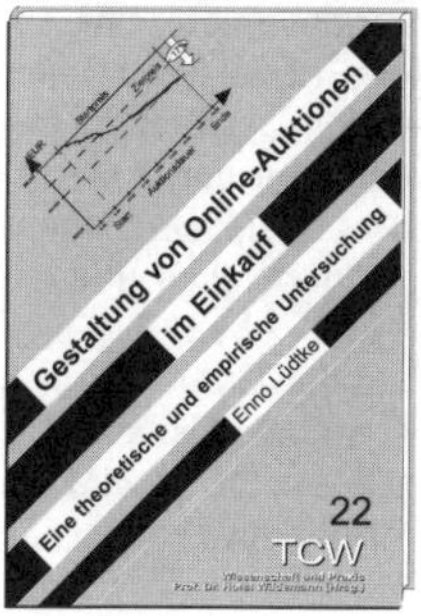

Online-Auktionen im Einkauf können die Materialkosten signifikant senken. Eine pauschale und unsystematische Gestaltung einer Online-Auktion verhindert jedoch die Realisierung möglicher Preissenkungspotenziale und wirkt sich negativ auf die Abnehmer-Lieferanten-Beziehungen und das Supply Chain Management aus. Daher besteht auf Seiten der Abnehmer und der Lieferanten große Unsicherheit, wie eine Online-Auktion für eine spezifische Beschaffungssituation auszusehen hat. Wie Online-Auktionen systematisch gestaltet werden können, zeigt dieses Buch.

Enno Lüdtke
Gestaltung von Online-Auktionen im Einkauf
München 2003
ISBN 3-937236-00-7
EUR 85,-
zzgl. Versandkosten

44 Portfoliomanagement

Portfoliomanagement zur Steigerung der Entwicklungseffektivität

Erfolgreiche Unternehmen bilden ihre Strategien konsequent in einem F&E-Portfolio ab, selektieren wirksamer und bündeln ihre Kapazitäten stärker als weniger erfolgreiche. Sie intensivieren Vorfeldaktivitäten und erreichen so höhere Projekterfolgsquoten. Aus der Analyse der F&E-Portfoliomanagementpraxis werden Prozess- und Methodendefizite erkennbar. Die Hebel zur Steigerung der Marktwirksamkeit von Entwicklungsleistungen sind ein aggressives Ideenmanagement, ein strukturierter Prozess der Portfoliozusammenstellung und die Umsetzung der Unternehmensstrategie.

Wolfram Seidemann
Portfoliomanagement zur Steigerung der Entwicklungseffektivität
München 1999
ISBN 3-931511-40-5
EUR 85,-
zzgl. Versandkosten

45 PPS-Reorganisation

Sanierung oder Ablösung: Empirische Analyse, Erfolgsfaktoren, Normstrategien

Durch den Aufbau eines praxisrelevanten Diagnosemodells werden systematische Entwicklungs- und Anpassungspfade der PPS aufgezeigt. Der Einsatz der Portfoliotechnik ermöglicht eine einfache und transparente Entscheidungsfindung. Für die abgeleiteten Normstrategien werden geeignete Gestaltungsfelder und ein optimaler Veränderungsprozess beschrieben. Die sich anschließende Wirkungsanalyse auf der Grundlage von Effektivität und Effizienz bildet die wirtschaftliche Beurteilungsbasis für die Handlungsoptionen. Damit wird ein in sich geschlossenes Gesamtkonzept entwickelt.

Olaf Marx
PPS-Reorganisation
München 2001
ISBN 3-934155-62-6
EUR 85,-
zzgl. Versandkosten

46 Produktion und Controlling

Aktuelle Entwicklung im Controlling und in angrenzenden Bereichen

Autoren:
Univ.-Prof. Dr. Volkmar Botta, Friedrich-Schiller-Universität Jena • **Univ.-Prof. Dr. Arnd Huchzermeier**, WHU Otto-Beisheim-Hochschule Koblenz • **Univ.-Prof. Dr. Karl Inderfurth**, Otto-von-Guericke-Universität Magdeburg • **Univ.-Prof. Dr. Wolfgang Kersten**, Technische Universität Hamburg-Harburg • **Prof. Dr. Christoph H. Loch**, INSEAD, Fontainbleau • **Dr. Bärbel Reuter**, Bergische Universität Wuppertal • **Univ.-Prof. Dr. Christoph Schneeweiß**, Universität Mannheim • **Prof. Dr. Gerhard Schünemann**, Fachhochschule Stralsund • **Univ.-Prof. Dr.-Ing. habil. Dieter Specht**, TU Cottbus • **Univ.-Prof. Dr. Horst Wildemann**, TU München

Horst Wildemann (Hrsg.)
Produktion und Controlling
München 1999
ISBN 3-931511-84-7
EUR 98,-
zzgl. Versandkosten

47 Produktionsnetzwerke

Produktions- und Zuliefernetzwerke

Horst Wildemann (Hrsg.)
Produktions- und Zuliefernetzwerke
München 1996
ISBN 3-929918-78-1
EUR 98.-
zzgl. Versandkosten

Autoren:
Univ.-Prof. Dr. Klaus Bellmann, Universität Mainz • **Univ.-Prof. Dr. Volker Botta**, Universität Jena • **Univ.-Prof. Dr. Harald Dyckhoff**, RWTH Aachen • **Univ.-Prof. Dr. Hans-Werner Hansmann**, Universität Hamburg • **Univ.-Prof. Dr. Hans-H. Hinterhuber**, Universität Innsbruck • **Univ.-Prof. Dr. Bernd Kaluza**, Universität Duisburg • **Univ.-Prof. Dr. Joachim Reese**, Universität Lüneburg • **Univ.-Prof. Dr. habil. Knut Richter**, Europäische Universität Viadrina Frankfurt/Oder • **Univ.-Prof. Dr.-Ing. habil. Dieter Specht**, TU Cottbus • **Dr. Enno Weiß**, Universität Erlangen-Nürnberg • **Univ.-Prof. Dr. Horst Wildemann**, TU München

48 Produktionscontrolling

Systemorientiertes Controlling schlanker Produktionsstrukturen

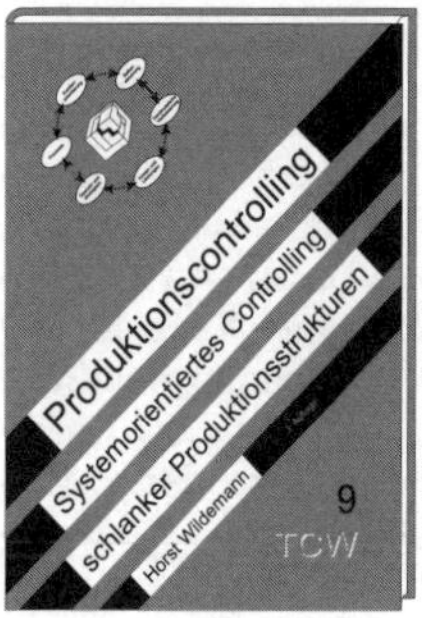

Horst Wildemann
Produktionscontrolling
4. Auflage
München 2001
ISBN 3-934155-71-5
EUR 98,-
zzgl. Versandkosten

In diesem Buch gibt der Autor dem Praktiker wichtige Impulse für die Neuorientierung des Controllings aus der Perspektive von Produktionsunternehmen. Die bestehenden Controllingkonzepte werden um systemorientierte Denk- und Gestaltungsansätze erweitert und in ein Bausteinmodell integriert. Wildemann verdeutlicht die Notwendigkeit einer Reform des Controllings, worüber jedes Unternehmen nachdenken sollte, da traditionelle Controllingkonzepte unter den veränderten technologischen und organisatorischen Rahmenbedingungen immer mehr an ihre Grenzen stoßen.

49 Produktentstehungsprozess

Gestaltung der Integration von Lieferanten in den Produktentstehungsprozess

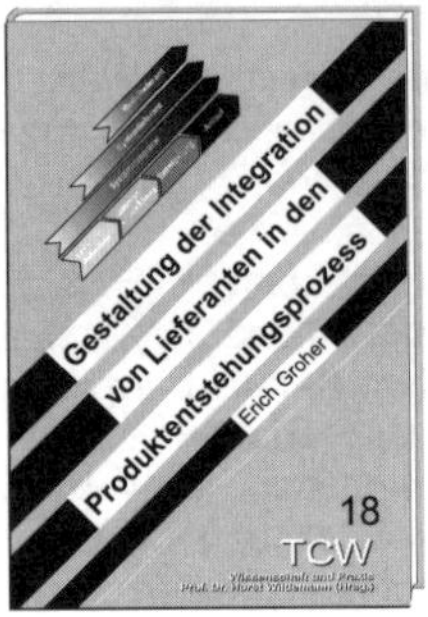

Die Integration der Lieferanten in den Produktentstehungsprozess ist ein entscheidender Hebel für die Unternehmensentwicklung und dient der nachhaltigen Sicherung der Wettbewerbsfähigkeit eines Unternehmens. Wo genau ist die Schnittstelle des Abnehmers zum Lieferanten sowohl aus zeitlicher als auch aus technischer Sicht zu legen? Wie kann die Zusammenarbeit von Lieferant und Abnehmer im Produktentstehungsprozess organisatorisch bewältigt werden? Fragen wie diese werden von dem Autor des Buches ausführlich beantwortet. Darüber hinaus werden auf der Basis von Fallstudien praktische Handlungsempfehlungen geliefert.

Erich Groher
Produktentstehungsprozess
München 2002
ISBN 3-934155-80-4
EUR 85,-
zzgl. Versandkosten

50 Produktionswirtschaft

Innovation in der Produktionswirtschaft

Autoren:
Dr. Franz Bailom, Innovative Partner International Innsbruck • **Prof. Dr. Bernhard Fleischmann**, Universität Augsburg • **Univ.-Prof. Dr. Hans-Dietrich Haasis**, Universität Bremen • **Univ.-Prof. Dr. Hans Hinterhuber**, Universität Innsbruck • **Univ.-Prof. Dr. Arnd Huchzermeier**, WHU Koblenz • **Dr. Wolfgang Kersten**, TU München • **Dr. Hanns Koller**, TU München • **Univ.-Prof. Dr. Günter Schmidt**, Universität des Saarlandes, Saarbrücken • **Univ.-Prof. Dr. Hans-Horst Schröder**, RWTH Aachen • **Univ.-Prof. Dr. Dieter Specht**, TU Cottbus • **Univ.-Prof. Dr. Hartmut Stadtler**, TU Darmstadt • **Univ.-Prof. Dr. Horst Tempelmeier**, Universität Köln • **Univ.-Prof. Dr. Horst Wildemann**, TU München • **Univ.-Prof. Dr. Günter Zäpfel**, Universität Linz • **Univ.-Prof. Dr. Stefan Zelewski**, Universität Leipzig

Horst Wildemann (Hrsg.)
Innovationen in der Produktionswirtschaft
München 1998
ISBN 3-931511-26-X
EUR 98,-
zzgl. Versandkosten

51 Produktivitätsmanagement

Handbuch zur Einführung eines kurzfristigen Produktivitätssteigerungsprogramms mit GENESIS

Das von Wildemann entwickelte GENESIS-Programm bewirkt eine sofortige Produktivitätssteigerung innerhalb von vier Tagen und stellt die wirksame Einführung von schlanken Strukturen und Geschäftsprozessen in Produktion, Organisation und Zulieferung sicher. Unternehmen, die eine fundamentale Neuausrichtung ihrer Wertschöpfungsketten anstreben und jede Art von Verschwendung eliminieren wollen, setzen diese Methode ein. Das Buch stellt die GENESIS-Methode sowie ihre Einsatzmöglichkeiten und Ergebnisse in über 100 Unternehmen vor und bietet eine Analyse zahlreicher Fallbeispiele.

Horst Wildemann
Produktivitätsmanagement
3. überarb. Auflage
München 1997
ISBN 3-931511-12-X
EUR 98,-
zzgl. Versandkosten

52 Produktklinik

Wertgestaltung von Produkten und Prozessen – Methoden und Fallbeispiele

Erfolg haben diejenigen Unternehmen, die schneller lernen als andere und ihre Innovationen in allen betrieblichen Bereichen rascher verwirklichen. Hierzu dient die Produktklinik. In ihr werden die hauseigenen Produkte und Prozesse, aufbauend auf Markt-, Wettbewerbs- und Kundendaten, auf physischer Basis mit denen der Wettbewerber verglichen. Die Produktklinik ist der zentrale Ort, an dem eigene Fähigkeiten zusammen mit Informationen von außen erfolgsorientiert verwendet werden.

Horst Wildemann
Produktklinik – Wertgestaltung von Produkten und Prozessen
München 1999
ISBN 3-931511-27-8
EUR 98,-
zzgl. Versandkosten

53 Produktordnungssysteme

Effiziente Gestaltung von Produktordnungssystemen

Der Konflikt zwischen Produktstandardisierung zur Nutzung von Kostendegressionseffekten und der Forderung nach immer kundenspezifischeren Produkten bestimmt in zunehmendem Maße die Gestaltung des Produktprogramms. Dabei sind sowohl Kosten- als auch Umsatzwirkungen zu berücksichtigen, um die vorhandenen Potenziale ausschöpfen zu können. Der Autor verdeutlicht in seiner Arbeit, wie das Produktordnungssystem eines Unternehmens effizient gestaltet werden kann. Diese Arbeit wurde 2002 mit dem MAN-Award der MAN AG und der TU München ausgezeichnet.

Volker Nilles
Effiziente Gestaltung
von Produktordnungssystemen
München 2001
ISBN 3-934155-73-1
EUR 85,-
zzgl. Versandkosten

54 Prozessfähigkeit

Prozessfähigkeit reengineerter Geschäftsprozesse

Prozessfähigkeit bedeutet, die geforderten Prozessziele im Hinblick auf Kosten, Qualität und Zeit langfristig erreichen zu können. In dieser Dissertation wird ein aus theoretischer wie empirischer Sicht verifiziertes Fähigkeitsmodell für indirekte Geschäftsprozesse auf Basis des Six-Sigma-Verständnisses entwickelt. Konkrete Instrumente und Handlungsanweisungen werden für eine Sicherung und Erhöhung der Prozessfähigkeit reengineerter Geschäftsprozesse vorgestellt. Diese Arbeit wurde 2002 mit dem E.ON-Award der E.ON Energie AG und der TU München ausgezeichnet.

Ronald Heggmaier
Prozessfähigkeit reengineerter
Geschäftsprozesse
München 2001
ISBN 3-934155-70-7
EUR 85,-
zzgl. Versandkosten

55 Qualitätscontrolling

Qualität und Unternehmenserfolg

Die Produktqualität in Verbindung mit einer exzellenten Prozessqualität ermöglicht Quantensprünge im Wettbewerb. Dies erfordert die konsequente Eliminierung von Verschwendung und Blindleistung in Geschäftsprozessen. Neben Grundlagenforschung und fundierten Anwendungserfahrungen werden Einführungsstrategien für ein Qualitätscontrolling aufgezeigt. Eine effiziente Steuerung und Koordination qualitätsgerechter Geschäftsprozesse wird ermöglicht und eine optimale Abstimmung kontinuierlicher Verbesserung von Unternehmensstrukturen erreicht.

Horst Wildemann (Hrsg.)
Qualität und Unternehmenserfolg
München 1996
ISBN 3-929918-91-9
EUR 85,-
zzgl. Versandkosten

56 Qualitätskostenrechnung

Kosten- und Leistungsrechnung für präventive Qualitätssicherungssysteme

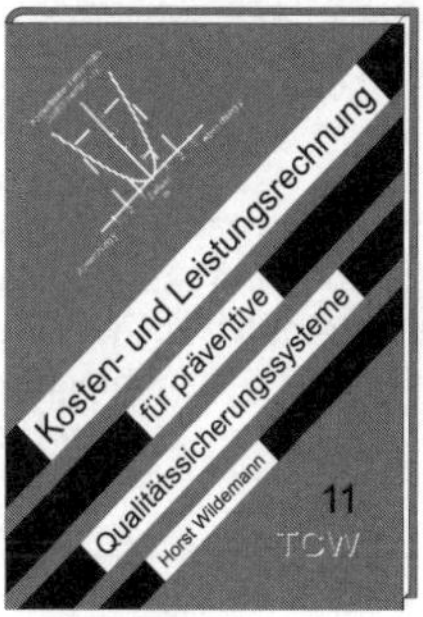

Wildemann behandelt in dieser Veröffentlichung Ansätze für ein Management qualitätsbezogener Kosten und Leistungen, die sich mit Kostengliederung, Leistungsdimensionen präventiver Qualitätssicherungssysteme, Erfassung und Zurechnung qualitätsbezogener Kosten, Einführung von Unternehmensqualität und qualitätsbezogenem Controlling auseinandersetzen.
Den Kostengrößen werden Leistungsdimensionen gegenübergestellt, die in einer Sicherung von Erlösen und einer Optimierung der Qualitätskosten bestehen.

Horst Wildemann
Kosten- und Leistungsrechnung
München 1995
ISBN 3-929918-35-8
EUR 78,-
zzgl. Versandkosten

57 Quality Gates

Qualitätscontrolling von Unternehmensprozessen mit dem Quality-Gate-Konzept

Dynamische Märkte, intensiver Wettbewerb sowie steigende Anforderungen der Kunden an die Qualität unterstreichen die Bedeutung dieses Erfolgsfaktors. Entscheidend für die spätere Qualität der Produkte und Dienstleistungen sind die Unternehmensprozesse, deren Überwachung dem Qualitätscontrolling obliegt. Das Buch beschreibt das Quality-Gate-Konzept hinsichtlich der Gestaltungsgrößen „Inhalte", „Struktur" und „Steuerung" und bietet über Handlungsempfehlungen Unterstützung beim Aufbau eines unternehmensweiten Qualitätscontrollingsystems.

Nicholas Hawlitzky
Qualitätscontrolling mit Quality Gates
München 2002
ISBN 3-934155-81-2
EUR 85,-
zzgl. Versandkosten

58 Qualitätsmanagement

Unternehmensqualität – Einführung einer kontinuierlichen Qualitätsverbesserung

Wildemann erläutert in diesem Buch anhand empirischer Fakten aus über zwanzig Unternehmen Einführungsstrategien für ein System zur Verbesserung der Unternehmensqualität.
Ausgehend von Konzepten und exemplarischen Fallstudien werden Gestaltungsparameter und Einführungspfade ermittelt, die es gestatten, die Unternehmensqualität als ständigen Verbesserungsprozess zu institutionalisieren.

Horst Wildemann
Unternehmensqualität
München 1993
ISBN 3-929918-02-1
EUR 85,-
zzgl. Versandkosten

59 Redistributionslogistik

Kreislauforientierte Redistributionslogistik – Eine empirische Untersuchung

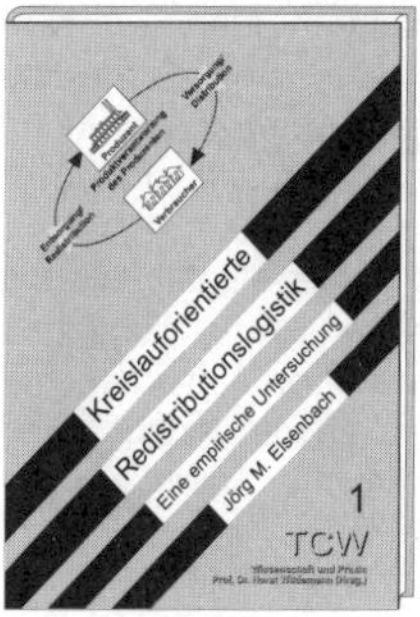

Mit Inkrafttreten des Kreislaufwirtschafts- und Abfallgesetzes wird den Unternehmen, die Produkte entwickeln, herstellen, be- und verarbeiten oder vertreiben, eine erweiterte Produktverantwortung übertragen. Somit stellt sich aus der betriebswirtschaftlichen Perspektive die Frage, welche Ziele, Strategien, Prozesse und organisatorischen Strukturen sich zur Schließung von Stoffkreisläufen als effizient erweisen. Die Ergebnisse der Untersuchung schlagen sich in Handlungsempfehlungen zur Implementierung einer kreislauforientierten Redistributionslogistik nieder.

Jörg M. Elsenbach
Kreislauforientierte Redistributionslogistik
München 1999
ISBN 3-931511-82-0
EUR 85,-
zzgl. Versandkosten

60 Risikomanagement in F&E

Risikobewusstes F&E-Programm-Management – Eine theoretische und empirische Modellanalyse

Die hohen Misserfolgsraten bei F&E-Projekten belegen das hohe Risikopotenzial der F&E-Tätigkeit. Fehlgeschlagene F&E-Projekte bedeuten fehlinvestierte Mittel und fehlende Erfolgspotenziale in der Zukunft. Eine mangelnde Effektivität im Bereich Forschung und Entwicklung kann im Sinne des KonTraG bestandsgefährdend auf das Unternehmen wirken. Mit der Erkenntnis, dass die Risiken entsprechend der Gestaltungsmöglichkeiten in frühen Projektphasen am höchsten sind, rückt das Risikomanagement auf strategischer Ebene in den Mittelpunkt des Interesses.

Marco Heck
F&E-Programm-Management
München 2003
ISBN 3-937236-03-1
EUR 85,-
zzgl. Versandkosten

61 Serviceentwicklung

Qualitätsbasierte Serviceentwicklung – Eine empirische Untersuchung

Die Bedeutung von Serviceleistungen führt zur Notwendigkeit der Beherrschung von Serviceentwicklungsaktivitäten. Trotz der stetigen Weiterentwicklung sind Serviceleistungen häufig von Qualitätsmängeln gekennzeichnet.

Das Buch beinhaltet ein Modell zur qualitätsbasierten Serviceentwicklung, das auf einer Berücksichtigung prozessorientierter, methodischer und organisatorischer Gestaltungsvariablen in Abhängigkeit der Ausprägung produkt-, markt- und projektspezifischer Variablen basiert.

Markus Contzen
Qualitätsbasierte Serviceentwicklung
München 2002
ISBN 3-934155-79-0
EUR 85,-
zzgl. Versandkosten

62 Service- und Wissensmanagement

Service- und Wissensmanagement zur Leistungssteigerung – Ergebnisse einer Delphi-Studie

Die dem Buch zugrunde liegende Expertenbefragung "Service- und Wissensmanagement", an der sich 95 Unternehmen beteiligten, zeigte deutliche Potenziale infolge eines effizienten Service- und Wissensmanagement-Systems. Die Ergebnisse der Delphi-Studie verdeutlichen die Wettbewerbsfaktoren für Unternehmen; Verbesserungspotenziale liegen vor allem in Leistungsvorteilen. Eine Leistungssteigerung von 10-20 % scheint den Experten durchaus realistisch. Entscheidungsträger erhalten mit dieser Studie Handlungsempfehlungen zur Implementierung eines Service- und Wissensmanagement-Systems.

Horst Wildemann
Service- und Wissensmanagement zur Leistungssteigerung
München 2000
ISBN 3-931511-97-9
EUR 165,-
zzgl. Versandkosten

63 Standortplanung

Industriestandort Deutschland: Unternehmen in Deutschland – Wie ist der Standort zu retten?

Horst Wildemann (Hrsg.)
Industriestandort Deutschland
München 1994
ISBN 3-929918-31-5
EUR 145,-
zzgl. Versandkosten

Autoren:
Manfred Bartoschek, KSB • **Michael Bellinger**, VOKO • **Hans Blüml**, Mannesmann Demag • **Manfred Dietz**, Schlafhorst • **Dr. Wolfgang Enßlin**, Mercedes Benz • **Dr. Ralf Feierabend**, ConMoto • **Dieter Fischer**, Sick • **Walter Freitag**, Baldwin • **Peter Gsell**, SIG • **Roman Hänggi**, Leica • **Reinhard Hahner**, Stihl • **Dieter Janetzko**, Metzeler • **Justus Leyde**, Landis&Gyr • **Axel Kappes**, Zellweger • **Jürgen Kratzmann**, Recaro • **Alfred Mertens**, Triumph • **Dr. Thomas Middelhoff**, Bertelsmann • **Dr. Wolf-Peter Moll**, Stoll • **Karl Peter**, Fendt • **Michael Petzold**, Atlas Elektronik • **Werner Schmitt**, VARTA • **Dr.-Ing. Hans-Peter Schmohl**, Jungheinrich • **Dr. Gerd Siekmann**, Happich • **Dr. Gjalt Smit**, Framatome Connectors • **Frank Straub**, BLANCO • **Dr. Dietmar Tress**, Siemens • **Peter Wagener**, Stihl • **Prof. Dr. Burkhard Welkener**, VW • **Univ.-Prof. Dr. Horst Wildemann**, TU München • **Herbert Wohlgenannt**, Leica

64 Strategische Investitionsplanung

Methoden zur Bewertung neuer Produktionstechnologien

Horst Wildemann
Strategische Investitionsplanung
Wiesbaden 1987
ISBN 3-929918-53-6
EUR 45,-
zzgl. Versandkosten

Wildemann zeigt in diesem Buch, welche hohe strategische Bedeutung Produktionstechnologien für Unternehmen vor dem Hintergrund flexibler Fertigungskonzepte haben. Da nur geeignete Produktionstechnologien eine kostengünstige und flexible Herstellung von Produkten erlauben, führt die Wahl falscher Technologien zu Wettbewerbsnachteilen und hoher Fixkostenbelastung.
Dieses Buch gibt dem Praktiker wichtige Hinweise für die methodische Planung künftiger Ressourcen.

65 Supply Chain Management

Supply Chain Management: Konzepte und Anwendungen

Horst Wildemann (Hrsg.)
Supply Chain Management
München 2000
ISBN 3-931511-48-0
EUR 115,-
zzgl. Versandkosten

Autoren:
D. Thorsten Blecker, Universität Klagenfurt • **Prof. Dr. Dr. h. c. Dieter Hahn**, Universität Gießen • **Kai Hellmich**, TU Cottbus • **Prof. Dr. Egon Jehle**, Universität Dortmund • **Univ.-Prof. Dr. Bernd Kaluza**, Universität Klagenfurt • **Dr. Herbert Kotzab**, Copenhagen Business School • **Univ.-Prof. Dr. Dr. h. c. Ralf Reichwald**, TU München • **Dieter Riedel**, TU München • **Prof. Dr. Uwe Schneidewind**, Universität Oldenburg • **Stefan Seuring**, Universität Oldenburg • **Univ.-Prof. Dr.-Ing. habil. Dieter Specht**, TU Cottbus • **Prof. Dr. Stefan Voß**, TU Braunschweig • **Univ.-Prof. Dr. Horst Wildemann**, TU München • **Prof. David L. Woodruff**, University of California at Davis

66 Unternehmensentwicklung

Methoden für eine nachhaltige profitable Unternehmensführung

Horst Wildemann (Hrsg.)
Unternehmensentwicklung
München 2002
ISBN 3-934155-75-8
EUR 165,-
zzgl. Versandkosten

Autoren:
Willi Berchthold, Giesecke & Devrient • **Dr. Werner Brandt**, SAP • **Frank G. Breckwoldt**, Ryf • **Prof. Dr. Ernst Denert**, sd&m • **Rolf Eckrodt**, Mitsubishi • **Carl-Peter Forster**, Opel • **Hans F. W. Frey**, Dresdner Bank • **Stephan Götzl**, VBW • **Manfred Grundke**, Bosch Rexroth • **Dr. Jochem Heizmann**, AUDI • **Prof. Dr. Gunter Henn**, Henn • **Dietrich Jaeschke**, PSI • **Dr. Wolfgang Jahrreis**, Gardena • **Dr. Hartmut Kiock**, NFO • **Prof. Dr. Norbert Loos**, BKW • **Dr. Wolfgang Mansfeld**, Union Fonds • **Dr. Winfried Materna**, Materna • **Prof. Dr.-Ing., Dr. h. c. Dr. e. h. Joachim Milberg**, BMW • **Jürgen K. Nehls**, Giesecke & Devrient • **Andreas F. J. Obereder**, ATOSS • **Helmut Philipp**, LHI Leasing • **Dr. jur., Dr.-Ing. E. h. Heinrich von Pierer**, Siemens • **Dr. Thomas Pohlmann**, ISD • **Prof. Dr. David L. Rainey**, Lally School of Management and Technologie • **Walter Schatt**, schattdecor • **Heribert Schmitz**, HP • **Dr. Klaus Steffens**, MTU • **Gerhard Wiedemann**, KUKA • **Univ.-Prof. Dr. Dr. habil. Horst Wildemann**, TU München • **Paul Zumbühl**, Interoll Holding • **Dr. Klaus Zumwinkel**, Deutsche Post

67 Unternehmensnetzwerke

Entwicklungs-, Produktions- und Vertriebsnetzwerke in der Zulieferindustrie – Delphi-Studie

Diskontinuitäten im Unternehmensumfeld benötigen flexible Unternehmensformen, die es ermöglichen, Anforderungen aus den Märkten und von Seiten der Abnehmer im eigenen Unternehmen schnell gerecht werden zu können. In diesem Buch wird beschrieben, wie Zulieferer durch verschiedene Typen der Netzwerkorganisation in den Bereichen Entwicklung, Produktion und Vertrieb den sich immer schneller wandelnden Wettbewerbsfaktoren begegnen können. Die Erkenntnisse sind durch eine empirische Analyse bei 155 Unternehmen belegt.

Horst Wildemann
Entwicklungs-, Produktions- und Vertriebsnetzwerke
München 1998
ISBN 3-931511-16-2
EUR 145,-
zzgl. Versandkosten

68 Unternehmensstandort Deutschland

Unternehmensstandort Deutschland — Wege zu einer wettbewerbsfähigen Wertschöpfungsgestaltung

Deutschland als Wertschöpfungsstandort ist unter Druck. Viele Unternehmen haben in den vergangenen Jahren ihre Fertigungsstiefe konsequent reduziert und sind dabei, auch Entwicklungstätigkeiten und administrative Aufgaben zu verlagern. Die Studie „Unternehmensstandort Deutschland" analysiert die aktuelle Situation. Hierzu wurden 93 Unternehmen der deutschen Industrie befragt und im Rahmen von Fallstudien vertieft analysiert. Darüber hinaus wurden 350 Experteninterviews geführt. Die Ergebnisse zeigen sowohl die Ist-Situation, beinhalten jedoch auch Handlungsempfehlungen für Unternehmen und staatliche Trends der Verlagerung, Rückverlagerung und Standortoptimierung werden detailliert dargestellt. Auch die Effekte auf dem Arbeitsmarkt der kommenden Jahre werden untersucht.

Horst Wildemann
Unternehmensstandort Deutschland
München 2005
ISBN 3-937236-12-0
EUR 98,-
zzgl. Versandkosten

69 Wertsteigerung

Wertsteigerung von Unternehmen – Mit welchen Methoden?

Horst Wildemann
Wertsteigerung von Unternehmen
München 2001
ISBN 3-934155-68-5
EUR 165,-
zzgl. Versandkosten

Autoren:
Prof. Dr. Roman Boutellier, SIG • **Roland Büttiker**, Weber • **Dr. Hubert Burda**, Burda • **Wolfgang Decker**, WashTec • **Thomas Ganswindt**, SIEMENS • **Dr.-Ing. Jürgen Geißinger**, INA Wälzlager • **Dr. Rolf Gerling**, Gerling • **Dr. Manfred Gehrtz**, OLYMPUS • **Dr. Jürgen Kammer**, Süd-Chemie • **Thomas H. Knorr**, KNORR • **Robert J. Koehler**, SGL CARBON • **Prof. Dr. Edward G. Krubasik**, SIEMENS • **Thomas Krüger**, PSI • **Dr.-Ing. Dieter Küchler**, LIPRO • **Dr. Hartmut H. Kunstmann**, INTERTEX GmbH • **John R. Lewis**, DuPont • **Hans-Joachim Nitschke**, comdirekt bank • **Dr. Norbert Reithofer**, BMW • **Andreas Renschler**, Micro Compact car smart • **Thomas Sattelberger**, Deutsche Lufthansa • **Dr.-Ing. Klaus-Jürgen Schröder**, IBS • **Dr.-Ing. Ulrich Schumacher**, Infineon • **Dr. Theo Spettmann**, Südzucker • **Adi Stahuber**, i2-Technologies • **Dr.-Ing. Rupert Stuffer**, RCOM • **Dr. Dieter H. Vogel**, Deutsche Bahn • **Univ.-Prof. Dr.-Ing. Dr. h. c. Hans-Jürgen Warnecke**, Frauenhofer-Gesellschaft • **Univ.-Prof. Dr. Dr. habil. Horst Wildemann**, TU München • **Dr. Martin Winterkorn**, VW AG • **Horst Wittur**, Wittur

70 Wissensmanagement

Wissensmanagement – Ein neuer Erfolgsfaktor für Unternehmen

Horst Wildemann
Wissensmanagement: Ein neuer Erfolgsfaktor für Unternehmen
München 2003
ISBN 3-931511-45-6
EUR 98,-
zzgl. Versandkosten

Wildemann verdeutlicht den Stellenwert des Erfolgsfaktors Wissen im Unternehmen, indem er Handlungsanleitungen für eine erfolgreiche Einführung eines Wissensmanagements aufzeigt. Methoden, Technologien, Human Resources, Organisation und Unternehmenskultur sind Ansatzpunkte, die in diesem Buch als Gestaltungsfelder dargestellt werden. Eine wissensbasierte Wertschöpfungskette, die Kunden und Lieferanten mit einbezieht, erschließt und stärkt die Wettbewerbsposition des Unternehmens. Anhand von Fallstudien werden Wettbewerbsstrategien aufgezeigt.

71 Zulieferindustrie

Die deutsche Zulieferindustrie im europäischen Markt – Ein Blick in die Zukunft. Delphi-Studie

"Die deutsche Zulieferindustrie im europäischen Markt – ein Blick in die Zukunft" setzt die Reihe von Delphi-Studien fort, die der Verfasser durchführte, um Trends und Entwicklungen in der Industrie zu beleuchten.
Die Studie fasst die Prognosen von Führungskräften von über 110 der wichtigsten deutschen Zulieferunternehmen zusammen. Sie beinhaltet Aussagen über den europäischen Markt und zeigt Trends auf, die die Zulieferindustrie insgesamt beeinflussen.

Horst Wildemann
Die deutsche Zulieferindustrie im europäischen Markt
München 1993
ISBN 3-929918-50-1
EUR 98,-
zzgl. Versandkosten

72 Zulieferung

Entwicklungsstrategien für Zulieferunternehmen

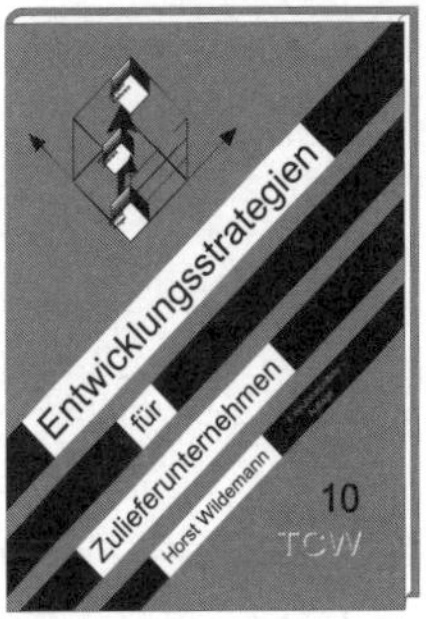

In diesem Buch beweist Wildemann, dass der Erhalt der internationalen Wettbewerbsfähigkeit für Zulieferer nicht mehr durch isolierte Optimierungsstrategien zu gewährleisten ist. Er beschreibt einen schlanken, prozessorientierten Ansatz, der sowohl Lieferanten als auch Herstellern in partnerschaftlichen Strukturen (also festen, dauerhaften, auf beiderseitige Vorteile ausgerichteten Verbindungen) Wettbewerbsvorteile verschafft. Den Zulieferunternehmen in Deutschland gibt er Handlungsempfehlungen für praktikable Entwicklungsrichtungen.

Horst Wildemann
Entwicklungsstrategien für Zulieferunternehmen
3. überarbeit. Auflage
München 1996
ISBN 3-929918-69-2
EUR 98,-
zzgl. Versandkosten

73 Zukunft des Wachstums

Methoden für Wachstum und Erfolg in Unternehmen

Horst Wildemann (Hrsg.)
Die Zukunft des Wachstums
München 2004
ISBN 3-937236-09-0
EUR 179,-
zzgl. Versandkosten

Autoren:
Dr. Josef Ackermann, Deutsche Bank • **Axel Arendt**, Rolls-Royce • **Prof. Dr. Roman Boutellier**, SIG • **Wolfgang Dehen**, Siemens VDO • **Charles Depasse**, Nycomed • **Nikolaus Feil**, Claas • **Rudi Gröger**, O_2 • **Dr. Albert Heuser**, BASF • **Prof. Dr. Dr. Florian Holsboer**, Max-Planck-Institut • **Dr. Martin Hoyos**, KPMG • **Dr.-Ing. Karl-Heinz Klein**, BCT • **Dr. Bernd Kundrun**, Gruner+Jahr • **Dr. Dieter Kurz**, Carl Zeiss • **Dr. Thomas Ludwig**, Klöckner • **Martin Putsch**, Putsch • **Dr. Bernhard Reutersberg**, E.ON • **Dr. Gerhard Roiss**, OMV • **Renate Schmidt**, Bundesministerin • **Christopher Schönberger**, Peters, Schönberger & Partner • **Dr. Dieter Seipler**, Mann+Hummel • **Prof. Dr. Jörg Sennheiser**, Sennheiser • **Erich Sixt**, Sixt • **Adi Stahuber**, Parametric Technology • **Ernst Susanek**, Zeppelin • **Dr. Alexander von Tippelskirch**, IKB • **Wolfgang Urban**, KarstadtQuelle • **Dr. Eberhard Veit**, Festo • **Peter Wellenhofer**, Brückner • **Manfred Wennemer**, Continental • **Prof. Dr. Horst Wildemann**, TU München • **Prof. Dr.-Ing. Klaus Wucherer**, Siemens

1 Advanced Purchasing

Leitfaden zur Einbindung der Beschaffungsmärkte in den Produktentwicklungsprozess

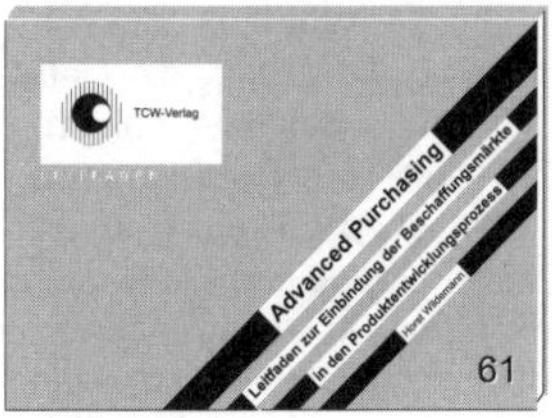

Horst Wildemann
Leitfaden
Advanced Purchasing
5. Auflage
München 2005
ISBN 3-934155-38-3
EUR 250,-
zzgl. Versandkosten

Die zunehmende Produktkomplexität und der steigende Wettbewerbs- und Kostendruck führen in vielen Unternehmen zu einer Korrektur der Leistungstiefe. Damit kommen auf den Einkauf neben einem steigenden Anteil der Beschaffungskosten neue Aufgaben im Rahmen der Produktentstehung zu. Technologische Komplexität, Variantenvielfalt und Standardisierungsdruck verlangen vom Einkäufer eine fundierte Beurteilungs- und Entscheidungskompetenz.
Der vorliegende Leitfaden beschreibt die Leitlinien, Gestaltungsparameter sowie Konzepte und Instrumente im Themenfeld des Advanced Purchasing. Anhand von Fallstudien wird die Vorgehensweise zur Umsetzung von Advanced-Purchasing im Unternehmen vorgestellt.

2 Änderungsmanagement

Leitfaden zur Einführung eines effizienten Managements technischer Änderungen

Horst Wildemann
Leitfaden
Änderungsmanagement
13. Auflage
München 2005
ISBN 3-929918-16-1
EUR 250,-
zzgl. Versandkosten

Die Erreichung des gewünschten Nutzens technischer Änderungen bei gleichzeitiger Minimierung des Änderungsaufwandes durch systematische und praktische Vorgehensweise ist Inhalt dieses Leitfadens. Ausgehend von der Problematik des Managements technischer Änderungen werden die Prinzipien Prävention, Selektion und Effizienz abgeleitet. Die Prinzipien verfolgen das Ziel, Lernprozesse zu beschleunigen und Störungen durch technische Änderungen zu vermeiden.
Der Leitfaden ist zur Schulung und für das Selbststudium geeignet.

3 Anlagenproduktivität

Leitfaden zur Steigerung der Anlageneffizienz und Verlustquellenminimierung

Horst Wildemann
Leitfaden
Anlagenproduktivität
13. Auflage
München 2005
ISBN 3-929918-70-6
EUR 250,-
zzgl. Versandkosten

Die Steigerung der Anlagenproduktivität in Produktionsunternehmen ist eine wichtige Optimierung, die Unternehmen, die sich mit effizienten Produktionsstrukturen, geeigneter Fertigungstiefe und Technologieauswahl auseinandersetzen, nicht übersehen sollten. Reduzierte Anlagenverfügbarkeit und mangelnde Auslastung komplexer und investitionsintensiver Anlagensysteme bergen ein hohes betriebswirtschaftliches Risiko, das es zu minimieren gilt.
Dieser Leitfaden zeigt, wie Verlustquellen identifiziert und systematisch analysiert werden, um darauf aufbauend zielgerichtete Optionen aus technologie-, organisations- und personalorientierten Gestaltungsfeldern auswählen zu können.

4 Anlaufmanagement

Leitfaden zur Verkürzung der Hochlaufzeit und Optimierung der An- und Auslaufphase von Produkten

Horst Wildemann
Leitfaden
Anlaufmanagement
3. Auflage
München 2005
ISBN 3-934155-52-9
EUR 250,-
zzgl. Versandkosten

Die Verkürzung des Time-to-Market ist eine zentrale Zielgröße von Unternehmen geworden. Die Verkürzung der Anlaufphase von neuen Produkten und Dienstleistungen bietet einen wesentlichen Hebel zur Zielerreichung. Die Vorverlagerung von Erkenntnissen, die Antizipation von Problemfeldern und die Aufbereitung von Erfahrungen spielen dabei eine besondere Rolle. Der Leitfaden präsentiert konzeptionelle Grundlagen, Methoden- und Instrumentenbausteine sowie Benchmarks und Checklisten zur Sicherstellung eines effizienten Anlaufs. Themen wie Gateway-Schaltung und Reifegradbewertung werden dabei ebenso behandelt wie organisatorische Strukturen.

5 Asset Management

Asset Management und Working Capital Controlling – Leitfaden zur Wertsteigerung von Unternehmen

Horst Wildemann
Leitfaden
Asset Management und Working Capital Controlling
6. Auflage
München 2005
ISBN 3-931511-99-5
EUR 250,-
zzgl. Versandkosten

Voraussetzungen für ein erfolgreiches Wirtschaften sind die nachhaltige Sicherung der Wettbewerbsfähigkeit des Unternehmens und die Steigerung des Unternehmenswertes. Neben der Schaffung zusätzlichen Umsatzes spielt hier die effiziente Nutzung des betrieblichen Vermögens eine wesentliche Rolle. Asset Management und Working Capital Controlling sind Konzepte, die der Erschließung von Rationalisierungspotenzialen im betrieblichen Vermögen dienen. In diesem Leitfaden werden Instrumente vorgestellt, die zur Analyse der Beziehungen zwischen liquiden Mitteln, Beständen, Forderungen und Anlagevermögen dienen sowie zur Ableitung von Optimierungsansätzen eingesetzt werden können.

6 Auditierung

Selbstcontrolling und Lerntransfer für Unternehmen, Zulieferanten und Vertriebsorganisationen

Horst Wildemann
Leitfaden
Gegenseitige Auditierung
12. Auflage
München 2005
ISBN 3-929918-56-0
EUR 250,-
zzgl. Versandkosten

Die Auditierung der Zulieferanten-Abnehmer-Beziehung und im Unternehmensverbund ist Inhalt dieses Leitfadens. Dabei auditieren sich zwei oder mehrere Organisationseinheiten gegenseitig. Der Zwang zu einem solchen Vorgehen entsteht in Unternehmensstrukturen mit mehreren Produktionsstandorten mit unterschiedlichen Voraussetzungen hinsichtlich Personal, Zulieferteilen und Betriebsmitteln, die gleichzeitig einen Abnehmer mit vergleichbaren Produkten beliefern. Die Auditierung bietet auch für anders geartete Verbundstrukturen erhebliche Vorteile, da über sie innovative Methoden, Konzepte und Verfahren ausgetauscht werden.

7 Auftragsabwicklungsprozess

Leitfaden für eine kundenorientierte Neuausrichtung und Kundenbidung

Horst Wildemann
Leitfaden
Auftragsabwicklungsprozess
11. Auflage
München 2005
ISBN 3-929918-86-2
EUR 250,-
zzgl. Versandkosten

Der Leitfaden enthält Konzepte für eine Vereinfachung und kundenorientierte Neugestaltung der Auftragsabwicklungsprozesse. Systematisch werden die in den indirekten Bereichen verborgenen Produktivitätsreserven erschlossen. Gerade Einzel- und Kleinserienfertigung sind durch hohe Variantenvielfalt und kundenspezifische Entwicklungen immer komplexer geworden. Der Leitfaden enthält systematisierte Vorgehensweisen zur Planung und Einführung von Auftragsabwicklungszentren in Unternehmen. Fallstudien, bewährte Analysemethoden und -formblätter helfen dem Praktiker bei der Einführung. Der Leitfaden eignet sich zur Schulung und zum Selbststudium.

8 Bestände-Halbe

Leitfaden zur Senkung und Optimierung des Umlaufvermögens

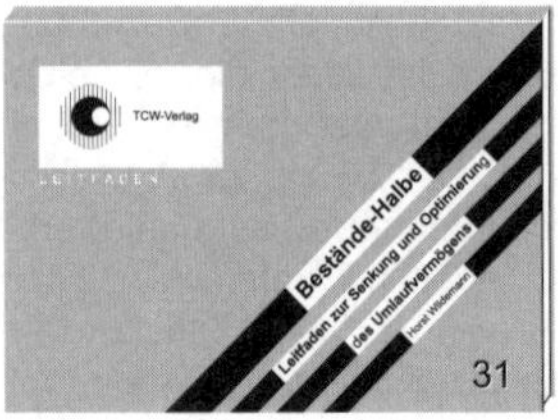

Horst Wildemann
Leitfaden
Bestände-Halbe
9. Auflage
München 2005
ISBN 3-931511-04-9
EUR 250,-
zzgl. Versandkosten

Dieser Leitfaden befasst sich mit beständetreibenden Einflussgrößen sowie der Entwicklung strategischer Gestaltungsfelder und operationalisierter Stellhebel zur Reduzierung des bestandsbedingten Umlaufvermögens. Betrachtet werden die Einflussmöglichkeiten, die aus der Produkt- und Sortimentsstruktur, aus flussorientierten Fabrikstrukturen und logistikorientierten Beschaffungsstrukturen wie auch aus einem differenzierten Logistikmanagement resultieren. Der Leitfaden eignet sich zur Schulung und zum Selbststudium.

9 Betreibermodelle

Leitfaden zur Berechnung, Konzeption und Einführung von Betreibermodellen und Pay-on-Production-Konzepten

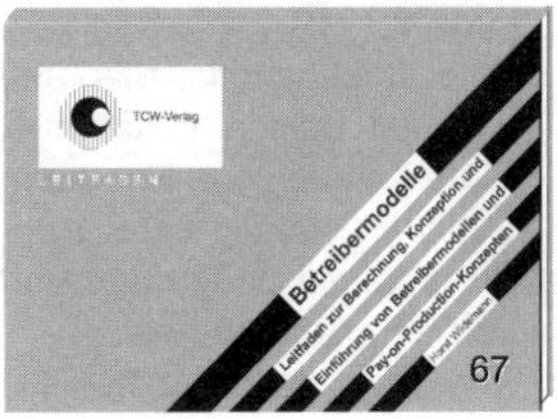

Horst Wildemann
Leitfaden
Betreibermodelle
4. Auflage
München 2005
ISBN 3-934155-43-X
EUR 250,-
zzgl. Versandkosten

Zur Ausgestaltung effizienter maschinen- und anlagentechnischer Unternehmensinfrastrukturen erweisen sich Betreibermodelle vermehrt als praktisches Instrument zur Verbesserung von Effizienz, Kosten und Verfügbarkeit. Der Leitfaden basiert auf den in Industrieprojekten bei der Planung, Berechnung und Umsetzung gewonnenen Erkenntnissen sowie auf der Auswertung diverser nationaler und internationaler Fallstudien. Der Leitfaden zeigt, wie Kosten-, Leistungs-, und Risikopotenziale identifiziert werden können, um darauf aufbauend die Partnerauswahl und Ausgestaltung des Betreiberkonzepts vorzunehmen.

10 Conjoint Analyse

Leitfaden zur kundenwertorientierten Produktentwicklung mittels Conjoint Analysen

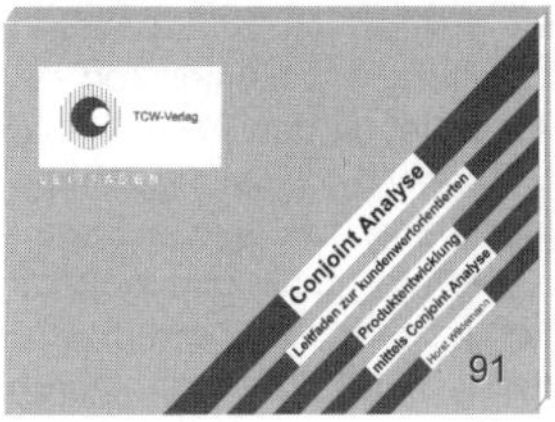

Horst Wildemann
Leitfaden
Conjoint Analyse
1. Auflage
München 2005
ISBN 3-937236-21-X
EUR 250,-
zzgl. Versandkosten

Overengineering bei Produkten erkennen und eine Wertgestaltung der Produkte für den Kunden wahrnehmen, ist Inhalt dieses Leitfadens. Der Schwerpunkt liegt auf der funktionskostenorientierten Gestaltung von Produkten. Es werden Methoden aufgezeigt, anhand derer die Kostenstrukturen von Produkten frühzeitig kalkuliert und beeinflusst werden können. Es wird gezeigt, wie mittels Conjoint Analysen Funktionsanteile in Produkten identifiziert und zur kundenwertoptimalen Gestaltung der Produkte herangezogen werden können. Eine Integration der kundenwertorientierten Gestaltung von Leistungsangeboten in Konzepte wie Produktklinik oder Produktordnungssysteme erfolgt ebenfalls. Die Conjoint Analyse für Investitionsgüter erlaubt auch die Preisgestaltung von Produkten.

11 Controlling

Controlling von Unternehmensstrukturen, Geschäftsprozessen und als Frühwarnsystem

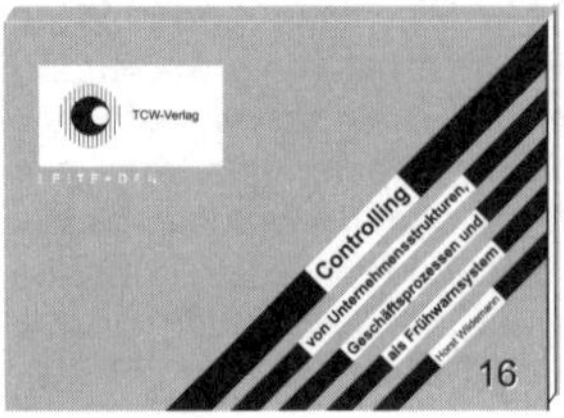

Horst Wildemann
Leitfaden
Controlling
12. Auflage
München 2005
ISBN 3-929918-33-1
EUR 250,-
zzgl. Versandkosten

Die Neuausrichtung von Controllingsystemen auf schlanke Produktionsstrukturen mit neuen konzeptionellen und methodischen Ansätzen ist Inhalt dieses Leitfadens. Denn auch für erfolgreiche Unternehmen gilt: Nur wenn Kostenniveau und Kostenstrukturen ständig unter Kontrolle sind, können Geschäftsprozesse beherrscht und Leistungspotenziale kontinuierlich ausgebaut werden. Anhand von Schaubildern wird dargestellt, wie Kosten- und Leistungsstrukturen systematisch analysiert werden können und wie sich zukünftige Erfolgs- und Ergebnispotenziale erschließen lassen. Der Leitfaden ist zur Schulung und für das Selbststudium konzipiert.

12 Distributionslogistik

Leitfaden zur Erzeugung von exzellenten Logistikleistungen am Point of Sales

Horst Wildemann
Leitfaden
Distributionslogistik
9. Auflage
München 2005
ISBN 3-931511-09-X
EUR 250,-
zzgl. Versandkosten

Der Leitfaden enthält ein methodisch und praktisch erprobtes Konzept zur Erzeugung exzellenter Logistikleistungen am Point of Sales. Neben den nach wie vor wichtigen Kostenwirkungen kommt der Leistungskomponente der Distributionslogistik eine wachsende Bedeutung zu. Aufbauend auf diesem Ergebnis und weiteren empirisch belegten Trends werden Wettbewerbsstrategien, logistische Prozesse, Distributionsstrukturen, das Outsourcing logistischer Prozesse und neuartige Konzepte wie Efficient Consumer Response theoretisch fundiert analysiert und bewertet. Zahlreiche Praxisbeispiele tragen zum Verständnis bei. Robuste Methoden unterstützen die Implementierung.

13 Durchlaufzeit-Halbe

Durchlaufzeit-Halbe für Wertschöpfungs- und Geschäftsprozesse

Horst Wildemann
Leitfaden
Durchlaufzeit-Halbe
13. Auflage
München 2005
ISBN 3-929918-15-3
EUR 250,-
zzgl. Versandkosten

Die Steigerung der Zeiteffizienz in Unternehmen ist Ziel dieses Leitfadens, da Geschwindigkeit über Erfolg oder Misserfolg von Unternehmen entscheidet. Es werden die Strategien der Zeitverkürzung, der intensiven Nutzung der Zeit und der Zeit als Waffe im Wettbewerb vorgestellt.
Aufbauend auf einer Geschäftsprozessbetrachtung werden spezifische Handlungsempfehlungen zur Umsetzung der Zeitstrategie im Auftragsabwicklungs-, Entwicklungs-, Beschaffungs-, Produktions- und Distributionsprozess sowie ein Bausteinkonzept im Sinne einer Hilfe zur Selbsthilfe aufgezeigt. Der Leitfaden ist zur Schulung und für das Selbststudium konzipiert.

14 E-Commerce

Leitfaden zum Management der Wertschöpfungskette mittels E-Technologien

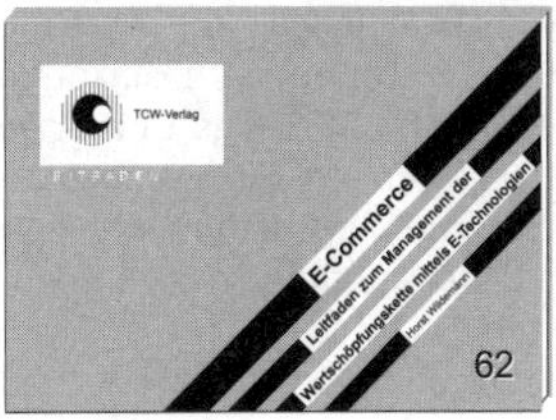

Horst Wildemann
Leitfaden
E-Commerce
5. Auflage
München 2005
ISBN 3-934155-35-9
EUR 250,-
zzgl. Versandkosten

Dieser Leitfaden enthält methodisch und praktisch erprobte Konzepte zum Einsatz von E-Technologien für das Management der Wertschöpfungskette. Ausgangspunkt ist die Ableitung einer individuellen E-Technologie-Strategie, die die Potenziale der Nutzung von Informationen innerhalb kürzester Zeit in den Geschäftsprozessen sichtbar macht. Die Neuausrichtung der Geschäftsprozesse mit Unterstützung durch E-Technologien bedeutet Produktivitätssteigerung, Kostensenkung und Beschleunigung von Time-to-Market. Der Leitfaden gibt anhand von erprobten Vorgehensweisen und Konzepten Handlungsempfehlungen für den unternehmensspezifischen Einsatz von E-Technologien.

15 Efficient Consumer Response

Leitfaden zur konsumentengerechten Neugestaltung von Distributionskanälen und Warengruppen

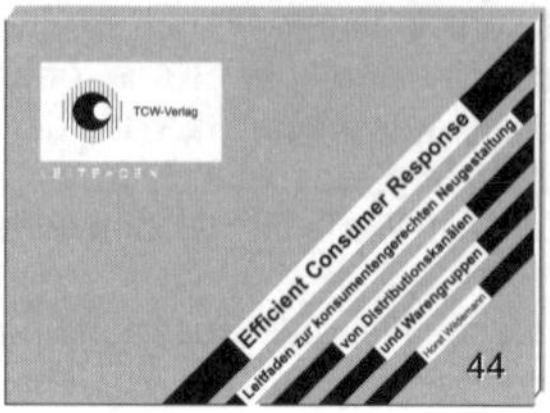

Horst Wildemann
Leitfaden
Efficient Consumer Response
7. Auflage
München 2005
ISBN 3-931511-20-0
EUR 250,-
zzgl. Versandkosten

Der Leitfaden stellt ein in zahlreichen Unternehmen erfolgreich umgesetztes ganzheitliches Konzept zur unternehmensübergreifenden Optimierung der Wertschöpfungskette vom Zulieferer über Hersteller und Handel bis zum Konsumenten dar. Das nach wie vor wichtige logistische Leistungsvermögen wird mit Aspekten des strategischen Marketings verknüpft und eröffnet potenziellen Anwendern durch eine deutliche Erhöhung des Kundennutzens wesentliche Wettbewerbsvorteile. Aufbauend auf dem Logistikkonzept Just-in-Time wird unter den Leitlinien „ganzheitliche Betrachtung des Distributionskanals", „Kundenorientierung", „Kooperation" und „Informationstransparenz" ein umfassendes Bausteinkonzept vorgestellt.

16 Einkaufspotenzialanalyse

Leitfaden zur Kostensenkung und Gestaltung der Abnehmer-Lieferanten-Beziehung

Horst Wildemann
Leitfaden
Einkaufspotenzialanalyse
12. Auflage
München 2005
ISBN 3-929918-14-5
EUR 250,-
zzgl. Versandkosten

Dieser Leitfaden bietet eine methodisch und praktisch erprobte Unterstützung zur Erschließung von Einkaufspotenzialen bei Zukaufteilen, die 50-60 % des Umsatzes ausmachen. Bei der Erschließung von Einsparpotenzialen ist es wichtig, die Beschaffungsinstrumente den spezifischen Produkt- und Lieferantenmerkmalen anzupassen.

Aufbauend auf den Ergebnissen von Portfolio- und Benchmark-Analysen werden geeignete Beschaffungsstrategien festgelegt. Zur Umsetzung dieser strategischen Vorgaben wird ein umfassendes Bausteinkonzept dargestellt. Der Leitfaden ist für Schulung und Selbststudium konzipiert.

17 Einkaufscontrolling

Leitfaden zur Messung von Einkaufserfolgen

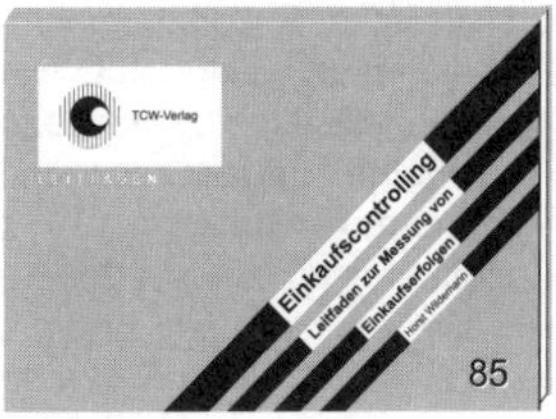

Horst Wildemann
Leitfaden
Einkaufscontrolling
2. Auflage
München 2005
ISBN 3-934155-25-1
EUR 250,-
zzgl. Versandkosten

Die erfolgreiche wirtschaftliche Entwicklung eines Unternehmens hängt in hohem Maße von qualifizierten und richtigen Entscheidungen im Einkauf ab. Die Entscheidungssituation wird dabei immer komplexer bei zumindest unverändertem Kostendruck. Vor diesem Hintergrund findet das Thema des strategischen Beschaffungsmanagements selbst auf Vorstandsebene Beachtung.
Diesem hohen Interesse an Einkaufserfolgen steht in den meisten Unternehmen jedoch kein entsprechend fundiertes Reporting- und Controllingsystem entgegen.
In diesem Leitfaden werden klassische und moderne Instrumente des Beschaffungscontrollings diskutiert und auf ihre Anwendbarkeit zur Erfolgsmessung geprüft.

18 Electronic Sourcing

Leitfaden zur Nutzung von IT-Systemen für die Beschaffung

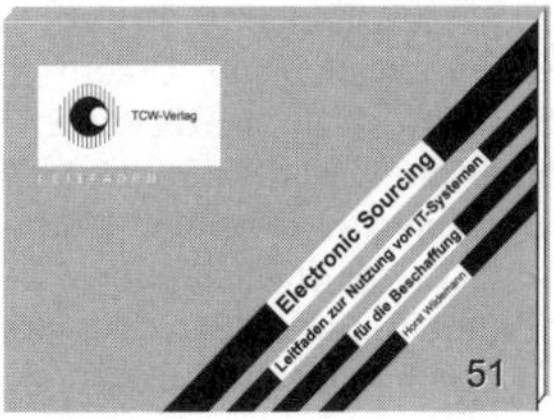

Horst Wildemann
Leitfaden
Electronic Sourcing
7. Auflage
München 2005
ISBN 3-931511-96-0
EUR 250,-
zzgl. Versandkosten

Von traditionellen EDI bis zu Auktionen im Internet gibt es unterschiedlichste Formen der Nutzung von IT-Technologien für die Beschaffung.
Unter Electronic Sourcing ist die Nutzung von IT-Technologien zur Beschaffung zu verstehen. Der Leitfaden gibt einen Überblick, welche Konzepte der Beschaffung zur Verfügung stehen.
Im Vordergrund stehen dabei die Einordnung der Konzepte in die Beschaffungsstrategien, die Auswahl geeigneter Güter, die Konsequenzen für Beschaffungsprozesse und -organisation sowie die dadurch erschließbaren Einkaufspotenziale. Vorgehensweisen zur Umsetzung sowie Fallstudien geben dem Praktiker wertvolle Gestaltungshinweise.

19 Entlohnung

Leitfaden zur Einführung neuer Entlohnungskonzepte

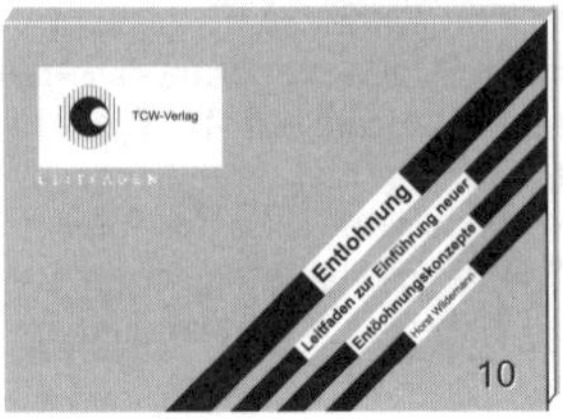

Horst Wildemann
Leitfaden
Entlohnung
13. Auflage
München 2005
ISBN 3-929918-22-6
EUR 250,-
zzgl. Versandkosten

Der Leitfaden beschreibt klassische Entlohnungskonzepte wie Zeit- und Prämienlohn und zeigt auf, wie durch innovative Entlohnungsmodelle eine verbesserte Zielorientierung sowie eine erhöhte Zufriedenheit und Motivation der Mitarbeiter gefördert werden können. Qualifikationsbezogene Entlohnungskonzepte, Bonussysteme, Entlohnung nach Zielvereinbarung, Erfolgsbeteiligung sowie Cafeteria-Systeme für Führungskräfte stellen dabei wichtige Ansätze dar. In Form von Schaubildern werden konkrete Empfehlungen für die Ausgestaltung der Konzepte gegeben.

20 Entsorgungslogistik

Einführung und wirtschaftliche Gestaltung von Entsorgungskreisläufen in Industrieunternehmen

Horst Wildemann
Leitfaden
Entsorgungslogistik
10. Auflage
München 2005
ISBN 3-929918-96-X
EUR 250,-
zzgl. Versandkosten

Dieser Leitfaden enthält kundenorientierte Konzepte für die Gestaltung der Entsorgungslogistik. Unternehmen sind gemäß §§ 22-26 KrW-/AbfG zur Rücknahme ausgedienter Produkte verpflichtet. Dies konfrontiert sie mit einer Vielzahl an verfahrenstechnischen und logistischen Teilfragen. Die Sammlung von Rückständen, ihre Aufbereitung und anschließende Bereitstellung oder ihre Beseitigung erfordern ein ausgetüfteltes Logistiksystem, um diesen Prozess wirtschaftlich abwickeln zu können. Hierzu gibt dieser Leitfaden eine Vielzahl von wertvollen Gestaltungshinweisen.

21 Entstörmanagement

Leitfaden zur Realisierung störungsrobuster Wertschöpfungsprozesse

Horst Wildemann
Leitfaden
Entstörmanagement
13. Auflage
München 2005
ISBN 3-929918-18-8
EUR 250,-
zzgl. Versandkosten

Die Stabilisierung von Produktionssystemen durch eine konsequente und systematische Ermittlung von Abweichungen sowie eine Fehler- und Störungsbekämpfung im Sinne von Lean Production sind Ziel dieses Leitfadens.
Der Leitfaden umfasst ein praxiserprobtes Bausteinkonzept und gibt in Form von Schaubildern Handlungs- und Gestaltungsempfehlungen für ein Entstörmanagement. Strategien und Einzelmaßnahmen werden an Fallbeispielen erläutert. Darüber hinaus werden Organisations- und Einführungsstrategien beschrieben.

22 Entwicklungspartnerschaften

Leitfaden zur methodengestützten Umsetzung von Entwicklungspartnerschaften

Horst Wildemann
Leitfaden
Entwicklungspartnerschaften
3. Auflage
München 2005
ISBN 3-934155-51-0
EUR 250,-
zzgl. Versandkosten

Abnehmer- und Zulieferunternehmen ist es möglich, gemeinsam eine verbesserte Wettbewerbsfähigkeit zu erreichen, indem sie neue Methoden einsetzen, innovative Strategien umsetzen und Entwicklungspartnerschaften koordiniert steuern. Basierend auf Entwicklungstrends in der Automobil- und Zulieferindustrie werden Leitlinien, Gestaltungsfelder und Methoden für die erfolgreiche Gestaltung einer Entwicklungspartnerschaft aufgezeigt. Empirische Befunde und Handlungsempfehlungen sowie Fallstudien zeigen das Potenzial von Entwicklungspartnerschaften auf.

23 Entwicklungsprozess

Einführungsleitfaden für ein kundenorientiertes Redesign und Time to Market

Horst Wildemann
Leitfaden
Entwicklungsprozess
10. Auflage
München 2005
ISBN 3-929918-90-0
EUR 250,-
zzgl. Versandkosten

Neue Produkte mit überzeugenden Eigenschaften auf etablierten oder neuen Märkten zu positionieren, so lautet die Herausforderung an das Innovationsmanagement der Unternehmen. Innovation bedeutet mehr als nur Forschung und Entwicklung. Innovation ist durch den Markt gefilterte Kreativität und beinhaltet stets die Durchsetzung der Idee am Markt.

Der Entwicklungsprozess ist neben dem kreativen Ideenfindungsprozess ein mehrere Funktionsbereiche der Unternehmen umspannendes logistisches Problem.

Der Leitfaden ist in Chartform gestaltet und für Schulung und Selbststudium konzipiert.

24 E-Technologien

Leitfaden zum Einsatz von E-Technologien in der Wertschöpfungskette

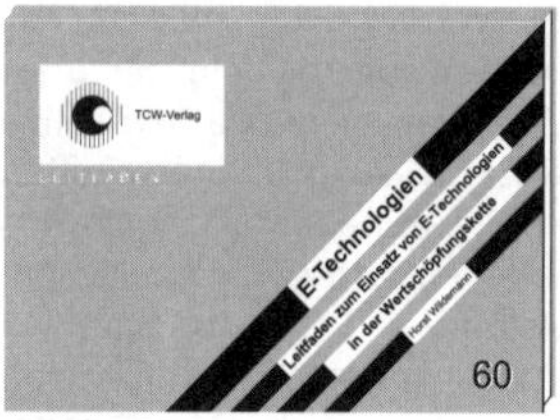

Horst Wildemann
Leitfaden
E-Technologien
6. Auflage
München 2005
ISBN 3-934155-36-7
EUR 250,-
zzgl. Versandkosten

Kernkompetenz und E-Technologien rücken wieder ins Rampenlicht des Managements. Trotz hoher Investitionen in E-Technologien in der Vergangenheit konnten vielfach keine Produktionssteigerungen erreicht werden.

Dieser Leitfaden zeigt den effizienten Einsatz von E-Technologien unter der gesamten Wertschöpfungskette und gibt an, welche neuen E-Business-Wertindikatoren aufzubauen sind. Die dargestellten Strategieaspekte verdeutlichen die entsprechenden Stellhebel, um erfolgreich auf dem Markt agieren zu können.

25 Fehler-Möglichkeitsanalyse

FMEA – Präventive Fehlervermeidung für Konstruktions- und Geschäftsprozesse

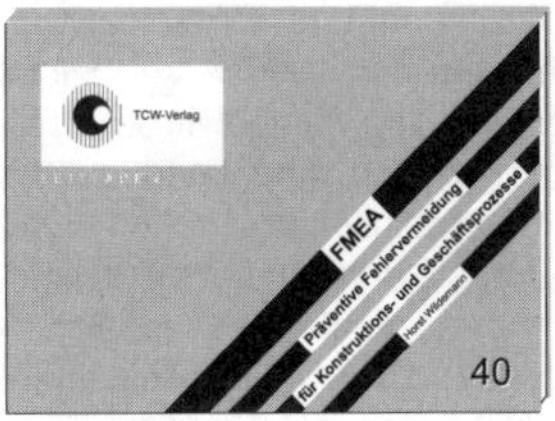

Horst Wildemann
FMEA
Schulungsunterlage und Foliensatz
12. Auflage
München 2005
ISBN 3-929918-52-8
EUR 350,-
zzgl. Versandkosten

Risiken, die sich infolge von Fehlern an Teilen, Endprodukten oder Prozessen ergeben können, müssen frühzeitig erkannt werden, um sie in der Konstruktions- und Planungsphase auszuschließen.

Die Fehler-Möglichkeits- und Einfluss-Analyse als Methode der präventiven Qualitätssicherung dient der systematischen Feststellung potenzieller Fehler sowie der Folgen und Risiken und führt zum frühzeitigen Suchen nach Fehlerursachen und dem gezielten Einleiten von Maßnahmen zu deren Bekämpfung. Die Methode trägt entscheidend dazu bei, die vom Kunden geforderte Qualität zum richtigen Zeitpunkt und zu einem wettbewerbsfähigen Preis anbieten zu können.

26 Fertigungssegmentierung

Leitfaden zur fluss- und logistikgerechten Fabrikgestaltung

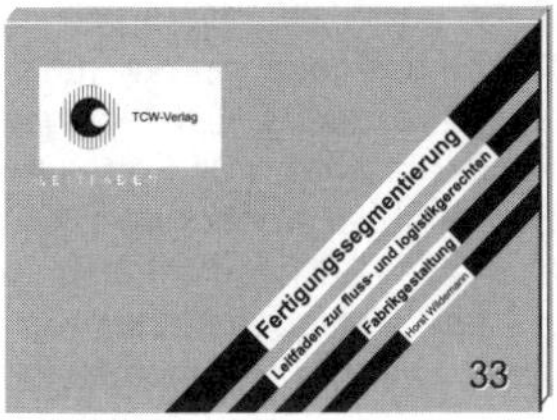

Horst Wildemann
Leitfaden
Fertigungs-segmentierung
9. Auflage
München 2005
ISBN 3-931511-07-3
EUR 250,-
zzgl. Versandkosten

Dieser Leitfaden befasst sich mit der Konzeptionierung und Realisierung von Fertigungssegmenten. Ziel der Segmentierung ist eine weitgehende Entflechtung der Kapazitäten durch eine bewusste Gliederung der Produktion nach Produkten, Technologien und Auftragstypen.

Die zu bestimmenden Gestaltungsparameter liegen sowohl im Material- als auch im Informationsfluss. Die daraus entstehenden "Fabriken in der Fabrik" beinhalten Potenziale für Wettbewerbsvorteile, da sich ihre Ressourcen auf die spezifische Produktionsaufgabe konzentrieren. Der Leitfaden bietet auf der Basis praxiserprobter Konzepte ein systematisches Analyse- und Planungsinstrumentarium.

27 Finanzdienstleister

Leitfaden zur Implementierung schlanker Prozesse und Strukturen

Horst Wildemann
Leitfaden
Finanzdienstleister
4. Auflage
München 2005
ISBN 3-934155-49-9
EUR 250,-
zzgl. Versandkosten

Eine Ausrichtung von Prozessen und Organisationsstrukturen an den Bedürfnissen der Kunden ermöglicht eine Differenzierung gegenüber den Wettbewerbern. Die Verschlankung von Prozessen und eine konsequente Wertschöpfungsorientierung erschließen Kosten- und Durchlaufzeitpotenziale und steigern die Profitabilität. Der Einsatz der Konzepte ermöglicht es Finanzdienstleistern, sich zu einer lernenden Organisation mit einem ausgeprägten Qualitäts- und Kostenbewusstsein zu entwickeln.
Der Leitfaden schildert bewährte Methoden, die mit Handlungsempfehlungen versehen, vorgestellt werden und zeigt anhand von konkreten Fallstudien deren Wirkungen auf.

28 Gruppenarbeit

Leitfaden zur Einführung von Gruppenarbeit in direkten und indirekten Bereichen

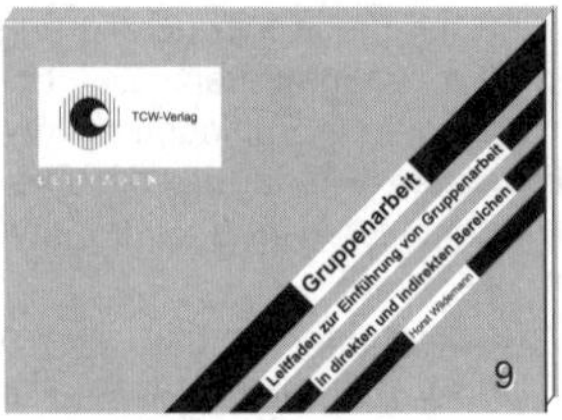

Horst Wildemann
Leitfaden
Gruppenarbeit
13. Auflage
München 2005
ISBN 3-929918-21-8
EUR 250,-
zzgl. Versandkosten

Kontinuierliche Verbesserung durch Gruppenarbeit ist Ziel dieses Leitfadens. Das Einbeziehen der Kenntnisse und Erfahrungen der Mitarbeiter, selbstständiges Denken und Handeln, die Bereitschaft zur Fort- und Weiterbildung sowie die Fähigkeit zur Kooperation sind wesentliche Voraussetzungen zum Gelingen einer kontinuierlichen Verbesserung. Dieser Leitfaden enthält hierzu methodisch und praktisch erprobte Basisstrategien und Bausteine und zeigt deren Wirkungsweise bei der Umsetzung von Gruppenarbeit und Verbesserungsprozessen in Unternehmen auf.
Es werden Hilfe, Anregung und Orientierung bei der Beschleunigung von Lernprozessen gegeben.

29 Handels-Supply-Management

Leitfaden zur Übertragung industrieller Managementkonzepte, -methoden und -instrumente auf den Handel

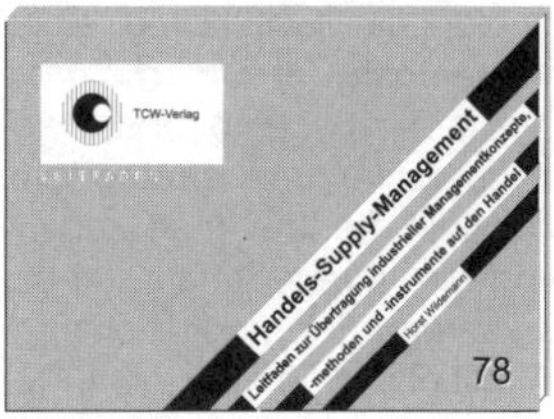

Horst Wildemann
Leitfaden
Handels-Supply-Management
3. Auflage
München 2005
ISBN 3-934155-53-7
EUR 250,-
zzgl. Versandkosten

Um dem erheblichen Wettbewerbsdruck standhalten zu können, haben Handelsunternehmen in der Vergangenheit innovative Managementkonzepte zur Leistungs- und Effizienzsteigerung entwickelt. Allerdings lässt sich feststellen, dass in vergleichbaren Branchen deutlich höhere Leistungssteigerungen erzielt werden konnten.
Dieser Leitfaden greift erfolgreiche Konzepte auf und modifiziert sie hinsichtlich der spezifischen Belange von Handelsunternehmen. Kostensenkungs- und Leistungssteigerungspotenziale werden aufgezeigt, die sich teilweise aus der Übertragung, teilweise aber auch aus der Neukombination bestehender Konzepte ergeben.

30 Innovationscontrolling

Leitfaden zur Selektion, Planung, Steuerung und Erfolgsmessung von F&E-Projekten

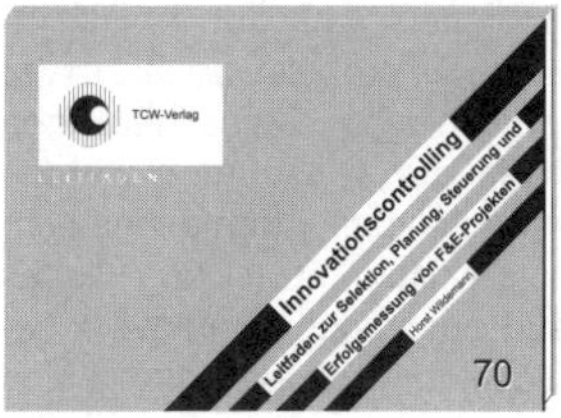

Horst Wildemann
Leitfaden
Innovationscontrolling
3. Auflage
München 2005
ISBN 3-934155-47-2
EUR 250,-
zzgl. Versandkosten

Produktinnovationen sind eine der tragenden Säulen von Unternehmen. Sie sichern Renditen und nachhaltiges Wachstum. Verschiedene Untersuchungen zeigen allerdings einen hohen Anteil wirtschaftlich nicht erfolgreicher Projekte. Der vorliegende Leitfaden zeigt auf, wie die Quote wirtschaftlich und technisch erfolgreicher Projekte deutlich gesteigert werden kann. Die Schwerpunkte liegen dabei auf der Verbesserung von Effizienz und Effektivität.
Auf Grundlage der Praxiserfahrungen aus verschiedenen Projekten werden die Erfolgswirkungen aus der Verbesserung von Planung, Steuerung, Projektmonitoring und Maßnahmencontrolling bei Abweichungen und veränderten Rahmenbedingungen aufgezeigt.

31 Innovationsmanagement

Leitfaden zur Einführung eines effektiven und effizienten Innovationsmanagementsystems

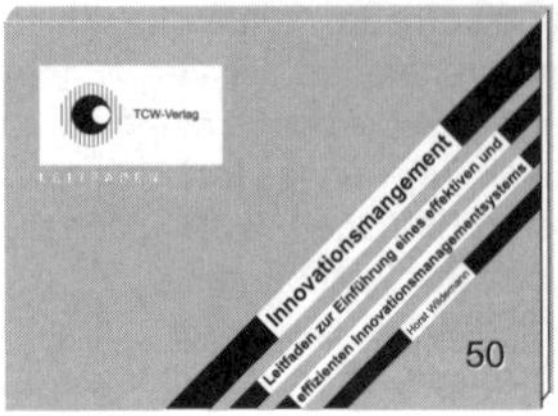

Horst Wildemann
Leitfaden
Innovationsmanagement
5. Auflage
München 2005
ISBN 3-931511-94-4
EUR 250,-
zzgl. Versandkosten

Ziel dieses Leitfadens ist es, die Einführung eines modernen Innovationsmanagements im Unternehmen zu unterstützen. Hierzu werden Konzepte des Innovationsmanagements und operative und strategische Gestaltungsparameter vorgestellt. Maßnahmen zur Erzielung von Wettbewerbsvorteilen durch Steigerung der Innovationskraft und Verbesserung der Innovationsprozesse werden anhand von Fallbeispielen abgeleitet. Der Leitfaden enthält ein praktisch erprobtes Konzept von Methodenbausteinen, die ein effizientes Management von Innovationen ermöglichen.

32 In-/Outsourcing

Leitfaden zur Optimierung der Leistungstiefe von Informationstechnologien

Horst Wildemann
Leitfaden
In-/Outsourcing
8. Auflage
München 2005
ISBN 3-931511-08-1
EUR 250,-
zzgl. Versandkosten

Die Tendenz vieler Unternehmen, sich auf ihre Kernfähigkeiten zu konzentrieren, führt meist auch zu der Überlegung, informationstechnische Dienstleistungen auszulagern. Entscheidungen zum Outsourcing werden durch die steigende Komplexität der Informationstechnologie und die progressive Kostenentwicklung dieses Sektors begründet, müssen aber auch strategisch gerechtfertigt sein. Zur Entscheidungsobjektivierung sind eine strukturierte Vorgehensweise, eine ganzheitliche Problemsicht und der Einsatz pragmatischer Methodenbausteine ratsam.

33 Integriertes Instandhaltungsmanagement

Leitfaden zur Steigerung der Instandhaltungseffizienz

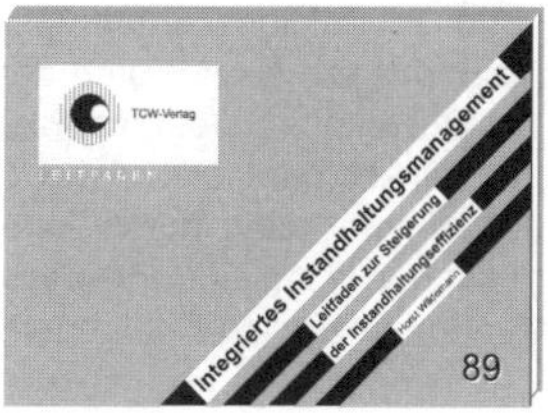

Horst Wildemann
Leitfaden
Integriertes Instandhaltungs-management
1. Auflage
München 2005
ISBN 3-937236-23-6
EUR 250,-
zzgl. Versandkosten

Integratives Instandhaltungsmanagement unterstützt die zielorientierte Koordination aller am Asset Management beteiligten Funktionsbereiche. Nach Darstellung der gewandelten Anforderungen an die Instandhaltung werden speziell die Leitlinien einer integrativen Instandhaltung aufgezeigt. Aufbauend auf den Eckpfeilern der fortschrittlichen Instandhaltung erfolgt die Beschreibung von Methoden, Tools und Vorgehensweisen zur Ausgestaltung eines auf die effiziente Koordination ausgerichteten Instandhaltungsmanagements. Der Einsatz von Software, Internet und IT-Technologien entlang der instandhaltungsspezifischen Wertschöpfungskette wird behandelt.

34 Just-in-Time in F&E

Just-in-Time in Forschung, Entwicklung und Konstruktion

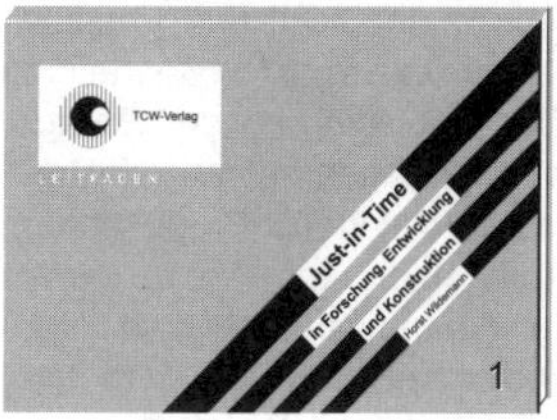

Horst Wildemann
Leitfaden
Just-in-Time in F&E
13. Auflage
München 2005
ISBN 3-929918-13-7
EUR 250,-
zzgl. Versandkosten

Die schnelle Entwicklung marktkonformer, aber auch fertigungs- und logistikgerechter Produkte ist Inhalt dieses Leitfadens. Dargestellt werden Leitlinien und Bausteinkonzepte zur Steigerung der Effektivität – "die richtigen Dinge tun" – und Effizienz – "die Dinge richtig tun" – im Sinne der Selbsthilfe.
In Form von Schaubildern werden konkrete Empfehlungen für die Ausgestaltung der einzelnen Bausteine gegeben, ihre Wettbewerbsfähigkeit aufgezeigt und ein Vorschlag für die Einführung gegeben. Der Leitfaden ist für die Schulung und das Selbststudium geeignet.

35 Kanban-Produktionssteuerung

Einsatz von Karten und elektronischem Kanban zur Einführung des Hol-Prinzips

Kanban ist ein Anliefer- und Produktionssteuerungskonzept nach dem Hol-Prinzip, das auf allen Stufen der Wertschöpfungskette von der Beschaffung über die Produktion bis hin zur Distribution einsetzbar ist.
Im Mittelpunkt steht die Erkenntnis, dass durch kundenbedarfsorientierte Produktion und Anlieferung nach dem Hol-Prinzip Verbesserungen bezüglich Beständen, Durchlaufzeiten, Qualität, Lieferfähigkeit und Steuerungsaufwand erreicht werden können.

Horst Wildemann
Leitfaden
Kanban-Produktionssteuerung
13. Auflage
München 2005
ISBN 3-929918-19-6
EUR 250,-
zzgl. Versandkosten

36 Kernkompetenzen

Leitfaden zur Optimierung der Leistungstiefe in Entwicklung, Produktion und Logistik

Dieser Leitfaden enthält ein methodisch und praktisch erprobtes Konzept zur Identifikation und Beurteilung von Kernkompetenzen. Die Fokussierung der Ertrags- und Umsatzseite und die Auseinandersetzung mit den Kernkompetenzen, in der Absicht, neue Produktideen, Geschäftsfelder und Leistungen zu entwickeln, dienen der Wiedergewinnung der Wettbewerbsfähigkeit. Neuausrichtung der Kernkompetenzen bedeutet Wachstum, Umsatzsteigerung sowie Ertrags- und Beschäftigungsorientierung. Der Leitfaden gibt hierzu anhand von Schaubildern Handlungsempfehlungen für ressourcenorientierte Wachstumsstrategien.

Horst Wildemann
Leitfaden
Kernkompetenzen
10. Auflage
München 2005
ISBN 3-929918-74-9
EUR 250,-
zzgl. Versandkosten

37 Komplexitätsmanagement

Leitfaden zum Komplexitätsmanagement in Vertrieb, Beschaffung, Produkt, Entwicklung und Produktion

Horst Wildemann
Leitfaden
Komplexitätsmanagement
6. Auflage
München 2005
ISBN 3-931511-30-8
EUR 250,-
zzgl. Versandkosten

Unternehmen geraten zunehmend in einen Zielkonflikt zwischen Standardisierungserfordernissen aufgrund des sich verschärfenden weltweiten Wettbewerbs einerseits und einer aus Markterfordernissen resultierenden stärkeren Individualisierung der Endprodukte. Der Leitfaden enthält das methodisch und praktisch erprobte Konzept eines durchgängigen Komplexitätsmanagements zur Lösung dieses Zielkonflikts. Hierzu werden die Basisstrategien eines durchgängigen Komplexitätsmanagements dargestellt und ihre Auswirkungen auf die Bereiche Vertrieb, Beschaffung, Produkt, Entwicklung, Produktion und Auftragsabwicklung diskutiert.

38 Kontinuierliche Verbesserung

Leitfaden zur Innovation und Verbesserung im Unternehmen

Horst Wildemann
Leitfaden
Kontinuierliche Verbesserung
13. Auflage
München 2005
ISBN 3-929918-23-4
EUR 250,-
zzgl. Versandkosten

Die optimale Nutzung im Unternehmen vorhandener Kapazitäten sowie die Einbindung aller Mitarbeiter in einen kontinuierlichen Verbesserungsprozess sind Inhalt dieses Leitfadens.

Im Mittelpunkt stehen Basisstrategien zur Steigerung der Lerngeschwindigkeit und zur konsequenten Umsetzung der Methoden sowie die quantitative und qualitative Ausweitung von Problemlösungskapazitäten. Ziel ist es, einen permanenten und tiefgreifenden Verbesserungsprozess in Gang zu setzen.

Eine Organisations- und Führungskonzeption bildet den strategischen Rahmen für die Implementierung eines kontinuierlichen Verbesserungsprozesses.

39 Kostenmanagement-Software

Leitfaden zur Unterstützung einer marktorientierten Produkt- und Prozessgestaltung

Horst Wildemann
Leitfaden
Kostenmanagement
in der Softwareentwicklung
6. Auflage
München 2005
ISBN 3-934155-30-8
EUR 250,-
zzgl. Versandkosten

Die Aufgabe eines Kostenmanagements für Software ist es, die Kosten des Softwareentwicklungsprozesses prognostizierbar, messbar und regulierbar zu machen.
Ziel ist es, durch eine aktive Kostensteuerung die markt- und anforderungsgerechte Softwareproduktgestaltung zu unterstützen. Dieser Leitfaden fasst die Ergebnisse mehrjähriger Forschungsarbeit zusammen. Er ermöglicht die methodisch durchgängige Unterstützung einer Kostenplanung, Kostenverfolgung und Rückkopplung des gesammelten Erfahrungswissens. Ein softwarespezifisches Kostencontrolling sorgt für eine kostenorientierte Steuerung im Sinne der Erfüllung der Kundenanforderungen.

40 Kundenbeziehungsmanagement

Leitfaden zur Kundenintegration und zum wissensbasierten Einsatz von Service, Logistik und E-Technologien

Horst Wildemann
Leitfaden
Kundenbeziehungsmanagement
3. Auflage
München 2005
ISBN 3-934155-54-5
EUR 250,-
zzgl. Versandkosten

Profitables Wachstum verlangt in Zeiten stagnierender Nachfrage und erhöhten Wettbewerbsdrucks einen Aufbau von Beziehungen zur Bindung selektierter, wertvoller Kunden. Außerdem benötigen gestiegene Kundenanforderungen hinsichtlich Lieferzeit, Flexibilität und Individualisierung durchgängige Informationsflüsse zwischen Kunde, Marketing, Vertrieb, Service und Supply Chain. Dieser Leitfaden zeigt die Gestaltung, den Methodeneinsatz und die Umsetzung eines Kundenbeziehungsmanagements, das auf den Leitlinien Kundenkenntnis, -orientierung, -individualisierung und -integration basiert. Die Ausgestaltung erfolgt insbesondere durch einen wissensbasierten Einsatz von Service, Logistik und E-Technologien.

41 Kundenorientierung

Einführung eines Beschwerdemanagements und Ausrichtung von Vertrieb, F&E, Produktion und Mitarbeitern auf Kundenbedürfnisse

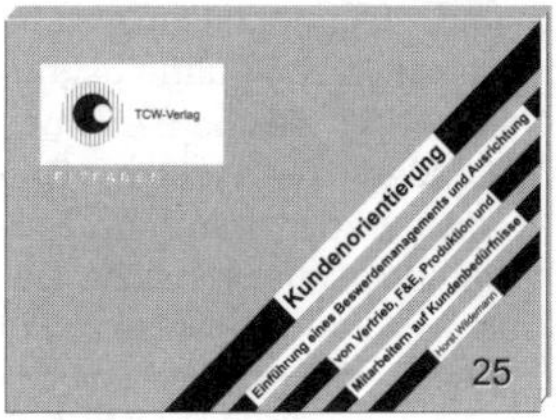

Horst Wildemann
Leitfaden
Kundenorientierung
10. Auflage
München 2005
ISBN 3-929918-93-5
EUR 250,-
zzgl. Versandkosten

Die Leitbilder der Kundenorientierung, das Beschwerdemanagement, das Qualitätsmanagement und ein ganzheitlicher Managementansatz zur Kundenorientierung, bilden die Säulen dieses differenzierten Bausteinkonzeptes, das insbesondere für den Praktiker den entscheidenden Schlüssel zur Umsetzung der Kundenorientierung im Unternehmen darstellt.
Hierzu können die umfangreichen Checklisten in diesem Leitfaden genutzt werden, die sich an das Bausteinkonzept anschließen und so den Leitfaden zu einem wertvollen Hilfsmittel machen.

42 Kundenorientierung in der Logistik

Leitfaden zur Ausrichtung der Unternehmenslogistik als Instrument der Kundenbindung und -neugewinnung

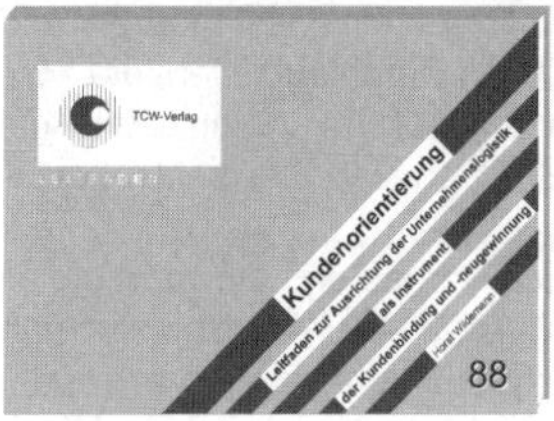

Horst Wildemann
Leitfaden
Kundenorientierung in der Logistik
1. Auflage
München 2005
ISBN 3-9372236-22-8
EUR 250,-
zzgl. Versandkosten

Das Differenzierungspotenzial im Wettbewerb, welches den Unternehmen mit der Ausgestaltung der Logistik zur Verfügung steht, wird nicht umfassend genutzt.
Durch den differenzierten Einsatz logistischer Leistungen lassen sich Kunden binden und neu gewinnen. Hierzu ist eine methodisch fundierte, kundenorientierte Ausrichtung der Logistik erforderlich.
Der Leitfaden "Kundenorientierung durch Logistik" befasst sich mit bewährten und neuen Instrumenten und Methoden zur Identifikation logistischer Kundenanforderungen sowie der Ableitung und Implemen-tierung eines auf diese Anforderungen abgestimmten, differenzierten logistischen Leistungsportfolios. Die vorgestellten Vorgehensweisen und Handlungsempfehlungen basieren auf neuen Konzepten und Erfahrungen.

43 Leadershipentwicklung

Leitfaden zur Ausgestaltung eines modernen und kreativen Leadership-Ansatzes

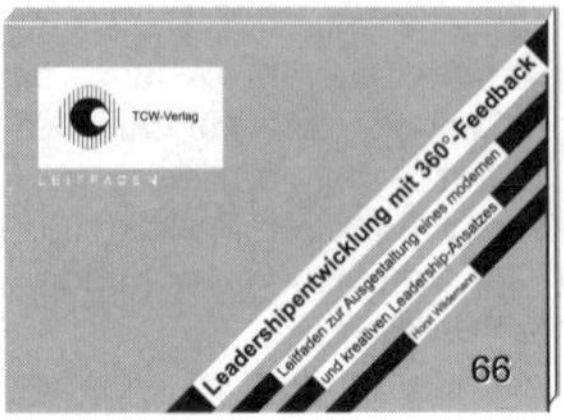

Horst Wildemann
Leitfaden
Leadershipentwicklung mit 360°-Feedback
4. Auflage
München 2005
ISBN 3-934155-42-1
EUR 250,-
zzgl. Versandkosten

Die regelmäßige Analyse und zielgruppenspezifische Entwicklung des Leistungspotenzials von Führungskräften und Mitarbeitern ist elementarer Bestandteil eines modernen und kreativen Leadership-Ansatzes. Das 360°-Feedback unterstützt diesen dynamischen Prozess in konzeptioneller und methodischer Hinsicht. Der Leitfaden beschreibt die Struktur, Vorgehensweise sowie Tools eines effizienten 360°-Feedbacks und umfasst detaillierte Gestaltungs- und Handlungsempfehlungen. Der Einsatz von Internet und IT-Technologien zur Abwicklung des 360°-Feedbacks als auch die Erfolgsfaktoren des Feedback-Prozesses zur Unterstützung eines modernen Leaderships werden umfassend diskutiert.

44 Lean Management

Einführung schlanker Unternehmensstrukturen und Geschäftsprozesse

Horst Wildemann
Leitfaden
Lean Management
12. Auflage
München 2005
ISBN 3-929918-34-X
EUR 250,-
zzgl. Versandkosten

Die Einführung schlanker Organisationsstrukturen und Geschäftsprozesse mit kurzen Durchlaufzeiten, die kontinuierliche Verbesserung betrieblicher Abläufe und die schnelle Umsetzung neuer Ideen sind Ziel dieses Leitfadens.

Es werden neue Strategien vorgestellt, die es möglich machen, Kostennachteile von 20-30 % aufzuholen und sich den wechselnden Kundenanforderungen anzupassen. Darüber hinaus bietet der Leitfaden ein praktisch erprobtes Konzept von Methodenbausteinen zur Reorganisation von Unternehmen nach Lean-Management-Prinzipien.

45 Logistik-Check

Leitfaden zur Identifikation und Erschließung von Logistikpotenzialen

Horst Wildemann
Leitfaden
Logistik-Check
3. Auflage
München 2005
ISBN 3-934155-50-2
EUR 250,-
zzgl. Versandkosten

Die Logistik ist ein entscheidender Hebel zur Steigerung der Unternehmensperformance. Der Leitfaden „Logistikcheck" zeigt eine systematische Vorgehensweise zur Identifikation und Erschließung von Kostensenkungs- und Leistungssteigerungspotenzialen in der Logistik auf. Hierbei wird auf moderne Konzepte und Instrumente zurückgegriffen.
Das neu entwickelte Logistik-Tool-Set zielt auf die monetäre Bewertung von Logistikinvestitionen und wird ausführlich dargestellt.

46 Logistikleistungen

Leitfaden zum effizienten Fremdbezug von logistischen Leistungen und zur effizienten Integration von Logistikdienstleistern

Horst Wildemann
Leitfaden
Fremdbezug von Logistikleistungen
2. Auflage
München 2005
ISBN 3-934155-24-3
EUR 250,-
zzgl. Versandkosten

Der Markt für Logistikdienstleistungen hat sich in den vergangenen Jahren verändert: Die Industrie ist dazu übergegangen, ihre Waren in immer mehr Ländern der Erde zu produzieren und abzusetzen. Die Komplexität der Warenströme wächst – und damit wachsen auch die Anforderungen an die Steuerung der Abläufe. Die Organisation eigener Logistikaktivitäten erfordert beträchtliche Investitionen; diese setzen die Unternehmen jedoch gewinnbringender zur Stärkung ihres Kerngeschäfts ein. Outsourcing von logistischen Leistungen lautet deshalb die Lösung für immer mehr Unternehmen.
Dieser Leitfaden zeigt auf, wie logistische Leistungsbündel bewertet und effizient bezogen werden können. Aufbauend auf einer Analyse der aktuellen Trends, des Unternehmensumfeldes und den daraus resultierenden Anforderungen wird dargestellt, wie eine logistische Make-or-Buy-Analyse durchgeführt wird, wie darauf aubauend Leistungsbündel zusammen gestellt und logistische Prinzipien abgeleitet werden. Handlungsempfehlungen zur effizienten Integration von Lieferanten und Logistikdienstleistern werden aufgezeigt und ein Einführungskonzept, das auf Erfahrungen aus einer Vielzahl von Fallstudien beruht, vorgestellt.

47 Make or Buy & Insourcing

Leitfaden zur Optimierung von Leistungsumfängen in Produktion und Logistik

Horst Wildemann
Leitfaden
Make or Buy & Insourcing
13. Auflage
München 2005
ISBN 3-929918-24-2
EUR 250,-
zzgl. Versandkosten

Insourcing als neuer Ansatz zur Bewältigung konjunktureller und struktureller Probleme ist das Thema dieses Leitfadens. Insourcing ist ein „eigenfertigungsnaher" Ansatz zur Optimierung der Eigenfertigung und des Fremdbezugs unter Einbeziehung von Zulieferanten als Wertschöpfungspartner.

Die Anwendungsmöglichkeiten, Vor- und Nachteile sowie die Voraussetzungen für die Zulieferunternehmen stehen dabei im Mittelpunkt. Neue Methoden zur Bestimmung von Kernkompetenzen für Produkte und Fertigungstechnologien sowie Handlungsempfehlungen für Zulieferanten werden vorgestellt und im Rahmen einer ganzheitlichen Vorgehensweise integriert.

48 Managementinformationssysteme

Leitfaden zur Steuerung von Business Units

Horst Wildemann
Leitfaden
Integrierte Management-informationssysteme
3. Auflage
München 2005
ISBN 3-934155-57-X
EUR 250,-
zzgl. Versandkosten

Das Steuern von Unternehmensnetzwerken durch traditionelle Kennzahlen reicht alleine nicht mehr aus, um dem verschärften Kostendruck standzuhalten und gleichzeitig die Prozess-Performance zu steigern. Es stellt sich die Frage, mit welchen Instrumenten Kostensenkungspotenziale und Leistungssteigerungseffekte kontinuierlich identifiziert und Handlungsansätze zur Realisierung abgeleitet werden können. Auch sind bestehende Controlling- und Reportingregelkreise durch neue zu erweitern. Das Konzept eines Integrierten Managementinformationssystems (IMIS) setzt Schwerpunkte in Auditierung, Controlling und der Geschäftsprozessorganisation und ermöglicht durch Benchmarking die Installation eines internen Wettbewerbs.

49 Modulare Unternehmensorganisation

Leitfaden zur Einführung föderalistischer Organisationsprinzipien in Unternehmungen

Horst Wildemann
Leitfaden
Modulare Unternehmensorganisation
13. Auflage
München 2005
ISBN 3-929918-20-X
EUR 250,-
zzgl. Versandkosten

Dieser Leitfaden zeigt einen modularen Organisationsaufbau, der nicht nur eine Reorganisation auf Betriebsebene im Sinne einer produktorientierten Gestaltung nach dem Fließprinzip umfasst. Die Einbeziehung sämtlicher Leistungsprozesse eines Unternehmens, deren kerngeschäfts- und marktorientierte Ausrichtung sowie die Voraussetzungen zur Schaffung von Unternehmens-Netzwerken werden ebenfalls diskutiert. Praktisch erprobte Methoden und Konzepte zur erfolgreichen Gestaltung und Einführung einer modularen Organisation werden aufgezeigt und anhand von Fallbeispielen veranschaulicht.

50 Monitoring

Leitfaden zur Steuerung der Wertsteigerung von Unternehmen

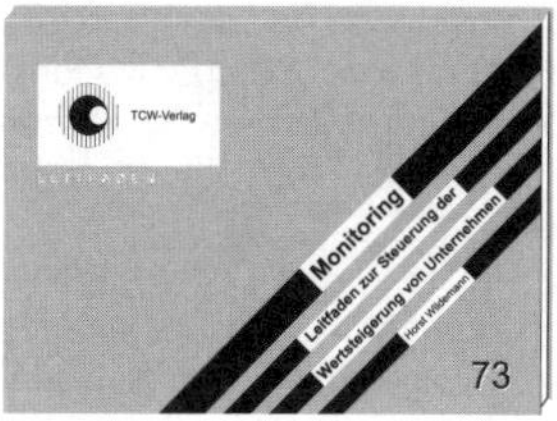

Horst Wildemann
Leitfaden
Monitoring
3. Auflage
München 2005
ISBN 3-934155-46-4
EUR 250,-
zzgl. Versandkosten

Alle Unternehmen bekennen sich zur Orientierung an der Wertsteigerung, doch wie jüngste Untersuchungen zeigen, besteht in der Praxis eine erhebliche Diskrepanz in der Wahrnehmung des wahren Wertes einer Unternehmung. Die Anforderungen des Kapitalmarktes hinsichtlich der Transparenz der Wertentwicklung sind für eine positive Aktienkursentwicklung jedoch unbedingt zu beachten. Es stellt sich die Frage nach den relevanten Kennzahlen, die erforderlich sind, um ein Unternehmen mit dem Ziel nachhaltiger Wertsteigerung steuern zu können. Der Leitfaden Monitoring liefert Methoden und Kennzahlensysteme zur Transparenzgestaltung und Wertermittlung.

51 Personal- und Führungskräfteaudit

Leitfaden zur Analyse des Managementpotenzials und der Problemlösungskapazität der Mitarbeiter

Horst Wildemann
Leitfaden
Personal- und Führungskräfteaudit
8. Auflage
München 2005
ISBN 3-931511-13-8
EUR 250,-
zzgl. Versandkosten

Die Problemlösungsfähigkeiten der Mitarbeiter und das unternehmerische Potenzial der Führungskräfte sind Schlüsselfaktoren für den Erfolg eines Unternehmens. Wie aber ist das Potenzial von Mitarbeitern einzuschätzen? Wo besteht Förder- und Handlungsbedarf? Aufbauend auf der Erfahrung aus zahlreichen Auditierungsprojekten beschreibt der Leitfaden Vorgehensweisen und beinhaltet Erhebungs- und Analyseformulare. Die besonders kritischen Aspekte der Mitarbeiterinformation vor Projektbeginn, der Einbindung von Betriebsräten und Sprecherausschüssen, der Kommunikation der Ergebnisse sowie der Einbindung interner und externer Projektpartner werden detailliert behandelt.

52 Personal- und Organisationsbenchmarking

Overhead Value Analysis – Leitfaden zur bedarfsgerechten Personaldimensionierung

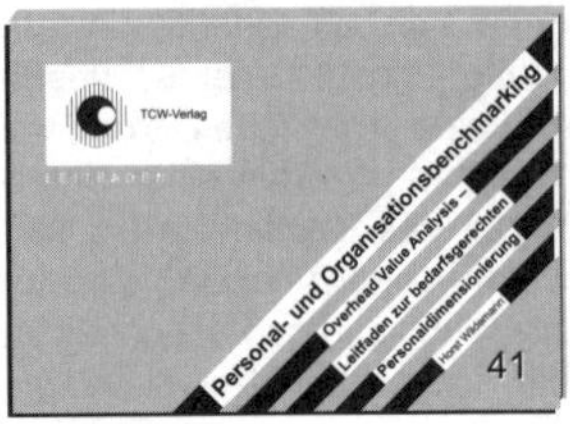

Horst Wildemann
Leitfaden
Personal- und Organisationsbenchmarking
8. Auflage
München 2005
ISBN 3-931511-23-5
EUR 250,-
zzgl. Versandkosten

Die Anpassung des Personalbestands und der Personalstruktur sowie die Ermittlung von Reorganisationsschwerpunkten und Kostentreibern in den Prozessen durch eine systematische und praktische Vorgehensweise sind Inhalt des Leitfadens.
Neben den Methoden zur Prozess- und Organisationsanalyse werden Verfahren vorgestellt, die bestehende Leistungslücken durch den Vergleich mit den Klassenbesten in den relevanten Strukturen und Prozessen aufzeigen.

53 Post Merger Management

Leitfaden zur Integration von Unternehmen und Realisierung von Synergieeffekten

Horst Wildemann
Leitfaden
Post Merger Management
3. Auflage
München 2005
ISBN 3-934155-45-6
EUR 250,-
zzgl. Versandkosten

Eine Fusion kann nur dann eine nachhaltige Wertsteigerung aufweisen, wenn die in der Bewertung identifizierten Synergien auch realisiert werden. Diese Synergien zu realisieren ist die Aufgabe des Post Merger Managements. Die Anforderung ist hierbei, möglichst wenig Kapazitäten für den Integrationsprozess und die erforderlichen Aktivitäten zu binden und auf Grund der Beschäftigung mit sich selbst das Tagesgeschäft nicht aus den Augen zu verlieren. Themen wie die Besetzung von Schlüsselpositionen im neuen Unternehmen werden dabei ebenso behandelt wie die Gefahr der Kollision von Unternehmenskulturen. Anhand von Methoden und Fallstudien wird gezeigt, wie die Potenziale zu heben sind.

54 PPS-Systeme

Leitfaden zur kontinuierlichen Weiterentwicklung von PPS-Systemen

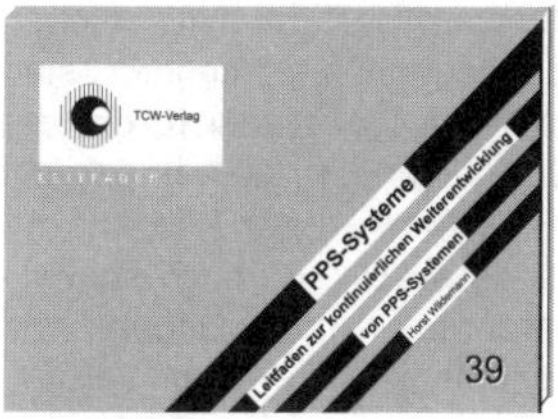

Horst Wildemann
Leitfaden
PPS-Systeme
8. Auflage
München 2005
ISBN 3-931511-14-6
EUR 250,-
zzgl. Versandkosten

Vor der Frage der PPS-Sanierung oder PPS-Ablösung stehen alle Unternehmen, die eine modulare Organisation oder Gruppenarbeit einführen, eine kundenorientierte Auftragsabwicklung anstreben, eine Variantenexplosion zu verzeichnen haben, sich einem veränderten Kundenverhalten in der Auftragsstruktur stellen müssen ebenso wie Unternehmen, die industrielle Serviceleistungen zu ihren Produkten anbieten. Dieser Leitfaden gibt Entscheidungshilfen für die Restrukturierung der PPS-Systematik, die es erlauben, die Produktionsplanung und -steuerung wieder auf ein Unternehmen maßzuschneidern und die zukünftigen Anforderungen frühzeitig zu erkennen und kontinuierlich abzudecken.

55 Produktionsrisikomanagement

Leitfaden zur Handhabung von produktionsorientierten Risiken und Implementierung eines Risikomanagementsystems

Die mit einer zunehmenden Komplexität in den Produktionsprozessen einhergehende Gefahr der Betriebsunterbrechung erfordert eine risikoorientierte Betrachtung der Produktion. Dieser Leitfaden stellt sich der Herausforderung einen geeigneten Methoden- und Instrumenteneinsatz für das Risikomanagement dieses Funktionsbereiches anzubieten. Für Produktionsunternehmen gilt es, das passende Risikomanagementsystem in Art und Umfang auszugestalten. Erfolgreiches Risikomanagement in der Produktion ist als regelmäßiger Management-Prozess institutionalisiert und erfolgt in Kombination mit einem geeigneten Methoden-Mix.

Horst Wildemann
Leitfaden
Produktionsrisikomanagement
1. Auflage
München 2005
ISBN 3-937236-24-4
EUR 250,-
zzgl. Versandkosten

56 Produktionssysteme

Leitfaden zur methodengestützten Reorganisation der Produktion

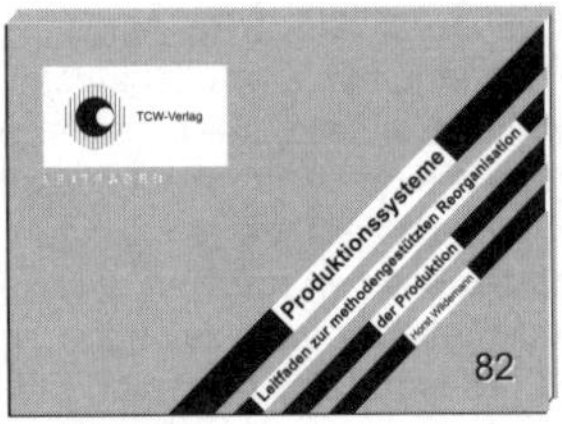

Um dem steigenden Wettbewerbsdruck in dynamischen Marktumfeldern erfolgreich begegnen zu können, sind ganzheitliche Produktionssysteme erforderlich, die der Vielschichtigkeit moderner Fertigungsstrukturen gerecht werden. Aufbauend auf einer Analyse der Ausgangssituation, der aktuellen Trends im Unternehmensumfeld und der daraus resultierenden Anforderungen wird dargestellt, welche Basisstrategien zu einer Verbesserung von Veränderungsdynamik und Kostenposition führen, in welchen Gestaltungsfeldern von Fertigungen Produktionssysteme eingreifen und welche Bausteine und Methoden zur Integration von Produktionssystemen erforderlich sind. Es wird ein Einführungskonzept vorgestellt, das auf Erfahrungen aus einer Vielzahl von Fallstudien beruht.

Horst Wildemann
Leitfaden
Produktionssysteme
3. Auflage
München 2005
ISBN 3-934155-58-8
EUR 250,-
zzgl. Versandkosten

57 Produktions- und Zuliefernetzwerke

Leitfaden zur Unterstützung einer marktorientierten Produkt- und Prozessgestaltung

Horst Wildemann
Leitfaden
Produktions- und Zuliefernetzwerke
10. Auflage
München 2005
ISBN 3-929918-92-7
EUR 250,-
zzgl. Versandkosten

Dieser Leitfaden zeigt, welche alternativen Formen von Produktions- und Zuliefernetzwerken für ein Unternehmen geeignet sind.
Unternehmen werden dadurch in die Lage versetzt, die Vorteile kleiner, flexibel auf Veränderungen der Wettbewerbssituation reagierender Einheiten mit den Vorteilen großer, auf umfangreiche Ressourcen und eine breite Know-how-Basis zurückgreifender Unternehmen zu verbinden.
Diese virtuellen Unternehmen können die Vorteile einer zwischenbetrieblichen Arbeitsteilung sowie die Realisierung schnittstellenübergreifender Synergiepotenziale mit sehr geringem Koordinations- und Kontrollaufwand realisieren.

58 Produktivitätsverbesserung

Leitfaden zur kurzfristigen und permanenten Produktivitätssteigerung in kleinen und mittleren Unternehmen

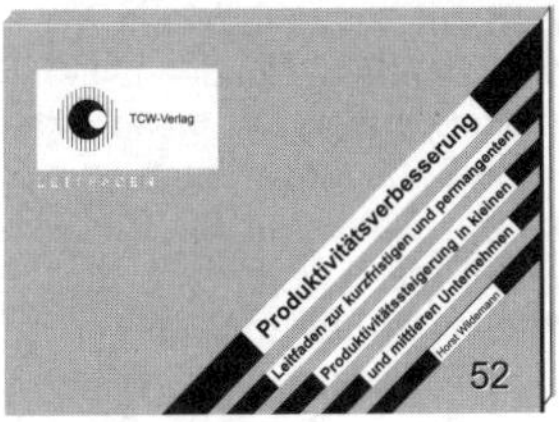

Horst Wildemann
Leitfaden
Produktivitätsverbesserung
6. Auflage
München 2005
ISBN 3-931511-95-2
EUR 250,-
zzgl. Versandkosten

Wettbewerbsvorteile werden in Zukunft nicht durch Redesign-Projekte und einen kontinuierlichen Verbesserungsprozess erzeugt, gefragt sind vielmehr offene Programme, die die umfangreiche Aufgabenstellung der Produktivitätssteigerung in überschaubare und kurzfristig zu bewältigende Einheiten teilen und als Ergebnis eine durch alle Organisationsmitglieder getragene Selbsterneuerung hervorbringen. In diesem Leitfaden wird ein handlungsorientiertes Konzept zur Planung, Einführung und Umsetzung auf der Basis einer Vielzahl von Fallbeispielen entwickelt. Darüber hinaus werden konkrete Leitlinien zur Produktivitätssteigerung in Produktion und Logistik vorgestellt und erläutert.

59 Produktklinik

Leitfaden zur Steigerung der Lerngeschwindigkeit und Produktkostensenkung

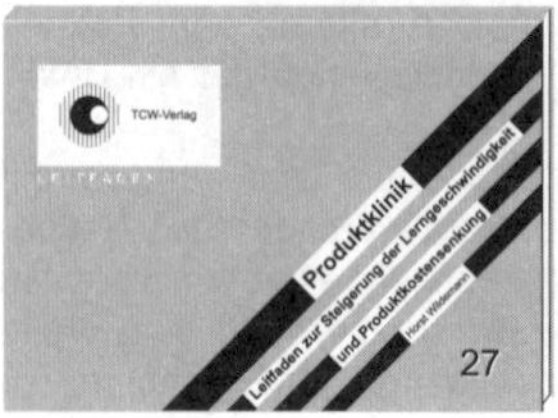

Horst Wildemann
Leitfaden
Produktklinik
10. Auflage
München 2005
ISBN 3-929918-87-0
EUR 250,-
zzgl. Versandkosten

Inhalt des Leitfadens ist das Konzept der Produktklinik, dessen Grundgedanke darin besteht, eigene aktuelle Produkte unter Heranziehung von Markt-, Wettbewerbs- und Kundendaten auf physischer Ebene mit denen der Mitbewerber zu vergleichen. Danach werden Zielgrößen für weitere Produktplanungen gebildet und eine optimale Kombination der einzelnen auf Produkt- und Prozessebenen realisierten Best-Practice-Lösungen zusammengestellt. Der Autor hat hierzu ein methodisch und praktisch erprobtes Bausteinkonzept entwickelt, das Unternehmen Unterstützung bei der Einführung einer Produktklinik gibt.

60 Produktordnungssysteme

Leitfaden zur Standardisierung und Individualisierung des Produktprogramms durch intelligente Plattformstrategien

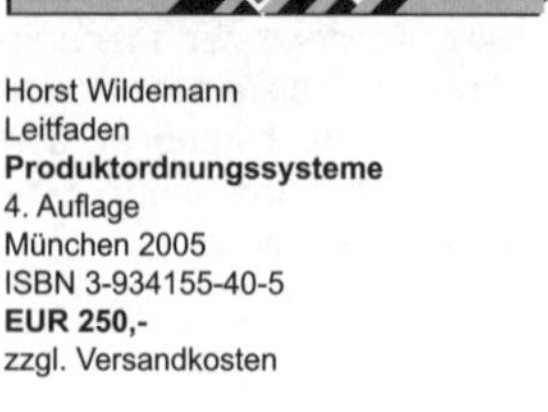

Horst Wildemann
Leitfaden
Produktordnungssysteme
4. Auflage
München 2005
ISBN 3-934155-40-5
EUR 250,-
zzgl. Versandkosten

Viele Unternehmen bringen ihr angestammtes Volumengeschäft durch falsch verstandene Kundennähe mit einem zu sehr auf individuelle Lösungen ausgerichteten Produktprogramm in Gefahr. Andere Unternehmen straffen durch Elimination von Varianten ihr Produktportfolio. Vielmehr ist die vom Markt geforderte Vielfalt möglichst effizient anzubieten. Der Leitfaden gibt einen umfassenden Überblick über die Ansätze zur Gestaltung effizienter Produktordnungssysteme. Durch die Darstellung von Vorgehensweisen und Fallstudien werden die Grundlagen für die Umsetzung gelegt. Mit der integrierten Betrachtung von Produkt, Prozess und Organisation wird ein erprobtes praxisorientiertes Konzept vorgestellt und anhand von Fallstudien belegt.

61 Projektleitstand

Leitfaden zum Management von Großprojekten

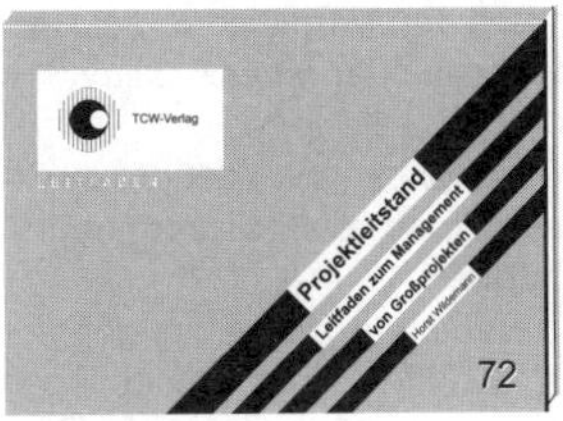

Horst Wildemann
Leitfaden
Projektleitstand
4. Auflage
München 2005
ISBN 3-934155-48-0
EUR 250,-
zzgl. Versandkosten

Bei der Abwicklung von Großprojekten im Anlagenbau ist ein wesentlicher Erfolgsfaktor die intensive Kommunikation und Zusammenarbeit mit dem Kunden. In der Praxis reicht die bestehende Kundeneinbindung meist nicht aus. Der Leitfaden gibt dem Praktiker ein innovatives Konzept an die Hand, das ein durchgehendes unternehmensübergreifendes Controlling des Projektfortschritts erlaubt. Die Berücksichtigung erprobter Bausteine wie Workflow-Management oder Projektcontrolling in Gestalt einer durchgängigen Vorgehensweise gewährleistet damit die Realisierung der Projektziele. Der Leitfaden zeigt auch, wie Kommunikationsmethoden und Controlling über das Internet abgewickelt werden können.

62 Projektmanagement

Leitfaden zu Koordination und Controlling von funktionsübergreifenden Projekten

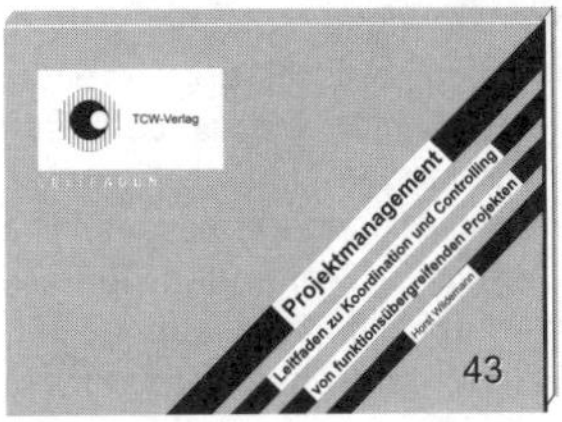

Horst Wildemann
Leitfaden
Projektmanagement
7. Auflage
München 2005
ISBN 3-931511-83-9
EUR 250,-
zzgl. Versandkosten

Der vorliegende Leitfaden befasst sich mit der Gestaltung und Überprüfung von Projektorganisationen in Forschung und Entwicklung. Themen wie das der Aufgabenverteilung in Projektorganisationen und Ablaufgestaltung werden umfassend erläutert, Methoden des Projektcontrollings, des Multiprojektmanagements, der Teamführung und des Coachings detailliert vorgestellt. Zum Wirkungsnachweis und zur Auditierung von Projektorganisationen dient neben den aufgezeigten Checklisten das vorgestellte Visualisierungskonzept.
Der Leitfaden ist in Chartform gestaltet und eignet sich als Präsentationsunterlage und zum Selbststudium.

63 Prozess-Benchmarking

Leitfaden zur Erreichung von Quantensprüngen in Geschäftsprozessen

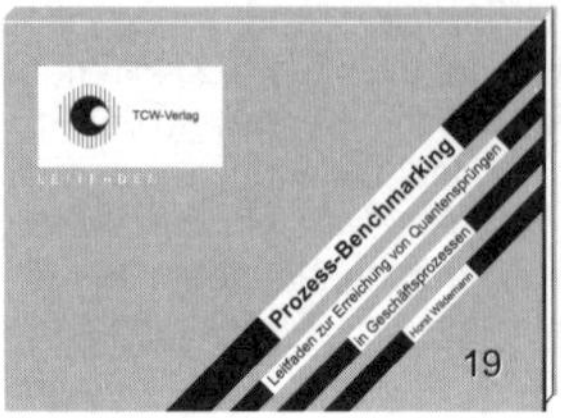

Horst Wildemann
Leitfaden
Prozess-Benchmarking
11. Auflage
München 2005
ISBN 3-929918-43-9
EUR 250,-
zzgl. Versandkosten

Die erfolgreiche Durchführung von Vergleichen mit dem Best Performer eines Prozesses oder einer bestimmten Aufgabe ist Gegenstand dieses Leitfadens.
Im Mittelpunkt steht das Prozessbenchmarking als wirkungsvolles Instrument, um Prozessverbesserungen in Quantensprüngen hervorzurufen.
Effektive Maßnahmen und Handlungsempfehlungen zur Umsetzung der einzelnen Schritte in der betrieblichen Praxis werden vorgestellt und anhand konkreter Fallbeispiele erläutert.
Der Leitfaden ist für Schulung und Selbststudium konzipiert.

64 Prozessgestaltung – Software

Leitfaden und Tools zur effizienten Entwicklungsprozessgestaltung

Horst Wildemann
Leitfaden
Prozessgestaltung
in der Softwareentwicklung
6. Auflage
München 2005
ISBN 3-934155-31-6
EUR 250,-
zzgl. Versandkosten

Die Effizienz der Vorgehensmodelle spiegelt sich in der Erfüllung der individuellen Anforderungen eines Softwareentwicklungsprojektes wider. Dieser Leitfaden beinhaltet Handlungsempfehlungen zur effizienten Gestaltung eines Softwareentwicklungsprozesses. Die Nutzung von räumlich verteilten Standorten für die Softwareentwicklung wird durch einen systematisierten, instrumentengestützten Entscheidungsprozess zur verteilten Entwicklung ermöglicht. Der Leitfaden ist das Ergebnis mehrjähriger Forschungsarbeiten und für Schulung und Selbststudium konzipiert.

65 Prozessklinik

Leitfaden zu Wertgestaltung und Benchmarking von Geschäftsprozessen

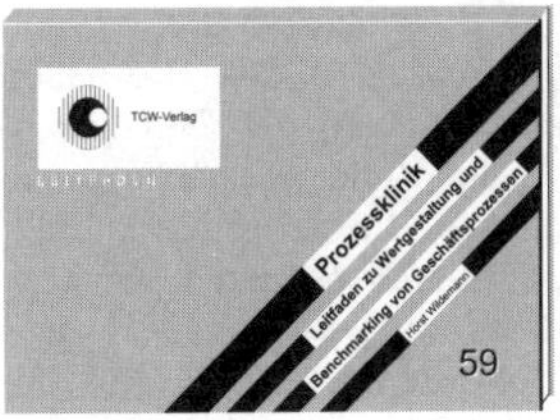

Horst Wildemann
Leitfaden
Prozessklinik
4. Auflage
München 2005
ISBN 3-931511-98-7
EUR 250,-
zzgl. Versandkosten

Dieser Leitfaden befasst sich mit der Optimierung von Geschäftsprozessen durch Prozessorientierung und Leistungsvergleiche im eigenen Unternehmen.
Die Konzentration auf wertschöpfende Tätigkeiten in Geschäftsprozessen und die Reduzierung nicht-wertschöpfender Tätigkeiten zu neuen Kostensenkungspotenzialen sind Bestandteile der Prozessorientierung. Orientiert an Leitlinien, wie beispielsweise der des organisatorischen Lernens, werden Methoden zur Vorgehensweise der Prozessorientierung im Rahmen eines Bausteinkonzeptes dargestellt und erläutert.

66 Qualitätscontrolling

Leitfaden zur qualitätsgerechten Planung und Steuerung von Geschäftsprozessen

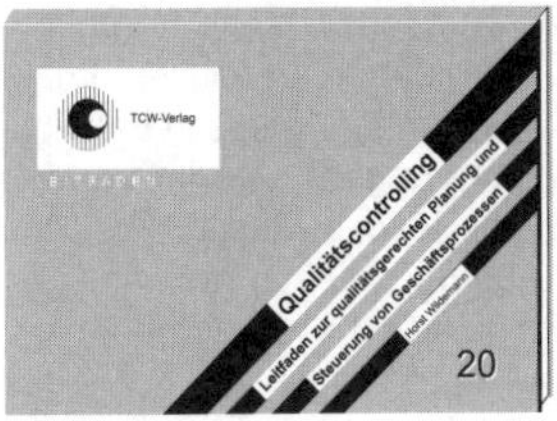

Horst Wildemann
Leitfaden
Qualitätscontrolling
11. Auflage
München 2005
ISBN 3-929918-54-4
EUR 250,-
zzgl. Versandkosten

Die Darstellung eines Gesamtkonzeptes für das Qualitätscontrolling im Hinblick auf die Verwirklichung einer qualitätsorientierten Unternehmensführung ist das Anliegen dieses Leitfadens.
Möglichkeiten zur unternehmensspezifischen Umsetzung, ablauforientierten Gestaltung und Eingliederung in das betriebliche Führungssystem werden ebenso erläutert wie Methoden und Instrumente zur Planung und Steuerung.
Der Leitfaden ist für Schulung und Selbststudium konzipiert.

67 Qualitätsmanagement – Software

Leitfaden zur Analyse und Verbesserung von Produkt- und Prozessqualität

Horst Wildemann
Leitfaden
Qualitätsmanagement in der Softwareentwicklung
6. Auflage
München 2005
ISBN 3-934155-33-2
EUR 250,-
zzgl. Versandkosten

Das Qualitätsmanagement diagnostiziert Fehler und versucht die Qualität von Produkten und Prozessen zu verbessern. Ziel ist die Ableitung der Qualitätsanforderungen und Erfüllung der Kundenwünsche durch die Betrachtung der Produkt- und Prozessqualität. Der Leitfaden beinhaltet Vorgehensweisen und Instrumente zur Analyse und Verbesserung von Produkt- und Prozessqualität in der Softwareentwicklung. Auf der Grundlage definierter Qualitätsmerkmale wird durch Qualitätsplanung und -controlling eine kundengerechte Softwareentwicklung sichergestellt. Die dargestellten Methoden und Techniken ermöglichen ein ganzheitliches und effektiveres Qualitätsmanagement.

68 Quality Function Deployment

Die Stimme des Kunden in Entwicklung, Produktion und Zulieferung – QFD-Schulungsunterlage –

Horst Wildemann
QFD
Schulungsunterlage und Foliensatz
11. Auflage
München 2005
ISBN 3-929918-51-X
EUR 350,-
zzgl. Versandkosten

Dieser Leitfaden zeigt, wie Kundenwünsche herauszufinden und aktiv in allen Unternehmensbereichen umzusetzen sind. Die „Stimme des Kunden“ muss in Entwicklung, Beschaffung, Produktion, Logistik und im Vertrieb verankert werden. Die Methode des Quality Function Deployment leiste t diese Aufgabe in einer mehrstufigen Planungssystematik für Produkt-und Prozessmerkmale; die „Sprache des Kunden“ wird in die „Sprache des Unternehmens“ umgesetzt. Die Anwendung dieser Methoden führt zu Komplexitätsreduzierungen, weniger Änderungen und ausgereifteren Produkten, was Kosteneinsparungen und schnelle Realisierung von Entwicklungsprojekten ermöglicht.

69 Rating

Leitfaden zur Vorbereitung auf das bankinterne und externe Rating sowie zur Optimierung der Ratingposition des Unternehmens

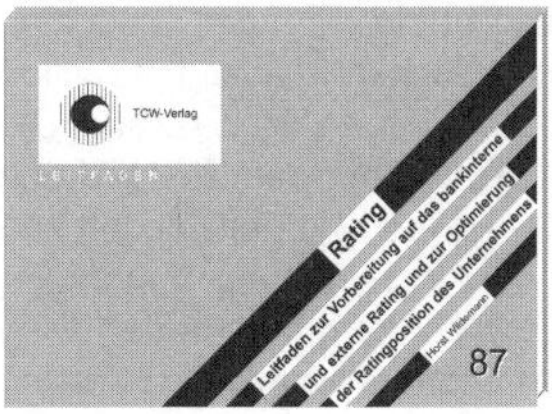

Horst Wildemann
Leitfaden
Rating
1. Auflage
München 2005
ISBN 3-937236-25-2
EUR 250,-
zzgl. Versandkosten

Die Finanzierung von Investitionen von KMUs erfolgt vornehmlich über den klassischen Firmenkredit. Der zweite Basler Akkord macht das Rating zu einem obligatorischen Bestandteil des Kreditvergabeprozesses. Die jeweilige Hausbank wird das hierzu erforderliche Rating bei KMUs durchführen, da ein externes Rating erheblich teurer ist. Der Leitfaden enthält ein praxisorientiertes Bausteinkonzept zur Vorbereitung des Unternehmens sowohl auf bankinterne als auch auf das externe Rating. Betrachtet werden sowohl leistungs- als auch finanzwirtschaftliche Kriterien. Es wird aufgezeigt, wie mit Methodenbausteinen Unternehmen ihre Risikoposition verbessern können.

70 Risikomanagement

Leitfaden zur Umsetzung eines Risikomanagement-Systems für die wertorientierte Steuerung von Unternehmen

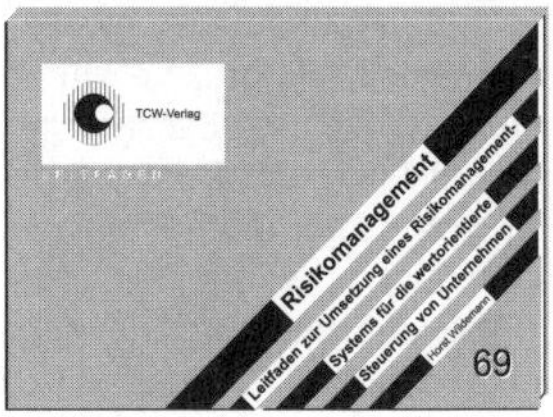

Horst Wildemann
Leitfaden
Risikomanagement
4. Auflage
München 2005
ISBN 3-934155-44-8
EUR 250,-
zzgl. Versandkosten

Ein Unternehmen muss die von ihm bereits eingegangenen und noch einzugehenden Risiken identifizieren, messen als auch steuern und regeln, wenn es seinen Bestand langfristig sichern will. Mit KonTraG wurde die Grundlage zur ganzheitlichen Betrachtung der Risiken im unternehmerischen Umfeld geschaffen. Jedoch sind noch längst nicht alle Fragen hierzu beantwortet. Nach wie vor wird kaum ein anderes Thema sowohl in der theoretischen Auseinandersetzung als auch in der unternehmerischen Praxis so heftig diskutiert. Dieser Leitfaden gibt eine Hilfestellung zur Implementierung eines unternehmensweiten Risikomanagements anhand von praxiserprobten Bausteinen und Modellen.

71 Roadmapping

Leitfaden zur Planung und Erschließung von Zukunftspotenzialen im Unternehmen

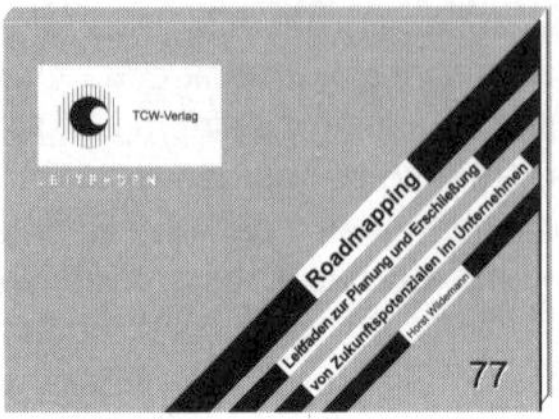

Horst Wildemann
Leitfaden
Roadmapping
3. Auflage
München 2005
ISBN 3-934155-55-3
EUR 250,-
zzgl. Versandkosten

Unternehmen, die langfristig erfolgreich sind, zeichnen sich durch ihre hohe Innovationskraft aus. Innovation setzt das Vorhandensein einer klaren Vision voraus. Die Vision beschreibt die Vorstellung über den Zustand und die Zielsetzungen des Unternehmens in der Zukunft und ist somit die Grundlage für die Ausgestaltung der Innovationsstrategie. Wer das Ziel nicht kennt, kann den Weg nicht finden. Ein effektives Instrument zur Unterstützung der Strategieumsetzung sind Roadmaps. Die Roadmap zeigt den Weg von der Vision über die gewählten Technologie-, Markt- und Produktstrategien und deren Umsetzung in Entwicklungsprojekten zu innovativen, marktfähigen Produkten auf.

72 Sanierungsstrategien

Leitfaden zur Bewältigung und Abwehr von Unternehmenskrisen

Horst Wildemann
Leitfaden
Sanierungsstrategien
4. Auflage
München 2005
ISBN 3-934155-41-3
EUR 250,-
zzgl. Versandkosten

Die Wettbewerbsdynamik und Wachstumsschwellen führen zunehmend auch traditionell erfolgreiche Unternehmen in Krisensituationen. Der Leitfaden Sanierungsstrategien erläutert detailliert Leitlinien und Gestaltungsbausteine zur Bewältigung von Unternehmenskrisen. Das zentrale Ziel der Sanierung ist dabei die Wiedergewinnung von Transparenz und Steuerungsmöglichkeiten im Unternehmen hinsichtlich Produkten, Prozessen und Organisationseinheiten. Die Darstellung einer strukturierten Vorgehensweise sowie die praxiserprobten Methodenbausteine, Analysemethoden und Checklisten helfen Praktikern bei der Diagnose von Krisensituationen und der Konzeption geeigneter Gegenmaßnahmen.

73 Schnell lernende Unternehmen

Leitfaden zur Initiierung von Lernprozessen auf allen Ebenen im Unternehmen

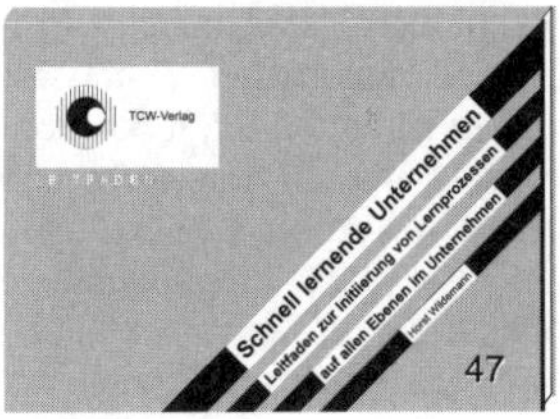

Horst Wildemann
Leitfaden
Schnell lernende Unternehmen
6. Auflage
München 2005
ISBN 3-931511-86-3
EUR 250,-
zzgl. Versandkosten

Erfolgreiche Unternehmen lernen schneller als ihre Wettbewerber und sind in der Lage, Innovationen in allen Bereichen des Unternehmens in kürzester Zeit umzusetzen. Dieser Leitfaden zeigt auf, mit welchen Basisstrategien und Gestaltungsansätzen die Idee des schnell lernenden Unternehmens realisiert werden kann. Ein breites Spektrum an erprobten Konzepten und Methoden wird vorgestellt und hinsichtlich der Einsatzmöglichkeiten und Wirkungsweisen für die einzelnen Lernphasen diskutiert.

74 Self-Assessment-Tools

Checklisten zur Selbstbewertung von Unternehmen

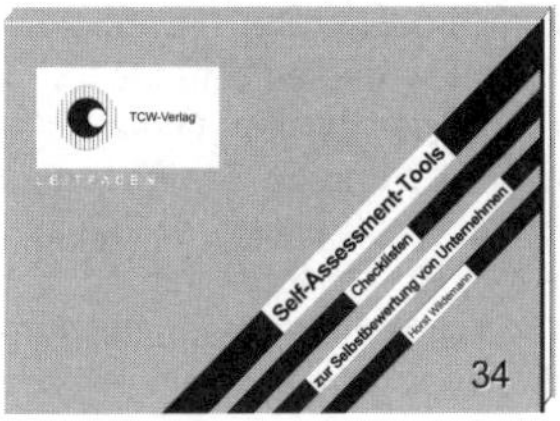

Horst Wildemann
Self-Assessment-Tools
11. Auflage
München 2005
ISBN 3-929918-68-4
EUR 110,-
zzgl. Versandkosten

Die Durchführung von Self-Assessments und die Aufnahme des Ist-Zustands als Grundlage einer detaillierten Schwachstellenanalyse sind Inhalte dieses Leitfadens. Die in der Selbstbewertung festgeschriebenen Standards sind Ausgangspunkt für den kontinuierlichen Verbesserungsprozess. Im Kapitel Logistik wird die Leistungsfähigkeit von der Beschaffung über die Produktion bis zur Distribution analysiert. Im Kapitel Qualität werden in Analogie zum Europäischen Qualitätspreis Mitarbeiterführung, Produkte, Strategien, Ressourcen, Prozesse, Kundenzufriedenheit und Geschäftsergebnisse untersucht. Checklisten zum Risikomanagement beinhalten Risikoanalyse, -prävention und -monitoring.

75 Service

Leitfaden zur Erschließung von Differenzierungspotenzialen im Wettbewerb

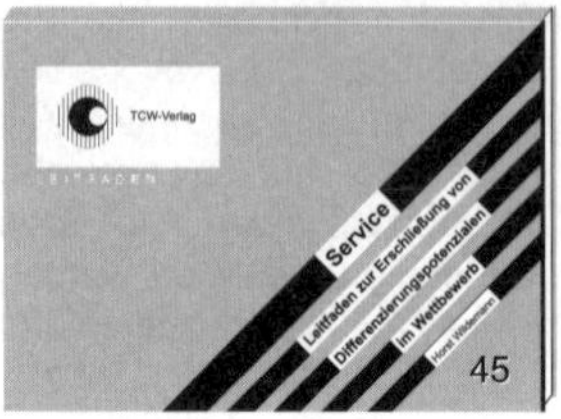

Horst Wildemann
Leitfaden
Service
7. Auflage
München 2005
ISBN 3-931511-29-4
EUR 250,-
zzgl. Versandkosten

Im Wettbewerb ist es entscheidend, das richtige Produkt und den richtigen Service anzubieten. Durch ein auf die Kundenwünsche abgestimmtes Angebot können Differenzierungspotenziale im Wettbewerb und Wachstumschancen erschlossen werden. Der Leitfaden „Service" erläutert Leitbilder und Gestaltungsbausteine zur Einführung eines Serviceangebots und Gestaltung der Serviceorganisation. Kunden-/Markt-Beziehung, Produkt- und Organisationsgestaltung sowie Mitarbeiterorientierung sind die Leitbilder einer umfassenden Serviceorientierung.
Die Methodenbausteine sowie Analysemethoden und -formblätter helfen dem Praktiker bei der Umsetzung des Servicekonzeptes.

76 Six Sigma

Leitfaden zur kontinuierlichen Verbesserung der Qualität in Prozessen und Produkten

Horst Wildemann
Leitfaden
Six Sigma und Qualitätsverbesserung
12. Auflage
München 2005
ISBN 3-929918-26-9
EUR 250,-
zzgl. Versandkosten

Eine kontinuierliche Qualitätsverbesserung, die von allen Mitarbeitern getragen wird, ist Ziel dieses Leitfadens.
Es werden Strategien zur Steigerung der Qualitätsfähigkeit und konsequenten Umsetzung der Methoden im Sinne einer Hilfe zur Selbsthilfe aufgezeigt. Aufbauend auf einer strikten Kunden- und Prozessorientierung, der präventiven Qualitätssicherung und der Verhaltensänderung wird ein Bausteinkonzept für die kontinuierliche Verbesserung des Qualitätsniveaus in allen Unternehmensbereichen dargestellt. Der Leitfaden ist für die Schulung und das Selbststudium konzipiert.

77 Softwareentwicklung

Leitfaden und Management-Tools zur anforderungsgerechten Softwareentwicklung

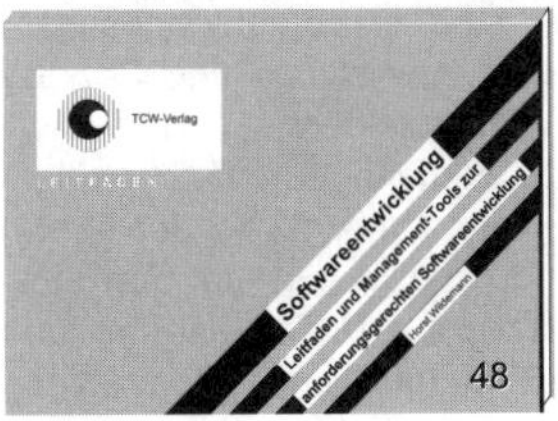

Horst Wildemann
Leitfaden
Softwareentwicklung
6. Auflage
München 2005
ISBN 3-931511-32-4
EUR 250,-
zzgl. Versandkosten

Permanente Qualitäts-, Kosten- und Zeitprobleme in der Softwareentwicklung erfordern neue Managementkonzepte. Ein speziell entwickeltes Instrumentarium ermöglicht eine problemadäquate Gestaltung dieses Prozesses. Definierte Leitlinien im Management ermöglichen eine Projektstrukturierung und -verfolgung zur effizienten Softwareentwicklung. Ein spezifisch für Softwareprodukte entwickeltes PM-Tool realisiert die dreidimensionale Messung von Zeit, Kosten und Leistungen. Ein ganzheitliches Qualitätsmanagement verbessert die Prozess- und Produktqualität. Methoden zur markt- und anforderungsgerechten Softwareproduktgestaltung dienen einer ganzheitlichen Kundenorientierung.

78 Software-Produktordnungssysteme

Leitfaden zum Management effizienter Softwareentwicklung durch intelligente Wiederverwendung

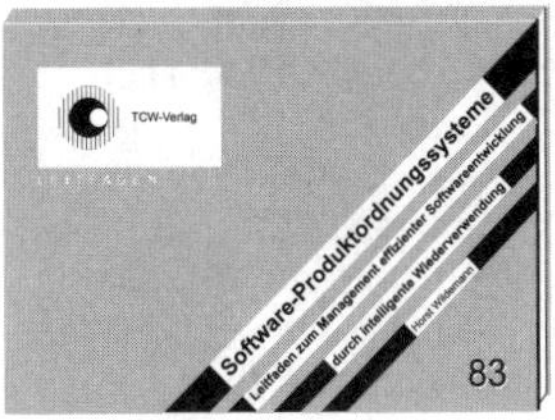

Horst Wildemann
Leitfaden
Software-Produktordnungssysteme
3. Auflage
München 2005
ISBN 3-934155-59-6
EUR 250,-
zzgl. Versandkosten

Die Bedeutung von Software nimmt beständig zu. Gleichzeitig haben viele Anbieter Probleme, eine effiziente Softwareproduktion aufzubauen. Erfolgreiche Unternehmen bedienen sich hierzu erprobter Konzepte aus anderen Branchen: Fokussierung der Entwicklung, Zukauf von Leistungen und Nutzung von Synergien innerhalb des Produktprogramms. Während bestehende Konzepte zur Wiederverwendung von Software vor allem technische Aspekte der Entwicklung beleuchten, fokussiert der Leitfaden auf das Management technischer Infrastruktur, die Organisation sowie die Führungsunterstützung und strukturiert hierfür Lösungsansätze.

79 Software-Projektmanagement

Leitfaden und Tools zur Planung und Abwicklung von Softwareentwicklungsprojekten

Horst Wildemann
Leitfaden
Software-Projektmanagement
6. Auflage
München 2005
ISBN 3-934155-32-4
EUR 250,-
zzgl. Versandkosten

Dieser Leitfaden umfasst eine instrumentengestützte Vorgehensweise zu Planung, Abwicklung und Controlling von Softwareentwicklungsprojekten.
Leitlinien zum Software-Projektmanagement geben dem Anwender Handlungsrichtlinien zur Auswahl der für ihn geeigneten Methoden und Instrumente im Softwareprojekt. Eine softwarespezifische Projektplanung und -überwachung mit Hilfe eines Tools zur Unterstützung der Earned-Value-Analyse sorgt für eine zeitnahe Projektverfolgung. Die Steuerung der Entwicklungsaktivitäten durch ein Gateway-Management stellt die Umsetzung der Anforderungen im Softwareprojekt sicher.

80 Standortplanung

Leitfaden zur Standortbewertung für Zulieferunternehmen und Hersteller

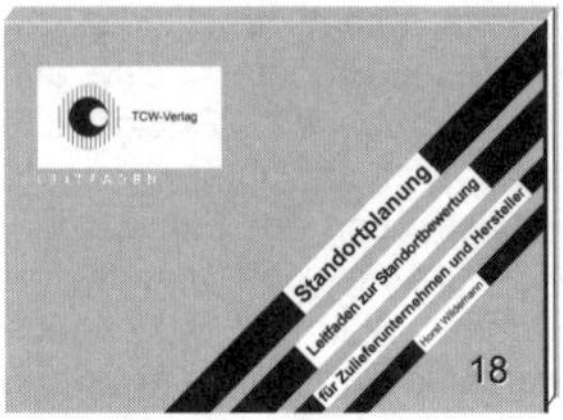

Horst Wildemann
Leitfaden
Standortplanung
12. Auflage
München 2005
ISBN 3-929918-37-4
EUR 250,-
zzgl. Versandkosten

Internationale Unternehmen erzielen Wettbewerbsvorteile durch Vernetzung ihrer globalen Produktion. Sie nutzen regionale Vorteile durch Adaption weltweiten Wissens. Die Produktion standardisierter Produkte wird in Niedrigkostenländern zusammengefasst. Zur Überwindung von Handelsbarrieren und zur Erschließung regionaler Märkte werden kleine flexible Produktionsmodule gebildet. Forschungsstandorte stehen in engem Kontakt zu antizipatorischen Kunden und innovativen Branchen. Der Leitfaden zeigt eine systematische Vorgehensweise zur Standortplanung in Produktionsnetzwerken unter Berücksichtigung von Markt-, Technologie- und Ressourcenerschließungs-Strategien auf.

81 Supply Chain Management

Leitfaden für ein unternehmensübergreifendes Wertschöpfungsmanagement

Horst Wildemann
Leitfaden
Supply Chain Management
6. Auflage
München 2005
ISBN 3-931511-42-1
EUR 250,-
zzgl. Versandkosten

Die Wertschöpfungskette eines Produktes vom Ausgangspunkt bis zum Endabnehmer ist dadurch charakterisiert, dass nur drei bis zehn Prozent der Produktionsaktivitäten wertschöpfend sind. Wildemann zeigt in diesem Leitfaden einen ganzheitlichen Ansatz zur Optimierung von Material- und Informationsflüssen in unternehmensübergreifenden Wertschöpfungsketten. Der Leitfaden enthält wesentliche Bausteine für eine effiziente Gestaltung dieser Schnittstellen und die Steuerung der Wertschöpfungskette vom Point of Sales. Anhand von zukunftsweisenden Fallstudien werden Handlungsanleitungen für die Unternehmenspraxis aufgezeigt. Der Leitfaden eignet sich als Vortragsunterlage und zum Selbststudium.

82 Synergiemanagement

Leitfaden zur Identifikation und zur Realisierung von Synergiepotenzialen entlang der Wertschöpfungsketten von Unternehmen

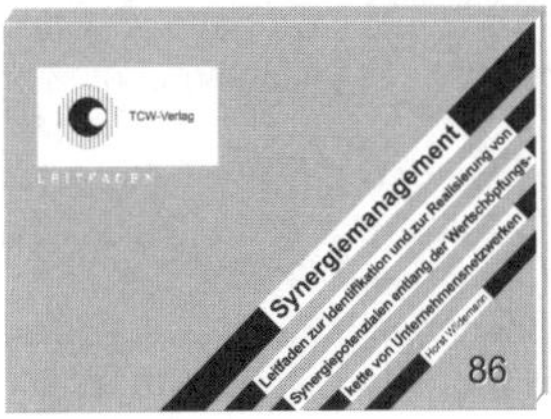

Horst Wildemann
Leitfaden
Synergiemanagement
1. Auflage
München 2005
ISBN 3-937236-18-X
EUR 250,-
zzgl. Versandkosten

Die weltweite Konjunkturentwicklung zwang Unternehmen in der Vergangenheit Rationalisierungen und Produktivitätssteigerungen durchzuführen. Der schleppende Konjunkturaufschwung und die Wettbewerbsintensivierung durch Globalisierung erfordern weitere Aktivitäten zur Kosten- und Leistungsoptimierung. Es stellt sich die Frage, wo und wie brachliegende Potenziale in durchoptimierten Unternehmen realisiert werden können. Der Leitfaden beantwortet dies mit einer umfangreichen Auswahl von Instrumenten und Methoden zur Identifikation und Realisierung von Synergien. Es wird eine in der praxisbewährte Vorgehensweise zur Synergieerschließung dargestellt sowie deren betriebswirtschaftliche Wirksamkeit anhand von Fallstudien verdeutlicht.

83 Total Productive Maintenance

Leitfaden für ein integriertes Instandhaltungsmanagement

Horst Wildemann
Leitfaden
Total Productive Maintenance
9. Auflage
München 2005
ISBN 3-931511-06-5
EUR 250,-
zzgl. Versandkosten

Der Leitfaden enthält einen mehrstufigen Einführungspfad für die Implementierung und Optimierung von Total Productive Maintenance. Das TPM-Konzept zielt auf die Maximierung der Anlagenproduktivität und setzt dabei auf eine optimierte Instandhaltungsleistung und einen kontinuierlichen Anlagenverbesserungsprozess. Ein Checklistensystem ermöglicht die Auditierung anlagentechnisch bedingter Verlustquellen sowie des organisatorisch personalisierten Gestaltungsfeldes. Anhand von Fallstudien wird die erfolgreiche Einführung von TPM aufgezeigt. Für die anlagentechnisch bedingten Verlustquellen enthält der Leitfaden zudem Benchmarks gegliedert nach unterschiedlichen Kategorien von Anlagensystemen.

84 Total Quality Management

Leitfaden zur ganzheitlichen Umsetzung des Qualitätsgedankens im Unternehmen

Horst Wildemann
Leitfaden
Total Quality Management
9. Auflage
München 2005
ISBN 3-931511-24-3
EUR 250,-
zzgl. Versandkosten

Die Darstellung des TQM-Konzeptes zur ganzheitlichen Umsetzung des Qualitätsgedankens im Unternehmen ist Ziel dieses Leitfadens.

In diesem Zusammenhang werden die Basisstrategien Mitarbeiterorientierung, Prävention und kontinuierliche Verbesserung anhand eines Bausteinkonzeptes ebenso betrachtet wie die Kundenorientierung. Besonderes Augenmerk wird dabei auf die unternehmensspezifisch einsetzbaren Qualitätssicherungsmethoden gelegt.

Der Leitfaden ist für die Schulung und das Selbststudium konzipiert.

85 Unternehmenswertsteigerung

Leitfaden zur methodengestützten Wertsteigerung in Unternehmen

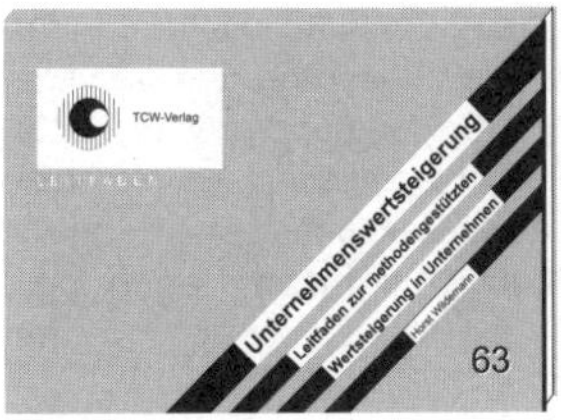

Horst Wildemann
Leitfaden
Unternehmenswertsteigerung
4. Auflage
München 2005
ISBN 3-934155-39-1
EUR 250,-
zzgl. Versandkosten

Dieser Leitfaden befasst sich mit Konzepten und Methoden zur Erreichung einer wettbewerbsfähigen Wertsteigerung im Unternehmen. Ziel ist es, die Barrieren der Wertsteigerung zu überwinden und zielgerichtete Methoden zur Wertsteigerung zu identifizieren und einzusetzen. Des Weiteren gilt es, diese Methoden mit der verfolgten Wertsteigerungsstrategie zu verbinden und das Feld der Wertsteigerung durch interne Ressourcen und externes Wachstum aber auch durch neue Märkte zu gestalten. Dabei ist die Potenzialquelle nicht nur der Anteilseigner, sondern auch der Mitarbeiter, Kunde und Lieferant des Unternehmens. Der Leitfaden bietet auf der Basis praxiserprobter Strategien, Konzepte und Methoden erfolgreiche Wege zur Wertsteigerung.

86 Variantenmanagement

Leitfaden zur Komplexitätsreduzierung, -beherrschung und -vermeidung

Horst Wildemann
Leitfaden
Variantenmanagement
13. Auflage
München 2005
ISBN 3-929918-17-X
EUR 250,-
zzgl. Versandkosten

Die Realisierung eines effizienten Variantenmanagements ist Ziel dieses Leitfadens. Da eine steigende Variantenvielfalt auf der einen Seite mit einer Erhöhung der betrieblichen Komplexität und mit einem Anstieg der Koordinationskosten verbunden ist, auf der anderen Seite jedoch den Kundennutzen steigert, kommt dem Variantenmanagement große Bedeutung zu. Der Leitfaden enthält ein methodisch und praktisch erprobtes Konzept zur Komplexitätsreduzierung, -vermeidung und -beherrschung in Produktplanung und Produktentwicklung sowie Serienfertigung und Auftragsabwicklung. Die Vorgehensweise wird sehr anschaulich an einem Praxisbeispiel demonstriert.

87 Verbesserungsvorschläge

Leitfaden zur Einführung eines mitarbeiterorientierten betrieblichen Vorschlagwesens

Horst Wildemann
Leitfaden
Verbesserungsvorschläge
12. Auflage
München 2005
ISBN 3-929918-29-3
EUR 250,-
zzgl. Versandkosten

Die Aktivierung und Umsetzung der Kreativität der Mitarbeiter durch kontinuierliche Verbesserung und betriebliches Vorschlagswesen sind Gegenstand dieses Leitfadens. Das betriebliche Vorschlagswesen soll Impulse zur Verbesserung bestehender Arbeitsweisen geben und die Initiative zur Überwindung von Beharrungsmomenten bei der Einführung neuer organisatorischer Abläufe wecken.
Dieser Leitfaden zeigt ein praktisch erprobtes Bausteinkonzept zur Einführung eines mitarbeiterorientierten Vorschlagswesens. Strategien und Einzelmaßnahmen zur Erhöhung der Vorschlagsanzahl und -realisierung werden erläutert. Ferner ist eine exemplarische Betriebsvereinbarung enthalten.

88 Vertriebssteuerung

Leitfaden zur Entwicklung von organischem Wachstum in globalen Märkten

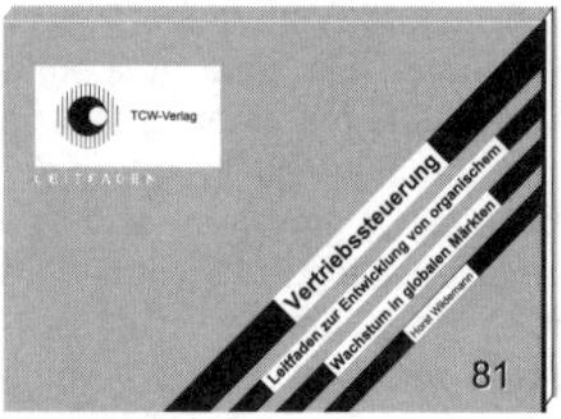

Horst Wildemann
Leitfaden
Vertriebssteuerung
3. Auflage
München 2005
ISBN 3-934155-56-1
EUR 250,-
zzgl. Versandkosten

Bei stagnierenden Märkten und Marktanteilsverlusten sehen sich Unternehmen einem zunehmenden Wettbewerbsdruck gegenübergestellt. Angestrebte Wachstumsziele werden oft nicht erreicht. Es stellt sich daher die Frage, wie und mit welchen Instrumentarien Wachstumspotenziale identifiziert und welche Handlungsempfehlungen zur Erschließung gewählt werden können. Der Leitfaden liefert Ansätze, wie eine systematische Potenzialidentifikation durchgeführt werden kann und bietet eine Auswahl an Methoden zur Erschließung. Exemplarisch wird anhand von Fallstudien eine Vorgehensweise vorgestellt, mittels derer eine effiziente Vertriebssteuerung implementiert werden kann.

89 Visualisierung & Auditierung

Leitfaden zum Selbstcontrolling von Geschäftsprozessen

Horst Wildemann
Leitfaden
Visualisierung & Auditierung
12. Auflage
München 2005
ISBN 3-929918-25-0
EUR 250,-
zzgl. Versandkosten

Dieser Leitfaden stellt erweiterte Controllingkonzepte zur Sicherstellung der Zielerreichung vor. Die Ausweitung der Problemlösungskapazität und Handlungsspielräume der Mitarbeiter im Rahmen von kontinuierlichen Verbesserungsprozessen und Gruppenarbeit erfordert neue Konzepte zur Steuerung und Selbstkontrolle von Verhalten und Leistung. Die Selbstkontrolle mittels Visualisierung wird durch eine interne Auditierung der Geschäftsprozesse unterstützt. Alle betrieblichen Prozesse können Gegenstand der Auditierung sein.
Dieser Leitfaden gibt Ihnen Unterstützung zur Einführung des Selbstcontrolling in Form von Gestaltungsalternativen und Checklisten.

90 Wissensmanagement

Leitfaden für die Gestaltung und Implementierung eines aktiven Wissensmanagements im Unternehmen

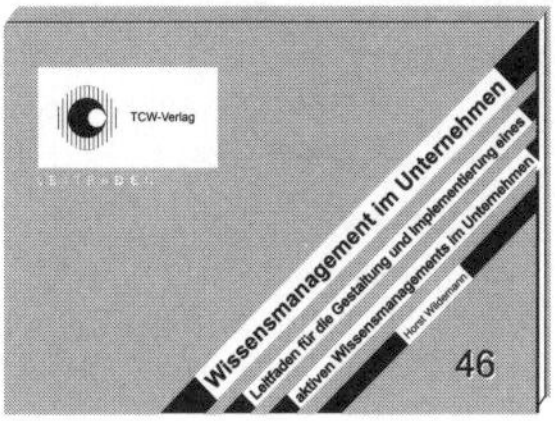

Horst Wildemann
Leitfaden
Wissensmanagement
im Unternehmen
7. Auflage
München 2005
ISBN 3-931511-28-6
EUR 250,-
zzgl. Versandkosten

Dieser Leitfaden befasst sich mit Konzepten zur Implementierung eines Wissensmanagements. Ziel ist es, die bestehenden Wissensbasen zu identifizieren, zu transferieren und für neue Produkt- und Serviceleistungen zu nutzen. Des Weiteren gilt es, externes Wissen in das Unternehmen einfließen zu lassen und das implizite Wissen in den Köpfen aller Stakeholder auszuschöpfen. Das daraus resultierende Wissensmanagement zeigt neue Potenziale für Wettbewerbsvorteile für die Steigerung der Innovationskraft und Verbesserung der unternehmensinternen Prozessqualität auf. Der Leitfaden bietet auf der Grundlage anwendungsorientierter Konzeptionen ein systematisches Analyse-, Planungs- und Unternehmensinstrumentarium.

91 Zielvereinbarungsprozess

Leitfaden zur Einführung einer zielorientierten Unternehmensführung

Horst Wildemann
Leitfaden
Zielvereinbarungsprozess
10. Auflage
München 2005
ISBN 3-929918-88-9
EUR 250,-
zzgl. Versandkosten

Dieser Leitfaden stellt praktisch erprobte Konzepte zur Zielvereinbarung vor und gibt Unterstützung bei der Einführung solcher Konzepte in Form von Bausteinen, Instrumenten und Checklisten. Der Leitfaden beruht auf der Erkenntnis, dass die Identifikation von Mitarbeitern mit den Unternehmenszielen ein wesentlicher Erfolgsfaktor für eine wettbewerbsfähige Organisation ist. Sie bleibt nur wettbewerbsfähig, wenn Mitarbeiter in Entscheidungsprozesse eingebunden werden und ein Mindestmaß an Gestaltungs- und Entscheidungsmöglichkeiten erhalten. Dies wiederum erfordert ein verändertes Führungsverhalten.

1 Marktführerschaft

Wege für ein profitables Unternehmenswachstum

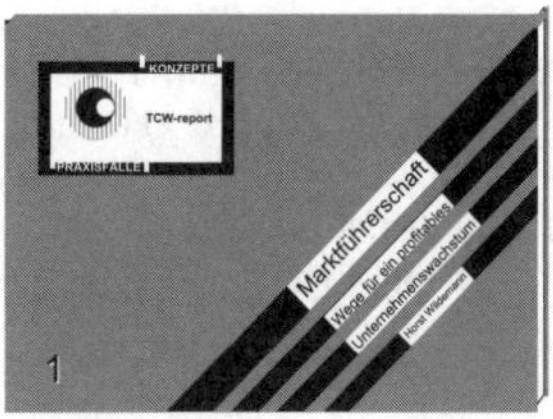

Horst Wildemann
Marktführerschaft
München 1998
ISBN 3-931 511-50-2
EUR 83,46
zzgl. Versandkosten

Dieser TCW-report befasst sich thematisch mit Entwicklungsstrategien zur Marktführerschaft. Anhand von Fallbeispielen werden sowohl die Merkmale erfolgreicher Unternehmen als auch die in der Praxis häufig vorhandenen Defizite erläutert. Darüber hinaus stellt der Autor konkrete Methoden zur Erreichung der Erfolgsfaktoren der Marktführer vor. So werden dem Praktiker Konzepte und Vorgehensweisen zur Implementierung von Lernprozessen in Unternehmen ebenso nahegebracht wie die Wege zu einer kundenorienierten Organisation. Abgerundet wird der TCW-report durch die Darlegung von Strategien zur Verteidigung der erreichten Marktführerschaft.

In den Fallstudien der Vorstandsvorsitzenden Dr. Ferdinand Piëch (VW), Eckhard Pfeiffer (Compaq), Dr. Ulrich Schumacher (Siemens) und Dr. Hans-Dietrich Winkhaus (Henkel) spiegeln sich die Anwendungen der Konzepte wider.

Der TCW-report eignet sich zur Schulung und zum Selbststudium.

2 Produktklinik

Wertgestaltung von Produkten und Prozessen

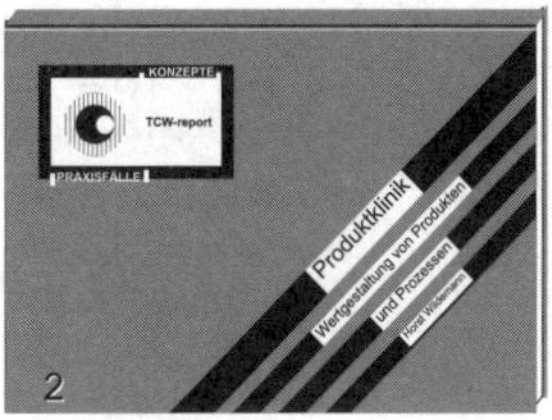

Horst Wildemann
Produktklinik
München 1998
ISBN 3-931511-51-0
EUR 83,46
zzgl. Versandkosten

Wo immer Produkte in kurzen Zyklen erneuert werden müssen, wo immer es auf eine konsequente Kundenorientierung ankommt, sind die Innovationsmanager eines Unternehmens stark gefordert. Die Entwicklungs-, Durchlauf- und Lieferzeiten müssen deutlich reduziert und die vorhandenen Varianten effizient gemanagt werden. Die üblichen Konzepte reichen für einen Marktvorsprung kaum aus. Kreativitäts- und Innovationsmanagement ersetzen die Wertanalyse durch Wertgestaltung für den Kunden. Das Konzept der Produktklinik als Lernort besteht darin, dass eigene Produkte, Prozesse und Produktideen, aufbauend auf Markt-, Wettbewerbs- und Kundenbenchmarking, direkt verglichen werden.

In diesem TCW-report wird das Konzept der Methodenbaukästen der Produktklinik anhand erfolgreicher Fallstudien aus der Automobilindustrie, dem Maschinenbau und der Zulieferindustrie vorgestellt und ein Leitfaden zu dessen Einführung aufgezeigt.

Der Praxisreport enthält neben den Erläuterungen Schaubilder, die als Schulungsunterlage dienen können.

3 Engpassorientierte Logistikanalyse

Methoden zur kurzfristigen Leistungssteigerung in Produktionsprozessen

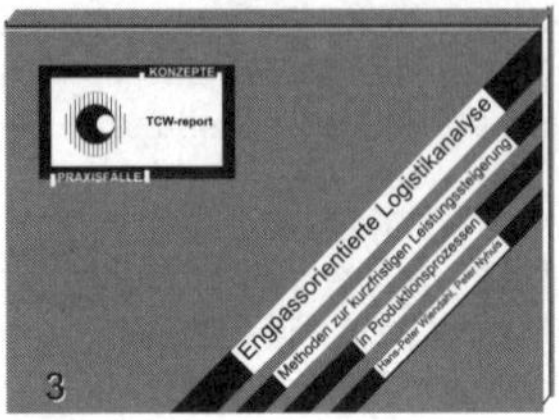

Univ.-Prof. Dr.-Ing.
Dr.-Ing. E. h. Hans-Peter Wiendahl
Engpassorientierte Logistikanalyse
München 1998
ISBN 3-931511-56-1
EUR 83,46
zzgl. Versandkosten

Lieferfähigkeit und Liefertreue sind zur Stärkung der Stellung im Wettbewerb in jedem Unternehmen kontinuierlich auszubauen und zu festigen. Zur Unterstützung dieser Aufgabe wurde die engpassorientierte Logistikanalyse entwickelt. Diese ermöglicht es, den Produktionsablauf transparent darzustellen, logistische Engpässe im Materialfluss und deren Ursachen aufzuzeigen und die Ableitung und Bewertung geeigneter Maßnahmen zu unterstützen. Ein wesentliches Merkmal dieses neuen Ansatzes besteht darin, dass mit dessen Hilfe die funktionalen Zusammenhänge zwischen den logistischen Zielgrößen auch quantitativ beschrieben werden können. Somit ist die Voraussetzung für eine zielorientierte Positionierung im Spannungsfeld kurzer Durchlaufzeiten und geringer Bestände einerseits und einer hohen Auslastung andererseits gegeben.

4 Service-to-Success

Der Dienst am Kunden als neue Kernkompetenz

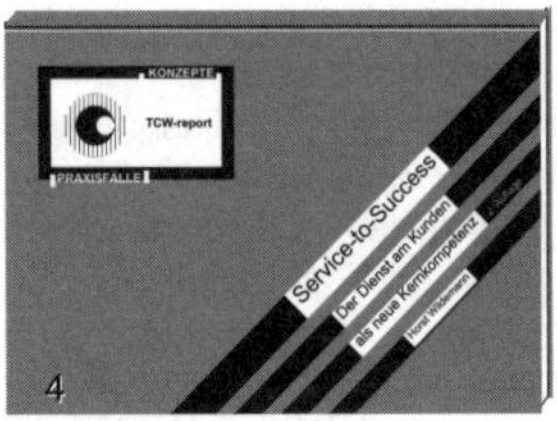

Horst Wildemann
Service to Success
2. Auflage
München 2001
ISBN 3-934155-08-1
EUR 83,46
zzgl. Versandkosten

Im Wettbewerb wird es zukünftig entscheidend sein, den Kunden zum richtigen Produkt den richtigen Service anbieten zu können. Das Service-to-Success-Konzept ist eine folgerichtige Weiterentwicklung der bisher verfolgten Optimierungsansätze.

Schlanke Strukturen, Total Quality Management und Produktklinik sind gute Voraussetzungen für den neuen Weg. Eine ausgeprägte Kultur des Lernens im Unternehmen, die Delegation der Verantwortung in kundennahe Bereiche sowie gezielte Kundengespräche ermöglichen es, die Erfolgsfaktoren des Kunden in ein innovatives Servicekonzept umzusetzen.

Der TCW-report "Service" erläutert detailliert Konzepte und Wirkungsmechanismen neuer Servicestrategien. Fallstudien aus der Industrie und ein Vorgehensschema zur Umsetzung im Unternehmen vervollständigen die umfassende Darstellung.

Ergänzend enthält der TCW-report Schaubilder, die der Schulung und dem Selbststudium dienen.

5 Total Quality Management

Vorgehen und Fallstudien zur Steigerung der Unternehmensqualität

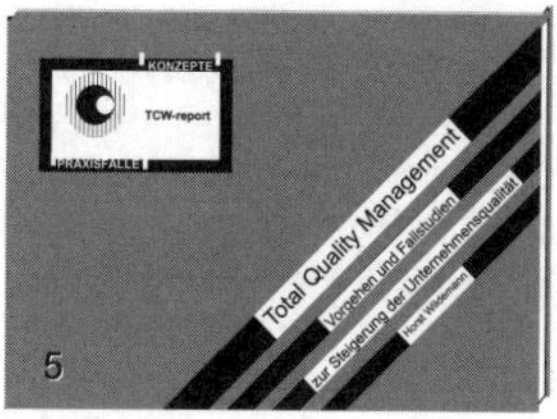

Horst Wildemann
Total Quality Management
München 1998
ISBN 3-931511-55-3
EUR 83,46
zzgl. Versandkosten

Es ist unbestritten, dass die Qualität als Wettbewerbsfaktor und Gestaltungsziel eine herausragende Bedeutung besitzt. Ursprünglich auf Produkt und Produktion bezogen, hat sich die Qualität zu einer umfassenden Unternehmensphilosophie, dem Total Quality Management, entwickelt. Erfolgreiche Qualitätsunternehmen, die dieses Konzept bereits frühzeitig adaptiert haben, konnten hinsichtlich Umsatz, Rendite und Marktanteil beachtliche Erfolge verzeichnen. So lässt sich in diesem Zusammenhang nachweisen, dass die Implementierung von TQM-Konzepten die Marktführerschaft nachhaltig beeinflusst. Der TCW-report gibt zunächst einen Überblick über Historie und Entwicklung des Qualitätsverständnisses. Hierauf aufbauend werden die wesentlichen Leitlinien, Bausteine und Methoden des Total Quality Management vorgestellt. Die handlungsorientierte Vorgehensweise veranschaulicht, welche Schritte notwendig sind, um ein solches Konzept erfolgreich zu implementieren.

6 Montagemanagement

Montagelösungen am Standort Deutschland

Univ.-Prof. Dr.-Ing.
Gunther Reinhart
Montagemanagement
München 1998
ISBN 3-931511-53-7
EUR 83,46
zzgl. Versandkosten

Die Betrachtung der Montage als ganzheitliches System von der Produktentwicklung bis hin zur Gestaltung von Montagesystemen und Montagesteuerungen ist die Chance für den Montagestandort Deutschland. Neben organisatorischen Leistungen zur Erzielung eines gelebten Simultaneous Engineering ist der konsequente Einsatz innovativer Planungswerkzeuge zur Systemgestaltung, wie beispielsweise Virtual Production, Aufgabe und Anspruch. Der gezielte Einsatz neuer Montagetechnik ermöglicht die geforderte Kundennähe und die Entwicklung neuer, marktfähiger Produkte. Der TCW-report zeigt seminarartig, wie ein übergreifendes Management von Unternehmensstrukturen, Planungswerkzeugen und Montagetechnik erreicht werden kann und verifiziert die Methoden mit erfolgreichen Fallbeispielen aus der industriellen Praxis.

7 Angebotssysteme

Werkzeuge und Tools im Vertrieb

Univ.-Prof.
Dr. Dr. h. c. mult. Peter Mertens
Angebotssysteme
München 1999
ISBN 3-931511-58-8
EUR 83,46
zzgl. Versandkosten

Zu den Angebotssystemen gehören elektronische Produktkataloge in Form von CD-ROM, vielfältigen Electronic-Commerce-Systemen, Kiosken sowie innovativen Workflow-Management-Lösungen, die bei kundenindividueller Variantenfertigung oder rechnergestützten Methoden zur Bildung von Angebotspreisen helfen.
Der Autor gibt in seinem TCW-report einen systematischen Überblick über diese Werkzeuge des Vertriebs. Die verschiedenen Phasen eines durch ein Angebotssystem unterstützbaren Verkaufsgesprächs, die Möglichkeiten zur Individualisierung von Angeboten, die Optimierung des Angebotsprozesses sowie die Nutzungspotenziale von Angebotssystemen im Electronic Commerce werden praxisorientiert behandelt. Der TCW-report eignet sich zu Schulung und Selbststudium.

8 Entgelt

Neue Arbeitsstrukturen erfordern neue Vergütungskonzepte

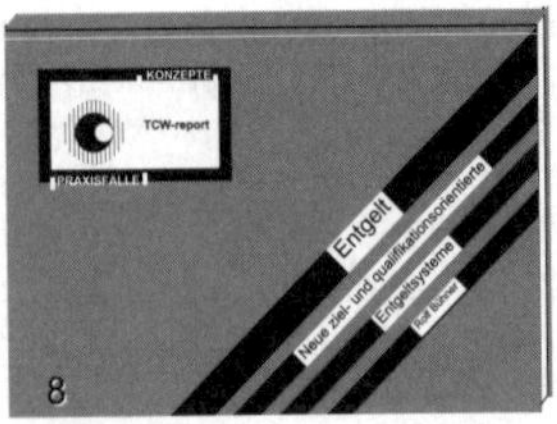

Univ.-Prof.
Dr. Rolf Bühner
Entgelt
2. Auflage
München 2001
ISBN 3-934155-11-1
EUR 83,46
zzgl. Versandkosten

Durch die zunehmende Flexibilisierung der Arbeit nicht nur im Produktionsbereich verändern sich die Arbeitsstrukturen und Ablaufprozesse innerhalb des Unternehmens.
Gefordert wird mehr Motivation, mehr Verantwortung und damit verbunden auch eine bessere Qualifikation. Ein geeignetes Entgeltmodell gilt als notwendige Rahmenbedingung für ein unternehmerisches und an gemeinsamen Zielen ausgerichtetes Verhalten der Mitarbeiter. In dem TCW-report wird das Konzept der qualifikationsorientierten Entlohnung dem der leistungsorientierten Entlohnung gegenübergestellt. Fragen der Lohngerechtigkeit und des Anreizes werden ebenso erörtert wie ausgewählte Formen der Mitarbeiterbeteiligung. Mehrere Fallstudien stellen einige unterschiedliche Ansätze aus der Praxis vor, um die Entlohnung von Arbeitern und Führungskräften neu zu gestalten.

9 Revitalisierung

Revitalisierung von Unternehmen – Vom Mitarbeiter zum Mitunternehmer

Horst Wildemann
Revitalisierung von Unternehmen
2. Auflage
München 2001
ISBN 3-934155-09-X
EUR 83,46
zzgl. Versandkosten

Die Realisierung von Wettbewerbsvorteilen durch sprunghafte Leistungsverbesserungen und Innovationen sowie deren dauerhafte Verteidigung erfordern das Ingangsetzen und Aufrechterhalten eines Lernprozesses. Lernen auf allen Hierarchiestufen durch Nutzung und Förderung der Kreativität der Mitarbeiter wird dabei zum strategischen Erfolgsfaktor. „Vom Mitarbeiter zum Mitunternehmer" heißt das Schlagwort moderner Unternehmensführung.
Neben den Leitlinien zur Revitalisierung von Unternehmen werden in diesem TCW-report die Revitalisierungs-Konzepte auf der Grundlage einer funktions- und hierarchieübergreifenden Mitarbeiterbeteiligung praxisnah vermittelt. Teamorientierung, betriebliches Vorschlagswesen, Prozessreorganisation, Einführung modularer Unternehmensstrukturen, Personal- und Führungskräfteaudit zur Ermittlung von Qualifikationsbedarfen sowie die Lernkonzepte Produktklinik und GENESIS bilden die Basissäulen eines erfolgreichen Revitalisierungsprogramms. Exemplarische Fallstudien zu einzelnen Ansätzen dienen der weiteren Vertiefung der behandelten Themenbereiche. Der TCW-report eignet sich zu Schulung und Selbststudium.

10 Leadership-Haus

Die nicht-deligierbaren Aufgaben der Führenden

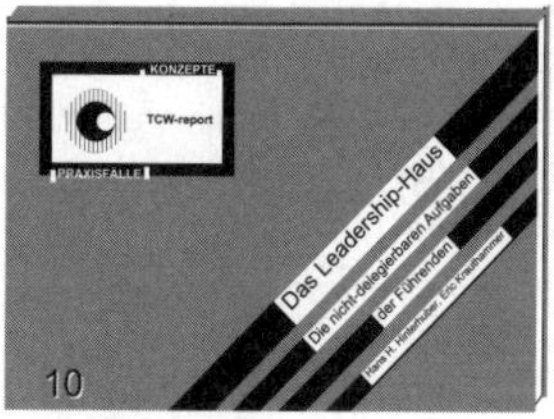

Univ.-Prof. Dipl.-Ing.
Dr. Hans H. Hinterhuber
Das Leadership-Haus
München 1999
ISBN 3-931511-70-7
EUR 83,46
zzgl. Versandkosten

Ein Gesundschrumpfen durch Konzentration auf die Kernkompetenzen und Outsourcing nicht kompetitiver Tätigkeiten zeichnet keinen Unternehmer und keine Führungskraft auf Dauer aus.
Die Führungsverantwortung besteht darin, neue Möglichkeiten zu entdecken und daraus einen Nutzen für die Unternehmung und die anderen Stakeholder zu ziehen. Dies gelingt nur, wenn die Führenden das Beharrungsvermögen der Mitarbeiter und das Trägheitsmoment der Unternehmung schneller und besser abbauen, als dies die Konkurrenten zu tun in der Lage sind.
Anschließend werden die mit Leadership und Management verbundenen Probleme aufgezeigt und effektive Lösungsvorschläge entwickelt. Diese werden modellhaft anhand des "Führungsrades" dargestellt, das die nicht delegierbaren Aufgaben der Unternehmer und obersten Führungskräfte anschaulich zum Ausdruck bringt.

11 Auftragsabwicklungssegmente

Kundenorientierung und Teambildung in der Auftragsabwicklung

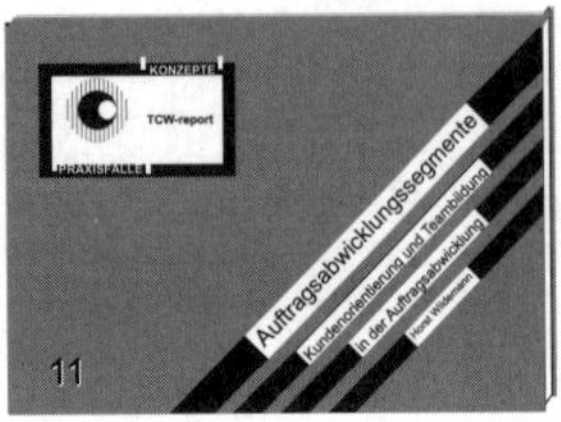

Horst Wildemann
Auftragsabwicklungssegmente
München 1999
ISBN 3-931511-57-X
EUR 83,46
zzgl. Versandkosten

Der TCW-report enthält Konzepte für eine Vereinfachung und kundenorientierte Neugestaltung des Auftragsabwicklungsprozesses. Systematisch werden in diesem Praxisreport die in indirekten Bereichen verborgenen Produktivitätsreserven erschlossen. Gerade Einzel- und Kleinserienfertigung sind durch die hohe Variantenvielfalt und kundenspezifischen Entwicklungen immer komplexer geworden.
Das Werk enthält systematisierte Vorgehensweisen zur Planung und Einführung von Auftragsabwicklungssegmenten in Unternehmen. Diskutiert werden in diesem Zusammenhang das Basisprinzip der Prozessorientierung zur Ausgestaltung der Auftragsabwicklung sowie die spezifischen Gestaltungsparameter und -formen des Order Processing. Es erfolgt eine detaillierte Erläuterung, welche Aufgaben in die zu konstituierenden Auftragsabwicklungssegmente zu integrieren sind.
Zahlreiche Fallstudien aus unterschiedlichen Branchen, bewährte Analysemethoden und -formblätter helfen dem Praktiker bei der Einführung. Der Praxisreport eignet sich zur Schulung und zum Selbststudium.

12 Globalisierung

Unternehmensführung und -steuerung in globalen Märkten

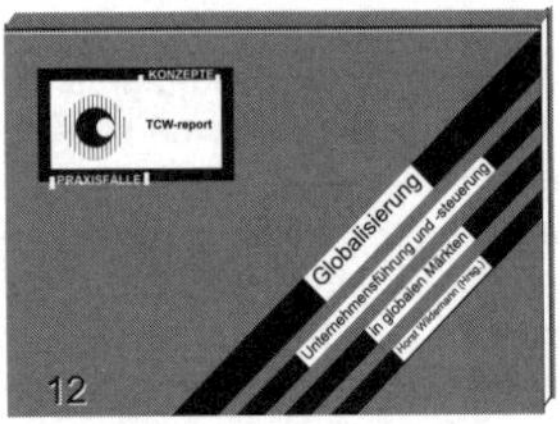

Horst Wildemann (Hrsg.)
Globalisierung
München 1999
ISBN 3-931511-79-0
EUR 83,46
zzgl. Versandkosten

In sechs Fallstudien werden erprobte Konzepte zu den Themen Unternehmensführung, Entwicklung von Unternehmensstrategien, Controlling und Risikomanagement sowie Portfoliomanagement der Kundenorientierung und kontinuierlichen Erneuerung vorgestellt. Anhand von konkreten Beispielen wird veranschaulicht, welche Instrumente, Organisationsformen und situative Lösungen in globalen Märkten zum Erfolg führen. Dieser TCW-report zeigt exemplarisch auf, welche Impulse und Führungsaufgaben das Management angesichts der weltweiten Herausforderungen wahrnehmen muss. Fallstudien von Dr. Karl-Hermann Baumann, Aufsichtsratsvorsitzender Siemens AG, Dr. Gerhard Cromme, Vorstandsvorsitzender Krupp-Thyssen AG, Dr. Helmut Perlet, Vorstandsvorsitzender Allianz AG, Rainer Grohe, Vorstandsmitglied VIAG AG, Jürgen K. Nehls, Geschäftsführer Giesecke & Devrient und Prof. Dr. Edward G. Krubasik, Vorstandsmitglied Siemens AG.

13 Retrograde Terminierung

Ein integratives Konzept zur Fertigungssteuerung bei vernetzter Produktion

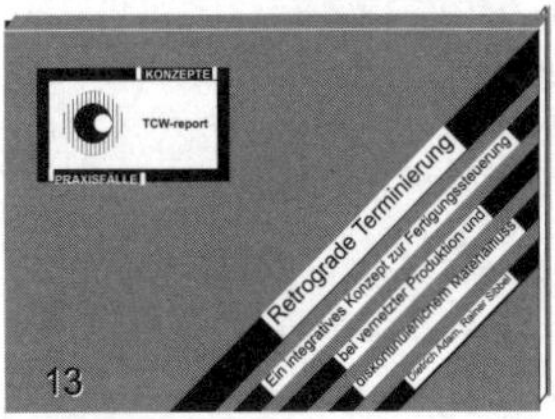

Univ.-Prof. Dr. Dietrich Adam
Retrograde Terminierung
München 1999
ISBN 3-931511-67-7
EUR 83,46
zzgl. Versandkosten

Immer mehr Unternehmen stehen vor dem Problem, dass sich die klassischen Konzepte zur Planung und Steuerung der Produktion vor dem Hintergrund der Veränderungstendenzen in der industriellen Produktion zunehmend als unzureichend erweisen. Gerade bei praktizierter, auftragsorientierter Einzelfertigung nach dem Werkstattprinzip und vernetzten Produktionsprozessen sind eine termingerechte Steuerung von Aufträgen und die zeitliche Abstimmung von Arbeitsgängen von entscheidender Bedeutung. Eine Simulation erlaubt es dem Disponenten, die Auswirkungen der Steuerung hinsichtlich der unterschiedlichen Ziele der Ablaufplanung zu analysieren. In diesem TCW-report werden die Steuerungsphilosophie und das Planungskonzept der "Retrograden Terminierung" anhand von Beispielen erläutert. Einführungsstrategien, die Möglichkeiten der Ausgabe und grafischen Aufarbeitung der Planungsergebnisse und praktische Einsatzerfahrungen runden die umfassende Darstellung ab.

14 Elektronikproduktion

Strategisches Produktionsfeld im globalen Wettbewerb

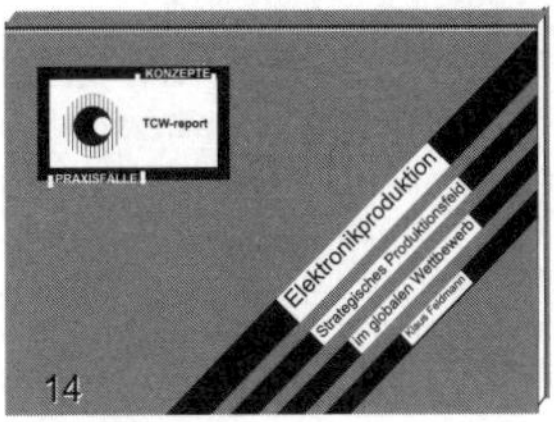

Univ.-Prof. Dr.-Ing.
Klaus Feldmann
Elektronikproduktion
München 2000
ISBN 3-931511-59-6
EUR 83,46
zzgl. Versandkosten

Nahezu alle Produktbereiche, von der Unterhaltungselektronik bis zum Werkzeugmaschinenbau, werden von der raschen Entwicklung in der Elektronikproduktion geprägt.

Aufgrund vermehrter Integration von Elektronikkomponenten und Substitution mechanischer durch elektronische Baugruppen hat die Elektronik in den letzten Jahren einen stetigen und steilen Aufschwung erfahren. Gegenwärtig werden die Perspektiven und Konsequenzen der Elektroniktechnologie als Grundlage für erfolgreiche technologische und produktseitige Innovationen noch oft verdrängt. Dennoch liegt der Erfolg zukünftiger technischer Systeme sowohl im Konsum als auch im Investitionsgüterbereich ganz zweifelsfrei in der kreativen Kombination von Mechanik, Elektronik und Software.

15 Unternehmensfusion

Die Krupp-Hoesch-Thyssen-Fallstudie

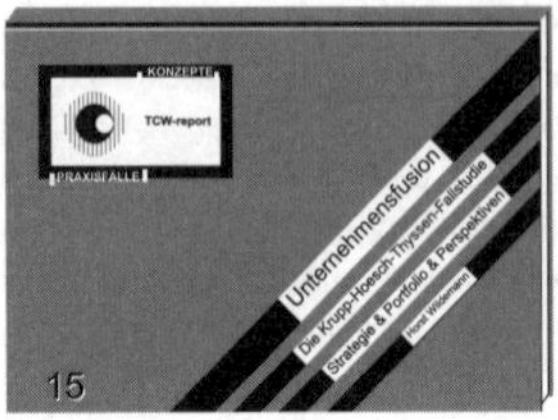

Horst Wildemann
Unternehmensfusion
München 2000
ISBN 3-931511-61-8
EUR 83,46
zzgl. Versandkosten

Die Fusion mit Thyssen stellt die logische Konsequenz einer Maxime der erfolgreichen Konzernführung der Krupp AG dar: Strategische Leitlinien, die das Konzernportfolio fokussieren, werden zielgerichtet und klar sowohl in der Personalführung als auch im Controlling umgesetzt. Die Verfolgung des Prinzips „Marktführer" leitet Fusionskonzepte und Zukunftsaspekte des künftigen „Ruhrgiganten".

Dieser TCW-report stellt die Fusionsstrategie anhand einer erfolgreichen Fallstudie vor und befasst sich eingehend mit der Darstellung der Erfolgsfaktoren. Über die Tagesaktualität des Krupp-Thyssen-Zusammenschlusses wird die Vorgeschichte der Fusion aufgezeigt. Im Anschluss werden die Maxime einer erfolgreichen Konzernführung sowie die Grundregeln einer erfolgreichen Fusion dargelegt und die zukünftige Entwicklung des "Stahlriesen" diskutiert.

16 Wettbewerbsstrategien

Markt- und ressourcenorientierte Sicht der strategischen Führung

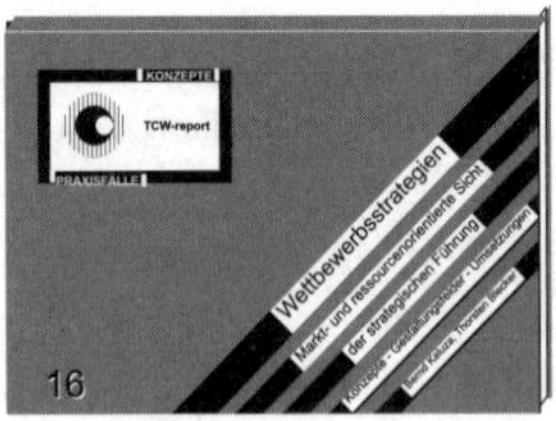

Univ.-Prof. Dr. Bernd Kaluza
Wettbewerbsstrategien
München 2000
ISBN 3-931511-87-1
EUR 83,46
zzgl. Versandkosten

Unternehmen stehen heute einem dynamischen Umfeld gegenüber. Zum erfolgreichen Überleben am Markt reicht das Verfolgen der gegnerischen oder traditionellen Wettbewerbsstrategien, z. B. der Kostenführerschaft, der Differenzierung oder der Fokussierung, nicht mehr aus. Es sind vielmehr hybride Strategien, wie Outpacing Strategies, Mass Customization und Dynamische Produktdifferenzierung, zu ergreifen. Zudem kommt den unternehmerischen Ressourcen im strategischen Umfeld eine herausragende Stellung zu. In diesem TCW-report werden die verschiedenen strategischen Konzepte kritisch vorgestellt und beurteilt sowie Gestaltungsfelder für das Bestehen im Wettbewerb diskutiert. Fallstudien und Beispiele aus der unternehmerischen Praxis zeigen den Weg zu einer erfolgreichen Umsetzung.

17 Dienstleistungsengineering

Dienstleistungsvernetzung mit Kommunikationsmärkten

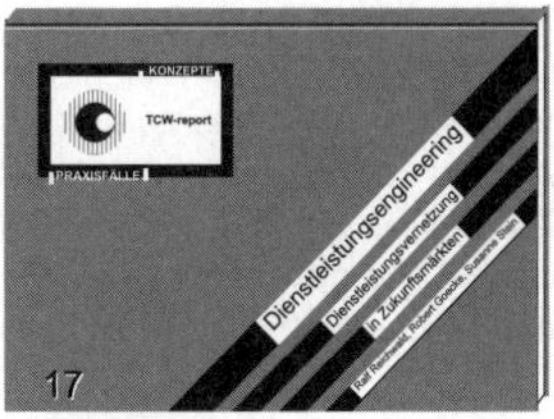

Univ.-Prof. Dr. Dr. h. c.
Ralf Reichwald
Dr. Robert Goecke,
Dipl.-Kffr. Susanne Stein
Dienstleistungsengineering
München 2000
ISBN 3-931511-60-X
EUR 83,46
zzgl. Versandkosten

Der TCW-report „Dienstleistungs-Engineering" zeigt an konkreten Beispielen die systematische Entwicklung und marktorientierte Bündelung von Serviceleistungen sowie deren Vernetzung in künftigen Kommunikationsmärkten. Zentrale Fragestellungen in diesem Zusammenhang sind die kundenorientierte Entwicklung von Leistungsbündeln in Telekooperationsnetzwerken als auch die Methoden und Werkzeuge des Dienstleistungs-Engineerings. Dabei geht es vor allem um den Zuschnitt einer Vernetzung von Industriegütern und Dienstleistungen.
Der TCW-report verfolgt das Anliegen, die Themen Marktführerschaft durch Leistungsbündelung und kundenorientiertes Service-Engineering verstärkt in den Fokus der Marktstrategien zu rücken.

18 Prozesswirtschaftlichkeit

Controlling logistischer Prozesse durch prozessorientierte Leistungsrechnung

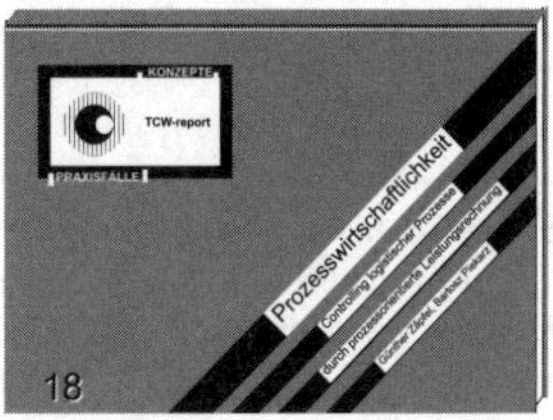

Univ. Prof. Dr. Günther Zäpfel
Prozesswirtschaftlichkeit
München 2000
ISBN 3-931511-73-1
EUR 83,46
zzgl. Versandkosten

Die Wirtschaftlichkeit logistischer Prozesse ist für die Wettbewerbsfähigkeit eines Unternehmens sowie für logistische Netzwerke von entscheidender Bedeutung.
In diesem TCW-report wird ein praxisgerechtes Vorgehen vorgestellt, das es ermöglicht, die Kosten und Leistungen logistischer Prozesse transparent zu machen. Das Modell basiert auf einer prozessorientierten Leistungsrechnung, die als Weiterentwicklung der traditionellen Prozesskostenrechnung in Richtung Leistungs- und Kapazitätsmanagement anzusehen ist. Die konkrete Umsetzung mit dem Softwarewerkzeug "Process Designer" wird anhand von Praxisfällen im Detail aufgezeigt. Auf der Basis daraus resultierender Auswertungen werden Wege und Ansatzpunkte zur Optimierung der Prozesswirtschaftlichkeit präsentiert.

19 Service Engineering

Erfolgreiche Verbindung von Organisation und Entwicklungsziel

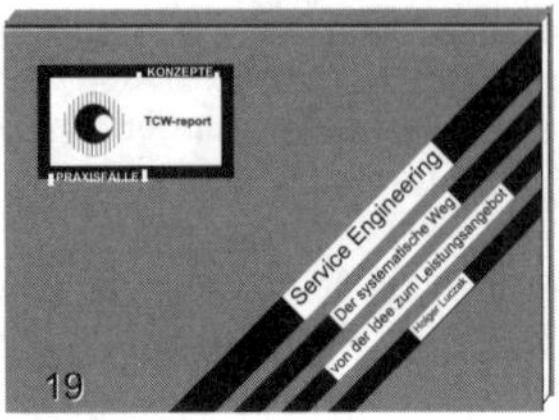

Univ. Prof. Dr.-Ing.
Holger Luczak
Service Engineering
München 2000
ISBN 3-931511-72-3
EUR 83,46
zzgl. Versandkosten

In diesem TCW-report wird anhand von Beispielen aufgezeigt, welche Aspekte bei der Organisation der Dienstleistungsentwicklung zu berücksichtigen sind und wie sie konkret gestaltet werden können. Dabei liegt ein Schwerpunkt auf der Gestaltung der „weichen Faktoren" einer innovationsorientierten Unternehmenskultur, die durch gezielte Maßnahmen wesentlich gefördert und verbessert werden kann.
Die Entwicklung neuer Leistungen muss mit den Unternehmenszielen in Einklang stehen. Neben den organisatorischen Aspekten wird daher erklärt, wie erfolgreiche Unternehmen durch die Identifikation "wertvoller Leistungen" für die "richtigen Kunden" eine strategische Balance zwischen Dienen und Verdienen schaffen können.

20 Komplexitätsmanagement

Vertrieb, Produkte, Beschaffung, F&E, Produktion und Administration

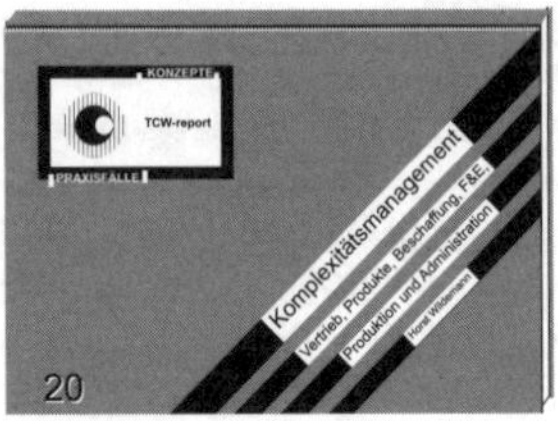

Horst Wildemann
Komplexitätsmanagement
München 2000
ISBN 3-934155-03-0
EUR 83,46
zzgl. Versandkosten

Wer im Wettbewerb erfolgreich sein will, muss einen Einklang zwischen den komplexen Anforderungen, die von der Umwelt an das Unternehmen gestellt werden, und der Komplexität der eigenen Aktionen zur Erfüllung dieser Anforderungen herstellen. Nichtadäquate Produkt- und Prozessstrukturen spiegeln sich in den Kostenstrukturen der Unternehmen wider. Der steigenden Komplexität im Unternehmen kann nur mit Hilfe eines durchgängigen Komplexitätsmanagements unter Einbeziehung aller Unternehmensbereiche wirkungsvoll begegnet werden, wodurch sowohl Kostensenkungspotenziale als auch Umsatzsteigerungen realisiert werden können. In dem TCW-report werden Methoden und Konzepte zur Einführung eines durchgängigen Komplexitätsmanagements in den Bereichen Vertrieb, Produkt, Beschaffung, Entwicklung, Produktion und Auftragsabwicklung dargestellt. Darüber hinaus werden die erzielbaren Effekte anhand von Fallstudien aufgezeigt.

21 Virtuelle Fabrik

Dienstleistungsvernetzung mit Kommunikationsmärkten

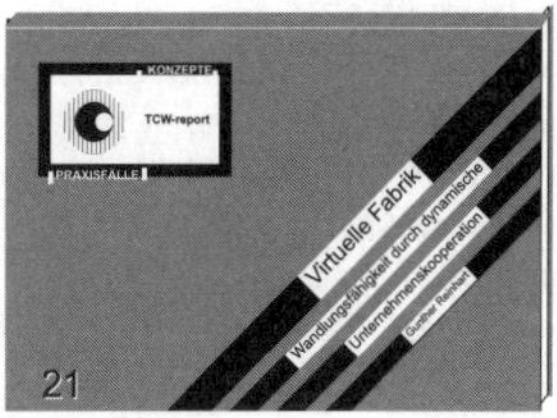

Univ.-Prof. Dr.-Ing.
Gunther Reinhart
Virtuelle Fabrik
München 2000
ISBN 3-931511-64-2
EUR 83,46
zzgl. Versandkosten

Virtuelle Fabriken sind eine aktuelle organisatorische Antwort innovativer Unternehmen auf ein immer turbulenteres Umfeld. Besonders für kleine und mittelständische Unternehmen eröffnet dieses Modell neue Chancen, langfristig gegen eine wachsende internationale Konkurrenz bestehen zu können. Der TCW-report beschreibt unterschiedliche Gestaltungsformen virtueller Fabriken und deren Einsatzmöglichkeiten in der Produktion. Informationstechnische, methodische und organisatorische Voraussetzungen werden ebenso dargestellt wie geeignete Produkt-Markt-Kombinationen. Die spezifischen Risiken und Chancen virtueller Fabriken werden detailliert geschildert. Anhand von Praxisbeispielen und Fallstudien wird die praktische Umsetzung des Konzepts zudem umfassend und anschaulich erläutert.

22 Human Resources Management

Katalysator des kulturellen Wandels in Unternehmen

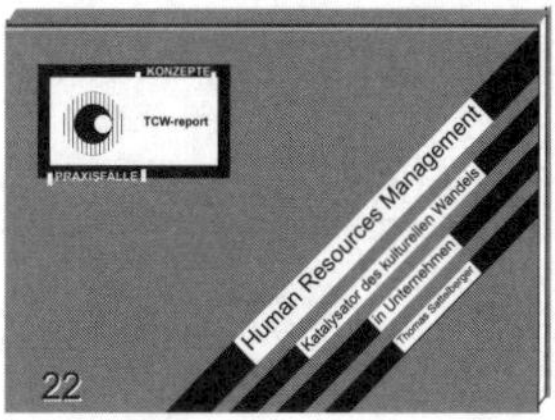

Thomas Sattelberger
Human Rescources Management
München 2000
ISBN 3-931511-47-2
EUR 83,46
zzgl. Versandkosten

Wandel ist die einzige Konstante in der heutigen Wirtschaftswelt. Der vorliegende TCW-report zeigt am Beispiel der Deutsche Lufthansa AG, wie die Personalarbeit – begleitend zu harten Sanierungsprozessen, Restrukturierung und Globalisierungsstrategie – im mentalen Bereich den "Wandel in den Köpfen und Herzen" der Belegschaft, aber auch der Führungskräfte beschleunigt und vorangetrieben hat. Dabei wird nicht nur die "Fallstudie Lufthansa" thematisiert, sondern auch die Ergebnisse eines globalen Benchmarkings zu Transformationsprozessen verarbeitet und dargestellt. Anhand der Umsetzung von vier "weichen" Schlüsselprozessen (organisationale und individuelle Feedback-Prozesse, grenzüberschreitender Dialog, großflächige Veränderungsinitiativen und Gestaltung eines neuen sozialen Kontraktes) wird in dem TCW-report der siebenjährige Prozess des Abbauens, Umbauens, Zusammenbauens und Aufbauens des Lufthansa-Konzerns beschrieben.

23 Partizipative Fabrikplanung

Verfahren zur Layoutplanung und effizienten Arbeitsorganisation

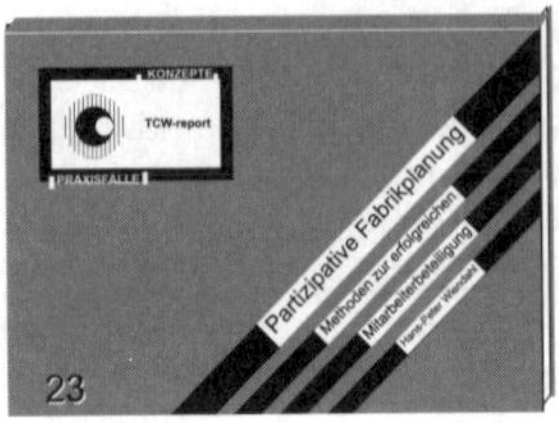

Univ.-Prof. Dr.-Ing.
Dr.-Ing. E. h. Hans-Peter Wiendahl
Partizipative Fabrikplanung
München 2001
ISBN 3-931511-63-4
EUR 83,46
zzgl. Versandkosten

Die steigende Komplexität der Abläufe in Produktionsunternehmen erfordert heterogene Produktionsstrukturen, die dynamisch auf verschiedene Anforderungen reagieren können. Die daraus resultierenden vielfältigen Aufgaben der Fabrikplanung können nicht mehr von zentralen Stellen im Unternehmen allein bewältigt werden. Aus diesem Grund ist eine Überprüfung der gängigen Fabrikplanungstechniken, -methoden und -strategien erforderlich. Eine Möglichkeit, der Dynamik Herr zu werden, besteht in der Dezentralisierung von Planungsaufgaben und der Einbindung der Mitarbeiter in das Planungsgeschehen. In diesem TCW-report werden die erforderlichen Methoden und Werkzeuge der Fabrikplanung vorgestellt und ihre Anwendung unter Beteiligung der Mitarbeiter beschrieben. Zusammen ergeben sie einen systematischen Leitfaden für die Farbrikplanung. Fallbeispiele und Schaubilder erleichtern das Verständnis der Materie.

24 Software Engineering

Schlüssel zu Prozessbeherrschung und Informationsmanagement

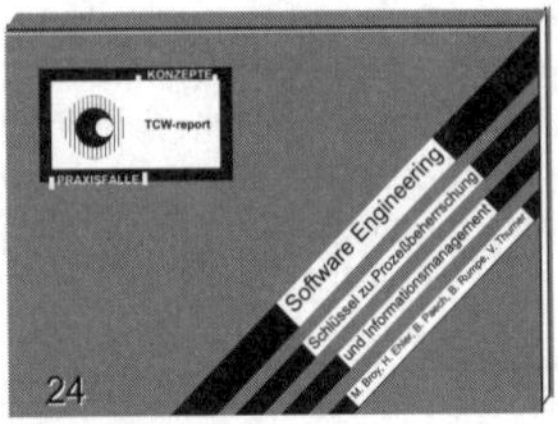

Univ.-Prof. Dr. Manfred Broy
Dr. Herbert Ehler
Dr. Barbara Paech
Dr. Bernhard Rumpe
Software-Engineering
München 2000
ISBN 3-931511-52-9
EUR 83,46
zzgl. Versandkosten

Aufgrund der Dominanz von Informationsmanagement und Prozessbeherrschung wird die Informatik bestimmend in der Organisation.
Zahlreiche neuartige Produkte, Produktionsweisen und Vertriebswege werden durch Informations- und Kommunikationstechnik erst ermöglicht. Software wird zum zentralen Gestaltungsmittel der Unternehmen und Software Engineering zur Schlüsseltechnik. Der Reifegrad eines Unternehmens im Software Engineering bestimmt entscheidend seine Flexibilität, Wettbewerbsstärke und die Fähigkeit, das Betriebsmittel Information umfassend zu nutzen. Ergänzend werden in dem vorliegenden TCW-report Strategien zur Verbesserung des Reifegrads im Software Engineering vorgestellt, wobei besonderes Gewicht darauf gelegt wird, eine enge Ausrichtung der Softwarefunktionalität auf die Unternehmensziele zu erreichen.

25 Virtuelle Organisation

Wege zur Gestaltung und Anwendung virtueller Kooperation

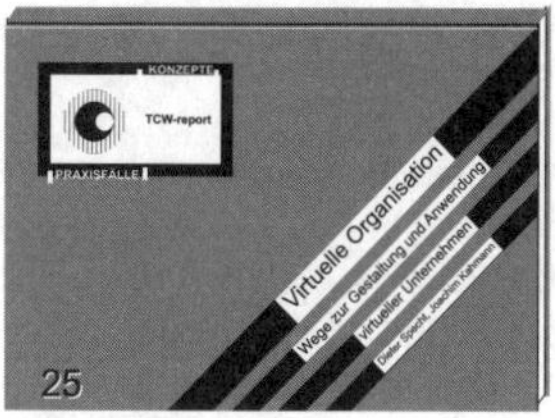

Univ.-Prof. Dr. Dieter Specht
Virtuelle Organisation
München 2000
ISBN 3-931511-49-9
EUR 83,46
zzgl. Versandkosten

Im globalisierten Wettbewerb erhöht die Konzentration auf Kernkompetenzen den Bedarf an Kooperation. Informationssysteme ermöglichen eine Zusammenarbeit auch über große Entfernungen hinweg. Die virtuelle Kooperation von Unternehmen eröffnet ein Feld bedeutender Effizienz-, Kosten- und Qualitätsverbesserungen, deren konkrete Ausgestaltung im Hinblick auf Chancen und Risiken sich in der Entfaltung befindet.
Der TCW-report ist ein Leitfaden zur Einführung und Nutzung virtueller Organisationsformen. Aus unterschiedlichen Gestaltungsmöglichkeiten werden in Abhängigkeit von Gestaltungszielen geeignete Konzepte virtueller Organisation entwickelt. Dargestellt wird eine systematische Vorgehensweise zur Einführung virtueller Kooperation, die insbesondere auf den Regelungsbedarf beim Übergang von der konventionellen zur virtuellen Organisationsform eingeht. Zahlreiche Fallbeispiele ergänzen die Erläuterung der Verbesserungspotenziale.

26 E-Technologien

Wertsteigerung durch E-Technologien in Unternehmen

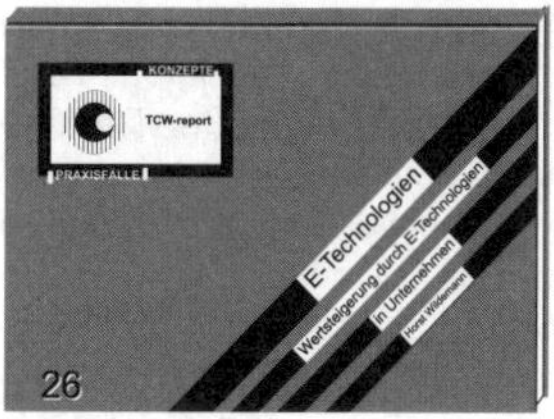

Horst Wildemann
E-Technologien
München 2001
ISBN 3-934155-05-7
EUR 83,46
zzgl. Versandkosten

Kernkompetenz und E-Technologien sind die neuen Zauberworte im Management. Diese machen aber nur Sinn, wenn sie auch einen USP schaffen. Jeder weiß, dass über das Internet Informationsasymmetrien von Märkten abgebaut werden können und es weltweit zu einem fast vollständigen Markt kommt. Aber nicht nur die Vorteile für den Kunden, sondern auch der Nutzen aus dem Direktmarketing der Hersteller zum Kunden und die Geschäfte der Unternehmen untereinander machen die Faszination des Electronic Business aus. Diese Veröffentlichung zeigt, wie E-Technologien zur Wertsteigerung beitragen und welche neuen E-Business-Wertindikatoren aufzubauen sind. Die Strategieaspekte verdeutlichen die entsprechenden Stellhebel, um erfolgreich auf dem Markt agieren zu können. Gewinnen wird das Unternehmen, das schnell, flexibel und kreativ E-Technologien und deren Vorteile zu nutzen versteht, Prozesse beherrscht und Fähigkeiten des Unternehmens managen kann.
Der TCW-report stellt Strategien und Erfolgsmuster fortschrittlich agierender Unternehmen dar, die E-Technologien als Reputationskapital für innovative Wettbewerbsvorteile einsetzen.

27 KMU und Benchmarking

Leistungsunterschiede in Europa zur Innovation nutzen

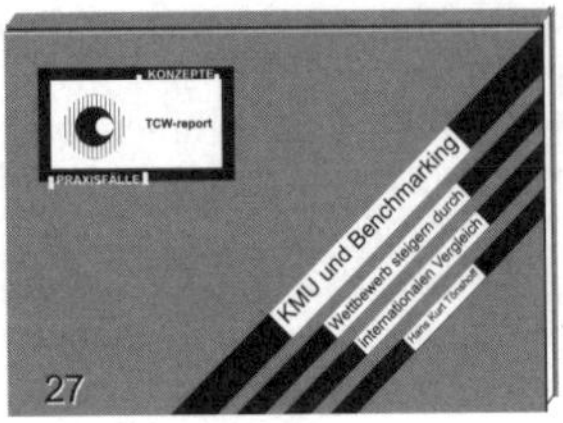

Univ.-Prof. Dr.-Ing. Dr. h. c.
Hans Kurt Tönshoff
KMU und Benchmarking
München 2001
ISBN 3-931511-78-2
EUR 83,46
zzgl. Versandkosten

Benchmarking ist eine relativ neue Methode zur Verwirklichung der Qualitätsphilosophie des Total Quality Management.
Der Mittelstand nutzt dieses Instrumentarium wegen des derzeit hohen Aufwands insgesamt noch zu wenig, obwohl es nachweislich wirtschaftliche Vorteile bringt. Zur Unterstützung der Durchführung wurde das erfahrungsgestützte Interdependenz-Benchmarking entwickelt. Dieses ermöglicht die aufwandsarme Bewertung der Produktionsleitung. Ein wesentliches Merkmal dieses neuen Ansatzes besteht darin, dass die funktionalen Zusammenhänge zwischen Unternehmenskenngrößen und den sie beeinflussenden Merkmalen mit statistischen Analysen ermittelt werden. Die im Rahmen der Anwendung dieser Methode bei 100 KMUs in Europa aufgedeckten Leistungsunterschiede aufgrund unterschiedlicher Unternehmensgrößen, Branchen, Länder und Organisationsstrukturen werden ausführlich diskutiert.

28 Fähigkeitsmanagement

Die Profitabilität des verborgenen Kapitals – Fähigkeiten des Unternehmens nutzen und erweitern

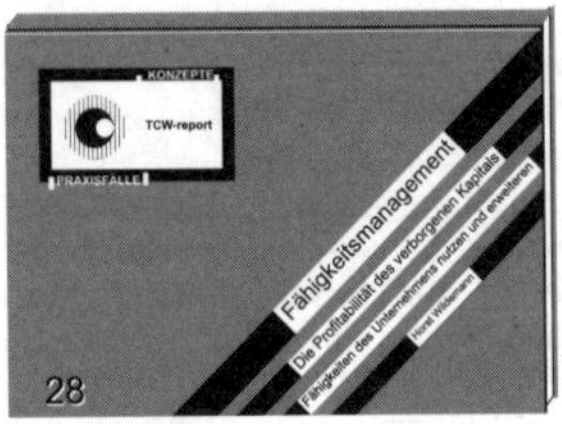

Horst Wildemann
Fähigkeitsmanagement
München 2001
ISBN 3-934155-07-3
EUR 83,46
zzgl. Versandkosten

Die Expertenbefragung “Service- und Wissensmanagement”, an der sich 95 Unternehmen beteiligten, zeigt auf, welche Potenziale durch ein effizientes Service- und Wissensmanagement-System erschlossen werden können. Die Ergebnisse dieser Delphi-Studie verdeutlichen den Wandel der Wettbewerbsfaktoren für Unternehmen, stellen die Zielsetzungen von Service- und Wissensmanagement-Systemen sowie die Wirkungszusammenhänge von Service bzw. Innovation und Wissensmanagement dar und zeigen die Handlungsfelder eines effizient gestalteten Systems auf. Hervorzuheben sind die erheblichen Verbesserungspotenziale, die aufgrund der Einschätzung der Experten zu erwarten sind. Der Schwerpunkt liegt auf den Leistungsvorteilen. Eine Leistungssteigerung von 10-20 % scheint den Experten durchaus realistisch.
Entscheidungsträger erhalten mit dieser Studie Handlungsempfehlungen zur effizienten Implementierung eines Service- und Wissensmanagement-Systems.

29 Holonic Manufacturing

Agentenorientierte Techniken zur Umsetzung von holonischen Strukturen

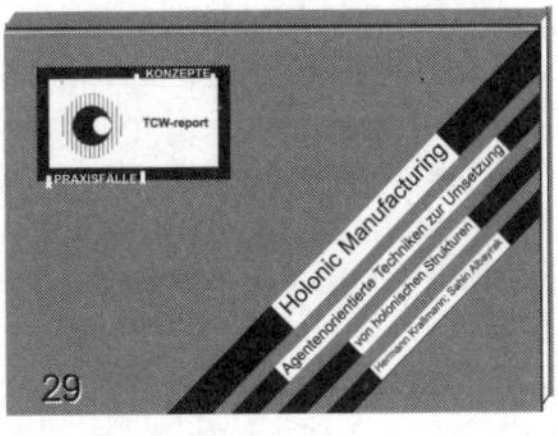

Univ.-Prof. Dr.
Hermann Krallmann
Sahin Albayrak
Holonic Manufacturing
München 2002
ISBN 3-931511-89-8
EUR 83,46
zzgl. Versandkosten

Die heutigen Unternehmen sind, bedingt durch viele Faktoren, zu einer flexiblen und effizienten Strukturierung gezwungen. Einen neuen Strukturierungsansatz stellt das Konzept des Holonic Manufacturing dar. Holonische Strukturen beinhalten insbesondere Aspekte wie Dezentralität und Kooperation. Sie sollen im Ergebnis ein ausgeglichenes Verhältnis von Stabilität einerseits und Flexibilität andererseits gewährleisten. Die "Agentenorientierten Techniken" sind eine neue Softwaretechnologie zur Realisierung von dezentralen, kooperierenden autonomen Systemen. Diese neue Technologie ist ein vielversprechender Ansatz zur Umsetzung des Strukturierungsparadigmas "Holonic Manufacturing". Unser Bericht stellt beispielhaft dar, wie die Agentenorientierten Techniken zur Realisierung entsprechender Fertigungsstrukturen eingesetzt werden könnten.

30 Wissensmanagement

Wissen als strategische Ressource im Unternehmen

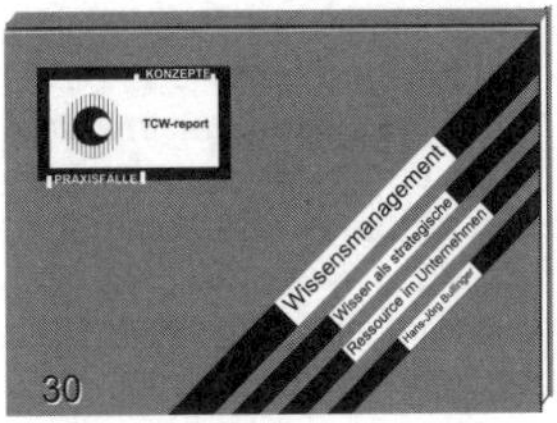

Univ. Prof. Dr.-Ing. Dr. h. c.
Hans-Jörg Bullinger
Wissensmanagement
München 2002
ISBN 3-931511-68-5
EUR 83,46
zzgl. Versandkosten

Wissen stellt sich zunehmend als strategischer Wettbewerbsfaktor dar, der ebenso wie die klassischen Produktionsfaktoren Rohstoff, Kapital und Arbeit bewirtschaftet werden muss, um die Wachstumspotenziale auszuschöpfen. Im Kontext einer wissensintensiven Wertschöpfung ist es zunehmend wichtig, Informationen und Wissen als strategische Ressourcen im Prozess, im Produkt und als Produkt zu nutzen. Wissen wird somit zum Motor und zur entscheidenden Größe im Wertschöpfungsprozess.

Dieser TCW-report befasst sich mit den Möglichkeiten des Wissensmanagements. Konzept und relevante Methoden werden anhand erfolgreicher Fallstudien aus unterschiedlichen Branchen vorgestellt; darüber hinaus wird in Ergänzung hierzu ein Leitfaden zu deren Einführung dargeboten. Der TCW-report enthält neben den Erläuterungen Schaubilder, die sich zur Schulung und zum Selbststudium eignen.

31 Vielfaltsmanagement

Integrative Lösungsansätze zur Optimierung und Beherrschung der Produkt- und Teilevielfalt

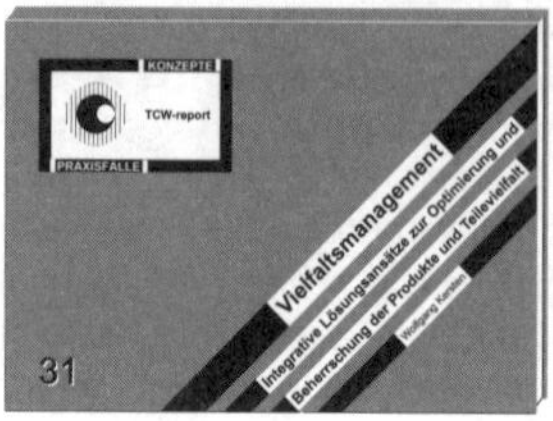

Univ.-Prof.
Dr. Wolfgang Kersten
Vielfaltsmanagement
München 2002
ISBN 3-931511-77-4
EUR 83,46
zzgl. Versandkosten

Die Bestrebungen vieler Unternehmen, weltweit auf allen Märkten präsent zu sein, Kunden individuell zu bedienen und kleinste Marktnischen auszuschöpfen, haben in den letzten Jahren zu einem deutlichen Anstieg der Variantenvielfalt geführt. Diese Produktvielfalt wird technisch durch eine zu hohe Teilevielfalt realisiert, so dass die resultierende Komplexität in Entwicklung, Produktion, Vertrieb und Service die Beherrschbarkeitsgrenze in vielen Unternehmen überschreitet. Fortschritte bei der Bewältigung dieser Problematik lassen sich nur dann erzielen, wenn die Markt- und Kostenperspektive des Unternehmens verbunden und betriebswirtschaftliche und technische Lösungsansätze miteinander verknüpft werden. Zudem ist eine Verankerung im Führungs- und Controllingsystem des Unternehmens erforderlich. Der TCW-report zeigt die konzeptionelle Integration dieser Aspekte zu einem markt- und gewinnorientierten Vielfaltsmanagement auf und macht die Umsetzungs-barrieren deutlich.

32 Flexible Personalstrukturen

Telearbeit, Teamstrukturen, flexible Arbeitsstrukturen und variable Vergütungssysteme

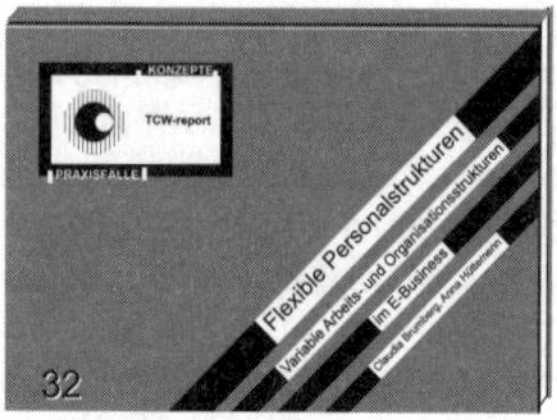

Prof. Dr. Claudia Brumberg
Dr. Anna Hüttemann
Flexible Personalstruktur
München 2002
ISBN 3-934155-02-2
EUR 83,46
zzgl. Versandkosten

Die Erzielung von Wettbewerbsvorteilen in globalen, dynamischen Märkten erfordert eine optimale Nutzung der Personalkapazitäten. Flexible Personalstrukturen wie Telearbeit und Teamstrukturen, Arbeitszeitgestaltung und variable Vergütungssysteme eröffnen neben einer Kostensenkung die Möglichkeit, sich durch Verbesserung von Geschwindigkeit, Flexibilität und Servicegrad von den Wettbewerbern zu differenzieren. Im Gegensatz zu arbeitsteiligen, durch Fremdkontrolle und zentralistische Verhaltensmuster gekennzeichneten Organisations- und Führungskonzepten zeichnen sich flexible Personalstrukturen durch umfangreiche Dispositionsspielräume für souveräne Mitarbeiter aus. Die Gestaltungsmöglichkeiten werden in diesem TCW-report aufgezeigt.

33 Change Management

Von der Strategie zur Umsetzung

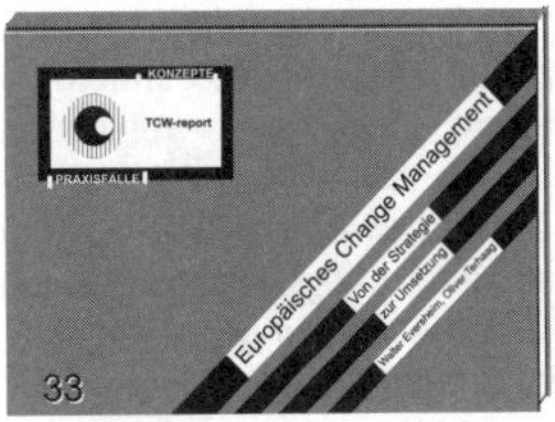

Prof. Dr.-Ing. Dr. h. c.
Walter Eversheim
Europäisches
Change Management
München 2002
ISBN 3-934155-00-6
EUR 83,46
zzgl. Versandkosten

Erfolgreiche Unternehmen verändern sich stetig, um sich den dynamischen Marktanforderungen anzupassen. Für erfolgreiche Veränderungsprojekte ist die wichtigste Leitlinie, Führungskräfte und Mitarbeiter, operative Maßnahmen und strategische Vorgaben zu einem "Down-up"-Ansatz zu integrieren.
In diesem TCW-report wird dargestellt, wie Change Management in europäischen Unternehmen erfolgreich durchgeführt werden kann. Von der Identifikation der Kernprozesse über Prozessstrategien und -optimierungen bis hin zu Schulungskonzepten werden die einzelnen Bausteine der Veränderung vorgestellt. Methodische Empfehlungen werden durch Fallstudien unterschiedlicher Branchen veranschaulicht.
Der TCW-report richtet sich an das obere und mittlere Management und kann zu Schulungszwecken eingesetzt werden.

34 Value Creation

Ein Programm zur Wertsteigerung von Unternehmen

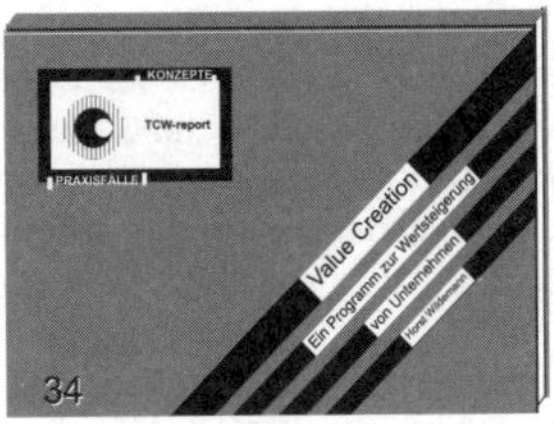

Horst Wildemann
Value Creation
München 2002
ISBN 3-934155-12-X
EUR 83,46
zzgl. Versandkosten

Die Wertsteigerung von Unternehmen stellt eine neue Herausforderung an das Top-Management dar. Wertsteigerung setzt bereits bei der strategischen Entscheidung an und lässt sich intern durch Konzentration auf Kernkompetenzen und Netzwerkbildung, durch Internationalisierung, Kooperation und Fusion sowie durch innovative Geschäftsmodelle erreichen. Entscheidend ist es, die Wertsteigerung nicht nur aus Sicht des Shareholder Values zu betrachten. Kunden- und Mitarbeiterwert sind notwendige Bausteine, die den Shareholder Value erweitern. Der TCW-report verdeutlicht auf Basis dieser Sichtweisen Chancen, Risiken und Barrieren der Wertsteigerung und stellt die Methoden in den Mittelpunkt, um mit Hilfe eines Value Creation Program eine nachhaltige Wertsteigerung zu erhalten. Dieses Programm umfasst praxiserprobte Konzepte zur strukturierten Reduzierung von Kosten, Durchlaufzeiten und Verlustquellen im Unternehmen als auch zum Aufbau einer flexiblen, mitarbeiterorientierten Unternehmenskultur.

35 Logistikstrategien

Erfolgreiche Logistikstrategien mit Hilfe von IT

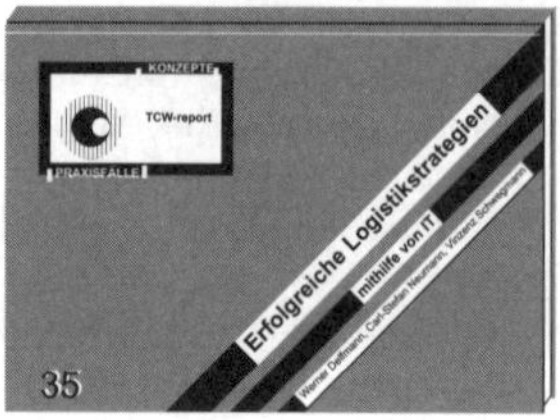

Univ.-Prof. Dr. Werner Delfmann
Erfolgreiche Logistikstrategien
München 2003
ISBN 3-934155-17-0
EUR 83,46
zzgl. Versandkosten

Der Schlüssel zum Erfolg im Logistikmanagement liegt in der integrierten Nutzung von Informationstechnologie – zu diesem Ergebnis kommt neben einer weltweiten Studie von McKinsey & Company auch das Seminar für Planung und Logistik der Universität zu Köln. Sowohl für Unternehmen aus Produktion und Handel als auch für die Anbieter logistischer Dienstleistungen bietet der geschickte Einsatz von Informationstechnologie große Chancen zur Erlangung von Wettbewerbsvorteilen. Noch entscheidender ist jedoch die informationstechnische Integration aller Partner entlang der Wertschöpfungskette, um einen reibungslosen logistischen Fluss zu gewährleisten. Der vorliegende TCW-report gibt einen Überblick über die derzeit eingesetzten Informationssysteme und zeigt, wie diese sowohl unternehmensintern als auch in unternehmensübergreifenden logistischen Netzwerken eingesetzt werden sollten.

36 Online-Auktionen

Neue Wege zur Erschließung von Einsparpotenzialen im Einkauf

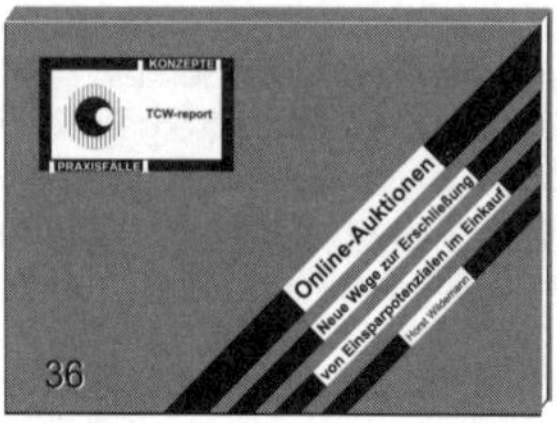

Horst Wildemann
Online-Auktionen
München 2001
ISBN 3-934155-10-3
EUR 83,46
zzgl. Versandkosten

Der Einfluss des Einkaufs wird vor dem Hintergrund abnehmender Fertigungstiefen immer entscheidender für den Unternehmenserfolg. Das Konzept der Online-Auktionen besteht darin, dass durch eine Intensivierung der Wettbewerbssituation auf den Beschaffungsmärkten zusätzliche Einsparungspotenziale realisiert werden können.

Der TCW-report zeigt anhand von Fallstudien unterschiedlicher Branchen den Wirkungsmechanismus und die realisierten Erfolge von Online-Auktionen auf. Abgerundet wird die Darstellung durch eine Vorgehensweise zur Identifizierung geeigneter Bedarfe und Gestaltungsempfehlungen zur Ausrichtung von Online-Auktionen auf die unternehmensspezifische Beschaffungssituation. Das Internet verändert Marktregeln grundlegend. Dieser Praxisreport richtet sich sowohl an Abnehmer als auch an Lieferanten, denn Gewinner warten nicht auf die Ergebnisse von Veränderungen – sie gestalten sie.

Der TCW-report eignet sich zur Schulung und zum Selbststudium.

37 Unternehmensentwicklung

Methoden für eine nachhaltige profitable Unternehmensführung

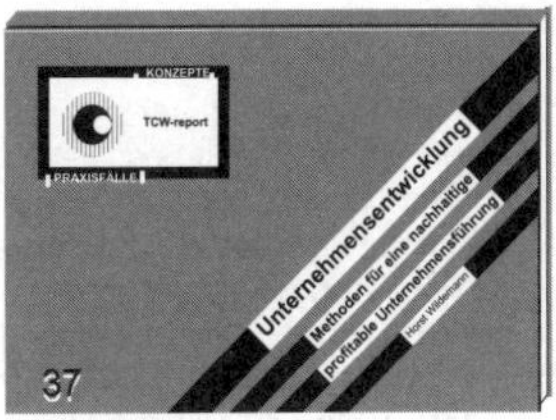

Horst Wildemann
Unternehmensentwicklung
München 2003
ISBN 3-934155-18-9
EUR 83,46
zzgl. Versandkosten

Unternehmensentwicklung und der nachhaltige Einsatz zielgerichteter Methoden sind Schlüsselfaktoren, um profitabler als die Konkurrenz agieren zu können. Welche Einflussgrößen determinieren eine profitable Unternehmensführung? Wie sind strategische Initiativen zur Unternehmensentwicklung zu gestalten? Welche Methoden der Unternehmensführung stellen die intendierte Wirksamkeit der Unternehmensentwicklung sicher? Der TCW-report zeigt den Umgang mit Krisen, die im Zuge der Unternehmensentwicklung zu bewältigen sind, verdeutlicht Strategien und bringt anhand von Leitlinien zielorientierte Methoden zum Ausdruck. Aufbauend auf der Erfahrung zahlreicher Projekte werden erfolgreiche Wege für eine nachhaltige und profitable Unternehmensführung aufgezeigt, wobei das Corporate Development Program mit seinem effizienten Instrumenteneinsatz im Vordergrund steht. Fallstudien verdeutlichen die Vorgehensweise und den Einsatz der ausgewählten Methoden und zeigen Potenzialwirkungen auf.

38 Strategische Frühinformation

Bewältigung diskontinuierlicher Zukunftsentwicklungen in Klein- und Mittelbetrieben

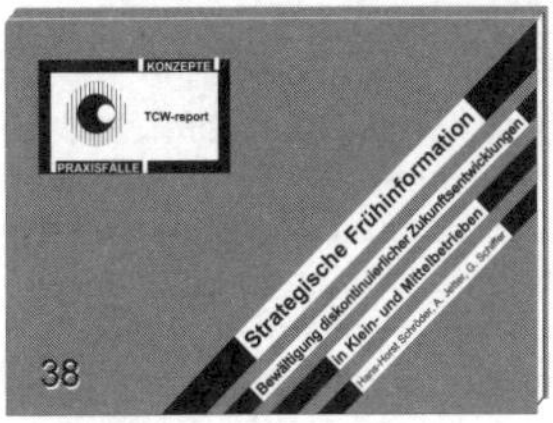

Univ.-Prof.
Dr. Hans-Horst Schröder
Strategische Frühinformationen
München 2003
ISBN 3-934155-15-4
EUR 83,46
zzgl. Versandkosten

Die zunehmende Dynamik und Komplexität der Umwelt haben bewirkt, dass Unternehmen Umweltentwicklungen in immer stärkerem Maße als Diskontinuitäten erleben. Ein wichtiger Ansatz zur Bewältigung dieser Unstetigkeiten ist die Einrichtung strategischer Frühinformationssysteme auf der Basis eines Konzepts schwacher Signale. Der TCW-report beschreibt, welche Konzepte bei deren Entwurf verfolgt werden können und stellt dar, welche Schritte durchlaufen werden müssen, welche Instrumente in den einzelnen Schritten eingesetzt werden können, welche organisatorischen Maßnahmen bezüglich der strategischen Planung zu treffen sind und von welchen Faktoren der Erfolg abhängt. Die neueren technischen, methodischen und organisatorischen Entwicklungen werden hierbei berücksichtigt. Der TCW-report ist für kleinere und mittlere Unternehmen gedacht, denen es an Ressourcen zur Einrichtung ausdifferenzierter Systeme zur Umweltbeobachtung mangelt.

39 Supply Chain Management

Optimierung der Wertschöpfungskette

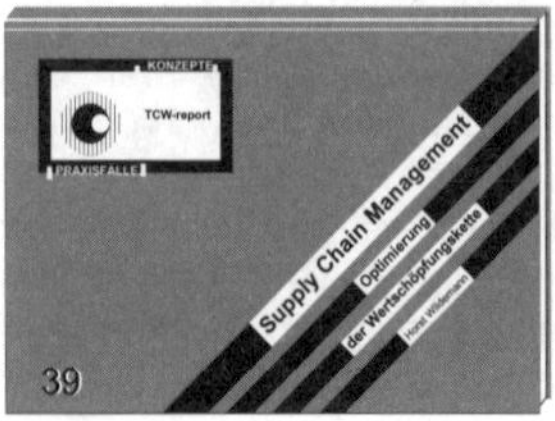

Horst Wildemann
Supply Chain Management
München 2003
ISBN 3-934155-13-8
EUR 83,46
zzgl. Versandkosten

Die Optimierung der Unternehmenstätigkeit erfordert ein Umdenken hinsichtlich des Managements der gesamten Wertschöpfungskette. Prozessoptimierungen wurden in der Vergangenheit in aller Regel auf das eigene Unternehmen beschränkt. Die ganzheitliche Optimierung der Wertschöpfungskette bedingt eine Integration aller weltweit beteiligten Institutionen vom Zulieferer bis zum Abnehmer und eine Steuerung der Aufträge vom "Point of Sales" aus. Entgegen der weit verbreiteten Auffassung ist das Supply Chain Management nicht allein als EDV-technisches Tool zu verstehen, sondern vielmehr als eine neue Organisations- und Managementphilosophie von Wertschöpfungspartnerschaften zu bezeichnen. Aufbauend auf den fünf grundlegenden Leitlinien des Supply Chain Managements zeigt dieser TCW-report einen ganzheitlichen Ansatz zur Optimierung der Supply Chain auf. Für alle unternehmerischen Funktionen werden vielfach erprobte Konzepte des Supply Chain Managements vorgestellt. Die Umsetzung des Ansatzes wird anhand von zahlreichen Fallstudien aus unterschiedlichen Branchen anschaulich aufgezeigt.

40 Rationale-based Software

Development and Management

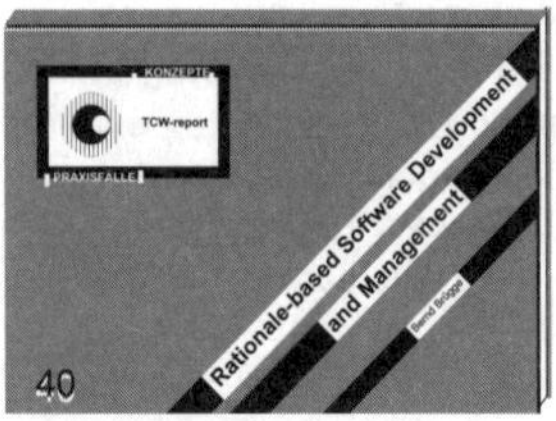

Univ.-Prof. Dr. Bernd Brügge
Rationale-based Software Development and Management
München 2005
ISBN 3-931511-69-3
EUR 83,46
zzgl. Versandkosten

Das Ziel von Entwurfswissensmethoden ist die Erfassung von informell getroffenen Entscheidungen bei der Konstruktion von Softwaresystemen, mit dem Ziel, die Weiterentwicklung dieser Systeme auf einer besseren Entscheidungsgrundlage durchführen zu können. Gerade der Ansatz einer komponentenbasierten Softwareentwicklung führt zu einem wachsenden Anteil von verteilten Entwicklungsprojekten. Hierdurch jedoch steigt der Aufwand zur Sicherung der Integrität der Systementwicklungen exponentiell an. Entwurfswissensmethoden bieten einen Lösungsansatz, um die damit verbundene Komplexität zu reduzieren und den Entwicklungsprozess effektiv zu gestalten. Aufgrund des zusätzlich notwendigen Trainingsaufwands und fehlender Toolunterstützung werden Entwurfswissensmethoden bislang noch nicht systematisch eingesetzt.
In diesem TCW-report beschreiben wir einige existierende Entwurfswissenschaften und zeigen, wie sie effektiv eingesetzt werden können. Fallbeispiele helfen dem Praktiker bei der Einführung.

41 Software-Vertragsrecht

Softwareerstellung, -überlassung, -anpassung und -pflege einschließlich Beratungsverträgen

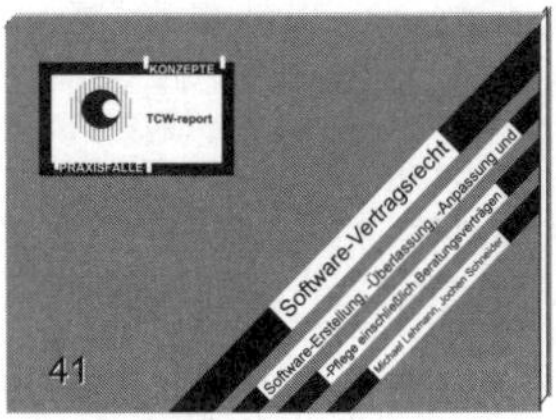

Univ.-Prof. Dr. jur.
Michael Lehmann
Prof. Dr. jur. Jochen Schneider
Software-Vertragsrecht
München 2005
ISBN 3-931511-75-8
EUR 83,46
zzgl. Versandkosten

Software-Projekte sind mit erheblichen Risiken behaftet. Unsicherheiten bestanden schon früher hinsichtlich wichtiger Grundlagen, wie z. B. des urheberrechtlichen Schutzes. Inzwischen bieten das internationale, europäische und deutsche Urheberrecht einen ausreichenden Rechtsschutz für die Software; aber auch das Patent- und Markenrecht sowie das Recht gegen unlauteren Wettbewerb können als Schutzinstrumente herangezogen werden. Aufbauend darauf hat sich ein effizientes Software-Vertragsrecht entwickelt, dessen Strukturen und Maßgaben in diesem TCW-report dargestellt werden. Eine klare Gliederung der Vertragsgegenstände mit Zuordnung von Vor- und Mitwirkungsleistungen und Bestimmung der Reichweite der Rechtseinräumung ist mit der Ausgestaltung von Gewährleistung und Haftung zu synchronisieren.

42 Führungsverantwortung

Bewährte oder innovative Managementmethoden?

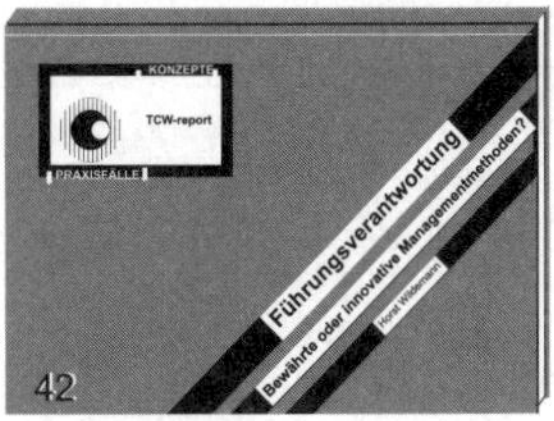

Horst Wildemann
Führungsveranrwortung
München 2003
ISBN 3-934155-21-9
EUR 83,46
zzgl. Versandkosten

"Vorgesetzte, die ihrer Leidenschaft für das runde Leder nachgeben, stärken nicht nur das Gemeinschaftsgefühl, sondern schulen zugleich ihre Führungskompetenz. Strategie, Teamgeist, Erfolgsorientierung – wer das Geschehen auf dem Rasen aufmerksam verfolgt, lernt in nur 90 Minuten möglicherweise mehr als in einem ganzen Semester an der Business-School." Diese These spiegelt die eine Seite der Medaille "Führungsverantwortung" wider. Taylor ging in seinem Ansatz des "Scientific Management" davon aus, dass sich die Menschen am liebsten vor der Arbeit drücken, keine Verantwortung übernehmen wollen und nur durch monetäre Anreize motiviert werden können. Heute wird Führungsverantwortung ganzheitlich aus einer ökonomischen und ethischen Perspektive verstanden. Der TCW-report verdeutlicht die Dimensionen der Führungsverantwortung, zeigt Strategien, Methoden – innovative und bewährte – sowie Handlungsempfehlungen für die Umsetzung von Führungsverantwortung auf.

43 Kernkompetenzen

Der Aufbau von Kernkompetenzen für Fähigkeiten und Prozesse

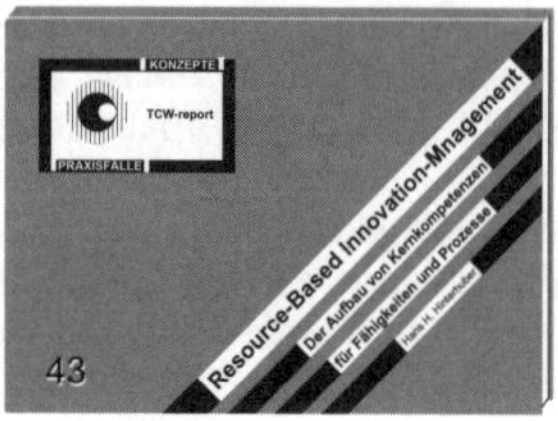

Univ.-Prof. Dipl.-Ing.
Dr. Hans H. Hinterhuber
Recourced-based Innovation-Management
München 2005
ISBN 3-931511-71-5
EUR 83,46
zzgl. Versandkosten

In der Unternehmensführung zeichnet sich ein Paradigmenwechsel ab. Während in der Vergangenheit der wirtschaftliche Erfolg einer Unternehmung durch eine vermehrte Marktorientierung quasi-autonomer Geschäftseinheiten gewährleistet werden sollte, liegt heute eine andere Sichtweise vor. Fokussierung auf den Markt wird ergänzt durch Wettbewerbsvorteile, die entstehen, wenn eine Unternehmung im Vergleich zu ihren Konkurrenten Kernkompetenzen auf eine differenzielle Weise erwirbt, weiterentwickelt und in ihren Geschäftseinheiten nutzt. Im vorliegenden TCW-report wird das Innovationsmanagement aus dieser neuen Perspektive heraus betrachtet. Es wird gezeigt, wie Innovationen auf der Ebene der Produkte und Dienstleistungen ergänzt werden durch solche auf der Ebene der Ressourcen, Fähigkeiten und Prozesse. Fallbeispiele aus der Praxis erläutern die Möglichkeiten einer schnellen Innovation aus Sicht der Ressourcenorientierung.

44 Produktion

Wandlungsfähigkeit der industriellen Produktion

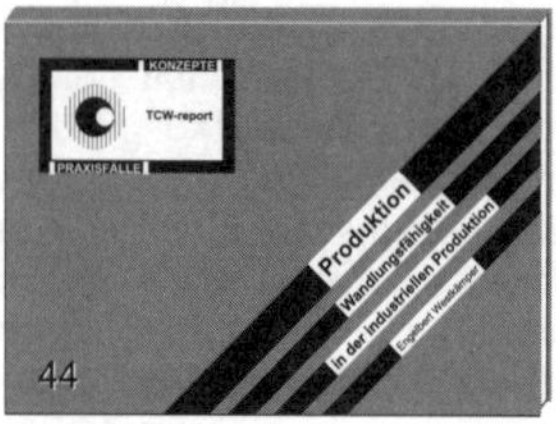

Univ.-Prof. Dr.-Ing.
Engelbert Westkämper
Produktion
München 2005
ISBN 3-931511-88-X
EUR 83,46
zzgl. Versandkosten

Die Produktion der Zukunft wird durch wandlungsfähige Produktionskonzepte bestimmt. Dem gegenüber besteht gegenwärtig noch eine Reihe von Hemmnissen in den Abläufen und Strukturen unserer Fabriken. Es gibt jedoch auch Methoden, mit deren Hilfe kurzfristige Veränderungen der Fabrikstrukturen zu erreichen sind.
In diesem TCW-report werden Ansätze zur Wandlungsfähigkeit durch Kooperation mit Hilfe offener Produktionsnetzwerke erläutert. Zielvariable Produktionskonzepte erlauben eine schnelle Reaktionsfähigkeit der unternehmensinternen Abläufe. Zur Planung und Steuerung dezentraler autonomer Strukturen müssen neue Methoden entwickelt werden. Ziel aller Maßnahmen muss ein Manufacturing on Demand sein.

45 Entwicklungszeitreduzierung

Ein Lösungsansatz zur Beschleunigung von Entwicklungsprozessen

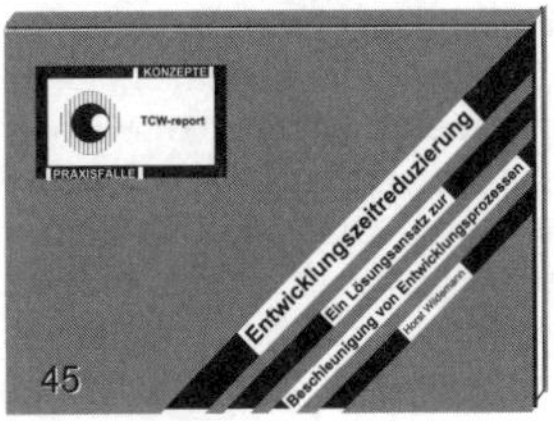

Horst Wildemann
Entwicklungszeitreduzierung
München 2003
ISBN 3-934155-22-7
EUR 83,46
zzgl. Versandkosten

Der Erfolg eines Produktes wird in zunehmendem Maße nicht mehr nur durch Kosten, Leistungsmerkmale und Qualität bestimmt, sondern hängt ganz wesentlich von der richtigen Platzierung im Marktfenster ab. Um eine ausreichende Marktdurchdringung und hinreichende Deckungsbeiträge erzielen zu können, müssen neue Produkte vor der Konkurrenz auf den Markt gebracht werden. Wer als erster auf dem Markt ist, kann frühzeitig die Erfahrungskurve durchlaufen und durch Lerneffekte Kosteneinsparungen erzielen. Der TCW-report „Entwicklungszeitreduzierung" stellt Konzepte und Methoden vor, die den Zeitaufwand von der Produktfindung bis zur Markteinführung der Produkte reduzieren. Dabei werden prozessorganisatorische sowie physikalisch-technologische Ansätze zur Beschleunigung von Entwicklungsprozessen behandelt.

46 IT-Architekturen

Informationssystemeinsatz bei organisatorischem Wandel

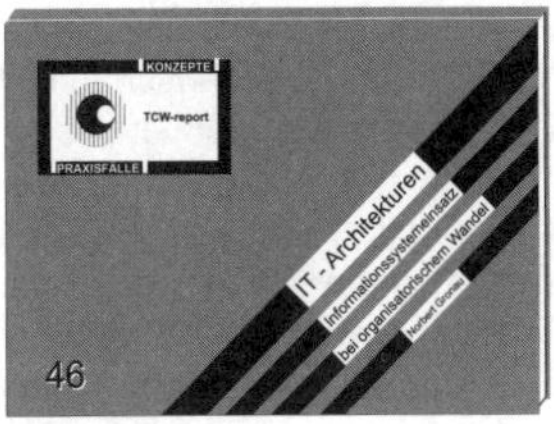

Univ.-Prof. Dr.-Ing.
Norbert Gronau
IT-Architekturen
München 2003
ISBN 3-934155-14-6
EUR 83,46
zzgl. Versandkosten

Die Unternehmen befinden sich in einem beständigen organisatorischen Wandel, der Formen wie Prozessorientierung, Segmentierung oder Virtualisierung annehmen kann. Konventionelle Architekturen betrieblicher Informationssysteme sind diesem Wandel, der auch bei Fusionen oder starkem Wachstum stattfindet, häufig nicht gewachsen. Basierend auf der Forderung nach strukturellen Analogien zwischen Unternehmensorganisation und Informationssystemen wird eine Konzeption für eine dauerhaft wettbewerbsfähige Informationssystemarchitektur aufgestellt und durch Praxisbeispiele erläutert.

Der Weg von der konventionellen zur nachhaltigen Informationssystem-Architektur wird in diesem TCW-report beschrieben, darüber hinaus enthält er zahlreiche Erläuterungen und Schaubilder, die sich zur Schulung und zum Selbststudium eignen.

47 Roadmapping

Innovationen und Technologiepfade strukturiert abstimmen

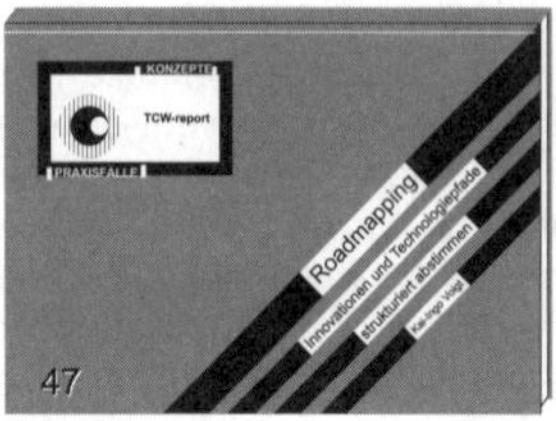

Univ.-Prof. Dr.
Kai-Ingo Voigt
Roadmapping
München 2003
ISBN 3-934155-16-2
EUR 83,46
zzgl. Versandkosten

Bereits heute die Marktsignale zu erkennen, die in einem Zeithorizont von bis zu 15 Jahren erfolgsentscheidend sein werden, wird zunehmend überlebenswichtig. Unternehmen, die auf eine strukturierte Vorausschau verzichten, laufen Gefahr, von Markt- und Technologieentwicklungen überrascht und überrollt zu werden. Roadmapping ist ein neues Instrument zur langfristigen Abstimmung von Technologien und Innovationen im Unternehmen.
Der TCW-report beschreibt Schritte, die durchlaufen werden müssen, um die Roadmap des Unternehmens zu erarbeiten und zu kommunizieren und erläutert Möglichkeiten zur strukturierten Abstimmung von Markt- und Technologievisionen wie auch Potenziale der Bewertung und Auswahl von Produktfolgen und Technologiepfaden. Der Autor richtet sich an technologieorientierte Mittelstands- und Großunternehmen, deren künftige Erfolgsposition maßgeblich von einem integrierten Technologie- und Innovationsmanagement bestimmt wird.

48 Konzeptwettbewerb

Konzeptwettbewerb und Know-how-Schutz in der Automobil- und Zulieferindustrie

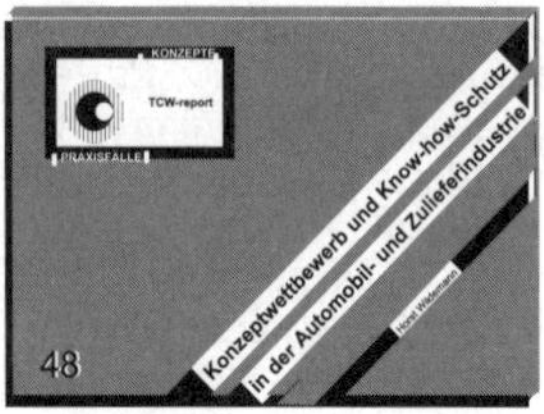

Horst Wildemann
Konzeptwettbewerb
München 2004
ISBN 3-934155-23-5
EUR 83,46
zzgl. Versandkosten

Die dem TCW-report zugrunde liegende Umfrage unter 85 Unternehmen der Automobilbranche veranschaulicht die Bedeutsamkeit von Lieferanten als Innovationsgeber. Es zeigt sich, dass sie häufig sogar mehr innovative Ideen einbringen als die Mitarbeiter des eigenen Unternehmens. Um so verständlicher ist es, dass die Automobilindustrie den Mittelweg zwischen Wettbewerb und Kooperation sucht. Entwicklungspartnerschaften auf der Grundlage von Konzeptwettbewerben scheinen erfolgreich zu sein.
Der TCW-report rückt das Organisationsproblem bei Entwicklungspartnerschaften in den Mittelpunkt. Er zeigt Vorgehensweisen und Gestaltungsfelder des Konzeptwettbewerbs auf und weist auch auf dessen erfolgskritische Gestaltungsfelder und diejenigen des Know-how-Schutzes hin. Fallstudien verdeutlichen Erfolg versprechende Wege, um Konzeptwettbewerbe, Know-how-Schutz und die Projektsteuerung von Entwicklungspartnerschaften effektiv und effizient durchzuführen.

49 Net Business Community

Leitfaden zur Einführung einer integrierten Plattform zur Geschäftsprozessabwicklung

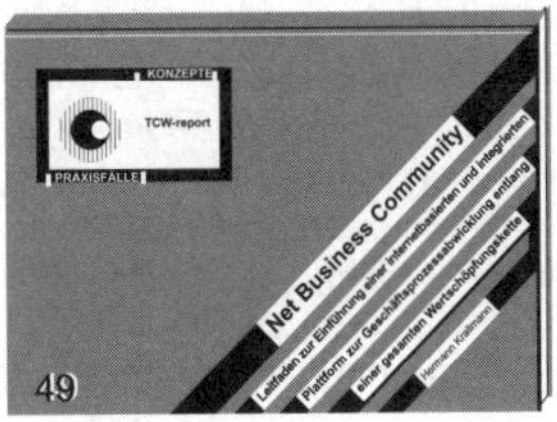

Univ.-Prof. Dr.
Hermann Krallmann
Net Business Community
München 2005
ISBN 3-931511-19-7
EUR 83,46
zzgl. Versandkosten

Net Business Community stellt die nächste Evolutionsstufe der elektronischen Marktplätze dar. Hier wird nicht nur ein Konzept zum Kauf bzw. Verkauf von Produkten und Dienstleistungen nach dem Motto “Any service, any place, any time” präsentiert, sondern es wird durch eine genaue Definition und Spezifikation von Objekten wie Business Plan, Business Modell, Business Concept, Portal, Market Place und Business Community ein Konzept zur Realisierung der netzweiten, betriebswirtschaftlichen und technischen Integration der beteiligten Partnern in einer unternehmensübergreifenden Wertschöpfungskette dargestellt. Ein Vorgehensmodell zur Einführung der Net Business Community vervollständigt das Konzept um die praktischen Phasen der Realisierung.

50 Betreibermodelle

Betreibermodelle – eine Outsourcingstrategie?

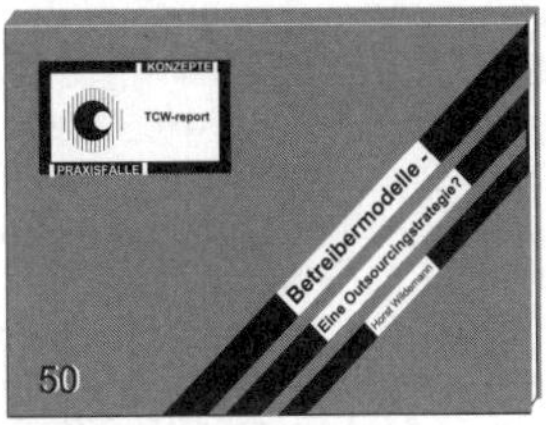

Horst Wildemann
Betreibermodelle
München 2004
ISBN 3-934155-20-0
EUR 83,46
zzgl. Versandkosten

Zur Ausgestaltung effizienter maschinen- und anlagentechnischer Unternehmensinfrastrukturen erweisen sich Betreibermodelle vermehrt als praktisches Instrument der Verbesserung von Effizienz, Kosten und Verfügbarkeit. Das Konzept wirkt sowohl auf die Kosten- als auch auf die Leistungsstrukturen der beteiligten Unternehmen. Der TCW-report illustriert differenzierte Möglichkeiten zur Ausgestaltung sowie Methoden und Vorgehensweisen, die bei der konzeptionellen Planung, Potenzialanalyse und Einführung von Betreibermodellen zum Tragen kommen. Die Konzepte basieren auf in Industrieprojekten bei der Planung, Berechnung und Umsetzung gewonnenen Erkenntnissen wie auch auf der Auswertung diverser nationaler und internationaler Fallstudien zum Thema, die zur Erläuterung der praktischen Umsetzung sowie zur Ableitung von Handlungsempfehlungen ebenfalls dargestellt werden.

51 Der Ingenieur-Unternehmer

Technologie- und Innovationsmanagement

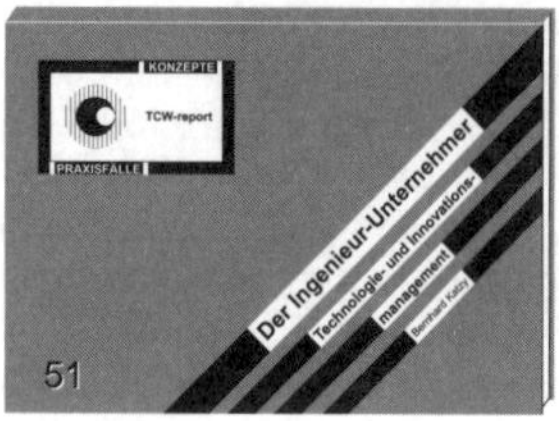

Dr.-Ing., Dipl.-Kfm.
Bernhard Katzy
Der Ingenieur-Unternehmer
München 2005
ISBN 3-934155-01-4
EUR 83,46
zzgl. Versandkosten

Werner von Siemens, Gottlieb Daimler, Graf Zeppelin – die deutsche Industrie wurde geprägt von genialen Ingenieuren mit unternehmerischem Format. Mangelt es heute an dieser Kombination von Fähigkeiten?
In dem TCW-report "Der Ingenieur-Unternehmer" werden Lösungen aufgezeigt, wie Technologie-, Produkt- und Prozessinnovationen in Umsatzwachstum umgesetzt werden können. Dazu werden die Tätigkeiten und notwendigen Fähigkeiten des Ingenieur-Unternehmers systematisch untersucht und anhand von Fallbeispielen schnell wachsender Unternehmen dargestellt. Durch diese Systematisierung wird das "Geniale" in professionell handhabbare Rollen und organisatorische Kompetenzen eingebracht. Der TCW-report erklärt weiterhin, wie daraus neue strategische Optionen für Unternehmen im Innovationswettbewerb entwickelt und welche organisatorischen Strukturen und Prozesse zur erfolgreichen Umsetzung gestaltet werden können.

52 Die Zukunft des Wachstums

Methoden für Wachstum und Erfolg in Unternehmen

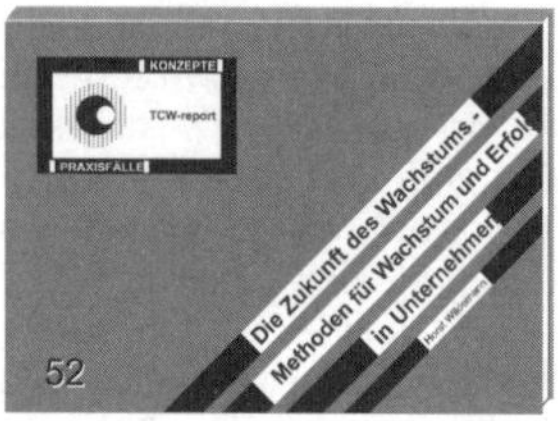

Horst Wildemann
Die Zukunft des Wachstums
München 2004
ISBN 3-937236-07-4
EUR 83,46
zzgl. Versandkosten

Der TCW-report zeigt Wege des Wachstums und Methoden zur Bündelung von Wachstum und Unternehmenserfolg, verdeutlicht die Bedeutung der Vorbereitung des Wachstums durch Streamlining und die Notwendigkeit der Erzeugung von Mehrwertleistungen, die in dem gegebenen Unternehmenskontext glaubwürdig sind. Die Erarbeitung einer Vision, die Ausformulierung einer Roadmap und die Umsetzung in ein logisch strukturiertes Produktportfolio bilden Eckpfeiler.
Im Vordergrund steht die Darstellung einer Vorgehensweise zur Erarbeitung von Wachstumsplänen und die Übertragung von Erkenntnissen aus Fallstudien. Weltklasse-Unternehmen aus unterschiedlichen Branchen zeigen Strategiekombinationen, die dynamisch und situativ übertragen werden können.

Neue Konzepte und Methoden

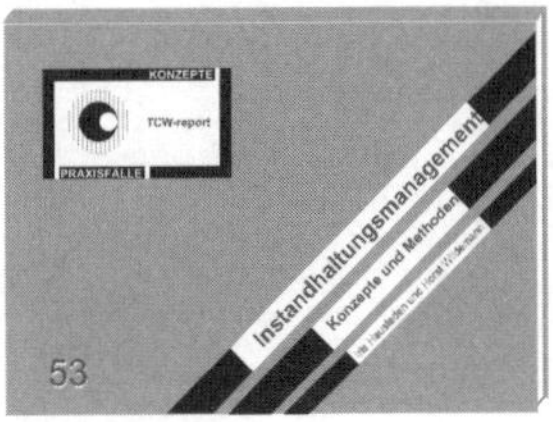

Iris Hausladen
Horst Wildemann
Instandhaltungs-management
München 2005
ISBN 3-937236-19-8
EUR 83,46
zzgl. Versandkosten

Die wachsende Bedeutung der Instandhaltungsfunktion spiegelt sich zum einen in der managementorientierten Ausrichtung der Instandhaltungsaktivitäten, zum anderen in dem verstärkten Einsatz von E-Technologien wider. Unternehmen binden verstärkt Fremdinstandhalter in den Instandhaltungsprozess ein oder beziehen Wartungs-, Inspektions- und Reparaturleistungen direkt vom Anlagenhersteller. Die Anforderungen an das Instandhaltungsmanagement verändern sich nachhaltig und führen zu einem deutlichen Anstieg der zu bewältigenden Komplexität.

Der TCW-report behandelt ausgehend von den Grundlagen des Instandhaltungsmanagements zeitgemäße Instandhaltungskonzepte und -strategien, organisatorische Gestaltungsalternativen, Softwaresysteme, das Konzept der Operation Guidance sowie die Aspekte Qualifizierung und Visualisierung im Rahmen einer zukunftsorientierten Instandhaltung. Systeme der Anlagenüberwachung und -diagnose sowie Einsatzmöglichkeiten von E-Logistics-Tools in der Instandhaltung werden aufgezeigt. Der TCW-report basiert auf Ergebnissen aus dem Forschungsprojekt PROTEUS, das die Entwicklung einer generischen E-Maintenance-Plattform zum Ziel hat.

BESTELLISTE

Bücher

Anzahl		Kurztitel	ISBN-Nr.	Preis
	1	Das agile Unternehmen	ISBN 3-931511-25-1	EUR 195,-
	2	Anreizsystem	ISBN 3-931511-31-6	EUR 85,-
	3	Arbeitszeitmanagement	ISBN 3-929918-62-5	EUR 78,-
	4	Auftragsabwicklungssegmente	ISBN 3-934155-37-5	EUR 85,-
	5	Bayerischer Qualitätspreis	ISBN 3-934155-74-X	EUR 46,-
	6	Behältersysteme	ISBN 3-929918-41-2	EUR 95,-
	7	Produktionssynchrone Beschaffung	ISBN 3-929918-60-9	EUR 76,-
	8	Bewertung logistischer Leistungen	ISBN 3-397236-05-8	EUR 179,-
	9	Einführungsstrategien für CIM	Art.-Nr.: 3-999999-CIM	EUR 48,-
	10	Trends in der Distributions- und Entsorgungslogistik	ISBN 3-929918-98-6	EUR 45,-
	11	Einkaufsorganisation	ISBN 3-934155-65-0	EUR 85,-
	12	Einkaufspotenzialanalyse	ISBN 3-929918-64-1	EUR 98,-
	13	Entstörmanagement	ISBN 3-929918-06-4	EUR 95,-
	14	Entwicklungspartnerschaften	ISBN 3-937236-04-X	EUR 158,-
	15	Entwicklungstrends	ISBN 3-934155-85-5	EUR 98,-
	16	Optimimierung von Entwicklungszeiten	ISBN 3-929918-01-3	EUR 95,-
	17	Entwicklungszeitreduzierung	ISBN 3-934155-89-8	EUR 179,-

Firma	
Name / Vorname	
Abteilung / Funktion	
Strasse / Postfach	
PLZ / Ort	
Telefon / Fax	Datum / Unterschrift

TCW Transfer-Centrum GmbH & Co. KG für Produktions-Logistik und Technologie-Management
Leopoldstraße 145
80804 München
Telefon: 809/ 36 05 23 - 0

FAX-Bestellservice: 089/ 36 10 23 - 20

Informationen zu Büchern und Leitfäden erhalten Sie auch im Internet unter

www.tcw.de

Bücher

	18	Ersatzteilversorgung	ISBN 3-929918-55-2	EUR 95,-
	19	Die modulare Fabrik	ISBN 3-931511-19-7	EUR 95,-
	20	Fertigungsstrategien	ISBN 3-929918-89-7	EUR 98,-
	21	Frühwarnsysteme	ISBN 3-937236-06-6	EUR 85,-
	22	Führungsverantwortung	ISBN 3-934155-78-2	EUR 165,-
	23	Geschäftsprozessorganisation	ISBN 3-931511-05-7	EUR 85,-
	24	Lernbasierte Geschäftsprozessoptimierung	ISBN 3-934155-72-3	EUR 85,-
	25	Gestaltung von Kundenbeziehungen	ISBN 3-937236-02-3	EUR 85,-
	26	Globalisierung	ISBN 3-934155-60-X	EUR 98,-
	27	Auditierung und Erfolgsfaktoren	ISBN 3-934155-76-6	EUR 85,-
	28	Instandhaltungslogistik	ISBN 3-934155-84-7	EUR 85,-
	29	Innovation und Kundennähe	ISBN 3-929918-84-6	EUR 145,-
	30	Investitionsentscheidungsprozess	ISBN 3-922246-46-X	EUR 45,-
	31	Das Just-in-Time Konzept	ISBN 3-934155-63-4	EUR 95,-
	32	Kernkompetenzen und E-Technologien	ISBN 3-934155-96-0	EUR 195,-
	33	Konzept zur Komplexitätsmessung	ISBN 3-931511-81-2	EUR 85,-
	34	Kostenführerschaft und Service	ISBN 3-931511-80-4	EUR 98,-
	35	Kostenmanagement in der Softwareentwicklung	ISBN 3-934155-66-9	EUR 85,-
	36	Kultureller Wandel	ISBN 3-934155-64-2	EUR 85,-
	37	Lean Management	ISBN 3-929918-82-X	EUR 85,-
	38	Wertorientiertes Logistikcontrolling	ISBN 3-937236-01-5	EUR 85,-
	39	Logistik – Prozessmanagement	ISBN 3-934155-61-8	EUR 98,-
	40	Marktführerschaft	ISBN 3-931511-15-4	EUR 145,-
	41	Moderne Produktionskonzepte	ISBN 3-934155-83-9	EUR 115,-
	42	Vom nationalen Qualitätsexporteur ...	ISBN 3-931511-85-5	EUR 145,-
	43	Gestaltung von Online-Auktionen im Einkauf	ISBN 3-937236-00-7	EUR 85,-
	44	Portfoliomanagement	ISBN 3-931511-40-5	EUR 85,-
	45	PPS-Reorganisation	ISBN 3-934155-62-6	EUR 85,-
	46	Produktion und Controlling	ISBN 3-931511-84-7	EUR 98,-
	47	Produktions- und Zuliefernetzwerke	ISBN 3-929918-78-1	EUR 98,-
	48	Produktionscontrolling	ISBN 3-934155-71-5	EUR 98,-
	49	Produktentstehungsprozess	ISBN 3-934155-80-4	EUR 85,-

Bücher

	50	Innovation in der Produktionswirtschaft	ISBN 3-931511-26-X	EUR 98,-
	51	Produktivitätsmanagement	ISBN 3-931511-12-X	EUR 98,-
	52	Produktklinik	ISBN 3-931511-27-8	EUR 98,-
	53	Produktordnungssysteme	ISBN 3-934155-73-1	EUR 85,-
	54	Prozessfähigkeit	ISBN 3-934155-70-7	EUR 85,-
	55	Qualität und Unternehmenserfolg	ISBN 3-929918-91-9	EUR 85,-
	56	Kosten- und Leistungsrechnung	ISBN 3-929918-35-8	EUR 78,-
	57	Qualitätscontrolling mit Quality Gates	ISBN 3-934155-81-2	EUR 85,-
	58	Unternehmensqualität	ISBN 3-929918-02-1	EUR 85,-
	59	Kreislauforientierte Redistributionslogistik	ISBN 3-931511-82-0	EUR 85,-
	60	F&E-Programm-Management	ISBN 3-937236-03-1	EUR 85,-
	61	Qualitätsbasierte Serviceentwicklung	ISBN 3-934155-79-0	EUR 85,-
	62	Service- und Wissensmanagement	ISBN 3-931511-97-9	EUR 165,-
	63	Industriestandort Deutschland	ISBN 3-929918-31-5	EUR 145,-
	64	Strategische Investitionsplanung	ISBN 3-929918-53-6	EUR 45,-
	65	Supply Chain Management	ISBN 3-931511-48-0	EUR 115,-
	66	Unternehmensentwicklung	ISBN 3-934155-75-8	EUR 165,-
	67	Entwicklungs-, ... u. Vertriebsnetzwerke	ISBN 3-931511-16-2	EUR 145,-

Firma	
Name / Vorname	
Abteilung / Funktion	
Strasse / Postfach	
PLZ / Ort	
Telefon / Fax	Datum / Unterschrift

TCW Transfer-Centrum GmbH & Co. KG für Produktions-Logistik und Technologie-Management
Leopoldstraße 145
80804 München
Telefon: 809/ 36 05 23 - 0

FAX-Bestellservice: 089/ 36 10 23 - 20

Informationen zu Büchern und Leitfäden erhalten Sie auch im Internet unter

www.tcw.de

Bücher

	68	Unternehmensstandort Deutschland	ISBN 3-937236-12-0	EUR 98,-
	69	Wertsteigerung von Unternehmen	ISBN 3-934155-68-5	EUR 165,-
	70	Wissensmanagement	ISBN 3-931511-45-6	EUR 98,-
	71	Die deutsche Zulieferindustrie	ISBN 3-929918-50-1	EUR 98,-
	72	Entwicklungsstrategien für Zulieferer	ISBN 3-929918-69-2	EUR 98,-
	73	Zukunft des Wachstums	ISBN 3-937236-09-0	EUR 179,-

Leitfäden

Anzahl		Kurztitel	ISBN-Nr.	Preis
	1	Advanced Purchasing	ISBN 3-934155-38-3	EUR 250,-
	2	Änderungsmanagement	ISBN 3-929918-16-1	EUR 250,-
	3	Anlagenproduktivität	ISBN 3-929918-70-6	EUR 250,-
	4	Anlaufmanagement	ISBN 3-934155-52-9	EUR 250,-
	5	Asset Management	ISBN 3-931511-99-5	EUR 250,-
	6	Auditierung	ISBN 3-929918-56-0	EUR 250,-
	7	Auftragsabwicklungsprozess	ISBN 3-929918-86-2	EUR 250,-
	8	Bestände-Halbe	ISBN 3-931511-04-9	EUR 250,-
	9	Betreibermodelle	ISBN 3-934155-43-X	EUR 250,-
	10	Conjoint Anlyse	ISBN 3-937236-21-X	EUR 250,-
	11	Controlling	ISBN 3-929918-33-1	EUR 250,-
	12	Distributionslogistik	ISBN 3-931511-09-X	EUR 250,-
	13	Durchlaufzeit-Halbe	ISBN 3-929918-15-3	EUR 250,-
	14	E-Commerce	ISBN 3-934155-35-9	EUR 250,-
	15	Efficient Consumer Response	ISBN 3-931511-20-0	EUR 250,-
	16	Einkaufscontrolling	ISBN 3-934155-25-1	EUR 250,-
	17	Einkaufspotenzialanalyse	ISBN 3-929918-14-5	EUR 250,-
	18	Electronic Sourcing	ISBN 3-931511-96-0	EUR 250,-
	19	Entlohnung	ISBN 3-929918-22-6	EUR 250,-
	20	Entsorgungslogistik	ISBN 3-929918-96-X	EUR 250,-
	21	Entstörmanagement	ISBN 3-929918-18-8	EUR 250,-
	22	Entwicklungspartnerschaften	ISBN 3-934155-51-0	EUR 250,-
	23	Entwicklungsprozess	ISBN 3-929918-90-0	EUR 250,-

Leitfäden

	24	E-Technologien	ISBN 3-934155-36-7	EUR 250,-
	25	Fehlernmöglichkeitsanalyse – FMEA	ISBN 3-929918-52-8	EUR 350,-
	26	Fertigungssegmentierung	ISBN 3-931511-07-3	EUR 250,-
	27	Finanzdienstleister	ISBN 3-934155-49-9	EUR 250,-
	28	Gruppenarbeit	ISBN 3-929918-21-8	EUR 250,-
	29	Handels-Supply-Management	ISBN 3-934155-53-7	EUR 250,-
	30	Innovationscontrolling	ISBN 3-934155-47-2	EUR 250,-
	31	Innovationsmanagement	ISBN 3-931511-94-4	EUR 250,-
	32	In-/Outsourcing	ISBN 3-931511-08-1	EUR 250,-
	33	Integriertes Instandhaltungsmanagement	ISBN 3-937236-23-6	EUR 250,-
	34	Just-in-Time in F&E	ISBN 3-929918-13-7	EUR 250,-
	35	Kanban-Produktionssteuerung	ISBN 3-929918-19-6	EUR 250,-
	36	Kernkompetenzen	ISBN 3-929918-74-9	EUR 250,-
	37	Komplexitätsmanagement	ISBN 3-931511-30-8	EUR 250,-
	38	Kontinuierliche Verbesserung	ISBN 3-929918-23-4	EUR 250,-
	39	Kostenmanagement (Software)	ISBN 3-934155-30-8	EUR 250,-
	40	Kundenbeziehungsmanagement	ISBN 3-934155-54-5	EUR 250,-
	41	Kundenorientierung	ISBN 3-929918-93-5	EUR 250,-

Firma	
Name / Vorname	
Abteilung / Funktion	
Strasse / Postfach	
PLZ / Ort	
Telefon / Fax	Datum / Unterschrift

TCW Transfer-Centrum GmbH & Co. KG für Produktions-Logistik und Technologie-Management
Leopoldstraße 145
80804 München
Telefon: 809/ 36 05 23 - 0

FAX-Bestellservice: 089/ 36 10 23 - 20

Informationen zu Büchern und Leitfäden erhalten Sie auch im Internet unter

www.tcw.de

Leitfäden

	42	Kundenorientierung in der Logistik	ISBN 3-937236-22-8	EUR 250,-
	43	Leadershipentwicklung	ISBN 3-934155-42-1	EUR 250,-
	44	Lean Management	ISBN 3-929918-34-X	EUR 250,-
	45	Logistik-Check	ISBN 3-934155-50-2	EUR 250,-
	46	Logistikleistungen	ISBN 3-934155-24-3	EUR 250,-
	47	Make or Buy & Insourcing	ISBN 3-929918-24-2	EUR 250,-
	48	Managementinformationssysteme	ISBN 3-934155-57-X	EUR 250,-
	49	Modulare Unternehmensorganisation	ISBN 3-929918-20-X	EUR 250,-
	50	Monitoring	ISBN 3-934155-46-4	EUR 250,-
	51	Personal- und Führungskräfteaudit	ISBN 3-931511-13-8	EUR 250,-
	52	Personal- und Organisationsbenchmarking	ISBN 3-931511-23-5	EUR 250,-
	53	Post Merger Management	ISBN 3-934155-45-6	EUR 250,-
	54	PPS-Systeme	ISBN 3-931511-14-6	EUR 250,-
	55	Produktionsrisikomanagent	ISBN 3-937236-24-4	EUR 250,-
	56	Produktionssysteme	ISBN 3-934155-58-8	EUR 250,-
	57	Produktions- und Zuliefernetzwerke	ISBN 3-929918-92-7	EUR 250,-
	58	Produktivitätsverbesserung	ISBN 3-931511-95-2	EUR 250,-
	59	Produktklinik	ISBN 3-929918-87-0	EUR 250,-
	60	Produktordnungssysteme	ISBN 3-934155-40-5	EUR 250,-
	61	Projektleitstand	ISBN 3-934155-48-0	EUR 250,-
	62	Projektmanagement	ISBN 3-931511-83-9	EUR 250,-
	63	Prozess-Benchmarking	ISBN 3-929918-43-9	EUR 250,-
	64	Prozessgestaltung – Software	ISBN 3-934155-31-6	EUR 250,-
	65	Prozessklinik	ISBN 3-931511-98-7	EUR 250,-
	66	Qualitätscontrolling	ISBN 3-929918-54-4	EUR 250,-
	67	Qualitätsmanagement – Software	ISBN 3-934155-33-2	EUR 250,-
	68	Quality Function Deployment	ISBN 3-929918-51-X	EUR 350,-
	69	Rating	ISBN 3-937236-25-2	EUR 250,-
	70	Risikomanagement	ISBN 3-934155-44-8	EUR 250,-
	71	Roadmapping	ISBN 3-934155-55-3	EUR 250,-
	72	Sanierungsstrategien	ISBN 3-934155-41-3	EUR 250,-
	73	Schnell lernende Unternehmen	ISBN 3-931511-86-3	EUR 250,-

Leitfäden

	74	Self-Assessment-Tools	ISBN 3-929918-68-4	EUR 110,-
	75	Service	ISBN 3-931511-29-4	EUR 250,-
	76	Six Sigma und Qualitätsverbesserung	ISBN 3-929918-26-9	EUR 250,-
	77	Softwareentwicklung	ISBN 3-931511-32-4	EUR 250,-
	78	Software-Produktordnungssysteme	ISBN 3-934155-59-6	EUR 250,-
	79	Software-Projektmanagement	ISBN 3-934155-32-4	EUR 250,-
	80	Standortplanung	ISBN 3-929918-37-4	EUR 250,-
	81	Supply Chain Management	ISBN 3-931511-42-1	EUR 250,-
	82	Synergiemanagement	ISBN 3-937236-18-X	EUR 250,-
	83	Total Productive Maintenance	ISBN 3-931511-06-5	EUR 250,-
	84	Total Quality Management	ISBN 3-931511-24-3	EUR 250,-
	85	Unternehmenswertsteigerung	ISBN 3-934155-39-1	EUR 250,-
	86	Variantenmanagement	ISBN 3-929918-17-X	EUR 250,-
	87	Verbesserungsvorschläge	ISBN 3-929918-29-3	EUR 250,-
	88	Vertriebssteuerung	ISBN 3-934155-56-1	EUR 250,-
	89	Visualisierung & Auditierung	ISBN 3-929918-25-0	EUR 250,-
	90	Wissensmanagement	ISBN 3-931511-28-6	EUR 250,-
	91	Zielvereinbarungsprozess	ISBN 3-929918-88-9	EUR 250,-

Firma	
Name / Vorname	
Abteilung / Funktion	
Strasse / Postfach	
PLZ / Ort	
Telefon / Fax	Datum / Unterschrift

TCW Transfer-Centrum GmbH & Co. KG für Produktions-Logistik und Technologie-Management
Leopoldstraße 145
80804 München
Telefon: 809/ 36 05 23 - 0

FAX-Bestellservice: 089/ 36 10 23 - 20

Informationen zu Büchern und Leitfäden erhalten Sie auch im Internet unter
www.tcw.de

TCW-reports

Anzahl		Kurztitel	ISBN-Nr.	Preis
	1	Marktführerschaft	ISBN 3-931511-50-2	EUR 83,46
	2	Produktklinik	ISBN 3-931511-51-0	EUR 83,46
	3	Engpassorientierte Logistikanalyse	ISBN 3-931511-56-1	EUR 83,46
	4	Service to Success	ISBN 3-934155-08-1	EUR 83,46
	5	Total Quality Management	ISBN 3-931511-55-3	EUR 83,46
	6	Montagemanagement	ISBN 3-931511-53-7	EUR 83,46
	7	Angebotssysteme	ISBN 3-931511-58-8	EUR 83,46
	8	Entgelt	ISBN 3-934155-11-1	EUR 83,46
	9	Revitalisierung	ISBN 3-934155-09-X	EUR 83,46
	10	Leadership-Haus	ISBN 3-931511-70-7	EUR 83,46
	11	Auftragsabwicklungssegmente	ISBN 3-931511-57-X	EUR 83,46
	12	Globalisierung	ISBN 3-931511-79-0	EUR 83,46
	13	Retrograde Terminierung	ISBN 3-931511-67-7	EUR 83,46
	14	Elektronikproduktion	ISBN 3-931511-59-6	EUR 83,46
	15	Unternehmensfusion	ISBN 3-931511-61-8	EUR 83,46
	16	Wettbewerbsstrategien	ISBN 3-931511-87-1	EUR 83,46
	17	Dienstleistungsengineering	ISBN 3-931511-60-X	EUR 83,46
	18	Prozesswirtschaftlichkeit	ISBN 3-931511-73-1	EUR 83,46
	19	Service-Engineering	ISBN 3-931511-72-3	EUR 83,46
	20	Komplexitätsmanagement	ISBN 3-934155-03-0	EUR 83,46
	21	Virtuelle Fabrik	ISBN 3-931511-64-2	EUR 83,46
	22	Human Resources Management	ISBN 3-931511-47-2	EUR 83,46
	23	Partizipative Fabrikplanung	ISBN 3-931511-63-4	EUR 83,46
	24	Software-Engineering	ISBN 3-931511-52-9	EUR 83,46
	25	Virtuelle Organisation	ISBN 3-931511-49-9	EUR 83,46
	26	E-Technologien	ISBN 3-934155-05-7	EUR 83,46
	27	KMU und Benchmarking	ISBN 3-931511-78-2	EUR 83,46
	28	Fähigkeitsmanagement	ISBN 3-934155-07-3	EUR 83,46
	29	Holonic Manufacturing	ISBN 3-931511-89-8	EUR 83,46
	30	Wissensmanagement	ISBN 3-931511-68-5	EUR 83,46
	31	Vielfaltsmanagement	ISBN 3-931511-77-4	EUR 83,46

TCW-reports

	32	Flexible Personalstrukturen	ISBN 3-934155-02-2	EUR 83,46
	33	Europäisches Change Management	ISBN 3-934155-00-6	EUR 83,46
	34	Value Creation	ISBN 3-934155-12-X	EUR 83,46
	35	Erfolgreiche Logistikstrategien	ISBN 3-934155-17-0	EUR 83,46
	36	Online-Auktionen	ISBN 3-934155-10-3	EUR 83,46
	37	Unternehmensentwicklung	ISBN 3-934155-18-9	EUR 83,46
	38	Strategische Frühinformation	ISBN 3-934155-15-4	EUR 83,46
	39	Supply Chain Management	ISBN 3-934155-13-8	EUR 83,46
	40	Rationale-based Software	ISBN 3-931511-69-3	EUR 83,46
	41	Software-Vertragsrecht	ISBN 3-931511-75-8	EUR 83,46
	42	Führungsverantwortung	ISBN 3-934155-21-9	EUR 83,46
	43	Kernkompetenzen	ISBN 3-931511-71-5	EUR 83,46
	44	Produktion	ISBN 3-931511-88-X	EUR 83,46
	45	Entwicklungszeitreduzierung	ISBN 3-934155-22-7	EUR 83,46
	46	IT-Architekturen	ISBN 3-934155-14-6	EUR 83,46
	47	Roadmapping	ISBN 3-934155-16-2	EUR 83,46
	48	Konzeptwettbewerb	ISBN 3-934155-23-5	EUR 83,46
	49	Net Business Community	ISBN 3-934155-19-7	EUR 83,46
	50	Betreibermodelle	ISBN 3-934155-20-0	EUR 83,46
	51	Der Ingenieur-Unternehmer	ISBN 3-934155-01-4	EUR 83,46
	52	Die Zukunft des Wachstums	ISBN 3-937236-07-4	EUR 83,46
	53	Instandhaltungsmanagement	ISBN 3-937236-19-8	EUR 83,46

Firma	
Name / Vorname	
Abteilung / Funktion	
Strasse / Postfach	
PLZ / Ort	
Telefon / Fax	Datum / Unterschrift

TCW Transfer-Centrum GmbH & Co. KG für Produktions-Logistik und Technologie-Management
Leopoldstraße 145
80804 München
Telefon: 809/ 36 05 23 - 0

FAX-Bestellservice: 089/ 36 10 23 - 20

Informationen zu Büchern und Leitfäden erhalten Sie auch im Internet unter

www.tcw.de

TCW-report Jahresabonnement

Firma	
Name / Vorname	
Abteilung / Funktion	
Strasse / Postfach	
PLZ / Ort	
Telefon / Fax	Datum / Unterschrift

Ja, ich möchte laufend und zum vergünstigten Preis vom TCW-report profitieren. Senden Sie mir den TCW-report bitte ab sofort regelmäßig für ein Jahr zum Abonnentenpreis von EUR 72,76 pro Heft zzgl. Versandkosten (statt EUR 83,46 zzgl. Versandkosten im Einzelbezug).
Das Abonnement verlängert sich jeweils um ein Jahr, wenn es nicht sechs Wochen vor Ablauf schriftlich gekündigt wird.

Widerrufsrecht:
Mir ist bekannt, dass ich diese Vereinbarung innerhalb einer Woche beim TCW-Verlag, Leopoldstraße 145, D-80804 München schriftlich widerrufen kann.
Ich bestätige dies mit meiner 2. Unterschrift.

Datum 2. Unterschrift